U0160521

现代数学译丛 31

流行病学中的数学模型

Mathematical Models in Epidemiology

〔美〕弗雷德·布劳尔 (Fred Brauer)

〔美〕卡洛斯·卡斯蒂略-查弗斯 (Carlos Castillo-Chavez)　著

〔美〕冯芝兰 (Zhilan Feng)

〔荷〕金成桴　〔荷〕何燕琍　译

科学出版社

北　京

图字：01-2021-3460 号

内 容 简 介

本书是 Fred 等三个美国流行病学模型专家、数学家合著的 *Mathematical Models in Epidemiology* 一书的中译本. 内容分流行病学的基本概念(包括各种类型的仓室模型、地方病模型、流行病模型、异质混合模型、媒介传播的疾病模型)，特殊疾病的模型(包括结核病模型、艾滋病病毒/艾滋病(HIV/AIDS)模型、流感模型、埃博拉模型、疟疾模型、登革热模型与寨卡病毒模型)，进一步概念(包括年龄结构和空间结构的疾病传播模型等)和展望未来四个部分，另加三个附录.

全书可作为相关专业研究生、学者、专家、医学工作者等各类相关人员的重要参考资料.

图书在版编目(CIP)数据

流行病学中的数学模型/ (美) 弗雷德·布劳尔(Fred Brauer)，(美) 卡洛斯·卡斯蒂略-查弗斯(Carlos Castillo-Chavez)，(美) 冯芷兰(Zhilan Feng)著；(荷) 金成桴，(荷) 何燕琍译. —北京：科学出版社，2023.4
书名原文：Mathematical Models in Epidemiology
ISBN 978-7-03-074895-9

Ⅰ.①流… Ⅱ.①弗… ②卡… ③冯… ④金… ⑤何… Ⅲ.①流行病学–数学模型 Ⅳ.①O141.4

中国国家版本馆 CIP 数据核字(2023)第 031068 号

责任编辑：胡庆家 李 萍／责任校对：彭珍珍
责任印制：赵 博／封面设计：陈 敬

科学出版社 出版
北京东黄城根北街 16 号
邮政编码：100717
http://www.sciencep.com

北京中石油彩色印刷有限责任公司印刷
科学出版社发行 各地新华书店经销
*

2023 年 4 月第 一 版 开本：720×1000 B5
2024 年 1 月第二次印刷 印张：36 1/4
字数：730 000
定价：198.00 元
(如有印装质量问题，我社负责调换)

译 者 序

美国数学家 Fred Brauer, Carlos Castillo-Chavez, Zhilan Feng (冯芷兰) 三位教授合著, Springer 出版社于 2019 年出版的《流行病学中的数学模型》(*Mathematical Models in Epidemiology*) 一书 (*Texts in Applied Mathematics* 69) 是当前流行病学数学模型领域的一部优秀著作和教科书. 该书对疾病传播的数学建模和分析作了全面、独立的介绍, 其面向对象是对流行病传播建模感兴趣的数学系高年级本科生和研究生以及公共卫生专业人员. 该书强调如何根据一个流行病的传播途径和方式以及它的特点来建立有效的数学模型, 然后根据对模型的分析结果对流行病作出有效的预测和提出对控制防治的有效方法. 本书一般不作详细的数学证明, 因此适用范围很广. 书中介绍的流行病类型是当今世界最流行、影响也是最大的疾病.

本书受到前两位作者所著教科书《生物数学——种群生物学与传染病学中的数学模型》的启发, 是该书的补充和提高, 希望引起人们对计算、数学和理论流行病学 (CMTE) 领域的关注, 其目的是吸引流行病学、生态学、种群生物学、公共卫生和应用数学领域的研究人员和从业人员的兴趣和关注. 作者们利用传染病模型的不同变体来研究传染病和媒介传播疾病的传播动力学. 本书的目的之一是强调流行病学领域中建模方法的共性, 以及宿主-病原体或宿主-寄生虫系统的种群动力学, 从而在生态学、流行病学和种群生物学与数学之间建立了密切联系. 数学的重点主要集中在 CMTE 的人口疾病动力学研究中的应用, 因此, 这本书以确定性模型的使用为主导.

全书共分四个部分 16 章, 以及介绍向量和矩阵代数、一阶常微分方程、微分方程系统的数学基本知识的三个附录. 第一部分数学流行病学的基本概念 (第 1—6 章) 介绍个体异质混合模型和媒介传播疾病模型的仓室模型的主要概念; 第二部分特殊疾病模型 (第 7—12 章) 介绍各种重要疾病传播动力学的详细分析, 包括结核病、艾滋病病毒/艾滋病、流感、埃博拉、疟疾、登革热和寨卡病毒模型; 第三部分更高级的概念 (第 13—15 章) 包括年龄结构和空间结构; 第四部分 (第 16 章) 展望未来的挑战与机遇. 本书还有不同难度的练习, 以及引导新的研究方向的案例. 为了使可能未有足够数学背景的公共卫生专业人员受益, 书后有几个涵盖必要的数学基础知识的附录. 有些章节的内容需要扎实的数学背景, 因此本书对数学建模者和公共卫生专业人员都有价值.

Fred Brauer, Carlos Castillo-Chavez 和 Zhilan Feng 三位美国教授研究流行病数学模型已有 30 多年, 他们对该领域做出了很多贡献. 特别强调用最简单的模型来描述流行病传播动力学, 并不失捕获有关疾病传播的主要性态. Fred Brauer 和冯芷兰教授与中国关系特别友好密切, 并经常到中国进行学术交流.

本书正文涉及的所有图都可以扫封底二维码查看.

最后, 我们要衷心感谢科学出版社胡庆家编辑的热心支持与帮助, 以及其他编辑的认真仔细的工作. 另外, 也要感谢我们儿子金锋、女儿金宇红、外孙萧忠玮、孙女金佳奕等人的关心与爱心.

金成桴　何燕琍

于 2021 年 5 月

原 书 序

传染病学一直是数学在生物学中应用最丰富的领域之一, 这可以追溯到 20 世纪初罗纳德·罗斯 (Ronald Ross) 爵士对疟疾管理的经典贡献. 传染病显然给人类以及对我们很重要的非人类种群带来了巨大的发病和死亡负担; 因此, 使用模型来减轻这些负担的能力引起了杰出数学家们的注意, 包括本书的三位作者. 他们各自独立或相互合作, 对该课题做出了重大贡献. 本书来自他们互补的才能与专业知识. 作者结合了以他们卓越的学术知识、自己的基础研究和精湛的论述为基础的广泛专业知识. 我很高兴受邀撰写此序.

自 Ross 以来, 数学流行病学这门学科在 21 世纪取得了巨大进展, 但随着 "非典"(SARS) 和艾滋病病毒-艾滋病 (HIV-AIDS) 等新疾病的出现, 麻疹和结核病等老疾病在它们被认为已经逐渐消退并消失的地方又重新出现, 致使我们与传染病的斗争永远不可能完全胜利. 正如刘易斯·卡罗尔 (Lewis Carroll) 笔下的红色女王 (Red Queen) 所说的那样: 我们必须不停地奔跑, 以 "保持在同一位置"; 如果我们想在这场永恒的斗争中取得进展, 就需要跑得更快. 像甲型流感这样的高适应性病原体在与免疫防御的不断斗争中继续进化, 这些都促使人们开发通用疫苗; 同样, 病原菌对最初驯服它们的药物产生了抗药性. 与此同时, 世界人口的不断增长和日益流动的增加加速了疾病的传播, 包括以前可能存在或消失的新型疾病. 气候变化又带来了另一个挑战, 因为疾病的传播媒介, 从昆虫到迁徙的鸟类, 将疾病传播范围转移到那些人们还没有准备好应对的地区. 正如下面所说的, 社会影响对管理和数学建模提出了新的挑战. 甚至我们自己的微生物群也受到环境影响、抗生素使用和剖宫产等医疗实践的显著影响, 改变了管理工作的背景.

在改进的数学建模指导下, 通过开发新的抗生素、疫苗和治疗方案, 医学界对这些挑战做出了出色的反应. 这些模型需要处理宿主内免疫动力学相互作用系统的多尺度动力学、疾病传播的不同人群水平的建模、媒介种群的动力学以及疾病传播的社会经济背景等问题. 社会经济问题不仅包括控制措施的经济问题, 还包括疫情暴发前和暴发期间的行为反应, 从接种疫苗的迟疑到避免涉及感染者个体的社会接触. 抗生素的过度使用和疫苗使用的不足给从业人员带来了新的困境. 数学建模的新途径, 在指导个人决策、医疗实践、医院决策和各级公共政策等各个层次做出了贡献.

本书是对经典理论及其现代扩展的全面论述. 它是具有扎实的数学基础的学

生建模的教科书, 其中包括阐明问题的习题. 因此, 它应该被广泛使用, 作为这一重要学科的入门和高级课程的基础, 并作为 Brauer 和 Castillo-Chavez 在 2001 年出版的优秀教科书^①的补充和更新. 显然, 在该书出版后的近二十年里, 这一领域已经发生了很多事情, 这些进展在本书中得到了很好的介绍. 但是, 与前一本书一样, 这本书也将成为数学家和其他研究人员的宝库, 他们正在寻找对这类文献最权威的介绍, 为解决他们的问题提供了方法和技能. 每一位对这个课题感兴趣的研究者都会把它放在他的书架上.

Simon Levin

美国普林斯顿大学

---

① 此书为 *Mathematical Models in Population Biology and Epidemiology* (Second Edition). 中译本: 生物数学——种群生物学与传染病学中的数学模型. 金成桴译. 第 2 版. 北京: 清华大学出版社, 2013.

前　　言

　　本书的面向对象是对流行病传播建模感兴趣的数学系学生和公共卫生专业人员. 我们相信, 疾病传播模型的一些知识对流行病学家可提供有用的见解, 并且在这些模型中也存在有趣的数学问题. 研究本书必须的数学背景是微积分知识、一些矩阵理论, 以及某些常微分方程知识, 特别是它的近似方法和定性方法. 我们的重点是描述正在使用的数学结果和展示如何应用它们, 而不是详细的证明. 最终我们希望生物学家和公共卫生专业人员的教育将在大学前两年包括这些数学主题, 以便高年级本科生和研究生能够接受本书.

　　以本书为基础的课程应该包括第一部分的基本概念和第二部分的具体疾病. 此外, 根据学生的兴趣和可用的时间, 第三部分可包含一些更高级的主题. 在整本书中, 一些建议的案例给出了一个有意义的主题, 这些主题可作为研究小组讨论的内容. 在书的第一部分, 也有一些练习, 并提供了一些练习的答案. 我们认为, 一本书应该超越以它为基础的课程, 以引导读者进一步阅读, 书的最后几章和结尾都旨在提出一些值得进一步思考的问题.

　　为了使读者能够以最少的数学背景来更容易阅读本书, 我们将一些有关矩阵代数、微分方程和微分方程组的数学综述材料放到本书的几个附录中. 为此, 我们还建立了一个网站

https://mcmse.asu.edu/content/mathematical-models-epidemiology

其中包括复习笔记, 内容涉及微积分、矩阵代数和动力系统 (常微分方程和差分方程) 等. 我们还为一些难度较大的练习题标上星号, 这些练习是为具有较强数学背景的读者准备的.

　　疾病传播的随机模型构成了另一个重要领域, 我们在很大程度上忽略了它, 以控制本书的规模在一定范围内. 对于那些想要了解这一主题的读者, 在第 1 章的结尾处提供了一些参考资料. 离散传播模型在正文中没有研究, 但是除了在第 1 章末尾的一些参考文献之外, 还有几个案例介绍了这个主题.

　　本书的重点是相对简单的模型, 其目的是描述一般的定性性态, 并建立广泛的原则. 由于公共卫生专业人士更关心详细的模型, 以作出短期定量预测, 所以这种详细模型通常很难或者无法通过分析来求解, 但是可用高速计算机的新发展,

使得详细模型可用于定量预测和比较不同的可行的策略. 尽管本书的重点是相对
简单的模型, 但读者应该记住, 该主题还有另一个重要方面.

Vancouver, BC, Canada	Fred Brauer
Tempe, AZ, USA	Carlos Castillo-Chavez
West Lafayette, IN, USA	Zhilan Feng

致　谢

致谢总是很难写，因为很多人以各种方式都为我们这本书的内容做出了贡献，所以希望我们在下面的认可能被那些没有明确提到的人所接受. 谢谢你的理解. 本书像 Fred Brauer 和 Carlos Castillo-Chavez 编写的教科书《生物数学——种群生物学与传染病学中的数学模型》一样，经过许多弯路和拖延终于完成了. 本书还包括了第三位作者 Zhilan Feng (冯芷兰). 我们三人都参与研究了数学流行病学及其应用大约三十年. Carlos Castillo-Chavez 在 1996 年创建了数学和理论生物学研究所 (MTBI)，从而加强了这项工作. 这是一个暑期研究班，已经指导了近 500 名本科生 (152 名已完成博士学位)，近 180 名研究生，数名博士后和十几名年轻教师. MTBI 及其常规师资力量为该项目提供了灵感、能量和想法. Simon A. Levin 的数学、计算和建模科学中心 (SAL-MCMSC) 的工作人员参与了 MTBI 和这个项目的工作. 我们特别感谢 Kamal Barley 为绘制大部分图形提供了宝贵帮助，以及 MTBI 校友的有用评论. 另外，Baltazar 在第 13 章写了很多关于年龄分布的材料. 所有书都有印刷错误，鉴于 Baltazar Espinosa, Ceasar Montalvo, Anarina Murillo 和 Marisabel Rodriguez 的校对，本书的印刷错误要比原本少得多.

Carlos Castillo-Chavez 要感谢他的三个孩子 Carlos, Gabi 和 Melissa, 以及他的妻子 Nohora, 感谢他们的支持、思想和启发. Zhilan Feng (冯芷兰) 要感谢她的女儿 Haiyun 和儿子 Henry 的所有爱心和支持. Fred Brauer 要感谢他的妻子 Esther, 孩子 David, Deborah 和 Michael, 以及他的孙子 Nosh, Sophie, Benjamin 和 Evan 的支持和宽容. 从 MTBI 汲取的经验教训之一是，一个合作团队可以比该团队中的任何个人完成更多的工作，这也适用于家庭，即使他们没有直接参与.

我们想对多年来在这个领域的世界各地的本科生、研究生和博士后学生、同事、合作者、来访者和研究人员所提供的有意或无意的指导表示感谢. 如果没有这些, 这本书就不能完成. 这些年来我们得到了美国国家科学基金会、美国国防部，偶尔也得到了美国国家卫生研究院，以及加拿大 MITACS(信息技术和复杂系统的数学) 集团的支持. MITACS 计划为了应对 2002—2003 年的"非典"疫情，数学建模人员和公共卫生专业人员进行了大量合作，学会了彼此沟通. SAL-MCMSC 从亚利桑那州立大学董事会主席办公室和教务长办公室、生命与社会科学应用数学博士项目以及人类进化与社会变革学院获得的支持对这项工作至关重要. 谢谢大家.

目　　录

第二部分　特殊疾病模型

第三部分　更高级的概念

第四部分　展望未来

第一部分

数学流行病学的基本概念

第 1 章 引言: 数学流行病学的前奏

1.1 介 绍

有记录的历史不断记录了传染病病原体对人群的入侵, 一些在消失之前已造成许多人死亡, 另一些则在几年后的入侵中再次出现, 但由于先前接触过相关的传染性病原体而获得了一定程度的免疫力. 1918 年至 1919 年的 "西班牙流感" 疫情反映了相对罕见的大流行病的毁灭性影响. 这次造成了全球约 5000 万人死亡, 而在平时, 我们经历了每年的流感季节性流行, 在美国每年造成大约 35000 人死亡.

传染病在缔造人类历史方面起到了重要影响. 黑死病 (可能是腺鼠疫) 始于 1346 年, 首先在亚洲传播, 然后在 14 世纪遍及欧洲反复传播. 据估计, 在 1346 年至 1350 年之间, 黑死病造成了欧洲三分之一的人口死亡. 这种疾病在欧洲各个地区定期重现 300 多年, 其中一个显著的暴发是 1665—1666 年的 "伦敦大瘟疫"(Great Plague of London). 此后逐渐从欧洲撤出.

一些疾病在不同地方成为地方病 ("永久性地" 确立), 导致不同人口数量的死亡, 特别是在卫生保健系统效率低下或资源有限的国家. 即使在 21 世纪, 我们也看到数百万人死于麻疹、呼吸道感染、腹泻等疾病. 虽然资源丰富的社会或有系统地投资于公共卫生和预防的国家管理良好, 但许多人仍然死于不再被视为危险的容易治疗的疾病. 一些高度流行的老对手包括疟疾、斑疹伤寒、霍乱、血吸虫病、昏睡病, 在许多地方变成地方病, 这些疾病由于它们对人口健康的影响, 对平均寿命和受影响国家的经济产生重大的负面影响. 世界卫生组织估计, 2011 年有 140 万人死于肺结核, 120 万人死于艾滋病病毒/艾滋病 (HIV/AIDS), 还有 62.7 万人死于疟疾 (但其他消息来源也有估计, 疟疾死亡人数超过 100 万). 简而言之, 每天至少有 9000 人死于艾滋病、疟疾、结核病. 疫苗的影响是, 例如, 1980 年有 260 万人死于麻疹, 而到 2011 年只有 16 万人. 麻疹疫苗的开发和供应使得这种儿童疾病的死亡人数减少了近 94%.

流行病学家在应对突发卫生事件或由系统监测的结果时, 首先要获取并分析观测到的数据. 他们利用这些数据、观察、科学和理论来确定疾病背后的 (未知) 病原体, 或者着手计划或实施改善其影响的政策. 自然, 了解造成每种疾病的传播的原因和方式以及处于危险中的人群对预测或减轻其内部影响至关重要. 在控制疾病动态的短期和长期规划中, 数学模型发挥了重要作用.

本书提供了数学模型在流行病学和公共卫生政策中所起作用的一个指南. 本课程将介绍一系列在疾病动力学和控制研究中被证明是有用的模型和工具. 这本书提供了一个框架, 它将定位那些对流行病学、公共卫生以及相关领域中的建模和计算工具的使用感兴趣的人, 从而有助于他们对传播动力学和传染病控制的研究.

1.2   一些历史知识

对传染病数据的研究始于 John Graunt (1620—1674) 在 1662 年出版的《关于死亡率法案的自然和政治观察》一书中所做的工作. 死亡率法案是伦敦教区每周的死亡人数和原因记录. 这些记录从 1592 年开始, 一直持续到 1603 年, 这为 Graunt 提供了用来开始了解或确定观察到的死亡率模式的可能原因的数据. 他分析了各种死亡原因, 并提供了一种估计各种疾病死亡的相对风险的方法, 为竞争风险理论提供了第一个方法.

在 18 世纪, 天花是地方病, 也许并不奇怪, 数学流行病学的第一个模型与 Daniel Bernoulli (1700—1782) 的工作有关, Bernoulli 估计了接种对天花的影响. 天花接种本质上是用一种温和的毒株接种, 它作为一种产生对天花终身免疫的方法而被引入, 但感染和死亡的风险恰很小. 关于变异的争论很激烈, Bernoulli 研究变异是否有益的问题. 他的方法是如果天花作为一个死亡原因被消除, 计算预期寿命的增长. 他对相互竞争的风险问题的研究方法导致了 1760 年 [7] 的一个简短概要的出版, 随后在 1766 年出版了一个更完整的论述 [8]. 他的工作受到了广泛好评; 其研究在精算文献比流行病学文献中更为广为人知. 最近他的方法已得到了推广, 见 [31].

John Snow 对 1855 年伦敦霍乱流行期间霍乱病例的时间和空间分布模式的研究对我们以往理解疾病传播过程做出了另一个有价值的贡献. 他能够确定 Broad 街的水泵是感染源 [54,71]. 1873 年, William Budd 对伤寒的传播有了类似的了解 [17]. 统计理论也随着 William Farr 在 1840 年对统计回报的研究而向前发展, 这项研究的目标是发现流行病兴衰的规律 [36].

传染病数学模型的许多早期发展都归功于公共卫生医生. 正如前面提到的, 数学流行病学的第一个已知结果是 Daniel Bernoulli 在 1760 年对接种天花疫苗的做法的辩护, 他是著名数学家 Bernoulli 家族 (三代出八人) 的一个成员, 曾受训成为一名医生. 在 1873 年至 1894 年之间首个贡献于现代数学流行病学的是 P. D. En'ko 在 1873 年至 1894 年期间的工作. 在仓室模型基础上建立传染病学的整个方法的基础属于 1900—1935 年的 R. A. Ross 爵士, W. H. Hamer, A. G. McKendrick 和 W. O. Kermack. 从统计学观点研究并有重要贡献的是 J. Brownlee.

1.2.1 开始的仓室模型

为了描述传染病传播的数学模型, 有必要对传播感染的方式做出一些假设. "看不见的生物是疾病的媒介", 这一观点至少可以追溯到亚里士多德 (Aristotle) (公元前 384—前 322) 的著作. van Leeuwenhoek (1632—1723) 第一个在显微镜的帮助下证明了微生物的存在. Jacob Henle (1809—1885) 于 1840 年首次提出疾病的微生物理论, 并由 Robert Koch (1843—1910), Joseph Lister (1827—1912) 和 Louis Pasteur (1822—1875) 在 19 世纪末和 20 世纪初所发展. 现代观点认为, 许多疾病是通过病毒或细菌接触传播的. 我们在本书中着重了解疾病在人群中的传播问题. 类似的建模方法可用于研究包括艾滋病病毒 (HIV) 在内的疾病宿主的感染动力学. 这个领域是数学和计算免疫学以及病毒动力学领域的支柱, 免疫学的入门可以在 Nowak 和 May 的书 [67] 中找到.

1906 年, W. H. Hamer[44] 认为, 感染的传播应依赖于易感者个体的数量和染病者个体的数量. 他提出了一个针对新感染率的质量作用定律, 从那时起, 这个想法成了仓室模型的基础. 值得注意的是, 在 1900 年至 1935 年期间, 建立在仓室模型基础上的整个流行病学研究方法, 并不是由数学家们, 而是像 R. A. Ross 爵士, W. H. Hamer, A. G. McKendrick 和 W. O. Kermack 等公共卫生的医师们提供的.

一个特别有教育意义的例子是 Ross 关于疟疾的工作. Robald Ross 爵士对疟疾在蚊子与人群之间的传播动力学研究于 1902 年获得了第二次诺贝尔医学奖. 他在按蚊的肠道中发现了疟原虫, 从中可以显示疟疾的生命周期. 他得出一个结论, 认为这种媒介传播的疾病是由按蚊传播的, 在此过程中, 他指定了一个计划, 以控制或消除疾病在人群中传播.

人们普遍认为, 只要蚊子在人群中存在, 就不可能消灭疟疾. Ross 提出了一个简单的仓室模型 [69], 其中包括蚊子和人类. 他指出把蚊子数量减少到临界水平以下, 人群中就可足以消除疟疾. 这是首次引入了基本再生数这一概念, 自那时以来它也是数学流行病学的中心思想. 现场试验支持 Ross 的结论, 这导致当时疟疾控制方面取得的一个辉煌成就.

描述传染病传播的基本仓室模型包含在 W. O. Kermack 和 A. G. McKendrick 分别于 1927 年、1932 年和 1933 年发表的三篇论文中 [55−57], 其中第一篇论文描述了流行病模型.

第 2 章介绍 Kermack-McKendrick 流行病模型, 第 4 章对其进行了更详细的研究, 该模型包括对患病期的依赖性, 即感染后的时间, 这可用于提供一种流行病仓室模型的统一方法.

各种疾病的暴发, 包括 2002—2003 年流行的 "非典", 2005 年可能暴发的 H5N1 流感大流行, 2009 年的 H1N1 流感大流行以及 2014 年的埃博拉疫情, 再次对这种流行病模型产生了兴趣. 而 Diekmann, Heesterbeek 和 Metz [27] 对 Kermack-McKendrick 模型的重新表述, 则强调了研究基础工作的重要性. 第 4 章包含对流行病模型的研究.

在 Ross, Kermack 和 McKendrick 的工作中有一个阈值量, 即基本再生数, 现在几乎普遍用 $\mathscr{R}_0$ 表示. Ross, Kermack 和 McKendrick 都没有指出这个阈值数量, 也没有给它命名. 似乎第一个说出这个阈值数的人 MacDonald [60] 在他关于疟疾的研究中明确提到了这一点.

基本再生数 $\mathscr{R}_0$(一些作者称之为基本繁殖数) 是指在疾病暴发的整个过程中, 一个 "典型的" 染病者在完全易感人群中产生的疾病病例 (继发性感染) 的预期数量. 在流行病中, 由于时间很短足以忽略人口统计的影响, 而且假设所有染病者个体康复后都产生完全免疫力, 阈值 $\mathscr{R}_0 = 1$ 是疾病消失和流行病产生的分界线. 在包括新的易感者个体在内的情况下, 无论是通过人口统计影响还是无法完全抵抗再感染的康复, 阈值 $\mathscr{R}_0 = 1$ 都是实现无病平衡点和地方病平衡点之间的分界线, 此时疾病一直存在. 第 3 章将详细研究这种情况.

自 1933 年以来, 已经进行了大量的关于疾病传播仓室模型的研究, 并在许多方向进行了推广. 特别地, 在 [55—57] 中, 假设逗留在仓室里的时间是指数分布的. 在第 4 章对染病年龄模型的推广中, 我们可以假设逗留在仓室中的时间是任意分布的.

1.2.2　随机模型

简单的 Kermack-McKendrick 模型对疾病暴发开始的描述存在严重的缺陷. 事实上, 由于 Kermack-McKendrick 流行病仓室模型假设仓室足够大, 以至于成员混合是匀质的, 因此需要一种完全不同的模型. 然而, 在疾病暴发之初只有极少数的染病者, 如果将传染的传播视为依赖于人群成员之间接触方式的随机事件, 则可以更好地捕获传染的传播; 一个更令人满意的描述应考虑这种随机模式. 除了第 4 章开始两节涉及疾病暴发初始阶段以外, 本书将不研究随机模型.

这里选择的过程被称为 Galton-Watson 过程. 虽然在收敛性证明中存在一个缺口, 但结果在 [39, 77] 中首次给出. 第一个完整的证明是很久以后由 Steffensen 给出的 [72,73]. 该结果是现在在许多关于分枝过程的资料中给出的标准定理, 例如 [45], 直到后来才出现在流行病学文献中. 据作者所知, 流行病学文献中对此的第一个描述是 [62], 第一本流行病学的书来自 O. Diekmann 和 J. A. P. Heesterbeek 在 2000 年出版的 [26].

对疾病暴发开始的随机分枝过程的描述始于以下假设, 即存在一个个体接触网络, 该网络可以用一个图来描述, 图中种群成员由顶点表示, 个体之间的接触由棱表示. 图的研究起源于 20 世纪 50 年代和 20 世纪 60 年代的 Erdös 和 Rényi

的抽象理论[33−35], 在最近的许多领域中它变得越来越重要, 包括在社会交往、计算机网络和许多其他领域, 以及在传染病传播中的研究中. 我们将网络看作是双向的, 沿着棱的任一方向都可能传播疾病. 在第 4 章的开头我们对网络模型作了简要的介绍. 然而, 有必要强调的是, 本书并没有涉及随机模型的研究, 也没有涉及网络中的流行病研究, 这些领域都应有自己的著作.

我们考虑一种疾病暴发, 它始于一个感染个体 ("零号患者"), 该个体将感染传播给与该个体有接触的每个个体, 即沿着对应这个人的顶点的图的每条棱. 换句话说, 我们假设当一个单一的染病者将感染传播给他或她所接触的所有人时, 疾病暴发就开始了. 我们通过分枝过程进行的开发与 [26] 中的相似. 另一种方法是使用在 [20, 65, 66] 中采样用的接触网络视角, 从一个受感染的棱开始, 它对应于染病者个体将疾病仅传递给一个接触者而引发疾病暴发. 这种方法在网络流行病学研究中更为常见. 虽然这两种方法非常相似, 但网络流行病学稍微复杂一些, 并产生了一些不同结果.

在随机设置中, 也可以证明有一个称为基本再生数的数记为 $\mathscr{R}_0$, 它具有性质: 如果 $\mathscr{R}_0 < 1$, 则感染消亡的概率为 1; 如果 $\mathscr{R}_0 > 1$, 则感染持续导致流行病的概率为正. 然而, 也存在感染增加的正概率, 但在引发大规模流行病之前, 只产生一个小规模暴发就消失了. 次要暴发和主要流行病之间的区别是, 如果 $\mathscr{R}_0 > 1$, 则在这些随机模型中可能只发生一次次要暴发, 没有主要流行病, 这在本书的主要主题的确定性模型中没有反映出来.

流行病的现实描述的一个可能方法是考虑利用最初分枝过程模型, 使得当产生流行病时过渡到仓室模型, 即当有足够感染时使得人群中大规模的混合运动成为一个合理的近似. 另一种方法是在整个流行过程中继续使用网络模型[63,64,76]. 当人口规模变得非常大时, 可以用这种动力学模型的极限情形来动态地建立这个模型, 这与仓室模型是一样的.

过去的经验和数据表明, 作为一个随机过程, 它在小社区中可较好地捕获传染在小群体中传播的信息. 因此, 随机模型在疾病传播建模中具有重要作用. 最常用的随机模型包括 Reed 和 Frost 的链状二项式模型, 该模型由 W.H. Frost 在 1928 年的讲座中描述, 但直到很久以后才发表[1,78]. 事实上, 早在将近 40 年前, P. D. En'ko[30] 就预测到了 Reed-Frost 模型. En'ko 的工作引起了公众的关注. K. Dietz[28] 之后, E. B. Wilson 和 M. H. Burke 对 Frost 在 1928 年的演讲进行了描述, 但推导过程略有不同[78]. M. Greenwood 在 1931 年引入了一个稍有不同的链状二项式模型[40]. Reed-Frost 模型作为一个基本的随机模型已有广泛的应用. D. J. Daley 和 J. Gani 所著的书 [25] 包含了一些最近的进展. 此外, [6] 中还描述了 Kermack-McKendrick 流行病模型的随机类似.

1.2.3 仓室模型的发展

在疾病传播的数学模拟中, 与其他大多数领域一样, 在数学建模中, 总是会在简单模型或战略模型之间进行权衡, 后者会忽略大多数细节, 而设计模型只是为了突出一般的定性性态, 而详细模型或战术模型通常是针对特定情况 (包括短期定量) 而设计的预测. 详细模型通常很难或不可能通过分析来求解, 因此尽管其战略价值可能很高, 但它们在理论上的实用性有限.

例如, 非常简单的流行病模型预测流行病将在一段时间后消失, 使一部分人群不受疾病影响, 这也适用于包含控制措施在内的模型. 这种定性原则本身不能说明哪种控制措施在给定的情况下最有效地提供帮助, 但它意味着尽可精确地描述该情况的详细模型可能对公共卫生专业人员有用. 详细模型中的最终模型是基于主体的模型, 该模型从本质上将人群划分为具有相同行为的个体或个体组 [32].

重要的是要认识到, 用于制定管理政策建议的数学模型需要定量的结果, 而公共卫生环境所需的模型需要大量的细节, 以便准确地描述情况. 例如, 如果问题是建议应对疾病暴发关注什么年龄段或群体的人, 则必须使用一种模型将人群划分为足够数量的年龄段并认识到不同年龄段的人之间的互动. 高速计算机的发展使得快速分析非常详细的模型成为可能.

用于研究传染病模型的数学方法的发展导致寻求广泛理解的数学家与寻求疾病处理实用程序的公共卫生专业人员的目标之间出现了分歧. 前者寻求广泛理解, 后者寻求疾病管理实用程序. 虽然数学建模带来了许多基本思想, 例如通过疫苗接种控制天花的可能性和通过控制媒介 (蚊子) 种群控制疟疾的方法, 但实际实施总是比简单模型的预测更为困难. 幸运的是, 近年来这方面已经作出很多努力来鼓励更好的沟通, 以便公共卫生专业人员能够更好地了解哪些情况下简单模型可能是有用的, 数学家能够认识到现实生活中的公共卫生问题要比简单模型复杂得多.

对疾病传播的仓室模型研究中, 将研究的人群划分到几个小仓室, 并对从一个仓室转移到另一个仓室对时间的变化率作了假设. 例如, 在 SIR 模型中, 将被研究的人群分别标记为 S, I 和 R 的三个类别. 用 $S(t)$ 表示易感者人群的数量, 即在时间 t 还没有被感染的人. $I(t)$ 表示被假定具有传染性并且能够通过与易感者接触而传播疾病的染病者个体的数量. $R(t)$ 表示已被感染, 然后从可能再次被感染或传播感染的人中剔除的人数. 在 SIS 模型中, 染病者个体康复后具有对再感染的免疫力, 并且转移是从易感者到染病者再到易感者.

仓室之间的转移率在数学上表示为仓室大小对时间的导数. 一开始, 我们假设每个仓室的停留时间呈指数分布, 因此, 模型最初被表述为微分方程. 在过去的模型中, 转移率依赖于在过去和瞬时转移时仓室的大小, 这导致更一般的泛函方程, 例如微分-差分方程或积分方程. 模型表达随着流行病的发展而减少接触的想法的一种方式是, 假设 $\beta S f(I)$ 形式的接触率与函数 $f(I)$ 的关系比线性增长更为缓慢. 这样的假设虽然不是一个真实的机械模型, 但与质量作用接触相比, 可以更好地观测到近似的数据.

在简单的 Kermack-McKendrick 传染病模型中, 有两个参数: 新感染率和恢复率. 通常, 一种特定疾病的康复率是已知的. 在具有更多仓室的流行病仓室中, 疾病的进展速度比较复杂, 但也可能是已知的. 如果可以估计这些参数, 则可以估计基本再生数, 并且存在一个方程, 称为基本再生数与整个流行病期间受感染人数之间的最后规模关系. 在各种情况下, 包括具有混合异质性的模型中都有很多关于这种最后规模关系的介绍, 如 [3, 12, 13, 15, 16, 26, 27, 59].

在后来 [56,57] 的疾病传播模型研究中, Kermack 和 McKendrick 没有包括染病年龄, 且染病年龄模型被忽略了很多年. 在艾滋病病毒/艾滋病 (HIV/AIDS) 研究中, 患病期再次出现. 感染后, 染病者的感染力在短期内会很高, 在相当长的一段时间 (可能是几年) 之后, 感染力会很低, 然后随着艾滋病的暴发而迅速增加. 因此, Kermack 和 McKendrick 所描述的流行病的染病年龄在一些地方病流行中变得非常重要, 例如参见 [74, 75]. 此外, 艾滋病也指出了免疫学思想在流行病学水平的分析中的重要性.

通常, 在疾病暴发开始时有一个随机阶段, 接着感染数量呈指数增长, 并且有可能通过实验来估计该初始指数增长率. 初始指数增长率的估计值可用于估计新感染率, 从而可以估计基本再生数.

自早期的模型以来, 仓室模型的发展和分析已迅速发展. 这些发展中的许多都归功于 H. W. Hethcote[46-50]. 我们只描述一些重要的发展. 虽然疾病传播的基本仓室模型有三种, 即 SIS 模型、无出生和死亡的 SIR 模型、有出生和死亡的 SIR 模型. 应该包含在一个模型中的每一种疾病都有它自己的属性. 我们将在以下几章中描述增加混合异质性的影响, 包括第 5 章中混合的异质性、第 13 章的年龄结构, 以及第 14 和 15 章的空间异质性. 此外, 关于个别疾病的章节 (第 7—12 章) 包括正在研究的特定疾病的建模问题.

对于流感, 有很大一部分人被感染但无症状, 其传染性低于有症状的人. 季节性暴发的流感可能与前一年的菌株密切相关, 也就是说, 可以通过点突变对其进行修改, 也可能不那么紧密相关, 或者不可能相关. 通过以前感染过流感病毒的宿主的反应来衡量的两种菌株的相关水平, 我们称之为菌株交叉免疫. 交叉免疫衡量上一年被相关菌株感染的个人获得的保护水平. 流感模型可考虑在暴发前进行部分有效的疫苗接种可能产生的影响, 以及在暴发期间抗病毒治疗的作用. 当目标是将疾病对人群的影响最小时, 考虑多种传播模式至关重要. 霍乱既可通过直接接触传播, 也可通过接触受感染的病原体传播. 在结核病中, 一些人迅速发展为活动性结核病, 而另一些人则进展缓慢得多. 此外, 未能遵守长期治疗的活动性结核患者成为耐药菌株发展的主要候选对象. 在艾滋病病毒/艾滋病 (HIV/AIDS) 中, 个人的传染性很大程度上取决于感染后的时间, 而传播则依赖于传播方式、个体之间的混合等. 在疟疾中, 接触感染或遗传 (镰状细胞性贫血) 可增强对抗感染的能力.

1.2.4　地方病模型

地方病和流行病模型的分析方法有很大的不同. 在第 3 章中对地方病模型的分析, 是先从寻找平衡点开始的, 根据定义, 平衡点是模型的常数解. 通常存在一个无病平衡点和一个或多个地方病平衡点, 即染病者个体的数量为正的平衡点. 下一步是在每个平衡点对系统进行线性化并确定每个平衡点的稳定性. 通常, 如果基本再生数小于 1, 则唯一的平衡点是无病平衡点, 且该平衡点是渐近稳定的. 如果基本再生数大于 1, 则通常情况是, 无病平衡点不稳定, 且有唯一渐近稳定的地方病平衡点. 这种方法还包括垂直传播的疾病, 即在出生时从母亲直接传播给后代的疾病 [19].

但是, 也可能存在更复杂的性态. 例如, 如果研究的疾病有两种菌株, 那么在参数空间中通常会有这样的区域, 其中存在只有一种菌株的渐近稳定平衡点, 而在另一个区域中, 则存在两种菌株共存的渐近稳定平衡点. 另一种可能性是存在一种独特的地方病平衡点, 但它是不稳定的. 在这种情况下, 通常有 Hopf 分支和围绕地方性平衡点有一个渐近稳定的周期轨道. 在 $SIRS$ 模型和 $SVIR$ 模型中可以找到这样的例子, 在康复之后具有一个固定长度的临时免疫期 [51]. 如果存在大振幅长且周期较长的周期轨道, 则必须在足够大的时间区间上采集数据以提供准确的图像.

另一个可能的性态是向后分支. 当 $\mathscr{R}_0$ 通过 1 递增时, 无病平衡点之间的稳定性发生改变, $\mathscr{R}_0 < 1$ 时渐近稳定, $\mathscr{R}_0 > 1$ 时不稳定. $\mathscr{R}_0 > 1$ 时存在地方病平衡点. 通常的传播在 $\mathscr{R}_0 = 1$ 出现向前分支或超临界分支, 产生渐近稳定的地方病平衡点和连续依赖于 $\mathscr{R}_0$ 的染病者人群规模的平衡点.

在分支点的性态可以通过分支曲线图像描述, 此分支曲线是在平衡点染病者人群规模 I 作为基本再生数 $\mathscr{R}_0$ 的函数的图形. [29, 42, 43, 58] 指出, 在具有多个群和群间不对称或具有多个相互作用机制的流行病模型中, 在 $\mathscr{R}_0 = 1$ 时可能有一个非常不同的分支性态. 当 $\mathscr{R}_0 < 1$ 时可能存在多个正地方病平衡点, 当 $\mathscr{R}_0 = 1$ 时可能存在向后分支. 后向分支系统的定性性态与前向分支系统的定性性态不同, 这些变化的性质已在 [11] 中描述过. 由于这些性态差异在规划如何控制疾病时很重要, 所以确定一个系统是否可以有一个向后分支很重要. 在存在两个性传播艾滋病病毒模型的情况下, 可以支持多个地方病平衡点 [53].

1.2.5　通过媒介传播的疾病

许多疾病通过媒介间接地在人与人之间传播. 载体可以是在人类之间传播传染病的活生物体. 许多媒介是吸血昆虫, 它们从受感染的 (人类) 宿主的血液中摄取产生疾病的微生物, 然后将感染的血液注入新的宿主. 最著名的媒介是蚊子传播的疾病, 包括疟疾、登革热 (dengue)、基孔肯亚出血热 (chikungunya)、寨卡 (Zika) 病毒、裂谷热 (Rift Valley)、黄热病、日本脑炎、淋巴丝虫病 (lymphatic filariasis)、西尼罗热, 但蜱虫 (莱姆病和兔热病)、臭虫 (美州锥虫病)、苍蝇 (盘尾丝虫病)、白蛉 (利什曼病)、跳蚤 (从老鼠到人类的瘟疫, 由跳蚤传播) 和一些淡水螺 (血吸虫病) 都是媒介传播一些疾病.

每年有超过 10 亿的媒介传播的疾病病例和超过 100 万人死亡. 媒介传播疾病占全世界所有传染病的 17% 以上. 疟疾是最致命的媒介传播疾病, 2012 年估计造成 62.7 万人死亡. 发展最快的媒介传播疾病是登革热. 在过去 50 年中, 登革热病例数增加了 30 倍. 这些疾病更常见于蚊子猖獗的热带和亚热带地区, 以及无法获得安全饮用水和卫生设施的地方.

一些媒介传播的疾病, 如登革热、基孔肯亚出血热和西尼罗病毒, 正在一些国家出现, 由于旅行和贸易的全球化, 以及气候变化等环境挑战, 这些疾病以前并不为人所知. 一个令人不安的新发展是寨卡病毒, 该病毒自 1952 年以来就为人所知, 但已在 2015 年南美暴发时发生了突变 [70], 导致受感染的母亲所生的婴儿出现了非常严重的先天性缺陷. 此外, 目前的寨卡病毒可通过性接触以及媒介直接传播. 第 6 章介绍了媒介传播疾病的建模. 第 11 章关于疟疾和第 12 章关于登革热和寨卡病毒描述了特定媒介传播疾病的建模.

数学流行病学的许多重要基本思想都源于 R. A. Ross 爵士开始对疟疾的研究 [69]. 疟疾是一种通过媒介传播的疾病, 这种感染在媒介 (蚊子) 和宿主 (人类) 之间来回传播. 每年有数十万人丧生, 其中大部分是儿童, 大多数发生在非洲的贫穷国家. 在传染病中, 这种传染病死亡人数仅次于结核病. 其他媒介疾病包括西尼罗病毒、黄热病和登革热. 通过异性传播的人类疾病也可以被视为媒介传播的疾病. 因为男性和女性必须被视为不同的群体, 并且疾病会从一个人群传播到另一个人群.

媒介传播疾病要求模型中同时包含媒介和宿主. 对于大多数通过媒介传播的疾病, 媒介是昆虫, 它们的寿命比宿主要短得多. 宿主可以是人类, 如疟疾, 也可以是动物, 如西尼罗病毒, 尽管在不同动物种群中也有疟疾 (不是人类疟疾), 西尼罗病毒也已经感染了远至美国亚利桑那州的人群.

疾病的仓室结构在宿主和媒介物种中可能有所不同. 对于许多以昆虫为媒介的疾病, 被感染的媒介将终身被感染, 因此疾病在媒介中可能具有 SI 或 SEI 结构, 而在宿主中可能具有 SIR 或 $SEIR$ 结构.

1.2.6 异质混合

在疾病的传播模型中, 并不是人群中的所有成员的接触率都是一样的. 在性传播疾病中, 通常有一群非常活跃的 "核心" 成员, 他们对大多数病例负有责任.

针对这一核心群体的控制措施对控制疾病传播非常重要 [52]. 在流行病中, 通常有
"超级传播者", 他们与许多人接触, 在传播疾病方面发挥了作用. 一般来说, 人群
中某些人比其他人接触得更多. 第 5 章讨论了异质混合的疾病模型, 并介绍了用
于确定异质混合模型的基本再生数的一般方法 (下一代矩阵). 为了模拟异质混合,
我们可以假设将人群划分为不同活动水平的子群. 制定模型需要关于子群间混合
的一些假设. 已经有许多关于真实人群混合模式的研究, 例如 [9, 10, 18, 37, 68].

在流行病中经常观察到, 大多数传染性疾病根本不会传播感染, 或者将感染
传播给极少其他人. 这表明在流行病开始时的匀质混合可能不是一个很好的
近似.

2002—2003 年"非典" (SARS) 流行病的传播速度比流行开始时疾病传播的
数据所预期的要慢得多. 在 2002—2003 年"非典" (SARS) 流行的初期, $\mathscr{R}_0$ 的
估计值在 2.2 和 3.6 之间. 流行病开始, 染病者的这个数的指数增长率近似地为
$(\mathscr{R}_0 - 1)/\alpha$, 其中 $1/\alpha$ 是流行病产生的时间, 对"非典"估计大约需要 10 天. 这意
味着, 在"非典"流行的头 4 个月里, 中国至少出现 3 万例"非典"病例. 但事实
是这段时间报告的病例不到 800 例. 对这种差异的一种解释是, 估计是基于医院
和人口密集的公寓楼中传播的数据, 或基于用于估计参数的模型的尺度化 [24]. 据
观察, 在一些地方有激烈的活动, 而在其他地方则很少. 这表明实际的再生数 (整
个人群的平均值) 要低得多, 可能在 1.2—1.6 内, 而且异质混合也是这种流行病的
一个非常重要方面.

年龄是人群和传染病模拟中最重要的特征之一. 不同年龄的个体可能具有不
同的繁殖力和生存能力. 不同年龄组的人的疾病可能有不同的感染率和死亡率.
不同年龄的个体也可能有不同的行为, 而且行为的改变对许多传染病的控制和预
防至关重要. 年轻人往往在与人群或人群之间的互动以及疾病传播方面更加活跃.
第 13 章研究年龄结构模型.

性传播疾病 (STD) 是通过配对形成的伴侣相互作用传播的, 并且在大多数情
况下, 配对过程依赖于年龄. 例如, 大多数艾滋病病例发生在年轻人群体中.

像麻疹、水痘和风疹这样的儿童疾病, 主要是通过相似年龄的儿童接触传播
的. 超过一半的疟疾死亡病例发生在 5 岁以下儿童身上, 原因是他们的免疫系统
较弱. 这表明在年龄结构人群的疾病传播模型中, 有必要让人群中的两个成员之
间的接触率依赖于这两个成员的年龄. 对儿童疾病利用年龄结构模型的另一个重
要动机是疫苗接种是根据年龄而定的 (例如麻疹).

年龄结构的疾病传播模型的发展需要年龄结构的人口理论的发展. 实际上,
第一个针对年龄结构人群的模型[61] 是为了研究此类人群中的疾病传播而设
计的.

1.3　战略模型与本书

本书面向数学家和公共卫生专业人员. 但是, 这是一本主要针对受过一些培训的从业人员的书籍. 对于那些对数学不太熟悉的读者, 我们提供了一个网站, 其中包括微积分、线性代数、常微分方程和差分方程的注释. 我们重申, 这不是一本关于数学的书. 因此, 尽管我们已试图记录一些断言, 但数学上的严谨性并不是我们优先考虑的问题. 我们希望呈现的是事实, 但不一定是全部事实. 我们希望公众卫生人员如果必要会有足够的兴趣来复习数学并利用本书.

除了 4.1 节和 4.2 节中的一些材料外, 我们没有涵盖随机模型. 随机模型的一些表述可以在 [2, 4, 5, 25, 41] 中找到.

同样, 我们在正文中没有涉及离散模型. 尽管通过适当的离散模型公式可以学到很多东西, 但我们经常会选择不用离散模型的这个方法来限制本书的大小, 不幸的是, 通常将离散模型视为连续时间模型的离散化, 也就是说, 它们不是从第一原理直接得到的, 从而将重点从疾病动力学的研究转移到数学问题上, 即数学是否是连续时间模型的适当离散化. 但是, 有几个案例可以介绍这个主题, 一些参考文献是 [14, 21—23, 79].

本卷的主要目的是涵盖相对简单的模型, 以指示应该从更详细的战术模型中获得什么定性结果. 各章节主要以我们在过去 25 年中针对具体疾病应用流行病学模型所做的工作, 包括我们最近的一些工作为基础. 我们希望在这个引言中强调的问题和问题简介有助于建模人员、流行病学家和公共卫生专家之间的协作关系.

参 考 文 献

[1] Abbey, H. (1952) An estimation of the Reed-Frost theory of epidemics, Human Biol., 24: 201-223.

[2] Allen, L.J.S. (2003) An Introduction to Stochastic Processes with Applications to Biology, Pearson Education Inc.

[3] Andreasen, V. (2011) The final size of an epidemic and its relation to the basic reproduction number, Bull. Math. Biol., 73: 2305-2321.

[4] Bailey. N.T.J. (1975) The Mathematical Theory of Infectious Diseases and Its Applications, Oxford Univ. Press.

[5] Ball, F.G. (1983) The threshold behaviour of epidemic models, J. App. Prob., 20: 227-241.

[6] Bartlett, M.S. (1949) Some evolutionary stochastic processes J. Roy. Stat. Soc. B, 11: 211-229.

[7] Bernoulli, D. (1760) Réflexions sur les avantages de l'inoculation, Mercure de Paris, pp. 173.

[8] Bernoulli, D. (1766) Essai d'une nouvelle analyse de la mortalité causeé par la petite vérole, Mem. Math. Phys. Acad. Roy. Sci. Paris, 1-45.

[9] Blythe, S.P., S. Busenberg & C. Castillo-Chavez (1995) Affinity and paired-event probability, Math. Biosc., 128: 265-284.

[10] Blythe, S.P., C. Castillo-Chavez, J. Palmer & M. Cheng (1991) Towards a unified theory of mixing and pair formation, Math. Biosc., 107: 379-405.

[11] Brauer, F. (2004) Backward bifurcations in simple vaccination models, J. Math. Anal. & Appl., 298: 418-431.

[12] Brauer, F. (2008) Epidemic models with treatment and heterogeneous mixing, Bull. Math. Biol., 70: 1869-1885.

[13] Brauer, F. (2008) Age of infection models and the final size relation, Math. Biosc. & Eng., 5: 681-690.

[14] Brauer, F., C. Castillo-Chavez, and Z. Feng (2010) Discrete epidemic models, Math. Biosc. & Eng., 7: 1-15.

[15] Brauer, F. & J. Watmough (2009) Age of infection models with heterogeneous mixing, J. Biol. Dyn., 3: 324-330.

[16] Breda, D., O. Diekmann, W.F. deGraaf, A. Pugliese, & R. Vermiglio (2012) On the formulation of epidemic models (an appraisal of Kermack and McKendrick, J. Biol. Dyn., 6: 103-117.

[17] Budd, W. (1873) Typhoid Fever; Its Nature, Mode of Spreading, and Prevention, Longmans, London.

[18] Busenberg, S. & C. Castillo-Chavez (1989) Interaction, pair formation and force of infection terms in sexually transmitted diseases, In Mathematical and Statistical Approaches to AIDS Epidemiology, Lect. Notes Biomath. 83, C. Castillo-Chavez (ed.), Springer-Verlag, Berlin- Heidelberg-New York, pp. 289-300.

[19] Busenberg, S. & K.L. Cooke (1993) Vertically Transmitted Diseases: Models and Dynamics, Biomathematics 23, Springer-Verlag, Berlin-Heidelberg-New York.

[20] Callaway, D.S., M.E.J. Newman, S.H. Strogatz, & D.J. Watts (2000) Network robustness and fragility: Percolation on random graphs, Phys. Rev. Letters, 85: 5468-5471.

[21] Castillo-Chavez, C. & A. Yakubu (2001) Discrete-time SIS models with simple and complex dynamics, Nonlinear Analysis, Theory. Methods, and Applications, 47: 4753-4762.

[22] Castillo-Chavez, C. & A. Yakubu (2002) Discrete-time SIS models with simple and complex population dynamics, in Mathematical Approaches for Emerging and Reemerging Infectious Diseases IMA, 125: 153-164.

[23] Castillo-Chavez, C. & A. Yakubu (2002) Intraspecific competition, dispersal and disease dynamics in discrete-time patchy environments, in Mathematical Approaches for Emerging and Reemerging Infectious Diseases IMA, 125: 165-181.

[24] Chowell, G., P.W. Fenimore, M.A. Castillo-Garsow, and C. Castillo-Chavez (2003) SARS outbreaks in Ontario, Hong Kong and Singapore: the role of diagnosis and iso-

lation as a control mechanism. J. Theor. Biol., 224: 1-8.

[25] Daley, D.J. & J. Gani (1999) Epidemic Models: An Introduction, Cambridge Studies in Mathematical Biology 15, Cambridge University Press.

[26] Diekmann, O. & J.A.P. Heesterbeek (2000) Mathematical epidemiology of infectious diseases: Model building, analysis and interpretation, John Wiley and Sons, Ltd.

[27] Diekmann, O., J.A.P., Heesterbeek, J.A.J., Metz (1995) The legacy of Kermack and McKendrick, in Mollison,D. (ed)Epidemic Models: Their Structure and Relation to Data. Cambridge University Press, Cambridge, pp. 95-115.

[28] Dietz, K. (1988) The first epidemic model: a historical note on P.D. En'ko, Australian J. Stat., 30A: 56-65.

[29] Dushoff, J., W. Huang, & C. Castillo-Chavez (1998) Backwards bifurcations and catastrophe in simple models of fatal diseases, J. Math. Biol., 36: 227-248.

[30] En'ko, P.D. (1889) On the course of epidemics of some infectious diseases, Vrach. St. Petersburg, X: 1008-1010, 1039-1042, 1061-1063. [translated from Russian by K. Dietz, Int. J. Epidemiology (1989) 18: 749-755].

[31] Dietz, K. & J.A.P. Heesterbeek (2002) Daniel Bernoulli's epidemiological model revisited, Math. Biosc., 180: 1-221.

[32] Epstein, J.M. & R.L. Axtell (1996) Growing Artificial Societies: Social Science from the Bottom Up, MIT/Brookings Institution.

[33] Erdös, P. & A. Rényi (1959) On random graphs, Publicationes Mathematicae, 6: 290-297.

[34] Erdös, P. & A. Rényi (1960) On the evolution of random graphs, Pub. Math. Inst. Hung. Acad. Science, 5: 17-61.

[35] Erdös, P. & A. Rényi (1961) On the strengths of connectedness of a random graph, Acta Math. Scientiae Hung., 12: 261-267.

[36] Farr,W. (1840) Progress of epidemics, Second Report of the Registrar General of England and Wales, 91-98.

[37] Feng, Z., A.N., Hill, P.J., Smith, J.W., Glasser (2015) An elaboration of theory about preventing outbreaks in homogeneous populations to include heterogeneity or preferential mixing, J. Theor. Biol., 386: 177-187.

[38] Feng, Z. and H.R. Thieme (1995) Recurrent outbreaks of childhood diseases revisited: the impact of isolation, Math. Biosc., 128: 93-130.

[39] Galton, F. (1889) Natural Inheritance (2 nd ed.), App. F, pp. 241-248.

[40] Greenwood, M. (1931) On the statistical measure of infectiousness, J. Hygiene, 31: 336-351.

[41] Greenwood, P.E. & L.F. Gordillo (2009) Stochastic epidemic modeling, in Mathematical and Statistical Estimation Approaches in Epidemiology, G. Chowell, J.M. Hyman, L.M.A. Bettencourt, & C. Castillo-Chavez (eds.), Springer, pp. 31-52.

[42] Hadeler, K.P. & C. Castillo-Chavez (1995) A core group model for disease transmission, Math Biosc., 128: 41-55.

[43] Hadeler, K.P. & P. van den Driessche (1997) Backward bifurcation in epidemic control, Math. Biosc., 146: 15-35.

[44] Hamer, W. H. (1906) Epidemic disease in England - the evidence of variability and of persistence, The Lancet, 167: 733-738.

[45] Harris, T.E. (1963) The Theory of Branching Processes, Springer.

[46] Hethcote, H.W. (1976) Qualitative analysis for communicable disease models, Math. Biosc., 28: 335-356.

[47] Hethcote, H.W. (1978) An immunization model for a heterogeneous population, Theor. Pop. Biol., 14: 338-349.

[48] Hethcote, H.W. (1989) Three basic epidemiological models. In Applied Mathematical Ecology, S. A. Levin, T.G. Hallam and L.J. Gross, eds., Biomathematics 18: 119-144, Springer-Verlag, Berlin-Heidelberg-New York.

[49] Hethcote, H.W. (1997) An age-structured model for pertussis transmission, Math. Biosci., 145: 89-136.

[50] Hethcote, H.W. (2000) The mathematics of infectious diseases, SIAM Review, 42: 599-653.

[51] Hethcote, H.W., H.W. Stech and P. van den Driessche (1981) Periodicity and stability in epidemic models: a survey. In: S. Busenberg & K.L. Cooke (eds.) Differential Equations and Applications in Ecology, Epidemics and Population Problems, Academic Press, New York, pp. 65-82.

[52] Hethcote, H.W. & J.A. Yorke (1984) Gonorrhea Transmission Dynamics and Control, Lect. Notes in Biomath. 56, Springer-Verlag.

[53] Huang, W., K.L. Cooke, & C. Castillo-Chavez (1992) Stability and bifurcation for a multiple group model for the dynamics of HIV/AIDS transmission, SIAM J. App. Math., 52: 835-853.

[54] Johnson, S. (2006) The Ghost Map, Riverhead Books, New York.

[55] Kermack, W.O. & A.G. McKendrick (1927) A contribution to the mathematical theory of epidemics, Proc. Royal Soc. London, 115: 700-721.

[56] Kermack, W.O. & A.G. McKendrick (1932) Contributions to the mathematical theory of epidemics, part. II, Proc. Roy. Soc. London, 138: 55-83.

[57] Kermack, W.O. & A.G. McKendrick (1933) Contributions to the mathematical theory of epidemics, part. III, Proc. Roy. Soc. London, 141: 94-112.

[58] Kribs-Zaleta, C.K. & J.X. Velasco-Hernandez (2000) A simple vaccination model with multiple endemic states, Math Biosc., 164: 183-201.

[59] Ma, J. & D.J.D. Earn (2006) Generality of the final size formula for an epidemic of a newly invading infectious disease, Bull. Math. Biol., 68: 679-702.

[60] MacDonald, G. (1957) The Epidemiology and Control of Malaria, Oxford University Press. Oxford University Press.

[61] McKendrick, A.G. (1926) Applications of mathematics to medical problems, Proc. Edinburgh Math. Soc., 44: 98-130.

[62] Metz, J.A.J. (1978) The epidemic in a closed population with all susceptibles equally vulnerable; some results for large susceptible populations and small initial infections, Acta Biotheoretica, 78: 75-123.

[63] Miller, J.C. (2011) A note on a paper by Erik Volz: SIR dynamics in random networks, J.Math. Biol., 62: 349-358.

[64] Miller, J.C., & E. Volz (2013) Incorporating disease and population structure into models of SIR disease in contact networks, PLoS One 8: e69162, https://doi.org/10.1371/journal.pone. 0069162.

[65] Newman, M.E.J. (2002) The spread of epidemic disease on networks, Phys. Rev. E 66, 016128.

[66] Newman, M.E.J., S.H. Strogatz, & D.J. Watts (2001) Random graphs with arbitrary degree distributions and their applications, Phys. Rev. E 64, 026118.

[67] Nowak, M., & R.M. May (1996) Virus Dynamics: Mathematical Principles of Immunology and Virology, Oxford Univ. Press.

[68] Nold, A. (1980) Heterogeneity in disease transmission modeling, Math. Biosc., 52: 227-240.

[69] Ross, R.A. (1911) The prevention of malaria (2nd edition, with Addendum). John Murray, London.

[70] Schuler-Faccini, L. (2016) Possible association between Zika virus infections and microcephaly Brazil 2015, MMWR Morbidity and Mortality weekly report: 65.

[71] Snow, J. (1855) The mode of communication of cholera (2nd ed.), Churchill, London.

[72] Steffensen, G.F. (1930) Om sandsynligheden for at affkommet uddor, Matematisk Tiddskrift, B 1: 19-23.

[73] Steffensen, G.F. (1931) Deux problèmes du calcul des probabilités, Ann. Inst. H. Poincaré, 3: 319-341.

[74] Thieme, H.R. and C. Castillo-Chavez (1989) On the role of variable infectivity in the dynamics of the human immunodeficiency virus. In Mathematical and statistical approaches to *AIDS* epidemiology, C. Castillo-Chavez, ed., Lect. Notes Biomath. 83: 200-217, Springer-Verlag, Berlin-Heidelberg-New York.

[75] Thieme, H.R. and C. Castillo-Chavez (1993) How may infection-age dependent infectivity affect the dynamics of HIV/AIDS?, SIAM J. Appl. Math., 53: 1447-1479.

[76] Volz, E. (2008) SIR dynamics in random networks with heterogeneous connectivity, J. Math. Biol., 56: 293-310.

[77] Watson, H.W. & F. Galton (1874) On the probability of the extinction of families, J. Anthrop. Inst. Great Britain and Ireland, 4: 138-144.

[78] Wilson, E.B. & M.H. Burke (1942) The epidemic curve, Proc. Nat. Acad. Sci., 28: 361-367.

[79] Yakubu, A. & C. Castillo-Chavez (2002) Interplay between local dynamics and dispersal in discrete-time metapopulation models, J. Theor. Biol., 218: 273-288.

第 2 章　疾病传播的简单仓室模型

通常存在于人群中的地方性流行病会导致许多人死亡. 例如, 2011 年, 在世界范围内结核病估计造成 140 万人死亡, 艾滋病病毒/艾滋病 (HIV/AIDS) 导致 120 万人死亡. 根据世界卫生组织的资料, 有 62.7 万人死于疟疾. 但其他估计表明, 疟疾死亡人数为 120 万. 在发达国家很容易被治疗的麻疹在 2011 年造成 16 万人死亡, 在 1980 年就有 260 万人死于麻疹. 麻疹死亡人数的显著减少是由于获得了麻疹疫苗. 如斑疹伤寒、霍乱、血吸虫病和昏睡病等其他疾病在世界许多地方都是地方病. 疾病死亡率高对平均寿命的影响以及疾病削弱和死亡率对受灾国家经济的影响是相当大的. 这些疾病的死亡大多数发生在欠发达国家, 特别是在非洲, 那里的地方病是经济发展的巨大障碍. 描述许多地方病特性的参考文献是 [2].

对于某些地区流行的疾病, 公共卫生医生希望能够估算出给定时间内感染的人数以及出现新感染的比率. 隔离或疫苗对减少受害者人数的作用十分重要. 此外, 在人群中战胜疾病的流行, 从而控制甚至消除该疾病的可能性也值得研究.

在短期内发生的流行病, 可被描述为一种疾病的突然暴发, 该疾病在消失之前会感染一个地区的相当一部分人群. 流行病总是对一部分人群毫无影响. 在通常情况下, 疫情的暴发间隔数年, 随着人群产生一定的免疫力, 其严重程度可能会降低.

1919—1920 年的"西班牙流感"大流行在全球范围内造成约 5000 万人甚至更多的死亡. 艾滋病、2002—2003 年的"非典"、2009—2010 年的 H1N1 流感等复发性流感大流行以及埃博拉病毒等疾病的暴发是许多人关注和感兴趣的事件.

地方病和流行病之间的本质区别在于, 在地方病中, 存在某种机制, 可通过新易感者的出生、易感者的移民、从感染中康复而无对抗再感染的免疫力, 或丧失免疫力, 使易感者人群流入正在研究的人群中. 这可能导致在人群中仍然存在一定程度的感染. 而在流行病中, 由于没有新的易感人群的流入, 易感人群匮乏, 感染人群的数量会减少到零.

面对可能的流行病, 公共卫生医生有许多感兴趣的问题. 例如, 流行病的严重程度如何? 这个问题可以用多种方式解释. 如有多少人将受到侵袭并需要治疗? 在任何特定时间需要照料的最多人数是多少? 这种流行病会持续多久? 是否可以通过在流行之前为足够的人口进行疫苗接种来避免疾病的流行? 对受害者进行隔离对减少流行病的严重程度有多大作用?

看不见的生物是疾病的病原体这一观点至少可以追溯到亚里士多德 (公元前 384—前 322) 的著作, 并在 16 世纪将它发展为一种理论. Leeuwenhoek(1632—1723) 在第一代显微镜的帮助下证明了微生物的存在. Jacob Henle (1809—1885) 于 1840 年首次对疾病的细菌理论进行了表述, 并被 Robert Koch(1843—1910), Joseph Lister(1827—1912) 和 Louis Pasteur (1827—1875) 于 19 世纪下半叶和 20 世纪初正式提出.

大多数疾病感染的传播机制现在已经搞清楚. 一般来说, 通过病毒病原体传播的疾病, 如流感、麻疹、风疹 (德国麻疹) 和水痘, 对再次感染具有免疫力, 而通过细菌传播的疾病, 如结核病、脑膜炎和淋病, 对再次感染没有免疫力. 其他疾病, 如疟疾, 不是直接在人与人之间传播, 而是通过被人类感染的媒介 (通常是昆虫), 再将疾病传播给人类. 艾滋病病毒/艾滋病 (HIV/AIDS) 的异性传播也是一个在男性和女性之间来回传播的媒介过程.

本章的目的是介绍和分析用于疾病传播的简单仓室模型, 包括地方病和流行病. 这里我们只想介绍基本再生数的概念, 以及它如何决定两个不同结果之间的阈值. 在后面的章节中, 我们将研究具有更详细结构的模型, 并包括试图分析控制疾病的不同方法的效果.

2.1 仓室模型介绍

我们将对疾病传播的描述表述为一个仓室模型, 将被研究的人群分为在几个仓室内, 并对从一个仓室转移到另一个仓室的特性和对时间的变化率作了假设. 被研究的人群分为 S, I 和 R 的三个类. 令 $S(t)$ 表示易感者的个数, 即在时间 t 尚未感染疾病的人数. $I(t)$ 表示染病者的个数, 假设染病者可通过他们与易感者接触来传播疾病. $R(t)$ 表示那些已被感染, 然后从可能再次被感染或传播传染病的个体中移去的个体数. 移去人员包括与其他人群隔离, 或通过对感染进行免疫接种, 或通过对再次感染具有完全免疫能力的疾病康复, 或通过该疾病引起的死亡的人员. 从流行病学的角度来看, 被移去成员的这些特征是不同的, 但从建模的观点来看, 这些特征通常是等价的, 后者仅考虑个体关于疾病的状态.

在许多疾病中, 染病者在康复后又会回到易感者人群中, 因为这种疾病对再次感染没有免疫力. 这种模型适用于大多数由细菌媒介或蠕虫媒介传播的疾病, 以及大多数性传播的疾病 (包括淋病, 但不包括艾滋病等现在无法治愈的疾病). 我们用术语 SIS 来描述一种对再感染没有免疫力的疾病, 它表明个体的传播是通过易感者人群到染病者人群, 然后再回到易感者人群类.

我们将用 SIR 这一术语来描述一种对再次感染具有免疫力的疾病, 以表明个体的转移是从易感的 S 类到染病的 I 类再到被移去的 R 类. 通常, 由病毒引起的

疾病属于 SIR 型.

　　除了康复后赋予对再感染免疫的疾病和康复成员易再感染的疾病之间的基本区别, 以及由 $SIRS$ 型模型表示的临时免疫的中间可能性之外, 更复杂的仓室结构仍是可能的. 例如, 在被感染到变成为染病者之间存在一个暴露期的 $SEIR$ 型模型和 $SEIS$ 型模型.

　　假设疾病传播的过程是确定性的, 也就是说, 人群的性态完全由它的历史和描述模型的规则所确定. 在用每个仓室大小对时间的导数建立模型时, 我们还假设一个仓室中的人数是时间的可微函数. 这种假设在描述地方病状态时是合理的. 但是, 在第 4 章中我们描述疾病暴发和流行病的建模时, 在疾病暴发初期, 只有少数几个染病者, 疾病暴发的开始取决于与少数染病者随机接触. 这将需要在 4.1 节中研究的另一种方法, 但目前我们先描述确定性仓室模型.

　　在我们的仓室模型中, 自变量是时间 t, 仓室之间的转移率在数学上表示为仓室大小对时间的导数, 因此我们的模型最初是用微分方程表示的. 如果模型中的传递速率依赖于过去和现在的仓室大小, 这将导致更一般的泛函方程, 如微分-差分方程或积分方程. 在本章中, 我们将始终假设人群在每个仓室的停留时间呈指数分布, 因此我们的模型将是常微分方程系统. 在第 3 章和第 4 章我们将开始研究更一般类型的模型.

　　为了叙述疾病传播的仓室模型, 需要对仓室之间人员的流动速率作一些假设. 在最简单的模型中, 需要表示染病率和感染后的康复率的表达式. 关于传播感染最常见的假设是质量作用发病率. 它假设人口的总平均规模为 N, 单位时间内个人以 βN 的接触率传播感染. 另一个可能的假设是标准发病率, 即假定在单位时间内平均每个人接触常数 a 次足以传播感染. 标准发病率是性传播疾病的一种常见假设. 更实际的情况是, 可以假设参数 β 或 a 不是常数, 而是总人口的函数. 我们始终假设接触是有效的. 其意思是, 如果在染病者个体与易感者个体之间存在接触, 则感染总是传递给易感者. 然而, 一个仓室里的染病者可能比另一个仓室里的人传染性更弱. 在这种情况下, 我们可以在一些接触中包含一个减少因子来建立模型.

　　对于质量作用发病率 (接触率 βN), 由于染病者与易感者随机接触的概率为 $\dfrac{S}{N}$, 因此, 单位时间内每个染病者的感染人数为 $(\beta N)\dfrac{S}{N}$, 给出新感染率 $(\beta N)(I/N)S = \beta SI$. 或者, 我们可能会认为对易感者, 这种接触的感染概率是 $1/N$, 因此每个易感者的新感染率是 $(\beta N)(I/N)$, 从而给出新感染人数是 $(\beta N)(I/N)S = \beta SI$. 注意, 这两种方法给出相同的新感染率; 在更复杂的仓室结构模型中, 一个方法可能比另一个更合适.

　　用标准发病率, 类似的理由 (接触率 a) 导致新感染率的结果是

$$aS\frac{I}{N}.$$

如果总人口规模 N 是常数, 则可交替使用 a 和 βN, 最常用的是 βN, 部分出于历史原因. 但是, 对性传播的疾病而言, 接触者的标准发病率形式更为普遍. 当我们在第 5 章中研究异质混合时, 使用标准发病率形式更方便, 但也可以用质量作用形式来代替.

一个通常的假设是, 染病者每单位时间以固定的速率 αI 离开染病者类. 这一假设需要更充分的数学解释, 因为康复率与染病者人数成比例的假设没有明确的流行病学意义. 考虑 "一组" 成员, 他们在同一时间全部被感染, 令 $u(s)$ 表示染病后经过 s 个时间单位仍是染病者的人数. 如果单位时间内离开染病者类的比例为 α, 那么

$$u' = -\alpha u,$$

这个初等微分方程的解是

$$u(s) = u(0)e^{-\alpha t}.$$

因此, 染病者在 s 个单位时间以后仍保持为染病者的比例变成 $e^{-\alpha s}$, 所以传染期的长度呈平均值为 $\int_0^\infty e^{-\alpha s}ds = 1/\alpha$ 的指数分布, 这才是真正的假设. 这个假设是为了简化起见, 因为它可以建立常微分方程模型, 但是在下一章中, 我们将会研究传染期具有其他分布的模型.

为了看出平均感染期是 $1/\alpha$, 我们指出, 由于感染后 s 个时间单位内仍保持感染的比例是 $e^{-\alpha s}$, 因此传染期恰好是 s 的比例是

$$-\frac{d}{ds}e^{-\alpha s},$$

平均传染期是

$$\int_0^\infty s\frac{d}{ds}e^{-\alpha s}ds.$$

分部积分显示它是

$$-\int_0^\infty e^{-\alpha s}ds = \frac{1}{\alpha}.$$

在这一章中, 我们将分析疾病传播的包括人口统计 (出生和自然死亡) 的 SIS 和 SIR 模型. 我们的目标是在尽可能简单的情况下描述地方病和流行病. 在后面的章节中, 我们将分析更复杂的模型, 包括更多的仓室结构、在异质混合仓室停留的更一般分布. 本章主要讨论地方病模型的平衡点分析和渐近性态, 以及流行病模型的最后规模关系.

微分方程

$$y' = f(y) \tag{2.1}$$

的常数解 y_0 指方程 $f(y) = 0$ 的解, 称它为微分方程的平衡点. 称平衡点 y_0 是稳定的, 如果微分方程 (2.1) 的每个充分接近于 y_0 的初值 $y(0)$ 的解 $y(t)$ 对所有 $t \geqslant 0$ 都保持接近于平衡点 y_0. 如果平衡点是稳定的, 而且另外每个初值都充分接近于 y_0 的解当 $t \to \infty$ 时都趋于该平衡点, 则称此平衡点渐近稳定. 注意到在此定义中, 我们没有对 "充分接近" 的含意作出说明. 这个渐近稳定性是一个局部性概念. 称平衡点 y_0 是全局稳定的, 如果它是稳定的, 而且 (2.1) 的所有以 $y(0)$ 为初值的解当 $t \to \infty$ 时都趋于 y_0. 不是稳定的平衡点称为是不稳定的. 渐近稳定性和不稳定性这两个概念对微分方程的定性分析至关重要. 一个重要的基本结果是对微分方程 (2.1) 的平衡点 y_0, 如果 $f'(y_0) < 0$, 则它是渐近稳定的, 如果 $f'(y_0) > 0$, 则它是不稳定的. $f'(y_0) = 0$ 的情形更难以分析.

地方病和流行病中的一个中心概念是基本再生数, 它将在 2.2 节中定义.

在下面两节中我们将讨论地方病模型, 在接下来的两节再讨论流行病模型.

2.2   SIS 模型

描述传染病传播的基本仓室模型包含在 W. O. Kermack 和 A. G. McKendrick 分别于 1927 年、1932 年和 1933 年发表的三篇论文 [17—19] 中.

Kermack 和 McKendrick[18] 提出的最简单的 SIS 模型是

$$\begin{aligned} S' &= -\beta SI + \alpha I, \\ I' &= \beta SI - \alpha I. \end{aligned} \tag{2.2}$$

这基于下面的基本假设:

(i) 新感染率由质量作用发病率给出.

(ii) 每单位时间染病者以比率 αI 离开染病者类并返回易感者类.

(iii) 人群中没有迁入和移出.

(iv) 没有因疾病死亡, 总人数是常数 N.

在 SIS 模型中总人口规模 N 等于 $S + I$. 稍后, 我们将允许有一些染病者康复, 而其他人有死于这种疾病的可能性, 从而提供一个更一般的模型. 假设 (iii) 实际上表明, 疾病的时间尺度比出生和死亡的时间尺度快得多, 因此人口统计的影响可以忽略.

由于 (2.2) 意味着 $(S + I)' = 0$, 故总人口规模 $N = S + I$ 是一个常数. 我们可以通过用 $N - I$ 代替 S 将模型 (2.2) 化为单个微分方程

$$I' = \beta I(N - I) - \alpha I = (\beta N - \alpha)I - \beta I^2$$

$$= (\beta N - \alpha)I \left(1 - \frac{I}{N - \dfrac{\alpha}{\beta}} \right). \tag{2.3}$$

现在 (2.3) 是形如

$$I' = rI \left(1 - \frac{I}{K} \right)$$

的 Logistic 微分方程, 其中 $r = \beta N - \alpha$, $K = N - \alpha/\beta$. 我们回忆一下 Logistic 方程的分析.

利用变量分离可明显求解 Logistic 方程, 满足初始条件 $x(0) = x_0$ 的解为

$$x(t) = \frac{K x_0 e^{rt}}{K - x_0 + x_0 e^{rt}} = \frac{K x_0}{x_0 + (K - x_0)e^{-rt}}. \tag{2.4}$$

Logistic 初值问题的解的表达式 (2.4) 表明, 只要 $r > 0, K > 0$, 若 $x_0 > 0$, 则当 $t \to \infty$ 时 $x(t)$ 趋于极限 K. 在对微分方程 (2.3) 的分析中出现了 $K < 0$ 的情形, 但它本身没有任何生物学意义.

对模型 (2.3) 的这个定性结果告诉我们, 如果 $\beta N - \alpha < 0$ 或者 $\beta N/\alpha < 1$, 则满足非负初始值的所有解当 $t \to \infty$ 时都趋于极限零 (这时常数解 $I = N - \beta/\alpha$ 是负的), 如果 $\beta N/\alpha > 1$, 则满足非负初始值的所有解, 除了常数解 $I = 0$ 当 $t \to \infty$ 时都趋于极限 $N - \alpha/\beta > 0$. 因此, 对 I 始终存在单个极限值, 但量 $\beta N/\alpha$ 的值确定趋于哪个极限值, 不管疾病的初始状态如何. 从流行病学的角度来看, 这意味着如果量 $\beta N/\alpha$ 小于 1, 则从感染人数趋近于零的意义上说, 传染消失. 因此, 对应于 $S = N$ 的常数解 $I = 0$ 称为无病平衡点. 另一方面, 如果数量 $\beta N/\alpha$ 大于 1, 则传染存在. 对应于 $S = \alpha/\beta$ 的常数解 $I = N - \alpha/\beta$ 称为地方病平衡点.

值 1 对量 $\beta N/\alpha$ 在下面意义下是一个临界点, 如果由于模型中的一些参数的某些变化, 这个量通过 1 时改变了解的性态.

量 $\beta N/\alpha$ 有流行病学解释. 由于 βN 是单位时间内染病者平均接触的次数, $1/\alpha$ 是平均传染期, 因此, 量 $\beta N/\alpha$ 是由单个染病者进入整个易感者人群所引起的继发性感染数. 基本再生数定义为在疾病的整个过程中染病者进入整个易感者人群所引起的平均继发性染病者的人数. 通常基本再生数记为 $\mathscr{R}_0$. 在此, 疾病的基本再生数或接触数是

$$\mathscr{R}_0 = \frac{\beta N}{\alpha}. \tag{2.5}$$

在对传染病模型的研究中, 基本再生数是一个中心概念, 它的确定始终是必不可少的第一步. 对于基本再生数值 1 定义了一个阈值, 在该阈值处传染在消失和持

续之间变化. 直观上很清楚, 如果 $\mathscr{R}_0 < 1$, 传染应消失, 而如果 $\mathscr{R}_0 > 1$, 则传染应自行建立. 在比我们在这里开发的简单模型更高结构化的模型中, 基本再生数的计算可能要复杂得多, 但是由基本概念仍可以得到, 即基本再生数的计算方法是在疾病过程中由染病者引起的平均继发性染病者人数.

　　由于地方病平衡点对应于长期情形, 因此在我们的模型中包括人口统计过程 (即出生和自然死亡) 会更加现实.

　　一个简单的假设是, 存在依赖于总人口规模 N 的出生率 $\Lambda(N)$ 和与 μ 成比例的死亡率. 正如疾病康复率一样, 与死亡率成比例的假设等价于假设平均值为 $1/\mu$ 的指数分布寿命. 在无病的情况下, 人口总数 N 满足微分方程

$$N' = \Lambda(N) - \mu N.$$

在此, 有必要介绍一些基本的定义和结果来描述这个微分方程解的定性性态, 因为它是一个不可能解析求解的微分方程.

　　种群的容纳量是满足

$$\Lambda(K) = \mu K, \quad \Lambda'(K) < \mu$$

的极限种群. 条件 $\Lambda'(K) < \mu$ 保证平衡点种群规模 K 渐近稳定. 合理的假设是, K 是满足 $0 \leqslant N \leqslant K$ 使得

$$\Lambda(N) > \mu N$$

的唯一正平衡点. 对大多数种群模型,

$$\Lambda(0) = 0, \quad \Lambda''(N) \leqslant 0.$$

但是, 如果 $\Lambda(N)$ 代表补充到一个行为类的自然增长, 这对于性传播疾病模型来说是很自然的, $\Lambda(0) > 0$ 是合理的, $\Lambda(N)$ 甚至可视为常数函数. 如果 $\Lambda(0) = 0$, 则要求 $\Lambda'(0) > \mu$, 因为如果不满足此要求, 就不会出现正平衡点, 而且即使没有疾病, 种群也会消亡.

　　描述单位时间与人口密度相关的出生率 $\Lambda(N)$, 质量作用接触率, 每类中人口死亡率 μ 和康复率 α 的疾病中染病者在对再次感染没有免疫力的情况下康复, 包括出生和死亡的模型是

$$\begin{aligned}
S' &= \Lambda(N) - \beta SI - \mu S + \alpha I, \\
I' &= \beta SI - \alpha I - \mu I.
\end{aligned} \tag{2.6}$$

　　如果我们加入 (2.6) 中的两个方程, 并利用 $N = S + I$, 则得到

$$N' = \Lambda(N) - \mu N.$$

因此, 当 $t \to \infty$ 时 N 趋于 K.

容易验证

$$\mathscr{R}_0 = \frac{\beta K}{\mu + \alpha},$$

因为一个染病者进入规模为 K 的整个易感者人群, 单位时间内有 βK 个新染病者, 传染期内平均自然死亡率纠正为 $1/(\mu + \alpha)$.

可以证明, 如果 $\mathscr{R}_0 > 1$, 则 (2.6) 的地方病平衡点存在且始终渐近稳定. 如果 $\mathscr{R}_0 < 1$, 则这个系统只有无病平衡点, 且它是渐近稳定的. 模型 (2.6) 的定性性态与没有人口统计的模型 (2.2) 的性态相同.

由于假设总人口 $S + I$ 是常数或者 $t \to \infty$ 时有常数极限, 可将两个方程的方程组 (2.2) 化为单个方程. 如果存在疾病死亡, 则这个假设不成立, 必须利用二维系统作为模型.

假设染病者康复的比例为 αI, 死亡率为 dI. 则模型 (2.6) 由模型

$$\begin{aligned} S' &= \Lambda(N) - \beta SI - \mu S + \alpha I, \\ I' &= \beta SI - (\alpha + d)I - \mu I \end{aligned} \tag{2.7}$$

代替. 现在总人口规模的方程是

$$N' = \Lambda(N) - \mu N - dI.$$

模型 (2.7) 中含有三个变量 S, I, N, 我们可以通过用 $(N - I)$ 代替 S 将它化为变量为 I 和 N 的二维系统, 得到模型

$$\begin{aligned} I' &= \beta I(N - I) - (\alpha + d + \mu)I, \\ N' &= \Lambda(N) - \mu N - dI. \end{aligned}$$

这个模型的分析比较困难, 现在, 我们宁可将注意力转移到 *SIR* 模型上, 而不是对此模型进行分析. 因为对 *SIR* 模型, 涉及的常微分方程系统的模型的一般方法更容易说明.

2.3 具有出生和死亡的 *SIR* 模型

Kermack 和 McKendrick[18] 的 *SIR* 模型包括与总人口规模成比例的染病者类的出生和每类中的死亡率与该类成员数成比例. 如果出生率与死亡率不相等, 那么这个模型就会允许总人口规模指数地增长或者指数地消亡. 这适用于疾病是否会控制人口规模, 或者是否将会指数地增长这类问题. 后面我们将回到这个课

题, 它在有高出生率的欠发达国家的许多疾病研究中很重要. 叙述一个总人口规模保持有界的模型, 可按照 Hethcote[12] 建议的方法, 其中出生率与死亡率相等, 总人口规模 N 保持为常数. 这样的模型是

$$S' = -\beta SI + \mu(N - S),$$
$$I' = \beta SI - \alpha I - \mu I,$$
$$R' = \alpha I - \mu R.$$

因为 $S + I + R = N$ 且 $N' = 0$, N 是常数, 当 S 和 I 知道时可视 R 确定. 因此, 我们可以考虑二维系统

$$S' = -\beta SI + \mu(N - S),$$
$$I' = \beta SI - \alpha I - \mu I. \tag{2.8}$$

下面将研究更一般的具有出生和疾病死亡的 SIR 模型, 这种疾病对某些染病者可能是致命的. 对这类疾病, 移出成员类 R 应该仅包括康复成员, 没有成员因疾病死亡而移出. 如果存在疾病死亡, 就不能假设总人口规模保持为常数. 对某些染病者可能致命的疾病的合理模型必须允许总人口随着时间变化.

具有质量作用接触率和出生率依赖于人口密度的模型为

$$S' = \Lambda(N) - \beta SI - \mu S,$$
$$I' = \beta SI - \mu I - dI - \alpha I,$$
$$N' = \Lambda(N) - dI - \mu N. \tag{2.9}$$

如果 $d = 0$, 则没有疾病死亡, 因此对 N 的方程是

$$N' = \Lambda(N) - \mu N,$$

从而, $\Lambda'(K) < \mu$ 保证 $N(t)$ 趋于极限人口规模 K, 因此 N 方程的平衡点 K 渐近稳定.

我们将定性分析 $d = 0$ 的模型 (2.9). 这个定性分析取决于平衡点和系统关于平衡点的线性化思想, 这是一种可以追溯到 20 世纪初的通用方法. 鉴于以上所述, 如果没有疾病死亡, 我们的分析也将适用于更一般的模型 (2.9). 对 $d > 0$ 的系统 (2.9) 的分析要困难得多. 我们将把对 (2.9) 的研究限制在没有详细证明的描述上.

分析的第一步是指出模型 (2.9) 是适定的. 适定问题是一个有唯一解的问题 (因此求解这个数学问题可得到一个唯一解的表达式), 而且该解保持非负 (因此具

有流行病学意义). 就是说, 由于 $S' \geqslant 0, I' \geqslant 0$, 故若 $S = 0, I = 0$, 则对 $t \geqslant 0$ 有 $S \geqslant 0, I \geqslant 0$, 又因为 $N' \leqslant 0$ 故若 $N = K$, 对 $t \geqslant 0$ 有 $N \leqslant K$. 因此, 如果解开始在区域 $S \geqslant 0, I \geqslant 0, 0 \leqslant N \leqslant K$ 内, 那它永远在这个有生物学现实意义的区域中. 按理我们在分析一个数学模型时应该验证这些条件, 但在实践中这一步经常被忽略.

我们的方法是求平衡点 (常数解), 然后确定每个平衡点的渐近稳定性. 正如我们在 2.1 节末尾定义的, 平衡点的渐近稳定性意指从充分靠近平衡点开始的解将停留在平衡点附近, 且当 $t \to \infty$ 时趋于这个平衡点, 平衡点的不稳定性意味着存在从任意靠近平衡点开始但不趋于平衡点的解. 两个微分方程的系统的平衡点分析要求微分方程系统的线性化概念和某些线性代数知识. 为了求平衡点 (S_∞, I_∞), 令两个方程每一个右端等于零. 由第二个得到两个代数方程因子. 第一个选择是 $I_\infty = 0$, 这给出的是一个无病平衡点, 第二个选择是 $\beta S_\infty = \mu + \alpha$, 若 $\beta S_\infty = \mu + \alpha < \beta K$, 由它给出一个地方病平衡点. 如果 $I_\infty = 0$, 由另一个方程给出 $S_\infty = K = \Lambda/\mu$. 对地方病平衡点, 第一个方程给出

$$I_\infty = \frac{\Lambda}{\mu + \alpha} - \frac{\mu}{\beta}.$$

通过令 $y = S - S_\infty$, $z = I - I_\infty$, 借助新变量 y 和 z 并在 Taylor 展开式中只保留线性项将系统关于平衡点 (S_∞, I_∞) 线性化, 得到两个线性方程的系统

$$y' = -(\beta I_\infty + \mu)y - \beta S_\infty z,$$
$$z' = \beta I_\infty y + (\beta I_\infty - \mu - \alpha)z.$$

这个线性系统的系数矩阵是

$$\begin{bmatrix} -\beta I_\infty - \mu & -\beta S_\infty \\ \beta I_\infty & \beta S_\infty - \mu - \alpha \end{bmatrix}.$$

这个矩阵是大家熟悉的 Jacobi 矩阵. 然后我们求其分量是 $e^{\lambda t}$ 乘上一个常数的解, 这意味着 λ 必须是这个系数矩阵的特征值. 在平衡点的线性化的所有解 $t \to \infty$ 时都趋于零的条件是, 这个系数矩阵的每个特征值的实部都为负数. 在无病平衡点, 这个矩阵为

$$\begin{bmatrix} -\mu & -\beta K \\ 0 & \beta K - \mu - \alpha \end{bmatrix},$$

它有特征值 $-\mu$ 和 $\beta K - \mu - \alpha$. 因此, 如果 $\beta K < \mu + \alpha$, 这个无病平衡点渐近稳定, 如果 $\beta K > \mu + \alpha$, 它不稳定. 注意, 这个无病平衡点的不稳定条件与存在地方病平衡点的条件相同.

一般地, 2×2 矩阵的特征值具有负实部的条件是它的行列式为正, 迹 (矩阵对角线元素之和) 为负. 由于在地方病平衡点 $\beta S_\infty = \mu + \alpha$ 的线性化矩阵是

$$\begin{bmatrix} -\beta I_\infty - \mu & -\beta S_\infty \\ \beta I_\infty & 0 \end{bmatrix},$$

这个矩阵有正的行列式和负的迹. 因此, 这个地方病平衡点如果存在, 则它永远渐近稳定. 如果

$$\mathscr{R}_0 = \frac{\beta K}{\mu + \alpha} = \frac{K}{S_\infty}$$

小于 1, 则这个系统只有一个无病平衡点, 且这个平衡点渐近稳定. 事实上, 不难证明这个渐近稳定是全局的, 就是说, 每个解都趋于这个无病平衡点. 如果量 $\mathscr{R}_0$ 大于 1, 则这个无病平衡点不稳定, 但是存在一个渐近稳定的地方病平衡点. $\mathscr{R}_0$ 再次是基本再生数. 它依赖于 (由参数 α 确定的) 特殊疾病和接触率, 在被研究的社区中的接触率可以依赖于人口密度. 这个疾病模型具有阈值性态: 如果这个基本再生数小于 1, 则疾病消失, 如果它大于 1, 则这个疾病将成为一个地方病. 正如上一节的 SIS 模型, 基本再生数是由单个染病者进入整个易感者人群而引起的继发性染病的人数, 因为单位时间内每个染病者的接触人数是 βK, 平均染病期是 $\dfrac{1}{\mu + \alpha}$ (对有自然死亡的要修正).

分析模型 (2.9) 有两个方面比分析 (2.8) 更复杂. 第一个是平衡点的研究. 由于 $\Lambda(N)$ 依赖于 N, 必须借助 N 利用两个平衡点方程求 S 和 I, 再代入第三个条件得到 N 的方程. 然后对 $N = 0$ 和 $N = K$ 比较所得方程的两边, 可以证明, 如果 $\mathscr{R}_0 > 1$, 则地方病平衡点的 N 值必须在 0 与 K 之间.

第二个复杂性是稳定性分析. 由于 (2.9) 是不能化为二维系统的三维系统, 它在平衡点的线性化的系数矩阵是 3×3 矩阵, 所得的特征方程是形如

$$\lambda^3 + a_1 \lambda^2 + a_2 \lambda + a_3 = 0$$

的三次多项式方程. 这个特征方程的所有根具有负实部的充分必要条件是满足 Routh-Hurwitz 条件[16,22]

$$a_1 > 0, \quad a_1 a_2 - a_3 > 0.$$

对模型 (2.9) 的地方病平衡点验证这些条件需要在技术上的复杂计算.

地方病平衡点的渐近稳定性意味着仓室大小趋于一个稳定态. 如果这个平衡点不稳定, 则可能存在持续振荡. 疾病模型中的振荡意味着预期的病例数有波动. 如果振荡有长周期, 这可能意味着按照短期的实验数据预测未来是非常不现实的. 含有其他因素的流行病也可能出现有振荡. [14, 15] 中描述了各种这样的情况.

由 (2.9) 的第三个方程, 得到

$$N' = \Lambda - \mu N - \alpha I,$$

其中 $N = S + I + R$, 由此, 我们看到, 在地方病平衡点 $N = \dfrac{\Lambda}{\mu} - \dfrac{\alpha I}{\mu}$, 以及人口规模由容纳量 K 减少为

$$\frac{d}{d\mu} I_\infty = \left[\frac{\alpha K}{\mu + \alpha} - \frac{\alpha}{\beta} \right].$$

SIR 模型中的参数 α 可考虑描述疾病的致病性. 如果 α 很大, 则不大可能有 $\mathcal{R}_0 > 1$. 如果 α 很小, 则在地方病平衡点的总人口规模接近于人口的容纳量 K. 因此, 由疾病引起最大人口减少的将是中间的病原性疾病, 其中 α 既不接近于 0 也不接近于 1.

数值模拟显示, 如果流行病学与人口统计学的时间尺度相差很大, 则对 SIR 模型, 趋于地方病平衡点就像有迅速和严重的流行病. 相同的情况也发生在 SIS 模型中. 如果疾病死亡很少, 则在地方病平衡点的染病者数量可能是本质的, 这时可存在关于地方病平衡点的大振幅阻尼振动, 对 SIR 和 SIS 这两个模型, I 的微分方程可写为

$$I' = I[\beta(N)S - (\mu + \alpha)] = \beta(N)I[S - S_\infty],$$

由此得知, 当 S 超过它的地方病平衡点 S_∞ 值时 I 增加, 这时可能出现类似流行病的性态. 因此, 如果 $\mathcal{R}_0 < 1$, 则 I 减少. 从而, 如果 $\mathcal{R}_0 < 1$, I 不可能增加, 因此不会发生流行病.

2.4 简单的 Kermack-McKendrick 流行病模型

数学流行病学的早期成就之一是由 Kermack 和 McKendrick 在 1927 年提出的简单模型 [17], 其预测与在无数流行病中观察到的入侵疾病的性态非常相似: 疾病突然入侵人群, 强度增加, 然后消失, 部分人口未受到影响. Kermack-McKendrick 模型是一种仓室模型, 它基于对人口不同类别成员之间的流动速率的相对简单的假设. 2002—2003 年的 "非典" 流行病重新唤起了人们对流行病模型的兴趣. 自 Kermack 和 McKendrick 时代以来, 人们对流行病模型的兴趣基本上被忽视了, 转而对地方病模型感兴趣.

Kermack 和 McKendrick 在 1927 年提出的模型的特殊情形

$$\begin{aligned}
S' &= -\beta SI, \\
I' &= \beta SI - \alpha I, \\
R' &= \alpha I
\end{aligned} \tag{2.10}$$

是我们研究流行病学的起点. 其流程如图 2.1 所示.

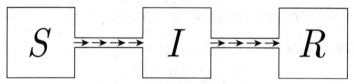

图 2.1　SIR 模型 (2.10) 的流程

　　它基于对 2.2 节的 SIS 模型所作的相同假设, 除了康复的染病者移到移除者类, 而不是返回到易感者类. 为了方便起见, 我们将把这个模型称为简单的 Kermack-McKendrick 模型, 但要提醒读者, 这实际上是 Kermack-McKendrick 模型的一个非常特殊例子. 由 (2.10), 我们看到 $N = S + I + R$ 是一个常数.

　　常数接触率和指数分布的康复率的假设简单得不大现实. 可以构建和分析更一般的模型, 但我们这里的目标是展示可以从极其简单的模型中得出的一些结论. 事实证明, 许多更真实的模型表现出非常相似的定性性态.

　　在我们的模型中, 一旦 S 和 I 已知, R 就确定了, R 方程就可从我们的模型中去掉, 留下两个方程的系统

$$
\begin{aligned}
S' &= -\beta SI, \\
I' &= \beta SI - \alpha I,
\end{aligned}
\tag{2.11}
$$

连同初始条件

$$S(0) = S_0, \quad I(0) = I_0, \quad S_0 + I_0 + N.$$

　　考虑将少量染病者个体引入易感者人群中, 问是否会产生流行病. 我们指出, 仅当 $S(t)$ 和 $I(t)$ 保持非负值时, 该模型才有意义. 因此, 如果 $S(t)$ 或 $I(t)$ 达到零, 就认为该系统已经终止. 我们观察到, 当且仅当 $\frac{\beta S}{\alpha} > 1$ 时, 对所有 t 有 $S' < 0$ 和 $I' > 0$. 因此, 只要 $\frac{\beta S}{\alpha} > 1$, I 就增加, 但是由于 S 对所有 t 都减小, 因此 I 最终会减少并趋于零.

　　量 $\mathscr{R}_0 = \frac{\beta N}{\alpha}$ 确定是否存在流行病. 如果 $\mathscr{R}_0 < 1$, 则传染消失, 因为此时对所有 t 有 $I'(t) < 0$, 故没有流行病. 通常, $S_0 \approx N$. 如果该流行病由正在研究的某个人群中的某人开始, 例如, 由于出门旅游而被感染了异地疾病, 那么我们将有 $I_0 > 0$, $S_0 + I_0 = N$. 第二个途径可由来自人群外部访客所启动. 这时我们有 $S_0 = N$. 如果 $\mathscr{R}_0 > 1$, I 一开始增加被解释为是一种流行病.

　　由于 (2.11) 是微分方程的一个二维自治系统, 一个自然方法是寻找平衡点并关于每个平衡点将系统线性化以确定它们的稳定性. 但是, 由于满足 $I = 0$ 的每

个点都是平衡点, 方程 (2.11) 有一条平衡点直线, 这个方法就不能应用 (此时在每个平衡点的线性化矩阵有零特征值), 对常微分方程系统的标准线性化理论不可用时, 就得开发一个新的数学方法.

(2.11) 中的两个方程相加, 得

$$(S + I)' = -\alpha I.$$

因此, $S + I$ 是一个非负光滑的递减函数, 当 $t \to \infty$ 时它趋于一个极限. 同样, 不难证明, 光滑递减函数的导数有下界, 因此它必须趋于零, 这证明

$$I_\infty = \lim_{t \to \infty} I(t) = 0.$$

因此 $S + I$ 有极限 S_∞.

对 (2.11) 中的两个方程相加并从 0 到 ∞ 积分, 得

$$-\int_0^\infty (S(t) + I(t))' dt = S_0 + I_0 - S_\infty = N - S_\infty = \alpha \int_0^\infty I(t) dt.$$

(2.11) 的第一个方程除以 S 并从 0 到 ∞ 积分, 得

$$\log \frac{S_0}{S_\infty} = \beta \int_0^\infty I(t) dt = \frac{\beta}{\alpha}[N - S_\infty] = \mathscr{R}_0 \left[1 - \frac{S_\infty}{N}\right]. \tag{2.12}$$

称方程 (2.12) 为最后规模关系. 它给出基本再生数与流行病规模之间的关系. 注意, 流行病的最后规模, 即在整个流行过程中被感染的人口数量为 $N - S_\infty$. 这通常由发病率 $1 - \dfrac{S_\infty}{N}$ 描述. (技术上, 这个发病率应该称为发病比例, 因为它是一个无量纲量, 不是速率.) 发病率是指在整个流行病期间被感染的人口比例.

可将最后规模关系 (2.12) 推广到比简单的 SIR 模型 (2.11) 更复杂的仓室结构的流行病模型, 包括具有暴露期的模型、治疗模型, 以及包括疑似个体隔离和确诊染病者隔离的模型. Kermack-McKendrick[17] 原来的模型包括对自被染病起的时间 (染病年龄) 的依赖, 以及包括上述这些模型. 我们将在第 4 章讨论这些推广.

对 (2.11) 的第一个方程从 0 到 t 积分, 得

$$\log \frac{S_0}{S(t)} = \beta \int_0^t I(t) dt = \frac{\beta}{\alpha}[N - S(t) - I(t)],$$

这导致形式

$$I(t) + S(t) - \frac{\alpha}{\beta} \log S(t) = N - \frac{\alpha}{\beta} \log S_0. \tag{2.13}$$

这个 S 与 I 之间的隐式关系描述了 (2.12) 的解在 (S, I) 平面中的轨道.

此外, 由于 (2.13) 的右端是有限的, 左边也应该有限, 这证明 $S_\infty > 0$, 为看到这一点, 定义函数

$$g(x) = \log \frac{S_0}{x} - \mathscr{R}_0 \left[1 - \frac{x}{N} \right],$$

于是

$$g(0+) > 0, \quad g(N) < 0,$$

而且 $g'(x) < 0$ 当且仅当

$$0 < x < \frac{N}{\mathscr{R}_0}.$$

如果 $\mathscr{R}_0 \leqslant 1$, 则 $g(x)$ 从在 $x = 0+$ 的正值递减到在 $x = N$ 的负值. 因此, 存在 $g(x)$ 的唯一零点 S_∞, 满足 $S_\infty < N$. 函数 $g(x)$ 的图像如图 2.2 所示.

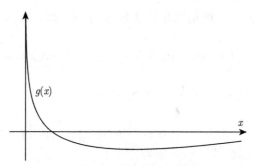

图 2.2　函数 $g(x)$ 的图像

如果 $\mathscr{R}_0 > 1$, 则 $g(x)$ 从在 $x = 0+$ 的正值单调递减到在 $x = \dfrac{N}{\mathscr{R}_0}$ 的极小值, 然后递减到在 $x = N_0$ 的负值, 因此, $g(x)$ 存在唯一零点 S_∞, 满足

$$S_\infty < \frac{N}{\mathscr{R}_0}.$$

事实上,

$$g \left(\frac{S_0}{\mathscr{R}_0} \right) = \log \mathscr{R}_0 - \mathscr{R}_0 + \frac{S_0}{N}$$

$$\leqslant \log \mathscr{R}_0 - \mathscr{R}_0 + 1.$$

由于对 $\mathscr{R}_0 > 1$, $\log \mathscr{R}_0 < \mathscr{R}_0 - 1$, 实际上我们有

$$g \left(\frac{S_0}{\mathscr{R}_0} \right) < 0$$

和

$$S_0 < \frac{S_0}{\mathscr{R}_0}. \tag{2.14}$$

一个重要问题是, 如果模型中的一个参数发生变化, 基本再生数如何变化.

如果 $\mathscr{R}_0$ 是参数 η 的函数, 从而 S_∞ 也是参数 η 的函数. 则对最后规模关系 (2.12) 的隐函数微分给出

$$\left(\frac{\mathscr{R}_0}{N} - \frac{1}{S_\infty}\right)\frac{dS_\infty}{d\eta} = \frac{d\mathscr{R}_0}{d\eta}\left(1 - \frac{S_\infty}{N}\right).$$

由 (2.14), 如果 $\mathscr{R}_0$ 递增, 则 S_∞ 递减.

一般很难估计接触率 β, 它取决于正在研究的特定疾病, 但也可依赖于社会和行为因素. S_0 和 S_∞ 的数值可以通过在流行病之前和之后进行血清学研究 (测量血液样本中的免疫反应) 来估计. 在这些数据中, 可以使用 (2.12) 来估计基本再生数 $\mathscr{R}_0$. 但是, 这一估计是一项追溯性估计, 只有在流行病流行之后才能得到.

为了防止传染病的发生, 如果将染病者引入人群, 有必要将基本再生数 $\mathscr{R}_0$ 降低到 1 以下. 有时这可以通过免疫来实现, 其作用是将人群中的成员从易感者人群转移到被移出人群, 从而降低了 $S(0)$. 对人群中的一些成员进行免疫接种产生了一个新模型. 如果人群中的一小部分 p 成功免疫其效果是易感者人群的数量从 $S(0)$ 减少到 $S(0)(1-p)$. 最初的基本再生数是 $\beta N/\alpha$, 但在新的易感者人群减少的情形下基本再生数将为 $\beta N(1-p)/\alpha$. 如果 p 满足 $\beta N(1-p)/\alpha < 1$, 则它小于 1, 这给出 $1 - p < \alpha/\beta N$, 或者

$$p > 1 - \frac{\alpha}{\beta N} = 1 - \frac{1}{\mathscr{R}_0}.$$

最初, 染病者数呈指数增长, 因为 I 可由

$$I' = (\beta N - \alpha)I$$

近似. 初始增长率是

$$r = \beta N - \alpha = \alpha(\mathscr{R}_0 - 1).$$

这个初始增长率 r 可由流行病发生时的发病率数据估计. 由于可测量 N 和 α, 因此可计算出 β 为

$$\beta = \frac{r + \alpha}{N}.$$

但是, 由于数据不完整和病例报告不足, 这一估计数可能不是很准确. 这种不准确性在以前未知的疾病暴发时更为明显. 早期病例很可能被误诊. 因为最后规模关系, 估计 β 或 $\mathscr{R}_0$ 是一个重要问题, 这已经通过各种方法研究过. 从数据对初始增

长率的估计可以提供对接触率 β 的估计. 然而, 这种关系只适用于模型 (2.11), 对不同仓室结构, 如有暴露期的模型就不成立.

如果 $\beta S_0 > \alpha$, 则 I 最初增加到当 $S = \alpha/\beta$ 时 I 的导数为零时的染病者最大值, 这个最大值是

$$I_{\max} = S_0 + I_0 - \frac{\alpha}{\beta} \log S_0 - \frac{\alpha}{\beta} + \frac{\alpha}{\beta} \log \frac{\alpha}{\beta}. \tag{2.15}$$

这是通过将 $S = \dfrac{\alpha}{\beta}$, $I = I_{\max}$ 代入 (2.13) 得到的.

例 1　Hethcote[13] 对耶鲁大学新生的报告 [10] 描述了一次流感疫情, 其中 $S_0 = 0.911$, $S_\infty = 0.513$. 这里测量的是易感者的数量作为总人口规模的一部分, 或者使用人群规模 K 作为人口规模的单位. 代入到最后规模关系给出估计值 $\beta N/\alpha = 1.18$ 和 $\mathscr{R}_0 = 1.18$. 由于我们知道对流感 $1/\alpha$ 大约是 3 天, 因此看到, βN 是人群中的每个成员每天近似地接触 0.39 人.

例 2 (Eyam 大瘟疫)　1665 年至 1666 年, 英国谢菲尔德附近的 Eyam 村暴发了一场鼠疫, 人们普遍认为这场瘟疫的源头是伦敦大瘟疫. Eyam 村最初 350 人的人口中只有 83 人幸存下来. 由于保存了详细记录, 并说服社区进行自我隔离, 以防止疾病传播到其他社区, Eyam 的疾病已被用作 [21] 建模的案例进行了研究. 对数据的详细审查表明, 实际上此疾病有两次暴发, 第一次相对温和. 因此, 我们将试着在 1666 年 5 月中旬到 10 月中旬这段时间内拟合模型 (2.11), 以月为单位计算时间, 初始染病者为 7 人和 254 人易感者人群, 最终人口为 83 人. Raggett[21] 给出了 Eyam 在不同日期的易感者人群和染病者人群的值, 从 $S(0) = 254$, $I(0) = 7$ 开始, 如表 2.1 所示.

表 2.1　Eyam 鼠疫数据

日期 (1666)	易感者数	染病者数
7 月 3 日–4 日	235	14.5
7 月 19 日	201	22
8 月 3 日–4 日	153.5	29
8 月 19 日	121	21
9 月 3 日–4 日	108	8
9 月 19 日	97	8
10 月 4 日–5 日	未知	未知
10 月 30 日	83	0

$S_0 = 254, I_0 = 7, I_\infty = 83$ 给出最后规模 $\beta/\alpha = 6.54 \times 10^{-3}$, $\alpha/\beta = 153$. 传病期为 11 天, 或 0.3667 月, $\alpha = 2.73$, 因此 $\beta = 0.0178$. 关系式 (2.15) 给出染病者数的最大值 30.4 的估计. 我们利用在此得到的模型 (2.11) 中的参数 β 和 α 来模拟 (S, I) 相平面及 S 和 I 作为 t 的函数的图像 (图 2.3 和图 2.4). 图 2.5 绘制了这些数据点, 连同对模型 (2.11) 的图 2.3 所示的相图.

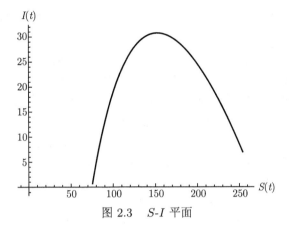

图 2.3 S-I 平面

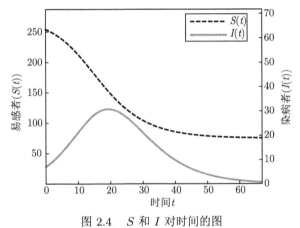

图 2.4 S 和 I 对时间的图

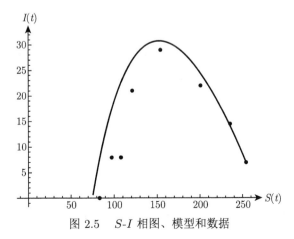

图 2.5 S-I 相图、模型和数据

Eyam 流行病的实际数据非常接近这个非常简单的模型的预测. 但是, 该模型太好以至于难以置信. 我们的模型假设感染在人与人之间直接传播. 虽然这是可能的, 但鼠疫主要通过鼠蚤传播. 当被跳蚤叮咬的是感染的老鼠时, 跳蚤变得极度饥饿并反复咬住宿主老鼠, 从而在老鼠中传播感染. 当宿主老鼠死亡时, 跳蚤会转移到其他老鼠, 进一步传播疾病. 随着鼠类数量的减少, 跳蚤转移到人类宿主, 这就是在人类中开始传播鼠疫的方式 (尽管流行病的第二阶段可能是鼠疫的肺炎形式, 可以在人与人之间传播). 鼠疫从亚洲传播到欧洲的主要原因之一是通过许多贸易船的流通. 在中世纪, 船只总是受到老鼠的侵扰. 鼠疫传播的准确模型必须包括跳蚤和老鼠种群以及在空间的活动. 这样的模型将非常复杂, 其预测可能比我们简单的不切实际的模型更接近观察结果. Raggett 还使用了一个随机模型来拟合数据, 但是这个拟合要比简单确定性模型 (2.11) 的拟合差得多.

在 Eyam 村, 教区区长说服整个社区进行自我隔离, 以防止疾病传播到其他社区. 这一政策的一个效果是, 通过让跳蚤、老鼠和人们保持密切接触增加了村里的感染率, 导致 Eyam 的鼠疫死亡率比伦敦高得多. 此外, 隔离也无法阻止老鼠的活动, 因此也无法阻止疾病传播到其他社区. 这向数学建模者表明的一个信息是, 基于不能正确描述流行病学的错误模型的控制策略可能是有害的, 因此必须区分简化但不改变预测效果的假设和错误假设产生的重要影响.

2.5　具有疾病死亡的流行病模型

到目前为止, 我们仅分析了没有疾病死亡的模型, 对于这些模型, 可以假定人口总规模是固定的常数.

在模型 (2.11) 中, 假设每个染病者的接触率与人口规模 N 成比例, 称为质量作用发病率或双线性发病率, 这在所有早期流行病模型中均已用过. 但是, 这是非常不现实的, 除非可能在中等规模的人群的流行初期. 接触率的更实际假设是总人口规模的非递增函数. 例如, 单位时间内每个染病者的接触次数是固定的, 称为标准发病率, 这对性传播疾病是更准确的描述. 但如果没有疾病死亡, 从而总人口规模保持不变, 这样的区分就没必要了.

我们通过假设人群平均每个成员在单位时间内接触 $N\beta(N)$ 个人来推广模型 (2.11)[4,8]. 假设 $\beta(N) \leqslant 0$ 表示接触数饱和的想法是合理的. 于是, 质量作用发病率对应于选择 $a(N) = \beta N$, 标准发病率对应于选择 $a(N) = a$. 假设 $a(N) = N\beta(N)$, $a(N) \geqslant 0$ 意味着

$$\beta(N) + \beta'(N) \geqslant 0.$$

一些流行病模型 [8] 利用 Michaelis-Menten 的相互作用形式

$$\beta(N) = \frac{a}{1 + bN}.$$

另一种形式基于成对形成的机械推导, 文章 [11] 得到了该形式的一个表达式

$$\beta(N) = \frac{a}{1 + bN + \sqrt{1 + 2bN}}.$$

在中等规模的城市中, 通过接触传播疾病的数据 [20], 表明该数据符合某种形式的假设

$$\beta(N) = aN^{p-1},$$

其中 $p = 0.05$. 所有这些形式都满足条件 $\beta(N) \leqslant 0$ 和 (2.5).

因为模型中现在出现总人口规模, 所以必须在模型中包括总人口规模的方程. 这迫使我们对死于疾病的人群成员和康复后对再次感染有免疫力的人群成员进行区分. 与上一章一样, 假设康复率为 αI 和疾病死亡率为 dI. 我们使用 S, I 和 N 作为变量, 其中 $N = S + I + R$. 现在得到一个三维模型

$$\begin{aligned} S' &= -\beta(N)SI, \\ I' &= \beta(N)SI + (\alpha + d)I, \\ R' &= -dI. \end{aligned} \qquad (2.16)$$

由于现在 N 是一个递减函数, 定义 $N(0) = N_0 = S_0 + I_0$. 我们也有方程 $R' = \alpha I$, 但由于当 S, I 和 N 已知时 R 是确定的, 因此 R 不需要包括在模型中. 应该注意, 如果 $d = 0$, 总人口保持为常数 N, 模型 (2.16) 化为较简单的模型 (2.11), 其中 $\beta(N)$ 由常数 $\beta(N_0)$ 代替.

我们希望证明模型 (2.16) 具有与模型 (2.11) 相同的定性性态. 即存在一个基本再生数来区分疾病消失和暴发流行病, 而且在疫情过去时, 人群中一些成员没有受到影响. 这两个属性是所有流行病模型的中心特征.

对模型 (2.16), 基本再生数是

$$\mathscr{R}_0 = \frac{N_0\beta(N_0)}{\alpha + d},$$

因为一个染病者进入整个易感者人群使得单位时间内接触易感者人群数为 $c(N_0) = N_0\beta(N_0)$, 从而产生新的染病者, 经修正死亡率后的平均传染期为 $1/(\alpha + d)$.

假设 $\beta(0)$ 是有限的, 因此排除标准发病率 (当总人口趋于零时标准发病率不出现是不现实的), 对某些 N, 如果在 (2.16) 的前两个方程之和中令 $t \to \infty$, 得到

$$(\alpha - d)\int_0^\infty I(s)ds = S_0 + I_0 - S_\infty = N - S_\infty.$$

(2.16) 的第一个方程可以写为

$$-\frac{S'(t)}{S(t)} = \beta(N(t))I(t).$$

由于
$$\beta(N) \geqslant \beta(N_0),$$

从 0 到 ∞ 积分上面的方程, 得到

$$\log \frac{S_0}{S_\infty} = \int_0^\infty \beta(N(t))I(t)dt \geqslant \beta(N_0) \int_0^\infty I(t)dt = \frac{\beta(N_0)(N_0 - S_\infty)}{(\alpha + d)N_0}.$$

现在我们得到最后规模不等式

$$\log \frac{S_0}{S_\infty} = \int_0^\infty \beta(N(t))I(t)dt \geqslant \beta(N_0) \int_0^\infty I(t)dt = \mathscr{R}_0 \left[1 - \frac{S_\infty}{N_0}\right].$$

如果病死率 $d/(d + \alpha)$ 较小, 则这个最后规模不等式近似于一个等式.

不难证明, $N(t) \geqslant \alpha N_0/(\alpha + d)$, 利用不等式 $\beta(N) \leqslant \beta(\alpha N_0/(\alpha + d)) < \infty$, 类似计算可证明

$$\log \frac{S_0}{S_\infty} \leqslant \beta(\alpha N_0/(\alpha + d)) \int_0^\infty I(t)dt,$$

由此可得 $S_\infty > 0$.

重要的是, 要能够估计在整个流行病过程中死于疾病的染病者比例. 在每个时间康复率都是 αI, 疾病死亡率都是 dI, 因此每个时间的死亡率是

$$\frac{d}{d + \alpha}.$$

有时将其描述为流行病死亡率 (由于它不是比率) 而被错误地描述. 尽管总死亡率为 $d/(d + \alpha)$, 但流行病期间的报告会低估这个死亡率, 因为可能有一些传染病在流行病后期死亡. 另一方面, 对于像流感这样的疾病, 其中许多病例的病情轻到不足以报告, 因此报告会高估死亡率.

2.6　*案例: 离散的流行病模型

连续时间流行病模型的离散类似是

$$\begin{aligned}
S_{j+1} &= S_j G_j, \\
I_{j+1} &= S_j(1 - G_j) + \alpha I_j, \\
G_j &= e^{-\beta I_j/N}, \quad j = 1, 2, \cdots,
\end{aligned} \tag{2.17}$$

其中 S_j 和 I_j 分别表示易感者个体和染病者个体在时间 j 的人数, G_j 是在时间 j 的易感者个体在时间 $j+1$ 仍保持是易感者的概率, 就是说, 在时间 j 和 $j+1$

之间没有被感染. $\sigma = e^{-\alpha}$ 是在时间 j 是染病者个体到时间 $j+1$ 仍保持染病的概率.

假设初始条件是 $S(0) = S_0 > 0, I(0) = I_0, S_0 + I_0 + N$.

练习 1 考虑系统 (2.17).

(a) 证明序列 $\{S_j + I_j\}$ 有极限

$$S_\infty + I_\infty = \lim_{t \to \infty}(S_j + I_j).$$

(b) 证明

$$I_\infty = \lim_{j \to \infty} I_j = 0.$$

(c) 证明

$$\log \frac{S_0}{S_\infty} = \beta \sum_{m=0}^{\infty} \frac{I_m}{N}.$$

(d) 证明

$$\log \frac{S_0}{S_\infty} = \mathscr{R}_0 \left[1 - \frac{S_\infty}{N} \right],$$

其中 $\mathscr{R}_0 = \dfrac{\beta}{1-\alpha}$.

接下来考虑有 k 个感染阶段, 在某些阶段有治疗, 不同阶段的治疗率可不同. 假设选择成员进行治疗只发生在开始的一个阶段. 设 $I_j^{(i)}$ 和 $T_j^{(i)}$ 分别表示第 i 阶段 ($i = 1, 2, \cdots, k$) 在 j 时刻染病者和治疗者的个体数量. 设 σ_i^I 表示在 $I^{(i)}$ 阶段被感染的个体到下一阶段仍感染的概率, 无论是经过治疗还未经治疗. 而 σ_i^T 表示个体在 $T^{(i)}$ 阶段治疗持续到下一个阶段仍治疗的概率. 此外, 在离开传染阶段 $I^{(i)}$ 的成员中有 p_i 比率进入治疗, 剩余比例 q_i 继续在 $I^{(i+1)}$ 中, 令 m_i 表示在 $I^{(i)}$ 阶段感染成员的比例, n_i 表示进入 $T^{(i)}$ 阶段的染病者成员的比例. 于是

$$m_1 = q_1, \ m_2 = q_1 q_2, \cdots, \ m_k = q_1 q_k,$$

$$n_1 = p_1, \ n_2 = p_1 + q_1 p_2, \cdots, \ n_k = p_1 + q_1 p_2 + \cdots + q_1 q_2 \cdots q_{k-1} q_k.$$

治疗的离散系统是

$$\begin{aligned}
S_{j+1} &= S_j G_j, \\
I_{j+1}^{(1)} &= q_1 S_1 (1 + G_j) + \sigma_1^I I_j^{(1)}, \\
T_{j+1}^{(i)} &= p_1 S_j (1 - G_j) + \sigma_1^T T_j^{(1)},
\end{aligned} \tag{2.18}$$

$$I_{j+1}^{(i)} = q_i(1-\sigma_{i+1}^I)I_j^{(i-1)} + \sigma_j^I\eta_iI_j^{(i)},$$

$$T_{j+1}^{(i)} = p_i(1-\sigma_{i-1}^I)I_j^{(i-1)} + (1-\sigma_{i-1}^T)T_j^{(i-1)} + \sigma_i^TT_j^{(i)},$$

$$i = 2,\cdots,k, \quad j \geqslant 0,$$

其中

$$G_j = e^{-\beta\sum\limits_{i=1}^{k}(\varepsilon_iI_j^i/N+\delta_iT_j^{(i)}/N)},$$

这里 ε_i 是在 i 阶段未经治疗的个体的相对传染性, δ_i 是在 i 阶段经过治疗的个体的相对传染性.

(e) 证明

$$\mathscr{R}_c = \beta N\sum_{i=1}^{k}\left[\frac{\varepsilon_im_i}{1-\sigma_i^I} + \frac{\delta_in_i}{1-\sigma_i^T}\right]$$

和

$$\log\frac{S_0}{S_\infty} = \mathscr{R}_c\left[1-\frac{S_\infty}{N}\right].$$

2.7　*案例: 脉冲疫苗接种

考虑 SIR 模型 (2.9), 其中 $\Lambda = \mu K$. 对麻疹的典型参数选取 $\mu = 0.02$, $\beta = 1800$, $\alpha = 100$, $K = 1$ (对容纳量标准化为 1)[9].

问题 1　证明对所选择的这些参数 $\mathscr{R}_0 \approx 18$, 达到群体免疫要求易感者种群有 95% 的人接种疫苗.

实践中不可能有 95% 的人接种疫苗, 因为不是所有人都去接种且接种的也不全都成功. 避免疾病复发的一个方法是 "脉冲接种疫苗"[1,24,25]. 脉冲接种疫苗背后的基本思想是在时间 t 的区间 T(依赖于 p) 内对给定比例 p 的易感者接种疫苗以保证染病者人数保持很少并趋于零. 在这个案例中我们给出计算适当函数 $T(p)$ 的两个方法.

第一个方法依赖于观察到, 当 $S < \Gamma < \dfrac{\mu+\gamma}{\beta}$ 时 I 减少. 从满足 $S(0) = (1-p)\Gamma$ 接种 $p\Gamma$ 个成员开始. 由模型 (2.9),

$$S' = \mu K - \mu S - \beta SI \geqslant \mu K - \mu S.$$

因此 $S(t)$ 大于初值问题

$$S' = \mu K - \mu S, \quad S(0) = (1-p)\Gamma$$

的解.

问题 2 求解这个初值问题, 并证明这个解满足

$$S(t) < \Gamma, \quad 0 \leqslant t < \frac{1}{\mu} \log \frac{K - (1-p)\Gamma}{K - \Gamma}.$$

因此 $T(p)$ 的适当选择是

$$T(p) = \frac{1}{\mu} \log \frac{K - (1-p)\Gamma}{K - \Gamma} = \frac{1}{\mu} \log \left[1 + \frac{p\Gamma}{K - \Gamma} \right].$$

对 $p = \dfrac{m}{10}$ $(m = 1, 2, \cdots, 10)$, 计算 $T(p)$.

第二个方法更为复杂. 从 $I = 0, S' = \mu K - \mu S$ 开始. 令 $t_n = nT(n = 0, 1, 2, \cdots)$, 考虑对 $0 \leqslant t \leqslant t_1 = T$ 的系统, 再令 $S_1 = (1-p)S(t)$. 然后重复进行, 即对 $t_1 \leqslant t \leqslant t_2$, $S(t)$ 是 $S^t = \mu K - \mu S, S(t_1) = S_1$ 和 $S_2 = (1-p)S_1$ 的解. 按这个方法我们得到一个序列 S_n.

问题 3 证明

$$S_{n+1} = (1-p)K \left(1 - e^{-\mu T} \right) + (1-p)S_n e^{-\mu T},$$

以及对 $t_n \leqslant t \leqslant t_{n+1}$ 有

$$S(t) = K \left[1 - e^{-\mu(t-t_n)} \right] + S_n e^{-\mu(t-t_n)}.$$

问题 4 证明: 如果

$$S_{n+1} = S_n = S^* \quad (n = 1, 2, \cdots),$$

其中

$$S^* = K \left[1 - \frac{pe^{\mu T}}{e^{\prime i T} - (1-p)} \right],$$

则这个周期解是

$$S(t) = \begin{cases} K \left[1 - \dfrac{pe^{\prime \mu T}}{e^{\mu T} - (1-p)} e^{-\mu(t-t_n)} \right], & t_n \leqslant t \leqslant t_{n+1}, \\ S^*, & t = t_{n+1}, \end{cases}$$

$$I(t) = 0.$$

通过关于这个周期解的线性化, 可以证明: 如果

$$\frac{1}{T} \int_0^T S(t) dt < \frac{\mu + \xi}{\beta},$$

这个周期解是渐近稳定的. 如果这个条件满足, 染病者人口将保持接近于零.

问题 5　证明这个稳定性条件可化为

$$\frac{K(\mu T - p)\left(e^{\mu T} - 1\right) + pK\mu T}{\mu T[e^{\mu} - (1-p)]} < \frac{\mu + \xi}{\beta}.$$

问题 6　利用计算机代数系统画出 $T(p)$ 的图像, 其中 T 由

$$\frac{K(\mu T - p)\left(e^{\mu T} - 1\right) + pK\mu T}{\mu T[e^{\mu} - (1-p)]} = \frac{\mu + \xi}{\beta}$$

隐式定义. 比较 T 的这个表达式与这个案例前面问题 2 得到的表达式. 较大的 T 的安全值估计可通过减少频繁的脉冲接种次数来节省资金.

2.8　*案例: 具有竞争疾病菌株的模型

我们模拟种群中具有离散世代不重叠的两种竞争菌株的一般离散时间的 SIS 模型. 这种模型出现在对应于两种竞争菌株的 SIS 连续时间随机模型的时间离散化.

状态变量

S_n　第 n 代易感者个体人群;

I_n^1　第 n 代菌株 1 的染病者个体人群;

I_n^2　第 n 代菌株 2 的染病者个体人群;

T_n　第 n 代总人口;

f　补充函数.

参数

μ　人均自然死亡率;

γ_i　对菌株 i 的人均康复率;

α_i　对菌株 i 的人均传染率.

模型方程的构造: 对这个模型, 假设: (i) 疾病不是致命的; (ii) 所有的补充都是易感者且补充函数仅依赖于 T_n; (iii) 不存在两种菌株共同感染; (iv) 死亡、染病和康复率分别满足 $\mu, \alpha_i, \gamma_i (i = 1, 2)$ 的 Poisson 过程; (v) 时间步距以代测量; (vi) 人口的变化仅仅由于 "出生"(通过补充函数给出)、死亡、康复, 以及对每一种菌株易感者个体都会感染; (vii) 个体康复但不发展成为具有永久性或暂时性免疫, 就是说, 他们立即又变成易感者.

通过假设, 我们有 k 次成功相遇的概率是 Poisson 分布, 它的一般形式是 $p(k) = e^{-\beta}\dfrac{\beta^k}{k!}$, 其中 β 是 Poisson 分布的参数. 问题中只有 1 次成功是必须的. 因

此, 当没有成功相遇时, 表达式 $p(0) = e^{-\beta}$ 表示所给事件不出现的概率. 例如, 易感者个体没有变成染病者的概率是 Prob(不被菌株染病)$= e^{-\alpha_i I_n^i}$, 以及 Prob(不是从菌株 i 中康复过来)$= e^{-\gamma_i I_n^i}$. 因此, Prob(不被感染)= Prob(不被菌株 1 感染)Prob(不被菌株 2 感染) $= e^{-\alpha_1 I_n^1} e^{-\alpha_2 I_n^2}$.

现在, 易感者变成染病者的概率是 $1 - e^{-\alpha_i I_n^i}$. 于是 Prob(由菌株 i 感染) = Prob(感染)$\times$Prob(由菌株 i 感染 | 感染)$= (1 - e^{-(\alpha_1 I_n^1 + \alpha_2 I_n^2)}) \dfrac{\alpha_i I_n^i}{\alpha_1 I_n^1 + \alpha_2 I_n^2}$.

(a) 利用上面的讨论证明这个动力学由系统

$$S_{n+1} = f(T_n) + S_n e^{-\mu} e^{-(\alpha_1 I_n^1 + \alpha_2 I_n^2) + \sum\limits_{j=1}^{2} I_n^j e^{-\mu}(1 - e^{-\gamma_j})},$$

$$I_{n+1}^1 = \frac{\alpha_1 S_n I_n^1}{\alpha_1 I_n^1 + \alpha_2 I_n^2} e^{-\mu}(1 - e^{-(\alpha_1 I_n^1 + \alpha_2 I_n^2)}) + I_n^1 e^{-\mu} e^{-\gamma_1}, \qquad (2.19)$$

$$I_{n+1}^2 = \frac{\alpha_2 S_n I_n^2}{\alpha_1 I_n^1 + \alpha_2 I_n^2} e^{-\mu}(1 - e^{-(\alpha_1 I_n^1 + \alpha_2 I_n^2)}) + I_n^2 e^{-\mu} e^{-\gamma_2}$$

给出.

(b) 证明

$$T_{n+1} = f(T_n) + S_n e^{-\mu},$$

其中

$$T_n = S_n + I_n^1 + I_n^2. \qquad (2.20)$$

这个方程称为人口统计学方程. 它刻画了总人口动力学.

(c) 如果令 $I_{n+1}^1 = I_{n+1}^2 = 0$, 则模型 (2.19) 化为人口统计学模型

$$S_n = f(S_n) + S_n e^{\mu}$$

和

$$T_{n+1} = f(T_n) + T_n e^{-\mu}.$$

验证它的准确性.

(d) 研究在人口统计学平衡点的疾病动力学, 就是说, 在点 $T_\infty = T_\infty e^{-\mu} + f(T_\infty)$ 的疾病动力学. 作变换 $S_n = T_\infty - I_n^1 - I_n^2$, 其中 T_∞ 是人口统计学的稳定平衡点, 就是说, 假设 $T_0 = T_\infty$, 则得到下面方程

$$I_{n+1}^1 = \frac{\alpha_1 I_n^1}{\alpha_1 I_n^1 + \alpha_2 I_n^2} \left(T_\infty - I_n^1 - I_n^2\right) e^{-\mu} \left(1 - e^{-\left(\alpha_1 I_n^1 + \alpha_2 I_n^2\right)}\right) + I_n^1 e^{-\mu} e^{-\gamma},$$

$$I_{n+1}^2 = \frac{\alpha_2 I_n^2}{\alpha_1 I_n^1 + \alpha_2 I_n^2} \left(T_\infty - I_n^1 - I_n^2\right) e^{-\mu} \left(1 - e^{-\left(\alpha_1 I_n^1 + \alpha_2 I_n^2\right)}\right) + I_n^2 e^{-\mu} e^{-\gamma_2}.$$

$$(2.21)$$

系统 (2.21) 描述在人口统计平衡点由两种菌株染病的人口动力学.

证明在系统 (2.21) 中, 如果 $R_1 = \dfrac{e^{-\mu}T_\infty\alpha_1}{1-e^{-(\mu+\gamma_1)}} < 1$ 和 $R_2 = \dfrac{e^{-\mu}T_\infty\alpha_2}{1-e^{-(\mu+\gamma_2)}} < 1$,
则平衡点 (0,0) 渐近稳定.

(e) 解释 $R_i, i = 1,2$ 的生物学意义.

(f) 考虑 $f(T_n) = \Lambda$, 其中 Λ 是常数. 证明

$$T_{n+1} = \Lambda + T_n e^{-\mu}$$

且

$$T_\infty = \frac{\Lambda}{1-e^{-\mu}}$$

(g) 考虑 $f(T_n) = rT_n(1-T_n/k)$, 证明在此时总人口动力学由

$$T_{n+1} = rT_n\left(1-\frac{T_n}{k}\right) + T_n e^{-\mu}$$

给出, 当 $r + e^{-\mu} > 1$ 时不动点是

$$T_n^* = 0,$$
$$T_n^{**} = \frac{k(t+e^{-\mu}-1)}{r}.$$

(h) 假设两菌株中的一个不出现, 确定边界平衡点, 即 $I_n^i = 0, i = 1$ 或 $i = 2$.
则方程 (2.21) 化为

$$I_{n+1} = (T_\infty - I_n)e^{-\mu}\left(1-e^{\alpha_1 I_n}\right) + I_n e^{-(\mu+\gamma)}.$$

建立系统 (2.21) 边界平衡点的稳定和不稳定的充分必要条件. 对你得到的结果与系统 (2.21) 和全系统 (2.19) 的模拟进行比较.

(i) 系统 (2.21) 有没有地方病平衡点 $(I_1^* > 0, I_2^* > 0)$?

(j) 当人口统计学方程处于倍周期状态下时模拟全系统 (2.19), 其中存在对较小参数值的周期长度的两倍的周期轨道. 你的结论是什么?

参考文献   [5, 6].

2.9 案例: 两个地区中的流行病模型

考虑疾病在地区 1 和地区 2 之间传播的以下 SIS 模型, 其中, 第 t 代在地区 $i \in \{1,2\}$, $S_i(t)$ 表示易感者个体种群; $I_i(t)$ 表示有传染性的染病者人群;

$T_i(t) \equiv S_i(t) + I_i(t)$ 表示总人口规模. 常数扩散系数 D_S 和 D_I 分别测量易感者个体和染病者个体扩散的概率. 注意, 我们在这里用的概念与别处已用过的不同, 我们将变量写为 t 的函数, 而不对因变量用下标以避免使用重复下标. 这个模型为

$$S_1(t+1) = (1 - D_S)\tilde{S}_1(t) + D_S\bar{S}_2(t),$$

$$I_1(t+1) = (1 - D_I)\tilde{I}_1(t) + D_I\tilde{I}_2(t),$$

$$S_2(t+1) = D_S\tilde{S}_1(t) + (1 - D_S)\tilde{S}_2(t),$$

$$I_2(t+1) = D_I\tilde{I}_1(t) + (1 - D_I)\tilde{I}_2(t),$$

其中

$$\tilde{S}_i(t) = f_i(T_i(t)) + \gamma_i S_i(t)\exp\left(\frac{-\alpha_i I_i(t)}{T_i(t)}\right) + \gamma_i I_i(t)(1 - \alpha_i),$$

$$\tilde{I}_i(t) = \gamma_i\left(1 - \exp\left(\frac{-\alpha_i I_i(t)}{T_i(t)}\right)\right)S_i(t) + \gamma_i\sigma_i I_i(t)$$

和

$$0 \leqslant \gamma_i, \sigma_i, \alpha_i, D_S, D_I \leqslant 1.$$

设

$$f_i(T_i(t)) = T_i(t)\exp(r_i - T_i(t)),$$

其中 r_i 是正常数.

(a) 利用计算机探索, 确定在一个地区中 (没有扩散) 是否可能存在全局稳定的无病平衡点和具有扩散的完全系统有稳定的地方病平衡点? 对此你有什么猜想?

(b) 利用计算机探索, 确定是否可能在地区 (没有扩散) 中存在有全局稳定的地方病平衡点和具有扩散的完全系统有稳定的无病平衡点? 你有没有猜到这点?

参考文献 [3, 7, 23].

2.10 案例: 流感模型的拟合数据

考虑基本再生数为 1.5 的 SIR 模型 (3.9).

1. 对不同的 β 和 α 值以及初始条件 $(S, I, R) = (10^6, 1, 0)$, 其中 $\beta \in \{0.0001, 0.0002, \cdots, 0.0009\}$, 描述 (S, I, R) 作为时间函数的定性变化.

2. 借助基本再生数讨论 1 的结果 $\left(\dfrac{\beta}{\gamma}\right.$ 是什么?$\left.\right)$. 利用如流感那样的特殊疾病, 选择不同的 β 和 γ, 给出疾病在不同时间进程的简单解释.

3. 对值 $\mathscr{R}_0 \in \{1.75, 2, 2.5\}$ 重复 1 中的步骤, 在下面墨西哥的 H1N1 流感案例的报告表 (表 2.2) 中, 寻找第一个峰值前的数据, 使得对 $\mathscr{R}_0$ 的每个值选择符合这个斜率的值 (β, α) 的最佳对. (提示: 将数据正规化使得峰值为 1, 然后在模拟中将数据乘以峰值的大小.)

表 2.2　墨西哥的 H1N1 流感病例报告

天数	病例	天数	病例	天数	病例	天数	病例	天数	病例	天数	病例
75	2	95	4	115	318	135	83	155	152	175	328
76	1	96	11	116	399	136	75	156	138	176	298
77	3	97	5	117	412	137	87	157	159	177	335
78	2	98	7	118	305	138	98	158	186	178	300
79	3	99	4	119	282	139	71	159	222	179	375
80	3	100	4	120	227	140	73	160	204	180	366
81	4	101	4	121	212	141	78	161	257	181	291
82	4	102	11	122	187	142	67	162	208	182	251
83	5	103	17	123	212	143	68	163	198	183	215
84	7	104	26	124	237	144	69	164	193	184	242
85	3	105	20	125	231	145	65	165	243	185	223
86	1	106	12	126	237	146	85	166	231	186	317
87	2	107	26	127	176	147	55	167	225	187	305
88	5	108	33	128	167	148	67	168	239	188	228
89	7	109	44	129	139	149	75	169	219	189	251
90	4	110	107	130	142	150	71	170	199	190	207
91	10	111	114	131	162	151	97	171	215	191	159
92	11	112	155	132	138	152	168	172	309	192	155
93	13	113	227	133	117	153	126	173	346	193	214
94	4	114	280	134	100	154	148	174	332	194	237

2.11　案例: 社交互动

假设在时间 t 我们有三类生物数学教师 (MBT) 的一个系统. 不同类的 MBT 的个体对学习新知识持不同态度. "勉强的" 意味着新雇用来的 MBT 没有部署学习新知识, 积极的一类对应于带了正确态度加入 MBT 队伍, 剩余的一类由自己说明. 总人口分为五类: 积极的 (P), 勉强的 (R), 熟练的 (M), 不可改变的 (即消极的)(U) 和懒惰的 (I). 假设 $N(t) = R(t) + P(t) + M(t) + U(t) + I(t)$, MBT 的总人数是常数, 即对所有 t 有 $N(t) = \dfrac{K}{\mu}$, 其中 K 是常数. 这个模型是

$$\frac{dP}{dt} = qK - \beta P \frac{M}{K} + \delta R - \mu P,$$

$$\frac{dR}{dt} = (1-q)K - (\delta + \mu)R - \alpha R,$$

$$\frac{dM}{dt} = \beta P \frac{M}{K} - (\gamma + \mu)M,$$

$$\frac{dU}{dt} = -\mu U + \alpha R,$$

$$\frac{dI}{dt} = \gamma M - \mu I,$$

其中 $q, \beta, \delta, \mu, \gamma$ 和 α 是常数, 且 $0 \leqslant q \leqslant 1$.

1. 解释这些参数.

2. 求最简单的 (由你选择) 平衡点的稳定性.

3. 讨论改变参数 q, γ 和 δ 对 $\mathscr{R}_0$ 有什么影响?

4. 从这个模型你得到什么结论?

2.12 练 习

1. 求模型

$$S' = -\beta SI + \alpha I,$$

$$I' = \beta SI - (\alpha + d)I$$

的基本再生数和地方病平衡点, 其中因病的死亡率为 dI.

2. 求包括出生、自然死亡和因病死亡的 SIS 模型 (2.7) 的基本再生数. 证明无病平衡点渐近稳定当且仅当 $\mathscr{R}_0 < 1$, 而且如果 $\mathscr{R}_0 > 1$, 则存在渐近稳定的地方病平衡点.

3. 修改 SIS 模型 (2.2) 以适用以下情况: 存在同一疾病的两种互相竞争菌株, 在不可能同时感染情况下产生两个感染类 I_1 和 I_2. 该模型能否预测两种菌株并存或竞争排斥?

4*. 一种无法康复的传染病可以通过一对微分方程

$$S' = -\beta SI, \quad I' = \beta SI$$

来模拟. 证明在固定规模 K 的人群中这种疾病最终将传播到整个人群.

5*. 考虑一种由没有表现出症状的病毒携带者传播的疾病. 设 $C(t)$ 是携带者数. 假设携带者以固定的人均 α 比率被识别和隔离, 因此 $C' = \alpha C$. 易感者成为染病者的比率与携带者数和易感者数成比例, 因此 $S' = -\beta SC$. 令 C_0 和 S_0 分别是在时间 $t = 0$ 时的携带者数和易感者数.

(a) 由 C 方程确定在时间 t 时的携带者数.

(b) 将 (a) 部分的结果代入 S 方程确定在时间 t 的易感者数.

(c) 求从疾病逃出来的人群的成员数 $\lim\limits_{t\to\infty} S(t)$.

6*. 考虑一个有固定规模 K 的人群, 其中人们通过口口相传散布谣言. 令 $y(t)$ 为在时间 t 听到谣言的人数, 假设听到谣言的人在单位时间内将其传给 r 个其他人. 因此在时间 t 到时间 $(t+h)$ 此谣言传播了 $hry(t)$ 次, 但是听过的人中有 $y(t)/K$ 个人已经听过了, 因此只有 $hry(t)\left(\dfrac{K-y(t)}{K}\right)$ 个人第一次听到此谣言. 利用这些假设得到 $y(t+h) - y(t)$ 的一个表达式, 除以 h, 令 $h \to 0$, 取极限求得一个 $y(t)$ 满足的微分方程.

7. 在有 100 个居民的村庄里, 一个人在上午 9 点开始传播一个谣言, 假设每个听到谣言的人每小时将谣言告诉另一个人, 利用上一练习得到的模型确定让全村一半人都听到此谣言要多少时间.

8*. 如果疾病的易感者人群中有 λ 比例的人有防止再次感染的免疫力而移出流行病区域, 这个情况可以用系统

$$S' = -\beta SI - \lambda S, \quad I' = \beta SI - \alpha I$$

模拟, 证明 $t \to \infty$ 时 S 和 I 都趋于零.

9. 考虑基本的 SIS 模型. 我们现在考虑用疫苗接种来代替康复, 得到

$$
\begin{aligned}
S'(t) &= \mu N - \beta S\frac{I}{N} - (\mu+\phi)S, \\
I'(t) &= \beta S\frac{I}{N} - (\mu+\gamma)I, \\
V'(t) &= \gamma I + \phi S - \mu V.
\end{aligned}
\tag{2.22}
$$

(a) 证明 $\dfrac{dN}{dt} = 0$. 这个结果意味着什么?

(b) 讨论为什么只需研究前两个方程就够了?

(c) 当 $\phi \neq 0$ 时, 记 $\mathscr{R}_0(\phi) = \mathscr{R}_0$; 当 $\phi = 0$ 时, $\mathscr{R}_0(0) = \mathscr{R}_0$. 计算 $\mathscr{R}_0(\phi)$, $\mathscr{R}_0(0)$ 的值是什么. 比较 $\mathscr{R}_0(\phi)$ 与 $\mathscr{R}_0(0)$.

10. 在不断补充的情况下, 当 $t \to \infty$ 时的极限系统与原系统通常具有相同的定性动力学. 因此我们考虑之前有疫苗接种的 SIS 模型 (参考练习 9) 将补充率从常数 μN 更改为常数 Λ. 这意味着每单位时间内有固定数量的个体加入或达到易感者类. 此时模型变为

$$
\begin{aligned}
S'(t) &= \Lambda - \beta S\frac{I}{N} - \mu S, \\
I'(t) &= \beta S\frac{I}{N} - (\mu+\gamma)I,
\end{aligned}
\tag{2.23}
$$

$$V'(t) = \gamma I - \mu V.$$

其中再次有 $N(t) = S(t) + I(t) + V(t)$.

(a) Λ, $\beta S \dfrac{I}{N}$, μ, γ 和 μS 的单位是什么?

(b) 求关于 $N'(t)$ 的方程, 其中 $N = S + I + V$, 求解这个方程. 注意到这个模型的人口规模不是常数.

(c) 证明 $t \to \infty$ 时 $N(t) \to \dfrac{\Lambda}{\mu}$.

(d) 考虑极限系统

$$\begin{aligned}
S'(t) &= \mu N - \beta SI - \mu S, \\
I'(t) &= \beta SI - (\mu + \gamma)I, \\
V'(t) &= \gamma I - \mu V.
\end{aligned} \tag{2.24}$$

解释为什么在研究这个极限系统时由于 $V(t) = N - S(t) - I(t)$ 只需考虑这个系统的前面两个方程就够了. 求 $\mathscr{R}_0$ 并分析平衡点的局部稳定性.

11. 考虑由以下常微分方程描述的具有两个潜伏类的流行病模型:

$$\begin{aligned}
S' &= \Lambda - \beta S \frac{I}{N} - \mu S, \\
L_1' &= p\beta S \frac{I}{N} - (\mu + k_1 + r_1)L_1, \\
L_2' &= (1-p)\beta \frac{I}{N} - (\mu + k_2 + r_2)L_2, \\
I' &= k_1 L_1 + k_2 L_2 - (\mu + \gamma_3)I,
\end{aligned}$$

其中 $N = S + L_1 + L_2 + I$. 比例 $p, 0 < p < 1$ 来自第一个潜伏类, 比例 $1 - p$ 来自第二个潜伏类. 这两类以不同比例进展到传染阶段. 计算基本再生数 $\mathscr{R}_0$.

12. 如果对新生儿采用疫苗接种策略, 假设并非每一个新生儿都是易感者. 又假设人均接种率为 p; 新生儿接种疫苗的概率也为 p, 修正后的模型为

$$\begin{aligned}
S'(t) &= (1-p)\mu N - \beta S \frac{I}{N} - \mu S, \\
I'(t) &= \beta S \frac{I}{N} - (\mu + \gamma)I, \\
V'(t) &= \gamma I - \mu V + p\mu N.
\end{aligned} \tag{2.25}$$

(a) 计算 (2.25) 在无病平衡点的 Jacobi 矩阵.

(b) 求上述矩阵对应的特征值.

(c) 求基本再生数 ($\mathscr{R}_0$).

(d) 研究模型 (2.25) 的无病平衡点的稳定性. 利用 Routh-Hurwitz 准则推导这个 3×3 完全系统的平衡点的稳定性, 尽管 N 是常数, 我们可将这个系统化为一个二维系统.

13. 与在 2.4 节例 1 中提到的耶鲁大学学生的同一文章中报告说, 这一年初有 91.1% 的学生是流感易感者, 而在这一年的年末有 51.4% 的是易感者. 估计基本再生数, 并确定是否有流感流行病发生?

14. 练习 13 中的耶鲁大学学生中需要多少比例必须接受预防流感的免疫接种?

15. 在练习 13 和练习 14 中, 耶鲁大学的学生在任何时候患流感疾病的最多人数是多少?

16. 据报道, 1978 年英国一所寄宿学校暴发了一场流行性感冒, 导致 763 名学生中有 512 人感染. 估算基本再生数.

17. 练习 16 中的寄宿学校学生中要多少比例接受接种疫苗才能防止流感流行?

18. 在练习 16 和练习 17 中, 寄宿学校学生在任何时候患有流感的最多人数是多少?

19. 两名游客将疾病带入一个有 1200 名居民的城镇. 他们平均每天与 0.4 名居民接触. 平均传染期为 6 天, 康复后对再感染具有免疫力. 为避免流行病, 必须为多少居民进行免疫接种?

20. 考虑在 1200 名成员中有 $\beta N = 0.4$, $\alpha = 6$ 天的疾病. 假设该疾病赋予康复者感染免疫力. 需要多少人员接种才能避免发生流行病?

21. 一种疾病在 800 人的人口中开始传播. 传染期平均 14 天, 染病者平均每天接触 0.1 人. 基本再生数是多少? 平均接触率必须降低到什么程度, 才能使疾病消失?

22. 据估计, 欧洲狐狂犬病的传播系数 β 为 $80\mathrm{km}^2/(年 \cdot 狐)$(假设满足质量作用发病率), 平均传染期为 5 天. 测量得到每平方千米狐的临界容纳量 K_c(以每平方千米的狐数为单位), 例如在狐密度小于 K_c 的地区狂犬病趋于消失, 而在狐密度大于 K_c 的地区狂犬病持续存在. 利用简单的 Kermack-McKendrick 流行病模型估计 K_c. (注: 在英国有人建议狩猎将狐密度降低到临界容纳量以下, 这也许是一种控制狂犬病暴发的一个方法.)

23. 英国的一个大型庄园里有大量的狐狸, 密度为每平方千米 1.3 只狐狸. 计划进行一次大规模的猎狐以减少狐狸数量防止狂犬病暴发. 假设接触率 β/α 为 $1\mathrm{km}^2/狐$, 求必须捕获狐狸的比例.

24. 在接到动物保护协会的投诉后, 组织者决定给大量狐狸注射狂犬病疫苗来代替猎狐. 狐狸种群中要多少比例必须接种疫苗才能防止狂犬病的暴发?

25. 在这些练习中, 实际发生的是 10% 的狐狸被杀, 15% 被接种. 是否还会暴发狂犬病危险?

26. 设 S, I 和 R 表示易感者、染病者和康复者个体的密度. 假设康复后的个体在一段时间后再次变成易感者, 其模型方程为

$$\frac{dS}{dt} = -\beta SI + \theta R,$$
$$\frac{dI}{dt} = \beta SI - \alpha I,$$
$$\frac{dR}{dt} = \alpha I - \theta R,$$

其中 $N = S + I + R$, β, θ 和 α 分别为染病率、免疫消失率和康复率.

(a) 将这个模型化为两个方程的方程组. 不要忘记证明 N 是常数.

(b) 求平衡点. 是否存在无病平衡点 $(I = 0)$? 是否有地方病平衡点 $(I \neq 0)$? 如果存在, 它们何时存在?

(c) 确定你在 (b) 中找到的平衡点的局部稳定性.

27. 下面是分析 SIR 模型 (2.11) 的另一个方法.

(a) 将这个模型中的两个方程相除, 得到

$$\frac{I'}{S'} = \frac{dI}{dS} = \frac{(\beta S - \alpha)I}{-\beta SI} = -1 + \frac{\alpha}{\beta S}.$$

(b) 积分以求 (S, I) 平面中的轨道

$$I = -S + \frac{\alpha}{\beta} \log S + c,$$

其中 c 是任意积分常数.

(c) 定义函数

$$V(S, I) = S + I - \frac{\alpha}{\beta} \log S,$$

证明对常数 c 的某些选择, 每条轨道由 $V(S, I) = c$ 隐式给出.

(d) 证明没有轨道到达 I 轴, 并证明 $S_\infty = \lim\limits_{t \to \infty} S(t) > 0$. 这意味着一部分人逃避了感染.

28. 对模型 (2.16), 证明总人口最后规模为

$$N_\infty = \frac{\alpha}{\alpha + d} N_0 + \frac{d}{\alpha + d} S_\infty.$$

29. 考虑具有疾病死亡的基本 SIR 模型, 但现在我们考虑用接种类代替康复类:

$$S'(t) = \mu N - \beta S \frac{I}{N} - (\mu + \phi)S,$$

$$I'(t) = \beta S \frac{I}{N} - (\mu + \gamma + \delta)I, \qquad (2.26)$$

$$V'(t) = \gamma I + \phi S - \mu V.$$

(a) 设当 $\phi \neq 0$ 时的 $\mathscr{R}_0(\phi)$ 为 $\mathscr{R}_0$, $\phi = 0$ 时的 $\mathscr{R}_0(0)$ 为 $\mathscr{R}_0$. 计算 $\mathscr{R}_0(\phi), \mathscr{R}_0(0)$ 的值是什么? 比较 $\mathscr{R}_0(\phi)$ 与 $\mathscr{R}_0(0)$.

(b) 求平衡点.

(c) 分析无病平衡点和地方病平衡点的稳定性.

参 考 文 献

[1] Agur,Z.L., G. Mazor, R. Anderson, and Y. Danon (1993) Pulsemassmeasles vaccination across age cohorts, Proc. Nat. Acad. Sci., 90: 11698-11702.

[2] Anderson, R.M. & R.M. May (1991) Infectious Diseases of Humans. Oxford University Press (1991).

[3] Arreola R., A. Crossa, and M.C. Velasco (2000) Discrete-time SEIS models with exogenous re-infection and dispersal between two patches, Department of Biometrics, Cornell University, Technical Report Series, BU-1533-M.

[4] Castillo-Chavez, C., K. Cooke, W. Huang, and S.A. Levin (1989) The role of long incubation periods in the dynamics of HIV/AIDS. Part 1: Single Populations Models, J. Math. Biol., 27: 373-398.

[5] Castillo-Chavez, C., W. Huang, and J. Li (1996) Competitive exclusion in gonorrhea models and other sexually-transmitted diseases, SIAM J. Appl. Math., 56: 494-508.

[6] Castillo-Chavez, C., W. Huang, and J. Li (1997) The effects of females' susceptibility on the coexistence of multiple pathogen strains of sexually-transmitted diseases, Journal of Mathematical Biology, 35: 503-522.

[7] Castillo-Chavez C., and A.A. Yakubu (2000) Epidemics models on attractors, Contemporary Mathematics, AMS, 284: 23-42. John Wiley & Sons, New York, 2000.

[8] Dietz, K. (1982) Overall patterns in the transmission cycle of infectious disease agents. In: R.M. Anderson, R.M. May (eds) Population Biology of Infectious Diseases. Life Sciences Research Report 25, Springer-Verlag, Berlin-Heidelberg-New York, (1982) pp. 87-102.

[9] Engbert, R. and F. Drepper (1994) Chance and chaos in population biology-models of recurrent epidemics and food chain dynamics, Chaos, Solutions & Fractals, 4(7): 1147-1169.

[10] Evans, A.S. (1982) Viral Infections of Humans, 2nd ed., Plenum Press, New York.

[11] Heesterbeek, J.A.P. and J.A.J. Metz (1993) The saturating contact rate in marriage and epidemic models. J. Math. Biol., 31: 529-539.

[12] Hethcote, H.W. (1976) Qualitative analysis for communicable disease models, Math. Biosc., 28: 335-356.

[13] Hethcote, H.W. (1989) Three basic epidemiological models. In Applied Mathematical Ecology, S. A. Levin, T.G. Hallam and L.J. Gross, eds., Biomathematics 18: 119-144, Springer-Verlag, Berlin-Heidelberg-New York.

[14] Hethcote, H.W. and S.A. Levin (1989) Periodicity in epidemic models. In : S.A. Levin, T.G. Hallam & L.J. Gross (eds) Applied Mathematical Ecology, Biomathematics 18, Springer-Verlag, Berlin-Heidelberg-New York, pp. 193-211.

[15] Hethcote, H.W., H.W. Stech and P. van den Driessche (1981) Periodicity and stability in epidemic models: a survey. In: S. Busenberg & K.L. Cooke (eds.) Differential Equations and Applications in Ecology, Epidemics and Population Problems, Academic Press, New York, pp. 65-82.

[16] Hurwitz, A. (1895) Über die Bedingungen unter welchen eine Gleichung nur Wurzeln mit negativen reellen Teilen bezizt, Math. Annalen, 46: 273-284.

[17] Kermack, W.O. & A.G. McKendrick (1927) A contribution to the mathematical theory of epidemics. Proc. Royal Soc. London, 115: 700-721.

[18] Kermack, W.O. & A.G. McKendrick (1932) Contributions to the mathematical theory of epidemics, part. II. Proc. Roy. Soc. London, 138: 55-83.

[19] Kermack, W.O. & A.G. McKendrick (1932) Contributions to the mathematical theory of epidemics, part. III. Proc. Roy. Soc. London, 141: 94-112.

[20] Mena-Lorca, J. & H.W. Hethcote (1992) Dynamic models of infectious diseases as regulators of population size. J. Math. Biol., 30: 693-716.

[21] Raggett, G.F. (1982) Modeling the Eyam plague, IMA Journal, 18: 221-226.

[22] Routh, E.J. (1877) A Treatise on the Stability of a Given State of Motion: Particularly Steady Motion, MacMillan.

[23] Sánchez B.N., P.A. Gonzalez, R.A. Saenz (2000) The influence of dispersal between two patches on the dynamics of a disease, Department of Biometrics, Cornell University, Technical Report Series, BU-1531-M.

[24] Shulgin, B., L. Stone, and Z. Agur (1998) Pulse vaccination strategy in the SIR epidemic model, Bull. Math. Biol., 60: 1123-1148.

[25] Stone, L., B. Shulgin, Z. Agur (2000) Theoretical examination of the pulse vaccination in the SIR epidemic model, Math. and Computer Modeling, 31: 207-215.

第 3 章　地方病模型

本章将考虑可能是地方病的疾病模型. 上一章我们研究了有和没有人口统计特征的 SIS 模型以及有人口统计学的 SIR 模型. 在每个模型中, 基本再生数 $\mathscr{R}_0$ 确定了一个阈值. 如果 $\mathscr{R}_0 < 1$, 疾病将消失; 如果 $\mathscr{R}_0 > 1$, 该疾病成为一个地方病. 每种情形的分析都涉及确定平衡点, 并通过在平衡点的线性化确定每个平衡点的渐近稳定性. 上一章研究的每个情形, 无病平衡点渐近稳定当且仅当 $\mathscr{R}_0 < 1$, $\mathscr{R}_0 > 1$ 时唯一的地方病平衡点是渐近稳定的. 在本章中, 我们将看到这些属性在更一般的模型中继续保持, 但是在某些情况下, 当 $\mathscr{R}_0 < 1$ 时, 可能会有一个渐近稳定的地方病平衡点, 在其他情况下, 对 $\mathscr{R}_0 > 1$ 的某些值地方病平衡点不稳定.

在 2.3 节中, 我们分析了染病者康复时具有对抗再感染的免疫力的疾病的 SIR 模型

$$S'(t) = \Lambda(N) - \beta SI - \mu S,$$

$$I'(t) = \beta SI - \mu I - \alpha I - dI, \tag{3.1}$$

$$N' = \Lambda(N) - dI - \mu N.$$

对 (3.1) 成立下面的基本结果.

定理 3.1　模型 (3.1) 的基本再生数为

$$\mathscr{R}_0 = \frac{\beta K}{\mu + \alpha} = \frac{K}{S_\infty}.$$

如果 $\mathscr{R}_0 < 1$, 这个系统有唯一无病平衡点, 且这个平衡点是渐近稳定的.

这里, K 是人口容纳量, S_∞ 是易感人群在地方病平衡点的规模. 这个定理说, 如果 $\mathscr{R}_0 < 1$, 这个无病平衡点是局部渐近稳定的. 回忆, 这意味着初始值接近于这个平衡点的解接近于这个平衡点, 且当 $t \to \infty$ 时这些解都趋于这个平衡点. 事实上, 不难证明, 这个渐近稳定性是全局性的, 就是说, 每个解都趋于这个无病平衡点. 如果量 $\mathscr{R}_0$ 大于 1, 则这个无病平衡点不稳定, 但存在一个 (局部) 渐近稳定的地方病平衡点.

事实上, 这些性质对某些具有更复杂仓室结构的地方病模型也成立. 我们将描述一些例子.

3.1 更复杂的地方病模型

3.1.1 暴露期

在许多传染病中, 从易感者到潜在的染病者成员传播疾病后, 在这些潜在的染病者出现症状之前有一段暴露期. 为了结合平均暴露期为 $\frac{1}{\kappa}$ 的暴露仓室, 我们加入暴露类 E, 并利用仓室 S, E, I, R 和总人口规模 $N = S + E + I + R$, 给出流行病模型 (3.1) 的推广

$$
\begin{aligned}
S' &= \Lambda(N) - \beta SI - \mu S, \\
E' &= \beta SI - (\kappa + \mu)E, \\
I' &= \kappa E - (\alpha + \mu)I.
\end{aligned}
\tag{3.2}
$$

其流程图如图 3.1 所示.

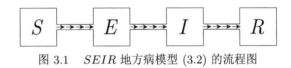

图 3.1 $SEIR$ 地方病模型 (3.2) 的流程图

该模型的分析与 (3.1) 的分析相似, 但要用 $E + I$ 代替 I. 也就是说, 我们不再使用染病者人数而是使用染病者成员的总数作为一个变量, 不管它们是否能够传播感染.

3.1.2 治疗模型

对某些疾病的一种治疗方式是在它流行前接种疫苗以预防感染. 例如, 这个方法通常用于防止每年流感疫情的暴发. 对此建模的一个简单方法是将总人口规模按比例减少到可避免人口感染的规模.

现实中, 这种接种仅部分有效, 如果接种者变成染病者, 就会降低感染率, 也会降低传染性. 这可通过将人员划分为两个具有不同模型参数的小组来模拟, 而这需要对两组人员之间的混合进行一些假设. 这并不难, 但是直到第 5 章介绍异质混合之前, 我们不对此方面的问题作探究.

如果有人染病后得到治疗, 这可通过假设选择与染病者数量成比例的 γ 比例的人进行治疗来模拟, 治疗可降低 δ 比例的传染性. 假设从治疗类中的移去率是 η. 这导致 $SITR$ 模型

$$
\begin{aligned}
S' &= \mu N - \beta S[I + \delta T] - \mu S, \\
I' &= \beta S[I + \delta T] - (\alpha + \gamma + \mu)I, \\
T' &= \gamma I - (\eta + \mu)T,
\end{aligned}
\tag{3.3}
$$

其中 T 是治疗类. 这个模型的流程图如图 3.2 所示. 在这个模型中, 我们假设自然出生率与自然死亡率相等, 因此总人口保持为常数.

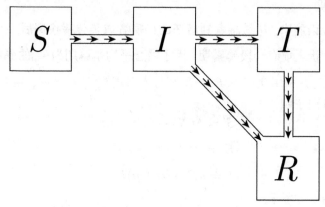

图 3.2   地方病 $SITR$ 模型 (3.3) 的流程图

为了计算基本再生数, 注意到由于单位时间内有 βN 个新染病者产生, 整个易感者人群中染病者在染病者仓室平均渡过的时间是 $\dfrac{1}{\alpha+\gamma+\mu}$. 此外, 染病者有 $\dfrac{\gamma}{\alpha+\gamma+\mu}$ 比例的人得到治疗, 因为 $(\alpha+\gamma+\mu)$ 是染病者总数减少的比例, γ 是这些染病者选择治疗的比例. 而在治疗阶段, 单位时间内产生 $\delta\beta N$ 个新染病者, 在治疗类中的平均时间是 $\dfrac{1}{\eta+\mu}$, 因此

$$\mathscr{R}_0 = \frac{\beta N}{\alpha+\gamma+\mu} + \frac{\gamma}{\alpha+\gamma+\mu}\frac{\delta\beta N}{\eta+\mu}. \tag{3.4}$$

如果 $\delta < 1$ 和 $\alpha > \eta$, 治疗有可能增加再生数. 但是, 由于 $\alpha > \eta$ 意味着治疗会延长感染时间, 这是完全不可能的.

模型 (3.3) 的平衡点条件是

$$\begin{aligned}
\mu N &= \beta S[I + \delta T] + \mu S, \\
\beta S[I + \delta T] &= (\alpha + \gamma + \mu)I, \\
\gamma I &= (\eta + \mu)I.
\end{aligned} \tag{3.5}$$

将这些平衡点条件的最后一个代入第二个条件, 得

$$\beta S \frac{\delta\gamma + \eta + \mu}{\eta + \mu} I = (\alpha + \gamma + \mu)I.$$

这意味着要么 $I = 0$(无病平衡点), 要么 $\beta S = \dfrac{(\alpha + \gamma + \mu)(\eta + \mu)}{\delta\gamma + \eta + \mu}$(地方病平衡点). 存在地方病平衡点当且仅当由这些条件给出的 S 值小于 N, 这等价于 $\mathscr{R}_0 > 1$.

(3.3) 在平衡点 (S, I, T) 的 Jacobi 矩阵或线性化矩阵是

$$\begin{bmatrix} -\beta(I + \delta T) - \mu & -\beta S & -\delta\beta S \\ \beta(I + \delta T) & \beta S - (\alpha + \gamma + \mu) & \delta\beta S \\ 0 & \gamma & -(\eta + \mu) \end{bmatrix},$$

在无病平衡点 $(N, 0, 0)$, 它是

$$\begin{bmatrix} -\mu & -\beta N & -\delta\beta N \\ 0 & \beta N - (\alpha + \gamma + \mu) & \delta\beta N \\ 0 & \gamma & -(\eta + \mu) \end{bmatrix}.$$

这个矩阵的特征值是 $-\mu$ 和矩阵

$$\begin{bmatrix} \beta N - (\alpha + \gamma + \mu) & \delta\beta N \\ \gamma & -(\eta + \mu) \end{bmatrix}$$

的特征值, 而这个 2×2 矩阵的特征值有负实部当且仅当这个矩阵有负的迹和正的行列式. 行列式为正的条件是

$$\beta N < \frac{(\eta + \mu)(\alpha + \gamma + \mu)}{\eta + \mu + \delta\gamma}, \tag{3.6}$$

迹为负的条件是

$$\beta N < (\alpha + \gamma + \mu) + (\eta + \mu). \tag{3.7}$$

于是, 由于

$$(\eta + \mu)(\alpha + \gamma + \mu) < (\alpha + \gamma + \mu)(\eta + \mu + \delta\gamma) + (\eta + \mu + \delta\gamma)(\eta + \mu),$$

如果 (3.6) 满足则 (3.7) 也满足. 因此条件 $\mathscr{R}_0 < 1$ 等于 (3.6) 和无病平衡点的渐近稳定性.

为了证明如果存在地方病平衡点 (即如果 $\mathscr{R}_0 > 1$), 它是渐近稳定的, 此时必须利用第 2 章介绍的四个条件 [26,37]. 经过复杂的计算表明确实如此.

3.1.3　垂直传播

在某些疾病中, 尤其是美州锥虫病、艾滋病病毒/艾滋病、乙型肝炎和 (在牛中的) 牛瘟, 感染不仅可以水平传播 (通过个体之间的接触), 而且可以垂直传播 (从感染的父母传染给新生儿)[8]. 我们通过假设人口中染病者成员的后代中有 q 比例在出生时具有传染性, 来构建具有垂直传播的 SIR 模型. 为了简单起见, 假设没有疾病死亡, 因此总人口规模 N 为常数, 我们的模型基于 (3.1). 此模型中的出生率为 $\Lambda = \mu N$, 假设出生是按比例分布在仓室中. 因此, 出生率为 μI, 新生儿传染率为 $q\mu I$, 新生儿易感率为 $\mu N - q\mu I$. 这导致模型

$$S' = \mu N - q\mu I - \beta SI - \mu S,$$
$$I' = q\mu I + \beta SI - \mu I - \alpha I. \tag{3.8}$$

从第二个方程, 我们看到, 平衡点要求要么 $I = 0$(无病平衡点), 要么 $\beta S = \mu(1 - q) + \alpha$. 在无病平衡点, $S = N$, $I = 0$, 线性化矩阵是

$$\begin{bmatrix} -\mu & -q\mu - \beta N \\ 0 & \beta N - \mu(1 - q) - \alpha \end{bmatrix}.$$

因此, 这个无病平衡点渐近稳定, 当且仅当

$$\beta N < \mu(1 - q) + \alpha.$$

这表明

$$\mathscr{R}_0 = \frac{\beta N + \mu q}{\mu + \alpha}.$$

为了看到这确实是正确的, 我们注意到, 项 $\beta N/(\mu + \alpha)$ 表示在经过死亡调整后的传染期 $1/(\mu + \alpha)$ 内水平传播的感染率为 βN, 项 $\mu q/(\mu + \alpha)$ 表示每个染病者的垂直传播的感染率. 不难证明地方病平衡点存在且渐近稳定当且仅当 $\mathscr{R}_0 > 1$.

3.2　SIR 模型的某些应用

3.2.1　群体免疫

为了防止疾病演变成地方病, 必须将基本再生数 $\mathscr{R}_0$ 降到 1 以下. 有时这可通过免疫来达到. 如果人口中每单位时间 $\Lambda(N)$ 个新出生成员中有 p 比例成功免疫, 其作用相当于用 $N(1 - p)$ 代替 N, 因此基本再生数降低到 $\mathscr{R}_0(1 - p)$. 这要求 $\mathscr{R}_0(1 - p) < 1$, 给出 $1 - p < 1/\mathscr{R}_0$, 或者

$$p > 1 - \frac{1}{\mathscr{R}_0}.$$

如果有足够多比例的人有免疫力以确保疾病不会变成地方病, 则这个人群称为有群体免疫. 全世界真正能够达到这一点的唯一疾病是天花, 它的 $\mathscr{R}_0$ 接近于 5, 所以 80% 的人免疫接种提供了群体免疫.

对于麻疹, 美国的传染病学的资料表明, 农村人口的 $\mathscr{R}_0$ 在 5.4 与 6.3 之间, 这要求有 81.5% 到 84.1% 免疫接种. 城市的 $\mathscr{R}_0$ 在 8.3 与 13.0 之间, 这要求有 88.0% 到 92.3% 的人接种疫苗. 在英国, $\mathscr{R}_0$ 的范围在 12.5 与 16.3 之间, 这要求有 92% 到 94% 的人接种疫苗. 麻疹疫苗并不永远有效, 而且疫苗接种活动永远不可能达到对每个人. 因此, 对麻疹的群体免疫还没有达到 (可能永远不可能). 另一个问题是, 反疫苗运动已经兴起, 部分原因是人们错误地认为麻疹-风疹疫苗与自闭症的发展存在联系, 部分原因是人们普遍反对疫苗.

由于天花在大多数国家被认为是更为严重的疾病, 并且需要接种的人群所占比例较低, 因此天花可实现群体免疫. 事实上, 天花已经被消灭了, 最后一个已知的病例是发生在 1977 年的索马里, 目前该病毒仅保存在实验室里. 但天花的根治实际上比预期的困难得多, 因为在一些国家实现了很高的疫苗接种率, 但不是每个地方都能做到, 而且这种疾病在某些国家仍然存在, 消灭天花只有在经过全球接种疫苗之后才有可能 [22].

3.2.2 染病年龄

为了通过系统 (3.1) 计算基本再生数 $\mathscr{R}_0$, 需要知道接触率 β 以及参数 μ, K 和 α 的值. 参数 μ, K 和 α 通常可以通过实验测量, 但是接触率 β 难以直接确定. 有一种可以根据预期寿命和染病的平均年龄的间接方法计算 $\mathscr{R}_0$, 这使我们不必估计接触率. 在这个计算中, 我们将假设 β 是一个常数, 但我们也将指出, 当 β 是总人口规模 N 的函数时所需要的修改. 该计算假定寿命和染病期呈指数分布. 只要寿命是指数分布, 这个结果就有效. 但是, 如果寿命不是指数分布的, 则结果可能会完全不同.

考虑在某个时间 t_0 出生的人员的 "年龄组", 令 a 是这群成员的年龄. 如果 $y(a)$ 表示这群成员 (至少) 活到年龄 a 的比例, 则单位时间内有 μ 比例人口死亡的假设意味着 $y'(a) = -\mu y(a)$. 由于 $y(0) = 1$, 我们就可求解这个一阶方程的初始值问题, 得到 $y(a) = e^{-\mu a}$. 在 (确切的) 年龄 a 死亡的比例是 $-y'(a) = \mu y(a)$. 平均寿命是平均死亡年龄, 它是 $\int_0^\infty a\,[-y'(a)]\,da$, 分部积分求得这个期望寿命是

$$\int_{t_0}^\infty [-ay'(a)]da = [-ay(a)]_{t_0}^\infty + \int_{t_0}^\infty y(a)da = \int_{t_0}^\infty y(a)da.$$

由于 $y(a) = e^{-\mu \omega}$, 这化为 $\dfrac{1}{\mu}$. 期望寿命通常用 L 表示, 所以可写为

$$L = \frac{1}{\mu}.$$

年龄 a 的易感者成员在时间 $t_0 + a$ 变成染病者幸存的比率是 $\beta I(t_0 + a)$. 因此, 如果 $z(a)$ 是这个年龄组活着的在年龄 a 仍是易感者的比例, 则 $z'(a) = -[\mu + \beta I(t_0 + a)] z(a)$. 求解这个一阶线性微分方程, 得到

$$z(a) = e^{-[\mu a + \int_0^a \beta I(t_0 + b)db]} = y(a)e^{-\int_0^a \beta I(t_0 + b)db}.$$

易感者类中可能变成染病者的成员由于对抗死亡而仍是易感者的平均时间长度是

$$\int_0^\infty e^{-\int_0^a \beta l(t_0 + b)db} da,$$

这是成员被感染的平均年龄. 如果这个系统处于平衡点 I_∞, 这个积分可计算, 且平均传染年龄 A 为

$$A = \int_0^\infty e^{-\beta I_\infty a} da = \frac{1}{\beta I_\infty}.$$

对我们的模型, 地方病平衡点是

$$I_\infty = \frac{\mu K}{\mu + \alpha} - \frac{\mu}{\beta},$$

由此得

$$\frac{L}{A} = \frac{\beta I_\infty}{\mu} = \mathscr{R}_0 - 1. \tag{3.9}$$

这个关系式在估计基本再生数时很有用. 例如, 在 1956 到 1969 年之间的伦敦和威尔士某些社区, 接触麻疹的平均年龄是 4.8 岁. 如果期望寿命是 70 岁, 这表明 $\mathscr{R}_0 = 15.6$.

如果 β 是总人口规模的函数 $\beta(N)$, K 是容纳量, 则关系式 (3.9) 变成

$$\mathscr{R}_0 = \frac{\beta(K)}{\beta(N)} \left[1 + \frac{L}{A} \right].$$

如果疾病死亡率对总人口没有形成很大的影响, 特别是, 如果没有疾病死亡, 这个关系式非常接近于 (3.9).

传染年龄与基本再生数之间的这个关系, 表明像接种疫苗这样的措施可降低 $\mathscr{R}_0$, 增加平均传染年龄. 对风疹 (德国麻疹) 这样的疾病, 它在成人中的影响比在儿童中严重得多, 这表明必须考虑其危险性: 儿童接种将降低生病人数, 但将增加没有接种的人或者接种没有成功的人的风险. 不管怎么样, 老年人患病人数将减少, 虽然老年人所占的比例将增加.

3.2.3 流行病间期

许多常见的儿童疾病, 如麻疹、百日咳、水痘、白喉、风疹的病例数每年都有变化. 这些波动往往是有规则的振荡, 这表明模型的解可能是周期的. 这与我们在这一节用过的模型的预测并不符合, 也与特征方程有共轭复根不一致, 因为复根的小负实部对应于趋于地方病平衡点的小阻尼振荡. 这种性态看起来就像反复的流行病. 如果在地方病平衡点的线性化矩阵的特征值是 $-u \pm iv$, 其中 $i^2 = -1$, 则线性化方程有解 $Be^{-ut}\cos(vt + c)$, 衰减 "振幅" 为 Be^{-ut}, "周期" 为 $\dfrac{2\pi}{v}$.

对模型 (3.1), 回忆在地方病平衡点, 我们有

$$\beta I_\infty + \mu = \mu \mathscr{R}_0, \quad \beta S_\infty = \mu + \alpha,$$

线性化矩阵为

$$\begin{bmatrix} -\mu\mathscr{R}_0 & -(\mu + \alpha) \\ \mu(\mathscr{R}_0 - 1) & 0 \end{bmatrix}.$$

它的特征值是二次方程

$$\lambda^2 + \mu\mathscr{R}_0\lambda + \mu(\mathscr{R}_0 - 1)(\mu + \alpha) = 0$$

的根, 它们是

$$\lambda = \frac{-\mu\mathscr{R}_0 \pm \sqrt{\mu^2\mathscr{R}_0^2 - 4\mu(\mathscr{R}_0 - 1)(\mu + \alpha)}}{2}.$$

如果平均传染期 $\dfrac{1}{\gamma + \alpha}$ 大大短于平均寿命 $\dfrac{1}{\mu}$, 则可忽略 μ 的二次项. 因此特征值近似于

$$\frac{-\mu\mathscr{R}_0 \pm \sqrt{-4\mu(\mathscr{R}_0 - 1)\alpha}}{2},$$

它们是虚部为 $\sqrt{\mu(\mathscr{R}_0 - 1)\alpha}$ 的复数. 这表明振荡的周期近似于

$$\frac{2\pi}{\sqrt{\mu(\mathscr{R}_0 - 1)\alpha}}.$$

利用关系式 $\mu(\mathscr{R}_0 - 1) = \dfrac{\mu L}{A}$ 和平均传染期 $\tau = \dfrac{1}{\gamma + \alpha}$, 我们看到流行间期 T 近似于 $2\pi\sqrt{A\tau}$. 因此, 例如对经常暴发的麻疹, 其传染期为 2 周或 1/26 年, 在期望寿命 70 岁的人群中 $\mathscr{R}_0$ 估计是 15, 我们可期望相隔 2.76 年暴发一次. 同样, 因为在时间 t 的 "振幅" 是 $e^{-\mu R_0 t/2}$, 每个循环从平衡点开始的最大位移是乘以因子

$e^{-(15)(2.76)/140} = 0.744$. 事实上, 对麻疹的许多观察表明这个振动是小阻尼振荡, 这表明在我们的简单模型中可能存在我们没有包括的其他影响. 为了解释围绕地方病平衡点的振动, 就需要更复杂的模型. 一个可能的推广是假设接触率中有季节性变化 [13,27]. 这对通常通过学校传播, 特别在寒冷冬天传播的儿童疾病, 是一个合理的假设. 但是, 注意从观察得到的数据永远没有模型预测的光滑平稳, 模型不可避免是真实的粗糙简化, 它不能解释变量的随机变化. 从实验数据也许很难判断振动是阻尼的还是持久的.

3.2.4　趋于地方病平衡点的 "流行病"

在模型 (3.1) 中, 由出生率 μK 与自然死亡率 μ 描述的人口统计学的时间尺度, 与由从染病者类离开的比率 $(\alpha + \gamma)$ 描述的流行病学的时间尺度之间, 可能存在显著的差异. 例如, 自然死亡率 $\mu = 1/75$ 对应人的期望寿命是 75 岁, 流行病学参数 $\alpha = 0$ 和 $\gamma = 25$ 描述所有染病者在平均传染期 $1/25$ 年或 2 周后康复的疾病. 假设我们考虑的容纳量 $K = 1000$, 并取 $\beta = 0.1$, 这表明平均一个染病者每年与 $(0.1)(1000) = 100$ 个人接触. 于是 $\mathscr{R}_0 = 4.00$, 且在地方病平衡点有 $S_\infty = 250.13$, $I_\infty = 0.40$, $R_\infty = 749.47$. 这个平衡点大范围渐近稳定, 从每个初始值开始的解都趋于它.

但是, 如果我们模拟单个染病者进入易感者人群, 取 $S(0) = 999, I(0) = 1$, $R(0) = 0$, 并数值求解这个系统, 我们发现染病者数很快上升到最大值 400, 然后在 0.4 年或 5 个月的传染期内减少到几乎为零. 在这个时间区间内, 易感者人口下降到 22 人然后开始增加, 而移出类 (康复和有免疫对抗再感染的) 人口几乎增加到 1000, 然后逐渐减少. 这个初始 "流行病" 的规模不能从我们对系统 (3.1) 的定性分析中预测. 另一方面, 由于 μ 比模型中的其他参数小, 在模型中可忽略 μ 以零代替. 如果这样做, 这个模型就化为 2.4 节 (没有出生与死亡) 的简单 Kermack-McKendrick 流行病模型.

如果我们在一个较长时间区间上遵循模型 (3.1), 我们就会发现, 46 年后易感者人口增长到 450 人, 然后经历一次最大 18 个染病者的小流行病下降到 120 人, 这显示分布广泛的流行病规模减小. 系统需要经过很长一段时间才能接近地方病平衡点的状态, 并保持这种状态. 最初的大流行与实践中经常观察到的当一种传染病引入到没有免疫力的人群时的情况一致, 例如由于科特斯 (Cortez) 人入侵对阿兹特克 (Aztecs) 人造成的天花.

如果我们利用与模型 (3.1) 相同的 β, K, μ 值, 但取 $\alpha = 25, \gamma = 0$ 来描述对所有染病者都是致命的疾病, 则得到非常类似的结果. 现在总人口是 $S + I$, 它从最初的 1000 到最小 22, 然后逐渐增加, 最后趋于它的平衡点规模 250.53. 因此, 疾病将总人口减少到原来的四分之一, 这显示传染病对人口规模有很大影响. 后面 3.7 节我们将看到, 即使在没有感染的情况下人口迅速增长时这种情况也成立.

3.3 暂 时 免 疫

在我们研究过的 SIR 模型中, 假设从疾病康复获得的免疫力是永久性的. 但这并不永远正确. 因为随着时间推移免疫力可能逐渐丧失. 此外, 病毒经常有变异, 使得活动的疾病菌株与个体康复时的菌株完全不同, 从而获得的那个免疫力可能会减退.

具有暂时免疫力的疾病可用 $SIRS$ 模型描述, 其中要将 R 到 S 的转移率加入到 SIR 模型中. 为了简单起见, 我们限于考虑不包括出生、自然死亡和疾病死亡的流行病模型, 但包含出生和死亡的模型的分析也可导致相同的结论. 因此, 我们开始考虑模型

$$S' = -\beta SI + \theta R,$$
$$I' = \beta SI - \alpha I,$$
$$R' = \alpha I - \theta R,$$

其中 θ 为免疫减退的比例.

由于 $N' = (S + I + R)' = 0$, 总人口规模 N 是常数, 从而可用 $N - S - I$ 代替 R 将此模型化为二维系统

$$S' = -\beta SI + \theta(N - S - I),$$
$$I' = \beta SI - \alpha I. \tag{3.10}$$

平衡点是方程组

$$\beta SI + \theta S + \theta I = \theta N,$$
$$\alpha I + \theta S + \theta I = \theta N$$

的解, 存在无病平衡点 $S = \dfrac{\alpha}{\beta}$, $I = 0$. 如果 $\mathscr{R}_0 = \dfrac{\beta N}{\alpha} > 1$, 则还存在地方病平衡点, 满足

$$\beta S = \alpha, \quad (\alpha + \theta)I = \theta(N - S).$$

(3.10) 在平衡点 (S, I) 的线性化矩阵是

$$A = \begin{bmatrix} -(\beta I + \theta) & -(\beta S + \theta) \\ \beta I & \beta S - \alpha \end{bmatrix}.$$

在无病平衡点 A 有符号结构

$$\begin{bmatrix} - & - \\ 0 & \beta N - \alpha \end{bmatrix}.$$

这个矩阵有负的迹和正的行列式, 当且仅当 $\beta N < \alpha$, 或者 $\mathscr{R}_0 < 1$. 在地方病平衡点, 这个矩阵有符号结构

$$\begin{bmatrix} - & - \\ + & 0 \end{bmatrix}.$$

因此, 它永远有负的迹与正的行列式. 从而, 如在本章其他模型的研究中看到的, 无病平衡点渐近稳定, 当且仅当基本再生数小于 1, 存在地方病平衡点, 当且仅当基本再生数大于 1, 且它永远是渐近稳定的. 但是, 对不同的 *SIRS* 模型可有完全不同的性态.

3.3.1　*SIRS* 模型中的时迟

考虑一个 *SIRS* 模型, 其中假设染病康复后有一个固定的暂时免疫期, 以代替呈指数分布的临时免疫期 [24]. 假设存在一个固定长度 ω 的暂时免疫期, 此后康复的染病者回到易感者类. 导致模型由下面的微分-差分方程系统描述

$$\begin{aligned} S'(t) &= -\beta S(t)I(t) + \alpha I(t - \omega), \\ I'(t) &= \beta S(t)I(t) - \alpha I(t), \\ R'(t) &= \alpha I(t) - \alpha I(t - \omega). \end{aligned} \tag{3.11}$$

具有时迟 ω 的这个微分-差分方程的平衡点分析类似于常微分方程的平衡点分析, 但现在有一个重要的变化. 代替 $t = 0$ 时的初始条件, 有必要现在用在区间 $-\omega \leqslant t \leqslant 0$ 上满足的初始条件. 如同微分方程系统的平衡点是常数解, 微分-差分方程系统的平衡点也是常数解. 在平衡点的线性化也一样.

在平衡点处的特征方程是在平衡点处的线性化具有分量为 $e^{\lambda t}$ 的常数倍解的条件. 在常微分方程情形, 这就是确定系数矩阵特征值的方程, 它是一个多项式方程, 但是在微分-差分方程的一般情形, 它是一个超越方程. 我们的分析所依赖的结果是 (不证明只给出结论), 如果特征方程的所有根都具有负实部, 则平衡渐近稳定; 或者等价地, 特征方程不具有任何实部大于或为等于零的根 [5].

在 (3.11) 中, 由于 $N = S + I + R$ 为常数, 我们可以舍弃 R 方程利用二维模型

$$\begin{aligned} S'(t) &= -\beta S(t)I(t) + \alpha I(t - \omega), \\ I'(t) &= \beta S(t)I(t) - \alpha I(t). \end{aligned} \tag{3.12}$$

平衡点为 $I = 0$ 或者 $\beta S = \alpha$. 存在一个无病平衡点 $S = N$, $I = 0$. 还存在一个地方病平衡点, 在此 $\beta S = \alpha$. 但是, 对 S 和 I 的这两个方程, 只有一个平衡

点条件. 为了确定地方病平衡点 (S_∞, I_∞), 我们必须将 R 写为积分形式

$$R(t) = \int_{t-\omega}^{t} \alpha I(x)dx,$$

这给出 $R_\infty = \omega\alpha I_\infty$, 还有 $\beta S_\infty = \alpha$. 由 $S_\infty + I_\infty + R_\infty = N$ 得到

$$\beta I_\infty = \frac{\beta N - \alpha}{1 + \alpha\omega}.$$

为了在 (S_∞, I_∞) 对 (3.12) 线性化, 作代换

$$S(t) = S_\infty + u(t), \quad I(t) = I_\infty + v(t)$$

并删去二次项给出线性化方程

$$u'(t) = -\beta I_\infty u(t) - \beta S_\infty v(t) + \alpha v(t - \omega),$$
$$v'(t) = \beta I_\infty u(t) + \beta S_\infty v(t) + \alpha v(t).$$

特征方程是这个线性化方程有解

$$u(t) = u_0 e^{\lambda t}, \quad v(t) = v_0 e^{\lambda t}$$

时关于 λ 的条件, 这个条件是

$$(\beta I_\infty + \lambda)u_0 + (\beta S_\infty - \alpha e^{-\lambda\omega})v_0 = 0,$$
$$\beta I_\infty u_0 + (\beta S_\infty - \alpha - \lambda)v_0 = 0$$

有解, 或者

$$\begin{vmatrix} \lambda + \beta I_\infty & \beta S_\infty - \alpha e^{\lambda\omega} \\ \beta I_\infty & \beta S_\infty - \alpha - \lambda \end{vmatrix} = 0.$$

这导致

$$\alpha\beta I_\infty \frac{1 - e^{-\omega\lambda}}{\lambda} = -[\lambda + \alpha + \beta S_\infty + \beta I_\infty]. \tag{3.13}$$

在无病平衡点 $S_\infty = N$, $I_\infty = 0$, 这化为具有单根 $\lambda = -\beta N - \alpha$ 的线性方程. 此根是负数当且仅当 $\mathscr{R}_0 = \dfrac{\beta N}{\alpha} < 1$.

现在我们视 ω 和 N 为常数, 将 β 和 α 考虑为参数. 如果 $\alpha = 0$, 则 (3.13) 是一个线性方程, 它有根 $-\beta S_\infty - \beta I_\infty < 0$. 因此存在一个包含 β 轴的区域, 在这个区域 ((α, β) 参数空间) 内 (3.13) 的所有根具有负实部. 为了找出该稳定区域有多大, 利用 (3.13) 的根连续依赖于 β 和 α 的事实. 当值 βN 和 α 变化时, 仅当根移动通过零值或与虚轴相交时才能进入右半平面. 因此, 稳定性区域包含 β 轴并在

平面中扩展, 直到有一个根 $\lambda = 0$ 或直到有一对纯虚根 $\lambda = \pm iy$, 其中 $y > 0$. 由于 (3.13) 左右端对实数 $\lambda \geqslant 0$ 具有相反的符号, 故不可能有根 $\lambda = 0$.

存在根 $\lambda = iy$ 的条件是

$$\alpha\beta I_\infty \frac{1 - e^{-i\omega\alpha}}{iy} = -(iy + \alpha + \beta S_\infty + \beta I_\infty), \tag{3.14}$$

分离实部和虚部得到一对方程

$$\alpha\beta \frac{\sin\omega y}{y} = -[\alpha + \beta S_\infty + \beta I_\infty], \quad \alpha\beta I_\infty \frac{1 - \cos\omega y}{y} = y. \tag{3.15}$$

为了满足第一个条件, 由于对所有 y 有 $|\sin\omega y| \leqslant |\omega y|$, 必须有 $\omega\alpha > 1$. 特别地, 这意味着如果 $\omega\alpha < 1$, 则地方病平衡点渐近稳定. 此外, 必须有 $\sin\omega y < 0$. 存在一个在其中 $\sin\omega y < 0$ 的无穷区间序列, 第一个是 $\pi < \omega y < 2\pi$. 对每一个这种区间, 方程 (3.15) 在 (β, α) 平面上都是以 y 为参数定义了一条曲线. 这些曲线的第一条的下方的平面区域是渐近稳定区域, 即使得地方病平衡点渐近稳定的 β 和 α 值的集合. 这条曲线对 $\omega = 1$, $N = 1$ 如图 3.3 所示. 由于 $\mathscr{R}_0 = \dfrac{\beta N}{\alpha} > 1$, 只有 (α, β) 平面中在 $\alpha = \beta N$ 下面这部分是相关的.

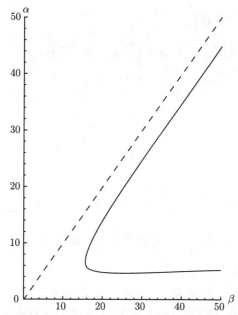

图 3.3　地方病平衡点 $(\omega = 1,\ N = 1)$ 的渐近稳定性区域

本节模型的一个新特征是, 地方病平衡点并不是对所有参数都渐近稳定. 如果有参数使得地方病平衡点不稳定, 那模型有什么性态? 一个合理的说明是, 由于

失去稳定性对应特征方程有根 $\lambda = iy$, 因此模型的解的性态类似于 e^{iyt} 的实部, 即存在周期解. 根据 Hopf 分支定理的一般结果 [20], 就发生这样的情况, 该定理说, 当特征方程的根穿过虚轴时产生稳定的周期轨道.

从流行病学的观点来看, 周期性性态令人不快. 它意味着感染人数的波动, 这使得很难分配治疗资源. 振荡的周期也可能很长. 这意味着, 如果只在一小段时间间隔内测量数据, 则可能不会显示实际的性态. 因此, 确定地方病平衡点不稳定的情况是一个重要问题.

3.4　具有多个地方病平衡点的简单模型

在传染病传播的仓室模型中, 通常有一个基本再生数 $\mathscr{R}_0$, 它表示由单个染病者引起易感者人群继发性感染的平均数. 如果 $\mathscr{R}_0 < 1$, 则存在一个渐近稳定的无病平衡点, 而且感染消失. 如果 $\mathscr{R}_0 > 1$, 通常情况存在唯一的渐近稳定的地方病平衡点, 而且感染持续存在. 即使地方病平衡点不稳定, 这种不稳定性通常由 Hopf 分支 [25] 引起. 如 3.3 节所述, 感染仍然持续存在, 但以振荡方式出现. 更准确地说, 当 $\mathscr{R}_0$ 增加到 1 时, 无病平衡点与地方病平衡点 (它是负的, 也不稳定, 因此在生物学上无意义) 之间发生稳定性交换. 但是在某些情况下, 即使在非常简单的传染病模型中, 也可能存在多个地方病平衡点, 我们描述 [42, 43] 中的这种模型. 考虑总人口规模为常数 N 的染病者得到治疗的 SIS 模型. 假设治疗能够治愈感染, 但有一个最大的治疗量, 因此假设模型为

$$
\begin{aligned}
S' &= -\beta SI + h(I), \\
I' &= \beta SI - \alpha I - h(I),
\end{aligned}
\tag{3.16}
$$

假设治疗函数 $h(I)$ 的形式为

$$
h(I) = \begin{cases} rI, & I < I^*, \\ rI^*, & I \geqslant I^*, \end{cases}
$$

其中 r 是常数, 代表至多最大治疗量 rI^* 的治疗率. 由于总人口规模 N 是一个常数, 我们可以用 $N - I$ 代替 S, 将此模型化为一个方程

$$
I' = \beta I(N - I) - \alpha I - h(I) = g(I).
\tag{3.17}
$$

存在一个无病平衡点 $I = 0$, 容易验证, 这个无病平衡点渐近稳定当且仅当 $\mathscr{R}_0 = \dfrac{\beta N}{\alpha + r} < 1$.

对 $I \leqslant I^*$,

$$g(I) = \beta I(n - I) - (\alpha + r)I,$$

$I \leqslant I^*$ 的地方病平衡点是 $g(I) = 0$ 的正解 I_∞, 即

$$I_\infty = N - \frac{\alpha + r}{\beta} = N\left(1 - \frac{1}{\mathscr{R}_0}\right).$$

存在这个平衡点当且仅当

$$I^* \geqslant N - \frac{\alpha + r}{\beta} = N\left(1 - \frac{1}{\mathscr{R}_0}\right). \tag{3.18}$$

对 $I \leqslant I^*$,

$$g'(I) = \beta(N - 2\beta I) - (\alpha + r),$$

$g'(I_\infty) < 0$ 当且仅当

$$N - \frac{\alpha + r}{\beta} < 2I_\infty = 2\left(N - \frac{\alpha + r}{\beta}\right),$$

这等价于 $\mathscr{R}_0 > 1$. 因此, 平衡点 $I_\infty \leqslant I^*$ 存在且渐近稳定, 当且仅当 (3.18) 满足.

平衡点 $I > I^*$ 是二次方程

$$g(I) = -\beta I^2 + (\beta N - \alpha)I - rI^* = 0$$

的解, 它们是

$$I = \frac{(\beta N - \alpha) + \sqrt{(\beta N - \alpha)^2 - 4r\beta I^*}}{2\beta},$$

$$J = \frac{(\beta N - \alpha) - \sqrt{(\beta N - \alpha)^2 - 4r\beta I^*}}{2\beta}.$$

于是 $J < \dfrac{\beta N - \alpha}{2\beta}$ 和 $I > \dfrac{\beta N - \alpha}{2\beta}$. 要使它们成为平衡点, 它们还必须大于 I^* 且小于 N, 但是可以选择参数值, 使得模型 (3.16) 具有一个以上的地方病平衡. 例如, 选择

$$\alpha = 0.5, \quad r = 0.5, \quad N = 1, \quad I^* = 0.05,$$

因此 $\mathscr{R}_0 = \beta$, 对 β 的某些值, 这给出两个平衡点 I 和 J, 包括满足 $\mathscr{R}_0 < 1$ 的某些值. 当 $\beta = 0.779$ 时用这些参数值, $I = J = 0.279$.

如果 $g'(I_\infty) < 0$, 微分方程 $I' = g(I)$ 的平衡点 I_∞ 渐近稳定, 如果 $g'(I_\infty) > 0$, 它不稳定. 由此, 容易推导平衡点 J 是不稳定的, 而平衡点 I 渐近稳定. 如果我们将平衡点绘制为 β 函数, 则曲线 I 从点 (0.779, 0.279) 开始并向右上方向上移动, 而曲线 J 从同一点开始向右下方向下移动. 由于选择 $I^* = 0.05$, 因此仅曲线 J 在直线 $I = 0.05$ 上方的部分是相关的. 对于 $0.779 \leqslant \mathscr{R}_0 \leqslant 1$, 存在两个渐近稳定的平衡点, 即 0 和 I 被不稳定的平衡点 J 隔开. 由于这个原因, 我们将曲线 J 绘制为图 3.4 中的虚线.

如图 3.4 所示, 分支曲线是作为基本再生数的函数的平衡点图, 它提供了很多关于地方病平衡点性态的信息. 例如, 我们观察到在图 3.4 中, 某些基本再生数小于 1 时存在地方病平衡点, 并且地方病平衡点在 $\mathscr{R}_0 = 1$ 不连续.

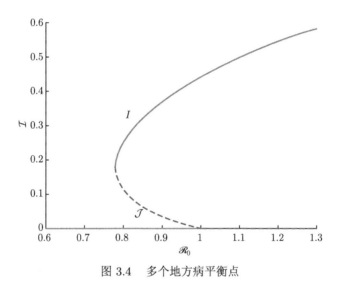

图 3.4　多个地方病平衡点

3.5　接种疫苗模型: 向后分支

在仓室模型中, 在 $\mathscr{R}_0 = 1$ 处存在一个分支, 即在平衡点存在定性性态的改变, 但在平衡点染病者人群规模连续依赖于 $\mathscr{R}_0$. 这种转变称为向后分支, 或者超临界分支. 在分支的性态可以通过分支曲线来描述, 该曲线是平衡点处染病者人口规模 I 与基本再生数 $\mathscr{R}_0$ 的函数关系图. 对向后分支, 其分支曲线如图 3.5 所示.

[14, 20, 21, 29] 中已经注意到, 在有多个组和组间不对称或多个相互作用机制的流行病模型中, 当 $\mathscr{R}_0 = 1$ 时可能有完全不同的分支性态. 当 $\mathscr{R}_0 < 1$ 时可能存在多个正地方病平衡点, 当 $\mathscr{R}_0 = 1$ 时可能存在一个向后的分支. 这意味着, 分支曲线具有如图 3.4 所示的形式, 点线表示不稳定地方病平衡点, 它将渐近稳定平衡点的吸引区域分开.

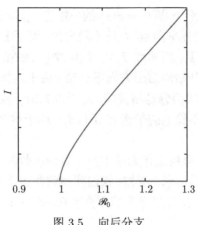

图 3.5　向后分支

具有向后分支的流行病系统的定性性态与具有向前分支的系统的定性性态至少在三个重要方面不同. 如果在 $\mathscr{R}_0 = 1$ 处存在向前分支, 那么当 $\mathscr{R}_0 < 1$ 时, 疾病不可能侵入人群, 因为如果将一些染病者引入人群, 系统将回到无病平衡点 $I = 0$ 状态. 另一方面, 如果在 $\mathscr{R}_0 = 1$ 处存在向后分支, 并且有足够的染病者进入人群, 从而将系统的初始状态置于 $\mathscr{R}_0 < 1$ 的不稳定地方病平衡点之上, 系统将趋于渐近稳定的地方病平衡点.

如果系统的参数发生变化引起 $\mathscr{R}_0$ 变化, 则会出现其他差异. 对在 $\mathscr{R}_0 = 1$ 发生向前分支时, 只要 $\mathscr{R}_0 < 1$, 平衡点的染病者人口随着 $\mathscr{R}_0$ 增加不断增加. 对在 $\mathscr{R}_0 = 1$ 时的向后分支, 只要 $\mathscr{R}_0 < 1$ 存在渐近稳定的无病平衡点, 但是对 $\mathscr{R}_0 < 1$ 的某些值也存在渐近稳定的地方病平衡点, 而且当 $\mathscr{R}_0$ 增加并通过 1 时染病者人群规模跳到正地方病平衡点. 另一方面, 如果疾病是通过降低 $\mathscr{R}_0$ 来控制, 在 $\mathscr{R}_0 = 1$ 又存在向前分支, 则将 $\mathscr{R}_0$ 减少到 1 就够了, 但如果存在向后分支, 则有必要将 $\mathscr{R}_0$ 减少到 1 以下.

这些性态的差异对于计划如何控制疾病非常重要. $\mathscr{R}_0 = 1$ 时的向后分支使控制更加困难. 一种常用的控制措施是降低疫苗接种产生的感染的易感性. 疫苗接种是指减少易感者的感染性的接种或进行如鼓励改善卫生习惯或避免性传播疾病的危险行为的教育. 无论是接种疫苗还是教育, 通常仅能针对易感者人群的一部分, 效果并不理想. 一个明显的悖论是, 接种疫苗的模型可能会出现向后分支, 这使得模型的性态比没有疫苗接种的相应模型更为复杂. 有人争辩说[6], 仅对部分高危人群实施部分有效的疫苗接种计划可能会增加诸如艾滋病病毒/艾滋病 (HIV/AIDS) 等疾病的暴发的严重性.

下面将对一个模型进行定性分析, 该模型的总人口规模 $N \leqslant K$ 可能会有变化, 从而有可能出现向后分支. 我们对研究的模型将疫苗接种添加到 2.2 节研究

过的具有出生和自然死亡但没有疾病死亡的简单 SIS 模型中. 考虑模型

$$S' = \Lambda(N) - \beta(N)SI - \mu S + \alpha I,$$
$$I' = \beta SI - (\mu + \alpha)I, \tag{3.19}$$

其中人口容纳量 K 由 $\Lambda(K) = \mu K$, $\Lambda'(K) < \mu$ 定义, 接触率 $\beta(N)$ 是总人口规模的非减函数 $N\beta(N)$, $\beta(N)$ 是非减的. 我们看到, 如果

$$\mathscr{R}_0 = \frac{K\beta(K)}{\mu + \alpha} < 1,$$

则存在渐近稳定的无病平衡点 $I = 0$. 如果 $\mathscr{R}_0 > 1$, 则这个无病平衡点不稳定, 但是存在一个渐近稳定的地方病平衡点.

对模型 (3.19) 我们加上一个假设, 即单位时间内易感者类中有 φ 的比例接种过疫苗. 此类疫苗接种可以减少但不能完全消除感染的易感性. 通过包括接种成员的感染率的因子 σ, $0 \leqslant \sigma \leqslant 1$ 来模拟这个情况, 其中 $\sigma = 0$ 意味着接种完全有效, $\sigma = 1$ 表示疫苗无效. 我们通过包括接种类 V 来描述以下这个新模型

$$S' = \mu N - \beta(N)SI - (\mu + \varphi)S + \alpha I,$$
$$I' = \beta(N)SI + \sigma\beta(N)VI - (\mu + \alpha)I, \tag{3.20}$$
$$V' = \varphi S - \sigma\beta(N)VI - \mu V,$$

其中 $N = S + I + V$. 由于 N 是常数, 可以用 $N - I - V$ 代替 S, 给出一个等价系统

$$I' = \beta[N - I - (1 - \sigma)V]I - (\mu + \alpha)I,$$
$$V' = \varphi[N - I] - \sigma\beta VI - (\mu + \varphi)V, \tag{3.21}$$

其中 $\beta = \beta(N)$. 系统 (3.21) 是我们将分析的基本接种模型. 注意到, 如果接种完全无效, 即 $\sigma = 1$, 则 (3.21) 等价于 SIS 模型. 如果所有易感者都立刻接种疫苗 (形式上 $\varphi \to \infty$), 则模型 (3.21) 等价于

$$I' = \sigma\beta I(K - I) - (\mu + \alpha)I,$$

这是基本再生数为

$$\mathscr{R}_0^* = \frac{\sigma\beta K}{\mu + \alpha} = \sigma\mathscr{R}_0 \leqslant \mathscr{R}_0$$

的 SIS 模型.

视参数 μ, α, φ 和 σ 固定, β 为变量. 在实践中, 参数 φ 是最容易控制的, 稍后, 我们将用参数 β, μ, α 和 σ 固定的非受控模型来表达我们的结果, 并研究 φ

变化的影响. 考虑到这一解释, 我们将使用 $\mathscr{R}(\varphi)$ 表示模型 (3.21) 的基本再生数, 下面将看到

$$\mathscr{R}_0^* \leqslant \mathscr{R}(\varphi) \leqslant \mathscr{R}_0.$$

模型 (3.21) 的平衡点是

$$\beta I[K - I - (1-\sigma)V] = (\mu+\alpha)I,$$
$$\varphi[K-I] = \sigma\beta VI + (\mu+\varphi)V \tag{3.22}$$

的解. 如果 $I = 0$, 这些方程的第一个满足, 第二个导致

$$V = \frac{\varphi}{\mu+\varphi}K.$$

这是一个无病平衡点.

(3.21) 在平衡点 (I,V) 的线性化矩阵为

$$\begin{bmatrix} -2\beta I - (1-\sigma)\beta V - (\mu+\alpha) + \beta K & -(1-\sigma)\beta I \\ -(\varphi+\sigma\beta V) & -(\mu+\varphi+\sigma\beta I) \end{bmatrix}.$$

在这个无病平衡点, 这个矩阵是

$$\begin{bmatrix} -(1-\sigma)\beta V - (\mu+\alpha) + \beta K & 0 \\ -(\varphi+\sigma\beta V) & -(\mu+\varphi) \end{bmatrix},$$

它有负的特征值, 这意味着这个无病平衡点渐近稳定, 当且仅当

$$-(1-\sigma)\beta V - (\mu+\alpha) + \beta K < 0.$$

利用 V 在无病平衡点的值, 这个条件等价于

$$\mathscr{R}(\varphi) = \frac{\beta K}{\mu+\alpha} \cdot \frac{\mu+\sigma\varphi}{\mu+\varphi} = \mathscr{R}_0 \frac{\mu+\sigma\varphi}{\mu+\varphi} < 1.$$

$\varphi = 0$ 的情形是没有接种, 其中 $\mathscr{R}(0) = \mathscr{R}_0$, 如果 $\varphi > 0$ 则 $\mathscr{R}(\varphi) < \mathscr{R}_0$. 注意到 $\mathscr{R}_0^* = \sigma\mathscr{R}_0 = \lim_{\varphi\to\infty} \mathscr{R}(\varphi) < \mathscr{R}_0$.

如果 $0 \leqslant \sigma < 1$, 则地方病平衡点是下面两个方程的解

$$\beta[K - I - (1-\sigma)V] = \mu+\alpha,$$
$$\varphi[K-I] = \sigma\beta VI + (\mu+\varphi)V. \tag{3.23}$$

利用 (3.23) 的第一个方程消去 V, 代入第二个方程得到

$$AI^2 + BI + C = 0, \tag{3.24}$$

其中

$$
\begin{aligned}
A &= \sigma\beta, \\
B &= (\mu + \theta + \sigma\varphi) + \sigma(\mu + \alpha) - \sigma\beta K, \\
C &= \frac{(\mu + \alpha)(\mu + \theta + \varphi)}{\beta} - (\mu + \theta + \sigma\varphi)K.
\end{aligned}
\tag{3.25}
$$

如果 $\sigma = 0$, 则 (3.24) 是一个线性方程, 它有唯一解

$$
I = K - \frac{(\mu + \alpha)(\mu + \varphi)}{\beta\mu} = K\left[1 - \frac{1}{\mathscr{R}(\varphi)}\right],
$$

它是正的, 当且仅当 $\mathscr{R}(\varphi) > 1$. 因此, 如果 $\sigma = 0$, 则存在唯一地方病平衡点, 如果 $\mathscr{R}(\varphi) > 1$, 则当 $\mathscr{R}(\varphi) \to 1+$ 时它趋于零. 如果 $\mathscr{R}(\varphi) < 1$, 则不可能有地方病平衡点. 此时在 $\mathscr{R}(\varphi) = 1$ 不可能有向后分支.

注意, 如果 $\mathscr{R}(\varphi) > 1$, 则 $C < 0$; 如果 $\mathscr{R}(\varphi) = 1$, 则 $C = 0$; 如果 $\mathscr{R}(\varphi) < 1$, 则 $C > 0$. 如果 $\sigma > 0$, 则 (3.24) 是一个二次方程, 如果 $\mathscr{R}(\varphi) > 1$, 则 (3.24) 存在唯一正根, 因此存在唯一地方病平衡点. 如果 $\mathscr{R}(\varphi) = 1$, 则 $C = 0$, 且 (3.24) 存在唯一非零解 $I = -\dfrac{B}{A}$, 它是正的当且仅当 $B < 0$. 如果 $B < 0$, 则当 $C = 0$ 时对 $\mathscr{R}(\varphi) = 1$ 存在一个正地方病平衡点. 由于平衡点依赖于 φ, 因此在 $\mathscr{R}(\varphi) = 1$ 的左边必须存在一个区间, 在这个区间内存在两个正平衡点

$$
I = \frac{-B \pm \sqrt{B^2 - 4AC}}{2A}.
$$

由此得到系统 (3.21) 在 $\mathscr{R}(\varphi) = 1$ 有一个向后分支, 当且仅当选择 β 使得 $C = 0$ 时 $B < 0$.

借助参数 μ, φ, σ 我们可以建立一个在 $\mathscr{R}(\varphi) = 1$ 存在向后分支的明显准则. 当 $\mathscr{R}(\varphi) = 1$, $C = 0$ 时,

$$
(\mu + \sigma\varphi)\beta K = (\mu + \alpha)(\mu + \varphi).
\tag{3.26}
$$

条件 $B < 0$ 是

$$
(\mu + \sigma\varphi) + \sigma(\mu + \alpha) < \sigma\beta K,
$$

其中 βK 由 (3.26) 或者

$$
\sigma(\mu + \alpha)(\mu + \varphi) > (\mu + \sigma\varphi)[(\mu + \sigma\varphi) + \sigma(\mu + \alpha)]
$$

确定, 而这化为

$$
\sigma(1 - \sigma)(\mu + \alpha)\varphi > (\mu + \sigma\varphi)^2.
\tag{3.27}
$$

向后分支出现在 $\mathscr{R}(\varphi) = 1$, 当且仅当 (3.26) 满足, 其中 βK 由 (3.26) 给出. 我们指出, 对 SI 模型, 其中 $\alpha = 0$, 条件 (3.27) 变成

$$\sigma(1 - \sigma)\mu\varphi > (\mu + \sigma\varphi)^2.$$

但是, 由于 $\sigma < 1$,

$$(\mu + \sigma\varphi)^2 = \mu^2 + \sigma^2\varphi^2 + 2\mu\sigma\varphi$$

$$> 2\mu\sigma\varphi > \sigma(1 - \sigma)\mu\varphi,$$

因此, 如果 $\alpha = 0$, 向后分支对 SI 模型是不可能存在的. 同样, 如果 $\sigma = 0$, (3.27) 不可能满足.

如果 $C > 0$ 而且 $B \geqslant 0$ 或者 $B^2 < 4AC$, 则 (3.24) 没有正解, 因此不存在地方病平衡点. 方程 (3.24) 有两个对应于两个地方病平衡点的正解, 当且仅当 $C > 0$ 或者 $\mathscr{R}(\varphi) < 1$ 和 $B < 0$, $B^2 > 4AC$ 或者 $B < -2\sqrt{AC}$. 如果 $B = -2\sqrt{AC}$, (3.24) 存在一个正解 $I = -\dfrac{B}{2A}$.

如果 (3.27) 满足, 则在 $\mathscr{R}(\varphi) = 1$ 处存在向后分支, 对从对应于 $\mathscr{R}(\varphi) = 1$ 的

$$\beta K = \frac{(\mu + \alpha)(\mu + \varphi)}{\mu + \sigma\varphi}$$

到由 $B = -2\sqrt{AC}$ 定义的 β_c 值的 β 的区间内存在两个地方病平衡点, 令 $x = \mu + \alpha - \beta K$, $U = \mu + \sigma\varphi$, 给出 $B = \sigma x + U$, $\beta C = \beta KU + (\mu + \alpha)(\mu + \varphi)$. 于是 $B^2 = 4AC$ 变成

$$(\sigma x + U)^2 + 4\beta\sigma KU - 4\sigma(\mu + \alpha)(\mu + \varphi) = 0,$$

由此得到

$$(\sigma x)^2 - 2U(\sigma x) + [U^2 + 4\sigma(1 - \sigma)(\mu + \alpha)\varphi] = 0$$

有根

$$\sigma x = U \pm 2\sqrt{\sigma(1 - \sigma)(\mu + \alpha)\varphi}.$$

对正根 $B = \sigma x + U > 0$, 由于我们要求 $B < 0$ 和 $B^2 - 4AC = 0$, 从 $\sigma x = U - 2\sqrt{\sigma(1 - \sigma)(\mu + \alpha)\varphi}$ 得到 β_c, 因此

$$\sigma\beta_c K = \sigma(\mu + \alpha) + 2\sqrt{\sigma(1 - \sigma)(\mu + \alpha)\varphi} - (\mu - \sigma\varphi). \tag{3.28}$$

于是临界基本再生数 $\mathscr{R}_c$ 为

$$\mathscr{R}_c = \frac{\mu + \sigma\varphi}{\mu + \varphi} \cdot \frac{\alpha(\mu + \alpha) + 2\sqrt{\sigma(1 - \sigma)(\mu + \alpha)\varphi} - (\mu + \sigma\varphi)}{\sigma(\mu + \alpha)\varphi}.$$

借助 (3.28) 可以验证 $\mathscr{R}_c < 1$.

3.5.1 分支曲线

在绘制分支曲线 (I 作为 $\mathscr{R}(\varphi)$ 的函数图形) 时, 我们认为 β 是变量, 其他参数 μ, α, σ, Q, φ 是常数. 于是 $\mathscr{R}(\varphi)$ 是 β 的常数倍, 在分支曲线中我们可以认为 β 是独立变量.

平衡点条件 (3.24) 关于 β 隐函数微分, 得到

$$(2AI + B)\frac{dI}{d\beta} = \sigma I(K - I) + \frac{(\mu + \alpha)(\mu + \varphi)}{\beta^2}.$$

显然从 (3.23) 的第一个平衡点条件得到 $I \leqslant K$, 这表明, 分支曲线在 $2AI + B > 0$ 时的平衡点值有正斜率, 在 $2AI + B < 0$ 时的平衡点值有负斜率. 如果在 $\mathscr{R}(\varphi) = 1$ 没有向后分支, 则对 $\mathscr{R}(\varphi) > 1$ 的唯一地方病平衡点满足

$$2AI + B = \sqrt{B^2 - 4AC} > 0.$$

分支曲线在所有 $I > 0$ 的平衡点处都有正斜率. 因此这条分支曲线如图 3.5 所示.

如果在 $\mathscr{R}(\varphi) = 1$ 存在向后分支, 则存在一个区间, 在这个区间内存在两个由

$$2AI + B = \pm\sqrt{B^2 - 4AC}$$

给出的地方病平衡点. 分支曲线在这两个平衡点的较小点处的斜率为负, 在较大点处的斜率为正. 因此这条分支曲线如图 3.4 所示.

条件 $2AI + B > 0$ 在对地方病平衡点的局部稳定性分析中也很重要. (3.21) 的地方病平衡点 (局部) 渐近稳定, 当且仅当它对应于在分支曲线上曲线增加的点. 为了证明这一点, 我们观察到 (3.21) 在平衡点 (I, V) 的线性化矩阵为

$$\begin{bmatrix} -2\beta I - (1 - \sigma)\beta V - (\mu + \alpha) + \beta K & -(1 - \sigma)\beta I \\ -(\varphi + \sigma\beta V) & -(\mu + \varphi + \sigma\beta I) \end{bmatrix}.$$

由于平衡点条件 (3.23), 在 (I, V) 的这个矩阵为

$$\begin{bmatrix} -\beta I & -(1 - \sigma)\beta I \\ -(\varphi + \sigma\beta V) & -(\mu + \varphi + \sigma\beta I) \end{bmatrix}.$$

它有负的迹, 其行列式是

$$\sigma(\beta I)^2 + \beta I(\mu + \varphi) - (1 - \sigma)\varphi\beta I - (1 - \sigma)\beta V \cdot \sigma\beta I$$

$$= \beta I[2\sigma\beta I + (\mu + \sigma\varphi) + \sigma(\mu + \alpha) - \sigma\beta K]$$

$$= \beta I[2AI + B].$$

因此, 如果 $2AI + B > 0$, 就是说, 如果分支曲线有正斜率, 则这个行列式为正, 平衡点渐近稳定. 如果 $2AI + B < 0$, 这个行列式为负, 这个平衡点不稳定. 事实上, 它是一个鞍点. 平面鞍点是一个平衡点, 在这一点线性化矩阵有一个正特征值和一个负特征值. 这意味着存在两条趋于鞍点称为稳定分界线的轨道, 以及两条从鞍点出发的轨道, 称之为不稳定分界线. 因为轨道不能与分界线相交, 稳定分界线将平面分成两个区域, 且将平面分成两个吸引区域. 在 (I, V) 平面内稳定分界线分隔其他 (渐近稳定) 地方病平衡点和无病平衡点的吸引区域.

3.6   *具有一般疾病阶段分布的 $SEIR$ 模型

除了 3.3 节的 $SIRS$ 模型外, 本章前面部分考虑的常微分方程 (ODE) 模型仅假设疾病阶段的持续时间 (如潜伏和感染阶段) 呈指数分布. 这种假设虽然使模型及其分析更容易, 但在生物学上对大多数传染病来说不大现实. 一个更合适的分布是 Γ 分布, 它在停留阶段的概率由

$$p_n(s) = \sum_{k=0}^{n-1} \frac{(n\theta s)^k s^{-n\theta s}}{k!} \tag{3.29}$$

给出, 其中 $\frac{1}{\theta}$ 是分布的均值, n 是形状参数. 指数分布是 $n = 1$ 时的特殊情形. 另一个极端情形是当 $n \to \infty$ 时, 它对应于固定的持续时间. 图 3.6 展示了不同 n 值的 Γ 分布. 令 $\frac{1}{\kappa}$ 和 $\frac{1}{\alpha}$ 表示平均潜伏期和传染期, m 和 n 分别表示潜伏期和染病期的形状参数. 根据报道 [44], 对麻疹有

$$\frac{1}{\kappa} = 8, \quad \frac{1}{\alpha} = 5, \quad m = n = 20,$$

对天花有

$$\frac{1}{\kappa} = 14, \quad \frac{1}{\alpha} = 8.6, \quad m = 40, \quad n = 4.$$

还有其他病例, 其中疾病阶段持续时间不符合标准的族分布. 具有非指数分布如 Γ 分布的流行病学模型已在以前的研究中讨论过, 例如, 见 [23, 30, 31]. 在这些研究中, 作者讨论了与指数分布假设相关的各个缺陷. 例如, 他们指出, 常数康复率是对世界上的传染病的一个很差描述, 他们证明, 在具有更真实的疾病阶段分布模型中, 可预期的性态可能不大稳定, 疾病持久性也可能会减弱 [23,30]. 在 [18] 中证明, 当考虑到检疫和隔离等控制措施时, 具有指数分布和 Γ 分布的模型可能会对控制策略产生矛盾的评价. 因此, 对于允许有任意分布的模型, 获得数学结果将是有帮助的. 这是本节的目的.

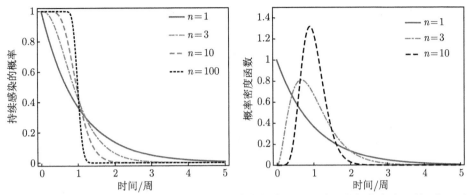

图 3.6 描绘不同形状参数值 (n) 的传染期的生存概率 (3.29)(左) 和概率密度函数 (右), 对 $n = 1$ 的特殊情形给出指数分布. 平均染病期 $\frac{1}{\theta}$ 选为 1 周

令 P_E, P_I : $[0, \infty) \to (0, 1)$ 分别描述暴露期 (潜伏期) 和传染期的持续时间. 也就是说, $P_i(s)$ $(i = E, I)$ 给出疾病在 i 阶段的持续时间长于 s 时间单位的概率 (或者在年龄 s 仍处于同一阶段的概率). 于是, 随着疾病的自然发展, 导数 $-\dot{P}_i(s)$ $(i = E, I)$ 给出从 i 阶段到年龄 s 阶段的移去率. 这些持续时间函数具有以下性质:

$$P_i(0) = 1, \quad \dot{P}_i(s) \leqslant 0, \quad \int_0^\infty P_i(s)ds < \infty, \quad i = E, I.$$

对于生命动力学, 生存概率用最简单的函数 $e^{-\mu t}$(因为我们的重点放在疾病阶段的任意分布影响). 设初始易感者个体数和移去者个体数分别是 $S_0 > 0$ 和 $R_0 > 0$. 令 $E_0(t)e^{-\mu t}$ 和 $I_0(t)e^{-\mu t}$ 分别表示初始暴露者数和染病者数的非增函数, 且是在时间 t 在相应类中仍活着的个体数. 常数 $E(0)$ 和 $I(0)$ 分别表示 E 类和 I 类在时间 $t = 0$ 的个体数. 设 $\tilde{I}(0)$ 表示那些初始感染转移到了 I 类且在时间 t 仍活着的个体数. 考虑感染力度 $\lambda(t)$ 取形式

$$\lambda(t) = c\frac{I(t)}{N}. \tag{3.30}$$

于是在某个时间 $s \in (0, t)$ 变成暴露者, 在时间 t 仍活着且进入 E 类的个体数是

$$E(t) = \int_0^t \lambda(s)S(s)P_E(t-s)e^{-\mu(t-s)}ds + E_0(t)e^{\mu t},$$

在时间 t 染病者个体数为

$$I(t) = \int_0^t \int_0^\tau \lambda(s)S(s)[-\dot{P}_E(\tau - s)]P_I(t - \tau)e^{-\mu(t-s)}dsd\tau + I_0(t)e^{-\mu t} + \tilde{I}_0(t).$$

假设补充率为 μN 且他们都进入 S 类. 则 $SEIR$ 模型取

$$S(t) = \int_0^t \mu N e^{-\mu(t-s)} ds - \int_0^t \lambda(s) S(s) e^{-\mu(t-s)} ds + S_0 e^{-\mu t},$$

$$E(t) = \int_0^t \lambda(s) S(s) P_E(t-s) e^{-\mu(t-s)} ds + E_0(t) e^{-\mu t}, \qquad (3.31)$$

$$I(t) = \int_0^t \int_0^\tau \lambda(s) S(s) [-\dot{P}_E(\tau - s)] P_I(t-\tau) e^{-\mu(t-s)} ds d\tau + \tilde{I}(t),$$

其中 $\lambda(t)$ 在 (3.30) 中已给出, $\tilde{X}(t) = X_0(t) e^{-\mu t} + \tilde{X}_0(t)$ $(X = Q,\ I,\ H,\ R)$. 在初始值和参数函数的标准假设下, 可以证明, 系统 (3.31) 有对所有正时间都有定义的唯一非负解.

当对函数 P_E 和 I_E 作特殊分布假设时, 系统 (3.31) 可以简化. 特别是, 在指数分布假设 (EDA) 和 Γ 分布假设 (GDA) 下, 系统可以化为常微分方程 (ODE) 系统, 它们分别称为指数分布模型 (EDM) 和 Γ 分布模型 (GDM). 这允许检查分布假设如何影响模型预测.

设

$$a(\tau) = e^{-\mu \tau} \int_0^\tau [-\dot{P}_E(\tau - u)] P_I(u) du. \qquad (3.32)$$

基本再生数为

$$\mathscr{R}_c = \int_0^\infty c a(\tau) d\tau. \qquad (3.33)$$

为了看清表达式 (3.33) 的生物学意义, 而且为了在后面几节中简化记号, 引入下面几个量:

$$\mathscr{T}_E = \int_0^\infty [-\dot{P}_E(s)] e^{-\mu s} ds, \quad \mathscr{T}_I = \int_0^\infty [-\dot{P}_I(s)] e^{-\mu s} ds,$$

$$\mathscr{D}_E = \int_0^\infty P_E(s) e^{-\mu s} ds, \qquad \mathscr{D}_I = \int_0^\infty P_I(s) e^{-\mu s} ds. \qquad (3.34)$$

$\mathscr{T}_E, \mathscr{T}_I$ 分别表示暴露的个体存活并变成染病者的概率和染病者个体存活并成为康复者的概率. $\mathscr{D}_E, \mathscr{D}_I$ 分别表示在暴露阶段 (经死亡调整) 的平均停留时间和在染病阶段 (经死亡调整) 的平均停留时间. 利用 (3.34) 可以将 (3.33) 中的 $\mathscr{R}_c$ 写为

$$\mathscr{R}_c = c \int_0^\infty a(\tau) d\tau = c \mathscr{T}_{E_k} \mathscr{D}_{I_l}. \qquad (3.35)$$

系统 (3.31) 始终有无病平衡点 (DFE), 而地方病平衡点的存在依赖于如下描述的 R_0. 这个结果的证明可以在 [18] 中找到.

结果 对系统 (3.31), 如果 $\mathscr{R}_c < 1$, 则其无病平衡点是一个全局吸引子, 如果 $\mathscr{R}_c > 1$, 则它不稳定, 此时地方病平衡点存在且稳定.

为了在不同阶段分布下比较这个模型的性态, 设 P_E 和 P_I 分别表示具有均值 $\frac{1}{\kappa}$ 和 $\frac{1}{\alpha}$ 的持续函数 $P_E(s) = p_m(s, \kappa)$ 和 $P_I(s) = p_n(s, \alpha)$ 的 Γ 分布. 当 $m = n = 1$ 时, 其中 m 和 n 是形状参数, P_E 和 P_I 是指数分布, 一般模型 (3.31) 有标准的 $SEIR$ 模型的通常形式:

$$
\begin{aligned}
S' &= \mu N - cS\frac{I}{N} - \mu S, \\
E' &= cS\frac{I}{N} - (\kappa + \mu)E, \\
I' &= \kappa E - (\alpha + \mu)I.
\end{aligned}
\tag{3.36}
$$

于是对其他整数 m 和 n, 积分方程模型 (3.31) 可以化为常微分方程模型. 注意到, 对疾病阶段, 例如暴露阶段, 利用 Γ 分布 $p_n(s, \theta)$, 这等价于假设整个阶段用 n 个子阶段的序列代替, 每个子阶段都是移出率 $n\theta$ 平均停留时间 $\frac{T}{n}$ 的指数分布, 其中 $T = \frac{1}{\theta}$ 是整个阶段的平均停留时间 (例如, 见 [23, 30, 32]). 这种将 Γ 分布转换成一系列指数分布的方法就是熟知的 "线性链技巧". 此时一般模型 (3.31) 化为下面的常微分方程系统:

$$
\begin{aligned}
S' &= \mu N - cS\frac{I}{N} - \mu S, \\
E_1' &= cS\frac{I}{N} - (m\kappa + \mu)E_1, \\
E_j' &= m\kappa E_{j-1} - (m\kappa + \mu)E_j, \quad j = 2, \cdots, m, \\
I_1' &= m\kappa E_m - (n\alpha + \mu)I_1, \\
I_j' &= n\alpha I_{j-1} - (n\alpha + \mu)I_j, \quad j = 2, \cdots, n, \\
I &= \sum_{j=1}^{n} I_j.
\end{aligned}
\tag{3.37}
$$

由公式 (3.35) 得到系统 (3.37) 的再生数为

$$
\mathscr{R}_c = \frac{(m\kappa)^m}{(\mu + m\kappa)^m} \frac{c}{\mu + n\alpha} \sum_{j=0}^{n-1} \frac{(n\alpha)^j}{(\mu + n\alpha)^j}.
\tag{3.38}
$$

　　从上述结果看到, 两个系统 (3.36) 和 (3.37) 的定性性态是相同的. 但定量性态会有某些差别. 例如, 图 3.7 说明具有 Γ 分布的模型在振荡中产生的频率比具有指数分布的模型的更低. 因为对振荡的振幅, 根据初始条件, 两个模型的振幅都可能比另一种模型的振幅大.

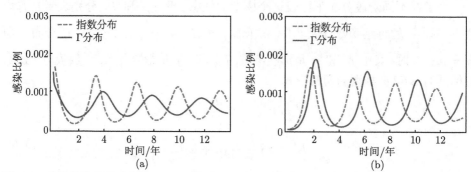

图 3.7　比较具有指数分布的 $SEIR$ 模型 (3.36) 和具有 Γ 分布的 $SEIR$ 模型 (3.37). (a) 中的图是指染病者个体的初始比例较高 (0.0015), 而 (b) 中的则较低 (0.0001). 我们在 (a) 中观察到, 具有 Γ 分布的模型的解在振荡中的振幅比具有指数分布的模型的解的振幅小得多, 而在 (b) 中则相反. 但是, 在 (a) 和 (b) 中, Γ 分布模型的振荡频率低于指数分布模型的振荡频率.

使用的参数值是 $\frac{1}{\kappa} = 2$(天), $\frac{1}{\alpha} = 7$(天), $\frac{1}{\mu} = 15$(年). 这更适合模拟学校学生的进出.

选择 c 的值使得 $\mathscr{R}_0 = 2$

3.6.1　*检疫与隔离的结合

　　如前所述, 疾病阶段具有 Γ 分布的模型 (3.37) 与指数分布模型 (3.36) 具有相似的定性性态. 如在本节所示, 当考虑采用检疫和隔离的控制措施时, 具有指数分布和 Γ 分布的模型可以产生非常不同的定量效果, 包括有关控制策略的矛盾评估.

　　设 ρ 表示隔离效率, $\rho = 1$ 表示完全有效. 因此, 当 $\rho < 1$ 时, 隔离的个体可以降低传染性 $1 - \rho$. 传染力度是

$$\lambda(t) = c \frac{I(t) + (1-\rho)H(t)}{N}. \tag{3.39}$$

　　设 $k(s)$, $l(s) : [0, \infty) \to [0,1]$ 分别表示在 s 年龄阶段隔离暴露的、未被隔离的染病者个体的概率. 因此, $1 - k(s) =: \bar{k}(s)$, $1 - l(s) =: \bar{l}(s)$ 分别给出在到达 s 年龄阶段之前检疫、隔离的概率. 假设 $k(0) = I(0) = I$, $\dot{k}(s) \leqslant 0$ 和 $\dot{l}(s) \leqslant 0$. 考虑检疫和隔离的存活由指数函数

$$k(s) = e^{-\chi s}, \quad l(s) = e^{-\phi s} \tag{3.40}$$

描述的较简单情形, 其中 χ 和 ϕ 是常数, 我们有

$$E_0(t) = E(0)e^{-(\chi+\alpha)t}, \quad I_0(t) = I(0)e^{-(\phi+\delta)t}, \tag{3.41}$$

具有一般分布以及检疫和隔离的模型是

$$S(t) = \int_0^t \mu N e^{-\mu(t-s)} ds - \int_0^t \lambda(s)S(s)e^{-\mu(t-s)} ds + S_0 e^{-\mu t},$$

$$E(t) = \int_0^t \lambda(s)S(s)P_E(t-s)k(t-s)e^{-\mu(t-s)} ds + E_0(t)e^{-\mu t},$$

$$Q(t) = \int_0^t \int_0^\tau \lambda(s)S(s)[-P_E(\tau-s)\dot{k}(\tau-s)]P_E(t-\tau|\tau-s)$$
$$\times e^{-\mu(t-s)} ds d\tau + \tilde{Q}(t),$$

$$I(t) = \int_0^t \int_0^\tau \lambda(s)S(s)[-\dot{P}_E(\tau-s)k(\tau-s)]P_I(t-\tau)l(\tau-s)$$
$$\times e^{-\mu(t-s)} ds d\tau + \tilde{I}(t),$$

$$H(t) = \int_0^t \int_0^u \int_0^\tau \lambda(s)S(s)[-\dot{P}_E(\tau-s)k(\tau-s)][P_I(u-\tau)\dot{l}(u-\tau)]$$
$$\times P_I(t-u|u-\tau)e^{-\mu(t-s)} ds d\tau du$$
$$+ \int_0^t \int_0^\tau \lambda(s)S(s)[-\dot{P}_E(\tau-s)\bar{k}(\tau-s)]P_I(t-\tau)e^{-\mu(t-s)} ds d\tau + \tilde{H}(t),$$

$$R(t) = \int_0^t \int_0^\tau \lambda(s)S(s)[-\dot{P}_E(\tau-s)][1-P_I(t-\tau)]e^{-\mu(t-s)} ds d\tau + \tilde{R}(t),$$

$$(3.42)$$

其中 $\lambda(t)$ 由 (3.39) 给出, $\tilde{X}(t) = X_0(t)e^{-\mu t} + \tilde{X}_0(t)$ $(X = Q, I, H, R)$. 再次当 $t \to \infty$ 时 $\tilde{X}(t) \to 0$.

令

$$a_1(\tau) = e^{-\mu\tau} \int_0^\tau [-\dot{P}_E(\tau-u)k(\tau-u)]P_I(u)l(u)du,$$

$$a_2(\tau) = e^{-\mu\tau} \int_0^\tau [-\dot{P}_E(\tau-u)k(\tau-u)]P_I(u)\tilde{l}(u)du, \qquad (3.43)$$

$$a_3(\tau) = e^{-\mu\tau} \int_0^\tau [-\dot{P}_E(\tau-u)\tilde{k}(\tau-u)]P_I(u)du,$$

其中 $\bar{k}(s) = 1 - k(s)$, $\bar{l}(s) = 1 - l(s)$. 令

$$A(\tau) = a_1(\tau) + (1-\rho)[a_2(\tau) + a_3(\tau)].$$

于是, 再生数为

$$\mathscr{R}_c = c \int_0^\infty A(\tau)d\tau. \qquad (3.44)$$

我们也可以将 $\mathscr{R}_c$ 写为下面形式:

$$\mathscr{R}_c = \mathscr{R}_I + \mathscr{R}_{IH} + \mathscr{R}_{QH}, \tag{3.45}$$

其中

$$\mathscr{R}_I = c \int_0^\infty a_1(\tau) d\tau = c \mathscr{T}_{E_k} \mathscr{D}_{I_l},$$

$$\mathscr{R}_{IH} = (1-\rho)c \int_0^\infty a_2(\tau) d\tau = (1-\rho)c \mathscr{T}_{E_k}(\mathscr{D}_I - \mathscr{D}_{I_l}),$$

$$\mathscr{R}_{QH} = (1-\rho)c \int_0^\infty a_3(\tau) d\tau = (1-\rho)c(\mathscr{T}_E - \mathscr{T}_{E_k})D_I,$$

以及

$$
\begin{aligned}
\mathscr{T}_E &= \int_0^\infty [-\dot{P}_E(s)]e^{-\mu s}ds, & \mathscr{T}_{E_k} &= \int_0^\infty [-\dot{P}_E(s)k(s)]e^{-\mu s}ds, \\
\mathscr{T}_I &= \int_0^\infty [-\dot{P}_I(s)]e^{-\mu s}ds, & \mathscr{T}_{I_l} &= \int_0^\infty [-\dot{P}_I(s)l(s)]e^{-\mu s}ds, \\
\mathscr{D}_E &= \int_0^\infty P_E(s)e^{-\mu s}ds, & \mathscr{D}_{E_k} &= \int_0^\infty P_E(s)k(s)e^{-\mu s}ds, \\
\mathscr{D}_I &= \int_0^\infty P_I(s)e^{-\mu s}ds, & \mathscr{D}_{I_l} &= \int_0^\infty P_I(s)l(s)e^{-\mu s}ds.
\end{aligned}
\tag{3.46}
$$

$\mathscr{R}_c$ 中的三个分量 $\mathscr{R}_I$, $\mathscr{R}_{IH}$, $\mathscr{R}_{QH}$ 分别代表 I 类和 H 类中通过隔离和检疫的分布. $\mathscr{T}_E$ 和 $\mathscr{T}_{E_k}$ 分别代表暴露个体幸存的概率和变成染病者的 "调整隔离" 的概率, $\mathscr{T}_I$ 和 $\mathscr{T}_{I_l}$ 分别表示染病者个体幸存的概率和成为康复者的 "调整隔离" 的概率. $\mathscr{D}_E$ 和 $\mathscr{D}_{E_k}$ 分别表示在暴露阶段 (经死亡调整) 的平均逗留时间和 "检疫调整" 的平均逗留时间 (也经死亡调整). $\mathscr{D}_I$ 和 $\mathscr{D}_{I_l}$ 分别表示在染病阶段 (经死亡调整) 的平均逗留时间和 "隔离调整" 的平均逗留时间 (也经死亡调整).

对系统 (3.42) 如对系统 (3.31) 的同样结果成立, 即如果 $\mathscr{R}_c < 1$, 则无病平衡点是全局吸引子, 如果 $\mathscr{R}_c > 1$, 则它不稳定, 此时存在稳定的地方病平衡点.

3.6.2　*在 Γ 分布 (GDA) 下 (3.42) 的简化模型

再次设 P_E 和 P_I 分别为逗留函数是均值为 $1/\kappa$ 和 $1/\alpha$ 的 $P_E(s) = p_m(s,\kappa)$ 和 $P_I(s) = p_n(s,\alpha)$ 的 Γ 分布. 利用 (3.40) 中给出的函数 $k(s)$ 和 $l(s)$ 可以在系统 (3.42) 中微分那些方程, 得到下面的常微分方程系统

$$S' = \mu N - cS \frac{I + (1-\rho)H}{N} - \mu S,$$

$$E_1' = cS\frac{I + (1-\rho)H}{N} - (\chi + m\kappa + \mu)E_1.$$

$$E_j' = m\kappa E_{j-1} - (\chi + m\kappa + \mu)E_j, \quad j = 2, \cdots, m,$$

$$Q_1' = \chi E_1 - (m\kappa + \mu)Q_1,$$

$$Q_j' = \chi E_j + m\kappa Q_{j-1} - (m\kappa + \mu)Q_j, \quad j = 2, \cdots, m,$$

$$I_1' = m\kappa E_m - (\phi + n\alpha + \mu)I_1,$$

$$I_j' = n\alpha I_{j-1} - (\phi + n\alpha + \mu)I_j, \quad j = 2, \cdots, n,$$

$$H_1' = m\kappa Q_m + \phi I_1 - (n\alpha + \mu)H_1,$$

$$H_j' = n\alpha H_{j-1} + \phi I_j - (n\alpha + \mu)H_j, \quad j = 2, \cdots, n,$$

$$R' = n\alpha I_n + n\alpha H_n - \mu R,$$

$$其中 I = \sum_{j=1}^{n} I_j, H = \sum_{j=1}^{n} H_j. \tag{3.47}$$

在特殊情形 $m = n = 1$, 系统 (3.47) 化为

$$S' = \mu N - cS\frac{I + (1-\rho)H}{N} - \mu S,$$

$$E' = cS\frac{I + (1-\rho)H}{N} - (\chi + \kappa + \mu)E,$$

$$Q' = \chi E - (\kappa + \mu)Q,$$

$$I' = \kappa E - (\phi + \alpha + \mu)I,$$

$$H' = \kappa Q + \phi I - (\alpha + \mu)H. \tag{3.48}$$

由公式 (3.45) 得到系统 (3.47) 的再生数

$$\mathscr{R}_c = \frac{(m\kappa)^m}{(\mu + m\kappa)^m}\frac{c}{\mu + n\delta}\sum_{j=0}^{n-1}\frac{(n\alpha)^j}{(\mu + n\delta)^j}$$

$$\times \left[1 - \rho\left(1 - \frac{(\mu + m\kappa)^m}{(\mu + m\kappa + \chi)^m}\frac{\mu + n\alpha}{\mu + n\alpha + \phi}\frac{\displaystyle\sum_{j=0}^{n-1}\frac{(n\alpha)^j}{(\mu + n\alpha + \phi)^j}}{\displaystyle\sum_{j=0}^{n-1}\frac{(n\alpha)^j}{(\mu + n\alpha)^j}}\right)\right], \tag{3.49}$$

其中导数

$$\frac{\partial \mathscr{R}_c}{\partial \chi} = -c\rho \frac{m(m\kappa)^m}{(\mu + m\kappa + \chi)^{m+1}} \sum_{j=0}^{n-1} \frac{(n\alpha)^j}{(\mu + n\alpha + \phi)^{j+1}} < 0, \tag{3.50}$$

$$\frac{\partial \mathscr{R}_c}{\partial \phi} = -c\rho \frac{(m\kappa)^m}{(\mu + m\kappa + \chi)^m} \sum_{j=0}^{n-1} \frac{(j+1)(n\alpha)^j}{(\mu + n\alpha + \phi)^{j+2}} < 0. \tag{3.51}$$

3.6.3 *指数分布模型 (EDM) 与 Γ 分布模型 (GDM) 的比较

在这一节中我们证明, 当用 GDA 代替 EDA 时, 有关疾病干预策略有效性的模型预测在定量和定性上都可能不同. 我们通过比较 GDM (3.47) 和 EDM (3.48) 这两个模型来说明这一点. 在比较中用到两个准则. 一个是用 χ 和 ϕ 描述控制措施对 $\mathscr{R}_c$ 量的减少的影响, 另一个是在疫情结束时累计感染人数 (最后流行病规模)C 的减少.

由 (3.49) 到 (3.51) 我们知道, GDM 的再生数 $\mathscr{R}_c$ 随着 χ 和 ϕ 的增加而减少. 类似地, 利用公式 (3.45) 对 EDM 得到再生数 $\mathscr{R}_c = \mathscr{R}_I + \mathscr{R}_{IR} + \mathscr{R}_{QH}$, 其中

$$\mathscr{R}_I = \frac{c\kappa}{(\mu + \kappa + \chi)(\mu + \alpha + \phi)},$$

$$\mathscr{R}_{IH} = \frac{(1-\rho)c\kappa}{\mu + \kappa + \chi} \left(\frac{1}{\mu + \alpha} - \frac{1}{\mu + \alpha + \phi} \right),$$

$$\mathscr{R}_{QH} = (1-\rho)c \left(\frac{\kappa}{\mu + \alpha} - \frac{\kappa}{\mu + \kappa + \chi} \right) \frac{1}{\mu + \alpha},$$

这可写为下面较简单的形式

$$\mathscr{R}_c = \frac{\kappa}{\mu + \kappa} \frac{c}{\mu + \alpha} \left[1 - \rho \left(1 - \frac{\mu + \kappa}{\mu + \kappa + \chi} \frac{\mu + \alpha}{\mu + \alpha + \phi} \right) \right]. \tag{3.52}$$

$\mathscr{R}_c$ 关于控制参数的导数为

$$\frac{\partial \mathscr{R}_c}{\partial \chi} = -c\rho \frac{\kappa}{(\mu + \kappa + \chi)^2} \frac{1}{\mu + \alpha + \phi} < 0,$$

$$\frac{\partial \mathscr{R}_c}{\partial \phi} = -c\rho \frac{\kappa}{\mu + \kappa + \chi} \frac{1}{(\mu + \alpha + \phi)^2} < 0.$$

因此, EDM 的再生数随着控制参数 χ 和 ϕ 的增加在减少. 因此, 当考虑每个单独控制措施的影响时, 两个模型似乎都可以很好地工作. 然而, 当我们试图比较组合控制策略的模型预测时, 发现两个模型的预测并不一致. 例如, 在图 3.8(a), (b) 中, 对固定值 $\chi = 0.05$, 对这两个模型, 都画出 $\mathscr{R}_c$ 作为 ϕ 的函数, 或者对固定值

$\phi = 0.05$ 作为 χ 的函数, 或者当 $\chi = \phi$ 时作为 χ 和 ϕ 的函数. 对任何垂直线除了在 0.1 的那一条, 三条曲线交垂直线于三个代表三个控制策略的点. 对于选定的参数集, 由 EDM 和 GDM 预测的这些点 (用圆圈、三角形和正方形标记) 的顺序明显不同, 这表明对这两个模型之间的干预措施进行了冲突评估. 当我们比较 C 值时, 也会显示这些冲突评估. 例如, 图 3.8(a) 表示, 对应于 $\chi = 0.3$, $\phi = 0.05$(由三角形表示) 的策略比对应于 $\chi = 0.05$, $\phi = 0.3$(由实心圆圈表示) 的策略更有效. 然而, 图 3.8(b) 显示刚好相反, 即对应于 $\chi = 0.3$, $\phi = 0.05$ 的策略比对应于 $\chi = 0.05$, $\phi = 0.3$ 的策略更差. 图 3.8 中用的参数值是 $c = 0.2$, $\rho = 0.8$, $\kappa = \dfrac{1}{7}$, $\alpha = \dfrac{1}{10}$ 对应于潜伏期 $\dfrac{1}{\kappa} = 7$(天) 的疾病和染病期 $\dfrac{1}{\alpha} = 10$(天) 的疾病 (例如, "非典").

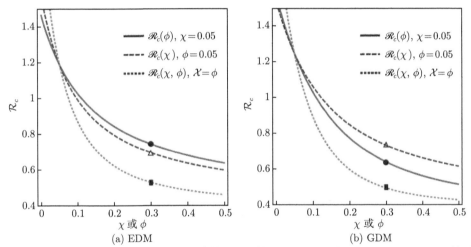

图 3.8　EDM 和 GDM 对各种控制措施的影响比较. (a) 和 (b) 分别是 EDM 和 GDM 的再生数 $\mathscr{R}_c$ 作为控制措施 (χ 和 ϕ) 的函数图

为了更详细地检查这两种模型之间的定量差异, 我们对 EDM 和 GDM 的各种控制措施进行了深入模拟, 其结果如图 3.9 所示. 在该图中, 用于 Γ 分布的参数为 $m = n = 3$, E 和 I 分别表示潜伏者比例和染病者比例 $E = \dfrac{E_1 + E_2 + E_3}{N}$ 和 $I = \dfrac{I_1 + I_2 + I_3}{N}$. 潜伏期和传染期分别为 $\kappa = \dfrac{1}{7}$ 和 $\alpha = \dfrac{1}{10}$. 累计染病者是通过积分发病率函数来计算的, 即

$$C(t) = \int_0^t \frac{cS(s)[I(s) + (1-\rho)H(s)]}{N} ds,$$

其中 $H = H_1 + H_2 + H_3$. 图 3.9(a), (b) 用于策略 1, 该策略单独实现 $\chi = 0.07$ 的隔离, 而图 3.9(c), (d) 用于策略 II, 该策略单独实现 $\chi = 0.06$ 的隔离. 这些控

制措施的有效性通过相应的 $C(t)$ 值反映. 从图 2.9(a), (c) 可以看出, EDM 预测策略 II 比策略 I 更有效, 因为策略 II 下的累计染病者 (比例)C 值比策略 I 下的累计染病者 (比例)C 值低 30%(注意, 在策略 I 和策略 II 下的累计染病者分别为 $C \approx 0.3$ 和 $C \approx 0.2$). 然而, 根据图 3.9(b), (d) GDM 的预测策略 II 不如策略 I 有效, 因为在策略 I 下的累计染病者 C 是 30% 低于策略 II 下 C 值 (注意, 在策略 I 和 II 下 C 的值分别是 $C \approx 0.23$ 和 $C \approx 0.36$). 显然在这个例子中, 通过 EDM 预测和通过 GDM 预测是不一致的.

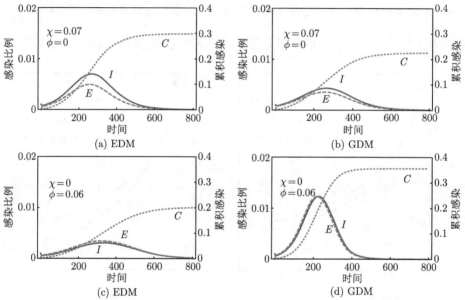

图 3.9 $m = n = 3$ 的指数分布模型 (EDM) 和 Γ 分布模型 (GDM) 的控制策略和评估的比较. 比较通过 χ 和 ϕ 表示的两个策略: 策略 I 仅涉及隔离($\chi = 0.07$, $\phi = 0$), 策略 II 仅涉及隔离 ($\chi = 0$, $\phi = 0.06$). 其他用的参数值是 $\frac{1}{\kappa} = 7$(天), $\frac{1}{\alpha} = 10$(天), $\frac{1}{\mu} = 75$(年), $C = 0.2$. 时间单位是天

指数分布和 Γ 分布的模型之间存在差异的主要原因之一是指数分布的无记忆特性, 这可以通过检查分布中预期的剩余逗留时间变得更加清楚. 在 Γ 分布 $p_n(x, \theta)$ 下 (或者, 为了简单起见用 $p_n(s)$, $n \geqslant 2$ 表示), 年龄 s 阶段预测的剩余逗留时间为

$$\mathscr{M}_n(s) = \int_0^\infty \frac{p_n(l+s)}{p_n(s)} dt = \frac{1}{p_n(s)} \int_s^\infty p_n(t) dt = \frac{1}{n\theta} \frac{\sum_{k=0}^{n-1} \sum_{j=0}^{k} \frac{(n\theta s)^j}{j!}}{\sum_{k=0}^{n-1} \frac{(n\theta s)^k}{k!}}.$$

经过验证 $\mathscr{M}'_n(s) < 0$ 和 $\lim\limits_{s \to \infty} \mathscr{M}_n(s) = \dfrac{T}{n}$, 其中 $T = \dfrac{1}{\theta}$, 我们知道, 在年龄 s 阶段 $\mathscr{M}_n(s)$ 严格递减, 当 s 大时, 期望的剩余逗留时间可以小到 $\dfrac{T}{n}$. 因此, 一个阶段中的预期剩余逗留时间事实上依赖于该阶段中已经花费的时间. 从而 Γ 分布 $p_n(s), n \geqslant 2$ 比指数分布 $p_1(s)$ 提供了更真实的描述, 对此, 对所有 $s, \mathscr{M}_1(s) = T$.

3.7 指数增长人口中的疾病

18 世纪世界许多地区的人口增长非常迅速. 欧洲从 1700 年的 1 亿 1800 万到 1800 年增长到 1 亿 8700 万. 同一时期英国的人口从 580 万增长到 915 万, 中国的人口从 1 亿 5000 万增长到 3 亿 1300 万[33]. 在北美的英国殖民地, 英国移民的大量的资助使得这个地区的人口增长远远超过这些. 但当地土著人由于早先遭遇与欧洲人的战争和欧洲疾病, 人口下降到只有原来的十分之一, 这个趋势甚至更加迅速. 人口的增长有些可用农业与食物生产的改进解释, 但还出现了一个更重要因素是降低了疾病的死亡率. 疾病死亡率在 18 世纪急剧下降的部分原因是较好地懂得疾病与卫生之间的联系, 另一部分是反复侵入的鼠疫已经消退, 这也许是易感性降低了. 对这些, 人口增加的一个似乎合理的解释是鼠疫入侵控制着人口的数量, 而当这个控制被除去以后人口数量就会很快增加.

在发展中国家通常有高出生率和高死亡率. 事实上, 由于改善了卫生保健和卫生设施, 出生率普遍下降, 因为一个家庭不再需要更多孩子以保证对老一代照顾. 另外, 在没有疾病或者疾病死亡率得到控制的情况下, 人口按指数增长的假设似乎也是合理的.

Kermack 和 McKendrick[28] 的具有出生和死亡的 SIR 模型包括易感者类中的出生率及每类人的规模与自然死亡率成比例. 我们分析这类出生率为 r、自然死亡率为 $\mu < r$ 的模型. 为了简单起见, 假设疾病对所有的染病者以死亡率 α 致命, 因此没有移出类, 总人口规模是 $N = S + I$. 我们的模型是

$$
\begin{aligned}
S' &= r(S + I) - \beta SI - \mu S, \\
I' &= \beta SI - (\mu + \alpha)I.
\end{aligned}
\tag{3.53}
$$

由第二个方程我们看到, 平衡点由 $I = 0$ 或者 $\beta S = \mu + \alpha$ 给出. 如果 $I = 0$, 第一个平衡点方程是 $rS = \mu S$, 由此得到 $S = 0$, 因为 $r > \mu$. 容易看出, 平衡点 $(0,0)$ 不稳定. 如果 $I = 0$, 则实际可能发生的是易感者人数指数增长, 指数为 $r - \mu > 0$. 如果 $\beta S = \mu + \alpha$, 第一个平衡点条件变成

$$
r\frac{\mu + \alpha}{\beta} + rI - (\mu + \alpha)I - \frac{\mu(\mu + \alpha)}{\beta} = 0,
$$

由此得到

$$(\alpha + \mu - r)I = \frac{(r-\mu)(\mu+\alpha)}{\beta}.$$

从而, 如果 $r < \alpha + \mu$, 则存在地方病平衡点, 利用在此平衡点的线性化, 可以证明它是渐近稳定的. 另一方面, 如果 $r > \alpha + \mu$, 则对 I 没有正平衡点. 此时可将这个模型的两个方程相加, 得到

$$N' = (r-\mu)N - \alpha I \geqslant (r-\mu)N - \alpha N = (r-\mu-\alpha)N,$$

由此可得 N 指数增长. 对此模型我们或者有渐近稳定的地方病平衡点, 或者人口规模指数增长. 在指数增长情形, 染病者或者消失或者指数增长.

如果仅仅是易感者有出生率, 可以期望若疾病非常衰弱, 这时模型的性态完全不同. 考虑模型

$$\begin{aligned} S' &= rS - \beta SI - \mu S = S(r - \mu - \beta I),\\ I' &= \beta SI - (\mu + \alpha)I = I(\beta S - \mu - \alpha), \end{aligned} \tag{3.54}$$

它与种群动力学中的 Lotka-Volterra 捕食-被捕食模型相同. 这个系统有两个平衡点, 它们可通过令每个方程的右端等于零得到, 即 $(0,0)$ 和地方病平衡点 $\left(\frac{\mu+\alpha}{\beta},\right.$ $\left.\frac{r-\mu}{\beta}\right)$. 我们用过的定性分析方法对这个系统没有帮助, 因为平衡点 $(0,0)$ 不稳定, 在地方病平衡点的系数矩阵的特征值有零实部. 在这种情形下, 线性化的性态未必能用在全系统中. 但是, 可以通过对一阶微分方程的初等分离变量法来获得系统的信息. 取两个方程的商, 并利用关系式

$$\frac{I'}{S'} = \frac{dI}{dS}$$

得到可分离变量方程

$$\frac{dI}{dS} = \frac{I(\beta S - \mu - \alpha)}{S(r - \beta I)}.$$

分离变量积分得

$$\int \left(\frac{r}{I} - \beta\right)dI = \int \left(\beta - \frac{\mu+\alpha}{S}\right)dS.$$

积分给出关系式

$$\beta(S+I) - r\log I - (\mu+\alpha)\log S = c,$$

其中 c 是积分常数. 这个关系式说明沿着每条轨道 (在 S, I 平面上的解的路径) 量

$$V(S,I) = \beta(S+I) - r\log I - (\mu+\alpha)\log S$$

是常数. 每条这样的轨道对应周期解的闭曲线.

我们可以将这个模型看作描述一种流行病的初始状态, 但易感者类的人口太少, 致使流行病无法自身建立. 然后人口将稳定增长, 直到易感者数目大到出现流行病为止. 在这个增长阶段染病者数量非常少, 随机影响可能会消除感染, 但是少量染病者的移入最终将重启这个过程. 结果, 可预计流行病再次复发. 事实上, 鼠疫在欧洲流行了数百次. 如果我们对这个模型的人口统计学部分进行修改, 并假设在没有疾病的条件下人口增长是有限的, 不是指数增长, 这个影响的作用给出的性态类似上一节研究的模型, 即, 如果 $\mathscr{R}_0 > 1$, 轨线将缓慢地以振动方式趋于地方病平衡点.

3.8 案例: 人口增长与流行病

当我们在长时间区间内试图将流行病数据拟合模型时, 人口中有必要包括出生与死亡. 本书通篇考虑的人口模型其出生率和死亡率关于时间是常数. 但是, 即使没有基于模型的解释, 也可通过假设具有依赖于时间的增长率的线性人口模型来更好地拟合人口增长. 出生率和死亡率的变化可以有很多理由; 即使我们知道所有的理由也不可能量化这些变化. 设 $r(t) = \dfrac{dN}{dt}\Big/N$ 表示依赖于时间的人均增长率. 要从人口普查数据的线性插入估计 $r(t)$, 可执行以下操作:

1. 设 N_i 和 N_{i+1} 分别是在时间 t_i 和 t_{i+1} 人口普查相继测量的人口规模. 令 $\Delta N = N_{i+1} - N_i$, $\Delta t = t_{i+1} - t_i$, 以及 $\delta N = N(t + \delta t) - N(t)$.

2. 如果 $t_i \leqslant t \leqslant t_{i+1}$, $\dfrac{\Delta N}{\Delta t} = \dfrac{\delta V}{\delta t}$, 作估计 $r(t) \approx \dfrac{\Delta N}{\Delta t N(t)}$.

3. 较好的近似是用 $N\left(t + \dfrac{\delta t}{2}\right)$ 代替 $N(t)$. 为什么? 证明这时有 $r(t) \approx \left(\dfrac{\delta t}{2} + \dfrac{N(t)\Delta t}{\Delta N}\right)^{-1}$.

问题 1 利用表 3.1 中的数据对美国人口估计增长率 $r(t)$.

图 3.10 显示了美国人口死亡率的时间发展. 这个死亡率用

$$\mu = \mu_0 + \frac{\mu_0 - \mu_f}{1 + e^{(t-t'_{1/2})/\Delta'}} \tag{3.55}$$

可很好拟合, 其中 $\mu_0 = 0.01948, \mu_f = 0.008771, t'_{1/2} = 1912$, 以及 $\Delta' = 16.61$. 于是 "有效出生率"$b(t)$ 定义为真实出生率加上移民率.

问题 2 利用 $r(t) = b(t) - \mu(t)$ 估计 $b(t)$, 其中 $r(t)$ 可在问题 1 中找到.

考虑疾病传播的 $SEIR$ 模型. 假设

(a) 当与所有易感者接触时染病者个体单位时间人均产生 β 个新染病者, 否则, 这个比例化为 $\dfrac{S}{N}$.

(b) 暴露类 E 中的个体人均以比例 k 移到染病者类.

(c) 存在无病死亡或永久免疫, 存在平均传染期 $\dfrac{1}{\gamma}$.

表 3.1　美国的人口增长估计

年	人口规模	年	人口规模	年	人口规模
1700	250888	1800	5308483	1900	75994575
1710	331711	1810	7239881	1910	91972266
1720	466185	1820	9638453	1920	105710620
1730	629445	1830	12866020	1930	122775046
1740	905563	1840	17069453	1940	131669275
1750	1170760	1850	23192876	1950	151325798
1760	1593625	1860	31443321	1960	179323175
1770	2148076	1870	39818449	1970	203302031
1780	2780369	1880	50155783	1980	226542199
1790	3929214	1890	62947714	1990	248718301
—	—	—	—	2000	274634000

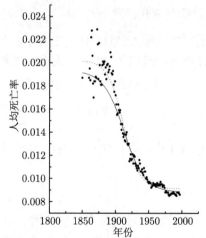

图 3.10　观察到的死亡率 (实心圆) 与用函数 (3.55) 所得到的最佳拟合

定义 $\gamma = r + \mu$. 模型变成

$$\frac{dS}{dt} = bN - \mu S - \beta S \frac{I}{N},$$

$$\frac{dE}{dt} = \beta S \frac{I}{N} - (k + \mu)E, \qquad (3.56)$$

$$\frac{dI}{dt} = kE - (r + \mu)I,$$

$$\frac{dR}{dt} = rI - \mu R.$$

问题 3 (a) 证明由一个染病者个体在易感者人群中产生的继发性感染 (属于暴露类) 的平均数是 $Q_0 = \dfrac{\beta}{\gamma}$.

(b) 假设 k 和 μ 与时间无关, 证明 $\mathscr{R}_0$ 是由 $Q_0 f$ 给出的, 其中 $f = \dfrac{k}{k + \mu}$. $Q_0 f$ 的流行病学解释是什么?

通常衡量流行病的严重程度是传染病例的发病率. 传染病例的发病率由每年新染病者个体的人数定义. 如果取一年作为时间单位, 传染病例的发病率近似于 kE. 每 100000 人传染病例的发生率近似于 $10^5 kE/N$.

肺结核 (TB) 是具有暴露 (未发病) 阶段的疾病的一个例子. 染病者个体称为活动性肺结核病例. 美国的活动性肺结核的发病率直到 1900 年左右还处在增长阶段, 然后经历了下降阶段. 活动性肺结核从 1850 年起趋向衰退 (见表 3.2 和图 3.11). 暴露个体在潜伏期幸存并变成染病者的比例是 $f = \dfrac{k}{k + \mu}$. 用 f 测量由暴露个体发展成活动性肺结核的风险.

表 3.2 美国活动性肺结核的发病率和发生数 (每 100000 人中的发病例)

年份	发病率	发生数	年份	发病率	发生数
1953	53	84305	1976	15	32105
1954	49.3	79775	1977	13.9	30145
1955	46.9	77368	1978	13.1	28521
1956	41.6	69895	1979	12.6	27769
1957	39.2	67149	1980	12.3	27749
1958	36.5	63534	1981	11.9	27337
1959	32.5	57535	1982	11	25520
1960	30.8	55494	1983	10.2	23846
1961	29.4	53726	1984	9.4	22255
1962	28.7	53315	1985	9.3	22201
1963	28.7	54042	1986	9.4	22768
1964	26.6	50874	1987	9.3	22517
1965	25.3	49016	1988	9.1	22436
1966	24.4	47767	1989	9.5	23495
1967	23.1	45647	1990	10.3	25701
1969	19.4	39120	1992	10.5	26673
1970	18.3	37137	1993	9.8	25287
1971	17.1	35217	1994	9.4	24361
1972	15.8	32882	1995	8.7	22860
1973	14.8	30998	1996	8	21337
1974	14.2	30122	1997	7.4	19885
1975	15.9	33989	1998	6.8	18361

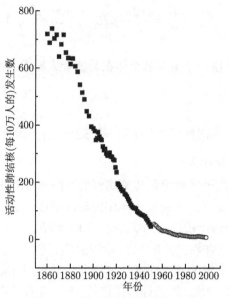

图 3.11　活动性肺结核的发病率

问题 4　假设死亡率按表达式 (3.55) 变化, 利用问题 2 中找到的 b 值. 令 $\gamma = 1/$ 年和 $\beta = 10$ 年, 两者关于时间为常数. 按 f 的常数值假设, 模拟从 1700 年开始的肺结核传染病. 你能否给出这个观察的趋势 (表 3.2)?

表 3.2 的数据不可能很好地拟合模型 (3.56). 有必要利用包括参数的时间依赖性对模型进行修改, 下一步就来描述这种模型. 活动性肺结核的进展风险与生活水准有很大关系. 生活水准的间接测量可得出出生时的预期寿命. 观察美国人的预期寿命可用如图 3.12 所示的 S 形函数

$$\tau = \tau_f + \frac{\tau_0 - \tau_f}{1 + \exp\left[(t - t_{1/2})/\Delta\right]} \tag{3.57}$$

近似, 其中 τ_0 和 τ_f 是预期寿命的渐近值; $t_{1/2} = 1921.3$ 是预期寿命到达值 $\dfrac{\tau_0 + \tau_f}{2}$ 的时间; $\Delta = 18.445$ 决定 S 形的宽度.

假设风险 f 确切地像预期寿命一样变化, 即假设 f 是

$$f(t) = f_f + \frac{f_i - f_f}{1 + \exp\left[(t - t_{1/2})/\Delta\right]}. \tag{3.58}$$

通过变量关系式 $\dfrac{\mu f(t)}{1 - f(t)}$ 代替 k, $\dfrac{\mu}{1 - f(t)}$ 代替 $k + \mu$, 由关系 $f = \dfrac{k}{k + \mu}$ 得到改进模型 (3.56). 由于疾病的时间尺度大大快于人口统计学的时间尺度, 因此

康复率 r 近似于 γ. 这给出模型

$$\frac{dS}{dt} = b(t)N - \mu(t)S - \beta S \frac{I}{N},$$

$$\frac{dE}{dt} = \beta S \frac{I}{N} - \frac{\mu(t)}{1-f(t)}E, \qquad (3.59)$$

$$\frac{dI}{dt} = \frac{\mu(t)f(t)}{1-f(t)}E - \gamma I,$$

$$\frac{dR}{dt} = \gamma I - \mu(t)R.$$

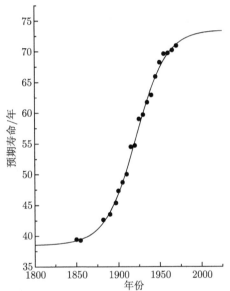

图 3.12 利用表达式 (3.57) 观察在出生时的平均预测寿命 (实心圆)
和它的最佳拟合 (连续线)

问题 5 利用模型 (3.59) 模拟 1700 年开始的肺结核病, 其中 $\gamma = 1/$年, $\beta = 10/$年, 两个都为常数, $\mu(t)$ 由 (3.55) 给出, $f(t)$ 由 (3.58) 给出. 对此求 f_0 和 f_f 的值, 就可准确再现观察到的结核病趋势 (表 3.2).

参考文献 [1—4, 9—11, 15, 16, 38—41].

3.9 *案例: 一个由环境驱使的传染病

考虑由环境引起的传染病, 例如霍乱和弓形虫病 (由弓形虫引起的寄生虫病). 对于这类疾病, 当易感者宿主与受污染的环境接触时会发生疾病传播, 环境污染的速度取决于染病者宿主的数量和染病者宿主内平均病原体负荷. 对这种疾病的传播动力学建模的一种方法是同时考虑人群一级的疾病传播和宿主内部的感染过程. 以下模型将简单的宿主内系统用于细胞-寄生虫相互作用 (例如, 参见 [34—36]) 以及地方病 SI 模型与受污染环境的相互作用的结合:

$$
\begin{aligned}
\dot{T} &= \Lambda - kVT - mT, \\
\dot{T}^* &= kVT - (m+d)T^*, \\
\dot{V} &= g(E) = pT^* - cV, \\
\dot{S} &= \mu(S+I) - \lambda ES - \mu S, \\
\dot{I} &= \lambda ES - \mu I, \\
\dot{E} &= \theta(V)I(1-E) - \gamma E.
\end{aligned}
\tag{3.60}
$$

其中, 宿主内部系统的变量 $T = T(t), T^* = T^*(t)$ 和 $V = V(t)$ 分别是健康细胞、感染细胞和寄生虫负荷的密度. $S = S(t)$ 和 $I = I(t)$ 分别表示易感者和染病者个体在时间 t 的数量. Λ 表示细胞的补充率; k 是细胞的人均感染率; m 和 d 分别是环境和感染引起的人均细胞死亡率; p 表示被感染细胞的寄生虫产生率; c 表示病原体在宿主内的清除率.

变量 $S(t)$ 和 $I(t)$ 表示易感者和染病者在时间 t 的个数, $E(t)(0 \leqslant E \leqslant 1)$ 表示在时间 t 的环境污染水平, 或所考虑区域每单位面积的病原体浓度. 参数 λ 表示在污染环境中宿主的人均感染率; μ 表示宿主人均出生和自然死亡率; γ 表示环境中的病原体的清除率.

V 方程中的函数 $g(E)$ 表示由于宿主连续从污染环境中不断摄入寄生虫所引起的寄生虫负荷变化的一个增加率, 假定它具有以下性质:

$$
g(0) = 0, \quad g(E) \geqslant 0, \quad g'(E) > 0, \quad g''(E) \leqslant 0. \tag{3.61}
$$

$g(E)$ 的一个最简单形式是线性函数 $g(E) = aE$, 其中 a 是一个正常数, $g(E)$ 的其他形式包括 $g_1(E) = \dfrac{aE}{1 + bE}$ 和 $g_2(E) = aE^q \ (q < 1)$, 其中 a 和 b 是正常数.

为了分析耦合模型 (3.60), 一个常用的方法是考虑宿主内系统 (由 T, T^*, V 方程组成) 的发生时间比宿主间系统 (由 S, I, E 方程组成) 的要快得多, 这可将快速系统的稳定平衡点 (视慢变量为常数) 替换成为慢系统, 并研究低维慢系统 (例如, 参见 [7, 12, 17, 19]). 快变量系统为

$$
\begin{aligned}
\dot{T} &= \Lambda - kVT - mT, \\
\dot{T}^* &= kVT - (m+d)T^*, \\
\dot{V} &= g(E) + pT^* - cV,
\end{aligned}
\tag{3.62}
$$

慢变量系统为

$$
\begin{aligned}
\dot{S} &= \mu(S + I) - \lambda ES - \mu S, \\
\dot{I} &= \lambda ES - \mu I, \\
\dot{E} &= \theta IV(1 - E) - \gamma E.
\end{aligned}
\tag{3.63}
$$

问题 1 考虑快系统 (3.62). 宿主内的再生数 $\mathscr{R}_w$ (w 表示内) 为

$$
\mathscr{R}_w = \frac{kpT_0}{c(m + d)},
\tag{3.64}
$$

其中 $T_0 = \dfrac{\Lambda}{\mu}$.

(a) 设 $E > 0$ 为常数. 证明 (3.62) 有 (依赖于 E 的) 唯一生物学可行性平衡点 $\tilde{U}(E) = (\tilde{T}(E), \tilde{T}^*(E), \tilde{V}(E))$.

(b) 证明 (3.62) 的唯一平衡点 $\tilde{U}(E) = (\tilde{T}(E), \tilde{T}^*(E), \tilde{V}(E))$ 全局渐近稳定.

提示 考虑下面的 Lyapunov 函数

$$
\begin{aligned}
\mathscr{L}(T, T^*, V) = {} & \tilde{T}\left(\frac{T}{\tilde{T}} - \log\frac{T}{\tilde{T}} - 1\right) + \tilde{T}^*\left(\frac{T^*}{\tilde{T}^*} - \log\frac{T^*}{\tilde{T}^*} - 1\right) \\
& + \frac{m + d}{p}\tilde{V}\left(\frac{V}{\tilde{V}} - \log\frac{V}{\tilde{V}} - 1\right).
\end{aligned}
$$

考虑 $\mathscr{R}_w > 1$ 的情形. 可以验证 $\tilde{V}(0) = \lim\limits_{E \to 0} \tilde{V}(E) > 0$. 注意, 宿主总人口 $N = S + I$ 对所有时间 $t > 0$ 保持为常数. 因此, 通过忽略 S 方程可把快系统 (3.62) 化为一个二维系统. 同样, 注意到 $\tilde{U}$ 在快系统中是全局渐近稳定 (g.a.s) 的. 我们可以用 $\tilde{V}(E)$ 代替 (3.62) 中的快变量 V 并研究下面的快系统

$$
\begin{aligned}
\dot{I} &= \lambda E(N - I) - \mu I, \\
\dot{E} &= \theta I \tilde{V}(E)(1 - E) - \gamma E.
\end{aligned}
\tag{3.65}
$$

宿主间系统的再生数, 记为 $\mathscr{R}_b$ (b 表示之间), 定义为

$$
\mathscr{R}_b = \frac{\theta \tilde{V}(0)}{\mu}\frac{\lambda N}{\gamma}.
\tag{3.66}
$$

因此, $\mathscr{R}_b$ 表示一个染病者个体在整个感染期间在完全易感者宿主人群和环境中通过环境进行的继发性感染的数量.

设 $\hat{W} = (\hat{I}, \hat{E})$ 表示 (3.65) 的生物学可行平衡点. 证明 $\hat{I} = \dfrac{\lambda \hat{E} N}{\lambda \hat{E} + \mu}$ 和 $\hat{E}$ 是

方程 $F(E) = G(E)$, $0 < E < 1$ 的解, 其中

$$F(E) = \frac{I - E}{c} \left[g(E) + \frac{pm}{m + d}(T_0 - \tilde{T}(E)) \right],$$
$$G(E) = \frac{\gamma E}{\theta N} + \frac{\mu \gamma}{\theta \lambda N}. \tag{3.67}$$

等价地, E 是函数 $H(E) = F(E) - G(E)$, $0 < E < 1$ 的零点.

(a) 设 $\hat{W}_0 = (0, 0)$ 表示 (3.65) 无染病者平衡点. 证明当 $\mathscr{R}_b < 1$ 时 $\hat{W}_0$ 局部渐近稳定, $\mathscr{R}_b > 1$ 时不稳定.

(b) 证明方程 $H(E) = F(E) - G(E) = 0$ 可能在 $(0, 1)$ 中具有 0, 1 或 2 个解.

提示　首先证明对 $0 < E < 1$ 有 $H''(E) > 0$.

(c) 图 3.13 阐明 (通过变化 λ) 对在 0.75 和 2 之间的不同 $\mathscr{R}_b$ 值的函数 $R(E)$ 的数值图. 其他利用的参数值是: $\Lambda = 6 \times 10^3$, $k = 1.5 \times 10^{-6}$, $m = 0.3$, $d = 0.2$, $a = 4 \times 10^5$, $c = 50$, $\mathscr{R}_{w0} = 1.09$ ($p = 908$), $N = 10^4$, $\mu = 4 \times 10^{-4}$, $\theta = 1 \times 10^{-10}$ 和 $\gamma = 0.02$. 你观察到什么? $H(E) = 0$ 的解的个数如何依赖 $\mathscr{R}_b$?

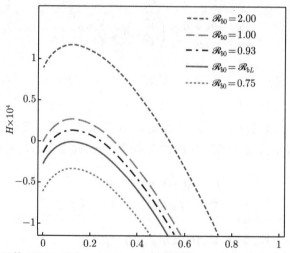

图 3.13　函数 $H(E)$ 对在 0.75 和 2 之间的不同 $\mathscr{R}_b$ 值的零点对应于慢系统 (3.65) 的正平衡点

(d) 从 (c) 部分我们看到, 存在一个较低的 $\mathscr{R}_{bL} \in (0, 1)$, 使得对所有 $\mathscr{R}_b \in (\mathscr{R}_{bL}, 1)$, 方程 $H(E) = F(E) - G(E) = 0$ 有两个在 $(0, 1)$ 中的解, 它们对应于两个正平衡点 $\hat{W}_i = (\hat{I}_i, \hat{E}_i)$ ($i = 1, 2$), 其中 $\hat{I}_2 > \hat{I}_1$. 解析证明在此情形 $\hat{W}_2$ 局部渐近稳定, $\hat{W}_1$ 不稳定. (提示: 验证在 $\hat{W}$ 的 Jacobi 矩阵的特征值符号.)

(e) 对全系统 (3.60), 进行数值模拟来验证 (a)—(d) 中的结果, 这些结果是通过分开快系统和慢系统得到的.

(i) 通过绘制染病者的比例 $\frac{I(t)}{N}$ 对时间和几组初始条件的图 3.14(左), 利用与 (c) 部分相同的参数值, 除了 $p = 850$(对应于 $\mathscr{R}_b = 0.37 < 1$), $a = 5 \times 10^5$, $\lambda = 5.5 \times 10^{-4}$ 和 $\gamma = 0.015$.

(ii) 绘制说明一个快变量 (V) 和一个慢变量 (E) 的如图 3.14(右) 的相图. 利用与 (c) 中相同的参数, 除了 $p = 10^3$(对应于 $\mathscr{R}_b > 1$) 和 $a = 4 \times 10^4$.

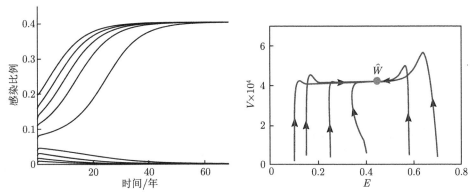

图 3.14   左图: $\mathscr{R}_b \in (\mathscr{R}_{bL}, 1)$ 的完全系统 (3.60) 的时间图, 此时存在两个稳定平衡点, 一个无感染的, 另一个感染为阳性的. 右图: $\mathscr{R}_b > 1$ 时完全系统 (3.60) 的相图, 在这种情况下存在唯一的稳定平衡点

3.10   *案例: 具有交叉免疫的两菌株模型

本案例考虑具有交叉免疫的两菌株模型. 将人群分为十个不同类: 易感者 (S), 感染了 i 菌株的染病者 (I_i), 初次被 i 菌株感染隔离的 (Q_i), 初次被 i 菌株感染而康复的 (R_i), 被 i 菌株感染的继发性感染并从菌株 $j \neq i$ 菌株中康复的 (V_i), 以及从两个菌株中康复的 (W). 令 A 表示没有隔离的个体人群, $\frac{\beta_i(I_i + V_i)}{A}$ 表示易感者感染菌株 i 的比例. 也就是说, 假设第 i 个 $(i \neq j)$ 的发病率与 i 染病者个体的易感者人群的数量和可用的修正比例 $\frac{I_i + V_i}{A}$ 成比例. 令 σ_{ij} 表示由先感染菌株 i 并暴露于菌株 $j(i \neq j)$ 所产生的交叉免疫的度量. 考虑以下模型

$$\frac{dS}{dt} = \Lambda - \sum_{i=1}^{2} \beta_i S \frac{I_i + V_i}{A} - \mu S,$$

$$\frac{dI_i}{dt} = \beta_i S \frac{I_i + V_i}{A} - (\mu + \gamma_i + \delta_i)I_i,$$

$$\frac{dR_i}{dt} = \gamma_i I_i + \alpha_i Q_i - \beta_j \sigma_{ij} R_i \frac{I_j + V_j}{A} - \mu R_i, \quad j \neq i, \tag{3.68}$$

$$\frac{dV_i}{dt} = \beta_j \sigma_{ij} R_j \frac{I_i + V_i}{A} + (\mu + \gamma_i) V_i, \quad j \neq i,$$

$$\frac{dW}{dt} = \sum_{i=1}^{2} \gamma_i V_i - \mu W,$$

$$A = S + W + \sum_{i=1}^{2} (I_i + V_i + R_i).$$

对菌株 i 的基本再生数是

$$\mathscr{R}_i = \frac{\beta_i}{\mu + \gamma_i + \delta_i}, \quad i = 1, 2.$$

假设 $\sigma_{12} = \sigma_{21} = \sigma$. 再生数 $\mathscr{R}_i$ 的值和交叉免疫水平 σ 确定系统 (3.68) 的平衡点的存在性和稳定性. 设 E_i 表示只有菌株 $i(i = 1, 2)$ 的边界平衡点.

问题 1　考虑由于 β_i 变化而引起 $\mathscr{R}_i$ 的变化. 令 $f(\mathscr{R}_1)$ 和 $g(\mathscr{R}_2)$ 是如下的两个函数:

$$f(\mathscr{R}_1) = \frac{\mathscr{R}_1}{1 + \sigma(\mathscr{R}_1 - 1)\left(1 + \frac{b_2}{\mu + \gamma_2}\right)\left(1 - \frac{\mu(\mu + \alpha_1)}{(\mu + \gamma_1)(\mu + \alpha_1) + \alpha_1 \delta_1}\right)} \tag{3.69}$$

和

$$g(\mathscr{R}_2) = \frac{\mathscr{R}_2}{1 + \sigma(\mathscr{R}_2 - 1)\left(1 + \frac{b_1}{\mu + \gamma_2}\right)\left(1 - \frac{\mu(\mu + \alpha_2)}{(\mu + \gamma_2)(\mu + \alpha_1) + \alpha_2 \delta_2}\right)}. \tag{3.70}$$

设 σ_1^* 和 σ_2^* 是两个临界值, 满足

$$f'(\mathscr{R}_1) = \left.\frac{\partial f(\mathscr{R}_1, \sigma)}{\partial \mathscr{R}_1}\right|_{\sigma_1^*} = 0, \quad g'(\mathscr{R}_2) = \left.\frac{\partial g(\mathscr{R}_2, \sigma)}{\partial \mathscr{R}_2}\right|_{\sigma_2^*} = 0. \tag{3.71}$$

确定 f 和 g 的性质并在 $\mathscr{R}_1$-$\mathscr{R}_2$ 平面上画出这些函数的图像.

问题 2　(a) 在 $\mathscr{R}_1$-$\mathscr{R}_2$ 平面上确定 E_1 和 E_2 的存在性区域.

(b) 确定平衡点 E_1 和 E_2 的稳定性条件.

3.11 练 习

1. 考虑下面由疾病导致死亡的 $SEIR$ 模型

$$\frac{dS}{dt} = \mu N - \beta S \frac{I}{N} - \mu S,$$

$$\frac{dE}{dt} = \beta S \frac{I}{N} - (\kappa + \mu)E,$$

$$\frac{dI}{dt} = \kappa E - (\gamma + \mu + \delta),$$

$$\frac{dR}{dt} = \gamma I - \mu R,$$

$$N = S + RE + I + R,$$

其中 δ 表示人均疾病死亡率.

(a) 计算基本再生数 $\mathscr{R}_0$.

(b) 这个系统有没有地方病平衡点? 如果有, 借助 $\mathscr{R}_0$ 求其存在的条件.

(c) 证明: 如果这个地方病平衡点存在, 那它是局部渐近稳定的.

(d) 通过引入函数 $u = \dfrac{S}{N}$, $x = \dfrac{E}{N}$, $y = \dfrac{I}{N}$, $z = \dfrac{R}{N}$ 将该系统化为一个三维系统.

2. 如果 $\mathscr{R}_0 > 1$, 证明 (3.3) 的这个地方病平衡点渐近稳定.

3. 考虑一个人群, 其中有 $p \in (0,1)$ 比例的新生儿成功接种了疫苗, 并假设在感染和接种疫苗后有永久免疫, 假设染病者个体的人均治疗率为 r, $\mathscr{R}_c$ 表示控制再生数, 使得在 $\mathscr{R}_c < 1$ 时无病平衡点局部渐近稳定. 考虑一种疾病, 其中 $\beta = 0.86, \gamma = \dfrac{1}{14}$/天$, \mu = \dfrac{1}{75}$/年. 利用下面的模型计算免疫力阈值 p_c, 使得 $p > p_c$ 时 $\mathscr{R}_c < 1$:

$$\frac{dS}{dt} = \mu N(1-p) - \beta S \frac{I}{N} - \mu S,$$

$$\frac{dI}{dt} = \beta S \frac{I}{N} - (\gamma + \mu + r)I,$$

$$\frac{dR}{dt} = \mu N p + (\gamma + t)I - \mu R,$$

$$N = S + I + R.$$

(a) 求在没有治疗 (即 $r = 0$) 的情况下的 p_c.

(b) 求 $r = 0.2$ 时的 p_c.

(c) 画出 p_c 作为 r 函数的图像.

(d) 在 (p, r) 平面上画出 $\mathscr{R}_c$ 的几条轮廓曲线, 包括 $\mathscr{R}_c = 1$ 的曲线.

4. 考虑 $SIRS$ 模型 (3.10).

(a) 求在地方病平衡点的染病者个体的比例 $\dfrac{I^*}{N}$ 的表达式.

(b) 探索 $\dfrac{I^*}{N}$ 对损失免疫力 (θ) 的依赖性, 特别是在免疫期非常短和非常长这两个极端情况.

5*. 考虑具有时迟的 SIR 模型 (3.12).

(a) 求地方病平衡点.

(b) 设 $\beta = 0.86$ 和 $\alpha = \dfrac{1}{14}$. 确定阈值 ω_c 使得地方病平衡点在此改变它的稳定性.

6. 考虑接种模型 (3.21).

(a) 验证 $\mathscr{R}_c < 1$ 时存在向后分支.

(b) 假设除了 φ 所有参数保持固定, 证明如何选择 φ 使得 $\mathscr{R}_c < \mathscr{R}_0$.

(c) 假设除 σ 以外的所有其他参数保持固定, 是否有可能改进疫苗 (降低 σ) 以使 $\mathscr{R}_c < \mathscr{R}_0$.

7*. 考虑具有 Γ 分布的模型 (3.47) 和具有指数分布的模型 (3.48). 试比较在下面指定的场景下两个模型的性态. 假设除控制参数 χ 和 φ 外, 所有参数均具有与图 3.10 中相同的值.

(a) $\chi = \varphi = 0$. 您是否观察到这两个模型的疾病患病率有任何差异? 解释为什么有或者没有?

(b) 比较下面两种策略下的这两种模型. 策略 I: $\chi = 0.08$ 和 $\varphi = 0$. 策略 II: $\chi = 0$ 和 $\varphi = 0.08$. 你能否观察到这两个模型之间的疾病患病率有任何差异? 解释为什么能或不能.

参 考 文 献

[1] Aparicio, J.P., A. Capurro, and C. Castillo-Chavez (2000) Markers of disease evolution: the case of tuberculosis, J. Theor. Biol., 215: 227-238.

[2] Aparicio J. P., A.F. Capurro, and C. Castillo-Chavez (2000) On the fall and rise of tuberculosis. Department of Biometrics, Cornell University, Technical Report Series, BU-1477-M.

[3] Aparicio J.P., A. Capurro, and C. Castillo-Chavez (2002) Frequency Dependent Risk of Infection and the Spread of Infectious Diseases. In: Mathematical Approaches for Emerging and Reemerging Infectious Diseases: Models, Methods and Theory, Edited

by Castillo-Chavez, C. with S. Blower, P. van den Driessche, D. Kirschner, and A.A. Yakubu, Springer-Verlag, pp. 341-350.

[4] Aparicio, J.P., A. Capurro, and C. Castillo-Chavez (2002) On the long-term dynamics and re-emergence of tuberculosis. In: Mathematical Approaches for Emerging and Reemerging Infectious Diseases: Models, Methods and Theory, Edited by Castillo-Chavez, C. with S. Blower, P. van den Driessche, D. Kirschner, and A.A. Yakubu, Springer-Verlag, pp. 351-360.

[5] Bellman, R.E. and K.L. Cooke (1963) Differential-Difference Equations, Academic Press, New York.

[6] Blower, S.M. & A.R. Mclean (1994) Prophylactic vaccines, risk behavior change, and the probability of eradicating HIV in San Francisco, Science, 265: 1451-1454.

[7] Boldin, B. and O. Diekmann (2008) Superinfections can induce evolutionarily stable coexistence of pathogens, J. Math. Biol., 56: 635-672.

[8] Busenberg, S. and K.L. Cooke (1993) Vertically Transmitted Diseases: Models and Dynamics, Biomathematics 23, Springer-Verlag, Berlin-Heidelberg-New York.

[9] Castillo-Chavez, C., and Z. Feng (1997) To treat or not to treat; the case of tuberculosis, J. Math. Biol., 35: 629-656.

[10] Castillo-Chavez, C., and Z. Feng (1998) Global stability of an age-structure model for TB and its applications to optimal vaccination strategies, Math. Biosc., 151: 135-154.

[11] Castillo-Chavez, C. and Z. Feng (1998) Mathematical models for the disease dynamics of tuberculosis, Advances in Mathematical Population Dynamics - Molecules, Cells, and Man (O. Arino, D. Axelrod, M. Kimmel, (eds)): 629-656, World Scientific Press, Singapore.

[12] Cen, X., Z. Feng and Y. Zhao (2014) Emerging disease dynamics in a model coupling withinhost and between-host systems, J. Theor. Biol., 361: 141-151.

[13] Conlan, A.J.K. and B.T. Grenfell (2007) Seasonality and the persistence and invasion of measles, Proc. Roy. Soc. B., 274: 1133-1141.

[14] Dushoff, J., W. Huang, & C. Castillo-Chavez (1998) Backwards bifurcations and catastrophe in simple models of fatal diseases, J. Math. Biol., 36: 227-248.

[15] Feng, Z., C. Castillo-Chavez, and A. Capurro (2000) A model for TB with exogenous reinfection, J. Theor. Biol., 5: 235-247.

[16] Feng, Z., W. Huang and C. Castillo-Chavez (2001) On the role of variable latent periods in mathematical models for tuberculosis, J. Dynamics and Differential Equations, 13: 425-452.

[17] Feng, Z., J. Velasco-Hernandez, B. Tapia-Santos (2013) A mathematical model for coupling within-host and between-host dynamics in an environmentally-driven infectious disease, Math. Biosc., 241: 49-55.

[18] Feng, Z., D. Xu, & H. Zhao (2007) Epidemiological models with non-exponentially distributed disease stages and applications to disease control, Bull. Math. biol., 69: 1511-1536.

[19] Gilchrist, M.A. and D. Coombs (2006) Evolution of virulence: interdependence, constraints, and selection using nested models, Theor. Pop. Biol., 69: 145-153.

[20] Hadeler, K.P. & C. Castillo-Chavez (1995) A core group model for disease transmission, Math. Biosc., 128: 41-55.

[21] Hadeler, K.P. and P. van den Driessche (1997) Backward bifurcation in epidemic control, Math. Biosc., 146: 15-35.

[22] Hethcote, H.W. (1978) An immunization model for a heterogeneous population, Theor. Pop. Biol., 14: 338-349.

[23] Hethcote, H.W. and D.W. Tudor (1980) Integral equation models for endemic infectious diseases, J. Math. Biol., 9: 37-47.

[24] Hethcote, H.W., H.W. Stech, and P. van den Driessche (1981) Periodicity and stability in epidemic models: A survey, in Differential Equations and Applications in Ecology, Epidemics, and Population Problems, S. Busenberg and K.L. Cooke (eds.), Academic Press, New York, pp. 65-82.

[25] Hopf, E. (1942) Abzweigung einer periodischen Lösungen von einer stationaren Lösung eines Differentialsystems, Berlin Math-Phys. Sachsiche Akademie der Wissenschaften, Leipzig, 94: 1-22.

[26] Hurwitz, A. (1895) Über die Bedingungen unter welchen eine Gleichung nur Wurzeln mit negativen reellen Teilen bezizt, Math. Annalen, 46: 273-284.

[27] Keeling, M.J. and B.T. Grenfell (1997) Disease extinction and community size: Modeling the persistence of measles, Science, 275: 65-67.

[28] Kermack, W.O. and A.G. McKendrick (1932) Contributions to the mathematical theory of epidemics, part. II, Proc. Roy. Soc. London, 138: 55-83.

[29] Kribs-Zaleta, C.M. and J.X. Velasco-Hernandez (2000) A simple vaccination model with multiple endemic states, Math Biosc., 164: 183-201.

[30] Lloyd, A. L. (2001) Destabilization of epidemic models with the inclusion of realistic distributions of infectious periods, Proc. Royal Soc. London. Series B: Biological Sciences, 268: 985-993.

[31] Lloyd, A. L. (2001) Realistic distributions of infectious periods in epidemic models: changing patterns of persistence and 60 (1): 59-71.

[32] MacDonald, N. (1978) Time lags in biological models (Vol. 27), Heidelberg, Springer-Verlag.

[33] McNeill, W.H. (1976) Plagues and Peoples, Doubleday, New York.

[34] Nowak, M.A., S. Bonhoeffer, G. M. Shaw and R. M. May (1997) Anti-viral drug treatment: dynamics of resistance in free virus and infected cell populations, J. Theor. Biol., 184: 203-217.

[35] Perelson, A.S., D. E. Kirschner and R. De Boer (1993) Dynamics of HIV infection of CD4+ T cells, Math. Biosc., 114: 81-125.

[36] Perelson, A.S. and P. W. Nelson (2002) Modelling viral and immune system dynamics, Nature Rev. Immunol., 2: 28-36.

[37] Routh, E.J. (1877) A Treatise on the Stability of a Given State of Motion: Particularly Steady Motion, MacMillan.

[38] U. S. Bureau of the Census (1975) Historical statistics of the United States: colonial times to 1970, Washington, D. C. Government Printing Office.

[39] U.S. Bureau of the Census (1980) Statistical Abstracts of the United States, 101st edition.

[40] U.S. Bureau of the Census (1991) Statistical Abstracts of the United States, 111th edition.

[41] U.S. Bureau of the Census (1999) Statistical Abstracts of the United States, 119th edition.

[42] Wang, W. (2006) Backward bifurcations of an epidemic model with treatment, Math. Biosc., 201: 58-71.

[43] Wang,W. and S. Ruan (2004) Bifurcations in an epidemic model with constant removal rate of the infectives, J. Math. Anal. & Appl., 291: 775-793.

[44] Wearing, H. J., P. Rohani, & M. J. Keeling (2005) Appropriate models for the management of infectious diseases, PLoS Medicine 2 (7), e174.

第 4 章 流行病模型

在本章中, 我们将描述流行病模型, 这些模型在足够快的时间尺度上起作用, 以至于人口统计学的影响, 例如出生、自然死亡、人口迁入和迁出都可忽略不计. 原型是 2.4 节研究过的 Kermack-McKendrick 模型.

我们已经建立的简单的 Kermack-McKendrick 仓室模型

$$
\begin{aligned}
S' &= -\beta SI, \\
I' &= \beta SI - \alpha I
\end{aligned}
\tag{4.1}
$$

有以下基本性质:

1. 存在基本再生数 $\mathscr{R}_0$, 使得 $\mathscr{R}_0 < 1$ 时疾病消亡, $\mathscr{R}_0 > 1$ 时疾病存在.
2. $t \to \infty$ 时染病者数永远趋于零, 易感者数永远趋于正极限 S_∞.
3. 再生数与流行病最后规模之间存在关系式

$$
\log \frac{S_0}{S_\infty} \geqslant \mathscr{R}_0 \left[1 - \frac{S_\infty}{N} \right].
\tag{4.2}
$$

如果没有疾病死亡这是一个等式.

我们将这个模型扩展到具有更多仓室和停留在仓室内的时间为一般分布的模型, 对此, 这些性质仍成立. 但是在这一章的开始, 我们将描述一个比仓室模型方法更现实的疾病暴发初期的方法. 整个这一章我们假设没有因病死亡, 在流行病模型中则包括因病死亡的影响, 这与在 2.5 节中描述的具有疾病死亡的 Kermack-McKendrick 模型的相同.

4.1 疾病暴发的分枝过程模型

流行病的 Kermack-McKendrick 仓室模型假设仓室大小足够大, 以致成员混合均匀, 或者如果按活动水平对人群分级别, 则至少每个子组中是匀质混合的. 但是, 在疾病暴发初期, 只有极少数染病者个体, 而且传播感染是一个与人口成员之间的接触方式有关的随机事件, 此时应考虑用此模式描述.

我们的方法是给出疾病暴发开始时的随机分枝过程描述, 只要染病者个数保持很少, 这个方法就可应用. 如果染病者个数开始以指数率增长, 就得区分限制在

这个阶段暴发的 (次要) 疾病和 (主要) 流行病. 一旦开始暴发流行病, 我们就可将它切换到确定的仓室模型, 假设主要流行病的接触可趋于更均匀的分布. 我们无疑可想象人口无限, 而且我们说的主要流行病是指其中人员被感染的比例非零, 而暴发次要疾病意指染病者可以增加但其比例保持在可忽略的水平.

分枝过程模型的性态与 Kermack-McKendrick 型模型的性态之间有着重要区别, 就是说, 正如我们在这一节中看到的, 对疾病暴发的随机模型, 如果 $\mathcal{R}_0 < 1$, 传染病消亡的概率是 1, 但是, 如果 $\mathcal{R}_0 > 1$, 则感染开始增加但仅引发次要暴发, 在引发主要流行病之前疾病就消亡的概率为正.

我们用图描述个体之间接触的网络, 其中人群成员由图的顶点表示, 个体之间的接触由棱表示. 图的研究起源于 20 世纪 50 年代和 60 年代 Erdös 和 Rényi 的抽象理论[13-15]. 它在社会接触和计算机网络以及传染病的传播等许多应用领域中变得很重要. 我们考虑的网络是双向的, 沿着棱的任一方向都可能传播疾病.

棱设想为顶点之间可传播传染病的接触. 图中一个顶点的棱数称为该顶点的级. 图的级分布是 $\{p_k\}$, 其中 p_k 是具有 k 级顶点的比例. 级分布在描述疾病的传播中是基本的.

设想在传染病的初始阶段, 足够大的易感者人口中只有少量染病者, 因此易感者人口规模的下降可忽略. 我们开始沿着 [12] 的思路发展, 然后再沿着 [10, 32, 34] 的思路进一步发展. 假设染病者与其他人的接触是独立的, 令 p_k 表示随机选择的个体的接触数恰好是 k 的概率, 满足 $\sum_{k=0}^{\infty} p_k = 1$. 换句话说, $\{p_k\}$ 是对应人口网络图的顶点的级分布. 暂时我们假设每次接触都导致染病, 不过后面我们会放松这个假设.

为了方便, 定义母函数

$$G_0(z) = \sum_{k=0}^{\infty} p_k z^k.$$

由于 $\sum_{k=0}^{\infty} p_k = 1$, 这个幂级数对 $0 \leqslant z \leqslant 1$ 收敛, 而且可逐项微分. 因此

$$p_k = \frac{G_0^{(k)}(0)}{k!}, \quad k = 0, 1, 2, \cdots.$$

容易验证此母函数有性质

$$G_0(0) = p_0, \quad G_0(1) = 1, \quad G_0'(z) > 0, \quad G_0''(z) > 0.$$

用 $\langle k \rangle$ 或 z_1 表示平均级, 即

$$\langle k \rangle = \sum_{k=1}^{\infty} k p_k = G_0'(1).$$

更一般地, 定义矩

$$\langle k^j \rangle = \sum_{k=1}^{\infty} k^j p_k, \quad j = 1, 2, \cdots, \infty.$$

当疾病引入到一个网络时, 设想它从顶点 (零号病人) 开始并传播给他接触的每个个体, 即从对应于这个个体的顶点沿着图的每个棱传播. 可以想象这个个体在人群中, 例如得病以后旅游回来的人员, 或者某个来访者带来的疾病. 对这个初始接触后的疾病传播我们需要用顶点的过剩级. 如果我们沿着棱到顶点, 这个顶点的过剩级比这个级小 1. 用过剩级是因为传染病不可能沿着来的这个棱往回传播. 沿着下面的随机棱到达级 k 或到达过剩级 $(k-1)$ 的概率与 k 成比例, 因此, 在随机棱的末端的顶点有过剩级 $(k-1)$ 的概率是 $k p_k$ 的常数倍, 常数的选择使得这个概率对 k 求和等于 1. 于是顶点具有过剩级 $(k-1)$ 的概率是

$$q_{k-1} = \frac{k p_k}{\langle k \rangle}.$$

由此得知, 过剩级的母函数 $G_1(z)$ 为

$$G_1(z) = \sum_{k=1}^{\infty} q_{k-1} z^{k-1} = \sum_{k=1}^{\infty} \frac{k p_k}{\langle k \rangle} z^{k-1} = \frac{1}{\langle k \rangle} G_0'(z),$$

用 $\langle k_e \rangle$ 记平均过剩级, 它是

$$\langle k_e \rangle = \frac{1}{\langle k \rangle} \sum_{k=1}^{\infty} k(k-1) p_k$$

$$= \frac{1}{\langle k \rangle} \sum_{k=1}^{\infty} k^2 p_k - \frac{1}{\langle k \rangle} \sum_{k=1}^{\infty} k p_k$$

$$= \frac{\langle k^2 \rangle}{\langle k \rangle} - 1 = G_1'(1).$$

令 $\mathscr{R}_0 = G_1'(1)$ 为平均过剩级. 这是由零号病人染病后引起继发性病例的平均数, 按通常定义它是基本再生数, 流行病的阈值由 $\mathscr{R}_0$ 确定. 量 $\langle k_e \rangle = G_1'(1)$ 有时写为形式

$$\langle k_e \rangle = G_1'(1) = \frac{z_2}{z_1},$$

其中 $z_2 = \sum\limits_{k=1}^{\infty} k(k-1)p_k = \langle k^2 \rangle - \langle k \rangle$ 是随机顶点第二个邻居的平均数.

下面我们的目的是分两步计算传染病不发展为主要流行病并消亡的概率. 首先, 我们求继发性感染病顶点 (由人员中另一个顶点感染的顶点) 不暴发为主要流行病的概率. 仅在流行病开始时才对实际流行病进行分枝近似计算. 在实际的流行病中, 有些接触被 "浪费" 在已经被感染的个体上.

假设继发性染病的顶点有过剩级 j. 令 z_n 表示这个传染病在接下来的 n 代内消亡的概率. 要使传染病在 n 代内消亡, 来自初始继发性染病顶点的 j 个继发性染病者的每个都必须在 $(n-1)$ 代内消亡. 对每个继发性染病它的概率为 z_{n-1}, 而所有继发性染病者在 $(n-1)$ 代内死亡的概率是 z_{n-1}^j. 现在 z_n 是这些概率以 j 个继发性染病者的概率 q_j 为权对 j 求和. 因此,

$$z_n = \sum_{j=0}^{\infty} q_j z_{n-1}^j = G_1(z_{n-1}), \quad z_0 = 0.$$

假设 $G_1(0) \geqslant 0$, 使得存在一个区间 $0 < z \leqslant w$, 在这个区间上 $G_1(z) \geqslant z$, w 是 $z = G_1(z)$ 的最小正解, $z_n < w$. 如果 $G_1(0) = 0$, 则 $q_0 = 0$ 和 $p_1 = 0$. 因此, 假设 $G_1(0) > 0$ 意味着接触图没有顶点仅有一个棱.

序列 z_n 是一个递增序列并有极限 z_∞, 它是传染病最终消失的概率. 于是 z_∞ 是差分方程

$$z_n = G_1(z_{n-1}), \quad z_0 = 0$$

的解当 $n \to \infty$ 时的极限. 因此, z_∞ 必须是这个差分方程的平衡点, 即 $z = G_1(z)$ 的解. 设 w 是 $z = G_1(z), z \leqslant G_1(z) \leqslant G_1(w) = w, 0 \leqslant z \leqslant w$ 的最小正解. 由归纳法得

$$z_n \leqslant w, \quad n = 0, 1, \cdots, \infty.$$

由此得到

$$z_\infty = w.$$

因为 $G_1(1) = 1$, 方程 $G_1(z) = z$ 有根 $z = 1$. 由于函数 $G_1(z) - z$ 有正的二阶导数, 它的一阶导数 $G_1'(z) - 1$ 递增且至多有一个零点. 这意味着方程 $G_1(z) = z$ 在 $0 \leqslant z \leqslant 1$ 中至多有两个根. 如果 $\mathscr{R}_0 < 1$, 则函数 $G_1(z) - z$ 有负的一阶导数

$$G_1'(z) - 1 \leqslant G_1'(1) - 1 = \mathscr{R}_0 - 1 < 0,$$

且方程 $G_1(z) = z$ 只有一个根 $z = 1$. 反之, 如果 $\mathscr{R}_0 > 1$, 函数 $G_1(z) - z$ 在 $z = 0$ 为正, 在 $z = 1$ 附近为负, 因为它在 $z = 1$ 为零, 它的导数对 $z < 1$ 和 z 在 1 附近为正. 因此, 此时方程 $G_1(z) = z$ 有第二个根 $z_\infty < 1$.

根 z_∞ 是沿着开始的第二个顶点的一个棱传播的传染病将消亡的概率, 这个概率与开始的第二个顶点的过剩级无关. 对来自外来人群的传染病概率也一样, 例如从外面得病带入到被研究的人群的传染病将消失的概率.

接下来, 我们计算感染源于主要感染顶点的概率, 例如疾病由研究人群的外来访问者带入的传染病消失的概率, 疾病暴发但最终消亡的概率是在级 k 的顶点开始染病而将消亡的概率对 k 求和, 并以原来传染病的级分布 $\{p_k\}$ 作为权, 这个和是

$$\sum_{k=0}^{\infty} p_k z_\infty^k = G_0(z_\infty).$$

总结上述分析, 我们看到, 如果 $\mathscr{R}_0 < 1$, 疾病将消亡的概率是 1. 反之, 如果 $\mathscr{R}_0 > 1$, 则存在

$$G_1(z) = z$$

的解 $z_\infty < 1$, 以及存在传染病还持续的概率为 $1 - G_0(z_\infty) > 0$, 这将导致一个流行病. 但是, 存在传染病开始增加但仅产生次要暴发并在引发主要流行病之前消失的正概率 $G_0(z_\infty)$. 次要暴发与主要流行病之间的区别, 以及如果 $\mathscr{R}_0 > 1$ 则可能只有次要暴发没有主要流行病, 这些都是随机模型的特征, 它们在确定性模型中都没有得到反映.

如果在疾病传播中对应于人群作用假设的人口成员之间的接触是随机的, 则概率 p_k 由 Poisson 分布

$$p_k = \frac{e^{-c} c^k}{k!}$$

给出, 其中 c 为某个常数[9,142—143页]. Poisson 分布的母函数是 $e^{c(z-1)}$. 于是 $G_1(z) = G_0(z)$ 且 $\mathscr{R}_0 = c$, 因此

$$G_1(z) = G_0(z) = e^{\mathscr{R}_0(z-1)}.$$

观察到的普遍情况是, 大部分染病者并不传播传染病, 但也存在少数 "超级传播事件", 它们对应的概率分布与 Poisson 分布完全不同[35], 可给出完全不同的发生流行病的概率. 例如, 如果 $\mathscr{R}_0 = 2.5$, Poisson 分布假设给出 $z_\infty = 0.107$ 和 $G_0(z_\infty) = 0.107$, 因此, 发生流行病的概率是 0.893. 假设 10 个染病者有 9 个不传播传染病, 而第 10 个染病者传染给 25 个人, 这给出

$$G_0(z) = (z^{25} + 9)/10, \quad G_1(z) = z^{24}, \quad z_\infty = 0, \quad G_0(z_\infty) = 0.9,$$

由此看出, 出现流行病的概率是 0.1. 另一个例子也许更现实, 假设人口的 $(1-p)$ 比例遵循常数为 r 的 Poisson 分布, 剩余的比例 p 由每个作 L 次接触的超级传播

者组成. 这时给出的母函数是

$$G_0(z) = (1-p)e^{r(z-1)} + pz^L,$$

$$G_1(z) = \frac{r(1-p)e^{r(z-1)} + pLz^L}{r(1-p) + pL},$$

以及

$$\mathscr{R}_0 = \frac{r^2(1-p) + pL(L-1)}{r(1-p) + pL}.$$

例如, 如果 $r = 2.2, L = 10, p = 0.01$, 数值模拟给出

$$\mathscr{R}_0 = 2.5, \quad z_\infty = 0.146,$$

所以发生地方病的概率是 0.849.

这些例子说明, 发生主要流行病的概率强烈依赖于接触网络的特性. 模拟结果表明, 对基本再生数的给定值, Poisson 分布是发生主要流行病概率的最大分布.

在许多情况下已经被观察到, 在图中存在少数允许传染病迅速传播的远程连接. 也存在高级别的簇 (具有许多棱的顶点), 以及存在短程路径. 如果疾病被航空旅行者传播到遥远的地方, 就可能出现这种情况. 这类网络称为小世界网络. 网络中的远程连接可大大增加传染病流行的可能性.

4.1.1 传播性

接触未必传播感染. 个体之间的每次接触有的被感染, 其他的则是易感者, 真正被感染的存在一定的概率. 这个概率依赖于多个因素, 如接触的紧密性和已经感染成员的传染性, 以及易感者的易感性. 假设存在称为传播传染病的传播性的平均概率是 T. 传播性依赖于接触率, 接触传播传染病的概率, 患病的时间, 以及易感性. 直至现在, 我们假设所有的接触都传播疾病, 就是说 $T = 1$.

这一节我们将继续假设存在描述人员之间接触的网络, 它的级分布由母函数 $G_0(z)$ 给出, 另外, 我们还假设存在平均可传播性 T.

当疾病在网络中开始时, 它传播到网络的某些顶点. 疾病暴发期间染病的棱称为占有棱, 疾病暴发的规模是通过连续的占有棱的连接链连接到初始顶点的顶点簇.

通过级 k 的染病者顶点恰好传播 m 个染病者的概率是

$$\binom{k}{m} T^m(1-T)^{k-m}.$$

定义 $\Gamma_0(z,t)$ 为到达随机选择的顶点的占有棱个数的分布母函数, 它对任何 (固定的) 传播性 T 与随机选择的个体传播传染病的分布相同. 于是

$$
\begin{aligned}
\Gamma_0(z,T) &= \sum_{m=0}^{\infty} \left[\sum_{k=m}^{\infty} p_k \binom{k}{m} T^m (1-T)^{(k-m)} \right] z^m \\
&= \sum_{k=0}^{\infty} p_k \left[\sum_{m=0}^{k} \binom{k}{m} (zT)^m (1-T)^{(k-m)} \right] \\
&= \sum_{k=0}^{\infty} p_k [zT + (1-T)]^k = G_0(1 + (z-1)T).
\end{aligned} \tag{4.3}
$$

在这个计算中我们利用了二项式定理, 得到

$$
\sum_{m=0}^{k} \binom{k}{m} (zT)^m (1-T)^{(k-m)} = [zT + (1-T)]^k.
$$

注意到

$$
\Gamma_0(0,T) = G_0(1-T), \quad \Gamma_0(1,T) = G_0(1) = 1, \quad \Gamma_0'(z,T) = TG_0'(1 + (z-1)T).
$$

现在, 基本再生数是

$$
\mathscr{R}_0 = \Gamma_1'(1,T) = TG_1'(1).
$$

传染病消亡而且不发展为主要流行病的概率的计算按照对 $T = 1$ 论述的相同思路进行. 所得结果是, 如果 $\mathscr{R}_0 = TG_1'(1) < 1$, 则传染病消亡的概率是 1. 如果 $\mathscr{R}_0 > 1$, 则存在

$$
\Gamma_1(z,T) = z
$$

的解 $z_\infty(T) < 1$ 和传染病将持续并导致流行病的概率是 $1 - \Gamma_0(z_\infty(T), T) > 0$. 但是, 存在传染病在开始时增加但将只产生次要暴发且在引发主要流行病前消亡的正概率 $\Gamma_1(z_\infty(T), T)$.

基本再生数的另一个解释是存在由

$$
T_c G_1'(1) = 1
$$

定义的临界传播性. 换句话说, 临界传播性是使得基本再生数等于 1 的传播性. 如果平均可传播性能够减少到临界传播性以下, 则流行病可防止.

用于尝试控制流行病的措施可包括对接触的干预, 即影响网络的措施, 如避免公众聚会, 重新安排医院里的病人与照顾者的交流方式, 以及对传播的干预, 如认真洗手或戴口罩以降低接触来减小疾病传播的概率.

4.2 流行病的网络模型和仓室模型

用流行病的仓室模型描述疾病暴发的开始不大合适, 因为它们假设所有成员与非常少的染病者平等接触. 而上一节我们看到的随机分枝过程模型可较好地描述流行病的开始. 它们允许即使疾病暴发有大于 1 的再生数, 也可能仅暴发次要的疾病, 不可能发展成主要的流行病. 对流行病更现实的描述方法可在开始时利用分枝过程模型, 然后当传染病已经建立了, 并且有足够的染病者使得人群中质量作用混合是合理的近似, 这时再过渡到仓室模型. 另一个方法是在整个传染病过程一直用网络模型. 这一节我们将说明如何利用仓室方法和相关的网络方法. 其发展取自 [30, 31, 43].

假设存在熟知的静态配置模型 (CM) 网络, 其中结点 u 有级 k_u 的概率为 $P(k_u)$. 令 $G_0(z)$ 表示级分布的概率母函数,

$$G_0(z) = \sum_{k=0}^{\infty} p_k z^k,$$

其中平均级 $\langle k \rangle = G_0'(1)$.

假设从染病者结点出发的每个棱的接触率为 β, 染病者结点康复的比率为 α. 我们利用基于棱的仓室模型, 因为随机邻居被感染的概率不必与随机个体被感染的概率相同. 令 $S(t)$ 表示在时间 t 易感者结点的比例, $I(t)$ 是在时间 t 染病者结点的比例, $R(t)$ 是在时间 t 康复者结点的比例. 容易写出 R' 的方程, 即染病者康复的比率. 如果我们知道 $S(t)$, 就可以求 $I(t)$, 因为 S 减少 I 对应地增加. 由于

$$S(t) + I(t) + R(t) = 1,$$

只需求随机选择的结点是易感者的概率.

假设易感者结点 u 遭受染病的概率与这个结点的级 k_u 成比例. 每次接触由连接 u 和邻居结点的网络的棱表示. 令 φ_I 表示这个邻居是染病者的概率. 于是, 每个棱遭受染病的概率是

$$\lambda_E = \beta \varphi_I.$$

假设棱与棱之间是互相独立的, 则 u 在时间 t 遭受染病的概率是

$$\lambda_u(t) = k_u \lambda_E(t) = k_u \beta \varphi_I(t).$$

考虑随机选择结点 u, 令 $\theta(t)$ 是随机邻居没有把疾病传播到 u 的概率. 于是, u 是易感者的概率是 θ^{k_u}. 对所有结点取平均, 我们看到, 随机选择结点 u 是易感者的概率为

$$S(t) = \sum_{k=0}^{\infty} P(k)[\theta(t)]^k = G_0(\theta(t)). \tag{4.4}$$

将 θ 分成三部分

$$\theta = \varphi_S + \varphi_I + \varphi_R,$$

其中 φ_S 是 u 的随机邻居 v 是易感者的概率, φ_I 是 u 的随机邻居 v 是染病者但没有把疾病传播到 u 的概率, φ_R 是康复的随机邻居 v 没有把疾病传播到 u 的概率. 因此, v 把疾病传播到 u 的概率是 $(1-\theta)$.

由于染病邻居的康复率为 α, 从 φ_l 到 φ_R 的流量是 $\alpha\varphi_I$. 因此

$$\varphi_R' = \alpha\varphi_I.$$

由此, 容易看到

$$R' = \alpha I. \tag{4.5}$$

由于从染病邻居的棱以传播率 β 传播疾病, 从 φ_I 到 $(1-\theta)$ 的流量是 $\beta\varphi_I$. 因此

$$\theta' = -\beta\varphi_I. \tag{4.6}$$

为了得到 φ_I', 需要 φ_I 仓室的流入量和流出量. 来自 φ_S 的流入量来自邻居的染病. φ_R 的流出量对应没有传播疾病的邻居的康复, $(1-\theta)$ 的流出量对应没有康复的传播. 总流出量是 $(\alpha+\beta)\varphi_I$.

为了确定从 φ_S 到 φ_I 的流量, 需要从易感者邻居到染病者邻居的变化率. 考虑 u 的随机邻居 v, v 有级 k 的概率是 $\dfrac{kp(k)}{\langle k \rangle}$. 由于 v 有 $(k-1)$ 个邻居传染给 v, v 是易感者的概率是 θ^{k-1}. 对所有 k 取平均, 我们看到, u 的随机邻居 v 是易感者的概率是

$$\varphi_S = \sum_{k=0}^{\infty} \frac{kp(k)}{\langle k \rangle}\theta^{k-1} = \frac{G_0'(\theta)}{G_0'(1)}. \tag{4.7}$$

为了计算 φ_R, 注意, 从 φ_I 到 φ_R 的流量与从 φ_I 到 $(1-\theta)$ 的流量成比例, 比例系数为 $\dfrac{\alpha}{\beta}$. 由于 φ_R 和 $(1-\theta)$ 都从零开始,

$$\varphi_R = \frac{\alpha}{\beta}(1-\theta). \tag{4.8}$$

现在, 利用 (4.6)—(4.8), 以及

$$\varphi_I = \theta - \varphi_S - \varphi_R,$$

得到

$$\theta' = -\beta\varphi_I = -\beta\theta + \beta\varphi_S + \beta\varphi_R = -\beta\theta + \beta\frac{G_0'(\theta)}{G_0'(1)} + \alpha(1-\theta). \tag{4.9}$$

现在我们有由方程 (4.4), (4.5), (4.9) 和 $S + I + R = 1$ 组成的动力学模型. 我们希望说明这些方程与简单的 Kermack-McKendrick 仓室模型 (4.1) 之间的关系. 为此, 只需证明在什么条件下有 $S' = -\beta SI$.

微分 (4.4) 并利用 (4.6), 得到

$$S' = G_0'(\theta)\theta' = -G_0'(\theta)\beta\varphi_I.$$

考虑有 N 个成员的大人群, 每个成员与 $C \leqslant N - 1$ 个成员接触, 所以

$$S = \theta^C, \quad G_0'(\theta) = \frac{CS}{\theta}S'(\theta),$$

以及

$$S' = -\beta CS\frac{\varphi_I}{\theta}.$$

现在令 $C \to \infty$(由此得知 $N \to \infty$), 因此,

$$\hat{\beta} = \beta C$$

保持为常数. 于是

$$S' = -\hat{\beta}\frac{\varphi_I}{\theta}.$$

现在证明

$$\frac{\varphi_I}{\theta} \approx 1,$$

由此得到所求的近似

$$S' = -\hat{\beta}SI. \tag{4.10}$$

随机选择结点的棱未传播感染的概率是 θ(假设所给目标结点无法传播感染), 此外, 它连接染病结点的概率是 φ_I. 由于 $\hat{\beta} = \beta C$ 是常数, 因此, 当 C 增长时它有界, 只有不大于目标结点的棱的 $\dfrac{I}{C}$ 的常数倍的比例可从伪染病的结点传播疾病. 对大的 C 值, φ_I 近似于 I. 类似地, $C \to \infty$ 时 θ 近似于 1. 因此 $C \to \infty$ 时 $\dfrac{\varphi_I}{\theta} \approx I$. 这给出 S 所期望的近似方程. 如果平均级增长时所有级接近于平均级, 这个结果仍成立.

我们使用的基于棱的仓室建模方法可以用几种方法概括. 例如, 可包括异质混合. 通常, 人们会期望早期传染发生在接触更多的个体中, 因此, 流行病的发展比质量作用的仓室模型预测得迅速. 当接触持续时间很长时, 如在性传播疾病的情形, 疾病传播中个体接触在有新接触前没有起到进一步作用, 这可合并到网络模型.

模拟疾病的网络方法是发展很迅速的研究领域. 在我们对疾病传播的模拟的理解中这无疑是一个基本的发展. 一些有用的参考文献是 [6, 27—29, 32—34, 39].

这一章的余下部分将假设, 我们是跟随一个已经用分枝过程开始模拟了的疾病暴发的流行病情形. 从而回到了对仓室模型的研究. 为此将研究比简单的 Kermack-McKendrick SIR 流行病模型 (4.1) 更多个仓室结构的模型.

4.3 更复杂的流行病模型

4.3.1 暴露期

在许多传染病中, 从易感者传播到潜在的染病者成员之后, 在这些潜在的染病者出现症状并可传播传染之前, 存在一段暴露期. 结合平均暴露期为 $\frac{1}{\kappa}$ 的暴露期, 我们加入暴露类 E, 并用仓室 S, E, I, R 和总人口规模 $N = S + E + I + R$, 给出流行病模型 (4.1) 的推广

$$
\begin{aligned}
S' &= -\beta SI, \\
E' &= \beta SI - \kappa E, \\
I' &= \kappa E - \alpha I.
\end{aligned}
\tag{4.11}
$$

其流程图如图 4.1 所示.

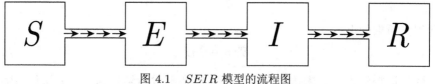

图 4.1 $SEIR$ 模型的流程图

在这个模型中存在两个染病仓室, 即具有不同传染性的 E 和 I. 参数 β 表示有效的接触率. 这个模型的分析与 (4.1) 的相同, 但必须用 $E + I$ 代替 I. 即, 代替用染病者数作为一个变量, 我们用总染病者数, 不管他们是否有能力传播传染病.

对于模型 (4.11), 通过判断感染人数最初是增加还是减少, 已经不再能够区分是否存在流行病. 更一般的特征是通过具有易感者人群的所有成员的平衡点是不

稳定的 (流行病) 还是渐近稳定 (无流行病的) 的来给出. 我们将使用无病平衡点不稳定的情况作为对流行病的定义.

对模型 (4.11), 在平衡点 $S = N, E = 0, I = 0$ 的线性化矩阵是

$$
\begin{bmatrix}
0 & 0 & -\beta N \\
0 & -\kappa & \beta N \\
0 & \kappa & -\alpha
\end{bmatrix}.
$$

这个矩阵的特征值是零和 2×2 矩阵

$$
\begin{bmatrix}
-\kappa & \beta N \\
\kappa & -\alpha
\end{bmatrix}
$$

的特征值.

零特征值对应于沿着平衡点直线运动. 其他两个特征值有负实部对应于平衡点关于在平衡点附近开始但并不在平衡点直线上的解的稳定性, 而且流行病不会发展 (因为矩阵的迹是负的). 行列式 $\kappa(\alpha - \beta N)$ 是正的当且仅当 $\mathscr{R}_0 < 1$.

如果存在流行病, 初始指数增长率是这个矩阵的最大特征值, 而这是二次方程

$$
\lambda^2 + (\alpha + \kappa)\lambda - \kappa(\beta N - \alpha) = 0
$$

的最大根. 由于如果 $\mathscr{R}_0 > 1$, 则这个方程的常数项是负的, 因此存在一个负根和一个正根, 这个正根是

$$
\lambda = \frac{-(\alpha + \kappa) + \sqrt{(\alpha - \kappa)^2 + 4\kappa\beta N}}{2}.
$$

这是初始指数增长率, 注意, 它与 SIS 模型 (4.1) 的初始指数增长率不同. 暴露期的效应是减少这个初始指数增长率.

4.3.2 治疗模型

治疗疾病的一种形式是在疾病开始流行之前接种疫苗以对抗感染. 例如, 这个方法通常用于防止每年流感的暴发. 模拟这个问题的一个简单方法是通过保护不受感染人员的比例来降低总人口规模.

事实上, 如果接种过的人仍有变成染病者, 那这种疫苗对降低感染率和降低传染性只能部分有效. 对这种情况可通过将人员划分为两个具有不同模型参数的人群来模拟, 而这可能要求对两个人群之间的混合作某些假设. 这不难, 但我们直到第 5 章在讨论异质混合之前对这个方向不作解释.

如果一旦一个人染病后得到治疗, 这可通过假设每单位时间选择 γ 比例的人进行治疗来模拟, 治疗降低了 δ 比例的传染性. 假设从治疗类中的移去率是 η. 这导致 $SITR$ 模型

$$
\begin{aligned}
S' &= -\beta S[I + \delta T], \\
I' &= \beta S[I + \delta T] - (\alpha + \gamma)I, \\
T' &= \gamma I - \eta T,
\end{aligned}
\tag{4.12}
$$

其中 T 是治疗类. 这个模型的流程图如图 4.2 所示.

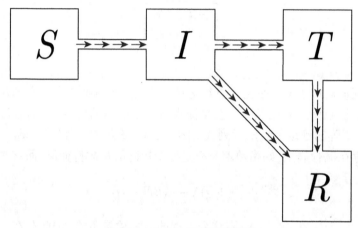

图 4.2　$SITR$ 模型的流程图

有理由假设治疗不会减慢康复, 因此 $\eta \geqslant \alpha$. 另外, 由于感染阶段和治疗阶段的总时间不应大于平均传染期, 因此我们应该期望

$$
\frac{1}{\alpha} \geqslant \frac{1}{\gamma} + \frac{1}{\eta}.
$$

如对模型 (4.1) 所做的, 不难证明

$$
S_\infty = \lim_{t \to \infty} S(t) > 0, \quad \lim_{t \to \infty} I(t) = \lim_{t \to \infty} T(t) = 0.
$$

为了计算基本再生数, 可以认为在整个易感者人群中的传染病会在单位时间内出生 βN 个新染者. 他们在染病者仓室平均渡过的时间是 $\dfrac{1}{\alpha + \gamma}$. 此外, 染病者有 $\dfrac{\gamma}{\alpha + \gamma}$ 的比例得到治疗. 在治疗阶段单位时间内产生 $\delta \beta N$ 个新染病者, 在

治疗类的平均时间是 $\dfrac{1}{\eta}$. 因此, $\mathscr{R}_0$ 是

$$\mathscr{R}_0 = \frac{\beta N}{\alpha + \gamma} + \frac{\gamma}{\alpha + \gamma} \frac{\delta \beta N}{\eta}. \tag{4.13}$$

借助与简单模型 (4.1) 用过的十分类似的方法也可建立最后规模关系 (4.2). 对 (4.12) 的第一个方程积分, 得到

$$\log \frac{S_0}{S_\infty} = \beta \int_0^\infty [I(t) + \delta T(t)] dt.$$

对 (4.12) 的第三个方程积分, 得到

$$\gamma \int_0^\infty I(t) dt = \eta \int_0^\infty T(t) dt.$$

对 (4.12) 前两个方程之和积分, 给出

$$N - S_\infty = (\alpha + \gamma) \int_0^\infty I(t) dt.$$

结合这三个方程和 (4.13) 得到 (4.2).

对模型 (4.12), 在平衡点 $S = N, I = 0, T = 0$ 的线性化矩阵是

$$\begin{bmatrix} 0 & -\beta N & -\delta \beta N \\ 0 & \beta N - (\alpha + \gamma) & \delta \beta N \\ 0 & \gamma & -\eta \end{bmatrix}.$$

这个矩阵的特征值是零和 2×2 矩阵

$$\begin{bmatrix} \beta N - (\alpha + \gamma) & \delta \beta N \\ \gamma & -\eta \end{bmatrix}$$

的特征值. 非零特征值有负实部对应于平衡点的稳定性, 不会发展到流行病的充分必要条件是这个矩阵的行列式为正, 迹为负. 这个行列式为

$$-\beta N(\eta + \delta \gamma) + \eta(\alpha + \gamma),$$

它是正的当且仅当 $\mathscr{R}_0 < 1$, 这个条件意味着这个迹是负的.

如果存在流行病, 则初始指数增长率是这个矩阵的最大特征值, 即二次特征方程

$$\lambda^2 + [\beta N - (\alpha + \gamma + \eta)] \lambda + \beta N(\eta + \delta \gamma) - \eta(\alpha + \gamma) = 0$$

的最大根. 由于如果 $\mathscr{R}_0 > 1$, 这个方程的常数项为负, 因此存在一个负根和一个正根. 这个正根是初始指数增长率. 注意, 这个增长率依赖于治疗率.

4.3.3　流感模型

在一些如流感的疾病中, 一个阶段结束时个体可以处于两个阶段之一. 存在一个疾病的潜伏期, 在一段潜伏期之后, 潜伏个体 L 中有 p 比例人进入到染病者阶段, 剩余 $(1-p)$ 比例的人进入到无症状阶段 A, 无症状阶段的传染性降低了 δ 因子, 且有不同传染期 $\frac{1}{\eta}$. [3, 5] 的流感模型是

$$
\begin{aligned}
S' &= -S\beta[I+\delta A],\\
L' &= S\beta[I+\delta A] - \kappa L,\\
I' &= p\kappa L - \alpha I,\\
A' &= (1-p)\kappa L - \eta A
\end{aligned}
\tag{4.14}
$$

且

$$
\mathscr{R}_0 = \beta N\left[\frac{p}{\alpha} + \frac{\delta(1-p)}{\eta}\right].
$$

流程图如图 4.3 所示.

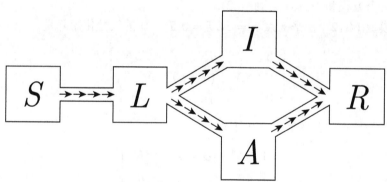

图 4.3　流感模型 (4.14) 的流程图

应用与前面例子的相同方法给出相同的最后规模关系 (4.2).

模型 (4.14) 是不同传染性模型的一个例子. 这类模型可用于研究艾滋病病毒/艾滋病[23], 这时个体变成染病者进入一个特殊群体, 且在染病过程中留在这个群体内. 不同的群体可以有不同的参数值, 例如, 对流感染病者以及无症状成员, 他们在各个阶段可以有不同的传染性和不同的停留时间.

4.3.4　检疫-隔离模型

当暴发没有疫苗可用的新疾病时, 对已诊断的染病者和被染病的易感者进行隔离 (通常追踪已被诊断为染病者的接触者) 是唯一有效的控制措施. 我们叙述的

模型描述流行病的传播过程, 原先是为了模拟 2002—2003 的 "非典"(SARS) 传染病而引入的[19], 当控制措施开始时有下面假设:

1. 暴露成员可以是以因子 $\varepsilon_E, 0 \leqslant \varepsilon_E < 1$ 降低传染性的染病者.

2. 暴露成员没有被隔离而变成染病者的比率为 κ_E.

3. 引入检疫成员类 Q 和隔离 (就医) 成员类 J, 单位时间内暴露成员成为检疫成员的比例为 γ_Q(实践中, 检疫也可以用于许多易感者, 但我们在这个模型中忽略这一点). 检疫并不完美但它以因子 ε_Q 减少接触率. 这个假设的结果是一些易感者比模型假设的接触更少.

4. 每单位时间被诊断为染病者并得到隔离的比例为 γ_J. 隔离并不是完美的, 隔离成员还可以以传染性因子 ε_j 传染疾病.

5. 检疫成员被监控, 当发现他们以 κ_Q 比率发展成有症状时, 他们就被立即隔离.

6. 染病者以比率 α_I 离开染病者类, 隔离成员以比率 α_J 离开隔离者类.

这些假设导致 $SEQIJR$ 模型[19]

$$
\begin{aligned}
S' &= -\beta S[\varepsilon_E E + \varepsilon_E \varepsilon_Q Q + I + \varepsilon_J J], \\
E' &= \beta S[\varepsilon_E E + \varepsilon_E \varepsilon_Q Q + I + \varepsilon_J J] - (\kappa_E + \gamma_Q)E, \\
Q' &= \gamma_Q E - \kappa_J Q, \\
I' &= \kappa_E E - (\alpha_I + \gamma_J)I, \\
J' &= \kappa_Q Q + \gamma_J I - \alpha_J J.
\end{aligned}
\tag{4.15}
$$

在对这个模型采取控制措施之前, 先从 (4.15) 的特殊情形

$$
\gamma_Q = \gamma_J = \kappa_Q = \alpha_J = 0, \quad Q = J = 0
$$

开始. 这与模型 (4.11) 相同.

流程图如图 4.4 所示.

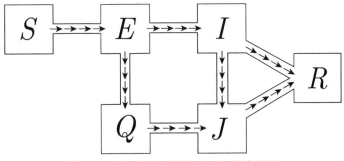

图 4.4 $SEQIJR$ 模型 (4.15) 的流程图

我们定义控制再生数 $\mathscr{R}_c$ 为仅由采取适当控制的易感者人群组成的人群中由单个染病者引起的继发性染病者的个数. 它类似于基本再生数, 但不是描述疾病暴发的最初, 而是描述对流行病认识时开始. 基本再生数是满足

$$\gamma_Q = \gamma_J = \kappa_Q = \alpha_J = 0$$

的控制再生数值.

对 (4.11), 我们已经计算了 $\mathscr{R}_0$, 也可按同样方法利用含有检疫类和隔离类的完全模型计算 $\mathscr{R}_c$, 得到

$$\mathscr{R}_c = \frac{\varepsilon_E \beta N}{D_1} + \frac{\beta N \kappa_E}{D_1 D_2} + \frac{\varepsilon_Q \varepsilon_E \beta N \gamma_Q}{D_1 \kappa_Q} + \frac{\varepsilon_J \beta N \kappa_E \gamma_J}{\alpha_J D_1 D_2} + \frac{\varepsilon_J \beta N \gamma_Q}{\alpha_J D_1},$$

其中 $D_1 = \gamma_Q + \kappa_E, D_2 = \gamma_J + \alpha_I$.

$\mathscr{R}_c$ 的每一项都有流行病学解释. 在 E 中的平均持续时间 $\frac{1}{D_1}$ 和接触率 $\varepsilon_E \beta$ 给出 $\mathscr{R}_c$ 中的 $\frac{\varepsilon_E \beta N}{D_1}$. 从 E 变到 I 的比例 $\frac{\kappa_E}{D_1}$、接触率 β 和平均持续时间 $\frac{1}{D_2}$ 给出 $\mathscr{R}_c$ 中的项 $\frac{\beta N \kappa_E}{D_1 D_2}$. 从 E 变到 Q 的比例 $\frac{\gamma_Q}{D_1}$、接触率 $\varepsilon_E \varepsilon_Q \beta$ 和平均持续时间 $\frac{1}{\kappa_Q}$ 给出 $\mathscr{R}_c$ 中的项 $\frac{\varepsilon_E \varepsilon_Q \beta N \gamma_Q}{D_1 \kappa_Q}$. 从 E 变到 I 再到 J 的比例 $\frac{\kappa_E \gamma_J}{D_1 D_2}$、接触率 $\varepsilon_J \beta$ 和平均持续时间 $\frac{1}{\alpha_J}$ 给出 $\mathscr{R}_c$ 中的项 $\frac{\varepsilon_J \beta N \kappa_E \gamma_J}{\alpha_J D_1 D_2}$. 最后, 从 E 变到 Q 再到 J 的比例 $\frac{\gamma_Q}{D_1}$、接触率 $\varepsilon_J \beta$ 和平均持续时间 $\frac{1}{\alpha_J}$ 给出 $\mathscr{R}_c$ 中的项 $\frac{\varepsilon_J \beta N \gamma_Q}{D_1 \alpha_J}$. 这些项之和给出 $\mathscr{R}_c$.

模型 (4.15) 中的参数 γ_Q 和 γ_J 是控制参数, 在尝试管理流行病时可选择它们. 参数 ε_Q 和 ε_J 依赖检疫与隔离的严格程度, 因此也具有控制措施的意义. 模型中的其他参数由研究的疾病指定. 虽然它们不会变化, 但它们的测量有实验误差.

(4.15) 在无病平衡点 $(N, 0, 0, 0, 0)$ 的线性化矩阵

$$\begin{bmatrix} \varepsilon_E \beta N - (\kappa_E + \gamma_Q) & \varepsilon_E \varepsilon_Q \beta & \beta N & \varepsilon_J \beta N \\ \gamma_Q & -\kappa_Q & 0 & 0 \\ \kappa_E & 0 & -(\alpha_I + \gamma_J) & 0 \\ 0 & \kappa_Q & \gamma_J & -\alpha_J \end{bmatrix}.$$

的特征方程是一个四次多项式方程, 其首项系数是 1, 常数项是 $1 - \mathscr{R}_c$ 的正常数倍, 因此如果 $\mathscr{R}_c < 1$, 它为正, 如果 $\mathscr{R}_c > 1$, 它为负. 从而, 如果 $\mathscr{R}_c > 1$, 则存在

对应于 (4.15) 的解的初始指数增长率的正特征值. 如果 $\mathscr{R}_c < 1$, 可以证明, 这个系数矩阵的所有特征值有负实部, 因此, (4.15) 的解按指数趋于零[42].

为了证明由模型 (4.1) 推导的关系式 (4.2) 和 $S_\infty > 0$ 对控制模型 (4.15) 也成立, 我们从对 (4.15) 关于 $S+E, Q, I, J$ 的方程由 $t=0$ 到 $t=\infty$ 对 t 积分, 并利用初始条件

$$S(0) + E(0) = N(0) = N, \quad Q(0) = I(0) = J(0) = 0.$$

继续对 S 方程积分, 然后应用对 (4.1) 的类似论述但技巧更复杂, 对治疗模型 (4.15) 可证明 $S_\infty > 0$, 同样建立最后规模关系

$$\log \frac{S_0}{S_\infty} = \mathscr{R}_c \left[1 - \frac{S_\infty}{N} \right].$$

因此, 治疗模型 (4.15) 的渐近性态与较简单的模型 (4.1) 的性态相同.

在我们研究过的不同仓室模型中有着显著的共同特征. 这表明可将仓室模型纳入到更一般的框架中. 事实上, 这个一般框架原来是由 Kermack 和 Mc-Kendrick[24] 引入的染病年龄模型. 我们将在 4.5 节解释这个推广.

4.4 具有一般传染期分布的 SIR 模型

在 2.4 节对简单模型 (4.1) 的研究中, 我们假设传染期呈指数分布. 现在我们在质量作用发生率下考虑人口有常数规模 N 的 SIR 模型, 其中 $P(\tau)$ 是个体变为染病者经 τ 时间以后仍是染病者的比例. 这个模型是

$$\begin{aligned} S' &= -\beta S(t)I(t), \\ I(t) &= I_0(t) + \int_0^t [-S'(t-\tau)]P(\tau)d\tau. \end{aligned} \tag{4.16}$$

其中 $I_0(t)$ 表示在 $t=0$ 开始时染病者在时间 t 仍是染病者的个体数. 于是

$$I_0(t) \leqslant (N - S_0)P(t),$$

因为如果所有初始染病的都是新染病者, 则这个关系式为等式, 如果有些染病者在开始时间 $t=0$ 之前已经感染, 他们会更早康复.

假设 $P(\tau)$ 是满足 $P(0)=1$ 的非负非增函数. 还假设平均染病期 $\displaystyle\int_0^\infty P(\tau)d\tau$ 是有限的. 由于一个染病者单位时间内引起 βN 个新染病者, $\displaystyle\int_0^\infty P(\tau)d\tau$ 是平均

传染期, 容易计算得

$$\mathscr{R}_0 = \beta N \int_0^\infty P(s)ds.$$

在这个模型中可以假设并不是所有染病者与易感者的接触都导致有新的染病者. 这可通过在 S 方程和在分布 P 中结合一个减缩因子 δ 来达到. 由于 S 是非负递减函数, 由 (4.1) 得知, 当 $t \to \infty$ 时 $S(t)$ 减少到极限 S_∞, 但我们必须用不同方法证明 $I(t) \to 0$. 如果我们能够证明 $t \to \infty$ 时 $\int_0^t I(s)ds$ 有界, 这可得到. 我们有

$$\begin{aligned}
\int_0^t I(s)ds &= \int_0^t I_0(\tau)ds + \int_0^t \int_0^s [-S'(s-u)]P(u)duds \\
&\leqslant (N - S_0)\int_0^t P(s)ds + \int_0^t \int_\tau^t [-S'(s-u)]dsP(u)du \\
&\leqslant (N - S_0)\int_0^t P(s)ds + \int_0^t [S_0 - S(t-u)]P(s)ds \\
&\leqslant N \int_0^t P(s)ds.
\end{aligned}$$

由于假设 $\int_0^\infty P(s)ds$ 有限, 得知 $\int_0^t I(s)ds$ 有界, 因此 $I(t) \to 0$.

现在从 0 到 ∞ 积分 (4.16) 的第一个方程, 给出

$$\log \frac{S_0}{S_\infty} = \beta \int_0^\infty I(s)ds < \infty,$$

这证明 $S_\infty > 0$.

如果所有的初始染病者个体都是新染病者, 则 $I_0(t) = (N - S_0)P(t)$, 积分 (4.16) 的第二个方程得到

$$\begin{aligned}
\int_0^\infty I(s)ds &= \int_0^\infty I_0(s)ds + \int_0^\infty \int_0^s [1 - S'(s-u)]P(u)duds \\
&= (N - S_0)\int_0^\infty P(u)du + \int_0^\infty \int_0^s [-S'(s-u)]dsP(u)du \\
&= (N - S_0)\int_0^\infty P(u)du + \int_0^\infty [S_0 - S_\infty]P(u)du \\
&= (N - S_0)\int_0^\infty P(u)du
\end{aligned}$$

$$= \mathscr{R}_0 \left[1 - \frac{S_\infty}{N} \right].$$

这是 (4.2) 指出的最后规模关系. 如果在时间 $t = 0$ 之前存在染病者个体, 则正项

$$(N - S_0) \int_0^\infty P(t)dt - \int_0^\infty I_0(t)dt$$

必须从这个方程的右端减去.

这一节对任意传染期的推广是 [24] 的染病年龄模型的组成部分, 他们的模型还结合了一般的仓室结构. 这一节的例子和上一节的例子都是染病年龄模型的特殊情形.

4.5　流行病染病年龄模型

Kermack 和 McKendrick[24] 描述的一般流行病模型中还包括传染性对感染后的时间 (染病年龄) 的依赖性. 令 $S(t)$ 表示在时间 t 的易感者个数, 在时间 t 的总传染性 $\varphi(t)$ 定义为每个染病年龄的染病者数与该染病年龄的平均传染性的乘积之和. 我们假设, 人群成员按平均单位时间内接触常数 βN 个人. 令 $B(s)$ 为染病者在染病年龄 s 仍传染的比例, $\pi(s)$ 为在染病年龄 s 满足 $0 \leqslant \pi(s) \leqslant 1$ 的平均传染性 (如果被传染). 因此我们令

$$A(s) = \pi(s)B(s)$$

为染病年龄 s 的人员包括那些不再被传染的人员的平均传染性. 假设没有疾病死亡, 则总人数是常数 N.

由于 $-S'(t-s)$ 是在时间 $(t-s)$ 的新染病者人数, $A(s)$ 是这些新染病者 (染病年龄 (s)) 在时间 t 仍有传染性的个数, 在时间 t 总传染性是

$$\varphi(t) = \int_0^\infty [-S'(t-s)]A(s)ds.$$

假设在时间 $t = 0$ 暴发疾病, 则对 $u < 0$ 有 $S(u) = N$. 在 $u = 0, S(u)$ 可能存在一个与初始传染分布对应的不连续点.

我们可将这个流行病染病年龄模型写为

$$\begin{aligned} S' &= -\beta S\varphi, \\ \varphi(t) &= \int_0^\infty [-S'(t-s)]A(s)d\tau = \int_0^\infty \beta S(t-s)\varphi(t-s)A(s)ds, \end{aligned} \tag{4.17}$$

参数 β 继续表示有效的接触率, 传播概率包含在 φ 中. 基本再生数是

$$\mathscr{R}_0 = \beta N \int_0^\infty A(s)ds. \tag{4.18}$$

可以将这个模型写为单个方程

$$S' = \beta S(t) \int_0^\infty A(s)S'(t-s)ds.$$

存在一个入侵准则. 开始, 在一个全部是易感人群中, 当 $S(t)$ 接近于 $S_0 = N$ 时, 我们可以在此单个方程中将 $S(t)$ 替换成其初始值 N, 从而得到一个线性方程. 这个线性方程有解 $S(t) = Ne^{rt}$ 的条件是

$$1 = \beta N \int_0^\infty A(s)e^{-rs}ds. \tag{4.19}$$

通过 (4.19) 的解给出流行病的初始指数增长率的结果在 [20, 36] 和后来的 [44] 中已给出. 只要我们不仅知道平均染病期, 还知道染病期的分布, 就可估计基本再生数. 这个结果适用于流行病染病年龄模型, 因此也适用于仓室模型, 这可以在染病年龄下解释, 也就是说, 只要我们能够计算传染性函数 $A(s)$.

结合关系式 (4.18) 和 (4.19), 给出初始指数增长率 r 与基本再生数 $\mathscr{R}_0$ 之间的关系, 即

$$\mathscr{R}_0 = \frac{\displaystyle\int_0^\infty A(s)ds}{\displaystyle\int_0^\infty e^{-rs}A(s)ds}.$$

于是, $\mathscr{R}_0 > 1$ 当且仅当 $r > 0$.

在已知传染性分布的情况下, 这个关系式提供了通过测量初始指数增长率来估计基本再生数的一个方法. 我们将一种流行病定义为一个情况, 在这个情况下, 对于该模型, 我们有 $r > 0$, 因此初始解呈指数增长.

将模型方程 (4.17) 除以 S, 并从 0 到 ∞ 积分, 交换积分次序, 给出

$$\log\frac{S_0}{S_\infty} = \int_0^\infty [S(-s) - S_\infty]A(s)ds.$$

由于我们假设如果 $s > 0$, 则 $S(-s) = N$, 我们有

$$\log\frac{S_0}{S_\infty} = \int_0^\infty [N - S_\infty]A(s)ds,$$

于是得到最后规模关系

$$\log \frac{S_0}{S_\infty} = \mathscr{R}_0 \left[1 - \frac{S_\infty}{N}\right].$$

有时将这个最后规模关系表示为形式

$$\log \frac{S_0}{S_\infty} = \mathscr{R}_0 \left[1 - \frac{S_\infty}{S_0}\right]. \tag{4.20}$$

例如, 见 [4, 12, 22], 因为一般 $S(0) \approx N$. 这个形式也表示由研究人群之外的某人开始流行的最后规模关系, 因此 $S_0 = N, I_0 = 0$.

4.5.1 一般的 *SEIR* 模型

考虑在暴露期和传染期逗留时间的一般分布的 $SEIR$ 模型. 这个模型与模型 (3.31) 有关, 它也包括出生和自然死亡. 假设暴露个体在 t 个单位时间后仍在暴露类的比例是 $P_E(s)$, s 个单位时间后进入染病者类的个体比例为 $P_I(s)$, 其中 $P_E(s), P_I(s)$ 是非负非增函数, 满足

$$P_E(0) = P_I(0) = 1, \quad \int_0^\infty P_E(s)ds < \infty, \quad \int_0^\infty P_I(s)ds < \infty.$$

于是 P_E 和 P_I 分别表示在 E 类和 I 类幸存的概率. 出现在模型中对 E 的概率密度函数是

$$q(\tau) = -P_E'(\tau).$$

假设 E_0 是在时间 $t = 0$ 进入暴露类的新暴露成员. 于是

$$S' = -\beta SI,$$
$$E(t) = E_0 P_E(t) + \int_0^t [-S'(u)]P_E(t-u)du.$$

在这个方程中我们假设所有的有效接触都传播感染. 微分 $E(t)$ 方程, 得到

$$E'(t) = E_0 P_E'(t) - S'(t) + \int_0^t [-S'(u)]P_E'(t-u)du,$$

这证明在时间 t 到传染阶段的输入是

$$-E_0 P_E'(t) - \int_0^t [-S'(u)]P_E'(t-u)du.$$

如果假设对 $u < 0$ 有 $S'(u) = 0$, $S'(u)$ 在 $u = 0$ 有一个跳跃 $-E_0$, 则我们可以将 $E(t)$ 方程写为

$$E(t) = \int_0^\infty [-S'(s)] P_E(t-s) ds.$$

从这个 $E(t)$ 方程我们看到, 从 E 到 I 的输出是

$$-E_0 P_E'(t) - \int_0^t [-S'(s)] P_E'(t-s) ds = -\int_0^\infty [-S'(s)] P_E'(t-s) ds.$$

于是

$$I(t) = -\int_0^\infty \int_0^\infty S'(s) P_E'(t-s-u) P_I(u) du ds$$

$$- \int_0^\infty \int_0^\infty [-S'(s)] P_E'(t-s-u) P_I(u) du S'(s) ds.$$

现在我们有

$$I(t) = \int_0^\infty [-S'(s)] A_I(t-s) ds,$$

其中

$$A_I(z) = -\int_0^\infty P_E'(z-v) P_I'(u) dv.$$

于是, 这个模型为

$$S' = -\beta S I,$$

$$E(t) = \int_0^\infty [-S'(s)] P_E(t-s) ds, \tag{4.21}$$

$$I(t) = \int_0^\infty [-S'(s)] A_I(t-s) ds,$$

这是染病年龄形式, 其中 $\Phi = I$ 和 $A(z) = A_I(z)$. 于是, 利用 $-\int_0^\infty P_E'(v) dv = P_E(0) - P_E(\infty) = 1$ 得

$$\mathscr{R}_0 = \beta N \int_0^\infty A(z) dz$$

$$= -\beta N \int_0^\infty \int_0^z P_E'(z-u) P_I(u) du dz$$

$$= \beta N \int_0^\infty P_I(u) du. \tag{4.22}$$

一般的 $SEIR$ 模型 (4.21) 的初始指数增长率满足

$$\beta N \int_0^\infty e^{-rs} \int_0^s [-P_E'(s-u)]P_I(u)duds = 1.$$

由此, 利用分部积分得到

$$1 = N \int_0^\infty q(v)e^{-rv}dv \int_0^\infty e^{-ru}P_I(u)du$$

$$= \beta N \left[1 - r \int_0^\infty e^{-rv}P_E(v)dv \right] \int_0^\infty e^{-ru}P_I(u)du. \qquad (4.23)$$

重要的是要记住, 在这个例子中, 我们假设有效的接触会传播新的感染. 我们没有考虑传染性或易感性的降低, 但可将这些因素纳入模型. 从 (4.23) 我们可以看到, 暴露期的影响是降低初始指数增长率. 这也表明利用关系式 (4.19) 的结果依赖于对模型的仓室结构的了解.

4.5.2 一般的治疗模型

考虑 4.3 节中的治疗模型 (4.12). 现在我们将它推广到具有一般的染病阶段和治疗阶段分布的染病年龄模型. 假设传染期分布由 $P_I(\tau)$ 给出, 治疗期分布为 $P_T(\tau)$. 于是, 这个 $SITR$ 模型变成为

$$S'(t) = -\beta S(t)[I(t) + \delta T(t)],$$

$$I(t) = I_0 P_I(t) + \int_0^t [-S'(t-\sigma)]e^{-\gamma\sigma}P_I(\sigma)d\sigma, \qquad (4.24)$$

$$T(t) = \int_0^\infty \gamma I(t-\sigma)P_T(\sigma)d\sigma$$

和

$$\varphi(t) = I(t) + \delta T(t).$$

假设 $S(u)$ 在 $u = 0$ 有一个跳跃 $-I_0$. 我们可以将 I 方程写为

$$I(t) = -\int_0^\infty [-S'(t-s)]e^{-\gamma s}P_I(s)ds.$$

将这个 I 表达式代入 T 方程, 得到

$$T(t) = \int_0^\infty \gamma \int_0^\infty [-S'(t-s-\sigma)]e^{-\gamma s}P_I(s)P_T(\sigma)dsd\sigma$$

$$= \int_0^\infty \gamma \int_0^\infty [-S'(t-s-\sigma)] P_T(\sigma) d\sigma e^{-\gamma s} P_I(s) ds$$

$$= \int_0^\infty \gamma \int_s^\infty [-S'(t-v)] P_T(v-s) dv e^{-\gamma s} P_I(s) ds$$

$$= \int_0^\infty [-S'(t-v)] \gamma \int_0^v P_T(v-s) e^{-\gamma s} P_I(s) ds dv$$

$$= \int_0^\infty [-S'(t-v)] A(v) dv,$$

其中

$$A(v) = \int_0^v \gamma P_T(v-s) e^{-\gamma s} P_I(s) ds.$$

记

$$\varphi(t) = I(t) + \delta T(t),$$

现在我们有染病年龄形式的模型 (4.24)(没有传播概率)

$$S'(t) = -\beta S(t) \varphi(t), \tag{4.25}$$

$$\varphi(t) = -\int_0^\infty [-S'(t-s)][e^{-\gamma s} P_I(s) + \delta A(s)] ds.$$

由此看到

$$\mathscr{R}_0 = \beta N \int_0^\infty [e^{-\gamma s} P_I(s) + \delta A(s)] ds$$

$$= \beta N \int_0^\infty e^{-\gamma s} P_I(s) ds + \beta N \delta \gamma \int_0^\infty \int_0^s P_T(s-u) du ds.$$

在传染期和治疗期呈指数分布的情况下, $P_I(s) = e^{-\alpha s}, P_T(s) = e^{-\eta s}$, 计算 $\mathscr{R}_0$ 得到

$$\mathscr{R}_0 = \beta N \int_0^\infty e^{-(\alpha+\gamma)\tau} d\tau \left[1 + \delta\gamma \int_0^\infty e^{-\eta\tau} d\tau \right]$$

$$= \frac{\beta N}{\alpha + \gamma} \left[1 + \frac{\delta\gamma}{\eta} \right],$$

这与 (4.13) 相同.

　　具有平均 $\frac{1}{\eta}$ 的治疗期分布的任意选择并不影响量 $\mathscr{R}_0$, 但是不同的染病期分布可以有很大的影响. 例如, 我们取 $\gamma = 1$ 并假设平均传染期为 1. 则对具有指数

分布的 $P_I(\tau) = e^{-\tau}$,

$$\int_0^\infty e^{-\tau} P(\tau) d\tau = \int_0^\infty e^{-2\tau} d\tau = \frac{1}{2}.$$

对具有固定长度 1 的传染期,

$$\int_0^\infty e^{-\tau} P_I(\tau) d\tau = \int_0^1 e^{-\tau} d\tau = 1 - e^{-1} = 0.632.$$

因此, 具有固定长度的传染期的模型将导致基本再生数比具有相同平均的指数分布的传染期的模型的基本再生数高 25% 以上.

4.5.3 一般的流行病检疫/隔离模型

为了应对尚未有已知治疗方法的疾病暴发, 唯一可用的方法是对分离诊断出的染病者和疑似接触者进行隔离. 此方法在 2003 年 "非典" (SARS) 流行中曾用过, 并在 [19] 中建立了模型. 在 [47] 中分析了具有一般暴露期和传染期以及检疫和隔离的 $SEIR$ 模型. 尽管 [47] 中的模型是确定性的, 但分析是从概率论的角度进行的. 在这里, 我们将在模型 (4.21) 中加入检疫和隔离, 并从隔离方法中得到 [47] 中的某些结果. 该模型与模型 (3.42) 有关, 包括出生和自然死亡, 并且更为普遍, 因为它没有假设检疫和隔离是完全有效的.

我们将把暴露类中 ψ 比例的成员移到一个隔离类 Q, 并以 φ 的比例从染病者类移到隔离 (住院) 类 H. 为了简单起见, 假设检疫和隔离都是完全有效的, 因此没有任何染病者是从被检疫或隔离的成员中传播的. 于是无须在模型中包括 Q 或 H, 除非希望跟踪被检疫和隔离的个体的数量. 我们只需要将模型 (4.21) 调整到包含移去类. 检疫但还没有隔离的 E 的新方程是

$$E(t) = E_0 e^{-\psi t} P_E(t) + \int_0^t [-S'(s)] e^{-\psi(t-s)} P_E(t-s) ds.$$

在时间 u 进入 I 类的变成为

$$E_0 q_E(u) + \int_0^u [-S'(\tau)] e^{-\psi(u-\tau)} q_E(u-\tau) d\tau.$$

现在, $I(t)$ 为

$$I(t) = E_0 \int_0^t q_E(u) e^{-\psi(t-u)} P_I(t-u) du$$

$$+ E_0 \int_0^t [-S'(s)] q_E(u-s) E^{-\psi(u-s)} ds P_I(t-u) du.$$

这个表达式中的第一项可写为 $I_0(t)$, 第二项如上一节利用累次积分中交换积分次序, 可以简化为

$$\int_0^t [-S'(s)]T(t-s)ds,$$

其中

$$T(v) = \int_0^v q_E(y)e^{-\psi y}P_I(v-y)dy.$$

于是, 这个模型成为

$$S' = -\beta SI,$$
$$E(t) = E_0 e^{-\psi t}P_E(t) + \int_0^t [-S'(s)]e^{-\psi(t-s)}P_E(t-s)ds,$$
$$I(t) = I_0(t) + \int_0^t [-S'(s)]T(t-s)ds.$$

如果我们在染病者中加入隔离率 φ, 则得到

$$I(t) = e^{-\varphi t}I_0(t) + \int_0^t [-S'(s)]e^{-\varphi(t-s)}T(t-s)ds,$$

而检疫/隔离模型是

$$S' = -\beta SI,$$
$$E(t) = E_0 e^{-\psi t}P_E(t) + \int_0^t [-S'(s)]e^{-\psi(t-s)}p_E(t-s)ds, \qquad (4.26)$$
$$I(t) = E_0 e^{-\psi t}I_0(t) + \int_0^t [-S'(s)]e^{-\psi(t-s)}T(t-s)ds.$$

现在再生数是依赖于控制参数 ψ 和 φ 的控制再生数 $\mathscr{R}_c$:

$$\begin{aligned}
\mathscr{R}_c(\psi, \varphi) &= \beta N \int_0^\infty e^{-\varphi \tau}T(\tau)d\tau \\
&= \beta N \int_0^\infty e^{-\varphi \tau}E_0 \int_0^\tau q(y)e^{-\psi y}P_I(\tau - y)dyd\tau \\
&= \beta N \int_0^\infty e^{-\psi y}q(y)\left[\int_y^\infty e^{-\varphi(\tau - y)}P_I(\tau - y)d\tau\right]dy \\
&= \beta N \int_0^\infty e^{-\psi y}q(y)dy \int_0^\infty e^{-\varphi u}P_I(u)du.
\end{aligned}$$

如果我们知道函数 P_I 和 q, 就可以计算 $\mathscr{R}_0$ 对检疫率和隔离率的敏感性, 从而可将检疫和隔离作为管理策略进行比较. 在 [47] 中, 这个表达式是用 q 和 P_I 的 Laplace 变换表示的:

$$\mathscr{R}_c(\psi,\varphi) = \beta N E_0 \mathscr{L}_q(\psi)\mathscr{L}_{P_I}(\varphi).$$

通过比较模型 (4.21) 和 (4.26) 的平均传染性函数, 我们发现, 检疫和/或隔离对 SEIR 模型的影响是降低初始指数增长率.

正如这些例子所表明的, 存在用于计算涉及 $A(\tau)$ 的积分的一般方法, 无须明显地计算函数 $A^{[7,48]}$.

对流行病模型的一个朴素观点认为, 如果我们知道基本再生数, 就可以确定流行病的规模. 这种观点有几个完全不同的问题. 我们已经看到, 根据早期观察到的数据对基本再生数的估计取决于所假设模型的结构. 例如, 如果存在暴露期, 则初始指数增长率小于被感染的个体立即变成染病者的增长率, 但这不会影响基本再生数. 这意味着从初始指数增长率估计的基本再生数会太小. 第二个问题是, 在流行病中, 早期的数据可能不完整也不准确, 而且利用它们可能会导致对再生数的很差估计.

4.6 Γ 分 布

有充分证据证明, 在仓室中停留时间的指数分布比 Γ 分布更不现实[16,17,26,46]. 这已经在 3.6 节中指出. 具有参数 n 和周期 $\dfrac{1}{\alpha}$ 的 Γ 分布 $P_I(\tau)$ 可以表示为具有周期 $\dfrac{1}{n\alpha}$ 的 n 个指数分布 $P_i(\tau)$ 的序列. 因此, 对具有传染期的 Γ 分布的 SIR 流行病模型可由系统

$$
\begin{aligned}
S' &= -\beta SI, \\
I_1' &= \beta SI - n\alpha I_1, \\
I_j' &= n\alpha I_{j-1} - n\alpha I_j, \quad j = 2,3,\cdots,n
\end{aligned}
\tag{4.27}
$$

表示. 我们可以视此为染病年龄模型

$$
\begin{aligned}
S' &= -\beta SI, \\
I(t) &= I_0(t) + \int_0^t [-S'(t-\tau)]P(\tau)d\tau,
\end{aligned}
\tag{4.28}
$$

其中 $P(\tau)$ 表示具有染病年龄 τ 的染病者比例.

为了利用染病年龄解释, 需要确定核 $P(\tau)$ 以计算它的积分. 令 $u_k(\tau)$ 表示具有染病年龄 τ 的染病者成员在第 k 个子区间的比例. 于是

$$
\begin{aligned}
u_1' &= -n\alpha u_1, \quad u_1(0) = 1, \\
u_j' &= n\alpha u_{j-1} - n\alpha u_j, \quad u_j(0) = 0, \quad j = 2, 3, \cdots, n.
\end{aligned} \tag{4.29}
$$

递归地容易求解这个微分方程系统, 得到

$$
u_k(\tau) = \frac{(n\alpha)^{k-1}}{(k-1)!} \tau^{k-1} e^{-n\alpha\tau}, \quad k = 1, \cdots, n.
$$

这给出所求的核

$$
P(\tau) = \sum_{k=1}^{n} u_k(\tau) = \sum_{k=1}^{n} \frac{(n\alpha)^{(k-1)}}{(k-1)!} \tau^{(k-1)} e^{-n\alpha\tau}. \tag{4.30}
$$

为了计算积分 $\int_0^\infty P(\tau) d\tau$, 我们先利用分部积分得到的积分公式

$$
\int t^{k-1} e^{-ct} dt = -\frac{1}{c} t^{k-1} e^{-ct} + \frac{k-1}{c} \int t^{k-2} e^{-ct} dt, \tag{4.31}
$$

再利用从 0 到 ∞ 积分的极限和 $c = n\alpha$ 得到

$$
\int_0^\infty t^{k-1} e^{-n\alpha t} dt = \frac{k-1}{n\alpha} \int_0^\infty t^{k-2} e^{-n\alpha t} dt,
$$

由归纳法得到公式

$$
\int_0^\infty t^{k-1} e^{-n\alpha t} dt = \frac{(k-1)!}{(n\alpha)^{k-1}} \cdot \frac{1}{n\alpha}. \tag{4.32}
$$

比较 (4.30) 和 (4.32) 给出

$$
\int_0^\infty P(\tau) d\tau = \sum_{k=1}^{n} \frac{1}{n\alpha} = \frac{1}{\alpha}.
$$

平均传染期与 n 无关, 但大的 n 值给出小的方差. $n \to \infty$ 时的极限情形是固定长度 $\frac{1}{\alpha}$ 的传染期. 在实践中, 传染期往往比用指数分布所预期的更接近, 因此选择对应于被观察分布的 n 值的 Γ 分布是很常见的.

下面需要利用 $\int_0^\infty e^{-\lambda\tau} P(\tau) d\tau$ 的值. 为了计算这个积分, 利用 (4.32) 我们有

$$\int_0^\infty e^{-\lambda\tau} u_k(\tau) d\tau = \frac{(n\alpha)^{k-1}}{(k-1)!} \int_0^\infty \tau^{k-1} e^{-(\lambda+n\alpha)\tau} d\tau = \frac{(n\alpha)^{k-1}}{(\lambda+n\alpha)^k},$$

由此得到

$$\int_0^\infty e^{-\lambda\tau} P(\tau) d\tau = \sum_{k=0}^{n-1} \frac{(n\alpha)^{k-1}}{(\lambda+n\alpha)^k} = \frac{1}{\lambda+n\alpha} \sum_{k=0}^{n-1} \frac{n\alpha}{\lambda+n\alpha}. \tag{4.33}$$

这是一个几何级数, 它的和是

$$\frac{1}{\lambda+n\alpha} \frac{1-\left(\dfrac{n\alpha}{\lambda+n\alpha}\right)}{1-\dfrac{n\alpha}{\lambda+n\alpha}} = \frac{1-\left(\dfrac{n\alpha}{\lambda+n\alpha}\right)^n}{\lambda}.$$

现在我们有公式

$$\int_0^\infty e^{-\lambda\tau} P(\tau) d\tau = \frac{1-\left(\dfrac{n\alpha}{\lambda+n\alpha}\right)^n}{\lambda}. \tag{4.34}$$

Γ 分布在 $n \to \infty$ 时的极限情形是分布

$$P(t) = 1 \quad \left(0 \leqslant t \leqslant \frac{1}{\alpha}\right), \quad P(t) = 0 \quad \left(t > \frac{1}{\alpha}\right),$$

对此

$$\int_0^\infty e^{-\lambda t} P(t) dt = \frac{1-e^{-\frac{\lambda}{\alpha}}}{\gamma}.$$

于是

$$\frac{1}{\alpha+\dfrac{\gamma}{n}} < \frac{1-e^{-\frac{\gamma}{\alpha}}}{\gamma}. \tag{4.35}$$

由洛必达法则, 可以证明

$$\lim_{n\to\infty} \left(\frac{n\alpha}{\lambda+n\alpha}\right)^n = e^{-\frac{\lambda}{\alpha}},$$

这意味着当 $n \to \infty$ 时对具有参数 n 的 Γ 分布, 积分 $\int_0^\infty e^{-\lambda\tau} P(\tau) d\tau$ 的极限值是对应于这个极限分布的积分.

4.7 数据解释和参数化

我们已经根据模型的参数对各种疾病传播模型进行了定性分析. 在模拟特定疾病暴发时有必要为模型的参数赋值, 以便估计可能的控制措施的效果. 对流行病, 我们忽略了人口统计数据. 如果我们了解了有关个体感染持续时间的信息, 则还需要估计接触率和仓室之间的转化率, 以便能够估计基本再生数, 然后分析模型的定性性态. 但是, 关于模型的仓室结构以及仓室之间的转移率的不同假设将导致不同的结果.

在流行病情况下, 我们可以从最初的指数增长率来估计接触率. 例如, 在最简单的流行病模型中, 最初 (或者只要 S 保持接近总人口数) 没有疾病死亡的Kermack-McKendrick 模型

$$
\begin{aligned}
S' &= -\beta SI, \\
I' &= \beta SI - \alpha I,
\end{aligned}
\tag{4.36}
$$

其中 $I(t)$ 可以近似于 $e^{(\beta N - \alpha)t}$. 因此, 初始指数增长率约为 $\beta N - \alpha$. 如果我们将 $\log I(t)$ 的观测值绘制成 t 的函数, 则可以期望, 在经过初始随机阶段后, 该图将是一条直线, 直到 $\dfrac{S}{N}$ 变得明显小于 1, 并且图像向下弯曲.

假设可以估计这条直线的斜率 r, 那么 r 的值给出 $\beta N - \alpha$ 的估计值. 由此得到基本再生数的估计

$$
\mathscr{R}_0 = \frac{\beta N}{\alpha} \approx \frac{r + \alpha}{\alpha} = \frac{r}{\alpha} + 1.
\tag{4.37}
$$

4.7.1 *SIR* 型模型

在简单的 Kermack-McKendrick 流行病模型 (4.36) 中, 假设传染期是平均为 $\dfrac{1}{\alpha}$ 的指数分布. 实践中, 停留在染病者类的时间通常有比指数分布的方差小的方差.

正如我们在 4.6 节中所表明的那样, Γ 分布可能比停留在仓室中的指数分布更现实[16,17,26,46]. 具有参数 n 和周期 $\dfrac{1}{\alpha}$ 的 Γ 分布 $P_i(\tau)$ 可以表示为 n 个周期为 $\dfrac{1}{n\alpha}$ 的指数分布 $P_i(\tau)$ 的序列. 于是, 可以用系统 (4.27) 表示传染期具有 Γ 分布的 SIR 流行病模型. 利用公式 (4.30) 计算积分

$$
\int_0^\infty P(\tau)d\tau = \sum_{n=1}^n \frac{1}{n\alpha} = \frac{1}{\alpha}
$$

和

$$\int_0^\infty e^{-r\tau} d\tau = \frac{1 - \left(\dfrac{n\alpha}{r + n\alpha}\right)^n}{r}. \tag{4.38}$$

Γ 分布在 $n \to \infty$ 的极限情形是分布

$$P(t) = 1 \quad \left(0 \leqslant t \leqslant \frac{1}{\alpha}\right), \quad P(t) = 0 \quad \left(t > \frac{1}{\alpha}\right),$$

对此

$$\int_0^\infty e^{-rt} P(t) dt = \frac{1 - e^{-\frac{r}{\alpha}}}{\alpha}.$$

于是

$$\frac{1}{\alpha + \dfrac{r}{n}} < \frac{1 - e^{-\frac{\gamma}{\alpha}}}{r}. \tag{4.39}$$

利用洛必达法则, 可以证明

$$\lim_{n\to\infty} \left(\frac{n\alpha}{r + n\alpha}\right)^n = e^{-\frac{r}{\alpha}},$$

这意味着 $n \to \infty$ 时对具有参数 n 的 Γ 分布, 积分 $\displaystyle\int_0^\infty e^{-r\tau} P(\tau) d\tau$ 的极限值对应于极限分布的积分.

正如我们在 4.4 节中看到的, 对具有由函数 $P(\tau)$ 给出的传染期分布的染病年龄的 SIR 模型, 基本再生数为

$$\mathscr{R}_0 = \beta N \int_0^\infty P(\tau) d\tau, \tag{4.40}$$

初始指数增长率 λ 满足

$$\beta N \int_0^\infty e^{-r\tau} P(\tau) d\tau = 1. \tag{4.41}$$

消去方程 (4.40) 和 (4.41) 中的 βN, 给出由初始指数增长率 r 和分布 $P(\tau)$ 确定的基本再生数公式

$$\mathscr{R}_0 = \frac{\displaystyle\int_0^\infty P(\tau) d\tau}{\displaystyle\int_0^\infty e^{-r\tau} P(\tau) d\tau}. \tag{4.42}$$

如果我们假设平均传染期 $\int_0^\infty P(\tau)d\tau$ 是已知的, 且初始指数增长率 r 可以测量, 那么我们就可应用关系式 (4.42) 对传染期分布的各种选择计算基本再生数. 当知道更多的传染期分布的信息时就有可能得到再生数的更精细估计.

因此, 例如, 选择指数传染期分布 $P(\tau) = e^{-\alpha\tau}$, 给出

$$\int_0^\infty e^{-\lambda\tau}d\tau = \frac{1}{1+\alpha}, \quad \mathscr{R}_0 = 1 + \frac{r}{\alpha}.$$

选择固定长度的传染期, 给出

$$r\int_0^\infty e^{-r\tau}d\tau = \frac{1 - e^{-\frac{r}{\alpha}}}{r}, \quad \mathscr{R}_0 = \frac{1}{\alpha\left(1 - e^{-\frac{r}{\alpha}}\right)}.$$

对参数为 n 的 Γ 分布

$$\int_0^\infty e^{-\tau}P(\tau)d\tau = 1 - \left(\frac{n\alpha}{r+n\alpha}\right)^n, \quad \mathscr{R}_0 = \frac{1}{1 - \left(\dfrac{n\alpha}{r+n\alpha}\right)}.$$

4.7.2　SEIR 型模型

现在假设我们有简单的 $SEIR$ 模型

$$\begin{aligned}
S' &= -\beta SI, \\
E' &= \beta SI - \kappa E, \\
I' &= \kappa E - \alpha I.
\end{aligned} \tag{4.43}$$

这个模型的指数增长率是

$$r = \frac{-(\alpha+\kappa) + \sqrt{(\alpha+\kappa)^2 + 4\kappa\beta N}}{2},$$

由此得到估计

$$\beta N = \alpha + \frac{r^2}{\kappa} + r\frac{\alpha+\kappa}{\kappa}. \tag{4.44}$$

注意, 对于 $\mathscr{R}_0 = \beta N/\alpha$, βN 的估计值大于从 SIR 模型获得的估计值, 因此, 假设 $SEIR$ 模型会导致比 SIR 模型更大的估计值. $SEIR$ 模型中给定的指数增长率对应于比 SIR 模型中更大的再生数.

　　例 1　考虑 2.10 节墨西哥 H1N1 流感病例报告表格 (表 2.2) 给出的数据. 我们画出作为 t 函数 $\log I(t)$ 的图像, 得到图 4.5. 此图显示在最初的随机阶段之后,

从第 97 天到第 117 天呈线性增长, 斜率为 0.22. 这个数据是针对流感的, 假设它由 $SEIR$ 模型描述, 其中暴露期为 1.9 天, 传染期为 4.1 天. 由具有值

$$\alpha = 1/4.1, \quad \kappa = 1/1.9, \quad r = 0.22$$

的关系式 (4.45) 得到 $\beta = 0.65$, 于是 $\mathscr{R}_0 = \beta/\alpha = 2.67$.

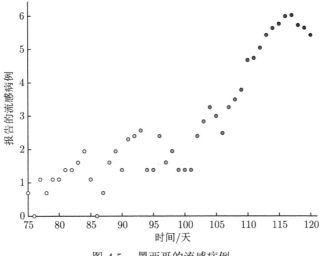

图 4.5   墨西哥的流感病例

重要的是要注意, 此估计不仅依赖于初始指数增长率, 还依赖于模型假设的仓室结构以及仓室之间的转换率.

我们可以将一般的 $SEIR$ 模型写为染病年龄形式

$$S' = -\beta S\varphi,$$

$$\varphi(t) = \varphi_0(t) + \int_0^t \beta S(t-\tau)\varphi(t-\tau)A(\tau)d\tau,$$

其中 $A(\tau)$ 是染病者个体的平均传染率, 不管在染病年龄 τ 时的暴露期还是传染期.

如果我们将染病者个体分为暴露期和传染期, 并考虑暴露期分布 P_E 和感染期分布 P_I, 则该模型是 4.5.1 节的 $SEIR$ 模型

$$S' = -\beta SI,$$

$$E(t) = E_0 P_E(t) + \int_0^t [-S'(u)]P_E(t-u)du, \tag{4.45}$$

$$I(t) = I_0(t) - \int_0^t [-S'(u)]\left[\int_u^t P_E'(v-u)P_I(t-v)dv\right]du.$$

这是具有平均传染性

$$A(t - u) = -\int_u^t P_E'(v - u)P_E(t - v)dv$$

和

$$\int_0^\infty A(\tau)d\tau = \int_0^\infty P_I(\tau)d\tau$$

的染病年龄形式.

同样,

$$\int_0^\infty e^{-r\tau}A(\tau)d\tau = -\int_0^\infty P_E'(v)e^{-rv}dv \int_0^\infty e^{-ru}P_I(u)du$$

$$= \left[1 - r\int_0^\infty e^{-rv}P_E(v)dv\right]\int_0^\infty e^{-ru}P_I(u)du,$$

对 P_E 和 P_I 的不同选择, 包括 Γ 分布和固定长度的暴露期和传染期, 我们可以利用这个关系式计算 $\mathscr{R}_0$.

利用指数分布的暴露期和传染期, 我们得到

$$\mathscr{R}_0 = 1 + \frac{r}{\alpha} + \frac{r}{\kappa} + \frac{r^2}{\alpha\kappa},$$

对于固定长度的暴露期和传染期, 得到

$$\mathscr{R}_0 = \frac{re^{r/\kappa}}{\alpha(1 - e^{-r/\alpha})} > e^r/\kappa.$$

可以证明, 与固定长度的暴露期和传染期相对应的基本再生数总是大于与呈指数分布的暴露期和传染期相对应的基本再生数, 并且与具有 Γ 分布的暴露期和传染期相对应的基本再生数是在这两个值之间.

4.7.3 平均一代时间

在简单的流行病模型中, 如果知道接触率和染病期, 我们就可确定基本再生数. 正如我们在上一节看到的, 有时由通过实验观察到的初始指数增长率的知识可以得到有关接触速率的信息. 有时可以通过实验观察到的另一个量是平均一代时间, 其大致意思是由原始病例导致的原始病例与继发性病例之间的平均时间. 这个量有各种各样的定义, 但并非都是等价的. 另一个用来描述这个概念的术语是序列区间.

[18, 40] 定义平均一代时间为从感染到感染发作的平均时间. 可以从疾病暴发初期的数据来对它进行估计[40,44,45]. 如果我们假设个体的继发性感染率与该人的传染性成比例[37], 那么在染病年龄 τ 时引起的继发性感染率与 $A(\tau)$ 成比例. 该假设仅在流行病的早期才有效, 此时易感人群的损耗可忽略不计, 并且染病者数仅占总人口规模的很小一部分, 以至于易感者仅面临单一感染的风险. 从而在染病年龄 τ 引起的新感染的分布是

$$\frac{A(s)}{\displaystyle\int_0^\infty A(s)ds},$$

它的平均是

$$T_G = \frac{\displaystyle\int_0^\infty sA(s)ds}{\displaystyle\int_0^\infty A(s)ds}, \tag{4.46}$$

这是平均一代时间. 应该注意, 这描述了相继感染之间的时间间隔, 但是可以观察到的是临床症状发展之间的时间间隔, 这不是同一回事, 但我们希望它是一个合理的近似.

为了计算一般 $SEIR$ 模型 (4.45) 的平均一代时间, 可利用 (4.46), 其中

$$A(s) = A_I(s) = -\int_0^s P_E'(s-u)P_I(u)du.$$

正如我们在对模型 (4.45) 计算时看到的,

$$\int_0^\infty A(s)ds = \int_0^\infty P_I(s)ds.$$

同样, 我们有

$$\int_0^\infty sA(s)ds = -\int_0^\infty \int_0^s sP_E'(s-u)P_I(u)dsdu$$
$$= -\int_0^\infty \left[\int_u^\infty sP_E'(s-u)ds\right]P_I(u)du. \tag{4.47}$$

利用分部积分, 得

$$-\int_u^\infty sE_Q'(s-u)ds = -\int_0^\infty (u+v)P_E'(v)dv = u + \int_0^\infty P_E(v)dv.$$

因此, (4.47) 变成

$$\int_u^\infty sA(s)ds = \int_0^\infty uP_I(u)du + \int_0^\infty P_I(u)du \int_0^\infty P_E(v)dv.$$

这证明对 *SEIR* 模型 (4.45) 的平均一代时间是

$$T_G = \frac{\int_0^\infty uP_I(u)du}{\int_0^\infty P_I(u)du} + \int_0^\infty P_E(u)du.$$

注意, 这是停留在暴露阶段的平均期和依赖于传染期分布的量之和. 容易计算, 在具有平均为 $1/\alpha$ 的指数分布情形, 这个量是平均传染期 $1/\alpha$, 而在长度为 $1/\alpha$ 的常数传染期情形, 这个量是平均传染期的一半 $1/2\alpha$. 一般对 *SEIR* 模型, 平均下一代时间等于平均暴露期与依赖于传染期分布的量之和.

为了方便定义平均暴露时间 T_E 和平均染病时间 T_I. 对我们研究的一般 *SEIR* 模型 (4.45), 有

$$T_E = \frac{1}{\kappa}, \quad T_I = \frac{1}{\alpha}.$$

对呈指数分布的暴露期和传染期,

$$T_G = T_E + T_I,$$

而且我们可将 $\mathscr{R}_0$ 写为

$$\mathscr{R}_0 = 1 + r\frac{1}{\kappa} + r\frac{1}{\alpha} + r^2\frac{1}{\kappa\alpha} = 1 + rT_E + rT_I + r^2 T_E(T_G - T_E).$$

对固定长度的暴露期和染病期,

$$T_G = T_E + \frac{1}{2}T_I,$$

且有

$$\mathscr{R}_0 = \frac{\dfrac{r}{\alpha}e^{r/\kappa}}{1 - e^{-r/\alpha}} = \frac{\dfrac{r}{\alpha}e^{r/\kappa + r/2\alpha}}{e^{r/2\alpha} - e^{-r/2\alpha}} = \frac{\dfrac{r}{\alpha}e^{rT_G}}{2\sinh(r/2\alpha)}.$$

由于对 $x > 0$ 有 $\sinh x > x$, 得到上界

$$\mathscr{R}_0 < e^{rT_G}. \tag{4.48}$$

对暴露期具有参数为 m 的 Γ 分布染病期具有参数为 n 的模型, 可以证明, 对应的再生数 $\mathscr{R}$ 为

$$\mathscr{R}_0^{(m,n)} = \frac{r\left(\dfrac{r}{\kappa m} + 1\right)^m}{\alpha\left[1 - \left(\dfrac{r}{\alpha\eta} + 1\right)^{-n}\right]} \tag{4.49}$$

可以证明, $\mathscr{R}$ 是 m 和 n 的增函数, 且当 m, n 趋于无穷大时, $\mathscr{R}$ 趋于暴露期和染病期为固定长度的再生数.

4.8 *控制规划的时机对流行病最后规模的影响

为了探讨季节性强迫传播对疾病控制和流感流行的最后规模的影响, 我们通过结合一个表示传播率的周期函数 $c(t)$ 以及药物治疗和/或疫苗接种的扩展来考虑标准 SIR 流行病模型的一个扩展.

当模型参数随着时间变化时, 很难得到最后规模的解析结果. 大多数结果基于数值模拟. 这里给出的周期性传播率的例子检验了潜在的疫苗接种和/或治疗用途的负面影响与实施的时间有关. 这些设想是基于这样一种考虑, 即在流行病开始时可能无法获得疫苗和抗病毒的药物. 在评估控制计划的效果时, 我们重点关注三项重要指标: (a) 流行曲线的峰值大小 (大流行期间的最大感染人数); (b) 高峰时间 (出现高峰的时间); (c) 最后规模 (大流行结束时的染病者总数). 有效的控制策略的主要目的应包括: 降低峰值规模, 以保持设施的需求低于可用的供应, 降低最后规模以减少发病率, 以及延迟峰值以提供更多的响应时间.

与固定参数的情形不同, 在固定参数的情况下, 接种疫苗和治疗将始终有助于降低发病率, 而在周期性传播率 $c(t)$ 的情况下可能会产生非直观的结果. 也就是说, 该模型可以显示出增加使用接种疫苗或抗病毒药物将导致更高的发病率. 为了证明这一点, 首先考虑传染率依赖于时间的流行病模型

$$
\begin{aligned}
\frac{dS}{dt} &= -c(t)\frac{SI}{N}, \\
\frac{dI}{dt} &= c(t)\frac{SI}{N} - \alpha I,
\end{aligned}
\tag{4.50}
$$

其中

$$
c(t) = c_0[1 + \varepsilon \cos(2\pi t/365)],
$$

初始条件为

$$
S(t_0) = (1 - \varphi_0)(N - I_0), \quad I(t_0) = I_0, \quad R(t_0) = 0.
\tag{4.51}
$$

参数 ε 表示季节性强迫的大小, 周期假定为 1 年. 我们不将接种疫苗的人包含在 R 类, 因为疾病暴发结束时的 $R(t)$ 值将被用于衡量流行病最后规模. 注意, 初始时间 t_0 表示疫苗接种计划开始. 一些模拟结果如图 4.6 所示.

图 4.6 画出了流行病曲线和累计感染图. 对传播函数 $c(t)$, 用于 H1N1 类疾病的参数是 $c_0 = 0.5$ 和 $\varepsilon = 0.35$. 假设 $\dfrac{1}{\alpha} = 3$ 天. 除非另有说明, 这些值也用

于其他图像. 图中显示了两组模拟, 分别对应于病原体初次进入的两个不同时间 t_0, 一个情况是 $t_0 = 30$, 另一个情况是 $t_0 = 40$, 出于演示目的, 疫苗接种水平选择为 $\varphi_0 = 0.1$. 从图 4.6 可以得出一些有趣的结果. 我们可以先比较未接种疫苗的模型 (实曲线) 和接种疫苗的模型 (虚线). 它显示了模型的结果依赖于初始感染引入的时间 t_0. 特别地, 我们观察到, 尽管对 $t_0 = 30$ 情形峰值和最后规模都减少, 但 $t_0 = 40$ 情形有显著差异. 虽然第一波减弱了, 但第二波也产生了; 而且, 流行病最后规模甚至比不接种疫苗的还要大, 这表明使用疫苗可能会产生不利影响.

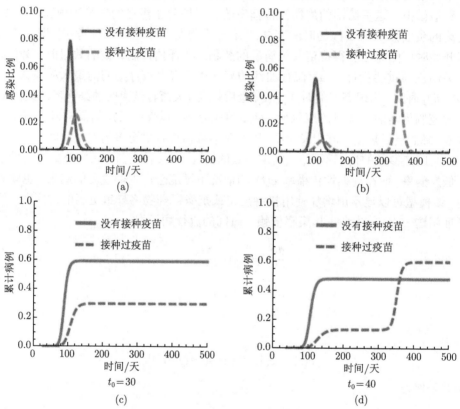

图 4.6　不同 t_0 值的流行病曲线和累计感染图. 这些图显示了在 SIR 模型 (4.50) 给出的具有初始条件 (4.51) 的周期性环境中, 流行病的开始时间 t_0 对流行病发展的显著影响. 从 (a) 和 (c) 的图中我们可以看到, 当 $t_0 = 30$ 时, 尽管峰值时间没有太多延迟, 但接种疫苗减少了峰值大小和出现峰值的时间. 但是, (b) 和 (d) 的图中表明, 尽管第一个传染高峰的规模减小了, 但还会产生第二个 (更高的) 高峰. 更重要的是, 最后的流行病规模增加了, 它表明流行病性态对 t_0 的敏感性

4.9　推　广　方　向

模型 (4.1) 中的基本假设是匀质混合, 即所有个体都平等接触. 更现实的方法可包括将人群分为具有不同性态的子群. 例如, 在许多儿童疾病中, 传播感染的接触者取决于个体的年龄, 模型应包括对不同年龄个体之间接触率的描述. 其他重要的异质性可包括不同人群的活动水平和人员的空间分布. 用网络模型表达可包括异质混合, 或者可发展更复杂的仓室模型.

在叙述传染病模型时应该记住一个重要问题, 那就是简单模型 (4.1) 的基本性质对更精致的模型应该予以维持.

4.10　一　些　警　示

实际模型与理想化模型 (4.1) 或 (4.17) 很不同. 一些值得注意的区别是:

1. 当人们意识到流行病已经开始时, 个体通过避免拥挤更改他们的行为以减少他们的接触, 同时更要注意卫生以降低接触带给他们的传染风险.

2. 如果一种疫苗接种对已暴发的疾病有用, 那么公共卫生措施将包括部分人群的疫苗接种. 可以采用多种疫苗接种的策略, 包括对医务人员和其他疫情一线人员进行疫苗接种, 以及对与确诊染病者有过接触的人员接种疫苗, 或者与确诊染病者邻近的人群接种疫苗.

3. 隔离并不完美无缺, 在"非典"(SARS) 传染病中, 疾病在医院传播是一个主要问题.

4. 在 2002—2003 的"非典"流行病中, 许多病例是隔离不完善导致医院里的病人将疾病传播给医务人员. 在疾病传播过程中, 每当有这类传播的任何风险时就必须考虑包括这种重要的异质性.

4.11　*案例: 检疫和隔离的离散模型

案例 1　本案例考虑一般包括潜伏期和传染期的任意阶段的持续时间分布的单个暴发的流行病离散模型. 显然在模型的推导过程中利用了概率论观点. 因此, 令 X 和 Y 分别表示个体在潜伏类 (E, Q) 和染病类 (I, H) 中的时间. 类似地, 我们用 Z 表示暴露个体 (从 E 到 Q) 被检疫隔离的时间, W 表示染病者个体 (从 I 到 H) 隔离的时间, X, Y, Z, W 必须在 $\{1, 2, 3, \cdots\}$ 中取值, 假设它们的动力学受潜在的概率过程支配. 大家知道, 上述各类中的等待时间分布可以通过与随机变量 X, Y, Z, W 相应的概率分布描述:

$$p_i = \mathbb{P}(X > i) \quad \text{进入 } E \text{ 类后保持在潜伏期 } i \text{ 阶段的概率.}$$

$$q_i = \mathbb{P}(Y > i) \quad \text{进入 } I \text{ 类后保持在传染期 } i \text{ 阶段的概率.}$$

$$k_i = \mathbb{P}(Z > i) \quad \text{进入 } E \text{ 类后在 } i \text{ 阶段不检疫的概率.} \tag{4.52}$$

$$l_i = \mathbb{P}(W > i) \quad \text{进入 } I \text{ 类后在 } i \text{ 阶段不隔离的概率.}$$

假设 $p_0 = q_0 = k_0 = l_0 = 1$, 这意味着潜伏期、传染期、检疫期和隔离期至少持续一个时间阶段. 为了便于描述, 引入以下记号:

A_n　在时间 n 进入 E 类的 (新染病者) 个数,

B_n　在时间 n 进入 I 类的个数,

C_n　在时间 n 进入 Q 类的个数,

D_n　在时间 n 从 Q 到 H 类的个数,

$F_n(= B_n + D_n)$　在时间 n 进入染病者类的总数.

利用上述记号的转移图如图 4.7 所示.

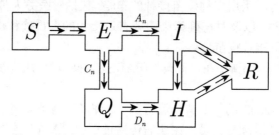

图 4.7　具有任意阶段持续时间分布模型的转移图

利用上述记号, 可以将具有任意阶段持续时间分布的模型写为

$$S_{n+1} = S_n G_n, \quad G_n = e^{-\frac{\beta}{N}[I_n + (1-\rho)H_n]},$$

$$E_{n+1} = A_{n+1} + A_n p_1 k_1 + \cdots + A_1 p_n k_n + A_0 p_{n+1} k_{n+1},$$

$$Q_{n+1} = A_n p_1 (1 - k_1) + \cdots + A_1 p_n (1 - k_n) + A_0 p_{n+1} (1 - k_{n+1}), \tag{4.53}$$

$$I_{n+1} = B_{n+1} + B_n q_1 I_1 + \cdots + B_1 q_{n+1} I_n,$$

$$H_{n+1} = F_{n+1} + F_n q_1 + \cdots + F_1 q_n - I_{n+1}, \quad n = 0, 1, 2, \cdots,$$

其中 A_n, B_n, C_n 和 D_n 分别为

$$A_{n+1} = S_n(1 - G_n) = S_n - S_{n+1}, \quad n \geqslant 0, \quad \text{其中} A_0 = E_0,$$

$$B_{n+1} = A_n(1 - p_1) + A_{n-1}(p_1 - p_2)k_1 + \cdots + A_1(p_{n-1} - p_n)k_{n-1}$$
$$\qquad + A_0(p_n - p_{n-1})k_n, \quad \text{其中} \ B_0 = 0, \ k_0 = 1, \tag{4.54}$$

$$C_{n+1} = E_n - E_{n+1} + A_{n+1} - B_{n+1}, \quad \text{其中} \ C_0 = 0,$$

$$D_{n+1} = Q_n - (Q_{n+1} - C_{n+1}).$$

模型 (4.53) 中的初始条件是 $S_0, E_0 > 0$ 和 $I_0 = Q_0 = H_0 = R_0 = 0$.

问题 1   证明控制再生数 $\mathscr{R}_c$ 为

$$\mathscr{R}_c = \mathscr{R}_I + \mathscr{R}_{IH} + \mathscr{R}_{QH}, \tag{4.55}$$

其中

$$\mathscr{R}_I = \beta \mathscr{T}_{E_k} \mathscr{D}_{I_l},$$
$$\mathscr{R}_{IH} = \beta(1 - \rho) \mathscr{T}_{E_k}(\mathscr{D}_I - \mathscr{D}_{I_l}), \tag{4.56}$$
$$\mathscr{R}_{QH} = \beta(1 - \rho)(1 - \mathscr{T}_{E_k})\mathscr{D}_I,$$

其中 $\mathscr{D}_E = \mathbb{E}(X)$ 和 $\mathscr{D}_I = \mathbb{E}(Y)$ 分别是暴露期和传染期的平均持续时间. $\mathscr{D}_{E_k}$ 和 $\mathscr{D}_{I_l}$ 分别表示在暴露期和染病期的 "检疫调整" 和 "隔离调整" 的平均持续时间, 它们为

$$\mathscr{D}_{E_k} = \mathbb{E}(X \wedge Z) = \sum_{j=0}^{\infty} \mathbb{P}(X \wedge Z > j) = 1 + \sum_{j=1}^{\infty} p_j k_j,$$

$$\mathscr{D}_{I_l} = \mathbb{E}(Y \wedge W) = \sum_{j=0}^{\infty} \mathbb{P}(Y \wedge W > j) = 1 + \sum_{j=1}^{\infty} q_j l_j.$$

$\mathscr{T}_{E_k}$ 表示 E 类中进入 Q 类之前成为染病者个体的比例, 即发生在 $E \to Q$ 之前的事件 $E \to I$. 这个量是

$$\mathscr{T}_{E_k} = \mathbb{P}(X \leqslant Z) = \sum_{j=1}^{\infty} (p_{j-1} - p_j)k_{j-1}.$$

(4.56) 中的三个量代表阶段特性的再生数, 它们分别代表个体在 I 阶段, 在具有检疫 (QH) 和没有检疫 (IH) 的 H 阶段的个体平均的继发性染病数.

问题 2   设 $\mathscr{R}_c$ 是 (4.55) 中给出的再生数. 证明由模型 (4.53) 产生的流行病满足下面的最后规模关系

$$\log \frac{S_0}{S_\infty} = \left(1 - \frac{S_\infty}{N}\right) \mathscr{R}_c. \tag{4.57}$$

问题 3　考虑下面的情形, 其中 (4.52) 中的分布是几何级数形式. 假设 $X \sim$ (几何)α, $Y \sim$ (几何)δ, $Z \sim$(几何)γ, $W \sim$(几何)σ. 就是说

$$p_i = \alpha^i, \quad q_i = \delta^i, \quad k_i = \gamma^i, \quad l_i = \sigma^i, \quad i = 0, 1, 2, \cdots.$$

此时, 转移图 4.7 可以用图 4.8 显示的代替.

证明在这个假设下, 一般模型 (4.53) 可简化为

$$
\begin{aligned}
S_{n+1} &= S_n G_n, \\
E_{n+1} &= (1 - G_n)S_n + \alpha\gamma E_n, \\
Q_{n+1} &= \alpha(1 - \gamma)E_n + \alpha Q_n, \\
I_{n+1} &= (1 - \alpha)E_n + \delta\sigma I_n, \\
H_{n+1} &= (1 - \alpha)Q_n + \delta(1 - \sigma)I_n + \delta H_n, \quad n = 0, 1, 2, 3, \cdots.
\end{aligned}
\tag{4.58}
$$

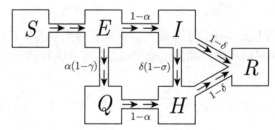

图 4.8　具有几何级数形式的阶段分布的模型的转移图

注意, 系统 (4.58) 与通常考虑的阶段之间转移的常数概率模型有相同形式. 我们将此模型考虑为几何分布模型 (GDM). 下面的问题涉及 GDM (4.58).

(a) 确定量 $\mathscr{D}_E, \mathscr{D}_I, \mathscr{D}_{E_k}, \mathscr{D}_{I_l}$ 和 $\mathscr{T}_{E_k}$.

(b) 比较 $\mathscr{R}_I, \mathscr{R}_{IH}, \mathscr{R}_{QH}$ 和控制再生数 $\mathscr{R}_c$.

问题 4　我们可以研究不同的分布假设如何影响 (4.55) 和 (4.56) 中给出的再生数 $\mathscr{R}_c$ 的值.

特别是在不同的分布假设下, 检疫和隔离对 $\mathscr{R}_c$ 的降低是不同的. 为了检验这一点, 可以考虑两种特殊的分布: 几何分布假设 (GDA) 和 Poisson 分布假设 (PDA). 为了进行比较, 取平均为 μ_1 的 X_g 和 X_p, 平均为 μ_2 的 Y_g 和 Y_p(下标 g 和 p 分别表示几何分布和 Poisson 分布). 假设检疫 (Z) 和隔离 (W) 分别有参数 γ 或 σ 的几何分布. 考虑参数值 $\beta = 0.75, \rho = 0.95, \mu_1 = 5, \mu_2 = 10$. 试比较下面两个策略: 策略 I 对应于取 $\gamma = 0.5, \sigma = 0.8$, 策略 II 对应于取 $\gamma = 0.8, \sigma = 0.5$.

图 4.9 画出了控制再生数对 γ 或 σ 的图. 左边的图是对 $\mathscr{R}_{c,g}$ 的 (即当 X 和 Y 是几何分布时), 右边的图是对 $\mathscr{R}_{c,p}$ 的 (即当 X 和 Y 是 Poisson 分布时). 图 4.9 显示在策略 I(用虚线上的点表示) 和策略 II(用实线上的方块表示) 下 $\mathscr{R}_c$ 减少.

(a) 重制图 4.9.

(b) 在 GDA 假设下, 策略 I 和 II 哪个对降低控制再生数更有效?

(c) 在 PDA 假设下, 策略 I 和 II 哪个对降低控制再生数更有效?

(d) 这两个分布假设是否产生相同的评估? 为什么是或不是?

(e) 公式 (4.57) 适用于潜伏期和传染期的任意分布. 由于检疫和隔离导致 $\mathscr{R}_c$ 的减少取决于分布假设, 从而, 比较在 GDA 和 PDA 下这些控制措施对流行病最后规模的影响.

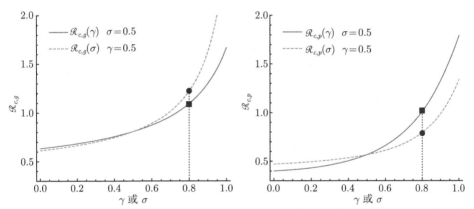

图 4.9　利用对应于控制再生数 $\mathscr{R}_{c,g}$ 和 $\mathscr{R}_{c,p}$ 的不同控制策略, 比较 GDM 和 PDM 的评估. 所考虑的两种控制策略分别由 $\gamma = 0.5$ 和 $\sigma = 0.8$ 表示 (用虚线上的点标记) 与 $\gamma = 0.8$ 和 $\sigma = 0.5$(用实线上实心方块标记)

案例 2　考虑流行病模型 (4.26), 其中包括对幸存函数 $P_i(s)(i = E, I)$ 的潜伏阶段和染病阶段的一般分布, 检疫和隔离的控制措施由 ψ 和 φ 表示. 这个模型也假设隔离 100% 有效, 即隔离个体不会传播疾病. 设 $q_i(s) = -P_i'(s)(i = E, I)$. 对应的再生数是

$$\mathscr{R}_c(\psi, \varphi) = \beta N \int_0^\infty e^{-\psi y} q_E(y) dy \int_0^\infty e^{-\varphi u} P_I(u) du, \qquad (4.59)$$

或者借助 q_E 和 P_I 的 Laplace 变换, 得到

$$\mathscr{R}_c(\psi, \varphi) = \beta N \mathscr{R}_{q_E}(\psi) \mathscr{R}_{P_I}(\varphi). \qquad (4.60)$$

在不完全隔离的更一般情况下, 隔离可能不是 100% 有效. 令 $\sigma, 0 \leqslant \sigma \leqslant 1$ 表示隔离个体的隔离效率. 于是隔离 (或住院的) 个体的有效传播率 (H) 减少为 $(1-\sigma)\beta$.

在这种情况下, (4.26) 中的 S 方程变为

$$S' = -\beta S[I + (1-\sigma)H].\qquad(4.61)$$

问题 1　设 μ_I 表示平均传染期, 即 $\mu_I = \int_0^\infty P_I(s)ds$. 证明可以将公式 (4.60) 扩展到 ψ, φ 和 σ 的函数的如下形式

$$\mathscr{R}_c(\psi, \varphi, \sigma) = (1-\alpha)\beta N \mathscr{L}_{q_E}(\psi)\mu_I + \sigma\beta N \mathscr{L}_{q_E}(\psi)\mathscr{L}_{P_I}(\varphi).\qquad(4.62)$$

问题 2　如果阶段持续时间呈形状参数 $k_E \geqslant 1$ 和 $k_I \geqslant 1$ 的 Γ 分布, 即

$$q_i(s, \mu_i, k_i) = \frac{1}{\Gamma(k_i)}\frac{k_i}{\mu_i}\left(\frac{k_i}{\mu_i}s\right)^{k_i-1}e^{-\frac{k_i}{\mu_i}s}, \quad s > 0, \quad i = E, I.$$

(a) 证明在没有检疫 (即 $\varphi = 0$) 的情况下, 控制再生数是

$$\mathscr{R}_c(0, \varphi, \sigma) = (1-\sigma)\beta N \mu_I + \frac{\sigma\beta N}{\varphi}\left[1 - \left(1 + \frac{\mu_I}{k_I}\varphi\right)^{-k_I}\right].\qquad(4.63)$$

(b) 设 $\beta N = 0.5$. 对 $k_E = k_I = k, \mu_I$ 和 σ_I 的不同值, 例如 $k = 1, 2, 4$, $\mu_I = 3, 5, 8$ 和 $\sigma = 0.1, 0.5, 0.8, 1$, 画出 (4.63) 中给出的 $\mathscr{R}_c$. 借助 $\mathscr{R}_c$ 关于形状参数、平均传染期和隔离效率的依赖性总结所得的观察.

(c) 设 $k_E = k_I = k$. 注意到 $k = 1$ 对应于指数分布阶段, 这是最一般的分布假设. 对 k 的两个值 $k = 1$ 和 4, 在 (φ, σ) 平面上画出 $\mathscr{R}_c(0, \varphi, \sigma)$ 的轮廓图, 显示几条包括对应于 $\mathscr{R}_c(0, \varphi, \sigma) = 1$ 的轮廓线. 其他参数是 $\beta N = 0.5, \mu_I = 3, \sigma = 1$. 借助满足 $\mathscr{R}_c(0, \varphi, \sigma) = 1$ 的 φ 的阈值讨论观察到的情形 $k = 1$ 和 $k = 4$ 轮廓线之间的差异.

4.12　案例: 流行病的直接传播和间接传播模型

有些疾病可以以一种以上的方式传播. 例如, 霍乱可以通过人与人之间传播, 但也可以通过传染源诸如污染的水之类的介质释放的病原体间接传播 [38,41].

考虑具有直接 (人传人) 和间接 (通过污染的水等媒介) 传播的流行病模型. 对简单的 SIR 模型, 加入被感染的病原体 B. 假设病原体的传染性与其浓度成正

比, 表明质量作用传播. 得到的模型是

$$
\begin{aligned}
S' &= -\beta_1 SI - \beta_2 SB, \\
I' &= \beta_1 SI + \beta_2 SB - \gamma I, \\
R' &= \gamma I, \\
B' &= rI - \delta B.
\end{aligned}
\tag{4.64}
$$

在人群总规模 $N = S_0 + I_0$ 中 $R(0) = 0$, 初始条件为

$$
S(0) = S_0, \quad I(0) = I_0, \quad B(0) = B_0.
$$

一般 $N = S + I + R$. 在这个模型中, r 表示染病者个体散播病原体的比例, δ 表示病原体丧失传染性的比例.

问题 1 证明基本再生数为

$$
\mathscr{R}_0 = \frac{\beta_1 N}{\gamma} + \frac{r\beta_2 N}{\gamma\delta}.
$$

在这个表达式中, 第一项表示由单个染病者直接引入到整个易感者人群而引起的继发性感染, 在时间期 $\frac{1}{\gamma}$ 内单位时间感染 βN 个易感者. 第二项表示由病原体间接引起的继发性感染, 因为在时间期 $\frac{1}{\gamma}$ 内单个染病者在单位时间内散播出 r 个病原体, 该病原体在时间期 $\frac{1}{\gamma}$ 内单位时间感染 βN 个易感者.

问题 2 推导最后规模关系

$$
\begin{aligned}
\log \frac{S_0}{S_\infty} &= \left(\beta_1 + \frac{\beta_1 N r}{\gamma\delta} \right) \left[1 - \frac{S_\infty}{N} \right] + \beta_1 \frac{B_0}{\delta} \\
&= \mathscr{R}_0 \left[1 - \frac{S_\infty}{N} \right] + \beta_1 \frac{B_0}{\delta}.
\end{aligned}
\tag{4.65}
$$

这意味着 $S_\infty > 0$.

为了涵盖模型 (4.1) 的多个染病阶段和在一个阶段中持续的任意分布, 我们给出如下染病年龄模型

$$
\begin{aligned}
S'(t) &= -S(t)[\beta_1 \varphi(t) + \beta_2 B(t)], \\
\varphi(t) &= \varphi_0(t) + \int_0^t [-S'(t-\tau)]P(\tau)d\tau, \\
B(t) &= B_0(t) + \int_0^t r\varphi(t-\tau)Q(\tau)d\tau.
\end{aligned}
\tag{4.66}
$$

在这个模型中, $\varphi(t)$ 表示染病年龄 t 的个体的总传染性, $\varphi_0(t)$ 表示在时间 $t = 0$ 已被感染的个体在时间 t 的总传染性, $B_0(t)$ 表示在时间 $t = 0$ 已存在的病原体浓度在时间 t 保持的病原体浓度, $P(\tau)$ 表示个体在染病年龄 τ 时的平均传染性, 通常这是在染病年龄 τ 仍具有传染性的染病者比例与该染病年龄的相对的传染性的乘积, $Q(\tau)$ 则表示病原体在被感染者清除后 τ 时间单位保持的比例. 函数 Q 单调非增且满足 $Q(0) = 1, \int_0^\infty Q(\tau)d\tau < \infty$. 由于个体的传染性可依赖于个体的染病年龄, 函数 P 不必是非增的, 但我们假设 $\int_0^\infty P(\tau)d\tau < \infty$.

问题 3　证明模型 (4.66) 的基本再生数是

$$\mathscr{R}_0 = \beta_1 N \int_0^\infty P(\tau)d\tau + r\beta_2 N \int_0^\infty P(\tau)d\tau \int_0^\infty Q(\tau)d\tau.$$

在这个表达式中, 第一项代表由单个染病者个体进入整个易感者人群直接传播的新染病者数, 第二项则表示由该个体通过消除病原体间接引起的继发性染病者数.

问题 4　求最后规模关系

$$\log \frac{S_0}{S_\infty} = \mathscr{R}_0 \left[\frac{S_0 - S_\infty}{N} \right] + \beta_1 \int_0^\infty \varphi_0(t)dt$$

$$+ r\beta_2 \int_0^\infty Q(t)dt \int_0^\infty \varphi_0(t)dt + \beta_2 \int_0^\infty B_0(t)dt. \qquad (4.67)$$

如果所有的染病者在时间 0 有染病年龄 0, 则

$$\varphi_0(t) = [N - S_0]P(t), \quad \int_0^\infty \varphi_0(t)dt = [N - S_0] \int_0^\infty P(t)dt,$$

如果在时间 0 时整个病原体浓度有零染病年龄, 则

$$\varphi_0(t) = B_0 Q(t), \quad \int_0^\infty B_0(t)dt = B_0 \int_0^\infty Q(t)dt,$$

其中 B_0 为某个常数. 此时最后规模关系 (4.65) 取形式

$$\log \frac{S_0}{S_\infty} = \mathscr{R}_0 \left[1 - \frac{S_\infty}{N} \right] + \beta_2 B_0 \int_0^\infty Q(t)dt. \qquad (4.68)$$

这个最后规模关系有一项是由趋于减少的 S_∞ 的初始病原体浓度引起的.

一般由于 Q 单调非增,

$$\int_0^\infty B_0(t)dt \leqslant B_0 \int_0^\infty Q(t)dt.$$

如果 P 是单调非增的, 则

$$\int_0^\infty \varphi_0(t)dt \leqslant [N - S_0] \int_0^\infty P(t)dt.$$

如果 P 不是单调的, 这种情况可能会发生, 例如, 如果存在暴露阶段, 然后是具有较高传染性的染病阶段, 这未必是正确的. 但是, 如果最初没有传染性, 那么流行病由病原体开始, 则 $\varphi_0(t) = 0$ 且 $S_0 = N$, 于是 (4.67) 仍然有效, 而无须假定 P 是单调的.

这些结果仅对恒定的病原体消失率建立. 如果病原体的比率与感染年龄有关, 则应将模型 (4.66) 中的 B 方程替换成

$$B(t) = B_0(t) + \int_0^t r(t - \tau)\varphi(t - \tau)Q(\tau)d\tau.$$

不能将相应的模型作为染病年龄模型来处理, 但是可以将其视为分阶段发展的模型.

考虑如 [7] 中分析的从 S 到 k 个染病者阶段 $I_1, I_2, \cdots, I_k$ 的流行病, 但加入了病原体. 假设在 j 阶段的相对传染性是 ε_j, 在这个阶段持续时间的分布是 P_j, 其中 $P_j(0) = 1, \int_0^\infty P_j(t)dt < \infty$, 而且 P_j 都单调非增, 因此个体在阶段 j 的传染性是 $A_j(\tau) = \varepsilon_j P_j(\tau)$. 不存在疾病死亡, 而且总人口规模 N 为常数. 假设有初始条件

$$S(0) = 0, \quad I_1(0) = I_0, \quad I_2(0) = I_3(0) = \cdots = I_k(0) = 0, \quad R(0) = 0.$$

总传染性为

$$\varphi(t) = \sum_{j=1}^k \varepsilon_j I_j(t).$$

令 $B_j(t)$ 为在 I_j 阶段染病者释放的病原体量, Q_j 为在此阶段染病者释放的病原体的持续时间分布, 其中 $Q_j(0) = 1, \int_0^\infty Q_j(t)dt < \infty$, 而且 Q_j 是单调非增的. 令 r_j 是在此阶段的消失率. 定义病原体的总数为

$$B(t) = \sum_{j=1}^k B_j(t).$$

于是

$$B_j(t) = B_j^0(t) + \int_0^t \varepsilon_j I_j(t - \tau)Q_j(\tau)d\tau. \tag{4.69}$$

问题 5 证明基本再生数是

$$\mathscr{R}_0 = \beta N \sum_{j=1}^{k} \varepsilon_j \int_0^\infty P_j(t)dt + \beta_2 N \sum_{j=1}^{k} r_j \int_0^\infty P_j(t)dt \int_0^\infty Q_j(t)dt.$$

问题 6 为了简单起见, 假设所有在时间零感染的个体在 $t=0$ 时的染病年龄为 0, 并且在 0 时引入了新的病原体 B_0, 因此 $B_0(t) = B_0 Q(t)$. 则得到最后规模关系

$$\log \frac{S_0}{S_\infty} = \beta_1 \sum_{j=1}^{k} \varepsilon_j \int_0^\infty P_j(t)dt [N - S_\infty]$$

$$+ \beta_2 \sum_{j=1}^{k} r_j \int_0^\infty P_j(t)dt \int_0^\infty Q_j(t)dt [N - S_\infty]$$

$$+ \beta_2 B_0 \int_0^\infty Q_j(t)dt$$

$$= \mathscr{R}_0 \left[1 - \frac{S_\infty}{N} \right] + \beta_2 B_0 \int_0^\infty Q_j(t)dt. \tag{4.70}$$

参考文献 [8], 有关霍乱的其他信息来源包括 [1, 2, 11, 21, 25, 38, 41].

4.13 练 习

1. 证明除非有至少一个接触网络成员的级数至少为 3, 否则主要流行病就不可能发展.

2. 如果每个接触网络成员的级数是 3, 则暴发主要流行病的概率是多少?

3. 证明如果 $G_1(0) = 0$, 则

(a) $G_1'(0) \leqslant 0$;

(b) $G_1(z) < z$, 对 $0 \leqslant z \leqslant 1$;

(c) $z_\infty = 0$;

(d) $\mathscr{R}_0 > 1$.

4. 考虑截尾 Poisson 分布, 其中

$$p_k = \begin{cases} \dfrac{e^{-c}c^k}{k!}, & k \leqslant 10, \\ 0, & k > 10. \end{cases}$$

如果 $c = 1.5$, 数值估计发生主要流行病的概率.

5. 证明由

$$p_k = (1 - e^{-\frac{1}{r}})e^{-\frac{k}{r}}$$

给出的指数分布, 概率母函数是

$$G_0(z) = \frac{1 - e^{-\frac{1}{r}}}{1 - ze^{-\frac{1}{r}}}.$$

6. 由

$$p_k = Ck^{-\alpha}$$

给出的幂律分布, 对 α 的什么值可使得它正规化 (即选择 C 使得 $\sum p_k = 1$)?

7. 考虑一个网络, 其中成员之间的接触是随机的. 假设顶点有 k 级的比例, 或者由 Poisson 分布 $p_k = \dfrac{e^c c^k}{k!}$ 给出的概率 p_k, 其中 $c = \mathscr{R}_0 = 3$. 设 P 表示主要暴发的概率.

(a) 确定可被用来求 P 的方程.

(b) 求 P.

(c) 求发生主要流行病的概率.

8. 比较模型

$$S' = -\beta SI, \quad I' = \beta SI - \alpha I$$

和

$$S' = -\beta SI, \quad E' = \beta SI - \kappa E, \quad I' = \kappa E - \alpha I$$

的定性性态, 其中

$$\beta N = \frac{1}{3}, \quad \alpha = \frac{1}{6}, \quad \kappa = \frac{1}{2}, \quad S(0) = 999, \quad I(0) = 1.$$

这两个模型分别表示平均传染期为 6 天和平均暴露期为 2 天的 SIR 模型和 $SEIR$ 模型. 利用数值模拟, 以确定暴露期是否显著影响模型的性态.

9. 考虑三个基本流行病模型——简单的 SIR 模型

$$S' = -\beta SI,$$
$$I' = \beta SI - \alpha I,$$

在暴露期具有某个传染性的 $SEIR$ 模型

$$S' = -\beta [S(I + \varepsilon E)],$$
$$E' = \beta [S(I + \varepsilon E)] - \kappa E,$$
$$I' = \kappa E - \alpha I,$$

以及治疗的 SIR 模型

$$S' = -\beta S(I + \delta T),$$

$$I' = \beta S(I + \delta T) - (\alpha + \varphi)I,$$

$$T' = \varphi I - \eta T.$$

利用参数值

$$\beta N = \frac{1}{3}, \quad \alpha = \frac{1}{4}, \quad \varepsilon = \frac{1}{2}, \quad \kappa = \frac{1}{2}, \quad \delta = \frac{1}{2}, \quad \eta = \frac{1}{4}, \quad \varphi = 1$$

和初始值

$$S(0) = 995, \quad E(0) = 0, \quad I(0) = 5, \quad T(0) = 0$$

对每个模型

(a) 计算再生数和流行病最后规模.

(b) 做一些数值模拟, 通过确定 S 的变化, 以及措施 I 的最大染病数以及流行病的持续时间来得到流行病规模.

10. 考虑治疗模型 (4.12). 假设 $\beta N = 860, \delta = 0.5, \eta = \frac{1}{10}$ 和 $S_0 = N - 1$.

(a) 数值探索流行病的最后规模如何受到治疗工作的影响 (由参数 γ 测量). 绘制它们之间的关系图.

(b) 确定没有治疗的流行病的最后规模.

(c) 能否通过增加 γ 来减少 50% 的最后规模? 如果行, 求 γ 值.

11. 对于模型 (4.15), 参数值的约束应该是什么, 以使得从 E 到 Q 到 J 再到 R 的通道至少与从 E 到 Q 到 R 的通道, 以及从 I 到 J 再到 R 的通道至少与从 I 到 R 的通道一样?

12. 考虑具有检疫和隔离的模型 (4.15). 假设 $\beta N = 860, \kappa_E = \frac{1}{4}, \alpha_I = \frac{1}{10}, \varepsilon_E = 0.4, E_Q = 0.1, \varepsilon_J = 0.6$.

(a) 在没有控制的情况下 (即 $\gamma_Q = \gamma_J = \kappa_Q = \alpha_J = 0$), 流行病最后规模是多少?

(b) 画出最后规模作为 γ_Q 和 γ_J 的函数图.

(c) 是否可以通过增加 γ_Q 和/或 γ_J 以减少最后规模的 50%? 如果可以, 确定达到此目的的 γ_Q 和 γ_J 的一对值.

13. 制定一个 $SEIRT$ 模型, 即同时具有暴露类和治疗类的模型.

(a) 绘制流程图并计算基本再生数.

(b) 确定最后规模关系.

14. 考虑一个 SIR 模型, 其中有传染率 θ 被隔离在具标准发病率的完全检疫类 Q 中 (这意味着个体在单位时间内作 a 次接触, 使得有 $\dfrac{I}{N-Q}$ 的比例感染), 这个模型由以下系统给出,

$$S' = -\beta N S \frac{I}{N-Q},$$
$$I' = \beta N S \frac{I}{N-Q} - (\theta+\alpha)I,$$
$$Q' = \theta I - \gamma Q,$$
$$R' = \alpha I + \gamma Q.$$

(a) 求平衡点.

(b) 求基本再生数 $\mathscr{R}_0$.

(c) 取参数 $\alpha = 0.1, \theta = 1, 2, 4, \gamma = 0.2$. 画出这个系统的相平面, 观察出现什么.

15. 隔离/检疫是一个复杂过程, 因为我们并不是生活在一个完美的世界. 在医院中患者可能会在不经意或故意的情况下脱离隔离, 并在此过程中与医务人员、来访者等他人发生偶然接触. 考虑到这一点, 我们得考虑模型

$$S' = -\beta N S \frac{I+\rho\tau Q}{N-\sigma Q},$$
$$I' = \beta N S \frac{I+\rho\tau Q}{N-\sigma Q} - (\theta+\alpha)I,$$
$$Q' = \theta I - \gamma Q,$$
$$R' = \alpha I + \gamma Q.$$

(a) 确定系统中的所有参数, 并定义每个参数.

(b) 证明这个人群数是一个常数.

(c) 求所有平衡点.

(d) 求再生数 $\mathscr{R}_0$.

(e) 描述这个模型的渐近性态, 包括对基本再生数的依赖性.

16. 构造一个与 (4.12) 类似的模型, 其中治疗不是立刻进行, 而是在时间 $\tau > 0$ 才开始, 你能否说明再生数关于 τ 的依赖性?

17. 在简单的 SIR 模型 (4.1) 中, 假设易感者与染病者之间的接触产生新的染病者. 但是, 假设染病者只有 δ 比例的接触确实传播疾病, 且只有 σ 比例的易感者真正成为新染病者. 这导致模型

$$S' = -\delta\sigma\beta SI,$$

$$I' = \delta\sigma\beta SI - \alpha I.$$

求此模型的基本再生数和最后规模关系.

18. 考虑 4.4 节中的模型, 假设如果 $0 \leqslant \tau \leqslant T$, 则 $P(\tau)$ 的值为 1, 其他为 0.

(a) 计算基本再生数.

(b) 对 T 的几个不同值得出流行病的最后规模.

19. 考虑 4.4 节中的模型, 假设 $P(\tau)$ 遵循均值 10、形状参数等于 n 的 Γ 分布.

(a) 对 $n = 1, 3, 7, 9$ 给出流行病的最后规模.

(b) 这个最后规模是否随 n 变化? 如果是, 这个变化形式是什么?

20. 由于方程中有初始项, 检疫-隔离模型 (4.26) 并不完全处于我们在本节中研究过的染病年龄模式. 通过将初始项合并到无限积分中, 将其转换为染病年龄形式, 并从该形式计算控制再生数.

21. 通过将 (4.11) 解释为一个染病年龄模型来确定这个模型的初始指数增长率.

22. 通过将 (4.12) 解释为一个染病年龄模型来确定这个模型的初始指数增长率.

23. 对 4.5 节的一般治疗模型 (4.24) 确定这个模型的初始指数增长率.

24. 考虑模型 (4.23), 其中 $A(\tau) = e^{-0.1\tau}$.

(a) 确定 a_c 的临界值, 使得如果 $a > a_c$, 则存在平衡点; 如果 $a < a_c$, 则没有平衡点.

(b) 对 $a = 1.5$ 是否存在流行病? 如果有, 求这个流行病的指数增长率.

25. 求系统 (4.29) 的解.

26. 验证关系式 (4.30).

27. 验证方程 (4.32).

28. 对传染期为参数 n 的 Γ 分布的 $SEIR$ 模型确定平均一代时间.

29. 建立关系式 (4.49).

30. 考虑模型 (4.50), 其中 (4.51) 中给的初始条件的 $t_0 = 30$. 参数值 c_0, ε 和 α 与图 4.6 中所用的相同. 在下面情况下绘制与图 4.6 相似的图像.

(a) 对三个接种比例值 $p : 0.05, 0.1, 0.15$ 画出流行病曲线. 将每一条流行病曲线与没有接种情形的进行比较.

(b) 对 $p = 0.05, 0.1, 0.15$ 画出簇情形. 将每个情形与没有接种情形的进行比较.

(c) 在这三个情形的每一个中你观察到有几个流行病波动?

(d) 接种疫苗的人数比例越高, 最后规模就越低, 这是真的吗?

31. 重复练习 30, 但现在 $t_0 = 40$. 描述流行病曲线与簇类情形 $t_0 = 30$ 和 $t_0 = 40$ 之间的定性差异. 这些差异对公共卫生决策有何影响?

参 考 文 献

[1] Alexanderian, A., M.K. Gobbert, K.R. Fister, H. Gaff, S. Lenhart, and E. Schaefer (2011) An age-structured model for the spread of epidemic cholera: Analysis and simulation, Nonlin. Anal., Real World Appl., 12: 3483-3498.

[2] Andrews, J.R. & and S. Basu (2011) Transmission dynamics and control of cholera in Haiti: an epidemic model, Lancet, 377: 1248-1255.

[3] Arino, J., F. Brauer, P. van den Driessche, J. Watmough & J. Wu (2006) Simple models for containment of a pandemic, J. Roy. Soc. Interface, 3: 453-457.

[4] Arino, J. F. Brauer, P. van den Driessche, J. Watmough& J. Wu (2007) A final size relation for epidemic models, Math. Biosc. & Eng., 4: 159-176.

[5] Arino, J., F. Brauer, P. van den Driessche, J. Watmough & J. Wu (2008) A model for influenza with vaccination and antiviral treatment, Theor. Pop. Biol. 253: 118-130.

[6] Bansal, S., J. Read, B. Pourbohloul, and L.A. Meyers (2010) The dynamic nature of contact networks in infectious disease epidemiology, J. Biol. Dyn., 4: 478-489.

[7] Brauer, F., C. Castillo-Chavez, and Z. Feng (2010) Discrete epidemic models, Math. Biosc. & Eng., 7: 1-15.

[8] Brauer, F., Z. Shuai, & P. van den Driessche (2013) Dynamics of an age-of-infection cholera model, Math. Biosc. & Eng., 10: 1335-1349.

[9] Brauer, F., P. van den Driessche and J. Wu, eds. (2008) Mathematical Epidemiology, Lecture Notes inMathematics,Mathematical Biosciences subseries 1945, Springer, Berlin-Heidelberg-New York.

[10] Callaway, D.S., M.E.J. Newman, S.H. Strogatz, D.J. Watts (2000) Network robustness and fragility: Percolation on random graphs, Phys. Rev. Letters, 85: 5468-5471.

[11] Codeço, C.T. (2001) Endemic and epidemic dynamics of cholera: the role of the aquatic reservoir, BMC Infectious Diseases 1: 1.

[12] Diekmann,O. & J.A.P. Heesterbeek (2000) Mathematical Epidemiology of Infectious Diseases. Wiley, Chichester.

[13] Erdös, P. & A. Rényi (1959) On random graphs, Publicationes Mathematicae, 6: 290-297.

[14] Erdös, P. & A. Rényi (1960) On the evolution of random Pub. Math. Inst. Hung. Acad. Science, 5: 17-61.

[15] Erdös, P. & A. Rényi (1961) On the strengths of connectedness of a random graph, Acta Math. Scientiae Hung., 12: 261-267.

[16] Feng, Z. (2007) Final and peak epidemic sizes for $SEIR$ models with quarantine and isolation, Math. Biosc. & Eng., 4: 675-686.

[17] Feng, Z., D. Xu & W. Zhao (2007) Epidemiological models with non-exponentially distributed disease stages and applications to disease control, Bull. Math. Biol., 69: 1511-1536.

[18] Fine, P.E.M. (2003) The interval between successive cases of an infectious disease, Am. J. Epid., 158: 1039-1047.

[19] Gumel, A., S. Ruan, T. Day, J. Watmough, P. van den Driessche, F. Brauer, D. Gabrielson, C. Bowman, M.E. Alexander, S. Ardal, J. Wu & B.M. Sahai (2004) Modeling strategies for controlling SARS outbreaks based on Toronto, Hong Kong, Singapore and Beijing experience, Proc. Roy. Soc. London, 271: 2223-2232.

[20] Diekmann, O., J.A.P. Heesterbeek, & J.A.J. Metz (1995) The legacy of Kermack and McKendrick, in Epidemic Models: Their Structure and Relation to Data, D. Mollison, ed., Cambridge University Press, pp. 95-115.

[21] Hartley, D.M., J.G. Morris Jr. & D.L. Smith (2006) Hyperinfectivity: a critical element in the ability of V. cholerae to cause epidemics? PLOS Med., 3: 63-69.

[22] Heffernan, J.M., R.J. Smith & L.M. Wahl (2005) Perspectives on the basic reproductive ratio, J. Roy. Soc. Interface, 2: 281-293.

[23] Hyman, J.M., J. Li & E. A. Stanley (1999) The differential infectivity and staged progression models for the transmission of HIV, Math. Biosc., 155: 77-109.

[24] Kermack, W.O. & A.G. McKendrick (1927) A contribution to the mathematical theory of epidemics. Proc. Royal Soc. London., 115: 700-721.

[25] King, A.A. E.L. Ionides, M. Pascual, & M.J. Bouma (2008) Inapparent infectious and cholera dynamics, Nature, 454: 877-890.

[26] Lloyd, A.L. (2001) Realistic distributions of infectious periods in epidemic models: Changing patterns of persistence and dynamics, Theor. Pop. Biol., 60: 59-71.

[27] Meyers, L.A. (2007) Contact network epidemiology: Bond percolation applied to infectious disease prediction and control, Bull. Am. Math. Soc., 44: 63-86.

[28] Meyers, L.A., M.E.J. Newman and B. Pourbohloul(2006) Predicting epidemics on directed contact networks, J. Theor. Biol., 240: 400-418.

[29] Meyers, L.A., B. Pourbohloul, M.E.J. Newman, D.M. Skowronski, and R.C. Brunham (2005) Network theory and SARS: predicting outbreak diversity, J. Theor. Biol., 232: 71-81.

[30] Miller, J.C. (2010) A note on a paper by Erik Volz: SIR dynamics in random networks. J. Math. Biol. https://doi.org/10.1007/s00285-010-0337-9.

[31] Miller, J.C. and E. Volz (2011) Simple rules govern epidemic dynamics in complex networks, to appear.

[32] Newman, M.E.J. (2002) The spread of epidemic disease on networks, Phys. Rev. E 66,

016128.

[33] Newman, M.E.J. (2003) The structure and function of complex networks. SIAM Review, 45: 167-256.

[34] Newman, M.E.J., S.H. Strogatz & D.J. Watts (2001) Random graphs with arbitrary degree distributions and their applications, Phys. Rev. E 64.

[35] Riley, S., C. Fraser, C.A. Donnelly, A.C. Ghani, L.J. Abu-Raddad, A.J. Hedley, G.M. Leung, L-M Ho, T-H Lam, T.Q. Thach, P. Chau, K-P Chan, S-V Lo, P-Y Leung, T. Tsang, W. Ho, K-H Lee, E.M.C. Lau, N.M. Ferguson, & R.M. Anderson (2003) Transmission dynamics of the etiological agent of SARS in Hong Kong: Impact of public health interventions, Science, 300: 1961-1966.

[36] Roberts, M.G. and J.A.P. Heesterbeek (2003) A new method for estimating the effort required to control an infectious disease, Pro. Roy. Soc. London B, 270: 1359-1364.

[37] Scalia-Tomba, G., A. Svensson, T. Asikaiainen, and J. Giesecke (2010) Some model based considerations on observing generation times for communicable diseases, Math. Biosc., 223: 24-31.

[38] Shuai, Z. & P. van den Driessche (2011) Global dynamics of cholera models with differential infectivity, Math. Biosc., 234: 118-126.

[39] Strogatz, S.H. (2001) Exploring complex networks, Nature, 410: 268-276.

[40] Svensson, A. (2007) A note on generation time in epidemic models, Math. Biosc., 208: 300-311.

[41] Tien, J.H. & D.J.D. Earn (2010) Multiple transmission pathways and disease dynamics in a waterborne pathogen model, Bull. Math. Biol., 72: 1506-1533.

[42] van den Driessche, P. & J. Watmough (2002) Reproduction numbers and sub-threshold endemic equilibria for compartmental models of disease transmission. Math. Biosc., 180: 29-48.

[43] Volz, E. (2008) SIR dynamics in random networks with heterogeneous connectivity, J. Math. Biol., 56: 293-310.

[44] Wallinga, J. & M. Lipsitch (2007) How generation intervals shape the relationship between growth rates and reproductive numbers, Proc. Royal Soc. B, 274: 599-604.

[45] Wallinga, J. & P. Teunis (2004) Different epidemic curves for severe acute respiratory syndrome reveal similar impacts of control measures, Am. J. Epidem., 160: 509-516.

[46] Wearing, H.J., P. Rohani & M. J. Keeling (2005) Appropriate models for the management of infectious diseases, PLOS Medicine, 2: 621-627.

[47] Yan, P. and Z. Feng (2010) Variability order of the latent and the infectious periods in a deterministic $SEIR$ epidemic model and evaluation of control effectiveness Math. Biosc., 224: 43-52.

[48] Yang, C.K. and F. Brauer (2009) Calculation of $\mathscr{R}_0$ for age-of-infection models, Math. Biosc. & Eng., 5: 585-599.

第 5 章　异质混合模型

5.1　接种疫苗模型

为了应对每年的季节性流感流行病, 在流感季节开始之前有一个疫苗接种计划. 每年都要生产一种疫苗来保护对抗被认为对即将到来的季节最危险的三种流感毒株. 我们制定了一个模型, 在简单的 SIR 模型中加入疫苗接种, 假设疫苗接种降低了易感性 (如果与人群中的染病者成员发生接触, 发生感染的概率). 考虑总人口规模为 N, 并假设这个人群在疾病暴发前有 γ 比例的人进行了疫苗接种. 因此, 我们分别有规模 $N_U(1-\gamma)N$ 的人没有接种过疫苗, $N_V = \gamma N$ 规模的人接种过疫苗. 假设接种成员对感染的易感性降低了 σ 倍, $0 \leqslant \sigma \leqslant 1$, $\sigma = 0$ 表示接种完全有效, $\sigma = 1$ 表示接种无效. 我们也假设, 接种疫苗的个体的传染性降低了因子 δ, 以及接种疫苗的个体和未接种疫苗的个体的康复率都是 α. 每个未接种成员单位时间内的接触数为 a_U, 已接种的个体的接触数为 a_V 它们可能是相等的.

这一章我们将研究的模型, 其中有一个以上的易感者仓室和染病者仓室, 为了方便叙述这些模型, 我们利用单位时间内接触者数代替接触者的比例乘以人口总数. 因此, 例如, 以其将简单流行病模型写为

$$S' = -\beta SI, \quad I' = \beta SI - \alpha I,$$

我们将它写为

$$S' = -aS\frac{I}{N}, \quad I' = aS\frac{I}{N} - \alpha I.$$

令 S_U, S_V, I_U, I_V 分别表示未接种易感者数、接种的易感者数、未接种染病者数、接种的染病者数. 所得的模型为

$$
\begin{aligned}
S_U' &= -a_U S_U \left[\frac{I_U}{N_U} + \delta \frac{I_V}{N_V} \right], \\
S_V' &= -\sigma a_V S_V \left[\frac{I_U}{N_U} + \delta \frac{I_V}{N_V} \right], \\
I_U' &= a_U S_U \left[\frac{I_U}{N_U} + \delta \frac{I_V}{N_V} \right] - \alpha I_U, \\
I_V' &= \sigma a_V S_V \left[\frac{I_U}{N_U} + \delta \frac{I_V}{N_V} \right] - \alpha I_V.
\end{aligned}
\tag{5.1}
$$

初始条件用 $S_U(0), S_V(0), I_U(0), I_V(0)$ 表示, 其中

$$S_U(0) + I_U(0) = N_U, \quad S_V(0) + I_V(0) = N_V.$$

由于现在的染病者是从一个不完全易感者人群中开始的, 我们说的是控制再生数 $\mathscr{R}_c$ 不是基本再生数. 但是, 很快我们将会看到, 控制再生数的计算需要更一般的定义和大量的技术计算. 用这个计算方法可以计算基本再生数和控制再生数. 我们将用再生数这个术语于基本再生数和控制再生数. 得到的最后规模关系无须知道再生数信息, 但是这些最后规模关系包含再生数和更多的信息.

由于 S_U 和 S_V 是递减非负函数, $t \to \infty$ 时它们分别有极限 $S_U(\infty)$ 和 $S_V(\infty)$. (5.1) 中 S_U 和 I_U 这两个方程相加, 得

$$(S_U + I_U)' = -\alpha I_U,$$

由此, 我们得到, 正如我们在 2.4 节分析 SIR 模型时看到的, 当 $t \to \infty$ 时 $I_U(t) \to 0$, 而且

$$\alpha \int_0^\infty I_U(t)dt = N_U - S_U(\infty). \tag{5.2}$$

类似地, 利用 S_V 和 I_V 方程之和, 我们看到, 当 $t \to \infty$ 时 $I_V(t) \to 0$, 而且

$$\alpha \int_0^\infty I_V(t)dt = N_V - S_V(\infty). \tag{5.3}$$

积分 (5.1) 中的 S_U 方程并利用 (5.2) 和 (5.3), 得到

$$\begin{aligned}
\log \frac{S_U(0)}{S_U(\infty)} &= a_U \left[\int_0^\infty I_U(t)dt + \delta \int_0^\infty I_V(t)dt \right] \\
&= \frac{a_U}{\alpha} \left[1 - \frac{S_U(\infty)}{N_U} \right] + \frac{\delta a_U}{\alpha} \left[1 - \frac{S_V(\infty)}{N_V} \right].
\end{aligned} \tag{5.4}$$

利用 S_V 方程, 经过类似的计算, 得到

$$\log \frac{S_V(0)}{S_V(\infty)} = \frac{\sigma a_V}{\alpha} \left[1 - \frac{S_U(\infty)}{N_U} \right] + \frac{\delta \sigma a_V}{\alpha} \left[1 - \frac{S_V(\infty)}{N_V} \right]. \tag{5.5}$$

这对方程 (5.4) 和 (5.5) 是最后规模关系. 如果模型中的参数知道, 就可用它们计算 $S_U(\infty)$ 和 $S_V(\infty)$.

为了方便我们定义矩阵

$$\mathscr{R} = \begin{bmatrix} \mathscr{R}_{11} & \mathscr{R}_{12} \\ \mathscr{R}_{21} & \mathscr{R}_{22} \end{bmatrix} = \begin{bmatrix} \dfrac{a_U}{\alpha} & \dfrac{\delta a_U}{\alpha} \\ \dfrac{\sigma a_V}{\alpha_U} & \dfrac{\delta \sigma a_V}{\alpha_V} \end{bmatrix}.$$

元素 $\mathscr{R}_{ij}$ 可解释为 i 组易感者被 j 类染病者在传染期内感染的平均数.

于是, 最后规模关系 (5.4), (5.5) 可写为

$$
\begin{aligned}
\log \frac{S_U(0)}{S_U(\infty)} &= \mathscr{R}_{11}\left[1 - \frac{S_U(\infty)}{N_U}\right] + \mathscr{R}_{12}\left[1 - \frac{S_V(\infty)}{N_V}\right], \\
\log \frac{S_V(0)}{S_V(\infty)} &= \mathscr{R}_{21}\left[1 - \frac{S_U(\infty)}{N_U}\right] + \mathscr{R}_{22}\left[1 - \frac{S_V(\infty)}{N_V}\right].
\end{aligned}
\tag{5.6}
$$

矩阵 $\mathscr{R}$ 与再生数密切相关. 下一节我们将描述计算再生数的一般方法, 它涉及一个与这个矩阵类似的矩阵.

5.2 下一代矩阵与基本再生数

迄今为止, 我们是通过因单个染病者进入人群而引起的继发性病例来计算再生数的. 但是, 如 5.1 节中介绍的接种模型, 如果有不同易感性传染的分组人口, 就必须按分开的分组人口计算继发性染病者个数, 这个方法并不得出再生数. 这就有必要用更一般的方法对再生数的含义予以说明, 这就是通过下一代矩阵所要做的[18,19,45]. 其基本思想是必须计算一个矩阵, 它的 (i,j) 元素是仓室 i 中的染病者个体进入仓室 j 引起的继发性染病者的个数. 对常微分方程模型, 我们将按照 [45, 46] 进行发展, 更一般的甚至要用 [18, 19] 中的方法.

在疾病传播的仓室模型中将个体分在各个仓室中是以单个离散状态变量为基础的. 一个仓室称为疾病仓室, 如果个体在那里被染病. 注意这里术语疾病比临床用得广泛, 它包括染病阶段, 例如暴露期阶段, 其中的染病个体不必是会传染的. 假设存在 n 个疾病仓室, m 个无病仓室, 令 $x \in R^n$ 和 $y \in R^m$ 为各个仓室内的分组人群. 此外, 我们用 $\mathscr{F}_i$ 表示第 i 个疾病仓室中继发性染病的增加率, $\mathscr{V}_i$ 表示在第 i 个疾病仓室内的疾病进展、死亡和康复的减少率. 就是说, $\mathscr{V}_i$ 是由疾病进展、死亡和康复从第 i 个仓室的净流出量, 而从其他仓室的流入则产生负面的影响. 于是仓室模型可写为形式

$$
\begin{aligned}
x_i' &= \mathscr{F}_i(x,y) - \mathscr{V}_i(x,y), \quad i = 1, \cdots, n, \\
y_j' &= g_j(x,y), \quad j = 1, \cdots, m.
\end{aligned}
\tag{5.7}
$$

注意, 将动力学分解为 $\mathscr{F}$ 和 $\mathscr{V}$, 且将仓室指定为染病或不染病的方法可以不唯一; 不同分解对应的模型有不同的流行病学解释. 这里用的 $\mathscr{F}$ 和 $\mathscr{V}$ 的定义与 [45] 中用的稍有不同.

基本再生数的推导是以常微分方程 (ODE) 模型关于无病平衡点的线性化为基础. 我们作如下假设

• 对所有 $y \geqslant 0$ 和 $i = 1, \cdots, n$, $\mathscr{F}_i(0, y) = 0$ 和 $\mathscr{V}_i(0, y) = 0$.

• 无病系统 $y' = g(0, y)$ 有唯一渐近稳定平衡点, 即具有形如 $(0, y)$ 的初始条件的所有解当 $t \to \infty$ 时都趋于点 $(0, y_0)$. 称此点为无病平衡点.

第一个假设是说, 所有新染病者都是从染病寄主产生的继发性感染; 没有个体移民到疾病仓室. 这保证由所有形如 $(0, y)$ 的点组成的无病集合是不变的. 就是说, 在某个时间点从未染病个体出发的任何解, 对所有时间都是未染病的. 第二个假设保证无病平衡点也是完全系统的平衡点.

接下来, 进一步假设

• 对所有非负 x 和 y, 以及 $i = 1, \cdots, n$, $\mathscr{F}_i(x, y) \geqslant 0$.

• $\mathscr{V}_i(x, y) \geqslant 0$, 当 $x_i = 0, i = 1, \cdots, n$.

• 对所有非负 x 和 y, $\sum_{i=1}^{n} \mathscr{V}_i(x, y) \geqslant 0$.

给出这些假设的理由是, 函数 $\mathscr{F}$ 表示新染病者不可能为负, 每个分量 $\mathscr{V}_i$ 表示从仓室 i 的纯流出, 当这个仓室空时它必须是负的 (只有流入), 以及 $\sum_{i=1}^{n} \mathscr{V}_i(x, y)$ 表示从所有疾病仓室的总流出. 假设模型中导致 $\sum_{i=1}^{n} x_i$ 增加的项代表继发性染病, 因此属于 $\mathscr{F}$.

假设单个染病者进入原来没有疾病的人群. 通过人员传播疾病的最初能力由 (5.7) 关于无病平衡点 $(0, y_0)$ 的线性化研究确定. 容易看到, 对每对 (i, j), 由假设 $\mathscr{F}_i(0, y) = 0, \mathscr{V}_i(0, y) = 0$, 得到

$$\frac{\partial \mathscr{F}_i}{\partial y_j}(0, y_0) = \frac{\partial \mathscr{V}_i}{\partial y_j}(0, y_0) = 0.$$

这意味着疾病仓室的线性化方程 x 与其余方程解耦, 且可写为

$$x' = (F - V)x, \tag{5.8}$$

其中 F 和 V 是 $n \times n$ 矩阵, 它们的元素为

$$F = \frac{\partial \mathscr{F}_i}{\partial x_j}(0, y_0) \quad \text{和} \quad V = \frac{\partial \mathscr{V}_i}{\partial x_j}(0, y_0).$$

因为假设无病系统 $y' = g(0, y)$ 有唯一渐近稳定平衡点, 系统 (5.7) 的线性稳定性完全由 (5.8) 中的矩阵 $(F - V)$ 的线性稳定性确定.

由单个染病者个体所引发的继发性染病者数可表示为传染期的期望持续时间与出现继发性染病率的积. 对有 n 个疾病仓室的一般模型, 这些都是对每个假

设指示病例为每个仓室计算的. 感染病例在每个仓室内持续的期望时间由积分 $\int_0^\infty \phi(t,x_0)dt$ 给出, 其中 $\phi(t,x_0)$ 是 (5.8) 满足 $F=0$(没有继发性感染) 和表示感染病例的非负初始条件 x_0 的.

$$x' = Vx, \quad x(0) = x_0 \tag{5.9}$$

的解. 事实上, 这个解显示指示病例通过疾病仓室从初始暴露期出发的经过死亡或康复的路径, 其中 $\phi(t,x_0)$ 的第 i 个分量解释为 (在时间 $t=0$ 引入的) 指示病例在时间 t 处于疾病状态 i 的概率. (5.9) 的解是 $\phi(t,x_0) = e^{-Vt}x_0$, 其中矩阵指数由 Taylor 级数

$$e^A = I + A + \frac{A^2}{2} + \frac{A^3}{3!} + \cdots + \frac{A^k}{k!} + \cdots$$

定义. 这个级数对一切 t 收敛, 而且 $\int_0^\infty \phi(t,x_0)dt = V^{-1}x_0$(例如, 见 [29]). 矩阵 V^{-1} 的 (i,j) 元素可解释为最初进入疾病仓室 j 的个体在疾病仓室 i 所持续的期望时间.

矩阵 F 的 (i,j) 元素是由仓室 j 中的指示病例在仓室 i 中产生的继发性传染率. 因此, 由指示病例产生的继发性染病的期望数由

$$\int_0^\infty Fe^{-Vt}x_0dt = FV^{-1}x_0$$

给出. 按照 Diekmann 和 Heesterbeek[18], 我们称矩阵 $K = FV^{-1}$ 为系统在无病平衡点的下一代矩阵. K 的 (i,j) 元素是最初进入仓室 j 的个体在仓室 i 中产生的继发性传染的期望数, 当然, 假设个体在染病期间所处的环境保持同质.

简言之, 我们从矩阵论描述的某些结果得到的矩阵 $K_L = FV^{-1}$ 是非负的, 因此有非负特征值 $\mathscr{R}_0 = \rho(FV^{-1})$, 使得 K 没有其他模大于 $\mathscr{R}_0$ 的特征值, 且存在与 $\mathscr{R}_0$ 对应的非负特征向量 ω[7,定理1.3.2]. 这个特征向量在某种意义上是染病者个体在每一代产生的最大继发性染病数 $\mathscr{R}_0$ 分布. 因此, $\mathscr{R}_0$ 和相应的特征向量 ω 适宜定义 "典型的" 染病者, 而基本再生数可严格定义为矩阵 K_L 的谱半径, 矩阵 K_L 的谱半径记为 $\rho(K_L)$, 它是 K_L 的特征值的最大模. 如果 K_L 不可约, 则 $\mathscr{R}_0$ 是 K_L 的单特征值, 其模严格大于 K_L 所有其他特征值的模. 但是, 如果 K_L 是可约的, 具有多个菌株的疾病往往就是这种情形, 这时 K_L 可有几个正实特征向量, 它们对应于疾病的每个竞争菌株的再生数.

我们已经将疾病的再生数解释为在易感者个体的群体中, 由染病者个体产生的继发性染病的人数. 如果再生数 $\mathscr{R}_0 = \rho(FV^{-1})$ 与微分方程模型相容, 则应得到, 若 $\mathscr{R}_0 < 1$, 则无病平衡点渐近稳定, 若 $\mathscr{R}_0 > 1$, 则它不稳定.

我们通过下面一系列引理来证明这一点.

矩阵 A 的谱界 (或横坐标) 是 A 所有特征值的最大实部. 如果矩阵 T 的每个元素非负, 就记 $T \geqslant 0$, 称它为非负矩阵. 形如 $A = sI - B, B \geqslant 0$ 的矩阵 A 称为有 Z 符号型的. 它们是非对角线元素为负或零的矩阵. 如果此外, $s \geqslant \rho(B)$, 则称 A 为 M-矩阵. 注意, 这一节中的 I 表示恒等矩阵, 不是染病者个体人群. 下面的引理是 [7] 中的标准结果.

引理 5.1 如果 A 有 Z 符号型, 则 $A^{-1} \geqslant 0$, 当且仅当 A 是非奇异 M-矩阵.

由我们所作的假设得到 F 的每个元素非负, 且 V 的非对角线元素为负或为零, 因此 V 有 Z 符号型. 同样, V 的列元素之和为正或零, 它与 Z 符号型一起得知 V 是 (可能是奇异的)M-矩阵 [7, 定理 6.2.3 的条件 M_{35}]. 下面, 假设 V 是非奇异的. 此时由引理 5.1, $V^{-1} \geqslant 0$. 因此, $K_L = FV^{-1}$ 也是非负的.

引理 5.2 如果 F 是非负的, V 是非奇异 M-矩阵, 则 $\mathscr{R}_0 = \rho(FV^{-1}) < 1$, 当且仅当 $(F - V)$ 的所有特征值有负实部.

证明 假设 $F \geqslant 0$, V 是非奇异 M-矩阵. 由引理 5.1 的证明, $V^{-1} \geqslant 0$. 因此, $(I - FV^{-1})$ 有 Z 符号型, 又由引理 5.1, $(I - FV^{-1})^{-1} \geqslant 0$, 当且仅当 $\rho(FV^{-1}) < 1$. 由等式 $(V - F)^{-1} = V^{-1}(I - FV^{-1})^{-1}$ 和 $V(V - F)^{-1} = I + F(V - F)^{-1}$, 得到 $(V - F)^{-1} \geqslant 0$, 当且仅当 $(I - FV^{-1})^{-1} \geqslant 0$. 最后, $(V - F)$ 有 Z 符号型, 故由引理 5.1, $(V - F)^{-1} \geqslant 0$, 当且仅当 $(V - F)$ 是非负 M-矩阵. 由于非奇异 M-矩阵的特征值都有负实部, 这就完成了引理的证明. □

定理 5.1 考虑由 (5.7) 给出的疾病传播模型. 如果 $\mathscr{R}_0 < 1$, 则 (5.7) 的无病平衡点局部渐近稳定, 如果 $\mathscr{R}_0 > 1$, 则它不稳定.

证明 设 F 和 V 的定义如上, 令 J_{21} 和 J_{22} 是 g 在无病平衡点关于 x 和 y 的偏导数矩阵. 这个系统关于无病平衡点的线性化的 Jacobi 矩阵有分块结构

$$J = \begin{bmatrix} F - V & 0 \\ J_{21} & J_{22} \end{bmatrix}.$$

如果这个 Jacobi 矩阵的所有特征值具有负实部, 则无病平衡点局部渐近稳定. 由于 J 的特征值是 $(F - V)$ 和 J_{22} 的特征值, 由假设后者所有特征值具有负实部, 因此, 如果 $(F - V)$ 的所有特征值具有负实部, 则无病平衡点局部渐近稳定. 由对 $\mathscr{F}$ 和 $\mathscr{V}$ 的假设, F 是非负的, V 是非奇异 M-矩阵. 因此, 由引理 5.2, $(F - V)$ 的所有特征值具有负实部, 当且仅当 $\rho(FV^{-1}) < 1$. 由此得知, 如果 $\mathscr{R}_0 = \rho(FV^{-1}) < 1$, 则无病平衡点局部渐近稳定.

对 $\mathscr{R}_0 > 1$ 时的不稳定性论述可由连续性建立. 如果 $\mathscr{R}_0 \leqslant 1$, 则对任何 $\varepsilon > 0$, $((1 + \varepsilon)I - FV^{-1})$ 是非奇异 M-矩阵, 由引理 5.1, $((1 + \varepsilon)I - FV^{-1})^{-1} \geqslant 0$. 由引理 5.2 的证明, $((1 + \varepsilon)V - F)$ 的所有特征值具有负实部. 因为 $\varepsilon > 0$ 任意, 又特

征值是矩阵元素的连续函数, 得知 $(V-F)$ 的所有特征值具有负实部. 反之, 假设 $(V-F)$ 的所有特征值具有负实部. 则对任何正数 ε, $(V+\varepsilon I-F)$ 是非负 M-矩阵, 由引理 5.2, $\rho(F(V+\varepsilon I)^{-1})<1$. 再次, 由于 $\varepsilon>0$ 任意, 得知 $\rho(FV^{-1})\leqslant 1$. 因此, $(V-F)$ 至少有一个特征值具有正实部, 当且仅当 $\rho(FV^{-1})>1$, 因此, 当 $\mathscr{R}_0>1$ 时这个无病平衡点不稳定. □

这些结果对更一般情形的再生数定义的推广也成立. 在 5.1 节的接种模型 (5.1) 中, 我们计算了一对最后规模关系, 其中包含有矩阵 K 的元素. 这个矩阵正好是这一节引入的具有大定义域的下一代矩阵 $K_L=FV^{-1}$.

例 1　考虑在暴露阶段具有传染性的 $SEIR$ 模型

$$S'=-\frac{a}{N}S(I+\varepsilon E),$$
$$E'=\frac{a}{N}S(I+\varepsilon E)-\kappa E,$$
$$I'=\kappa E-\alpha I,$$
$$R'=\alpha I.$$
(5.10)

这里的疾病状态是 E 和 I,

$$\mathscr{F}=\begin{bmatrix}\varepsilon Ea+Ia\\0\end{bmatrix}$$

和

$$F=\begin{bmatrix}\varepsilon a & a\\0 & 0\end{bmatrix},\quad V=\begin{bmatrix}\kappa & 0\\-\kappa & \alpha\end{bmatrix},\quad V^{-1}=\begin{bmatrix}\frac{1}{\kappa} & 0\\\frac{1}{\alpha} & \frac{1}{\alpha}\end{bmatrix}.$$

于是, 可计算

$$K_L=FV^{-1}=\begin{bmatrix}\frac{\varepsilon a}{\kappa}+\frac{a}{\alpha} & \frac{a}{\alpha}\\0 & 0\end{bmatrix}.$$

显然, 由于 $\mathscr{R}_0$ 等于 FV^{-1} 的秩,

$$\mathscr{R}_0=\frac{\varepsilon a}{\kappa}+\frac{a}{\alpha},$$

它是 FV^{-1} 的第一行和第一列的元素. 如果所有新染病者都在单个仓室内, 则如同这里情形, 基本再生数是矩阵 FV^{-1} 的迹.

一般地, 可将具有大定义域的下一代矩阵的大小化为染病状态的个数[18]. 染病状态是存在新染病者的疾病状态. 假设有 n 种疾病状态和 k 种感染状态, 满足 $k < n$. 则我们可定义一个辅助的 $n \times k$ 矩阵 P, 其中每一列对应于感染状态, 对应的行有元素 1, 其他地方为 0. 于是下一代矩阵是 $k \times k$ 矩阵

$$K = P^{\mathrm{T}} K_L P.$$

利用事实 $PP^{\mathrm{T}} K_L = K_L$, 容易证明, $n \times n$ 矩阵 K_L 和 $k \times k$ 矩阵 K 具有相同的非零特征值, 因此它们有相同的谱半径. 构造维数比有大定义域的下一代矩阵的维数低的下一代矩阵可简化基本再生数的计算.

在上面的例 1 中, 疾病的染病状态只有 E, 矩阵 P 是

$$\begin{bmatrix} 1 \\ 0 \end{bmatrix},$$

下一代矩阵 K 是 1×1 矩阵

$$K = \left[\frac{\varepsilon a}{\kappa} + \frac{a}{\alpha} \right].$$

5.2.1 某些更复杂的例子

下一代矩阵方法是非常一般的, 可应用于具有异质混合和控制措施的不同组的不同模型.

例 2 考虑 5.1 节中的接种模型 (5.1). 疾病状态是 I_U 和 I_V. 于是

$$\mathscr{F} = \begin{bmatrix} a_U(I_U + \delta I_V) \\ \sigma a_V(I_U + \delta I_V) \end{bmatrix}$$

和

$$F = \begin{bmatrix} a_U \dfrac{N_U}{N} & \delta a_U \dfrac{N_U}{N} \\ \sigma a_V \dfrac{N_V}{N} & \sigma \delta a_V \dfrac{N_V}{N} \end{bmatrix}, \quad V = \begin{bmatrix} \alpha_U & 0 \\ 0 & \alpha_V \end{bmatrix}.$$

容易看到, 具有大定义域的下一代矩阵是 5.1 节计算的矩阵 K. 由于每个疾病状态是感染的疾病状态, 下一代矩阵是 K, 与具有大定义域的下一代矩阵相同. 如在例 1 中, K 的行列式是零, 秩是 1. 因此, 控制再生数是 K 的秩

$$\mathscr{R}_c = \frac{w_U}{\alpha_U} + \frac{\delta \sigma N_V}{\alpha_V}.$$

5.3 异 质 混 合

在疾病传播模型中, 人群中并不是所有成员都以相同接触率传播疾病. 在性传播疾病中, 往往有一个由非常活跃的成员组成的 "核心" 群体, 他们对大多数疾病病例负责, 针对这一核心群体采取的控制措施对控制疾病非常有效[27]. 在流行病中, 通常有 "超级传播者", 他们与许多人接触, 并在传播疾病方面起着重要作用, 一般来说, 人口中有些人的接触比其他人多. 最近, 有一种用于模拟流行病的复杂网络模型[23,24,32−34,38]. 这些方法假定了解人群成员组的混合模式, 并根据随机模型的模拟进行预测. 网络模型的基本描述可以在 [44] 中找到. 尽管网络模型可以给出非常详细的预测, 但它们也有一些严重的缺点. 对于一个详细的网络模型, 模拟需要足够长的时间, 以至于很难检查一个很大范围的参数值, 并且也很难估计相对于模型参数的敏感性. 网络模型的理论分析是一个非常重要的活跃而快速发展的领域[38−40].

然而, 可考虑比简单的仓室模型更现实, 而比详细的网络模型更易分析的模型. 为了模拟混合中的异质性, 可以假设把人群划分为具有不同活动水平的子组. 我们将分析一个存在两个具有不同接触率的子组的 SIR 模型. 该方法可以容易地扩展到具有更多仓室的模型, 例如, 有暴露期或传染阶段序列的模型, 还可以扩展到具有任意个数的活动水平的模型. 如此, 我们可期望给出介于太简单的仓室模型和太复杂的网络模型之间的模型.

在这一节中, 我们描述具有不同活动水平的两个小组的模型, 并给出了最简单的流行病仓室模型的主要结果. 在 [11] 中给出具有更复杂仓室结构的相同类型模型的分析, 在 [12] 中给出具有更多组的模型的分析. 除了技术上的计算困难之外, 不难将本节中的所有内容扩展到任意个数的小组的模型.

考虑分别具有固定规模 N_1, N_2 的两个小组的人群, 每个小组分为带有下标的易感者、染病者和移去者成员的小组. 在本节中, 假设单位时间内每个成员的接触个数是一个常数. 假设第 i 组的每个成员在单位时间内作 a_i 次接触足以传播感染, 且第 i 组成员与第 j 组成员进行的接触比例为 $p_{ij}(i, j = 1, 2)$. 于是

$$p_{i1} + p_{i2} = 1, \quad i = 1, 2.$$

假设易感者与染病者之间的所有接触都传播疾病给易感者, 在 i 组的平均传染期为 $\dfrac{1}{\alpha_i}$. 假设没有疾病死亡, 因此每个小组的人口规模是常数.

两个小组的 SIR 流行病模型为

$$S_i' = -a_i S_i \left[p_{i1} \frac{I_1}{N_1} + p_{i2} \frac{I_2}{N_2} \right],$$

$$I_i' = a_i S_i \left[p_{i1} \frac{I_1}{N_1} + p_{i2} \frac{I_2}{N_2} \right] - \alpha_i I_i, \quad i = 1, 2. \tag{5.11}$$

初始条件是

$$S_i(0) + I_i(0) = N_i, \quad i = 1, 2.$$

这个两个小组的模型包含两个可能性. 它可以描述不同人群的不同活动水平, 也可描述不同的易感性. 对于流行病模型, 其中我们假设时间尺度足够短, 以至于成员不会在流行病流行过程中老化, 因此可以按年龄分组. 但是, 对于依赖于年龄传播的长期疾病的传播模型, 有必要考虑这样一个事实: 人口成员的年龄在疾病过程中会发生变化就得使用不同类型的模型, 这个情况将在第 13 章中进行研究.

对两个小组的模型 (5.11), 假设在每个小组中的传染性和易感性相同. 更一般的模型为

$$S_i' = -\sigma_i a_i S_i \left[\delta_1 p_{i1} \frac{I_1}{N_1} + \delta_2 p_{i2} \frac{I_2}{N_2} \right],$$

$$I_i' = \sigma_i a_i S_i \left[\delta_1 p_{i1} \frac{I_1}{N_1} + \delta_2 p_{i2} \frac{I_2}{N_2} \right] - \alpha_i I_i, \quad i = 1, 2. \tag{5.12}$$

这正好是模型 (5.11), 其中两个小组中添加了易感性因子 σ_1, σ_2, 以及两个传染性因子 δ_1, δ_2. 如前, a_1, a_2 是接触效率, 这个模型在 (5.11) 中加入了传播概率.

对两个小组的模型 (5.11), 通过直接计算继发性染病不可能得到再生数. 有必要利用 5.2 节描述的 [45] 中的下一代矩阵方法和计算作为矩阵 FV^{-1} 的最大特征值的再生数, 其中

$$F = \begin{bmatrix} p_{11}a_1 & p_{12}a_1 \dfrac{N_1}{N_2} \\ p_{21}a_2 \dfrac{N_2}{N_1} & p_{22}a_2 \end{bmatrix}, \quad V = \begin{bmatrix} \alpha_1 & 0 \\ 0 & \alpha_2 \end{bmatrix}.$$

于是

$$FV^{-1} = \begin{bmatrix} \dfrac{p_{11}a_1}{\alpha_1} & \dfrac{p_{12}a_1}{\alpha_2} \dfrac{N_1}{N_2} \\ \dfrac{p_{21}a_2}{\alpha_1} \dfrac{N_2}{N_1} & \dfrac{p_{22}a_2}{\alpha_2} \end{bmatrix}.$$

矩阵 FV^{-1} 的特征值是二次方程

$$\lambda^2 - \left(\frac{p_{11}a_1}{\alpha_1} + \frac{p_{22}a_2}{\alpha_2}\right)\lambda + (p_{11}p_{22} - p_{12}p_1)\frac{a_1a_2}{\alpha_1\alpha_2} = 0 \tag{5.13}$$

的根.

基本再生数 $\mathscr{R}_0$ 是这两个特征值的较大者

$$\mathscr{R}_0 = \frac{\dfrac{p_{11}a_1}{\alpha_1} + \dfrac{p_{22}a_2}{\alpha_2} + \sqrt{\left(\dfrac{p_{11}a_1}{\alpha_1} - \dfrac{p_{22}a_2}{\alpha_2}\right)^2 + 4\dfrac{p_{12}p_1a_1a_2}{\alpha_1\alpha_2}}}{2}.$$

为了得到 $\mathscr{R}_0$ 的更有用的表达式, 必须对两组之间的混合特性作些假设. 混合是由两个量 p_{12}, p_{21} 确定的, 因为 $p_{11} = 1 - p_{12}$ 和 $p_{22} = 1 - p_{21}$.

研究混合模式的有很多, 例如, 参见 [8, 9, 13]. 一种可能性是按比例混合, 即组之间的接触数与相对活动水平成正比. 换句话说, 混合是随机的, 但受活动水平所限制[42]. 在按比例混合的假设下,

$$p_{ij} = \frac{a_jN_j}{a_1N_1 + a_2N_2},$$

我们可以记

$$p_{11} = p_{21} = p_1, \quad p_{12} = p_{22} = p_2,$$

其中 $p_1 + p_2 = 1$. 特别地,

$$p_{11}p_{22} - p_{12}p_{21} = 0,$$

因此

$$\mathscr{R}_0 = a_1\frac{p_1}{\alpha_1} + a_2\frac{p_2}{\alpha_2}.$$

另一种可能性是优选混合[42], 其中每组的 π_i 比例与自己的组随机混合, 其余成员按比例混合. 因此, 优选混合由下式给出:

$$\begin{aligned} p_{11} &= \pi_1 + (1 - \pi_1)p_1, \quad p_{12} = (1 - \pi_1)p_2 \\ p_{21} &= (1 - \pi_2)p_1, \qquad\qquad p_{22} = \pi_2 + (1 - \pi_2)p_2, \end{aligned} \tag{5.14}$$

其中

$$p_i = \frac{(1 - \pi_i)a_iN_i}{(1 - \pi_1)a_1N_1 + (1 - \pi_2)a_2N_2}, \quad i = 1, 2.$$

按比例混合是优选混合 $\pi_1 = \pi_2 = 0$ 的特殊情形.

还可以进行 "按样混合", 其中每组成员仅与同一组成员混合. 这是优先混合 $\pi_1 = \pi_2 = 1$ 的特殊情形. 对于按样混合,

$$p_{11} = p_{22} = 1, \quad p_{12} = p_{21} = 0.$$

于是 (5.13) 的根是 $\dfrac{a_1}{\alpha_1}$ 和 $\dfrac{a_2}{\alpha_2}$, 再生数是

$$\mathscr{R}_0 = \max\left\{ \frac{a_1}{\alpha_1}, \frac{a_2}{\alpha_2} \right\}.$$

通过计算 $p_{ij}(i, j = 1, 2)$ 关于 π_1 和 π_2 的偏导数, 可以证明, 当 π_1 或 π_2 增加时 p_{11} 和 p_{22} 递增. 由此我们可从 $\mathscr{R}_0$ 的一般表达式看到, 无论增加 π_1 和 π_2 哪一个都会增加基本再生数.

我们可以按照 SIR 模型 (5.11) 的分析得到对具有易感性和染病性的减少因子的 SIR 模型 (5.12), 得到基本再生数

$$\mathscr{R}_0 = \frac{\displaystyle\sum_{i=1}^{2} \sigma_i \delta_i \frac{p_{ii} a_i}{\alpha_i} + \sqrt{\left(\sigma_1 \delta_1 \frac{p_{11} a_1}{\alpha_1} - \sigma_2 \delta_2 \frac{p_{22} a_2}{\alpha_2} \right)^2 + 4 \sigma_1 \delta_2 \sigma_2 \delta_1 \frac{p_{12} p_{21} a_1 a_2}{\alpha_1 \alpha_2}}}{2}.$$

在按比例混合的特殊情形, 其中 $p_{11} p_{22} - p_{12} p_{21} = 0$, 这化为

$$\mathscr{R}_0 = \sum_{i=1}^{2} \sigma_i \delta_i \frac{p_{ii} a_i}{\alpha_i}.$$

5.1 节的接种疫苗模型是形如 (5.12) 的两个组模型的一个例子, 其中

$$\sigma_1 = \sigma_2 = \delta_1 = 1, \quad \delta_2 = \delta.$$

容易证明[11], 如对一个组的模型[10], 当 $t \to \infty$ 时

$$S_1 \to S_1(\infty) > 0, \quad S_2 \to S_2(\infty) > 0.$$

例 1 考虑两个小组的 $SEIR$ 模型

$$
\begin{aligned}
S_i' &= -a_i S_i \left[p_{ii} \frac{I_i}{N_i} + p_{ij} \frac{I_j}{N_j} \right], \\
E_i' &= a_i S_i \left[p_{ii} \frac{I_i}{N_i} + p_{ij} \frac{I_j}{N_j} \right] - \kappa_i E_i, \\
I_i' &= \kappa_i E_i - \alpha_i I_i, \\
R_i' &= \alpha_i I_i, \quad i, j = 1, 2, \quad i \neq j.
\end{aligned}
\tag{5.15}
$$

疾病状态是 E_i 和 $I_i(i = 1, 2)$.

现在

$$
\mathscr{F} = \begin{bmatrix} a_1 p_{11} I_1 + a_1 p_{12} I_2 \dfrac{N_1}{N_2} \\ 0 \\ a_2 p_{21} I_1 \dfrac{N_2}{N_1} \\ 0 \end{bmatrix}, \quad
F = \begin{bmatrix} 0 & a_1 p_{11} & 0 & a_1 p_{12} \dfrac{N_1}{N_2} \\ 0 & 0 & 0 & 0 \\ 0 & a_2 p_{21} \dfrac{N_2}{N_1} & 0 & a_2 p_{22} \\ 0 & 0 & 0 & 0 \end{bmatrix}
$$

和

$$
V = \begin{bmatrix} \kappa_1 & 0 & 0 & 0 \\ -\kappa_1 & \alpha_1 & 0 & 0 \\ 0 & 0 & \kappa_2 & 0 \\ 0 & 0 & -\kappa_2 & \alpha_2 \end{bmatrix}, \quad
V^{-1} = \begin{bmatrix} \dfrac{1}{\kappa_1} & 0 & 0 & 0 \\ \dfrac{1}{\alpha_1} & \dfrac{1}{\alpha_1} & 0 & 0 \\ 0 & 0 & \dfrac{1}{\kappa_2} & 0 \\ 0 & 0 & \dfrac{1}{\alpha_2} & \dfrac{1}{\alpha_2} \end{bmatrix}.
$$

于是, 可以计算

$$
K_L = FV^{-1} = \begin{bmatrix} a_1 \dfrac{p_{11}}{\alpha_1} & a_1 \dfrac{p_{11}}{\alpha_1} & a_1 \dfrac{p_{12}}{\alpha_1} \dfrac{N_1}{N_2} & a_1 \dfrac{p_{12}}{\alpha_1} \dfrac{N_1}{N_2} \\ 0 & 0 & 0 & 0 \\ a_2 \dfrac{p_{21}}{\alpha_1} \dfrac{N_2}{N_1} & a_2 \dfrac{p_{21}}{\alpha_1} \dfrac{N_2}{N_1} & a_2 \dfrac{p_{22}}{\alpha_2} & a_2 \dfrac{p_{22}}{\alpha_2} \\ 0 & 0 & 0 & 0 \end{bmatrix}.
$$

在这个例子中, 通过缩小具有大定义域 K_L 的下一代矩阵来构造下一代矩阵是有益的. 为此, 我们利用辅助矩阵

$$
E = \begin{bmatrix} 1 & 0 \\ 0 & 0 \\ 0 & 1 \\ 0 & 0 \end{bmatrix}
$$

来构造下一代矩阵

$$
K = E^{\mathrm{T}} K_L E = \begin{bmatrix} \dfrac{p_{11} a_1}{\alpha_1} & \dfrac{p_{12} a_1}{\alpha_2} \dfrac{N_1}{N_2} \\ \dfrac{p_{21} a_2}{\alpha_1} \dfrac{N_2}{N_1} & \dfrac{p_{22} a_2}{\alpha_2} \end{bmatrix}. \tag{5.16}
$$

这是与在这一节的两个组的 SIR 模型 (5.11) 得到的下一代矩阵相同的矩阵.

对一个组的流行病模型存在最后规模关系, 这使得有可能用它从再生数计算流行病的规模[10,35]. 对两组模型 (5.1) 存在一个对应的最后规模关系. 结合对 $(S_1 + I_1)', (S_2 + I_2)', \dfrac{S_1'}{S_1}, \dfrac{S_2'}{S_2}$ 的积分表达式, 该关系的建立几乎相同. 这个关系并不明显包含再生数, 但从模型参数仍可能计算流行病的规模.

模型 (5.11) 的最后规模关系是一对方程

$$\log \frac{S_i(0)}{S_i(\infty)} = a_i \left[\frac{p_{ii}}{\alpha_i} \left(1 - \frac{S_i(\infty)}{N_i} \right) + \frac{p_{ij}}{\alpha_j} \left(1 - \frac{S_j(\infty)}{N_j} \right) \right], \quad i, j = 1, 2, \quad i \neq j.$$
(5.17)

正如疫苗接种模型 (5.1), 最后规模关系可借助矩阵

$$\mathscr{R} = \left[\begin{array}{cc} \mathscr{R}_{11} & \mathscr{R}_{12} \\ \mathscr{R}_{21} & \mathscr{R}_{22} \end{array} \right] = \left[\begin{array}{cc} \dfrac{a_1 p_{11}}{\alpha_1} & \dfrac{a_1 p_{12}}{\alpha_2} \\ \dfrac{a_2 p_{21}}{\alpha_1} & \dfrac{a_2 p_{22}}{\alpha_2} \end{array} \right]$$

表示.

矩阵 $\mathscr{R}$ 相似于下一代矩阵 K(由此它们有相同的特征值), 因为

$$\mathscr{R} = T^{-1} K T,$$

其中

$$T = \left[\begin{array}{cc} N_1 & 0 \\ 0 & N_2 \end{array} \right].$$

利用最后规模关系可计算 $S_1(\infty)$ 和 $S_2(\infty)$, 从而计算病例数

$$[N_1 - S_1(\infty)] + [N_2 - S_2(\infty)].$$

如果混合是按比例的, 则最后规模关系可取较简单的形式. 由于

$$p_{11} = p_{21} = p_1, \quad p_{12} = p_{22} = p_2,$$

(5.17) 意味着

$$a_2 \log \frac{S_1(0)}{S_1(\infty)} = a_1 \log \frac{S_2(0)}{S_2(\infty)},$$

可以将最后规模关系写为

$$\log \frac{S_1(0)}{S_1(\infty)} = \frac{a_1 p_1}{\alpha_1} \left[1 - \frac{S_1(\infty)}{N_1} \right] + \frac{a_1 p_2}{\alpha_2} \left[1 - \frac{S_2(\infty)}{N_2} \right],$$

$$\left[\frac{S_1(\infty)}{S_1(0)} \right]^{a_2} = \left[\frac{S_2(\infty)}{S_2(0)} \right]^{a_1}. \tag{5.18}$$

我们回忆, 在按比例混合情形, 有

$$\mathscr{R}_0 = \frac{p_1 a_1}{\alpha_1} + \frac{p_2 a_2}{\alpha_2}.$$

(5.18) 的第二个方程意味着, 如果 $a_1 > a_2$, 则

$$1 - \frac{S_1(\infty)}{S_1(0)} > 1 - \frac{S_2(\infty)}{S_2(0)},$$

也就是说, 更活跃的那一组的发作比更大.

不难证明, 在每个小组中, 最后规模关系 (5.18) 给出易感者最后人数的一个唯一集合, 最后规模关系也可以在更复杂的仓室模型中以类似方法得到[4−6].

很容易将该模型扩展到具有不同活动级别的任意数量的组. 同样重要的是, 能够描述模型在仓室中有更多的发展阶段, 以及组间存在易感性有差异的模型. 例如, 流感有两个重要特征未包含在模型 (5.11) 中. 在染病者与传染性发展和有流感症状之间有一段潜伏期. 此外, 只有部分潜伏期成员出现症状, 而其余的人则经历了一个无症状的阶段, 在此阶段有一定的传染性. 另一个重要方面是治疗, 它可以针对任何一组或两组, 并可以用来决定如何针对治疗的组. 沿着这个方向发展的一种自然方法是为具有多个人群组建立一个染病年龄模型.

例 2 考虑具有优先混合和群体定向接种的两组的地方病 SIR 模型

$$\frac{dS_i}{dt} = \mu N_i(1 - \phi_i) - (\lambda_i(t) + \mu)S_i,$$

$$\frac{dI_i}{dt} = \lambda_i(t)S_i - (\alpha + \mu)I_i, \tag{5.19}$$

$$\frac{dR_i}{dt} = \mu N_i \phi_i + \alpha I_i - \mu R_i, \quad i = 1, 2,$$

其中 $N_i = S_i + I_i + R_i$, λ_i 代表由下式给出的第 i 组易感人群的感染力度

$$\lambda_i = a_i \sigma \sum_{j=1}^{n} p_{ij} \frac{I_j}{N_j}, \tag{5.20}$$

其中 a_i 表示组 i 中的个体单位时间内的平均接触数 (这也表示 i 组中的人的活动水平), σ 表示当与染病者个体每次接触时的染病概率, ϕ_i 表示进入人群时易感人

群在 i 组接种疫苗 (或去除) 的比例. 比例 $\dfrac{I_j}{N_j}$ 给出子组 j 与染病者个体接触的概率. 接触矩阵 (p_{ij}) 有前面考虑的优先混合的相同形式, 其中

$$p_{ij} = \pi_i \delta_{ij} + (1 - \pi_i) p_j, \quad i, j = 1, 2. \tag{5.21}$$

参数 π_i 是与相同组中的个体接触的比例, δ_{ij} 是 Kronecker 符号 (即 $i = j$ 时为 1, 其他为 0), 以及

$$p_j = \frac{(1 - \pi_j) a_j N_j}{(1 - \pi_1) a_1 N_1 + (1 - \pi_2) a_2 N_2}, \quad j = 1, 2.$$

显然, 除非所有小组都是被隔离的 (即, 组与组之间没有相互作用), 否则必须有一些 i 使得 $\pi_i < 1$.

对每个组 i, 如果所有接触都是与同一组中的人接触 (即, $p_{ii} = 1$ 和 $p_{ij} = 0$, 对 $i \neq j$), 组 i 基本再生数和控制再生数分别为

$$\mathscr{R}_{0i} = \frac{\sigma a_i}{\mu + \alpha}, \quad \mathscr{R}_{vi} = \mathscr{R}_{0i}(1 - \phi_i), \quad i = 1, 2. \tag{5.22}$$

当组与组之间存在接触时, 即对某些 i, $p_{ii} < 0$ 或者 $\pi_i < 1$, 我们就可以导出人群的基本再生数和控制再生数. 这些再生数是 $\mathscr{R}_{0i}$ 或 $\mathscr{R}_{vi}$ 的函数. 下一代矩阵 K_v(v 对接种) 是

$$K_v = \begin{pmatrix} \mathscr{R}_{v1} p_{11} & \mathscr{R}_{v1} p_{12} \\ \mathscr{R}_{v2} p_{21} & \mathscr{R}_{v2} p_{22} \end{pmatrix}. \tag{5.23}$$

元人口的控制再生数 $\mathscr{R}_v$ 为

$$\mathscr{R}_v = \frac{1}{2} \left[A + D + \sqrt{(A - D)^2 + 4BC} \right], \tag{5.24}$$

其中

$$A = \mathscr{R}_{01} p_{11}(1 - \phi_1), \quad B = \mathscr{R}_{01} p_{12}(1 - \phi_1),$$
$$C = \mathscr{R}_{02} p_{21}(1 - \phi_2), \quad D = \mathscr{R}_{02} p_{22}(1 - \phi_2),$$

$\mathscr{R}_{0i}(i = 1, 2)$ 已在 (5.22) 中给出. 如果 $\phi_1 = \phi_2 = 0$, 则 $\mathscr{R}_0$ 化为

$$\mathscr{R}_0 = \frac{1}{2} \left[\mathscr{R}_{01} p_{11} + \mathscr{R}_{02} p_{22} + \sqrt{(\mathscr{R}_{01} p_{11} - \mathscr{R}_{02} p_{22})^2 + 4 \mathscr{R}_{01} p_{12} \mathscr{R}_{02} p_{21}} \right].$$

为了研究接种策略的效应, 假设在没有接种的情况下 $\mathscr{R}_0 > 1$, 且

$$\mathscr{R}_{01} > 1, \quad \mathscr{R}_{02} > 1. \tag{5.25}$$

令

$$\Omega = \{(\phi_1, \phi_2) | 0 \leqslant \phi_1 < 1,\ 0 \leqslant \phi_2 < 1\}. \tag{5.26}$$

于是每一点 $(\phi_1, \phi_2) \in \Omega$ 代表一个接种策略.

由于我们对没有隔离的两个组感兴趣, 即 $\pi_1 < 1$ 或者 $\pi_2 < 1$. 下面的结果将作为假设. 可以证明, 对每个固定的 $(\phi_1, \phi_2) \in \Omega$, $\mathscr{R}_v$ 关于 π_1 和 π_2 都递增, 即

$$\frac{\partial \mathscr{R}_v}{\partial \pi_1} > 0, \quad \frac{\partial \mathscr{R}_v}{\partial \pi_2} > 0 \quad \text{对所有 } (\pi_1, \pi_2) \in \Omega. \tag{5.27}$$

对每个固定的 (π_1, π_2), 存在 ϕ_1 和 ϕ_2 的不同组合可将 $\mathscr{R}_v$ 降到 1 以下. 为了便于叙述, 考虑以下较简单的情形, 其中

$$\pi_1 = \pi_2 = \pi,$$

并将考虑 $\mathscr{R}_v = \mathscr{R}_v(\pi)$ 作为 π 的函数. 于是, 对每个固定的 $\pi \in [0, 1)$, 由 $\mathscr{R}_v(\pi) = 1$ 确定的曲线将区域 Ω 分为两部分: 一部分是区域

$$\Omega_\pi = \{(\phi_1, \phi_2) | 0 \leqslant \mathscr{R}_v(\pi) < 1,\ (\phi_1, \phi_2) \in \Omega,\ 0 \leqslant \pi < 1\},$$

它包含这条曲线以上的所有点 (图 5.1), 另一部分是区域

$$D_\pi = \{(\phi_1, \phi_2) | \mathscr{R}_v(\pi) > 1,\ (\phi_1, \phi_2) \in \Omega,\ 0 \leqslant \pi < 1\},$$

它包含这条曲线以下的所有点. 可以证明, 当 π 增加时区域 Ω_π 减少, 当 $\pi \to 0$ 时它减少到区域 Ω^*, 而当 π 减少时区域 D_π 也减少, 当 $\pi \to 1$ 时它减少到区域 D^*(图 5.1). 所有这些曲线相交于一点 (ϕ_{1c}, ϕ_{2c}), 其中

$$\phi_{1c} = 1 - \frac{1}{\mathscr{R}_{01}}, \quad \phi_{2c} = 1 - \frac{1}{\mathscr{R}_{02}}. \tag{5.28}$$

从图 5.1 中我们观察到的, 区域 Ω^*(阴影较浅) 由两个表达式

$$\phi_{1c} < \phi_1 < 1, \quad \phi_{2c} < \phi_2 < 1 \tag{5.29}$$

确定, 其中 ϕ_{1c} 和 ϕ_{2c} 由 (5.28) 定义. 对区域 D^*(浅色阴影), 上边界由直线

$$\phi_2 = -\mathscr{A}\phi_1 + \mathscr{B} \tag{5.30}$$

确定, 其中

$$\begin{aligned}
\mathscr{A} &= \frac{\mathscr{R}_{01} a_1 N_1}{\mathscr{R}_{02} a_2 N_2}, \\
\mathscr{B} &= \frac{(\mathscr{R}_{01} - 1) a_1 N_1 + (\mathscr{R}_{02} - 1) a_2 N_2}{\mathscr{R}_{02} a_2 N_2}.
\end{aligned} \tag{5.31}$$

这两个区域相交于点 (ϕ_{1c}, ϕ_{2c}).

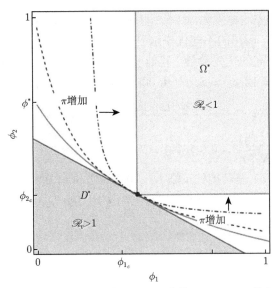

图 5.1 区域 Ω^* 和 D^* 的显示图. 还显示对不同 π 值的 $\mathscr{R}_v(\pi) = 1$ 的几条曲线, 其中虚线对应于 $0 < \pi < 1$, 细实线 (Ω^* 的边界) 对应于 $\pi = 1$, 粗线对应于 $\pi = 0$(区域 D^* 的上边界). 箭头表示曲线 $\mathscr{R}_v(\pi) = 1$ 随 π 从 0 到 1 增加时的变化. $\mathscr{R}_v(\pi) = 1$ 的所有曲线都交于一点 (ϕ_{1c}, ϕ_{2c}). 此图来自 [15]

这个结果表明, 存在疫苗效应 (ϕ_1, ϕ_2) 的一个 "下限", 在它以上无论混合方式如何都可根除传染. 同样也提供了疫苗效应的 "上限", 在它以下无论混合方式如何都无法根除传染 (见 (5.32) 中对 ϕ_1^* 和 ϕ_2^* 的定义, 对上下限的说明见图 5.2). 对于 "中间水平" 的疫苗接种策略 (ϕ_1, ϕ_2), 混合参数 π_1 和 π_2 在影响疫苗接种策略降低 $\mathscr{R}_v$ 的效果方面起着重要作用. 因此, 在设计疫苗接种策略时, 应考虑小组内部和小组之间的混合模式.

对给定的 $\pi_i(i = 1, 2)$, 可以证明 $\dfrac{\partial \mathscr{R}_v}{\partial \phi_i} < 0$. 当曲线 $\mathscr{R}_v = 1$ 位于区域 D^* 和 Ω^* 之间时, 这条曲线与 ϕ_1 轴和 ϕ_2 轴分别相交于 $(\phi_1^*, 0)$ 和 $(0, \phi_2^*)$, 其中

$$\phi_1^* = 1 - \frac{1 - \mathscr{R}_{02}p_{22}}{\mathscr{R}_{01}p_{11}(1 - \mathscr{R}_{02}p_{22}) + \mathscr{R}_{01}\mathscr{R}_{02}p_{12}p_{21}},$$
$$\phi_2^* = 1 - \frac{1 - \mathscr{R}_{01}p_{11}}{\mathscr{R}_{02}p_{22}(1 - \mathscr{R}_{01}p_{11}) + \mathscr{R}_{22}\mathscr{R}_{01}p_{12}p_{21}}. \tag{5.32}$$

由于对 $i = 1, 2, \mathscr{R}_{0i} > 1$, 有可能 $\mathscr{R}_{01}p_{11} > 1$ 和/或 $\mathscr{R}_{02}p_{22} > 1$. 因此, 有可能 $\phi_1^* > 1$ 和/或 $\phi_2^* > 1$. 当 $\phi_1^* > 1$ 时, 我们知道, 对任何一个接种策略 $(\phi_1, 0)$ 由 $\dfrac{\partial \mathscr{R}_v}{\partial \phi_1} < 1$ 得 $\mathscr{R}_v > 1$. 因此, 如果只对小组 1 接种就不可能根除传染.

上述结果基于控制再生数. 图 5.2 显示了一些模拟结果, 这些结果说明接种疫苗对感染率的影响. 所用的不同优先水平是 $\pi_1 = 0.2$ 和 $\pi_2 = 0.4$, 即第 2 组在他自己的人群中有较高的优先接触. 其他所用的参数值是 $\sigma = 0.03, \alpha = 0.15$(染病期大约 6 天), $a_1 = 12, a_2 = 8, \mu = 0.00016$(在学校大概持续 17 年). 这些值对应于 $\mathscr{R}_{01} = 2.4$ 和 $\mathscr{R}_{02} = 1.6$. 初始条件是 $x_1(0) = \dfrac{S_1(0)}{N_1(0)} = 0.4, y_1(0) = \dfrac{I_1(0)}{N_1(0)} = 0.00002, x_2(0) = \dfrac{S_2(0)}{N_2(0)} = 0.6, y_2(0) = \dfrac{I_2(0)}{N_2(0)} = 0.00002$. 对这组参数, $\phi_1^* = 0.77$ 和 $\phi_2^* \gg 1$. 图 5.2(a) 是对接种策略 $(\phi_1, 0)$, 其中 $\phi_1 = 0.2 < \phi_1^*$, 此时传染病持续存在 $(\mathscr{R}_v = 1.8 > 1)$. 图 5.2(b) 对接种策略 $(\phi_1, 0)$, 其中 $\phi_1 = 0.8 > \phi_1^*$, 此时传染病消亡 $(\mathscr{R}_v = 0.97 < 1)$.

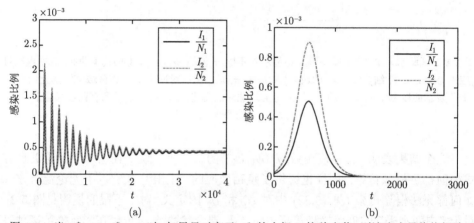

图 5.2 当 $\phi_1^* < 1, \phi_2^* > 1$ 时, 如果只对高于 ϕ_1^* 的小组 1 接种疫苗, 则该疾病最终将根除. (a) $(\phi_1, \phi_2) = (0.2, 0), \phi_1 < \phi_1^* = 0.77$ 疾病持续存在 $(\mathscr{R}_v = 1.8 > 1)$. (b) $(\phi_1, \phi_2) = (0.8, 0)$, $\phi_1 > \phi_1^* = 0.07$, 疾病最终消亡 $(\mathscr{R}_v = 0.97 < 1)$. 材料来自 [15]

例 3 这个例子考虑了一个比 (5.21) 中给出的更一般的优先混合函数. 这是由图 5.3 所示的观察混合模式所引起的. 图 5.3 说明最近在报告 [41] 中收集到的数据, 它揭示了除了同代人之间的混合, 还有父母和孩子之间的优先混合.

此时有 n 个组, 与 (5.21) 类似的函数可以写为

$$p_{ij} = \pi_i \delta_{ij} + (1 - \pi_i) p_j, \quad i, j = 1, 2, \cdots, n, \quad j \neq i, \qquad (5.33)$$

其中

$$p_i = \frac{(1 - \pi_i) a_i N_i}{\displaystyle\sum_{k=1}^{n} (1 - \pi_k) a_k N_k}, \quad i = 1, 2, \cdots, n,$$

其中, 诸 a_i 是接触率, δ_{ij} 是 Kronecker 符号 (即 $i = j$ 时 $\delta_{ij} = 1$, $i \neq j$ 时 $\delta_{ij} = 0$).

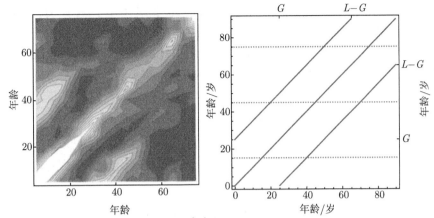

图 5.3 左图显示年龄组之间的接触类型[41]. 亮区域对应于较多的接触水平. 右图显示了示意性的接触矩阵, 该矩阵说明主对角线和非对角线元素, 它们代表了同代人之间、孩子和父母之间的接触, 反之亦然

为了捕获如图 5.3(左) 所示的特征, Glasser 等在 [25] 中将混合函数 (5.33) 扩展到不仅包括沿对角线的优先, 而且还包括如图 5.3(右) 所示的次对角线和超对角线的优先. 这个函数为

$$p_{ij} = \phi_{ij} + \left(1 - \sum_{l=1}^{3} \pi_{li}\right) p_j, \quad p_j = \frac{\left(1 - \sum_{l=1}^{3} \pi_{li}\right) a_j N_j}{\sum_{k=1}^{n} \left(1 - \sum_{l=1}^{3} \pi_{lk}\right) a_k N_k}, \quad (5.34)$$

其中

$$\phi_{ij} = \begin{cases} \delta_{ij}\pi_{1i} + \delta_{i(j+G)}\pi_{2i}, & i \geqslant G, \\ \delta_{ij}\pi_{1i} + \delta_{i(j-G)}\pi_{3i}, & i \leqslant L - G. \end{cases} \quad (5.35)$$

G 是生育时间 (即妇女生育孩子的平均年龄), L 是平均寿命 (即出生时的平均预期寿命), 以及 $L > G$. 参数 $\varepsilon_{1i} - \varepsilon_{3i}$ 分别表示优先与同代人、孩子们 $(j-G)$ 和父母亲 $(j+G)$ 接触的比例, 对应的 δ 函数定义为

$$\delta_{i(j\pm G)} = \begin{cases} 1, & \text{如果 } i = j \pm G, \\ 0, & \text{其他}. \end{cases} \quad (5.36)$$

只有年龄等于或超过 G 的人才能生孩子, 并且只有等于或小于 $L - G$ 年龄的人可以有父母, 但年龄至少为 G 且没有超过 $L - G$ 的人可以同时有孩子和父母.

用 $\Pi_l = (\pi_{l1}, \pi_{l2}, \cdots, \pi_{ln})$, $l = 1, 2, 3$ 表示优先媒介. 当 $\Pi_2 = \Pi_3 = 0$ 时表达式 (5.34) 化为公式 (5.33). 为了便于记号, 我们将指标和实数混合在一起, 但如果年龄级别在 0–4, 5–9, $\cdots$ 和 $G = 25$ 岁, 例如, 用 $i > G$ 表示 $i > 5$ 级. 注意, Π_2 和 Π_3 的非零元素是相关的. 例如, 如果 $G = 25$ 岁, 则

$$a_i N_i \pi_{2i} = a_j N_j \pi_{3j}, \quad i = 6, 7, \cdots, \quad j = i - 5.$$

还要注意, $0 \leqslant \sum_{l=1}^{3} \pi_{li} < 1$.

混合函数在 [25] 中得到了进一步推广, 其中用 Gauss 核代替 (5.36) 中的 δ 函数. δ 公式在数学上很方便, 但不允许同代人的年龄范围随一个年龄变化 (例如, 青少年之间年龄范围明显缩小), 而同代人与父母或子女的年龄范围之间的差异就少得多. 此外, 由于生育的世俗模式, 父母和孩子的年龄范围可能随年龄而变化. 但是 Gauss 公式允许这种变化, 且再现了这些观察到的基本特征. 图 5.4 展示了使用扩展的混合函数观察到的混合模式 (左面板) 与模型结果之间的比较 (右面板).

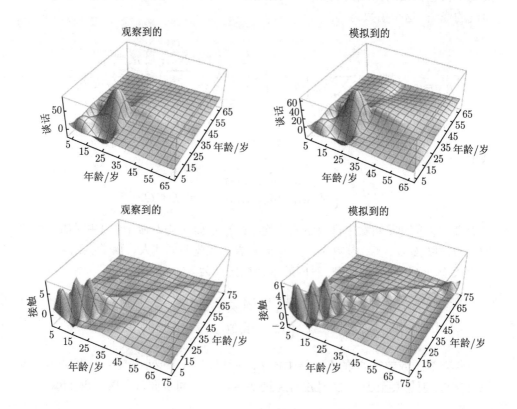

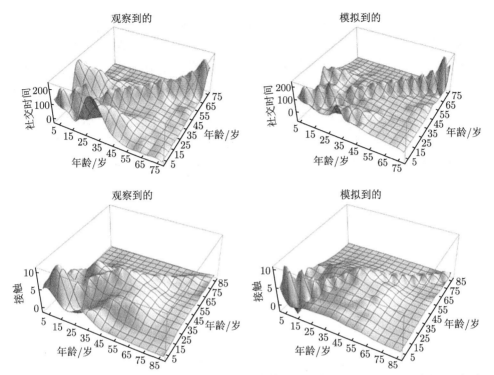

图 5.4 以下四个经验研究 (从上到下) 生成的混合模式的比较：[17, 41, 47, 49](左图) 和拟合模型 (5.34) 和 (5.35)(右图). 插值函数适合于混合矩阵的相应行元素和列元素的几何均值. 此材料来自 [25]

5.3.1 *异质人群中的最佳疫苗分配

异质混合模型的显著优点之一是, 它提供了一种方法来确定人群中疫苗的最佳分配, 尤其是在资源有限的情况下. 考虑一个具有异质混合连接的 n 个小组的元人群, 它由一个 $n \times n$ 矩阵 $P = (p_{ij}), i, j = 1, 2, \cdots, n$ 描述. 下面的模型是 [21, 26, 43] 研究过的,

$$\frac{dS_i}{dt} = (1 - \phi_i)\theta N_i - (\lambda_i + \theta)S_i,$$

$$\frac{dI_i}{dt} = \lambda_i S_i - (\gamma + \theta)I_i,$$

$$\frac{dR_i}{dt} = \phi_i \theta N_i + \gamma I_i - \theta R_i, \qquad (5.37)$$

$$N_i = S_i + I_i + R_i,$$

$$\lambda_i = \sigma a_i \sum_{j=1}^{n} p_{ij} \frac{I_j}{N_j}, \quad i = 1, 2, \cdots, n,$$

其中 ϕ_i 是进入组 i 时已有免疫力的比例, γ 是人均康复率, θ 是进入和离开组 i 的人均比例, 使得总人口 N_i 保持不变. 函数 λ_i 是感染力度, 即组 i 中易感者个体感染的人均危险率, 其中 σ 是与染病者接触的人的感染概率, a_i 是组 i 中的平均接触率 (活动性), p_{ij} 是 i 组成员与 j 组中的成员接触的比例, $\dfrac{I_j}{N_j}$ 是随机遇到组 j 中的是染病者的概率. 具有两个水平混合的类似模型在 [22] 中有研究.

混合矩阵 P 可以按接触率 (a_i)、人口规模 (N_i)、同一组中的优先混合 (π_i) 等合并到异质性问题中. 由于这些异质性, 疫苗接种的最佳组合 ϕ_i 不太可能是均匀的. 通常, 矩阵 P 必须满足以下条件[14]:

$$p_{ij} \geqslant 0, \quad i,j = 1, \cdots, n,$$

$$\sum_{j=1}^{n} p_{ij} = 1, \quad i = 1, \cdots, n, \tag{5.38}$$

$$a_i N_i p_{ij} = a_j N_j p_{ji}, \quad i, j = 1, \cdots, n.$$

一般利用满足条件 (5.38) 的非齐次混合函数是 [30] 中的优先混合函数, 它由下面的关系式给出,

$$p_{ij} = \pi_i \delta_{ij} + (1 - \pi_i) \frac{(1 - \pi_j) a_j N_j}{\displaystyle\sum_{k=1}^{n} (1 - \pi_k) a_k N_k}, \quad i, j = 1, \cdots, n, \tag{5.39}$$

其中 $\pi_i \in [0, 1]$ 是 i 组为其自身保留的比例 (优先混合), 互补的 $(1 - \pi_i)$ 是与未保留包括 (i)(按比例混合) 的接触, 成比例地分布在所有组中. 我们称由 (5.39) 给出的混合当 $\pi_i = 0$ 时为按比例混合, 当 $\pi_i = 1$ 时称为隔离混合 (即组与组之间没有相互作用).

对模型 (5.37), 基本再生数和有效组再生数分别记为 $\mathscr{R}_{0i}$ 和 $\mathscr{R}_{vi}$, 对组 $i(i = 1, 2, \cdots, n)$ 是

$$\mathscr{R}_{0i} = \rho a_i, \quad \mathscr{R}_{vi} = \mathscr{R}_{0i}(1 - \phi_i), \quad i = 1, 2, \cdots, n, \tag{5.40}$$

其中

$$\rho = \frac{\sigma}{\gamma + \theta}.$$

对应于这个元人群模型的下一代矩阵 (NGM) 是

$$K_v = \begin{pmatrix} \mathscr{R}_{v1} p_{11} & \mathscr{R}_{v1} p_{12} & \cdots & \mathscr{R}_{v1} p_{1n} \\ \mathscr{R}_{v2} p_{21} & \mathscr{R}_{v2} p_{22} & \cdots & \mathscr{R}_{v2} p_{2n} \\ \vdots & \ddots & & \vdots \\ \mathscr{R}_{vn} p_{n1} & \mathscr{R}_{vn} p_{n2} & \cdots & \mathscr{R}_{vn} p_{nn} \end{pmatrix}. \tag{5.41}$$

于是, 对这个元人群模型的有效再生数是

$$\mathscr{R}_v = r(K_v),$$

这是非负矩阵 K_v 的谱半径 (由 Perron-Frobenius 定理, 它是最优特征值). 令 $\phi = (\phi_1, \phi_2, \cdots, \phi_n)$. 自然, $\mathscr{R}_v = \mathscr{R}_v(\phi)$ 是 ϕ 的函数. 接种过的总数 $\eta = \sum_{i=1}^{n} \phi_i N_i$. 出于说明需要, 我们假设疫苗效应为 100%. 我们着重关注确定疫苗的最有效的分配 $\phi = (\phi_1, \phi_2, \cdots, \phi_n) \in [0,1]^n$ 以用有限的疫苗量 η 来降低 $\mathscr{R}_v$, 或用最少疫苗接种数达到 $\mathscr{R}_v < 1$(以防止疾病暴发). 更具体地说, 考虑以下两个约束的最优问题:

(I) 在条件 $\ell(\phi) := \sum_{i=1}^{n} \phi_i N_i = \eta$, $\phi \in [0,1]^n$ 下, 使得 $\mathscr{R}_v = \mathscr{R}_v(\phi)$ 最小.

(II) 在条件 $\mathscr{R}_v(\phi) \leqslant 1, \phi \in [0,1]^n$ 下, 使得 $\eta = \sum_{i=1}^{n} \phi_i N_i$ 最小.

仅考虑 $\mathscr{R}_0 = \mathscr{R}_v(0) \geqslant 1$ 情形的最优问题, 因为如果 $\mathscr{R}_0 < 1$ 疾病将不暴发. 如果问题 (I) 的解对给定的 η 值存在, 令 $\Phi^* = \Phi^*(\eta)$ 和 $\mathscr{R}_{v\{\min\}}(\eta)$ 分别表示疫苗接种的最优配置和对应的最小再生数. 设

$$\Omega_\phi^{(n)}(\eta) := \{(\phi_1, \phi_2, \cdots, \phi_n) : \ell(\phi) = \eta\}.$$

于是, 为了使得解 Φ^* 可行, 我们需要有

$$\begin{aligned}
\Phi^*(\eta) &= (\phi_1^*(\eta), \phi_2^*(\eta), \cdots, \phi_n^*(\eta)) \in [0,1]^n, \\
\mathscr{R}_{v\{\min\}}(\eta) &= \min_{\Omega_\phi^n(\eta) \cap [0,1]^n} \mathscr{R}_v = \mathscr{R}_v|_{\Phi^*(\eta)}.
\end{aligned} \tag{5.42}$$

问题 (I) 位于单位超立方体内的最优解必须满足下面的方程

$$\begin{aligned}
\nabla \mathscr{R}_v|_{\Phi^*(\eta)} &= \tilde{\lambda} \nabla \ell = \tilde{\lambda}(N_1, \cdots, N_2), \quad \Phi^*(\eta) \in (0,1)^n, \\
\ell|_{\Phi^*(\eta)} &= \sum_{i=1}^{n} \phi_i^*(\eta) N_i = \eta,
\end{aligned} \tag{5.43}$$

其中常数 $\tilde{\lambda}$ 是拉格朗日乘子.

同样, 如果问题 (II) 的最优解存在, 则对所需的最少疫苗接种数 (用 η_* 表示) 作明确表达或估计界限在实践中是有用的. η_* 的意义是在最优疫苗接种措施下可预防疾病暴发的最小疫苗接种数.

为了求 η_*, 注意, $\mathscr{R}_v(\phi)$ 是 ϕ_i 的单调递减函数, 因此, 是 $\eta = \sum_{i=1}^{n} \phi_i N_i$ 的递

减函数. 因此, 不等式约束 $\mathscr{R}_v(\phi) \leqslant 1$ 可用等式约束 $\mathscr{R}_v(\phi) = 1$ 代替, 从而

$$\eta_* = \min_{\{\mathscr{R}_v(\phi)=1\} \cap [0,1]^n} \ell(\phi).$$

由此得知, η_* 是满足 $\mathscr{R}_{v\{\min\}}(\eta) = 1$ 的 $\eta \in [0,N]$ 的最小值, 而且它可通过求解方程

$$\mathscr{R}_{v\{\min\}}(\eta_*)\mathscr{R}_v|_{P^*(\eta_*)=1} \tag{5.44}$$

得到.

在给出问题 (I) 和 (II) 的最优解的结果之前, 先陈述以下重要结果, 它在 [43] 中有证明, 它涉及一般混合矩阵 (不仅是在 (5.39) 给出的 Jacquez 型优先混合) 的有效再生数 $\mathscr{R}_v$ 的范围.

定理 5.2($\mathscr{R}_v(\phi)$ 的界)　设 P 是非负、可逆、可约矩阵, 使得 $-P^{-1}$ 是本质非负的, 且条件 (5.38) 满足. 那么

(a) $\mathscr{R}_v(\phi)$ 的上下界是

$$\sum_{i=1}^n \omega_i \mathscr{R}_{vi} \leqslant \mathscr{R}_v \leqslant \max\{\mathscr{R}_{v1}, \cdots, \mathscr{R}_{vn}\}, \quad \text{其中} \quad \omega_i = \frac{a_i N_i}{\sum\limits_{k=1}^n a_k N_k}. \tag{5.45}$$

(b) $\mathscr{R}_v(\phi)$ 的上下界分别对应于隔离混合和按比例混合.

对于问题 (I) 和 (II) 的最优解, [43] 中证明, 在 $n = 2$ 的情形, 可得到 Φ^* 和 η^* 的明确表达式, 对 $n > 2$ 的情形, 可以得到它们的上下界.

为了便于叙述, 引入如下符号:

$$\begin{aligned}
\kappa_1 &:= p_{22}\sqrt{N_1 N_2}\mathscr{R}_{02} - N_2\sqrt{p_{12}p_{21}\mathscr{R}_{01}\mathscr{R}_{02}}, \\
\kappa_2 &:= p_{11}\sqrt{N_1 N_2}\mathscr{R}_{01} - N_1\sqrt{p_{12}p_{21}\mathscr{R}_{01}\mathscr{R}_{02}}, \\
\eta_0 &:= N - \frac{\kappa_1 N_1 + \kappa_2 N_2}{\max\{\kappa_1, \kappa_2\}}.
\end{aligned} \tag{5.46}$$

对 (5.39) 中给出的混合, 容易验证下面的事实: 只要 $\pi_i \in (0,1), a_i > 0$ 且 $N_i > 0, i = 1, 2$,

$$|P| = \begin{vmatrix} p_{11} & p_{12} \\ p_{21} & p_{22} \end{vmatrix} = \pi_1\pi_2 + \frac{\pi_1(1-\pi_2)^2 a_2 N_2 + \pi_2(1-\pi_1)^2 a_1 N_1}{(1-\pi_1)a_1 N_1 + (1-\pi_2)a_2 N_2} > 0. \tag{5.47}$$

定理 5.3($n = 2$ 时问题 (I) 的最优解)　将 $\mathscr{R}_v = \mathscr{R}_v(\phi_1, \phi_2)$ 考虑为 ϕ_1 和 ϕ_2 的函数, 令 η_0 和 κ_i 是 (5.46) 中给出的. 假设条件 (5.47) 满足.

(a) 对给定的 η 值, 存在位于单位正方形内的最优点 $\Phi^*(\eta)$, 当且仅当

$$\eta_0 < \eta < N \quad \text{和} \quad \kappa_i > 0, \quad i = 1, 2. \tag{5.48}$$

(b) 对每个 $\eta_0 < \eta < N$, $\Phi^*(\eta)$ 和 $\mathscr{R}_{v\{\min\}}(\eta)$ 的明显公式是

$$\Phi^*(\eta) = (1, 1) - \frac{N - \eta}{\kappa_1 N_1 + \kappa_2 N_2}(\kappa_1, \kappa_2), \tag{5.49}$$

$$\mathscr{R}_{v\{\min\}}(\eta) = |P|\mathscr{R}_{01}\mathscr{R}_{02}\sqrt{N_1 N_2}\frac{N - \eta}{\kappa_1 N_1 + \kappa_2 N_2}. \tag{5.50}$$

(c) 如果 $0 < \eta < \eta_0$, 则最小点 $\Phi^*(\eta)$ 是 $\left(\dfrac{\eta}{N_1}, 0\right)$ 或 $\left(0, \dfrac{\eta}{N_2}\right)$ 这两个边界点之一, 因此

$$\mathscr{R}_{v\{\min\}}(\eta) = \min\left\{\mathscr{R}_v\left(\frac{\eta}{N_1}, 0\right), \mathscr{R}_v\left(0, \frac{\eta}{N_2}\right)\right\}.$$

对 $n > 2$ 的一般情形, 可以利用定理 5.2 推导最小再生数 $\mathscr{R}_{v\{\min\}}(\eta)$ 的上下界. 为了利于生物学解释, 引入以下记号:

$$f_i := \frac{N_i}{N}, \quad 1 \leqslant i \leqslant n \qquad \text{组 } i \text{ 占人口的比例};$$

$$\mathscr{U} := \sum_{i=1}^{n}(1 - \phi_i)f_i \qquad \text{没有接种疫苗的人口比例};$$

$$\hat{\mathscr{R}}_0 := \sum_{i=1}^{n}\mathscr{R}_{0i} \qquad \text{人口的加权再生数}; \tag{5.51}$$

$$\mathscr{R}_0^{\diamond} := \left(\sum_{i=1}^{n}\frac{1}{\mathscr{R}_{0i}}f_i\right)^{-1} \qquad \text{通过小组比例 } f_i \text{ 的 } \mathscr{R}_{0i} \text{ 的加权调和平均};$$

$$\tilde{\mathscr{R}}_0 := \min_i \frac{\mathscr{R}_{0i}^2}{\hat{\mathscr{R}}_0} \qquad \text{尺度化再生数类似}.$$

下面的结果提供了问题 (I) 中的最小 $\mathscr{R}_{v\{\min\}}(\eta)$ 的上下界.

定理 5.4 假设定理 5.2 中的条件成立. 设 $\eta < N$, $\mathscr{U}$, $\hat{\mathscr{R}}_0$, $\mathscr{R}_0^{\diamond}$ 和 $\tilde{\mathscr{R}}_0$ 如 (5.51) 定义.

(a) $\mathscr{R}_{v\{\min\}}(\eta)$ 对 $\phi \in \Omega_p^{(n)}(\eta) \cap [0, 1]^n$ 的上下界是

$$\tilde{\mathscr{R}}_0\mathscr{U} \leqslant \mathscr{R}_{v\{\min\}}(\eta) \leqslant \mathscr{R}_0^{\diamond}\mathscr{U}. \tag{5.52}$$

(b) 如果对所有 i 有 $\mathscr{R}_{0i} > 1$, 则

$$\frac{\eta_*}{N} \leqslant 1 - \frac{1}{\mathscr{R}_0^\diamond}. \tag{5.53}$$

注 根据 (5.51) 中的量的生物学解释, 最优解的上下界有明确的生物学意义. (i) 注意, $\mathscr{R}_0^\diamond$ 和 $\tilde{\mathscr{R}}_0$ 是加权基本再生数. 因子 $\mathscr{U}$ 是总人口中仍然是易感者的比例. 鉴于此, 我们看到, (5.52) 中 $\mathscr{R}_{v\{\min\}}(\eta)$ 的上下界取有效再生数的熟悉形式. (ii) 对 η_* 的上界, 如果所有 $a_i = a$ 都相同, 则有 $\mathscr{R}_0^\diamond = \mathscr{R}_0$, 此时 (5.53) 中的上界变成 $1 - \frac{1}{\mathscr{R}_0}$. 这类似于临界接种率 $\phi_c = 1 - \frac{1}{\mathscr{R}_0}$ 的常用公式, 对此, 接种数是 $\eta_c = \phi_c N = N\left(1 - \frac{1}{\mathscr{R}_0}\right).$

虽然关于混合对再生数的影响的各种观察在前面的研究中已经给出, 但定理 5.2 中给出的结果提供了对应于按比例混合和隔离混合确定的上下界. 对混合矩阵 P 的大类 (不是 Jacquez 型矩阵) 的严格证明可以在 [43] 中找到. May 和 Anderson[36,37] 利用由一个城市和几个村庄组成的元人口模型显示, 相关小组特征的异质性也增加了 $\mathscr{R}_v$. Hethcote 和 van Ark[28] 认为, 人口稠密的城市地区中人与人之间的接触率不应超过人口稀少的农村地区中人与人之间的接触率的两倍. 这个参数值的变化减少了异质性的明显影响. 人口异质性趋向于增加 $\mathscr{R}_0$ 的事实和模型假设按比例混合产生较低的 $\mathscr{R}_0$ 值已被其他研究人员提出过 [1,3,20].

例 4 图 5.5 展示了一个来自 [21] 中的一个例子, 它扩展了 May 和 Anderson 的 [36] 的结论, 即 "在统一应用的免疫计划下, 免疫的总体比例必须大于 (错误地) 假设人群是均匀混合所估计的比例". 考虑 $\mathscr{R}_v = \mathscr{R}_v(\phi_1, \phi_2)$ 作为疫苗接种覆盖率 (ϕ_1, ϕ_2) 的函数. $\mathscr{R}_v$ 的两条等高线图分别针对 (a) 匀质接触 $(a_1 = a_2 = 10)$ 和 (b) 异质接触 $(a_1 = 8, a_2 = 12)$, 其他参数对两个小组都是相同的 $\left(N_1 = N_2, \pi_1 = \pi_2 = 0.6, \sigma = 0.05, \gamma = \frac{1}{7}, \theta = \frac{1}{365 \times 70}\right)$. 注意, 疫苗接种的总数由 $\phi_1 N_1 + \phi_2 N_2$ 给出. 因为 $N_1 = N_2$, 疫苗接种对 (ϕ_1, ϕ_2) 减少到最小, 当且仅当量 $\phi_1 + \phi_2$ 最小. 较粗的曲线是 $\mathscr{R}_v = 1$ 的等高线. 斜率为 -1 的粗虚线为 $\phi_1 + \phi_2 = c$. $c > 0$ 为常数, 在 (a) 中显示对所有其他对 (ϕ_1, ϕ_2), 其中 $\phi_1 + \phi_2 = 2 \times 0.74$. 这表明最优配置是均匀覆盖率 $\phi_1 = \phi_2$. 但是, (b) 中显示完全不同的结果. 特别是对直线 $\phi_1 + \phi_2 = 2 \times 0.74$ 上的所有对 (ϕ_1, ϕ_2) 可使 $\mathscr{R}_v < 1$. 事实上, 存在点 (ϕ_{1c}, ϕ_{2c}), 在此达到最小的 $R_v(\phi_{1c}, \phi_{2c}) = 0.86$. 这表明, 在异质人群中统一的覆盖率 (对所有 i, ϕ_i 都相等) 可能不是最有效的.

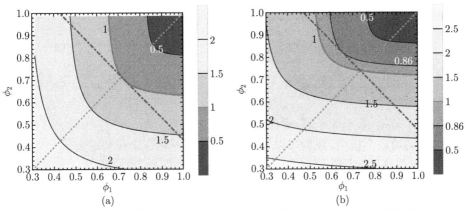

图 5.5 作为 ϕ_1 和 ϕ_2 的函数 $\mathscr{R}_v$ 的等高线. (a) 匀质人群 $(a_1 = a_2)$, (b) 异质人群 $(a_1 \neq a_2)$. 对两个图像 $\pi_1 = \pi_2$ 和 $N_1 = N_2$. 粗实线表示等高线 $\mathscr{R}_v = 1$. 灰虚线和黑虚线分别对应于 $\phi_1 = \phi_2$ 和 $\phi_1 + \phi_2 = 2 \times 0.74$. 直线 $\phi_1 + \phi_2 = c$ $(c > 0$ 为常数) 上的所有点 (ϕ_1, ϕ_2) 对应于相同的总疫苗接种剂量. 此材料来自 [21]

5.4 异质混合的染病年龄模型

基本的染病年龄模型通过允许模型中任意数量的阶段以及每个阶段中的任意持续分布来扩展简单的 SIR 流行病模型. 但是, 这不包括具有不同活动水平的小组以及小组之间的异质混合的可能性. 这种可能性可以包含在感染模型的异质混合年龄中. 与匀质混合模型一样, 在以下几个方面, 染病年龄的方法比简单模型更普遍. 染病年龄模型允许在仓室中持续的任意分布和仓室的任意顺序. 此外, 它们还允许可变的传染性. 这可以包含在核 $A(s)$ 中, 从而导致描述传染性的传染性函数 $\varphi(t)$, 而不是简单地计算染病者数目.

如在上一节, 我们分别考虑规模为 N_1 和 N_2 的两个小组, 每一组又划分为带有下标的易感者成员和染病者成员. 假设 $A_i(s)$ 是先前在 s 个时间单位传染过的个体的平均传染性, a_1 和 a_2 是两个小组的接触率. 也有必要描述两个组的混合. 假设组 i 的成员与组 j 的成员接触的比例为 $p_{ij}, i, j = 1, 2$. 于是

$$p_{11} + p_{12} = p_{21} + p_{22} = 1.$$

两个组的模型可以描述可能受感染影响而具有不同活动水平的一个群体. 因此, $a_1 \neq a_2$, 但 $A_1(s) = A_2(s)$. 也可描述一个已经接种过疫苗对抗感染的一个组的群体, 因此, 两个组有相同的活动水平但有不同的疾病模型参数. 此时 $a_1 = a_2$, 但 $A_1(\tau) \neq A_2(\tau)$. 在这个模型中组与组之间的易感性和传染性的任何差别都包含在因子 $A_1(s)$ 和 $A_2(s)$ 中.

具有两个子组的染病年龄模型是

$$S_i' = -a_i S_i \left[\frac{p_{ii}}{N_i} \varphi_i + \frac{p_{ij}}{N_j} \varphi_j \right],$$

$$\varphi_i = \int_0^\infty [-S_i'(t-\tau)] A_i(\tau) d\tau, \quad i,j = 1,2, \quad i \neq j,$$

其中, $\varphi_i(t)$ 是组 $i(i = 1,2)$ 染病者成员的总传染性.

如对匀质混合模型, 我们可以仅利用 S_i 的方程将这个模型写为

$$S_i'(t) = -a_i S_i(t) \left[\frac{p_{ii}}{N_i} \int_0^\infty A_i(s) S_i'(t-s) ds + \frac{p_{ij}}{N_j} \int_0^\infty A_j(s) S_j'(t-s) ds \right],$$
$$i,j = 1,2, \quad i \neq j.$$

$$(5.54)$$

下一代矩阵是

$$P = \begin{bmatrix} a_1 p_{11} \int_0^\infty A_1(s) ds & a_1 p_{12} \dfrac{N_1}{N_2} \int_0^\infty A_2(s) ds \\ a_2 p_{21} \dfrac{N_2}{N_1} \int_0^\infty A_1(s) ds & a_2 p_{22} \int_0^\infty A_2(s) ds \end{bmatrix}.$$

矩阵 P 与矩阵 $Q = R^{-1} P R$ 相似, 其中

$$R = \begin{bmatrix} N_1 & 0 \\ 0 & N_2 \end{bmatrix}$$

和

$$Q = \begin{bmatrix} a_1 p_{11} \int_0^\infty A_1(s) ds & a_1 p_{12} \int_0^\infty A_2(s) ds \\ a_2 p_{21} \int_0^\infty A_1(s) ds & a_2 p_{22} \int_0^\infty A_2(s) ds \end{bmatrix}.$$

因此 $\mathscr{R}_0$ 是

$$\det \begin{bmatrix} a_1 p_{11} \int_0^\infty A_1(s) ds - \lambda & a_1 p_{12} \int_0^\infty A_2(s) ds \\ a_2 p_{21} \int_0^\infty A_1(s) ds & a_2 p_{22} \int_0^\infty A_2(s) ds - \lambda \end{bmatrix} = 0 \quad (5.55)$$

的最大根.

为了得到入侵准则, 最初当 $S_1(t)$ 接近于 $S_1(0) = N_1$ 和 $S_2(t)$ 接近于 $S_2(0) = N_2$ 时我们用 N_1, N_2 分别代替 $S_1(t)$ 和 $S_2(t)$, 给出一个线性系统, 这个线性系统有解 $S_i(t) = N_i e^{rt} (i = 1,2)$ 的条件是

$$1 = a_i p_{i1} \int_0^\infty e^{-rs} A_1(s) ds + a_i p_{i2} \int_0^\infty e^{-rs} A_2(s) ds, \quad i = 1, 2. \qquad (5.56)$$

开始的指数增长率是方程

$$\det \begin{bmatrix} a_1 p_{11} \int_0^\infty e^{-rs} A_1(s) ds - 1 & a_1 p_{12} \int_0^\infty e^{-rs} A_2(s) ds \\ a_2 p_{21} \int_0^\infty e^{-rs} A_1(s) ds & a_2 p_{22} \int_0^\infty e^{-rs} A_2(s) ds - 1 \end{bmatrix} = 0 \qquad (5.57)$$

的解 r.

在按比例混合的特殊情形, 其中 $p_{11} = p_{21}, p_{12} = p_{22}$, 因此 $p_{12} p_{21} = p_{11} p_{22}$, 基本再生数为

$$\mathscr{R}_0 = a_1 p_{11} \int_0^\infty A_1(s) ds + a_2 p_{22} \int_0^\infty A_2(s) ds,$$

方程 (5.57) 化为

$$a_1 p_{11} \int_0^\infty e^{-rs} A_1(s) ds + a_2 p_{22} \int_0^\infty e^{-rs} A_2(s) ds = 1. \qquad (5.58)$$

存在流行病, 当且仅当 $\mathscr{R}_0 > 1$.

在两组具有相同传染性分布, 但可以有不同的活动水平, 并可能容易受到感染的特殊情形, 此时 $A_1(s) = A_2(s) = A(s)$, $\mathscr{R}_0$ 是方程

$$\det \begin{bmatrix} a_1 p_{11} \int_0^\infty A_1(s) ds - \lambda & a_1 p_{12} \int_0^\infty A_2(s) ds \\ a_2 p_{21} \int_0^\infty A_1(s) ds & a_2 p_{22} \int_0^\infty A_2(s) ds - \lambda \end{bmatrix} = 0$$

的最大根, 初始指数增长率是方程

$$\det \begin{bmatrix} a_1 p_{11} \int_0^\infty e^{-rs} A_1(s) ds - 1 & a_1 p_{12} \int_0^\infty e^{-rs} A_2(s) ds \\ a_2 p_{21} \int_0^\infty e^{-rs} A_1(s) ds & a_2 p_{22} \int_0^\infty e^{-rs} A_2(s) ds - 1 \end{bmatrix} = 0 \qquad (5.59)$$

的解 r.

比较方程 (5.55) 和 (5.59), 我们看到, $\dfrac{\mathscr{R}_0}{\displaystyle\int_0^\infty A(\tau) d\tau}$ 和 $\dfrac{1}{\displaystyle\int_0^\infty e^{-rt} A(\tau) d\tau}$ 的每

一个是矩阵

$$\begin{bmatrix} a_1 p_{11} & a_1 p_{12} \\ a_2 p_{21} & a_2 p_{22} \end{bmatrix}$$

的最大特征值, 即方程

$$x^2 - (a_1 p_{11} + a_2 p_{22})x + a_1 a_2 (p_{11} p_{12} - p_{12} p_{21}) = 0$$

的最大根.

因此

$$\frac{\mathscr{R}_0}{\displaystyle\int_0^\infty A(s)ds} = \frac{1}{\displaystyle\int_0^\infty e^{-rs} A(s)ds},$$

这意味着与匀质混合模型有相同的关系式. 因此, 如果我们假设是异质混合, 则从对初始指数增长率的观察得到再生数的相同估计, 这个结论对具有不同接触率的任意个数的组也保持成立. 由初始指数增长率估计基本再生数不依赖于模型的异质性. 这个结果不能推广到情形 $A_1(s) \neq A_2(s)$, 但对具有不同接触率的任意个数组保持成立.

5.4.1 异质混合流行病的最后规模

通过匀质混合, 可将基本再生数信息转化为流行病最后规模信息. 但是, 用异质混合, 即使在最简单的按比例混合情况下, 流行病的规模也不能由基再生数唯一确定.

对异质混合模型 (5.54), 存在一对最后规模关系. 我们将对 (5.54) 中的 S_1 方程除以 $S_i(t)$ 并关于 t 从 0 到 ∞ 积分. 如对匀质混合模型的最后规模关系的推导, 得到一对可对 $S_1(\infty)$ 和 $S_2(\infty)$ 求解的最后规模关系

$$\log \frac{S_i(0)}{S_i(\infty)} = \sum_{j=1}^2 \left[a_i \frac{p_{ij}}{N_j} (N_j - S_j(\infty)) \int_0^\infty A_j(s)ds \right], \quad i = 1, 2. \tag{5.60}$$

方程组 (5.60) 有唯一解 $(S_1(\infty), S_2(\infty))$. 为了证明这一点, 定义

$$g_i(x_1, x_2) = \log \frac{S_i(0)}{x_i} - a_i \sum_{j=1}^2 p_{ij} \left[1 - \frac{x_j}{N_j} \right] \int_0^\infty A_j(s)ds.$$

(5.60) 的解是方程组

$$g_i(x_1, x_2) = 0, \quad i = 1, 2$$

的解 (x_1, x_2).

对每个 $x_2, g_1(0^+, x_2) > 0, g_1(S_1(0), x_2) < 0$. 同样, 作为 x_1 的函数, $g_1(x_1, x_2)$ 开始递减或者递增, 然后递增到 $x_1 = S_1(0)$ 时的负值. 因此对每个 $x_2 < s_2(0)$, 存在唯一的 $x_1(x_2)$, 使得 $g_1(x_1(x_2), x) = 0$. 同样, 由于 $g_1(x_1, x_2)$ 是 x_2 的递减函数, 函数 $x_1(x_2)$ 递增. 现在, 由于 $g_2(x_1, 0^+) > 0, g_2(x_1, S_2(0)) < 0$, 存在 x_2 使得 $g_2(x_1(x_2), x_2) = 0$. 同样, $g_2(x_1(x_2), x_2)$ 或者单调递减, 或者开始递减然后递增到 $x_2 = S_2(0)$ 时的负值. 因此, 这个解是唯一的. 这意味着

$$(x_1(x_2), x_2)$$

是最后规模关系的唯一解.

数值模拟指出, 与具有相同基本再生数的匀质混合相比, 具有异质混合的模型可以给出非常不同的流行病规模. 如果在模型中存在异质性, 流行病模型的再生数就不足以确定流行病规模. 我们猜测, 对于给定的基本再生数, 任何混合的最大流行病规模都是通过匀质混合得到的.

假设参数 $N_1, N_2, \int_0^\infty A(\tau)d\tau$ 保持固定, 而试图将 $S_1(\infty) + S_2(\infty)$ 最小化为 a_1, a_2 的函数 (a_1, a_2 受约束保持 $p_1 a_1 + p_2 a_2 = k$ 固定, p_1, p_2 按比例混合指定). 匀质混合对应于 $a_1 = a_2$.

与 a_1, a_2 相关的约束意味着

$$\frac{da_2}{da_1} = \frac{2a_1 - k}{k - 2a_2} \cdot \frac{N_1}{N_2},$$

当 $a_1 = a_2 = k$ 时, 我们有

$$\frac{da_2}{da_1} = -\frac{N_1}{N_2}.$$

同样, 当 $a_1 = a_2$ 时

$$p_1 = \frac{N_1}{N_1 + N_2}, \quad p_2 = \frac{N_2}{N_1 + N_2}, \quad \frac{S_1}{N_1} = \frac{S_2}{N_2}, \quad \frac{dp_1}{da_1} = \frac{N_1}{kN}.$$

如果关于 a_1 微分, 当 $a_1 = a_2$ 时可计算得到

$$\frac{d[S_1(\infty) + S_2(\infty)]}{da_1} = 0.$$

我们相信, $a_1 + a_2$ 是 $S_1(0) + S_2(0)$ 的唯一临界点, 尽管我们还不能解析验证这点. 如果 $a_1 + a_2$ 是 $S_1(0) + S_2(0)$ 的唯一临界点, 这个临界点必须是最小的. 我们猜

测, 如果允许任意混合, 这个结果也成立, 就是说, 我们猜测, 对给定的基本再生数值, 任何混合的流行病的最大规模都可通过匀质混合得到.

虽然我们将对异质混合情况的描述局限在两个组的模型中, 但扩展到任意个数的组也很简单. 我们建议对大流行病在预先计划时, 可考虑不同治疗率的组的数量应该决定模型中要使用的组数. 另一方面, 要考虑的组数也应取决于数据的数量和可靠性, 这两个标准可能矛盾. 如果一个模型的组数较少, 而参数选择为组数较多的模型的参数的加权平均值, 那么该模型的预测结果可能与更详细模型的预测结果非常相似. 我们还建议, 当疾病死亡率较低时, 使用总人口规模为常数的假设的模型的最后规模关系是一个节省时间的好方法.

我们已经看到, 在匀质混合情形, 对初始指数增长率和染病期分布的了解足以确定基本再生数, 从而确定流行病的最后规模. 而在异质混合的情况下, 初始指数增长率和染病期分布的信息足以确定基本再生数, 但不能确定流行病的最后规模.

这就提出了一个问题: 如果混合是异质的, 那应该在疾病暴发初期测量哪些额外的信息才足以确定流行病的最后规模.

假设 $A_1(s), A_2(s)$ 和矩阵

$$M = \left[\begin{array}{cc} p_{11} & p_{12} \\ p_{21} & p_{22} \end{array} \right]$$

已知. 下一代矩阵是

$$K = \left[\begin{array}{cc} a_1\dfrac{p_{11}}{N_1} \displaystyle\int_0^\infty A_1(s)ds & a_1\dfrac{p_{12}}{N_2} \displaystyle\int_0^\infty A_2(s)ds \\ a_2\dfrac{p_{21}}{N_1} \displaystyle\int_0^\infty A_1(s)ds & a_2\dfrac{p_{2,2}}{N_2} \displaystyle\int_0^\infty A_2(s)ds \end{array} \right],$$

$\mathscr{R}_0$ 是这个矩阵的最大 (正) 特征值. 存在对应的具正分量的特征向量

$$\boldsymbol{u} = \left[\begin{array}{c} u_1 \\ u_2 \end{array} \right].$$

由于这个特征向量的分量给出了两组最初感染病例的比例, 因此希望能够从早期暴发的疫情数据确定这一特征向量是合理的.

一般的最后规模关系是

$$\log \frac{S_i(0)}{S_i(\infty)} = \sum_{j=1}^2 \left[a_i p_{ij} \left(1 - \frac{S_j(\infty)}{N_j} \right) \int_0^\infty A_j(s)ds \right], \quad i = 1, 2.$$

如果接触率 a_1, a_2 能够从有用信息中确定, 则从这些方程就可解出 $S_1(\infty), S_2(\infty)$.

以 (u_1, u_2) 为分量的向量 $\boldsymbol{u}$ 是对应于特征值 $\mathcal{R}_0$ 的下一代矩阵的特征向量的条件是

$$a_i(p_{i1}u_1 + p_{i2}u_2)\int_0^\infty A_i(s)ds = \mathcal{R}_0 u_i, \quad i = 1, 2,$$

因为假设函数 $A(\tau)$, 向量 $\boldsymbol{u}$ 和混合矩阵 (p_{ij}) 是已知的, 从这两个方程就可确定 a_1 和 a_2.

在向量记号下, 如果定义列向量

$$\boldsymbol{a} = \left[\begin{array}{c} a_1 \\ a_2 \end{array} \right]$$

和行向量

$$\boldsymbol{M}_j = \left[\begin{array}{cc} p_{j1} & p_{j2} \end{array} \right],$$

则有

$$a_j = \frac{\mathcal{R}_0}{\boldsymbol{M}_j \boldsymbol{u} \displaystyle\int_0^\infty A_j(s)ds} u_j.$$

当这些值代入最后规模系统时, $S_1(\infty)$ 和 $S_2(\infty)$ 就可确定. 这个方法可容易地推广到具有任意个数的活动小组.

在现实生活中, 通常有许多群体, 通过数值模拟可以最有效地获得流行病的最后规模. 这里得到的结果更有可能在理论应用中有用, 例如对不同控制策略的比较.

我们可以将情形 $a_1 \neq a_2, A_1(s) = A_2(s)$ 想象为异质混合但没有治疗的疾病模型, 情形 $a_1 = a_2, A_1(s) \neq A_2(s)$ 作为一种均匀混合的疾病模型, 但改变染病期分布的治疗已经应用于部分人群. 当然, 如果治疗还包括也会改变接触率的检疫, 那情形 $a_1 \neq a_2, A_1(s) = A_2(s)$ 也是合适的.

我们建议, 在对流行病进行预先规划时, 针对不同治疗率考虑的组数应该确定模型中要使用的组数. 另一方面, 考虑的组数也应取决于数据的数量和可靠性, 而这两个标准可能是矛盾的. 选择具有较少组和参数的模型作为具有更多组的模型的参数的加权平均, 可以得到与更详细模型的预测非常相似的预测. 我们还建议, 如果疾病死亡率很低, 则在将总人口规模假定为常数的模型中使用最后规模关系是一种节省时间的好方法.

5.5　一些警示

实际的流行病与理想模型 (如 (5.1)) 以及以后考虑的扩展模型有很大不同. 一些明显的区别是:

1. 当意识到流行病已经开始时, 人们很可能会通过避开人群以减少接触, 并更加注意卫生, 以减少接触产生感染的风险来改变其行为.

2. 如果有针对已暴发的疾病的疫苗, 则公共卫生措施将包括对部分人群进行接种疫苗. 可以采取多种疫苗接种策略, 包括为卫生保健工作者和其他一线应对人员接种疫苗, 以及为与确诊染病者有过接触的人员接种疫苗, 或者为与确诊染病者生活密切的人群接种疫苗.

3. 被诊断为染病者的人可能需要住院治疗, 并与其他人群隔离. 隔离可能并不完美; 医院内疾病的传播是 "非典" (SARS) 流行的主要问题.

4. 对已确诊的染病者进行接触追踪可能会发现有感染风险的人, 这些人可能会被隔离 (指示待在家里, 避免他们变成染病者).

5. 在某些疾病中, 尚未出现症状的暴露成员可能已经具有传染性, 这就需要将易感者人群和来自暴露类的无症状感染者之间的接触所引起的新感染纳入模型中.

6. 在 2002 年至 2003 年的 "非典" 流行中, 由于隔离不完善而在医院内将疾病从患者传播给卫生保健工作者或访客占了许多病例. 这表明在疾病传播中必不可少的异质性, 无论何时出现的这种传播风险都必须将其包括在内.

5.6　*案例: 离散模型的再生数

本案例利用下一代矩阵的方法计算离散模型的再生数. 通过采用基于 [2] 中所用的下一代矩阵法, 推导再生数 $\mathscr{R}(\mathscr{R}_0$ 或 $\mathscr{R}_c)$ 的计算公式. 也就是说, 在离散时间情形

$$\mathscr{R} = \rho(F(I-T)^{-1}), \tag{5.61}$$

其中 ρ 表示谱半径, F 是与新染病者相应的矩阵, T 是 $\rho(T) < 1$ 的转移矩阵 (见 [2, 16, 31, 48]). 这里的 F 和 T 仅在无病平衡点对染病者变量计算, 对这些变量的 Jacobi 矩阵是 $F+T$, 假设它是可约的.

考虑简单的 $SEIR$ 离散模型, 该模型在潜伏期和染病期分别具有参数 α 和 $\delta(\alpha < 1, \delta < 1)$ 的几何分布. 这等价于假设每单位时间从 E 到 I 和从 I 到 R 的常数转移概率分别为 $1-\alpha$ 和 $1-\delta$. 模型为

$$S_{n+1} = S_n e^{-\beta \frac{I_n}{N}},$$

$$E_{n+1} = S_n(1 - e^{-\beta \frac{I_n}{N}}) + \alpha E_n, \tag{5.62}$$

$$I_{n+1} = (1 - \alpha)E_n + \delta I_n, \quad n = 1, 2, \cdots.$$

对系统 (5.62), 与新染病者和转移相应的矩阵分别为

$$F = \begin{bmatrix} 0 & \beta \\ 0 & 0 \end{bmatrix} \quad \text{和} \quad T = \begin{bmatrix} \alpha & 0 \\ 1 - \alpha & \delta \end{bmatrix}.$$

于是 $\rho(T) = \max\{\alpha, \delta\}$, 因此

$$\mathscr{R} = \rho(F(I - T)^{-1}) = \frac{\beta}{1 - \delta}. \tag{5.63}$$

问题 1　通过结合对染病者的隔离或住院来扩展模型 (5.62). 对于扩展模型, 利用公式 (5.61) 计算再生数.

问题 2　通过对不同染病阶段 $I_i(i = 1, 2, \cdots)$ 的个体考虑不同的传播率 β_i 来扩展模型 (5.62). 利用公式 (5.61) 计算扩展模型的再生数.

案例 1　下面考虑染病期遵循用 Y 表示的任意离散 (有界) 分布的情形. 令 $q_i = \mathbb{P}(Y > i)$ 和 $\mathbb{P}(Y = i) = q_{i-1} - q_i$. 容易看到, q_i 是一个递减函数, 即 $q_i \geqslant q_{i+1}$. 事实上, $q_0 = 1$ 以及对所有 $m \geqslant M$, $q_m = 0$, 其中 M 是单位时间内个体康复的最大个数.

由于几何分布是唯一无记忆的离散分布, 因此当考虑其他分布时, 有必要跟踪过去以了解现在的值. 事实上, 直接利用下一代矩阵是不可能的, 因为疾病在时间 $n + 1$ 阶段 (S, E 和 I) 不能写为形式

$$[E_{n+1}, I_{n+1}, S_{n+1}]^{\mathrm{T}} = \mathscr{M}\left([E_n, I_n, S_n]^{\mathrm{T}}\right),$$

其中 $\mathscr{M}: \mathbb{R}^3 \to \mathbb{R}^3$. 为了克服这个困难, 可以考虑多个 I 阶段, 这类似于连续模型中用于将 Γ 分布转换为指数分布序列的 "线性链技巧". 因此, 我们引入子类 $I^{(1)}, I^{(2)}, \cdots, I^{(M)}$(图 5.6). 上标 i 对应于感染后的时间, 注意, 这些子类与负二项式模型中的子类 $I^{(i)}$ 不同, 因为这里对一个单位时间个体只能停留在 $I^{(i)}$ 类, 并必须以概率 q_i 进入 $I^{(i+1)}$ 类, 或者以概率 $1 - q_i$ 进入康复类 R.

由图 5.6, 这个模型方程可以写为

$$S_{n+1} = S_n e^{-\sum\limits_{i=1}^{M} \beta_i \frac{I_n^{(i)}}{N}},$$

$$E_{n+1} = S_n \left[1 - e^{-\sum\limits_{i=1}^{M} \beta_i \frac{I_n^{(i)}}{N}}\right] + \alpha E_n, \tag{5.64}$$

$$I_{n+1}^{(1)} = (1 - \alpha)E_n, \quad I_{n+1}^{(2)} = q_1 I_n^{(1)}, \quad I_{n+}^{(j)} = \frac{q_{j-1}}{q_{j-2}} I_n^{(j-1)}, \quad 3 \leqslant j \leqslant M.$$

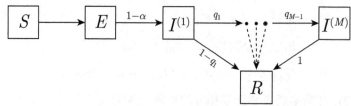

图 5.6　染病期阶段持续时间具有上限为 M 的任意有界分布的情况的转移图. 上标 i 是染病
期阶段年龄, $I^{(i)}$ (对于所有 i) 中的个体可以以某个概率进入康复类 R

其中 β_i 表示在染病阶段 $i, 1 \leqslant i \leqslant M$ 的传播率. 由于 q_i 是染病者个体在变成染病者后 i 个时间单位仍保持染病者的概率, 因此, 从 $I_n^{(2)}$ 到 $I_{n+1}^{(3)}$ 的转移概率由染病者个体在两个时间单位以后仍然是染病者概率给出, 该个体在一个时间单位之前仍是染病者的概率为 $\dfrac{q_2}{q_1}$. 这解释了 $I_{n+1}^{(3)}$ 方程, 类似地, 可解释 $I_{n+1}^{(j)}, 3 \leqslant j \leqslant M$ 方程.

问题 1　对依赖于阶段的传播率情形, 证明

$$\mathscr{R}_0 = \rho(F(I - F)^{-1}) = \sum_{i=1}^{M} \beta_i q_{i-1}. \tag{5.65}$$

问题 2　从基本再生数的生物学定义推导 $\mathscr{R}_0$. 提示: 利用分布 Y 有上界 M, 以及对给定函数 f

$$\sum_{m=1}^{M} \mathbb{P}(Y = m) f(m) = \mathbb{E}(f(Y))$$

的事实. 从生物学定义 $\left(\text{其中 } f(m) = \sum_{i=1}^{m} \beta_i\right)$ 的再生数是 $\mathscr{R} = \sum_{i=0}^{M-1} \beta_{i+1} q_i$.

公式 (5.63) 也可用于各种异质性模型. 考虑一个包含两个子群 (女性和男性人群) 的模型, 他们有不同方式的混合 (即, 同性之间没有性接触). 假设女性和男性人群的染病期分别遵循由 Y_f 和 Y_m 表示的任意离散 (有界) 分布. 其中下标 f 和 m 分别表示女性和男性. 设 $q_{f,i} = \mathbb{P}(Y_f > i)$ 和 $q_{m,i} = \mathbb{P}(Y_m > i)$, $q_{f,0} = q_{m,0} = 1$, 两个分布的上界 (即单位时间个体康复的最大数) 为 $M_w, w = f, m$.

模型方程是

$$S_{w,n+1} = S_{w,n} e^{-\sum\limits_{i=1}^{M_{\widetilde{w}}} \beta_{\widetilde{w},i} \frac{I_{\widetilde{w},n}^{(i)}}{N}},$$

$$E_{w,n+1} = S_{w,n} \left[1 - e^{-\sum\limits_{i=1}^{M_{\widetilde{w}}} \beta_{\widetilde{w},i} \frac{I_{\widetilde{w},n}^{(i)}}{N}}\right] + \alpha_w E_{w,n},$$

$$I_{w,n+1}^{(1)} = (1-\alpha_w)E_{w,n}, \quad I_{w,n+1}^{(2)} = q_{w,1}I_{w,n}^{(1)},$$

$$I_{w,n+1}^{(j)} = \frac{q_{w,j-1}}{q_{w,j-2}}I_{w,n}^{(j-1)}, \quad 3 \leqslant j \leqslant M_w, \quad w = f, m,$$

其中 $\widetilde{w}$ 表示 w 的异性, 即 $\widetilde{f} = m, \widetilde{m} = f$. 常数 $\beta_{\widetilde{f},i}(\beta_{\widetilde{m},i})$ 表示通过在年龄 i 阶段的染病男性 (女性) 个体传播给女性 (男性) 个体的传染率.

问题 3 证明再生数为

$$\mathscr{R} = \rho(F(I-T)^{-1}) = \sqrt{\left(\sum_{i=1}^{M_f}\beta_{f,i}q_{f,i-1}\right)\left(\sum_{i=1}^{M_m}\beta_{m,i}q_{m,i-1}\right)}. \tag{5.66}$$

(5.66) 中的平方根是以下事实的结果: 继发性染病需要通过男性 (女性) 人员从一个女性 (男性) 人员到其他女性 (男性) 人员之间进行计算.

提示 考虑变量的顺序

$$(E_{f,n}, I_{f,n}^{(1)}, I_{f,n}^{(2)}, \cdots, I_{f,n}^{(M_f)}, E_{m,n}, I_{m,n}^{(1)}, I_{m,n}^{(2)}, \cdots, I_{m,n}^{(M_m)}).$$

首先证明

$$F(I-T)^{-1} = \begin{bmatrix} 0 & F_m(I-T_m)^{-1} \\ F_f(I-T_f)^{-1} & 0 \end{bmatrix},$$

其中

$$F_w(I-T_w)^{-1} = \begin{bmatrix} \displaystyle\sum_{i=1}^{M_w}\beta_{w,i}q_{w,i-1} & \displaystyle\sum_{i=1}^{M_w}\beta_{w,i}q_{w,i-1} & \cdots & \beta_{w,M_w} \\ 0 & 0 & \cdots & 0 \\ \vdots & \vdots & \ddots & \vdots \\ 0 & 0 & \cdots & 0 \end{bmatrix}, \quad w = f, m.$$

参考文献 [2, 16, 31, 48].

5.7 *案例: 模拟 HIV 与 HSV-2 之间的约同作用

考虑以下的 HSV-2 模型, 其中包括一个男性群体 (以下标 m 表示) 和一个具

有两个代表低风险和高风险人群的子组的女性人群 (分别用下标 f_1 和 f_2 表示):

$$\frac{dS_i}{dt} = \mu_i N_i - \lambda_i(t)S_i - \mu_i S_i,$$

$$\frac{dA_i}{dt} = \lambda_i(t)S_i + \gamma_i(\theta_i)L_i - (\omega_i + \theta_i + \mu_i)A_i, \tag{5.67}$$

$$\frac{dL_i}{dt} = (\omega_i + \theta_i)A_i - (\gamma_i(\theta_i) + \mu_i)L_i, \quad i = m, f_1, f_2,$$

其中 $\lambda_i(t)(i = m, f_1, f_2)$ 是由下式给出的感染力度函数

$$\lambda_m(t) = \sum_{i=1}^{2} b_m c_i \beta_{f_i m} \frac{A_{f_i}}{N_{f_i}},$$

$$\lambda_{f_j}(t) = b_{f_j} \beta_{m f_j} \frac{A_m}{N_m}, \quad j = 1, 2 \tag{5.68}$$

和 $N_i = S_i + A_i + L_i, i = m, f_1, f_2$. 每个组 $i(i = m, f_1, f_2)$ 分为三个子组: 易感的 (S_i), 仅感染急性 HSV-2 的 (A_i), 仅感染潜伏的 HSV-2 的 (L_i). 假设每组中的人群是匀质的, 即每组内的个体具有相同染病期、相同免疫持续时间和相同接触率. 图 5.7 描绘了第 i 组中的这些流行病学类之间的转移.

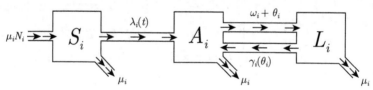

图 5.7   子群 $i(i = m, f_1, f_2)$ 对 HSV-2 的转移图

对每个子群 $i(i = m, f_1, f_2)$, 有 μ_i 的人均补充率进入易感人群. 对所有类, 退出性活跃人群的人均率 μ_i 是常数, 因此, 第 i 组的总人口在所有时间都保持固定不变. 第 i 组的易感者感染 HSV-2 的比例为 $\lambda_i(t)$. 在 i 组的这些人在传染 HSV-2 后进入 A_i 类 (在 A_i 停留时间为 ω_i) 成为潜伏的 L_i. 在具有潜伏的 HSV-2 的个体中适当刺激后可以以 γ_i 的发生率再活动. 最后, A_i 的个体的抗病毒治疗率记为 θ_i. 由于抗病毒药物也会抑制潜在 HSV-2 的再复活, 因此我们假设具有 HSV-2 潜在的再激活率是 θ_i 的递减函数, 用 $\gamma_i(\theta_i)$ 表示.

对传染力 $\lambda_i(t)(i = m, f_1, f_2)$, b_i 是第 i 组中的个体获得新性伴侣的比例 (也称为接触率), c_j 表示男性在第 j 组 $(j = f_1, f_2)$ 选择女性性伴侣的概率. 于是 $c_1 + c_2 = 1$. 为了方便表示, 令

$$c_1 = c, \quad c_2 = 1 - c.$$

总之, 男性在 $j(j = 1, 2)$ 组获得女性伴侣数应等于女性在 $j(j = 1, 2)$ 组获得的男性伴侣数. 由这些观察结果得到以下平衡条件:

$$b_m c N_m = b_{f_1} N_{f_1}, \quad b_m(1 - c)N_m = b_{f_2} N_{f_2}. \tag{5.69}$$

为了保证满足 (5.69) 中的约束条件, 在数值模拟中假设 b_m 和 c 是固定常数, b_{f_1} 和 b_{f_2} 随 N_m, N_{f_1} 和 N_{f_2} 变化. 参数 $\beta_{im}(\beta_{mi}), i = f_1, f_2$ 是第 i 组感染急性 HSV-2 的女性与易感男性之间 (第 i 组感染急性 HSV-2 的男性与易感女性之间) 的每个伴侣的 HSV-2 的传播概率.

问题 1 令 R_{mf_jm} 表示组 $f_j(j = 1, 2)$ 中男性个体通过女性产生的男性继发性平均染病数. 证明

$$\mathscr{R}_{mf_jm} = \sqrt{\frac{b_{f_j}\beta_{mf_j}}{\omega_m + \theta_m + \mu_m} \cdot P_m \cdot \frac{b_m c_j \beta_{f_jm}}{\omega_{f_j} + \theta_{f_j} + \mu_{f_j}} \cdot p_{f_j}}, \quad j = 1, 2,$$

其中 $P_i(i = m, f_1, f_2)$ 表示组 i 中的个体在急性期 (A) 的概率, 它是

$$P_i = \frac{(\omega_i + \theta_i + \mu_i)(\gamma_i(\theta_i) + \mu_i)}{[\gamma_i^L(\theta_i) + \omega_i + \theta_i + \mu_i]\mu_i}, \quad i = m, f_1, f_2. \tag{5.70}$$

问题 2 设 $\mathscr{R}$ 表示整个人群的总再生数.

(a) 证明

$$\mathscr{R} = \sqrt{(\mathscr{R}_{mf_1m})^2 + (\mathscr{R}_{mf_2m})^2}, \tag{5.71}$$

其中 $\mathscr{R}_{mf_jm}(j = 1, 2)$ 是问题 1 中给出的.

(b) 提供方程 (5.71) 右端表达式的生物学解释.

问题 3 设 E_0 表示系统 (5.67) 的无病平衡点, E^* 表示地方病平衡点.

(a) 证明当 $\mathscr{R} < 1$ 时 E_0 局部渐近稳定, 当 $\mathscr{R} > 1$ 时它不稳定.

(b) 选择函数 $\gamma(\theta)$ 为以下形式: $\gamma_i(\theta_i) = \dfrac{\gamma_i(0)\alpha_i}{\alpha_i + \theta_i}$. 通过数值模拟证明, 当 $\mathscr{R} > 1$ 时存在 E^* 且局部渐近稳定. 考虑情形 $c > 0.5$, 例如 $c = 0.9(90\%$ 的男性与低风险女性组接触). 由于约束 (5.69), b_i 和 N_i 不是独立的. 选择 $b_m = 0.1, b_{f_1} = 0.0901, b_{f_2} = 9.01\left(\text{如此 } \dfrac{b_{f_2}}{b_{f_1}} = 100\right), N_m = N_{f_1} + N_{f_2} = 10^7$(例如, $N_{f_1} = 9.9889 \times 10^6, N_{f_2} = 1.1099 \times 10^4$). 考虑不进行治疗的情况, 即 $\theta = 0$, 其他参数值是 $\omega = 2.5, \gamma_m(0) = 0.436, \gamma_{f_1} = \gamma_{f_2} = 0.339, \alpha_i = 2$. 时间单位为月.

(c) 数值解释治疗 θ 的功效. 考虑各种情况, 例如治疗仅对一个小组 (男性、低风险女性或者高风险男性) 进行. 根据治疗对 HSV-2 患病率的影响, 总结观察到的结果.

5.8 案例: 异质性对再生数的影响

考虑元人口模型 (5.37), 其中包括在 n 个子群中疫苗接种的覆盖率 $\phi = (\phi_1,$ $\phi_2, \cdots, \phi_n)$. 正如在 5.3.1 节中指出的几种异质性, 包括活动性 (a_i)、子群规模 (N_i)、在子人群 (π_i) 中混合的偏好可能会影响最佳疫苗接种策略. 在本案例中, 我们将更详细地研究在 $n = 2$ 的情况下这些异质性如何影响 $\mathscr{R}_v$, 以及如何选择 (ϕ_1, ϕ_2) 将 $\mathscr{R}_v$ 降低到一定水平以下. 例如, 图 5.8 显示, 在 (ϕ_1, ϕ_2) 平面中, 情形 (a) 按比例混合 $(\pi_1 = \pi_2 = 0)$ 和 (b) 优先混合 $(\pi_i > 0)$ 的 $\mathscr{R}_v < 1$ 的不同参数区域.

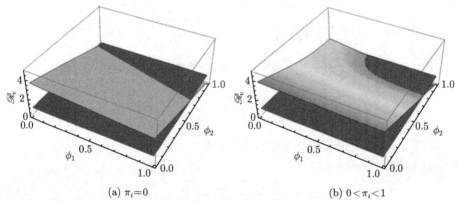

图 5.8 对于 (a) 比例混合 $(\pi_i = 0,$ 无优先选择) 和 (b) 优先混合 $(\pi_i > 0)$, $\mathscr{R}_v$ 作为 ϕ_1 和 ϕ_2 的函数的图. 在与暗平面相交处或以下的值 $\mathscr{R}_v = 1$, 这是 $\phi_i(i = 1, 2)$ 的组合, 在该处, 人群免疫力达到或超过此阈值

对下面的问题 1—3, 令 $\sigma = 0.05, \gamma = \frac{1}{7}$.

问题 1 对下面 (a) 和 (b) 的情形, 确定每个情形的基本再生数 $\mathscr{R}_0$. 描述优先混合和异质活动性如何影响异质活动性对 $\mathscr{R}_0$ 的影响. 令 $N_1 = N_2 = 50$, 确定每种情况下的 $\mathscr{R}_0$ 值.

(a) 匀质活动性: $a_1 = a_2 = 10(a_1 + a_2 = 20)$.

(i) 无优先: $\pi_1 = \pi_2 = 0$.

(ii) 匀质优先: $\pi_1 = \pi_2 = 0.5$.

(iii) 异质优先: $\pi_1 = 0.25, \pi_2 = 0.75$ 和 $\pi_1 = 0.75, \pi_2 = 0.25$.

(b) 异质活动性: $a_1 = 8$ 和 $a_2 = 12(a_1 + a_2 = 20)$.

重复 (a) 中的 (i)—(iii).

问题 2 与问题 1 相同, 但在活动性 a_i 和人群规模 N_i 中都考虑异质性. 给

定 $N_1 + N_2 = N = 1000$ 和 $a_1 = 5, a_2 = 10$. 对下面两个情形重复问题 1(a) 中的 (i)—(iii).

(a) 匀质人群规模: $N_1 = N_2 = 0.5N$.

(b) 异质人群规模: $N_1 = 0.1N$ 和 $N_2 = 0.9N$.

问题 3 考虑将有效再生数视为疫苗接种覆盖率 (ϕ_1, ϕ_2) 的函数 $\mathscr{R}_v(\phi_1, \phi_2)$.

(a) 对下面的参数集: $\pi_1 = \pi_2 = 0.3, a_1 = 15, a_2 = 12, N_1 = 1100, N_2 = 900$, 求最佳解 $\Phi^* = (\phi_1^*, \phi_2^*)$. 给出疫苗接种数为 $\phi_1 N_1 + \phi_2 N_2 = 990$.

(b) 最小值 $\mathscr{R}_{v\{\min\}} = \mathscr{R}_v(\Phi^*)$ 是多少?

参 考 文 献

[1] Adler, F.R. (1992) The effects of averaging on the basic reproduction ratio, Math Biosci., 111(1): 89-98.

[2] Allen, L.J. and P. van den Driessche (2008) The basic reproduction number in some discretetime epidemic models, J. Diff. Equ. App., 14: 1127-1147.

[3] Andersson, H. & T. Britton. (1998) Heterogeneity in epidemic models and its effect on the spread of infection, J. Appl. Prob., 35: 651-661.

[4] Arino, J., F. Brauer, P. van den Driessche, J. Watmough & J. Wu (2006) Simple models for containment of a pandemic, J. Roy. Soc. Interface, 3: 453-457.

[5] Arino, J., F. Brauer, P. van den Driessche, J. Watmough & J. Wu (2007) A final size relation for epidemic models, Math. Biosc. & Eng., 4: 159-176.

[6] Arino, J., F. Brauer, P. van den Driessche, J. Watmough & J. Wu (2008) A model for influenza with vaccination and antiviral treatment, Theor. Pop. Biol., 253: 118-130.

[7] Berman, A. & R.J. Plemmons (1994) Nonnegative Matrices in the Mathematical Sciences, SIAM, Vol. 9, 1994.

[8] Blythe, S.P., S. Busenberg & C. Castillo-Chavez (1995) Affinity and paired-event probability, Math. Biosc., 128: 265-284 .

[9] Blythe, S.P., C. Castillo-Chavez, J. Palmer & M. Cheng (1991) Towards a unified theory of mixing and pair formation, Math. Biosc., 107: 379-405.

[10] Brauer, F. (2005) The Kermack-McKendrick epidemic model revisited, Math. Biosc., 198: 119-131.

[11] Brauer, F. (2008) Epidemic models with treatment and heterogeneous mixing, Bull. Math. Biol., 70: 1869-1885.

[12] Brauer, F. & J. Watmough (2009) Age of infection epidemic models with heterogeneous mixing, J. Biol. Dynamics, 3: 324-330.

[13] Busenberg, S. & C. Castillo-Chavez (1989) Interaction, pair formation and force of infection terms in sexually transmitted diseases, In Mathematical and Statistical Approaches to AIDS Epidemiology, Lect. Notes Biomath. 83, C. Castillo-Chavez (ed.), Springer-Verlag, Berlin- Heidelberg-New York: 289-300.

[14] Busenberg, S. & C. Castillo-Chavez (1991) A general solution of the problem of mixing of sub-populations and its application to risk- and age-structured epidemic models for the spread of AIDS, IMA J. Math. Appl. Med. Biol., 8: 1-29.

[15] Chow, L., M. Fan, and Z. Feng (2011) Dynamics of a multi-group epidemiological model with group-targeted vaccination strategies, J. Theor. Biol., 29: 56-64.

[16] De Jong, M., O. Diekmann and J.A.P. Heesterbeek (1994) The computation of $\mathscr{R}_0$ for discretetime epidemic models with dynamic heterogeneity, Math. Biosci., 119(1): 97-114.

[17] Del Valle, S. Y., J.M. Hyman, H.W. Hethcote & S.G. Eubank (2007) Mixing patterns between age groups in social networks, Social Networks, 29(4): 539-554.

[18] Diekmann, O. & J.A.P. Heesterbeek (2000) Mathematical Epidemiology of Infectious Diseases. Wiley, Chichester (2000).

[19] Diekmann, O., J.A.P. Heesterbeek & J.A.J. Metz (1990) On the definition and the computation of the basic reproductive ratio $\mathscr{R}_0$ in models for infectious diseases in heterogeneous populations, J. Math. Biol., 28: 365-382.

[20] Diekmann, O., J.A.P. Heesterbeek, & T. Britton (2012) Mathematical tools for understanding infectious disease dynamics, 2012, Princeton University Press.

[21] Feng, Z., A.N. Hill, P.J. Smith, J.W. Glasser (2015) An elaboration of theory about preventing outbreaks in homogeneous populations to include heterogeneity or preferential mixing, J. Theor. Biol., 386: 177-187.

[22] Feng, Z., A.N. Hill, A.T. Curns, J.W. Glasser (2007) Evaluating targeted interventions via meta-population models with multi-level mixing, Math. Biosci., 287: 93-104.

[23] Ferguson, N.M., D.A.T. Cummings, S. Cauchemez, C. Fraser, S. Riley, A. Meeyai, S. Iamsirithaworn, & D.S. Burke (2005) Strategies for containing an emerging influenza pandemic in Southeast Asia, Nature, 437: 209-214.

[24] Gani, R., H. Hughes, T. Griffin, J. Medlock, & S. Leach (2005) Potential impact of antiviral use on hospitalizations during influenza pandemic, Emerg. Infect. Dis., 11: 1355-1362.

[25] Glasser, J., Z. Feng, A. Moylan, S. Del Valle & C. Castillo-Chavez (2012) Mixing in agestructured population models of infectious diseases, Math. Biosci., 235(1): 1-7.

[26] Glasser, J.W., Z. Feng, S.B. Omer, P.J. Smith, L.E. Rodewald (2016) The effect of heterogeneity in uptake of the measles, mumps, and rubella vaccine on the potential for outbreaks of measles: a modelling study, 16(5): 599-605.

[27] Hethcote, H.W. & J.A. Yorke (1984) Gonorrhea Transmission Dynamics and Control, Lect. Notes in Biomath. 56, Springer-Verlag, Berlin-Heidelberg-New York.

[28] Hethcote, H.W. & J.W. van Ark (1987) Epidemiological models for heterogeneous populations: proportionate mixing, parameter estimation and immunization programs. Math. Biosci., 84(1): 85-118.

[29] Hirsch, M.W. & S. Smale (1974) Differential Equations Dynamical Systems, and Linear Algebra, Academic Press, Orlando, FL.

[30] Jacquez, J.A., C.P. Simon, J. Koopman, L. Sattenspiel, & T. Perry (1988) Modeling and analyzing HIV transmission: the effect of contact patterns, Math. Biosci., 92: 119-199.

[31] Lewis, M.A., J. Renclawowicz, P. van Den Driessche, and M. Wonham (2006) A comparison of continuous and discrete-time West Nile Virus models, Bull. Math. Biol., 68(3): 491-509.

[32] Longini, I.M., M.E. Halloran, A. Nizam, & Y. Yang (2004) Containing pandemic influenza with antiviral agents, Am. J. Epidem., 159: 623-633.

[33] Longini, I.M., A. Nizam, S. Xu, K. Ungchusak, W. Hanshaoworakul, D.A.T. Cummings, & M.E. Halloran (2005) Containing pandemic influenza at the source, Science, 309, 1083-1087.

[34] Longini, I. M. & M. E. Halloran (2005) Strategy for distribution of influenza vaccine to high - risk groups and children, Am. J. Epidem., 161: 303-306.

[35] Ma, J. & D.J.D. Earn (2006) Generality of the final size formula for an epidemic of a newly invading infectious disease, Bull. Math. Biol., 68: 679-702.

[36] May, R.M. & R.M. Anderson (1984) Spatial heterogeneity and the design of immunization programs. Math Biosci., 72(1): 83-111.

[37] May, R.M. & R.M. Anderson (1984) Spatial, temporal and genetic heterogeneity in host populations and the design of immunization programmes. IMA J. Math. Appl. Math. Biol., 1(3): 233-266.

[38] Meyers, L.A. (2007) Contact network epidemiology: Bond percolation applied to infectious disease prediction and control, Bull. Am. Math. Soc., 44: 63-86.

[39] Meyers, L.A. , M.E.J. Newman & B. Pourbohloul (2006) Predicting epidemics on directed contact networks, J. Theor. Biol., 240: 400-418.

[40] Meyers, L.A., B. Pourbohloul, M.E.J. Newman, D.M. Skowronski, & R.C. Brunham (2005) Network theory and SARS: predicting outbreak diversity. J. Theor. Biol., 232: 71-81.

[41] Mossong, J., N. Hens, M. Jit, P. Beutels, K. Auranen, R. Mikolajczyk, & W. J. Edmunds (2008) Social contacts and mixing patterns relevant to the spread of infectious diseases, PLoS Medicine, 5(3): e74.

[42] Nold, A. (1980) Heterogeneity in disease transmission modeling, Math. Biosci, 52: 227-240.

[43] Poghotanyan, G., Z. Feng, J.W. Glasser, A.N. Hill (2018) Constrained minimization problems for the reproduction number in meta-population models, J. Math. Biol., https:/doi.org/10.1007/ s00285-018-1216-z.

[44] Pourbohloul, B. & J. Miller (2008) Network theory and the spread of communicable diseases, Center for Disease Modeling Preprint 2008-03, www.cdm.yorku.ca/cdmprint03.pdf.

[45] van den Driessche, P. & J. Watmough (2002) Reproduction numbers and sub-threshold endemic equilibria for compartmental models of disease transmission. Math. Biosc., 180: 29-48.

[46] van den Driessche, P. & J. Watmough (2002) Further notes on the basic reproduction number, in Mathematical Epidemiology, F. Brauer, P. van den Driessche, & J. Wu (eds.) Springer Lecture Notes, 1945.

[47] Wallinga, J., P. Teunis, & M. Kretzschmar (2006) Using data on social contacts to estimate agespecific transmission parameters for respiratory-spread infectious agents, American Journal of Epi., 164(10): 936-944.

[48] Wesley, C. L., L.J. Allen, C.B. Jonsson, Y.-K. Chu, R.D. Owen (2009) A discrete-time rodenthantavirus model structured by infection and developmental stages, Adv. Stu. Pure Math., 53: 387-398.

[49] Zagheni, E., F.C. Billari, P. Manfredi, A. Melegaro, J. Mossong & W.J. Edmunds (2008) Using time-use data to parameterize models for the spread of close-contact infectious diseases, Am. J. Epi., 168(9): 1082-1090.

第 6 章　通过媒介传播的疾病模型

6.1　引　　言

　　许多疾病通过媒介间接地在人与人之间传播. 媒介是可以在人类之间传播传染病的活生物体. 许多媒介都是吸血昆虫, 它们在吸血时会从被感染的 (人类) 宿主中摄取产生疾病的微生物, 再在随后的吸血中将其注射给新主人. 最著名的媒介是蚊子, 传染包括疟疾、登革热 (Dengue Fever)、基孔肯亚出血热 (Chikun-gunya)、塞卡病毒 (Zika Virus)、裂谷热 (Rift Valley Fever)、黄热病、日本脑炎、淋巴丝虫病和西尼罗河热 (West Nile Fever), 但是蜱虫 (莱姆病 (Lyme Disease) 和图热病 (Tularemia))、臭虫 (恰加斯病 (Chagas Disease))、苍蝇 (盘尾丝虫病)、白蛉 (利什曼病 (Leishmaniasis))、跳蚤 (从老鼠到人类由跳蚤传播的鼠疫) 和一些淡水丁螺 (血吸虫病) 也都是一些疾病的媒介.

　　每年有超过十亿的媒介传播疾病的病例, 超过一百万的死亡病例. 媒介传播疾病占全球所有传染病的 17% 以上. 疟疾是最致命的媒介传播疾病, 2012 年估计造成有 62.7 万人死亡. 最迅速增长的媒介传播疾病是登革热, 在过去 50 年中, 登革热的病例数增加了 30 倍. 这些疾病更常见于蚊子猖獗的热带和亚热带地区, 以及无法获得安全饮用水和卫生设施的地方.

　　由于旅行和贸易的全球化以及气候变化等环境挑战, 一些媒介传播的疾病, 如登革热、基孔肯亚出血热和西尼罗病毒, 正在以前未出现的国家中出现.

　　数学流行病学的许多重要基础思想都出现在 R. A. Ross 爵士对疟疾的研究中 [16]. 疟疾是通过媒介传播的一种疾病, 这种感染在媒介 (蚊子) 和宿主 (人类) 之间来回传播. 每年有数十万人死于疟疾, 其中大部分是儿童, 且大部分是在非洲的贫穷国家. 在传染病中, 只有结核病会导致更多人死亡. 我们将在下一章分析一些疟疾模型. 其他媒介传播的疾病包括西尼罗病毒和艾滋病病毒的异性传播、黄热病和登革热 (这也将在下一章中进行研究).

　　媒介传播疾病需要同时包含媒介和宿主的模型. 对于大多数通过媒介传播的疾病, 媒介是昆虫, 它们的寿命比宿主短得多, 宿主可能像疟疾一样是人类, 而像西尼罗病毒一样也可能是动物. 对于异性恋传播的人类疾病, 传播在男性和女性之间来回进行, 而不是在两个不同物种之间进行, 但是一个模型仍然需要有两个不同群体.

在宿主和媒介物种中, 疾病的仓室结构可能有所不同. 对于许多以昆虫为媒介的疾病, 被感染的媒介将终生受感染, 因此该疾病在媒介中可能具有 SI 或 SEI 结构, 宿主中可能具有 SIR 或 $SEIR$ 结构. 我们将描述宿主物种中具有 $SEIR$ 结构, 在媒介物种中具有 SEI 结构的媒介模型, 对其他类型的媒介传播疾病的分析是类似的. 这些模型与在第 2—4 章中研究的类型相同. 但由于涉及两个不同的物种, 结构更为复杂.

6.2　基本的媒介传播模型

Ross 因证明了疟疾的媒介传播特性而获得了第二次诺贝尔医学奖, 然后他在 1909 年构建了一个模型, 该模型预测了通过将蚊子种群的规模减小到阈值以下来控制疟疾的可能性. 该预测在实践中得到了证实, 但是由于蚊子具有适应农药的能力, 因此控制蚊子种群的数量非常困难. 疟疾仍然是一种非常危险的疾病.

我们描述一个媒介传播疾病的基本模型, 其中假设整个媒介满足简单的 SEI 模型, 并且没有从感染中康复, 宿主满足简单的 $SEIR$ 模型. 该模型是许多特定疾病的媒介疾病传播模型的模板. 我们将蚊子视为媒介, 并且由于蚊子的寿命比人类宿主的寿命短得多, 因此必须将人口统计信息包含在媒介种群中. 该模型既包括流行病也包括地方病的情况.

考虑一个固定的宿主 (人类) 总人口规模 N_h, 将它分为易感者类 S_h、暴露者类 E_h、染病者类 I_h 和去除者类 R_h. 在易感者类中存在出生率 Λ_h, 在每一类中有成比例的自然死亡率 μ_h. 因此, 暴露的宿主以 η_h 的比例进入染病者类, 染病者宿主以 γ 的比例康复.

单位时间内媒介的出生率 μN_v 固定不变, 而每类中的媒介均有成比例的死亡率, 因此总媒介规模 N_v 是固定的. 媒介种群分为易感者类 S_v、暴露者类 E_v 和染病者类 I_v. 暴露媒介以比例 η_v 转移到染病者类但从染病中不康复. 为了简单起见, 假设宿主和媒介都没有疾病死亡.

假设蚊子的叮咬率与宿主人群的规模 N_h 成正比. 因此, 蚊子在单位时间内作 bN_h 次叮咬. 单位时间内的蚊子叮咬总次数为 bN_hN_v, 而宿主在单位时间内平均受到蚊子叮咬数为 bN_v. 假设蚊子叮咬将疾病从媒介传播到宿主的概率为 f_{vh}, 叮咬将疾病从宿主到媒介的概率为 f_{hv}. 定义

$$\beta_h = bf_{vh}N_v, \quad \beta_v = bf_{hv}N_h.$$

如果我们从这两个方程消去 b, 得到平衡关系式

$$f_{vh}\beta_hN_v = f_{hv}\beta_vN_h. \tag{6.1}$$

在许多媒介传播的疾病模型中, 媒介种群的规模远远大于宿主人群的规模, 但两个接触率 β_h 和 β_v 的数量级相同, 这表明 $f_{hv} \gg f_{vh}$.

于是单位时间内新染病宿主数为

$$bf_{vh}N_v S_h \frac{I_v}{N_v} = \beta_h S_h \frac{I_v}{N_v}.$$

类似论述表明, 新的蚊子感染数是

$$\beta_v S_v \frac{I_h}{N_h}.$$

这个模型是

$$
\begin{aligned}
S_h' &= \Lambda(N_h) - \beta_h S_h \frac{I_v}{N_v} - \mu_h S_h, \\
E_h' &= \beta_h S_h \frac{I_v}{N_v} - (\eta_h + \mu_h)E_h, \\
I_h' &= \eta_h E_h I_v - (\gamma + \mu_h)I_h, \\
S_v' &= \mu_h N_v - \beta_v S_v \frac{I_h}{N_h} - \mu_v S_v, \\
E_v' &= \beta_v S_v \frac{I_h}{N_h} - (\eta_v + \mu_v)E_v, \\
I_v' &= \eta_v E_v - \mu_v I_v.
\end{aligned}
\tag{6.2}
$$

对应的流行病模型是 (6.2), 其中 $\Lambda(N_h) = \mu_h = 0$.

6.2.1 基本再生数

基本再生数定义为由单个染病宿主引入整个易感宿主 (人类) 和媒介 (蚊子) 所引起的继发性疾病的病例数. 对模型 (6.2), 这可以直接计算. 存在两个阶段. 首先, 感染的人类以比例 β_v 在时间 $\dfrac{1}{\gamma + \mu_h}$ 传染给蚊子. 这产生 $\dfrac{\beta_v}{\gamma + \mu_h}$ 只受感染的蚊子, 其中以比例 $\dfrac{\eta_v}{\eta_v + \mu_v}$ 成为有传染性.

第二阶段这些感染的蚊子以 β_h 的比例在时间 $\dfrac{1}{\mu_v}$ 内传染给人类. 每只蚊子产生 $\dfrac{\beta_h}{\mu_v}$ 个染病者人类. 这两个阶段的最终结果是

$$\frac{\beta_h}{\gamma + \mu_h} \frac{\eta_v}{\eta_v + \mu_v} \frac{\beta_v}{\mu_v} = \beta_v \beta_h \frac{\eta_v}{(\eta_v + \mu_v)(\gamma + \mu_h)\mu_v}$$

个被感染的人类, 这就是基本再生数 $\mathscr{R}_0$.

我们也可以用下一代矩阵方法 [21] 计算基本再生数. 这给出下一代矩阵

$$
K \left[\begin{array}{cc} 0 & \beta_v \dfrac{\eta_v}{\mu_v(\mu_v + \eta_v)} \\ \beta_h \dfrac{1}{\gamma + \mu_h} & 0 \end{array} \right].
$$

基本再生数是这个矩阵的正特征值,

$$
\mathscr{R}_0 = \sqrt{\beta_h \beta_v \frac{\eta_v}{\mu_v(\gamma + \mu_h)(\mu_v + \eta_v)}}.
$$

在此计算中, 从宿主到媒介再到宿主的传播被认为是两代. 在研究媒介传播疾病时, 通常考虑为一代, 利用直接方法得到有价值的

$$
\mathscr{R}_0 = \beta_h \beta_v \frac{\eta_v}{\mu_v(\gamma + \mu_h)(\mu_v + \eta_v)}. \tag{6.3}
$$

该选择是在 [4, 10] 中做出的, 也是我们作的选择, 因为它符合通过直接计算得到的结果, 无须利用下一代矩阵方法. 但是, 包括 [13] 在内的其他参考文献都使用平方根形式, 因此重要的是要知道在任何研究中使用的是哪种形式. 这两个选择具有相同的阈值.

事实上, 下一代矩阵可能有不同表达式. 这在 [6] 中已显示. 利用下一代矩阵方法, 但仅将宿主感染作为新感染, 而将媒介感染视为转移, 将得到形式 (6.3).

6.2.2　初始指数增长率

为了从模型确定初始指数增长率, 取一个量与实验数据进行比较. 将模型 (6.2) 关于无病平衡点 $S_h = N_h, E_h = I_h = 0, S_v = N_v, E_v = I_v = 0$ 线性化. 如果我们令 $y = N_h - S_h, z = N_v - S_v$, 得到线性化系统

$$
\begin{aligned}
y' &= \beta_v I_v - \mu_h y, \\
E_h' &= \beta_v I_v - (\eta + \mu_h) E_h, \\
I_h' &= \eta E_h - (\gamma + \mu_h) I_h, \\
z' &= -\mu_v z + \beta_h I_h, \\
E_v' &= \beta_h I_h - (\mu_v + \eta_v) E_v, \\
I_v' &= \eta_v E_v - \mu_v I_v.
\end{aligned} \tag{6.4}
$$

对应的特征方程是

$$
\det
\begin{bmatrix}
-\lambda & 0 & 0 & 0 & 0 & \beta_v \\
0 & -(\lambda + \eta_h + \mu_h) & 0 & 0 & 0 & \beta_v \\
0 & \eta_h & -(\lambda + \gamma + \mu_h) & 0 & 0 & 0 \\
0 & 0 & -\beta_h & -(\lambda + \mu_v) & 0 & 0 \\
0 & 0 & -\beta_h & 0 & -(\lambda + \mu_v + \eta_v) & 0 \\
0 & 0 & 0 & 0 & \eta_v & -(\lambda + \mu_v)
\end{bmatrix}
= 0.
$$

(6.4) 的线性化的解是指数函数的组合, 其指数是这个特征方程的根 ((6.4) 的系数矩阵的特征值).

我们可以将这个方程化为两个因子与四次多项式方程之积:

$$
\lambda(\lambda + \mu_v) \det
\begin{bmatrix}
-(\lambda + \eta_h + \mu_h) & 0 & 0 & \beta_v \\
\eta_h & -(\lambda + \gamma + \mu_h) & 0 & 0 \\
0 & \beta_h & -(\lambda + \mu_v + \eta_v) & 0 \\
0 & 0 & \eta_v & -(\lambda + \mu_v)
\end{bmatrix}
= 0.
$$

初始指数增长率是这个四次方程的最大根, 这个方程化为

$$
g(\lambda) = (\lambda + \eta_h)(\lambda + \gamma + \mu_h)(\lambda + \mu_v + \eta_v)(\lambda + \mu_v) - \beta_h \beta_v \eta_h \eta_v = 0. \tag{6.5}
$$

由于若 $\mathscr{R}_0 > 1$, 则 $g(0) < 0$, 又因为 $g(\lambda)$ 对大的正 λ 为正, 对正 λ, $g'(\lambda) > 0$, 故存在方程 $g(\lambda) = 0$ 的唯一正根, 而这是初始指数增长率. 这个指数增长率可以用实验测量, 如果测量值是 ρ, 则由 (6.5) 得到

$$
(\rho + \eta_h)(\rho + \gamma)(\rho + \mu_v + \eta_v)(\rho + \mu_v) = \beta_h \beta_v \eta_h \eta_v = \mathscr{R}_0 \eta_h \mu_v \gamma (\mu_v + \eta_v).
$$

由此, 得到

$$
\mathscr{R}_0 = \frac{(\rho + \eta_h)(\rho + \gamma)(\rho + \mu_v + \eta_v)(\rho + \mu_v)}{\eta_h \mu_v \gamma (\mu_v + \eta_v)}. \tag{6.6}
$$

这给出由测量的量估计基本再生数的方法. 此外, 允许利用平衡关系 (6.1) 分开计算 β_h 和 β_v 值, 这使得它能够模拟该模型.

同样推理也适用于短期流行病模型, 在此模型中, 我们忽略宿主人群的人口统计特征. 除了 $\Lambda(N_h)$ 和 μ_h 被零代替之外结果是相同的.

通过在平衡点对系统 (6.2) 进行线性化, 可以证明这个无病平衡点是渐近稳定的, 当且仅当 $\mathscr{R}_0 < 1$, 地方病平衡点仅当 $\mathscr{R}_0 > 1$ 时存在且渐近稳定.

6.3　快动力学与慢动力学

在媒介传播疾病的模型中, 如果媒介是昆虫, 媒介的时间尺度通常比宿主的时间尺度短得多. 在这样的模型中, 可以考虑两个独立的时间尺度 [3]. 我们可以做一个拟稳态假设, 假设媒介总体规模几乎保持为常数. 将媒介种群规模视为依赖于宿主种群规模的常数倍, 并通过宿主模型近似这个系统, 它比完全系统有更少方程, 但形式可能更复杂.

在 SIR/SI 流行病模型中描述了这一过程, 它比 (6.2) 多少更简单. 考虑一个总人口规模为 N_h 且没有人口统计学特征的宿主, 以及一个具有出生率和死亡率 μ_v, 总规模为常数 N_v 的媒介种群. 假设质量作用接触率具有接触率 β_h, β_v, 宿主物种的康复率 γ, 媒介种群无康复率.

所得模型为

$$\frac{dS_h}{dt} = -\beta_h S_h \frac{I_v}{N_v},$$
$$\frac{dI_h}{dt} = \beta_h S_h \frac{I_v}{N_v} - \gamma I_h,$$
$$\frac{dS_v}{dt} = \mu_v N_v - \beta_v S_v \frac{I_h}{N_h} - \mu_v S_v,$$
$$\frac{dI_v}{dt} = \beta_v S_v \frac{I_h}{N_h} - \mu_v I_v.$$

由于 $S_v + I_v$ 是常数 N_v, 可以将这个模型化为一个三维问题

$$\frac{dS_h}{dt} = -\beta_h S_h \frac{I_v}{N_v},$$
$$\frac{dI_h}{dt} = \beta_h S_h \frac{I_v}{N_v} - \gamma I_h, \tag{6.7}$$
$$\frac{dI_v}{dt} = \beta_v (N_v - I_v) \frac{I_h}{N_h} - \mu_v I_v.$$

为了得到基本再生数, 考虑单个染病宿主传染给整个易感媒介种群的

$$\frac{\beta_h}{\gamma}$$

个媒介, 这些染病者的每一个传染整个宿主人群的

$$\frac{\beta_v}{\mu_v}$$

个宿主. 因此, 通过一个染病者宿主产生的继发性染病者 (同样由染病媒介引起的继发性染病媒介的数量) 为

$$\mathscr{R}_0 = \frac{\beta_h \beta_v}{\gamma \mu_v}.$$

但是, 也可以将从宿主到媒介再到宿主看作两代, 因此可更有理由说

$$\mathscr{R}_0 = \sqrt{\frac{\beta_h \beta_v}{\gamma \mu_v}}.$$

无论哪种选择过渡点都在 $\mathscr{R}_0 = 1$.

可以证明存在流行病当且仅当 $\mathscr{R}_0 > 1$.

[15] 中研究了一种形式为 (6.7) 的登革热模型. 借助上述模型, 其中时间以天为单位表示, 该模型的参数值 μ_h 远小于 μ_v, β_h 远小于 β_v, 这表示媒介动力学比宿主动力学快得多, 因此建议用模型

$$\begin{aligned}
\frac{dS_h}{dt} &= -\beta_h S_h \frac{I_v}{N_v}, \\
\frac{dI_h}{dt} &= \beta_h S_h \frac{I_v}{N_v} - \alpha I_h, \\
\varepsilon \frac{dI_v}{dt} &= \beta_v (N_v - I_v) \frac{I_h}{N_h} - \mu_v I_v,
\end{aligned} \tag{6.8}$$

其中 ε 是小正常数.

刻画两个时间尺度的其他模型可以在 [18, 19] 中找到. 事实上, 这类形式对所有媒介传播疾病的模型都成立, 其中媒介种群规模远远大于宿主种群规模. 假设 $N_h \ll N_v$, 令

$$\varepsilon = \frac{N_h}{N_v} \ll 1. \tag{6.9}$$

于是, 如果我们用 εN_v 代替 N_h, 则 (6.7) 变成

$$\begin{aligned}
\frac{dS_h}{dt} &= -\beta_h S_h I_v, \\
\frac{dI_h}{dt} &= \beta_h S_h I_v - \alpha I_h, \\
\varepsilon \frac{dI_v}{dt} &= \beta_v (N_v - I_v) \frac{I_h}{N_v} - \frac{N_h}{N_v} \mu_v I_v.
\end{aligned} \tag{6.10}$$

对于依赖于参数的微分方程或微分方程系统, 有一个一般性定理: 解是任意有限区间上参数的连续函数. 然而, 如果将导数乘以一个可以趋于零的参数, 则这个结论就不一定正确. 这种情况称为奇摄动. 生物科学中的许多问题涉及在非常不同的时间尺度上的性态, 这些问题可能导致一些变量在非常短的初始时间区间内快速变化, 而其他变量的作用则更慢.

6.3.1 奇摄动

奇摄动问题出现在具有解 $(y(\tau, \varepsilon), z(\tau, \varepsilon))$ 的形如

$$\varepsilon \frac{dy}{d\tau} = f(y, z, \varepsilon), \quad y(0) = y_0,$$
$$\frac{dz}{d\tau} = g(y, z, \varepsilon), \quad z(0) = z_0 \tag{6.11}$$

的含有参数 ε 的模型 (微分方程系统) 中. 存在通过令 $\varepsilon = 0$ 的具有解 $(y_0(\tau), z_0(\tau))$ 的简化系统

$$f(y, z, 0) = 0,$$
$$\frac{dz}{d\tau} = g(y, z, 0), \quad z(0) = z_0. \tag{6.12}$$

由于假设 ε 很小, 所以形式 (6.11) 表示 y 反应时间比 z 反应时间快得多. 因此 y 迅速地趋向于它的平衡点值, 在平衡点 $f(y, z, 0) = 0$. 于是, 我们可期望在 $\tau = 0$ 附近短初始时间区间 (y 移至它的平衡点值) 之后, 简化问题 (6.12) 是完全问题 (6.11) 的一个很好近似. 在应用中, 通常作拟稳态假设, 即 y 几乎保持为常数, 因此 $\frac{dy}{d\tau} \approx 0$. 这个假设表示为 $f(y, z, 0) = 0$. 在奇摄动语言中, 这些假设只是表示完全问题可由简化问题近似.

由于 (6.12) 是一个一阶微分方程 (它要求一个初始条件以确定唯一解), 而 (6.11) 是一个二维系统 (为确定唯一解需要两个初始条件), 我们在简化时必须失去一个初始条件, 这表明 (6.12) 和 (6.11) 的解 (每一个在不同的时间尺度上导出) 可能在 $\tau = 0$ 附近不一致. 因为 $y(\tau, \varepsilon)$(完全问题的解) 和 $y_0(\tau)$(简化问题的解) 在 $\tau = 0$ 不匹配, 我们应该期望 $y(\tau, \varepsilon)$ 在 t 接近于 0 时迅速变化. 这可以通过使自变量从慢时间尺度到快时间尺度变化来分析. 但是, 由于我们的主要兴趣在系统的长期性态, 因此在此不作进一步探讨.

如果偏导数 $f_f(y, z, 0) \neq 0$, 则可从方程 $f(y, z, 0)$ 求解 y 为 z 的函数 $y = \phi(z)$. 因此, 简化系统 (6.12) 等价于一阶初值问题

$$\frac{dz}{d\tau} = g(\phi(z), z, 0), \quad z(0) = z_0. \tag{6.13}$$

于是我们有 (6.12) 满足 $z_0(\tau)$ 是 (6.13) 的解, 且 $y_0(\tau) = \phi(z_0(\tau))$, $y_0(0) = \phi(z_0)$. 如果 $y_0 \neq \phi(z_0)$, 则简化问题 (6.12) 的解不可能满足完全问题 (6.11) 的两个初始条件. 简化问题的解 $(y_0(\tau), z_0(\tau))$ 称为外部解. 为了利用简化问题的解作为完全问题 (6.11) 的近似解, 我们需要一个结果, 即对离开 $t = 0$ 的每个 t, 简化问题 (6.12) 的解是完全问题 (6.11) 的解当 $\varepsilon \to 0$ 时的极限.

时间尺度化变换 $\tau = \varepsilon t$ 将系统 (6.11) 化为系统

$$
\begin{aligned}
\frac{dy}{dt} &= f(y, z, \varepsilon), \quad y(0) = y_0, \\
\frac{dz}{dt} &= \varepsilon g(y, z, \varepsilon), \quad z(0) = z_0.
\end{aligned}
\tag{6.14}
$$

(6.14) 的第二个方程说, 第二个变量 z 在对应于小 τ 区间的较大 t 区间上几乎保持为常数. 作为在小 t 区间近似有效的边界层, 建议考虑称为边界层系统的初值问题

$$
\frac{dy}{dt} = f(y, z_0, 0), \quad y(0) = y_0.
\tag{6.15}
$$

奇摄动的数学处理始于 20 世纪 40 年代, 它是从渐近展开的角度开始的. 几年后美国和苏联独立得到定性结果, 这证明使用简化系统作为完全系统的近似是合理的 [12,20].

定理 6.1 (Levinson-Tihonov) 假设

(1) f, g 是光滑函数;

(2) 方程 $f(y, z, 0) = 0$ 可以对 y 作为 $z, y = \phi(z)$ 的光滑函数解出;

(3) 简化系统 (6.12) 有在区间 $0 \leqslant \tau \leqslant T$ 上的解;

(4) 边界层系统 (6.15) 有渐近稳定的平衡点.

则当 $\varepsilon \to 0+$ 时, 对 $0 < \tau \leqslant T$, $y(\tau, \varepsilon) \to y_0(\tau)$, $z(t, \varepsilon) \to z_0(\tau)$. y 的收敛性在 $\tau = 0$ 不一致.

存在将这个结果推广到无穷时间区间的结果 [9].

定理 6.2 除了 Levinson-Tihonov 定理的假设外, 假设简化系统 (6.12) 有渐近稳定解, 且边界层系统 (6.15) 有对 z_0 一致的渐近稳定解. 则这个收敛性在 $0 < t < \infty$ 的闭子区间上是一致的.

这些结果的基本内容是, 如果 ε 足够小, 则简化系统的解可以很好地近似奇摄动系统的解, 除了非常接近 $t = 0$, 关系 $f(y, z, 0) = 0$ 称为拟稳态. 接近 $\tau = 0$ 时, 边界层系统 (6.15) 的解描述了这个解的性态. 因此, 奇摄动问题的分析可以分解为两个较简单的问题, 即边界层系统和简化问题的分析. 奇怪的是, 在流体动力学的应用中, 关注的焦点一直放在边界层系统上, 而在大多数生物学应用中, 主要的关注点是长期性态, 即简化问题的性态.

奇摄动问题的基本思想是, 问题中有两个不同的时间尺度, 这使得可以在每个时间尺度上分别分析问题. 由于这种分离而减少了维数, 从而简化了分析. 奇摄动思想将应用于 11.3 节的疟疾模型. 其中包括在非常不同的时间尺度上发生的流行病学和遗传过程.

6.4　媒介传播的流行病模型

我们从流行病模型 (6.10) 开始, 它是奇摄动形式. 拟稳态是 (6.40) 中 I_v 方程 $\varepsilon = 0$ 的情形, 即方程

$$\beta_v(N_v - I_v)\frac{I_h}{N_v} = \frac{N_h}{N_v}\mu_v I_v.$$

I_v 作为其他变量的函数, 表示为

$$I_v = \frac{\beta_v N_v I_h}{\beta_v I_h + \mu_v N_h}. \tag{6.16}$$

将这个对 I_v 的表达式代入 S_h 和 I_h 的方程, 得到简化方程

$$S_h' = -\beta_h S_h \frac{\beta_v I_h}{\beta_v I_h + \mu_v N_h},$$
$$I_h' = \beta_h S_h \frac{\beta_v I_h}{\beta_v I_h + \mu_v N_h} - \alpha I_h. \tag{6.17}$$

这给建立媒介传播疾病的模型提供了一种方法, 它由一个只涉及宿主变量的系统组成. 这个系统是二维的, 原来的是有更复杂形式的三维系统.

6.4.1　最后规模关系

将 (6.17)(或 (6.10)) 的前两个方程相加, 得到

$$(S_h + I_h)' = -\alpha_h I_h.$$

因此, $S_h + I_h$ 是递减非增函数, $t \to \infty$ 趋于一个极限. 同样, 它的导数趋于零, 因此 $t \to \infty$ 时 $I_h(t) \to 0$. 从 0 到 ∞ 关于 t 对这个方程积分, 给出

$$N_h - S_h(\infty) = \alpha \int_0^\infty I_h(t)dt. \tag{6.18}$$

(6.17) 的第一个方程除以 S_h 并积分, 得到

$$\log \frac{S_h(0)}{S_h(\infty)} = \beta_h \beta_v \int_0^\infty \frac{I_h(t)}{\mu_v N_h + \beta_v I_h(t)}dt.$$

由于

$$\mu_v N_h \leqslant \mu_v N_h + \beta_v I_h \leqslant (\mu_v + \beta_v)N_h,$$

得到

$$
\begin{aligned}
\log \frac{S_h(0)}{S_h(\infty)} &\geqslant \frac{\beta_h \beta_v}{\mu_v N_h} \int_0^\infty I_h(t)dt \\
&= \frac{\beta_h \beta_v}{\mu_v \alpha}[N_h - S_h(\infty)] \\
&= \mathscr{R}_0 \left[1 - \frac{S_h(\infty)}{N_h}\right]
\end{aligned} \tag{6.19}
$$

和

$$
\begin{aligned}
\log \frac{S_h(0)}{S_h(\infty)} &\geqslant \frac{\beta_h \beta_v}{(\mu_v + \beta_v)N_h} \int_0^\infty I_h(t)dt \\
&= \frac{\mu_v}{\mu_v + \beta_v} R_0 \left[1 - \frac{S_h(\infty)}{N_h}\right].
\end{aligned} \tag{6.20}
$$

结合 (6.19) 和 (6.20), 得到双边估计的最后规模关系

$$
\frac{\mu_v}{\mu_v + \beta_v} \mathscr{R}_0 \left[1 - \frac{S_h(\infty)}{N_h}\right] \leqslant \log \frac{S_h(0)}{S_h(\infty)} \leqslant \mathscr{R}_0 \left[1 - \frac{S_h(\infty)}{N_h}\right]. \tag{6.21}
$$

这个最后规模估计给出 $S_h(\infty)$ 的上下界. 关于这个课题的进一步信息可在 [1, 2] 中找到.

6.5 *案例: 一个 $SEIR/SEI$ 模型

考虑 $SEIR/SEI$ 流行病模型

$$
\begin{aligned}
S_h' &= -\beta_v S_h I_v - \mu_h S_h, \\
E_h' &= \beta_v S_h I_v - (\eta_h + \mu_h)E_h, \\
I_h' &= \eta_h E_h - (\alpha + \mu_h)I_h, \\
S_v' &= \mu_v N_v - \beta_h S_v I_h - \mu_v S_v, \\
E_v' &= \beta_h S_v I_h - (\eta_v + \mu_v)E_v, \\
I_v' &= \eta_v E_v - \mu_v I_v.
\end{aligned} \tag{6.22}
$$

假设媒介动力学大大快于宿主动力学.

问题 1 确定系统 (6.22) 的基本再生数.

问题 2 将模型 (6.22) 考虑为两个时间尺度的系统, 并求拟稳态.

问题 3 对模型 (6.22) 求最后规模关系.

6.6 *案例: 盘尾丝虫病模型

盘尾丝虫病, 也称为 "河盲症", 是一种通过媒介传播的疾病, 会影响人类的皮肤和眼睛. 它在非洲、也门和中美洲部分地区流行, 在撒哈拉以南非洲地区尤为普遍. 它由盘尾丝虫传播, 这是一种寄生蠕虫, 其生命周期包括五个幼虫阶段, 包括需要人类宿主的阶段和要求黑蝇宿主的另一个阶段.

黑蝇的叮咬高峰时间是在白天, 黑蝇在充满氧气的水中停留在繁殖地点附近. 因此, 河岸边的社区的风险最大. 媒介阶段非常复杂, 很难将其所有阶段都包含在一个模型中. 我们将假设在媒介的 SI 模型中媒介总体规模是一个常数.

治疗盘尾丝虫病的标准药物是双氢阿维菌素 [8], 口服此药可迅速杀死幼虫, 但不会杀死成虫. 然而, 它们的繁殖率会连续几个月下降 [5,14]. 双氢阿维菌素治疗可用于人口的一小部分, 但受什么人可以接受药物、有限的卫生保健和参与的意愿的限制.

对于人类, 我们假设利用 $SEIR$ 型模型, 但染病者分为不参与治疗的染病者 (I)、尚未接受治疗的参与者 (P) 和接受双氢阿维菌素治疗的染病者 (M). 令 $H = P + M$, 即当前或最终将被治疗的染病宿主的数量.

因为总人口规模 $N = S+E+I+H$ 和总媒介规模 $F = U+V$ 是常数, 我们不需要关于 S 和 U 的方程. 有效的人群规模是 $W = I+P+(1-v)M = I+H+vM$, 其中 v 是相对减少传染性的药物治疗宿主与未治疗宿主之比. 在现实中, 在治疗后不久, v 为 1, 但逐渐下降到约 0.35. 我们将 v 取为常数 0.6. 假设按比例的宿主死亡率为 μ, 媒介死亡率为 d, 宿主从暴露期到染病期的进展率为 σ. 从 E 到 P 和 I 的进展率分别为 $p\sigma$ 和 $q\sigma$, 其中 $q = 1-p$. 从预防用药类 P 到用药类 M 的进展率为 φ. 由于受感染的人类仅通过所有成年蠕虫的死亡而康复, 因此所有感染的蠕虫宿主都有康复率 γ. 以年为测量的时间单位, 参数近似值为

$$\mu = 0.02, \quad d = 12, \quad \sigma = 1, \quad \rho = 0.65, \quad \varphi = 2, \quad v = 0.6, \quad \gamma = 0.8.$$

接触率 β 和染病率 σ 的值难以测量. 但由于 N 是常数, 我们可以从模型中省略 $S = N - E - R$.

得到的模型是

$$\frac{dE}{dt} = \beta SV - (\sigma + \mu)E,$$

$$\frac{dI}{dt} = q\sigma E - (\gamma + \mu)I,$$

$$\frac{dH}{dt} = p\sigma E - (\gamma + \mu)H,$$

$$\frac{dM}{dt} = \varphi H - (\varphi + \gamma + \mu)M,$$

$$\frac{dV}{dt} = \alpha(F - V)W - dV. \tag{6.23}$$

在没有双氢阿维菌素治疗的情况下, 参数 α 和 β 可以从已知的感染人群和媒介流行的地方的比例来估计. 喀麦隆的实地估计表明

$$\alpha = \frac{1.08}{N}, \quad \beta = \frac{0.3}{F}.$$

问题 1　利用下一代矩阵求基本再生数 $\mathscr{R}_0$, 并利用所给的参数值估计 $\mathscr{R}_0$.

问题 2　关于宿主总规模常数 N 和媒介种群总规模常数 M 尺度化系统 (6.23). 作代换

$$S = Nx, \quad E = Ny, \quad I = Ni, \quad H = Nh, \quad M = Nm, \quad V = Fv, \quad W = Fw.$$

得到如下系统, 其中 $a = \dfrac{\alpha}{d}$,

$$\frac{dy}{dt} = \beta xv - (\sigma + \mu)y,$$

$$\frac{di}{dt} = q\sigma y - (\gamma + \mu)i,$$

$$\frac{dh}{dt} = p\sigma y - (\gamma + \mu)h, \tag{6.24}$$

$$\frac{dm}{dt} = \varphi h - (\varphi + \gamma + \mu)m,$$

$$\frac{1}{d}\frac{dv}{dt} = aw(1 - v) - v.$$

问题 3　进一步作自变量变换 $\tau = (\gamma + \mu)t$ 尺度化系统 (6.24).

问题 4　模型 (6.24) 对媒介与宿主有不同的尺度. 我们可以视它为奇摄动, 并通过令 $\dfrac{1}{d} \to 0$ 近似它. 存在一个由 $aw(1 - v) - v = 0$ 给出的拟稳态, 即

$$v = \frac{aw}{1 + aw}, \tag{6.25}$$

这个模型是通过 (6.24) 的前面 4 个方程连同 (6.25) 给出的. 在 (6.24) 的这个近似中的错误发生在边界层接近于 $t = 0$. 证明这个简单模型有一个无病平衡点

$y = 1, i = h = m = 0$. 确定基本再生数 $\mathscr{R}_0$, 并证明如果 $\mathscr{R}_0 < 1$, 这个无病平衡点渐近稳定, $\mathscr{R}_0 > 1$ 时存在一个渐近稳定的地方病平衡点.

实践中, 双氢阿维菌素以固定间隔给药. 这表明适合用脉冲疫苗接种模型, 这将允许有可能存在稳定的周期轨道. 但是, 我们这里不探讨这种推广.

参考文献 [7, 11].

6.7 练　习

1. 考虑模型

$$S_h' = \Lambda_h(N_h) - \beta_h S_h I_v - \mu_h S_h,$$

$$I_h' = \beta_h S_h I_v - (\mu_h + \alpha_h) I_h,$$

$$S_v' = \Lambda_v(N_v) - \beta_h S_v I_h - \mu_v S_v,$$

$$I_v' = \beta_v S_v I_h - \mu_v I_v,$$

这是对疟疾的一个简单模型, 其中宿主物种 (h) 和媒介物种 (v), 假设

$$\Lambda_i(N_h) = \mu_i N_i, \quad i = h, v \quad \text{和} \quad \alpha_h = 0.$$

(1) 推导 $\mathscr{R}_0$ 的表达式.
(2) 求所有可能的平衡点.
(3) 借助 $\mathscr{R}_0$ 求存在地方病平衡点的条件.
(4) 确定 β_{vc} 的临界值, 使得对所有 $\beta_v < \beta_{vc}$ 都有 $\mathscr{R}_0 < 1$.

2. 考虑描述媒介传播的 SIR/SI 流行病模型

$$S_h' = -\beta_h S_h I_v,$$

$$I_h' = \beta_h S_h I_v - \alpha_h I_h,$$

$$S_v' = \Lambda_v(N_v) - \beta_v S_v I_h - \mu_v S_v - \sigma S_v,$$

$$I_v' = \beta_v S_v I_h - \mu_v I_v - \sigma S_v,$$

其中包括媒介移去比例 σ. 计算基本再生数.

3. 用染病宿主的治疗率建立媒介传播的流行病模型, 并计算其再生数.

参 考 文 献

[1] Brauer, F. (2017) A final size relation for epidemic models of vector - transmitted diseases, Infectious Disease Modelling, 2: 12-20.

[2] Brauer, F. (2019) A singular perturbation approach to epidemics of vector-transmitted diseases, to appear.

[3] Brauer, F. and C. Kribs (2016) Dynamical Systems for Biological Modeling: An Introduction, CRC Press.

[4] Chowell, G., P. Diaz-Duenas, J.C. Miller, A. Alcazar-Velasco, J.M. Hyman, P.W. Fenimore, and C. Castillo-Chavez (2007) Estimation of the reproduction number of dengue fever from spatial epidemic data, Math. Biosc., 208: 571-589.

[5] Coffeng, L.E., W.A. Stolk, HGM Zouré, J.L. Vetterman, & K.B. Agblewonu (2013) African programme for onchocerciasis control 1995-2015:Model-estimated health impact and cost, PLoS Neglected tropical diseases, 7: e2032. https://doi.org/10.13571/journal.ptnd.0002032.

[6] Cushing, J.M. & O. Diekmann (2016) The many guises of $\mathscr{R}_0$ (a didactic note), J. Theor. Biol., 404: 295-302.

[7] Dietz, K. (1982) The population dynamics of onchocerciasis, in Population Dynamics of Infectious Diseases (R.m. Anderson, ed.), Chapman and Hall, London: 209-241.

[8] Hopkins, A. and B.A. Boatin (2011) Onchocerciasis, water and sanitation-related diseases and the environment: Challenges, interventions, and preventive measures (J.M.H. Selendi, ed.), John Wiley and Sons: 133-149.

[9] Hoppensteadt, F.C. (1966) Singular perturbations on the infinite interval, Trans. Amer. Math. Soc., 123: 521-535.

[10] Kucharski, A.J., S. Funk, R.M. Egge, H-P. Mallet, W.J. Edmunds and E.J. Nilles (2016) Transmission dynamics of Zika virus in island populations: a modelling analysis of the 2013-14 French Polynesia outbreak, PLOS Neglected tropical Diseases DOI 101371.

[11] Ledder, G., D. Sylvester, R.R. Bouchat, and J.A. Thiel (2017) Continued and pulsed epidemiological models for onchocerciasis with implications for eradication strategy, Math. Biosc. & Eng., to appear.

[12] Levinson, N. (1950) Perturbations of discontinuous solutions of nonlinear systems of differential equations, Acta Math., 82: 71-106.

[13] Pinho, S.T.R., C.P. Ferreira, L. Esteva, F.R. Barreto, V.C. Morato e Silva and M.G.L Teixeira (2010) Modelling the dynamics of dengue real epidemics, Phil. Trans. Roy. Soc., A 368: 5679-5693.

[14] Plaisier, A.P., E.S. Alley, B.A. Boutin, G.J. van Oortmasrssen, & H. Remme (1995) Irreversible effects of ivermectin on adult parasites in onchocerciasis patients in the onchocerciasis control programme in West Africa, J. Inf. Diseases, 172: 204-210.

[15] Rocha, F., M. Aguiar, M. Souza, & N. Stollenwerk (2013) Time-scale separation and centre manifold analysis describing vector-borne disease dynamics, Int. J. Comp. Math., 90: 2105-2125.

[16] Ross, R. (1911) The Prevention of Malaria, 2nd ed., (with Addendum), John Murray, London.

[17] Segel, L.A. & M. Slemrod (1989) The quasi-steady-state assumption: A case study in

perturbation, SIAM Review, 31: 446-477.

[18] Souza, M.O. (2014) Multiscale analysis for a vector-borne epidemic model, J. Math. Biol., 68: 1269-1291.

[19] Takeuchi, Y., W. Ma, & E. Beretta (2000) Global asymptotic properties of a delay SIR epidemic model with finite incubation times, Nonlin. Analysis, 42: 931-947.

[20] Tihonov, A.N. (1948) On the dependence of the solutions of differential equations on a small parameter, Mat. Sbornik NS, 22: 193-204.

[21] van den Driessche, P. and J. Watmough (2002) Reproduction numbers and subthreshold endemic equilibria for compartmental models of disease transmission, Math. Biosc., 180: 29-48.

第二部分
特殊疾病模型

第 7 章 结核病 (TB) 模型

在本章中, 我们将描述几个结核病 (TB) 模型. 该疾病在世界许多地区都是地方病. 本章考虑的模型将是第 3 章介绍的标准的 SIR 或 $SEIR$ 型地方病模型. 根据特定疾病的典型特征, 对将考虑的标准模型进行一些修改.

根据世界卫生组织最近的报告 [25], 2012 年有 860 万新结核病病例, 130 万结核病死亡. 结核病仍然是一个全球主要的健康问题, 是继人类免疫缺陷病毒 (HIV) 之后由传染病导致死亡的主要原因. 据报道, 2012 年约有 300 万人患有结核病, 但被国家通报系统遗漏了. 检测疾病患者并确保他们得到正确治疗和护理所需的关键行动包括: 在非政府组织、社区工作人员和志愿者的支持下, 建立整个卫生系统的服务 (包括快速检测), 以诊断和报告病例.

与结核病 (TB) 相关的一个典型流行病学特征是其长潜伏期. 正如 G.W. Comstock 指出的那样, "结核病是一种传染病, 潜伏期从几周到一生". 图 7.1 说明结核病有很长和可变的潜伏期. 治疗活动性结核病患者比治疗潜伏性结核感染 (LTBI) 更困难, 需要更长的时间才能完成治疗. 这就使得在潜伏期患者发病前对其进行识别和治疗变得非常重要. 实现这一目标的方法之一是通过筛选. 但是, 这样的筛选过程需要资源. 可以利用针对结核病的数学模型来制订最优控制问题.

图 7.2 显示在原发性感染后发生临床结核的青少年的观察数据 [24]. 它表明, 在最终发展为活动性结核病的 10% 潜在个体中, 大约 60% 将在感染后的第一年出现活动性结核病. 其余人将在 2 年 (20%)、5 年 (15%)、20 年 (5%) 甚至更长时间内发展为活动性结核病.

好消息是潜伏性结核病和活动性结核病可以用抗生素治疗. 坏消息是, 它的治疗有副作用 (有时相当严重), 并且需要很长时间. 没有发展成结核病的结核杆菌携带者可以用单种药物 INH 治疗. 但不幸的是, 必须认真服用 6 个月 [6]. 对活动性结核病患者, 需要同时服用三种药物治疗约 9 个月. 不遵守对这些药物的治疗 (一个非常严重的问题) 不仅可能导致疾病复发, 而且还会导致耐多药性结核病 (MDR-TB) 的发展, 这是当今社会面临的最严重的公共卫生问题之一. 根据世卫组织报告 [25], 2012 年全球约有 45 万人罹患耐多药结核病, 约有 17 万人死于耐多药结核病. 个体可以通过两种方式感染结核病的耐药菌株, 一种是通过具有耐药性结核病的人直接传播得到的所谓的原发性抗药性, 另一种是由不完整或不适当治疗而从敏感结核病中获得耐药性. 这也给设计治疗政策带来了挑战, 应该将其纳入结核病的最优控制模型中.

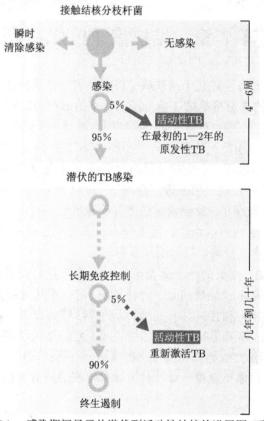

图 7.1　感染期间显示从潜伏到活动性结核的进展图 (采用 www.biomerieux-Rdiagnos6cs.com). 它表明, 只有大约 10％的潜伏感染发展为活动性结核病, 其中 5％将长期处于潜伏状态

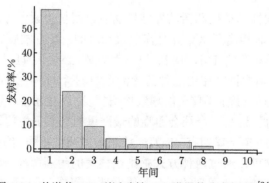

图 7.2　从潜伏 TB 到活动性 TB 进展的分布例子 [24]

在本章中, 我们提出的几个结核病模型可以用来研究上述问题. 我们从一个单一菌株相对简单的结核病模型开始, 然后将其扩展到包括药物敏感菌株和耐药菌株. 将两菌株病模型进一步扩展, 以包括两种控制措施, 它们分别代表 "发现病例"(即, 确认 LTBI 患者) 和 "保留病例"(即确保活动性结核病感染的治疗完成), 并研究最优控制策略.

7.1 单菌株病的治疗模型

因为结核病没有永久免疫, 而且治疗后的个体仍可以变成可降低易感性的染病者, 因此我们将人群划分为 4 个流行病学类: 易感者类 (S), 潜伏染病者类 (L), 染病者类 (I), 治疗类 (T). 假设潜伏的个体和染病的个体的治疗率分别为 r_1 和 r_2, 而且潜伏的个体以比例 κ 发展为活动性结核病. 这个模型为

$$
\begin{aligned}
S' &= \mu N - cS\frac{I}{N} - \mu S + r_1 L + r_2 I, \\
L' &= cS\frac{I}{N} + c^* T\frac{I}{N} - (\kappa + r_1 + \mu)L, \\
I' &= \kappa L - (r_2 + \mu)I, \\
T' &= r_1 L + r_2 I - c^* T\frac{I}{N} - \mu T,
\end{aligned}
\tag{7.1}
$$

其中 $N = S + L + I + T$ 是总人口规模, 由于出生率和自然死亡率 μ 的平衡, N 对所有时间保持为常数. 参数 c 和 c^* 分别表示每单位时间由染病者个体传染易感者和已治疗个体的平均数. 如果治疗的个体降低了感染者的易感性, 则 $c^* < c$.

系统 (7.1) 的动力学在下面意义下是标准的, 疾病消亡还是持续存在取决于再生数

$$
\mathscr{R}_0 = \frac{c\kappa}{(\kappa + r_1 + \mu)(r_2 + \mu)}
\tag{7.2}
$$

是小于 1 还是大于 1. 显然, 由 (7.2) 得知 $\mathscr{R}_0$ 是治疗率 r_1 和 r_2 的递减函数. 在 $\mathscr{R}_0 > 1$ 的情况下, 可以通过考虑在地方病平衡点的染病率 $\dfrac{I}{N}$ 来检查治疗对疾病的患病率的影响. 在 $c = c^*$ 这种较简单情形, $\dfrac{I}{N}$ 的平衡点值是

$$
\frac{I^*}{N^*} = \frac{\kappa}{\kappa + r_2 + \mu}\left(1 - \frac{1}{\mathscr{R}_0}\right),
\tag{7.3}
$$

它也是 r_1 和 r_2 的递减函数. 这表明, 在没有耐药菌株的情况下, 治疗有利于减轻疾病负担. 当考虑有耐药菌株时, 如下面两种菌株模型所示, 情况就不一样.

7.2 两菌株的结核病模型

如前所述, 活动性结核病的治疗可能需要长达 12 个月的时间, 不遵守对药物的治疗可能导致抗生素耐药性结核病的发展. 可以将单一菌株病模型 (7.1) 扩展到包括结核病的药物敏感 (DS) 和耐药性菌株 (DR) 结核病, 并可能由于治疗失败而产生耐药性. 各流行病学类之间的转移图如图 7.3 所示. 敏感结核病的潜伏个体和染病个体分别记为 L_1 和 I_1. 耐药菌株包括另外两类, 即分别用 L_2 和 I_2 表示的耐药菌株的潜伏类和染病类. 敏感菌株和耐药菌株分别称为菌株 1 和菌株 2. 由于很难治疗耐药性结核病患者, 我们忽略了对耐药菌株的治疗. 此外, 假设 I_2 个体可以感染 S, L_1 和 T 类个体. 表示传染力度的 λ 函数为

$$\lambda_i(t) = c_i \frac{I_i}{N}, \quad \lambda_i^*(t) = c_i^* \frac{I_i}{N}, \quad i = 1, 2,$$

其中 c_i 和 c_i^* 有如一个菌株模型 (7.1) 中的 c 和 c^* 的意义. c_2 类似于 c_1, 但对耐药菌株, $r_i(i = 1, 2)$ 和 μ 如在 (7.1) 中的, κ_i 表示菌株 i 从潜伏阶段到染病阶段的进展率.

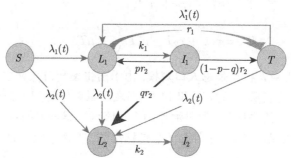

图 7.3   两菌株结核病模型的图表显示流行病学类之间的转移. 较粗的箭头和比率 qr_2 表示由于对敏感菌株的感染治疗失败而导致的耐药结核病的发展. 出生率和死亡率都被省略

其他参数与治疗失败和耐药结核病的发展有关. 例如, $p + q$ 表示未完成治疗的染病个体的比例, 其中 p 的比例修改了脱离敏感结核潜伏类的比例; $qr_2 I_1$ 给出了由于没有完成活动性结核病的治疗而导致个体产生耐药结核病的比率. 因此, $p \geqslant 0, q \geqslant 0$ 和 $p + q \leqslant 1$. 由这个疾病转移图 (见图 7.3), 可以写出下面的常微分方程系统

$$S' = \mu N - c_1 S \frac{I_1}{N} - c_2 S \frac{I_2}{N} - \mu S,$$

$$L_1' = c_1 S \frac{I_1}{N} - (\mu + \kappa_1)L_1 - r_1 L_1 + pr_2 I_1 + c_1^* T \frac{I_1}{N} - c_2 L_1 \frac{I_2}{N},$$

$$I_1' = \kappa_1 L_1 - \mu I_1 - r_2 I_1,$$

$$L_2' = q r_2 I_1 - (\mu + \kappa_2) L_2 + c_2 (S + L_1 + T)\frac{I_2}{N}, \quad (7.4)$$

$$I_2 = \kappa_2 L_2 - \mu I_2,$$

$$T' = r_1 L_1 + (1 - p - q) r_2 I_1 - c_1^* T \frac{I_1}{N} - c_2 T \frac{I_2}{N} - \mu T,$$

其中 $N = S + L_1 + I_1 + T + L_2 + I_2$ 是保持为常数的总人口.

模型 (7.4) 的详细分析见 [4]. 系统 (7.4) 最多有 4 个平衡点, 它们分别由 E_0(无病平衡点), E_1(仅有敏感菌株的平衡点), E_2(仅有耐药菌株的平衡点) 和 E^*(两种菌株共存的平衡点) 表示. 这些平衡点的存在依赖于敏感菌株和耐药菌株的再生数, 它们分别是

$$\mathscr{R}_S = \left(\frac{c_1 + p r_2}{\mu + r_2}\right)\left(\frac{\kappa_1}{\mu + \kappa_1 + r_1}\right) \quad (7.5)$$

和

$$\mathscr{R}_R = \left(\frac{c_2}{\mu}\right)\left(\frac{\kappa_2}{\mu + \kappa_2}\right). \quad (7.6)$$

对于 $q = 0$ 和 $q > 0$(由于治疗失败而导致耐药结核病发展) 的情形, 系统 (7.4) 的动力学有很大的差异, 尤其是在平衡点数及其稳定性以及两种菌株共存可能性方面. 除了再生数之外, 还有两个函数 $\mathscr{R}_R = f(\mathscr{R}_S)$ 和 $\mathscr{R}_R = g(\mathscr{R}_S)$, 它们将 $(\mathscr{R}_S, \mathscr{R}_R)$ 平面中的参数区域对平衡点的稳定性划分为多个子区域: 对 $\mathscr{R}_S \geqslant 1$,

$$f(\mathscr{R}_S) = \frac{1}{1 + \dfrac{1 - \mathscr{R}_S}{(\mathscr{R} - AB)(1 + 1/B)}}, \quad (7.7)$$

$$g(\mathscr{R}_S) = \frac{1}{C}\left(AB + C - 1 \pm \sqrt{(AB + C - 1)^2 + 4(\mathscr{R}_S - AB)C}\right),$$

其中

$$A = \frac{p r_2}{\mu + \kappa_1 + r_1}, \quad B = \frac{\kappa_1}{\mu + d_1 + r_2}, \quad C = \frac{\mu}{\mu + \kappa_1 + r_1}.$$

f 和 g 的性质包括

$$f(1) = g(1) = 1, \quad f(\mathscr{R}_S) < g(\mathscr{R}_S), \quad 对 \mathscr{R}_S > 1$$

(见图 7.4). 两条 f 和 g 的曲线以及直线 $\mathscr{R}_i = 1$ $(i = S, R)$ 将 $(\mathscr{R}_S, \mathscr{R}_R)$ 平面的第一象限划分为在情形 $q = 0$ 的 4 个区域 (见图 7.4(a)), 或者在情形 $q > 0$ 的 3

个区域 (见图 7.4(b)). 系统 (7.4) 在情形 $q = 0$ 和 $q > 0$ 的稳定性结果分别总结在定理 7.1 和定理 7.2 中.

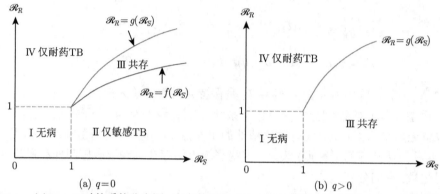

图 7.4 (a) $q = 0$ 时的系统分支图. 在参数平面 $(\mathscr{R}_S, \mathscr{R}_R)$ 中有 4 个区域 I, II, III 和 IV. 在区域 I 中, E_0 是全局吸引子, 其他存在的平衡点不稳定. 在区域 II 和 IV 中, E^* 不存在, 而 E_1 和 E_2 分别是局部渐近稳定的. 在区域 III 中, E^* 存在并且局部渐近稳定. (b) 系统在 $q > 0$ 情形下的分支图. $(\mathscr{R}_S, \mathscr{R}_R)$ 参数平面中有 3 个区域 I, III 和 IV(E_1 不存在), 其中 E_0, E_2 和 E^* 分别是稳定的

定理 7.1 假设 $q = 0$. 设区域 I—IV 如图 7.4(a) 所示.

(a) 如果 $(\mathscr{R}_S, \mathscr{R}_R)$ 在区域 I 中, 则无病平衡点 E_0 全局渐近稳定 (g.a.s.);

(b) 对 $\mathscr{R}_R > 1$, 如果 $(\mathscr{R}_S, \mathscr{R}_R)$ 在区域 II 中, 则 E_1 局部渐近稳定, 在区域 III 和 IV 中不稳定;

(c) 对 $\mathscr{R}_R > 1$, 如果 $(\mathscr{R}_S, \mathscr{R}_R)$ 在区域 IV 中, 则 E_2 是局部渐近稳定的, 如果在区域 II 和 III 中则不稳定.

(d) 如果 $(\mathscr{R}_S, \mathscr{R}_R)$ 在区域 III 中, 则两种菌株共存的平衡点 E^* 存在且局部渐近稳定.

当 $q > 0$ 时, 平衡点 E_1(仅有敏感菌株) 永远不稳定, 如下定理所述和如图 7.4(b) 所示, 共存区域 III 比 $q = 0$ 时的大得多.

定理 7.2 假设 $q > 0$. 区域 I—III 如图 7.4(b) 所示.

(a) 如果 $\mathscr{R}_S < 1$ 和 $\mathscr{R}_R < 1$ (区域 I), 则无病平衡点 E_1 全局渐近稳定.

(b) 对 $\mathscr{R}_R > 1$, 如果 $\mathscr{R}_S < 1$, 或者, 如果 $\mathscr{R}_S > 1$ 且 $\mathscr{R}_R > g(\mathscr{R}_S)$ (区域 IV), 则 E_2 局部渐近稳定, 如果 $\mathscr{R}_S > 1$ 且 $\mathscr{R}_R < g(\mathscr{R}_S)$ (区域 III), 则 E_2 不稳定.

(c) 平衡点 E_3 存在且局部渐近稳定, 当且仅当 $\mathscr{R}_S > 1$ 且 $\mathscr{R}_R < g(\mathscr{R}_S)$ (区域 III).

图 7.5 显示在 $q = 0$ 的情况下模型的一些模拟结果, 说明如图 7.4(a) 所示的 $(\mathscr{R}_S, \mathscr{R}_R)$ 的不同区域中的疾病结果. 在该图中, 使用的参数值为 $\mu = 0.143, c_1 = 13$,

$\kappa_1 = 1$, $q = 0$, $p = 0.5$, $r_1 = 1$, $r_2 = 2$, $\kappa_2 = 1$. 对这个值集 $\mathscr{R}_S = 3.45$. 图 7.5(a)—(c) 对应 $\mathscr{R}_R$(等价于 c_2) 的不同值, 对此 $(\mathscr{R}_S, \mathscr{R}_R)$ 分别在区域 IV, III, II 内.

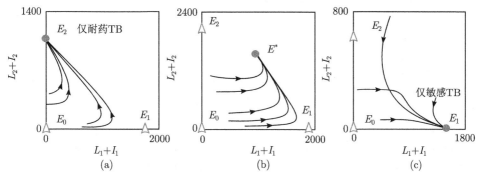

图 7.5　(7.4) 在 $q = 0$ 时解的相图. 选择的参数值给出固定值 $\mathscr{R}_S = 3.5$. 在 (a) 中 $\mathscr{R}_R = 2$, $(\mathscr{R}_S, \mathscr{R}_R) \in$ IV. 在 (b) 中 $\mathscr{R}_R = 2.4$, $(\mathscr{R}_S, \mathscr{R}_R) \in$ III. 在 (c) 中 $\mathscr{R}_R = 1.5$, $(\mathscr{R}_S, \mathscr{R}_R) \in$ II. 圆点表示稳定平衡点, 三角形表示不稳定平衡点

这些结果表明, 结核病患者缺乏药物治疗依从性可能对维持抗生素耐药菌株具有重要意义. 为了使抗生素耐药作用透明化, 我们首先研究了两种竞争菌株结核病的两菌株模型的特殊形式: 典型菌株加上不是抗生素耐药结果的耐药菌株 ($q = 0$). 在后一个情形, 我们发现共存是可能的, 但很少见, 稍后我们注意到当第二种菌株是抗生素耐药性的结果时, 共存几乎可以肯定. 在我们的两菌株模型中, 有一个类似于超级感染的项 $c_2 L_1 I_2 / N$. 获得共存结果是否必要? 因为众所周知, 超级感染可导致共存 (见 [16, 18]). 答案是不. 事实上, 可以证明, 当第二种菌株是抗生素耐药性的结果时, 在没有类似超级感染项的情况下, 共存仍然几乎是一个规则 (见图 7.4).

7.3　最佳治疗策略

在 7.2 节对两菌株模型的分析表明, 治疗可能会促进耐药结核病的传播并增加结核病患病率. 从而, 用于治疗潜伏性和感染性结核病个体的努力程度可能导致不同的结果.

设 $u_1(t)$ 和 $u_2(t)$ 为与时间有关的控制效应, 它们分别表示在时间 t 时 L_1 和 L_2 类中接受预防和药物治疗的个体的比例, 具有控制 $u_1(t)$ 和 $u_2(t)$ 的状态系统导致

$$S' = \mu N - c_1 S \frac{I_1}{N} - c_2 S \frac{I_2}{N} - \mu S,$$

$$L_1' = c_1 S \frac{I_1}{N} - (\mu + \kappa_1) L_1 - u_1(t) r_1 L_1,$$

$$+ (1 - u_2(t)) p r_2 I_1 + c_1^* T \frac{I_1}{N} - c_2 L_1 \frac{L_2}{N},$$

$$I_1' = \kappa_1 L_1 - \mu I_1 - r_2 I_1, \tag{7.8}$$

$$L_2' = (1 - u_2(t))q r_2 I_1 - (\mu + \kappa_2)L_2 + c_2(S + L_1 + T)\frac{I_2}{N},$$

$$I_2 = \kappa_2 L_2 - \mu I_2,$$

$$T' = u_2(t) r_1 L_1 + [1 - (u_2(t))(p + q)]r_2 I_1 - c_1^* T\frac{I_1}{N} - c_2 T\frac{I_2}{N} - \mu T,$$

其中初始值为 $S(0), L_1(0), I_1(0), L_2(0), I_2(0), T(0)$.

控制函数 $u_1(t)$ 和 $u_2(t)$ 是勒贝格可积的有界函数. "病例发现" 控制 $u_1(t)$ 表示已确定并将接受治疗的典型结核病潜伏性个体的比例 (以减少可能具有传染性的个体数), 系数 $(1 - u_2(t))$ 表示在典型的结核病感染个体中防止治疗失败的努力 (以减少耐药结核病个体数). 当 "病例保留" 的控制 $u_2(t)$ 接近于 1 时, 治疗失败率低, 但实施成本高.

我们要最小化的目标函数是

$$J(u_1, u_2) = \int_0^{t_f} \left[L_2(t) + I_2(t) + \frac{B_1}{2}u_1^2(t) + \frac{B_2}{2}u_2^2(t) \right] dt, \tag{7.9}$$

这里我们希望最大程度减少耐药菌株结核病的潜伏性和传染性人群, 同时保持较低的治疗成本. 假设治疗费用是非线性的, 在这里我们采用二次式. 由于目标函数的三个部分的大小和重要性, 系数 B_1 和 B_2 是平衡成本因子. 我们试图找到一对最优控制 u_1^* 和 u_2^*, 使得

$$J(u_1^*, u_2^*) = \min_{\Omega} J(u_1, u_2), \tag{7.10}$$

其中 $\Omega = \{(u_1, u_2) \in L^1(0, t_f) | a_i \leqslant u_i \leqslant b_i, i = 1, 2\}$, $a_i, b_i, i = 1, 2$ 是固定正常数.

最优控制对必须满足的必要条件来自 Pontryagin 的最大值原理 [19]. 该原理将 (7.8)—(7.10) 的问题化为一个关于 u_1 和 u_2 的逐点哈密顿函数 H,

$$H = L_2 + I_2 + \frac{B_1}{2}u_1^2 + \frac{B_2}{2}u_2^2 + \sum_{i=1}^{6} \lambda_i g_i \tag{7.11}$$

的最小化问题, 其中 g_i 是第 i 个状态变量的微分方程的右端. 我们知道, 由 Pontryagin 的最大值原理 [19] 和 [13] 中的最优控制对的存在性结果, 存在最优控制对 u_1^*, u_2^* 和相应的解 $S^*, L_1^*, L_2^*, I_2^*, T^*$ 使得 $J(u_1, u_2)$ 在 Ω 上最小. 此外, 存在伴随函数 $\lambda_1(t), \cdots, \lambda_6(t)$ 使得

$$\lambda_1' = \lambda_1 \left(c_1 \frac{I_1^*}{N} + c_1^* \frac{I_2^*}{N} + \mu \right) + \lambda_2 \left(-c_1 \frac{I_1^*}{N} \right) + \lambda_4 \left(-c_1^* \frac{I_2^*}{N} \right),$$

$$\lambda_2' = \lambda_2 \left(\mu + \kappa_1 + u_1(t) r_1 + c_1^* \frac{I_2^*}{N} \right) + \lambda_3(-\kappa_1) + \lambda_4 \left(-c_1^* \frac{I_2^*}{N} \right) + \lambda_6(-u_1^*(t) r_1),$$

$$\lambda_3' = \lambda_1 \left(c_1 \frac{S^*}{N} \right) + \lambda_2 \left(-c_1 \frac{S^*}{N} - (1 - u_2^*(t)) p r_2 - c_2 \frac{T^*}{N} \right) + \lambda_3(\mu + r_2)$$
$$\quad + \lambda_4(-(1 - u_2^*(t)) q r_2) + \lambda_6 \left(-(1 - u_2^*(t))(p + q) r_2 + c_2 \frac{T^*}{N} \right),$$

$$\lambda_4' = -1 + \lambda_4(\mu + \kappa_2) + \lambda_5(-\kappa_2),$$

$$\lambda_5' = -1 + \lambda_1 \left(c_1 \frac{S^*}{N} \right) + \lambda_2 \left(c_1^* \frac{L_1^*}{N} \right) - \lambda_4 \left(\beta^* \frac{S^* + L_1^* + T^*}{N} \right)$$
$$\quad + \lambda_5 \mu + \lambda_6 \left(c_1^* \frac{T^*}{N} \right),$$

$$\lambda_6' = \lambda_2 \left(-c_2 \frac{I_1^*}{N} \right) + \lambda_4 \left(-c_1^* \frac{I_2^*}{N} \right) + \lambda_6 \left(c_2 \frac{I_1^*}{N} + c_1^* \frac{I_2^*}{N} + \mu \right),$$

$$\tag{7.12}$$

其中横截性条件为

$$\lambda_i(t_f) = 0, \quad i = 1, \cdots, 6, \tag{7.13}$$

以及 $N = S^* + L_1^* + I_1^* + L_2^* + I_2^* + T^*$. 此外, 成立特征化:

$$u_1^*(t) = \min \left(\max \left(a_1, \frac{1}{B_1} (\lambda_2 - \lambda_6) r_1 L_1^* \right), b_1 \right),$$
$$u_2^*(t) = \min \left(\max \left(a_2, \frac{1}{B_2} (\lambda_2 p + \lambda_4 q - \lambda_6 (p + q) r_2 I_1^*) \right), b_2 \right). \tag{7.14}$$

由于状态函数和伴随函数的先验有界性, 以及由此产生的常微分方程的 Lipschitz 结构, 我们得到对小 t_f 的最优控制的唯一性. 最优控制的唯一性源于由 (7.8) 和 (7.12)—(7.14) 组成最优系统的唯一性, 为了保证最优系统的唯一性, 对时间区间要有一个限制. 时间区间长度的这种小限制是由 (7.8), (7.12) 和 (7.13) 的时间相反方向所致; 状态问题具有初始值, 伴随问题具有最终值. 这个限制在控制问题中很常见 (见 [12,15]).

通过求解由状态方程和伴随方程组成的最优系统, 得到最优治疗. 利用迭代法求解这个最优系统. 开始求解状态方程, 用四阶 Runge-Kutta 格式对模拟时间的控制进行猜测, 由于存在横截性条件 (7.13), 利用状态方程的当前迭代解, 通过向后四阶 Runge-Kutta 格式求解伴随方程. 然后, 通过使用以前的控制和来自特征化 (7.14) 值的凸组合进行更新. 如果前一个迭代的未知数值与当前迭代的未知数值非常接近, 则重复此过程并停止迭代.

对于这里给出的图, 假设与控制 u_2 相关的权因子 B_2 大于或等于与控制 u_1 相关的 B_1. 这个假设基于以下事实: 与 u_1 相关的费用将包括筛查和治疗项目的费用, 与 u_2 相关的费用将包括将患者留在医院或派人观察患者完成治疗的费用. 治疗传染性结核病患者比治疗潜伏性结核病患者需要更长的时间 (几个月). 在这三个图中, 选择权因子组 $B_1 = 50$, $B_2 = 100$ 来说明最优处理策略. 其他流行病学和数值参数在 [14] 中已给出.

在图 7.6 顶部框架中, 绘制了作为时间的函数 u_1 曲线 (实线) 和 u_2 曲线 (虚线). 在底部框架中, 绘制了有控制 (实曲线) 和无控制 (虚曲线) 耐药结核病染病者个体的比例 $\dfrac{L_2 + I_2}{N}$. 选择参数 $N = 30000$ 和 $\beta^* = 0.029$. [14] 中有对其他参数结果的阐述. 为了使具有耐药 TB 的潜伏个体和染病个体的总数 $L_2 + I_2$ 最小, 最优控制 u_2 在近 4.3 年的时间内处于上界, 然后 u_2 逐渐减小到下界, 而 u_1 在模拟的大部分 5 年时间里, 都是逐渐减小的值. 在最终 $t_f = 5$(年) 时, 感染耐药结核病的总人数 $L_2 + I_2$ 为 1123. 控制和未控制的 4176 例, 在控制规划结束时预防的耐药结核病例总数为 3053($= 4176 - 1123$).

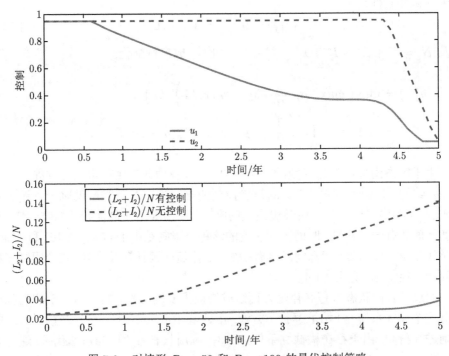

图 7.6　对情形 $B_1 = 50$ 和 $B_2 = 100$ 的最优控制策略

在图 7.7 中, u_1 和 u_2 在顶部和底部分别绘制为对 $N = 6000$, 12000 和 30000 时的时间函数. 其他参数除了个体总数和 $c_1^* = 0.029$ 对这三个情形都是固定的. 这些结果表明, 在人口规模较小的情况下, 应该更多地致力于 "发现病例" 的控制 u_1, 而在人口规模较大的情况下, "保持病例" 的控制 u_2 将发挥更大的作用. 注意, 一般来说, 在 B_1 固定的情况下, 随着 B_2 的增加, u_2 数量会减少. 同样的结果也适用于 B_2 固定而 B_1 增加的情况.

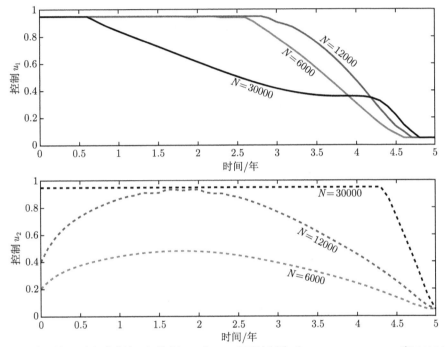

图 7.7 在顶部和底部的框架下, 控制 u_1 和 u_2 分别绘制为对 $N = 6000$, 12000 和 30000 的时间函数

总之, 我们的最佳控制结果表明, 治疗工作 (病例保持和病例发现) 的经济有效组合可能取决于人群规模、实施治疗控制的费用以及模型的参数. 我们已经为几种情况确定了最优控制策略. 遵循这些策略的控制程序可以有效地减少潜在和传染性耐药菌株结核病病例的数量.

7.4 结核病的长期和可变潜伏期的建模

如图 7.1 和图 7.2 所示, 结核病的潜伏期可以从几年到一生不等. 纳入这一特征的方法之一是根据疾病发展阶段的速度将潜伏个体分为两类, 其中一类的进展速度快于另一类. 例如, 根据图 7.8 所示的转移图, Blower 等在 [3] 中考虑了如下模型:

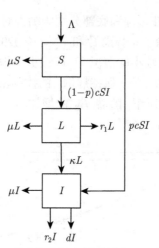

图 7.8   具有快进展和慢进展的 TB 转移图

$$S' = \Lambda - cSI - S,$$
$$L' = (1-p)cSI - (\kappa + r_1 + \mu)L,$$
$$I' = pcSI + \kappa L - (r_2 + \mu + d)I, \tag{7.15}$$
$$C' = r_1 I - \mu C,$$
$$T' = r_2 I - \mu T,$$

其中包括 5 个流行病类: 易感者类 (S), 潜伏的染病者类 (L), 染病者类 (I), 有效化学预防类 (C) 和有效治疗类 (T). 这个模型假设新染病者个体有 p 比例在一年内具有传染性 (进展迅速, $p \approx 0.05$), 而其余 $1-p$ 比例将首先进入潜伏阶段, 发展为活动性结核病的比率为 κ $\left(\text{进展缓慢, 大约} \dfrac{1}{20} \text{(年)}\right)$. 该模型表明, 为了快速发展, 被感染的个体会立即进入染病者类 I. 参数 r_1 和 r_2 分别表示预防和治疗的比率. 人均自然死亡率和疾病死亡率分别为 μ 和 d. 模型 (7.15) 的控制再生数为

$$\mathscr{R}_c = \mathscr{R}_c^{\text{快}} + \mathscr{R}_c^{\text{慢}}, \tag{7.16}$$

其中

$$\mathscr{R}_c^{\text{快}} = \left(\frac{cp\Lambda}{\mu}\right)\left(\frac{1}{r_2 + \mu + d}\right)$$

和

$$\mathscr{R}_c^{\text{慢}} = \left(\frac{c(1-p)\Lambda}{\mu}\right)\left(\frac{\kappa}{r_1 + \kappa + \mu}\right)\left(\frac{1}{r_2 + \mu + d}\right)$$

分别表示与快慢路径相应的再生数. 公式 (7.16) 如图 7.9 所示可用于计算单独治疗或联合治疗和化学预防来根除结核病的概率 (采自 [3]).

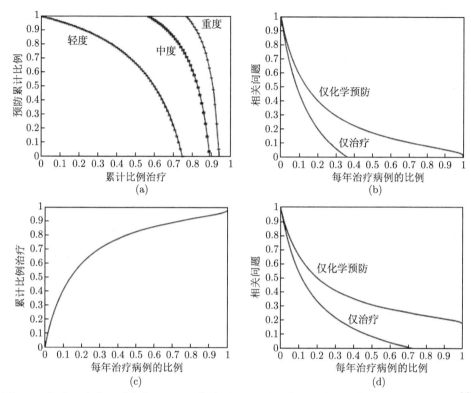

图 7.9 轻度、中度、重度的 $\mathscr{R}_c = 1$ 曲线, 它们分别对应于基本再生数 $\mathscr{R}_0$ 值 4, 9 和 17 [3]

为了研究对药物敏感 (DS) 病例治疗失败在耐药 (DR) 结核病流行中的作用, Blower 等 [3] 将单菌株结核病模型 (7.15) 扩展为包括耐药菌株的如下模型:

$$
\begin{aligned}
S' &= \Lambda - (c_S I_S + c_R I_R)S - \mu S, \\
L_S' &= (1-p)c_S I_S S - (r_1 + \kappa + \mu)L_S, \\
I_S' &= pc_S I_S S + \kappa L_S - (r_2 + \kappa + d)I_S, \\
C_S' &= r_1 I_S - \mu C_S, \\
T_S' &= r_2(1-q)I_S - \mu T_S, \\
L_R' &= (1-p)c_R I_R S - (\kappa + \mu)L_R, \\
I_R' &= pc_R I_R S + qr_2 I_S + \kappa L_R - (r_2\delta + \mu + d)I_R, \\
T_R' &= \delta r_2 T_R - \mu T_R,
\end{aligned}
\tag{7.17}
$$

其中与 DS 和 DR 结核病相应的流行病学类分别用下标 S 和 R 表示. 参数 q 表示

导致 DS 结核病发展的治疗失败的比例, 参数 δ 表示治疗耐药情况的相对有效性.

Blower 等 [3] 的研究表明, 模型 (7.17) 有助于深入了解治疗失败 (q) 对 DR 结核发展的影响.

另一个结合长时迟和可变时迟的方法是考虑任意分布的时迟, 在这种情况下, 模型由积分-微分方程系统组成. 例子可以在 [10, 11] 中找到. 在 [10] 中可以看到, 具有分布时迟的模型具有与常微分方程模型相同的动力学性态, 尽管由于前者涉及潜伏期的更真实分布, 但它可以对再生数提供更详细的描述. [11] 中考虑的模型包括染病年龄相关的 DS 菌株和 DR 菌株的进展 (例如, 如图 7.2 显示的进展分布).

7.5   再次感染的 TB 模型中的向后分支

如前所述, 结核病的潜伏期可长达数年甚至终生. 通过与活动性结核病患者反复接触而再次接触结核杆菌可能加速潜伏性结核感染 (LTBI) 向活动性结核进展, 并且可能发生外源性再感染 (即从另一个受感染的个体获得的新感染). 为了研究外源性再感染对结核病传播和控制的影响, 我们可以通过合并外源性再感染来扩展单菌株模型 (7.1). 在 [9] 中已证明, 外源性再感染可能在人群层面的结核病传播动力学和流行病学中起着基本作用. 特别地, 这个模型能够显示出一个向后分支, 也就是说, 即使在再生数小于 1 时, 也能存在稳定的地方病平衡点. 尽管一些研究 (如见 [23]) 发现, 对于一定范围内的参数值, 不太可能发生向后分支, 但也有可能满足向后分支的条件. 在这两种情况下, 了解外源性再感染可能在对结核病动力学中发挥重要作用有所帮助, 这对结核病控制规划的设计至关重要.

包含再次感染在内的单菌株模型 (7.1) 的扩展形式为

$$
\begin{aligned}
S' &= \mu N - cS\frac{I}{N} - \mu S, \\
L' &= cS\frac{I}{N} + c^*T\frac{I}{N} - pcL\frac{I}{N} - (\kappa + \mu)L, \\
I' &= pcL\frac{I}{N} + \kappa L - (r + \mu)I, \\
T' &= rI - c^*T\frac{I}{N} - \mu T.
\end{aligned}
\tag{7.18}
$$

模型 (7.18) 忽略了对潜伏个体的治疗, 只有染病者个体可以接受 r 比例的治疗. 参数 p 反映原发性感染 (从易感者感染) 与外源性再次感染 (从潜伏的个体感染) 之间差异的因子. 值 $p \in (0, 1)$ 意味着原发性感染为外源性再次感染提供了一定程度的交叉免疫. 其他参数含义与 (7.1) 中的相同.

(7.18) 的再生数是

$$\mathscr{R}_0 = \frac{c\kappa}{(\kappa + \mu)(r + \mu)}. \tag{7.19}$$

当 $\mathscr{R}_0 < 1$ 时无病平衡点局部渐近稳定的通常结果仍然成立. 但是, 当 $\mathscr{R}_0 < 1$ 时没有地方病平衡点的通常结果不再成立. 为了证明, 当 $\mathscr{R}_0 < 1$ 时可以存在地方病平衡点, 考虑当 $c^* = c$ 时这个较简单情形. 设 $U^* = (S^*, L^*, I^*, T^*)$ 表示地方病平衡点, 即 $I^* > 0$. 令 $x = \dfrac{I^*}{N}$, 则

$$\frac{S^*}{N} = \frac{\mu}{\mu + cx^*}, \quad \frac{L^*}{N} = \frac{(\mu + r)x^*}{\kappa + pcx^*}, \quad \frac{T^*}{N} = \frac{rx}{\mu + cx},$$

x^* 是二次方程

$$Ax^2 + Bx + C = 0 \tag{7.20}$$

的解, 其中

$$A = p\mathscr{R}_0, \quad B = (1 + p + Q)D_E - p\mathscr{R}_0, \quad C = D_E Q\left(\frac{1}{\mathscr{R}_0} - 1\right),$$

$D_E = \dfrac{\kappa}{\mu + \kappa}$ 和 $Q = \dfrac{\kappa}{\mu + r}$. 注意, $D_E < 1$ 表示潜伏个体存活并成为染病者的概率. 设

$$\mathscr{R}_p = \frac{1}{p}\left(D_E(1 - p - Q) + s\sqrt{D_E Q(p - pD_E - D_E)}\right) \tag{7.21}$$

和

$$p_0 = \frac{(1 + Q)D_E}{1 - D_E}. \tag{7.22}$$

于是, 如果 $p > p_0$ 则 $\mathscr{R}_p < 1$, 如果 $\mathscr{R}_0 > (=, <)\mathscr{R}_p$, 则 $B^2 - 4AC > (=, <) 0$, 此时方程 (7.20) 有两个 (一个, 没有) 正解 $x_{\pm}$ (详细情况见 [9]). 这建立了下面的结果.

定理 7.3 设 $\mathscr{R}_0, \mathscr{R}_p$ 和 p_0 是在 (7.19), (7.21) 和 (7.22) 中定义的.

(a) 如果 $\mathscr{R}_0 > 1$, 则 (7.18) 恰有一个局部渐近稳定的地方病平衡点.

(b) 如果 $\mathscr{R}_0 < 1$, 则无病平衡点局部渐近稳定. 此外

(i) 对每个 $p > p_0$, 存在正常数 $\mathscr{R}_p < 1$, 使得当 $\mathscr{R}_0 > (=, <)\mathscr{R}_p < 1$ 时系统 (7.18) 恰有两个 (一个, 没有) 正平衡点. 在两个正平衡点情形, 具有比较大 (小) I^* 分量的是稳定 (不稳定) 的, 如图 7.10(左图) 所示.

(ii) 对 $p = (<)p_0$, 系统 (7.18) 恰有一个 (没有) 正平衡点.

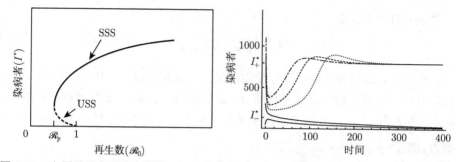

图 7.10   左图是具有再感染模型 (7.18) 的向后分支的示意图. 平衡点的 I^* 分量绘制为 $\mathscr{R}_0$ 的函数. 这条曲线表明, 对 $\mathscr{R}_p < \mathscr{R}_0 < 1$ 有两个正稳态. 实线对应于稳定稳态 (SSS), 虚线对应于不稳定稳态 (USS). 右图显示系统 (7.18) 在出现向后分支的区域 ($\mathscr{R}_p < \mathscr{R}_0 < 1$ 和 $p > p_0$) 中参数值的数值解. 此图绘制了染病者个体的个数 $I(t)$. 它表明, 依赖于初始条件的解将收敛于无病平衡点 (实线) 或稳定的正平衡点 (虚线)

模型 (7.18) 的数值模拟确认了向后分支. 图 7.10(右) 显示在情形 $p > p_0$ 和 $\mathscr{R}_p < \mathscr{R}_0 < 1$ 下对具有不同初始值的解的分量. 我们观察到, 对接近于 0 的 I 的初始值的解收敛于无病平衡点 (见实线), 其他解收敛于具有较大 I 值的地方病平衡态 (见虚线).

7.6   具有更多复杂性的其他结核病模型

上面考虑的模型在多个方面假设了匀质性, 包括人口的混合结构和年龄结构. 在许多情况下, 正在研究的问题需要考虑一些异质性. 例如, 在 [1] 的 TB 模型中, 包括 "家庭" 接触和依赖于年龄混合的异质混合被认为是评估观察到的结核病历史报告下降的可能原因. 在 [5] 中, 利用年龄结构的结核病模型来研究最优的依赖年龄的疫苗接种策略 $\psi(a)$, 其中 a 表示个体的实足年龄. 最优控制问题之一是在费用的约束条件 $C(\psi) < C^*$ 下, 使得对应于 $\psi(a)$ 的再生数 $\mathscr{R}_\psi$ 最小, 其中 C^* 是一个固定常数. 结果表明, 最优的疫苗接种策略是单个年龄策略 (在由模型中的参数和参数函数确定的单个年龄 A 的每个人接种疫苗) 或两个年龄策略 (在由模型参数确定的两个固定年龄的 A_1 和 A_2 人群接种疫苗).

具有多种耐药菌株的模型已被用来回答与耐药结核病的建立和传播有关的各种问题. Blower 和 Chou[2] 利用具有三种耐药结核病菌株的模型来研究如何有效控制 "热区" (即 MDR-TB 患病率大于 5% 的地区) 的 MDR-TB. 该模型的发现表明, 耐多药水平受病例发现率、治愈率和扩增概率 (病例在治疗过程中进一步产生耐药性的概率) 的驱动. 在 [7] 中, MDR 菌株相对适应性的异质性被纳入了结核病模型. 该模型包括两个耐药菌株 (一个比另一个菌株更适合) 以及一个对药物敏感的菌株, 用于研究初始适应性来估计对耐多药结核病发生的影响. 模型结果表明, "即使当耐多药 (MDR) 菌株的平均相对适应性很低并且良好的控制过程到位, 一个相对合适的 MDR 菌株的一小部分人员也可能最终超过对药物敏感的菌株和不大合适的 MDR 菌株".

在 [21] 中考虑了再次感染的两菌株结核病模型, 以研究再次感染在耐药结核病传播动力学中以及敏感菌株和耐药菌株的共存中的作用. 在 [17] 中, 考虑多个小组, 其中一个小组在遗传上易患结核病. 在不同人群中研究涉及潜伏结核染病者和活动性结核染病者的不同的治疗策略的检查. 模型分析的结果表明, 遗传易感小组的存在极大地改变了治疗的效果. 为了研究治疗失败的影响及其对耐药结核病控制标准的影响, 在 [8] 中考虑了一个具有多个治疗失败阶段且导致耐药结核病可能性的不同模型. 模型结果表明, 病例检测和治疗可能是控制耐多药结核病的关键因素.

为了探讨艾滋病病毒对结核病患病率的影响, 可以使用包括结核病病毒与艾滋病病毒之间相互作用的模型, 在这种情况下, 模型分析可以由于结核病病毒和艾滋病病毒可能同时感染, 因此具有很大的挑战性. 例如, 在 [20] 中研究了将结核病病毒和艾滋病病毒与艾滋病的多个阶段结合在一起的模型. 该模型的结果表明 "艾滋病病毒可以显著增加结核病暴发的频率和严重性, 但是艾滋病病毒对结核病暴发的这种放大效应对结核病的治疗率非常敏感". [22] 研究了包括结核病病毒和艾滋病病毒的另一种模型. 模型结果表明, 在合并感染艾滋病病毒的个体中, 从 LTBI 加速发展为活动性 TB 可能对 TB 发病率有重大影响.

7.7 案例: 两菌株模型中的某些计算

练习 1 推导在 (7.5) 和 (7.6) 中分别给出的再生数 $\mathscr{R}_S$ 和 $\mathscr{R}_R$ 的公式, 对两菌株的 TB 模型 (7.4) 考虑无病平衡点

$$E_0 = (S^{(0)}, L_1^{(0)}, I_1^{(0)}, L_2^{(0)}, I_2^{(0)}, T^{(0)}) = (N, 0, 0, 0, 0, 0).$$

在 E_0 的 Jacobi 矩阵是

$$J(E_0) = \begin{bmatrix} -\mu & 0 & -c_1 & 0 & -c_2 & 0 \\ 0 & -(\mu + \kappa_1 + r_1) & c_1 + pr_2 & 0 & 0 & 0 \\ 0 & \kappa_1 & -(\mu + r_2) & 0 & 0 & 0 \\ 0 & 0 & qr_2 & -(\mu + \kappa_2) & c_2 & 0 \\ 0 & 0 & 0 & \kappa_2 & -\mu & 0 \\ 0 & r_1 & (p+q)r_2 & 0 & 0 & -\mu \end{bmatrix}.$$

显然, $J(E_0)$ 有二重负特征值 μ, 其他特征值由 J_1 和 J_2 的特征值给出, 其中

$$J_1 = \begin{bmatrix} -(\mu + \kappa_1 + r_1) & c_1 + pr_2 \\ \kappa_1 & -(\mu + r_2) \end{bmatrix}, \quad J_2 = \begin{bmatrix} -(\mu + \kappa_2) & c_2 \\ \kappa_2 & -\mu \end{bmatrix}.$$

证明: J_1 有负特征值, 当且仅当 $\mathscr{R}_S < 1$; J_2 有负特征值, 当且仅当 $\mathscr{R}_R < 1$.

练习 2　考虑两菌株的 TB 模型 (7.4), 并以以下指定的初始值进行系统的数值模拟. 给定的初始值为 $\mu = 0.0143 \left(\text{或者} \dfrac{1}{\mu} = 70\right)$, $c_1 = 13, \kappa_1 = \kappa_2 = 1, r_1 = 1, r_2 = 2, q = 0, p = 0.5$. 选择 c_2 的值, 使得

(a) E_1 是稳定的;

(b) E_2 是稳定的;

(c) E^* 是稳定的.

练习 3　与练习 2 类似但对于 $q > 0$ 的情况. 其他初始值与练习 2 的相同, 选择 c_2 的值, 使得

(a) E_2 是稳定的;

(b) E^* 是稳定的.

7.8　案例: 单菌株模型的改进

模型 (7.1) 是单菌株结核病模型, 它假设染病者在进入染病阶段 I 之前处于潜伏期 L. 模型 (7.15) 包括快进展和慢进展 (分别用比例 p 和 $1 - p$ 表示), 它假设在比例 $1 - p$ 和 p 下染病者个体将分别进入潜伏的 L 阶段和染病的 I 阶段. 在这两个模型中, 假定在一个阶段的持续时间随参数 k 呈指数分布, 即感染者个体在感染后 s 单位时间内未成为染病者的概率为 e^{-ks}. 如图 7.1 和图 7.2 所示. 这一假设可能不适用于结核病, 因为它有很长且可变化持续时间. 为了检验模型是否对潜伏期的分布有更现实的假设, 可以考虑如下所述的模型, 其中指数生成函数 e^{-ks} 被一般分布 $p(s)$ 所代替.

设 $p(s)$ 表示在时间 t 潜伏个体在时间 $t + s$ 如果还活着但仍感染 (但不是染病者) 的比例函数. 则 $-\dot{p}(\tau)$ 是个体在 τ 单位时间后从 E 类进入 I 类变成潜伏者的速率. 假设

$$p(s) \geqslant 0, \quad \dot{p}(s) \leqslant 0, \quad p(0) = 1, \quad \int_0^\infty p(s)ds < \infty.$$

设 $S(t), E(t), I(t)$ 和 $T(t)$ 分别表示易感者、潜伏者、染病者和治疗类的个体数. 考虑潜伏阶段具有任意分布 $p(s)$ 的下述模型

$$S' = \Lambda - cS\frac{1}{N} - \mu S,$$

$$E(t) = E_0(t) + \int_0^t [cS(s) + c^*T(s)]\frac{I(s)}{N(s)}p(t-s)e^{-(\mu+r_1)(I-s)}ds,$$

$$
\begin{aligned}
I(t) = &\int_0^t \int_0^\tau [cS(s) + c^*T(s)]\frac{I(s)}{N(s)}e^{-(\mu+r_1)(\tau-s)} \\
&\times [-\dot{p}(\tau-s)e^{-(\mu+r_2)(t-\tau)}]dsd\tau + I_0e^{-(\mu+r_2)t} + I_0(t),
\end{aligned}
\tag{7.23}
$$

$$T' = r_1 E + r_2 I - c^*T\frac{I}{N} - \mu T,$$

$$N = S + E + I,$$

其中 $E_0(t)$ 表示在时间 $t=0$ 在 E 类仍属潜伏类的个体, $I_0(t)$ 表示开始在 E 类在时间 t 移到 I 类仍活着的个体, 满足 $I_0 = I(0)$ 的 $I_0 e^{-(\mu+r_2)t}$ 表示在时间 $t=0$ 是染病者, 且仍活着在 I 类者. 假设 E 和 $I_0(t)$ 有紧支撑 (即, 它们对足够大的 t 为零). 所有其他参数与模型 (7.1) 中的相同.

问题 1 推导下面的再生数 $\mathscr{R}_0$ 公式

$$\mathscr{R}_0 = c\int_0^\infty a(\tau)d\tau, \tag{7.24}$$

其中 $a(u)$ 由

$$a(t-s) = \int_s^t e^{-(\mu+r_1)(\tau-s)}[-\dot{p}(\tau-s)e^{-(\mu+r_2)(t-\tau)}]d\tau$$

定义. 对 $a(u)$ 和 $a(u)$ 表达式中的因子提供生物学解释.

问题 2 证明如果 $\mathscr{R}_0 < 1$, 则该疾病消失, 如果 $\mathscr{R}_0 > 1$, 则它存在.

问题 3 求模型 (7.23) 所有生物学上可行的稳态解. 确定稳态共存 (即 $I > 0$ 和 $J > 0$) 的条件.

问题 4 对每个稳态, 确定它们局部渐近稳定的条件.

问题 5 与常微分方程模型 (7.1) 相比, 对于潜伏期更现实的分布的模型是否提供了疾病动力学的新的定性性态? 确定模型 (7.23) 可以提供的其他见解.

7.9 案例: 两菌株模型的改进

模型 (7.4) 是具有对药敏感菌株和耐药菌株的结核病的两菌株模型. 在该模型中, 假定两个菌株的潜伏期均以参数 κ_1 和 κ_2 呈指数分布. 敏感菌株的漫长而可变的潜伏期使该假设不切实际 (耐药菌株的潜伏期要短得多). 以下模型是具有潜伏期的时迟分布的另一个两菌株模型, 其中 $p(\theta)$ 用于描述从潜伏期到染病期的进程, θ 是染病年龄 (被感染后的时间):

$$
\begin{aligned}
&\frac{dS}{dt} = \mu N - (\mu + \lambda_1(t) + \lambda_2(t))S + (1-r)\chi \int_0^\infty p(\theta)i(\theta,t)d\theta, \\
&\frac{\partial i}{\partial t} + \frac{\partial i}{\partial \theta} + \mu i(\theta,t) + (1-r+qr)\chi p(\theta)i(\theta,t) = 0, \\
&\frac{dJ}{dt} = \lambda_2(t)S - \mu J + qr\chi \int_0^\infty p(\theta)i(\theta,t)d\theta, \\
&i(0,t) = \lambda_1(t)S, \ S(0) = S_0 > 0, \ i(\theta,0) = i_0(\theta) \geqslant 0, \ J(0) = J_0 > 0.
\end{aligned}
\tag{7.25}
$$

其中 $S(t)$ 是在时间 t 的易感者数, $i(\theta,t)$ 表示对药物敏感的菌株染病年龄 θ 的个体在时间 t 的密度, $J(t)$ 是耐药菌株染病者个体在时间 t 的数目, 以及 $N = S + I + J$, 其中

$$
I(t) = \int_0^\infty i(\theta,t)d\theta
$$

是敏感菌株染病者个体的总数. 基于实验数据 (例如, 图 7.2 中的分布), 假设函数 $p(\theta)(0 \leqslant p(\theta) \leqslant 1)$ 对时间是常数. 注意, $p(\theta)i(\theta,t)$ 表示染病者个体的年龄密度. 敏感菌株和耐药菌株的传播率分别是

$$
\lambda_1(t) = \frac{c_1}{N(t)} \int_0^\infty p(\theta)i(\theta,t)d\theta \quad \text{和} \quad \lambda_2(t) = c_2\frac{J(t)}{N(t)},
\tag{7.26}
$$

其中 c_1 和 c_2 是敏感菌株和耐药菌株的人均传播率. 敏感菌株染病者因治疗而离开 i 类的比率为 $(1-r+qr)\chi p(\theta)$, 其中 χ 表示对药物敏感结核病个体的治疗率. 因子 $(1-r+qr)$ 表示不完全治疗的效果: 治疗敏感的 TB 患者的比例 r 由于不完全治疗而无法康复, 剩下的比例 $(1-r)$ 实际上已治愈并再次变成易感者. 此外, 在尚未完成治疗的个体中, 其中有比例 q 将发展为耐药结核病, 其余部分则保持潜伏状态. 假设人均出生率和自然死亡率相同且等于 μ. 在此模型中, 为了简单起见, 假定接受治疗的个体具有相同的易感性.

问题 1　设 $v(t) = i(0,t) = \lambda_1(t)S(t)$. 证明系统 (7.25) 等价于下面易于分析的系统:

$$
v(t) = \frac{N(t) - J(t) - \displaystyle\int_0^t K_0(\theta)v(t-\theta)d\theta}{N(t)} \int_0^t K_1(\theta)v(t-\theta)d\theta + \widetilde{F}_1(t),
$$

$$\frac{dJ}{dt} = \beta_2 \left(N(t) - J(t) - \int_0^t K_0(\theta)v(t-\theta)d\theta \right) \frac{J(t)}{N(t)}$$

$$- mJ(t) + \int_0^t K_2(\theta)v(t-\theta)d\theta + \widetilde{F}_2(t), \tag{7.27}$$

$$\frac{dN}{dt} = b(N)N(t) - \mu N(t) - \delta J(t),$$

其中 $\widetilde{F}_i(t)$ 包含参数和满足 $\lim\limits_{t \to \infty} \widetilde{F}_i(t) = 0$, $i = 1, 2$ 的初始条件, 以及

$$K_0(\theta) = e^{-\mu\theta - \int_0^\theta (1-r+qr)\chi p(s)ds},$$

$$K_1(\theta) = \beta_1 p(\theta)K_0(\theta) = -\frac{\beta_1}{\chi(1-r+qr)} \left(\frac{d}{d\theta}K_0(\theta) + \mu K_0(\theta) \right), \tag{7.28}$$

$$K_2(\theta) = qr\chi p(\theta)K_0(\theta) = -\frac{qr}{\chi(1-r+qr)} \left(\frac{d}{d\theta}K_0(\theta) + \mu K_0(\theta) \right).$$

问题 2 设 $\mathscr{R}_1$ 和 $\mathscr{R}_2$ 表示对敏感菌株和耐药菌株的再生数. 推导 $\mathscr{R}_1$ 和 $\mathscr{R}_2$ 的公式.

问题 3 解释为什么模型 (7.25) 的稳态的存在性与稳定性依赖于 $\mathscr{R}_1$ 和 $\mathscr{R}_2$.

问题 4 与常微分方程模型 (7.4) 相比, 对敏感菌株的潜伏期具有更现实分布的模型是否会提供疾病动力学的新的定性性态? 确定模型 (7.25) 可能提供的其他见解.

参 考 文 献

[1] Aparicio, J. P., and C. Castillo-Chavez (2009) Mathematical modelling of tuberculosis epidemics, Math. Biosc. Eng., 6: 209-237.

[2] Blower, S. M., and T. Chou (2004) Modeling the emergence of the "hot zones": tuberculosis and the amplification dynamics of drug resistance, Nature Medicine, 10: 1111-1116.

[3] Blower, S. M., P.M. Small, and P.C. Hopewell (1996) Control strategies for tuberculosis epidemics: new models for old problems, Science, 273: 497-500.

[4] Castillo-Chavez, C., and Z. Feng (1997) To treat or not to treat: the case of tuberculosis. J. Math. Biol., 35: 629-656.

[5] Castillo-Chavez, C., and Z. Feng (1998) Global stability of an age-structure model for TB and its applications to optimal vaccination strategies, Math. Biosc., 151: 135-154.

[6] CDC, Tuberculosis treatment (2014) http://www.cdc.gov/tb/topic/treatment/.

[7] Cohen, T., and M. Murray (2004) Modeling epidemics of multidrug-resistant M. tuberculosis of heterogeneous fitness Nature Medicine, 10: 1117-1121.

[8] Dye, C., and B.G. Williams (2000) Criteria for the control of drug-resistant tuberculosis, Proc. Nat. Acad. Sci., 97: 8180-8185.

[9] Feng, Z., C. Castillo-Chavez, and A.F. Capurro (2000) A model for tuberculosis with exogenous reinfection, Theor. Pop. Biol., 57: 235-247.

[10] Feng, Z., W. Huang, and C. Castillo-Chavez (2001) On the role of variable latent periods in mathematical models for tuberculosis, J. Dyn. Diff. Eq., 13: 435-452.

[11] Feng, Z., M. Iannelli, and F.A. Milner (2002) A two-strain tuberculosis model with age of infection, SIAM J. Appl. Math., 62: 1634-1656.

[12] Fister, K. R., S. Lenhart, and J.S. McNally (1998) Optimizing chemotherapy in an HIV model, Electronic J. Diff. Eq., 32: 1-12.

[13] Fleming, W., and R. Rishel (1975) Deterministic and Stochastic Optimal Control, Springer.

[14] Jung, E., S. Lenhart, and Z. Feng (2002) Optimal control of treatments in a two-strain tuberculosis model, Discrete and Continuous Dynamical Systems Series B, 2: 473-482.

[15] Kirschner, D., S. Lenhart, and S. Serbin (1997) Optimal control of the chemotherapy of HIV, J. Math. Biol., 35: 775-792.

[16] Levin, S. and D. Pimentel (1981) Selection of intermediate rates of increase in parasite-host systems, Am. Naturalist, 117: 308-315.

[17] Murphy, B. M., B.H. Singer, and D. Kirschner (2003) On treatment of tuberculosis in heterogeneous populations, J. Theor. Biol., 223: 391-404.

[18] Nowak, M.A., and R.M. May (1994) Superinfection and the evolution of parasite virulence, Proc. Roy. Soc. London, Series B: Biological Sciences, 255: 81-89.

[19] Pontryagin, L.S. (1987) Mathematical Theory of Optimal Processes, CRC Press.

[20] Porco, T.C., P.M. Small, and S.M. Blower (2001) Amplification dynamics: predicting the effect of HIV on tuberculosis outbreaks, J. Acquired Immune Deficiency Syndromes, 28: 437-444.

[21] Rodrigues, P., M.G.M. Gomes, and C. Rebelo (2007) Drug resistance in tuberculosis, a reinfection model, Theor. Pop. Biol., 71: 196-212.

[22] Roeger, L-I.W., Z. Feng, and C. Castillo-Chavez (2009) Modeling TB and HIV co-infections, Math. Biosc. Eng., 6: 815-837.

[23] Singer, B.H., and D.E. Kirschner (2004) Influence of backward bifurcation on interpretation of R0 in a model of epidemic tuberculosis with reinfection, Math. Biosc. Eng., 1: 81-93.

[24] Styblo, K. (1991) Selected papers. vol. 24, Epidemiology of tuberculosis, Hague, The Netherlands: Royal Netherlands Tuberculosis Association.

[25] WHO. Global tuberculosis report 2013, http://www.who.int/tb/publications/global_ report/.

第 8 章 艾滋病病毒/艾滋病 (HIV/AIDS) 模型

8.1 引 言

1981 年在旧金山的一个同性恋社区中首先确定获得性免疫缺陷综合征 (AIDS) 为一种新疾病. 在 1983 年确定人类免疫缺陷病毒 (HIV) 为 AIDS 的病原体. 该疾病有几个不同寻常的方面. 初次感染后, 出现的症状包括 2 或 3 周头痛并发烧. 传染性高达 2 个月左右, 之后有一段很长的潜伏期. 此时它的传染性很低. 在这个可能持续 10 年的潜伏期结束时, 传播性上升, 这预示着艾滋病的全面发展. 在缺乏治疗的情况下, 艾滋病总是致命的. 现在, 艾滋病病毒可以通过结合使用高活性抗逆转病毒治疗 (HAART) 药物进行治疗, 这种药物既能减轻症状, 又能延长低传染期. 虽然还没有治愈艾滋病的方法, 但治疗已经使它不再是一种必然致命的疾病. 为了描述 HIV 的传染性变化, 一种可能是使用分阶段的进展模型, 其中多个感染阶段具有不同的传染性. 另一个可能是利用染病年龄模型.

艾滋病病毒的传播途径有很多, 其中最常见的是异性恋或同性恋性接触、共用药物注射针头和受污染的输血. 从母亲到孩子的垂直传播也是可能的. 在过去, 输入受污染的血液是疾病传播的另一个来源, 但在发达国家, 自 1985 年以来对血液的筛查已消除了将输血作为一种传播方式.

艾滋病病毒/艾滋病的完全模型应包括各种传播方式, 并应考虑到多种因素, 包括性活动水平、毒品使用、避孕套使用和性接触网络, 从而导致具有许多需要根据数据加以估计的参数的大型系统. 首先我们开发用于同性恋传播的模型. 在本章中, 我们将不仅考虑在同性恋群体中传播疾病的模型 (当前的术语是男同性恋者与男同性恋者发生性关系, 简称 MSM), 还需要考虑包括通过女性性工作者进行异性性传播的模型. 我们也考虑了包括 HIV 和 TB 的联合疾病动力学以及 HIV 和 HSV-2 之间协同作用的模型.

人类免疫缺陷病毒的鉴定引起了理论家和建模者的注意[11,55,56,58,107], 因为艾滋病已成为近 30 年前最令人担忧的疾病之一. 由于对艾滋病病毒的流行病学知之甚少, 最初的建模工作主要集中在研究艾滋病病毒在人群中的传播动态, 而且正如预期的那样, 建模工作首先是在简单的环境和粗略的假设下进行的, 见文献 [3 − 7, 10, 19, 26, 32 − 35, 46, 48, 49, 57, 59, 65, 67 − 71, 75, 76, 79, 81, 88, 95 − 97, 102, 103]. 对 20 世纪 80 年代 HIV 模型传播动力学的 "最新进展" 的综述可以在

[30]、综述论文 [97, 99] 或书籍 [8, 30, 63] 中找到.

[32—35, 67, 102, 103] 中的建模研究重点关注易感人群的变化、疾病引起的死亡率、异质混合、垂直传播、无症状携带者、可变传染性、潜伏期和感染期的变化对性传播 HIV 动力学的影响. 通过对性伴侣选择或群体内部和群体之间的感染风险进行建模的努力已成为研究艾滋病病毒动力学的各个群体的研究重点. 其他研究集中在性别、核心人群以及异质混合接触率对艾滋病病毒动力学的影响上. 这些自然而然地参与了性行为调查的发展和关于性和约会"活动"的数据收集, 以及对异质"混合"框架的数学建模和分析 (见 [20, 21, 23, 24, 27 , 28, 36—39, 41, 47, 78, 93]). 文献 [83] 中的综述强调了性活动和饮酒对性传播疾病 (STDs) 动力学的潜在作用 [47,65,66,93], 虽然很少探索通过改变行为以应对多种因素而产生的适应性动态, 但由于 HIV 大流行, 人们也进行了一些早期的尝试 [22,60].

正如在这些历史文献 [3—5] 中所述, 这几个时期的信息很快被认为是预测艾滋病病毒 (HIV) 动力学的最初努力的关键. 在 [35] 中观察到: "潜伏期的持续时间被认为是几天到几周 [3-5], 虽然传染期的持续时间尚不清楚, 但是那些完全成熟的艾滋病患者的平均潜伏期估计为 35—47 个月 [81]." 随着资料和经验的积累, 这一估计将不断得到修正. 然而, 即使是最保守的估计也表明, 用潜伏期来近似染病期可能是合理的. 也就是说, 假设潜伏期可以忽略不计. Pickering 等 [88] 强调传播 HIV 的能力不是固定不变的常数, 因为作为个体在接触后的 3—16 个月最具传染性. 最近的研究报告 [58,77,94] 指出, 存在两个传染高峰, 一个发生在接触后几周, 另一个在 "成熟" 艾滋病发作之前.

在同性恋活动的匀质混合群体的动力学中, 再生数由 $\mathscr{R}_0 = \lambda C(T)D$ 给出, 其中 λ 表示每个伴侣传播疾病的概率, $C(T)$ 为当人口密度为 T 时, 每个个体在单位时间内性伴侣的平均数量, D 为死亡调整后的平均传染期 (参见 [35]). 由于艾滋病病毒是一种慢性病, 因此, 如果 $\mathscr{R}_0 \leqslant 1$ 则疾病将会消失, $\mathscr{R}_0 \geqslant 1$ 则在少数感染/染病者个体存在的情况下疾病持续存在. [35] 中的数学分析和数值模拟表明, 每当潜伏期分布呈指数变化时, 再生数 $\mathscr{R}_0$ 是一个全局分支的分支参数 (超临界分支), 也就是说, 当 $\mathscr{R}_0$ 超过 1 时, 发生从无病状态向地方病平衡态的全局转移. 反之亦然. 局部结果不依赖于染病者类别中的持续时间分布 (生存函数). 保持一组固定的参数 [35] 可以比较指数潜伏期分布与分段固定存活率 (个体在固定长度的时间内保持感染状态). 人们发现 " …… 我们 (至少在这些情况下) 可以看到一些现实参数, 当两种分布具有相同平均时, 这两个极端情况对应的再生数相差不超过 18% [35]".

由于引入大量小组引来了异质性, 这限制了这些模型的预测能力, 因为这些因素 (更多参数) 包括了更多的不确定性. 多组模型的使用提出了预期的建模和参数估计的挑战 [20,21,23,24,27,28,36 38,41,65,66,93]. 此外, 对其中一些模型的分析产生了新的动力学性态, 在流行病学中, 可能是第一次质疑基本再生数在控制、教育或干预措施的确定和发展中的中心作用. 例如, 事实证明, 由于流行的另类性行为方式而导致传播中的自然不对称能够引起多个平衡点的存在 [33,34,67], 这在当时是一个出乎意料的结果.

8.2 具有指数持续时间的模型

一个同性恋活动人群被分为三类. S 表示易感者个体的数量, I 表示染病者个体的数量, 以及 A 之前 I 个体已发展为成熟的艾滋病 (见图 8.1). 假设所有感染了艾滋病病毒 (HIV) 的人最终都会发展成全面暴发的艾滋病 (除非他们首先死于其他原因). 不幸的是, 这可能是最现实的, 因为有证据表明, 艾滋病是一种进展性疾病. 稍后, 我们将提出一个案例来开发一个模型, 在该模型的假设下, 一定比例的被感染的个体将逃避发展为成熟艾滋病. 最初, 不包括潜伏类 (即那些尚未具有传染性的暴露个体), 因为当时认为在该类上的时间很短. 进一步假设, 发展成全面暴发的艾滋病的人不再具有积极的传染性, 也就是说, 他们没有性接触. 还假定被感染的个体立即染病. 最后, 假设染病者每单位时间以固定比例 αI 传染艾滋病, 并在每单位时间内以常数率 α 失去性行为. 因此, 给出平均潜伏期为 $\dfrac{1}{\mu + \alpha_I}$, 而平均性寿命为 $\dfrac{1}{\mu + \alpha}$.

该模型的引入还需要其他定义. Λ 表示稳定地向易感者人群 (性活跃的人) 补充人员, 固定的自然死亡率为 μ, d 为由艾滋病引起的人均固定疾病死亡率. 函数 $C(T)$ 模拟人口密度为 T 时, 每单位时间内平均每个个体拥有的性伴侣的平均数量; λ(常数) 表示每个受感染的伴侣的平均风险; λ 通常被认为是积 $i\phi$ [68], 其中 ϕ 是与每个性伴侣的平均接触次数, 以及 i 是性接触时后者是染病者感染的条件概率. Kingsley 等 [72] 提出的证据 (并不令人意外) 表明, 血清转化 (感染) 的概率随被感染的性伴侣的数量增加. 因此, 当性活跃人口的数量为 T 时, $\lambda C(T)$ 模拟每个被感染的伴侣单位时间内的传播率. 借助图 8.1 的帮助, 利用 [3, 4] 发表的建模框架, 在染病类的指数持续时间的假设下, 得到性传播 HIV 的流行病学的如下模型 [35],

$$\frac{dS(t)}{dt} = \Lambda - \lambda C(T(t))\frac{S(t)I(t)}{T(t)} - \mu S(t),$$

$$\frac{dI(t)}{dt} = \lambda C(T(t))\frac{S(t)I(t)}{T(t)} - (\alpha_I + \mu)I(t), \qquad (8.1)$$

$$\frac{d\Lambda(t)}{dt} = \alpha_I I(t) - (\alpha + \mu)\Lambda(t),$$

其中

$$T = I + S. \tag{8.2}$$

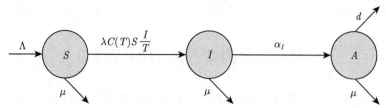

图 8.1　流程图: 所有染病者都发展为艾滋病的情况下的单组模型

分数 $\dfrac{I}{T}$ 可以被认为是代表一个易感者个体与一个随机选择的染病者个体接触的比例. 这里 $\dfrac{\lambda C S I}{T(T)}$ 表示每单位时间内新染病者个体的数量, 因为 A 类中的个体没有性行为. 对 $C(T)$ 进行建模的一个合理假设是, 当 T 值较大时, 小 T 接近饱和水平, $C(T)$ 近似为线性 [62]. 在此, 假设 $C(T)$ 是 T 的一个可微递增函数 (除非另有说明). Anderson 等 [4] 观察到, $C(T)$(即单位时间内的性伴侣的平均数) 低估了高度活跃个体的重要性, 因此, 应该适当地考虑到他们的作用, 对这个框架进行修改.

在 [35] 中可找到对系统 (8.1) 的分析, 关于 $C(T)$ 作了如下假设:

$$C(T) > 0, \quad C'(T) \geqslant 0, \tag{8.3}$$

其中撇号表示对 T 求导数. (由构造)S 和 I 的动力学与 A 无关. 这个系统是适定的, 即, 如果 $S(0) \geqslant 0, I(0) \geqslant 0, A(0) \geqslant 0$, 则存在对 $t \geqslant 0$ 满足 $S(0) \geqslant 0, I(0) \geqslant 0, A(0) \geqslant 0$ 的唯一解.

正如与本书讨论的大多数流行病学系统的情况一样, 系统 (8.1) 始终有无病平衡点

$$(S, I, A) = \left(\frac{A}{\mu}, 0, 0 \right), \tag{8.4}$$

在某些假设下, 它也存在唯一的地方病平衡点.

无病平衡点的稳定性由无量纲比

$$\mathscr{R}_0 = \lambda \left(\frac{1}{\sigma_I} \right) C \left(\frac{A}{\mu} \right) \tag{8.5}$$

确定, 即由基本再生数确定. 在 $\mathscr{R}_0$ 的定义中 $\sigma_I = a_I + \mu$, $\mathscr{R}_0$ 表示在人口统计稳态下由单个染病者个体在易感者人群中产生的继发性染病者数. $\mathscr{R}_0$ 由三个因素

(流行病学参数) 的乘积给出: λ(每个伴侣传播疾病的概率), $C\left(\dfrac{\Lambda}{\mu}\right)$(当每个人都在易感者人群时, 每单位时间平均易感者个体拥有的性伴侣的平均数), 而

$$D = \left(\frac{1}{\sigma_I}\right). \tag{8.6}$$

死亡调整平均染病期为 $D = D_I$, 其中 D_I 表示 I 类的死亡调整平均染病期 $\dfrac{I}{\sigma_I}$.

利用无量纲比 $\mathscr{R}_0 = \lambda C\left(\dfrac{A}{\mu}\right)D$ 得到下面的结果 [35]:

定理 8.1 如果 $\mathscr{R}_0 < 1$, 则系统 (8.1) 的平衡点 $\left(\dfrac{\Lambda}{\mu}, 0, 0\right)$ 全局渐近稳定.

这就是说, (8.1) 每个满足 $S(0) \geqslant 0, I(0) \geqslant 0, A(0) \geqslant 0$ 的解当 $t \to \infty$ 时都趋于 $\left(\dfrac{\Lambda}{\mu}, 0, 0\right)$. 即, 条件 $\mathscr{R}_0 < 1$ 足以保证这个疾病最终在这个人群中消失.

(8.1) 的地方病平衡点 (S^*, I^*, A^*) 满足

$$\Lambda = \left[\frac{\Lambda - \mu S^*}{\alpha_I} - \mu\right]S^*, \quad I^* = \frac{\Lambda - \mu S^*}{\alpha_I + \mu}, \quad A^* = \frac{\alpha_I}{\alpha_I + \mu}I^*.$$

在 [35] 中还建立了 (在其他章中利用了某些相同论述):

定理 8.2 如果 $\mathscr{R}_0 > 1$, 则存在唯一局部渐近稳定的地方病平衡点 (S^*, I^*, A^*), 无病平衡点 $\left(\dfrac{\Lambda}{\mu}, 0, 0\right)$ 不稳定.

我们可以将这个情况总结如下 (所有证明的详细信息可在 [35] 中找到): 当 $\mathscr{R}_0 < 1$ 时, 系统 (8.1) 的无病平衡点全局渐近稳定. 如果 $\mathscr{R}_0 > 1$, 则它不稳定; 当 $\mathscr{R}_0 > 1$ 时, 该系统具有唯一的局部渐近稳定的地方平衡点. 当 $\mathscr{R}_0$ 越过 1 时, 存在稳定性转移. 此外, 当 $\mathscr{R}_0 > 1$ 时, 正如预期的那样, 地方病平衡点也是全局渐近稳定的.

再生数 $(\mathscr{R}_0)$ 随传播概率和性伴侣平均数成比例增加. 它还可通过 $C(T)$ 与到易感者类的补充率按比例增加. $\mathscr{R}_0$ 是平均传染期 D 的递增函数, 也可能是死亡率的递减函数 (依赖于对 $C(T)$ 的泛函表达式).

8.3 *具有任意潜伏期分布的艾滋病病毒 (HIV) 模型

在 I 类中利用持续时间的指数分布对应于要求从 I 类 (通过发展为成熟艾滋病症状) 到 A 类的人均去除率是恒定的. 如果我们要从固定的去除率更改为可变

的去除率, 这显然是对 8.2 节模型的改进. 这也就是我们在本节中所做的工作 (这些想法是遵循 [19, 35] 中的思想). 因此, 仍然假设个体立即具有传染性 (也就是说, 我们继续忽略潜伏期), 并继续将处于危险中的人群分为三类: S, I 和 A. 参数 $\lambda = i\phi, \Lambda, \mu, d$ 和 p 的意义与 8.2 节的相同. 但是, 去除率可以通过引入 $P_I(s)$ 函数来修改, $P_I(s)$ 函数表示在 t 时刻成为 I 染病者, 如果还活着, 则在时间 $t + s$ 时仍是染病者 (作为存活的染病者) 的比例. 生存函数 P_I 是非负且非递增的, 且 $P_I(0) = 1$. 进一步假设

$$\int_0^\infty P_I(s)ds < \infty,$$

因此, $-\dot{P}_I(x)$ 是感染 x 单位时间后从 I 类到 A 类的个体的移除率.

出现在时间 x 的新染病者数是 $\dfrac{\lambda C(T(x))S(x)I(x)}{T(x)}$, 其中 $C(T), I$ 和 T 继续保持如 8.2 节中的意义. 易感者类中的变化率现在是

$$\frac{dS(t)}{dt} = \Lambda - \lambda C(T(t))S(t)\frac{I(t)}{T(t)} - \mu S(t), \tag{8.7}$$

其中

$$\int_0^t \lambda C(T(x))S(x)\frac{I(x)}{T(x)}e^{-\mu(t-x)}P_I(t-x)dx$$

表示从时间 0 到 t 已经染病个体仍在 I 类的个体数. 折扣因子 $\exp(-\mu(t-x))$ 考虑了自然 (非艾滋病) 死亡. 因此, 如果 $I_0(t)$ 表示 I 类中在时间 $t = 0$ 时刻仍然具有传染性的个体数, 则在 t 时刻的染病者总数为

$$I(t) = I_0(t) + \int_0^t \lambda C(T(x))S(x)\frac{I(x)}{T(x)}e^{-\mu(t-x)}P_I(t-x)dx, \tag{8.8}$$

其中 (为了生物学和数学理由) 假设 I_0 具有紧支撑 (对足够大的 t 它为零).

$A(t)$ 的表达式是三项之和: $A_0e^{-(\mu+d)t}$, 其中 $A_0 = A(0)$ 代表在时间零患有艾滋病的个体且仍活着; $A_0(t)$ 表示开始在 I 类进入 A 类且在时间 t 仍活着的个体, 以及在时间 $t = 0$ 之后加入 I 类的个体 (见下面). 假设 $t \to \infty$ 时 $A_0(t)$ 趋于零. 表示在时间 $t = 0$ 以后 "出生" 的染病者个体的项为

$$\int_0^\tau \left\{\int_0^t \lambda C(T(x))S(x)\frac{I(x)}{T(x)}e^{-\mu(\tau-x)}[-\dot{P}_I(\tau-x)e^{-(\mu+d)(t-\tau)}]dx\right\}d\tau,$$

其中 $-\dot{P}_I(\tau - x)$ 表示在 τ 个或 $(\tau - x)$ 个时间单位染病后从 I 类移去的速率.

因此

$$A(t) = p \int_0^\tau \left\{ \int_0^t \lambda C(T(x)) S(x) \frac{I(x)}{T(x)} e^{-\mu(t-x)} [-\dot{P}_A(\tau - x) e^{-(\tau-s)}] dx \right\} d\tau$$
$$+ A_0 e^{-(\mu+d)t} + A_0(t). \tag{8.9}$$

方程 (8.7) 给出的模型是一个非线性积分方程系统. 如在 [82] 中可找到的, 对这类系统的适定性的标准结果保证解的存在唯一性以及它们对参数的连续依赖性. 详细证明在 [32] 中有给出.

系统 (8.7) 的基本再生数 $\mathcal{R}_0$ 为

$$\mathcal{R}_0 = \lambda C \left(\frac{\Lambda}{\mu} \right) \int_0^\infty P_I(x) e^{-\mu x} dx, \tag{8.10}$$

其中

$$\int_0^\infty P_I(x) e^{-\mu x} dx$$

是死亡调整平均传染期 D. 如果 $P_I(x) = e^{-\alpha_I x}$, 则 (8.10) 化为 (8.5). 如前, 我们也注意到

$$D_I = \int_0^\infty P_I(s) e^{-\mu s} ds$$

表示 I 类的平均传染期.

满足 $I_0(t) = 0$ 的系统 (8.7) 始终有平衡点

$$(S, I) = \left(\frac{\Lambda}{\mu}, 0 \right), \tag{8.11}$$

但没有其他常数解. 然而, 由于 $I_0(t)$ 对大的 t 必须为零, 可以期望在适当假设下 $\left(\frac{\Lambda}{\mu}, 0 \right)$ 是一个吸引子, 或者 $t \to \infty$ 时的一个 "渐近平衡点". [32, 35] 中证明了下面结果.

定理 8.3 线性系统 (8.7) 的无病平衡点 $(\Lambda/\mu, 0)$ 是一个全局吸引子, 即, 对系统 (8.7) 的任何正解, 只要 $\mathcal{R}_0 \leqslant 1$ 就有 $\lim\limits_{t \to \infty} (S(t), I(t)) = (\Lambda/\mu, 0)$.

定理 8.4 当 $\mathcal{R}_0 > 1$ 时系统 (8.7) 的无病平衡点不稳定, 且存在常数 $W^* > 0$ 使得 (8.7) 的正解 $(S(t), I(t))$ 满足 $\limsup\limits_{t \to +\infty} I(t) \geqslant W^*$.

换句话说, 如果 $\mathcal{R}_0 > 1$, 则无病平衡点不可能是任何正解的吸引子. 就是说, 每个解对趋于 $+\infty$ 的时间 t 序列至少近似地有 W^* 个染病者 (这个 W^* 与下面定理 8.5 叙述的相同), 又如果当 $t \to +\infty$ 时 $S(t), I(t)$ 趋于非零常数, 则当 $\mathcal{R}_0 > 1$ 时 [82] 中的结果保证这些常数必须满足与 (8.7) 相应的极限系统:

$$\frac{dS}{dt} = \Lambda - \lambda C(T(t))S(t)\frac{I(t)}{T(t)} - \mu S(t),$$

$$I(t) = \int_0^t \lambda C(T(x))S(x)\frac{I(x)}{T(x)}e^{-\mu(t-x)}P_I(t-x)dx. \tag{8.12}$$

这个极限系统 (8.12) 是一个自治系统, 对此我们建立了下面结果:

定理 8.5　如果 $\mathscr{R}_0 > 1$, 则极限系统 (8.12) 有唯一正平衡点 S^*, I^*. 如果此外 $\dfrac{d}{dT}\dfrac{C(T)}{T} \leqslant 0$, 则这个地方病平衡点局部渐近稳定.

定理 8.5 表明, 当 $\mathscr{R}_0$ 穿过 1 时, 存在从 $(\Lambda/\mu, 0)$ 到 (S^*, I^*) 的稳定性开关. 我们也猜测, 但还没有证明, 系统 (8.7) 的渐近动力学与极限系统 (8.12) 的动力学一致. 在 [61] 中还存在另一个方法. 这些结果的证明可在 [35] 中找到.

8.4　染病年龄模型

这里介绍的模型是在 [103] 中开发的. 考虑一个匀质混合的男同性恋人群和按染病年龄 (感染后的时间) 分层的染病者成员. 我们将人群分为三组: S 组 (未感染, 但易感染), I 组 (感染艾滋病病毒, 但症状轻微或没有症状), A 组 (完全发展的艾滋病). 假设 A 类成员不再有性活动, 令 $T = S + I$ 是性活跃人群的规模.

我们用 t 表示时间, τ 表示染病年龄, 并通过记

$$I(t) = \int_0^\infty i(t,\tau)d\tau$$

将染病者人群进行分层, 其中 $i(t,\tau)$ 表示在时间 t 的染病年龄密度. 假设:

- 每个个体在单位时间内的平均性接触次数为 a;
- 典型的易感者个体通过与染病年龄为 τ 的染病者个体接触感染;
- (由于发展为艾滋病) 离开性活跃人群的比例 $a(\tau)$ 依赖于染病年龄;
- 存在到性活跃人群的常数补充率 Λ;
- 存在未感染成员离开性活跃人群的常数比例 μ;
- 存在成熟艾滋病导致的常数死亡率 ν.

在这些假设下, I 类中 τ 个时间单位以后还染病的剩下的部分人员是

$$P(\tau) = e^{-\mu\tau - \int_0^\tau \alpha(\sigma)d\sigma}.$$

于是

$$i(t,\tau) = i(t-\tau, 0)P(\tau).$$

定义在时间 t 的总传染性

$$W(t) = W_0(t) + \int_0^t \lambda(\tau)i(t,\tau)d\tau = W_0(t) + \int_0^t \lambda(\tau)i(t-\tau,0)P(\tau)d\tau,$$

其中 $W_0(t)$ 是在时间 $t = 0$ 感染的个体在时间 t 的传染性. 于是单位时间内新染病者的比例为

$$B(t) = i(t,0) = a\frac{S(t)}{T(t)}W(t),$$

其中

$$W(t) = W_0(t) + \int_0^t \lambda(\tau)P(\tau)B(t-\tau)d\tau.$$

我们将取 a 为常数, 但可以更一般地假设 a 是性活跃人群总规模 T 的函数.

这些假设导致模型

$$
\begin{aligned}
S'(t) &= \Lambda - B(t) - \mu S(t),\\
W(t) &= W_0(t) + \int_0^t \lambda(\tau)P(\tau)B(t-\tau)d\tau,\\
B(t) &= a\frac{S(t)}{T(t)}W(t),\\
I(t) &= I_0(t) + \int_0^t B(t-\tau)P(\tau)d\tau.
\end{aligned}
\tag{8.13}
$$

由于我们要研究平衡点与它们的稳定性, 因此, 考虑 (8.13) 的极限系统, 即

$$
\begin{aligned}
S'(t) &= \Lambda - B(t) - \mu S(t),\\
W(t) &= \int_0^t \lambda(\tau)P(\tau)B(t-\tau)d\tau,\\
B(t) &= a\frac{S(t)}{T(t)}W(t),\\
I(t) &= \int_0^t B(t-\tau)P(\tau)d\tau.
\end{aligned}
\tag{8.14}
$$

为了得到活跃的艾滋病病例数的表达式, 它不是模型的一部分, 因为假定 A 类中的个体没有任何进一步性接触, 但将其包括在内, 因为它提供了一个可以与数据进行比较的关系, 对 (8.14) 中的方程

$$I(t) = \int_0^t B(s)P(t-s)d\tau$$

求导数, 并利用

$$P'(u) = -[\mu + \alpha(u)]P(u),$$

得到

$$I'(t) = B(t) - \mu I(t) - \int_0^t B(s)\alpha(t-s)P(t-s)ds.$$

进入艾滋病 A 类的数目是

$$\int_0^t B(s)\alpha(t-s)P(t-s)ds.$$

因此活跃的艾滋病病例数由

$$A'(t) = \int_0^\infty \alpha(t-s)P(t-s)B(s)ds - \nu A(t)$$

给出.

如果我们假设质量作用发生率而不是标准发生率, 则对模型 (8.14) 的分析将更加简单, 因为使用标准发生率会将 $T(t) = S(t) + I(t)$ 引入模型. 但是, 对于性传播模型而言, 质量作用发生率远低于标准发生率. 对这个模型不难证明基本再生数是

$$\mathscr{R}_0 = a \int_0^\infty \lambda(\tau)P(\tau)d\tau,$$

而且存在一个无病平衡点 $S = \dfrac{\Lambda}{\mu}$, $I + B = W = 0$, 如果 $\mathscr{R}_0 < 1$, 那它是渐近稳定的. 地方病平衡点的计算比较困难, 但可以证明, 存在一个地方病平衡点, 它至少对大于 1 但与 1 接近的 $\mathscr{R}_0$ 是渐近稳定的. 对 $\mathscr{R}_0$ 的较大值, 这个地方病平衡点可以不稳定, 此模型可能存在 Hopf 分支和持续振动解 [64].

8.5 *艾滋病和结核病: 共同感染的动力学

艾滋病病毒 (HIV) 降低了免疫系统对结核分枝杆菌等传染性病原体入侵作出反应的能力. 此外, 随着艾滋病病毒感染的发展, 免疫力通常会下降, 患者变得更容易感染典型或罕见的疾病. 在较富裕的社会中, 艾滋病和结核病的治疗很普遍. 这些药物大大改变了结核病和艾滋病的联合动力学.

关于 HIV 或 TB 的独立动力学的模型文献非常丰富. 例如, 结核病工作包括 [9, 18, 40, 42, 43, 50, 51, 89], 艾滋病病毒/艾滋病的包括 [31, 63, 80, 103] 等. 结核/艾滋病毒合并感染的建模工作也已经发表. Kirschner [73] 建立了描述宿主内 HIV-1 和 TB 合并感染的免疫逻辑模型. Naresh 等 [86] 介绍了一个模型, 该模型涉及分为 4 个流行病学类别的人群: 易感者人群、结核病染病者人群、艾滋病病毒染病者人群和艾滋病人群; 该模型侧重于艾滋病和可治愈结核病在不同规模人群中的传播动力学. Schulzer 等 [101] 使用精算方法研究了 HIV / TB 的联合动力学. West 和 Thompson [105] 引入了模型的联合动力学模型. 他们通过数值模拟探

索艾滋病和结核病; 他们的主要目标是估计参数并使用其估计来预测美国的结核病的未来传播. Porco 等[90] 利用离散事件模拟研究艾滋病病毒对结核病暴发的概率和预测 TB 暴发的严重程度. 其他工作包括 [91, 98].

在 [92] 中利用一个微分方程系统来模拟结核病和艾滋病的联合动力学. 总人口分为以下流行病学子组: S(易感者类), L(潜伏的结核病类), I(结核病染病者类), T(已成功治疗的结核病类), J_1(艾滋病染病者类), J_2(艾滋病染病者和潜伏结核病类), J_3(同时感染结核病和艾滋病类), A("成熟的" 艾滋病类). 图 8.2 中的仓室图说明了个体面临特定疾病染病者甚至合并感染的可能性时的流程.

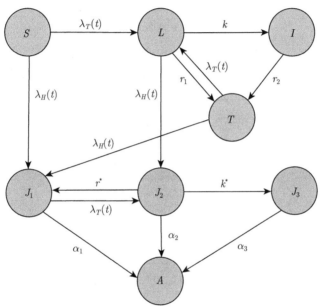

图 8.2　TB 和 HIV 合并感染动力学之间的转移图. TB 的传染力度是 $\lambda_T = c(I + J_3)/N$, HIV 的传染力度为 $\lambda_H = \sigma J^*/R$, 其中 $J^* = J_1 + J_2 + J_3$

TB/HIV 模型由下面 8 个常微分方程的系统给出:

TB:　$\dfrac{dS}{dt} = \Lambda - cS\dfrac{I + J_3}{N} - \sigma S\dfrac{J^*}{R} - \mu S,$

$\dfrac{dL}{dt} = c(S + T)\dfrac{I + J_3}{N} - \sigma L\dfrac{J^*}{R} - (\mu + k + r_1)L,$

$\dfrac{dI}{dt} = kL - (\mu + d + r_2)I,$ (8.15a)

$\dfrac{dT}{dt} = r_1L + r_2I - cT\dfrac{I + J_3}{N} - \sigma T\dfrac{J^*}{R} - \mu T,$

HIV:　$\dfrac{dJ_1}{dt} = \sigma(S+T)\dfrac{J^*}{R} - cJ_1\dfrac{I+J_3}{N} - (\alpha_1+\mu)J_1 + r^*J_2,$

$\dfrac{dJ_2}{dt} = \sigma L\dfrac{J^*}{R} + cJ_1\dfrac{I+J_3}{N} - (\alpha_2+\mu+k^*+r^*)J_2,$

$\dfrac{dJ_3}{dt} = k^*J_2 - (\alpha_3+\mu+d)J_3,$ 　　　　　　　　　　(8.15b)

$\dfrac{dA}{dt} = \alpha_1 J_1 + \alpha_2 J_2 + \alpha_3 J_3 - (\mu+f)A,$

其中

$$N = S + L + I + T + J_1 + J_2 + J_3 + A,$$
$$R = N - I - J_3 - A = S + L + T + J_1 + J_2, \qquad (8.16)$$
$$J^* = J_1 + J_2 + J_3.$$

这里的变量 R 收集了非传染的 "流通" 个体, 即没有活动性结核病或艾滋病的个体. 表 8.1 汇集了模型参数的定义.

表 8.1　TB/HIV 模型 (8.15) 中的参数的定义

符号	定义
N	总人口
R	总活跃人群 $(= N - I - J_3 - A = S + L + T + J_1 + J_2)$
J^*	具有 HIV 但没有发展为 AIDS 的个体 $(= J_1 + J_2 + J_3)$
Λ	常数补充率
c	TB 的传播率
σ	HIV 的传播率
μ	人均自然死亡率
k	没有传染 HIV 的个体的人均 TB 进展率
k^*	也传染 HIV 的个体的人均 TB 进展率
d	TB 人均死亡率
d^*	HIV 人均死亡率
f	AIDS 人均死亡率
r_1	无 HIV 的个体潜伏 TB 的人均治疗率
r_2	无 HIV 的个体活动性 TB 的人均治疗率
r^*	有 HIV 的个体潜伏 TB 的人均治疗率
α_i	$J_i(i=1,2,3)$ 中的个体 AIDS 的人均进展率

建模包括假设: 匀质混合, 艾滋病病毒阳性和结核病患者 (J_3) 表现出严重的艾滋病症状且不能有效地治疗的活动性 TB, 结核病感染只能通过与结核病染病者接触而获得 (I 和 J_3), 个体只有通过与感染 HIV 的个体接触才可能获得 HIV 感染 (J^* 组). 此外, 对 T 类和 S 类每人接触感染的 "概率"(β 和 λ) 假设是相同的. 另外, I(结核病染病者), J_3(结核病和艾滋病染病者) 和 A(艾滋病) 中个体病得严重, 无法保持性活动, 因此, 他们不能通过性活动传播艾滋病病毒. 从而, $R = N - I - J_3 - A$, 艾滋病的感染率是由 $\sigma J^*/R$ 模拟 (见 [29, 74, 108]).

与 HIV 染病者接触的概率模拟为 J^*/R, 因此单位时间内 HIV 新染病者的个数为 $\sigma SJ^*/R$ [静脉注射 HIV 毒品, 垂直传播的 HIV(出生儿童), 或通过母乳喂养的艾滋病传播, 艾滋病传播形式被忽略]. 该模型中最注目的是将性传播作为间接的风险因素纳入, 它是艾滋病传染率的函数. 此外, 可以忽略人口统计变化, 或者可以假设所考虑的时间范围内人口规模的变化不太明显.

(在治疗下的)TB 控制再生数由表达式

$$\mathscr{R}_1 = \frac{ck}{(\mu + k + r_1)(\mu + d + r_2)} \tag{8.17}$$

给出, HIV 的再生数是

$$\mathscr{R}_2 = \frac{\sigma}{\alpha_1 + \mu}. \tag{8.18}$$

$\mathscr{R}_1$ 是一个 TB 染病者在其有效传染期内易感者感染的平均人数 $\dfrac{c}{\mu + d + r_2}$ 和在 TB 潜伏期中幸存的人口比例 $\dfrac{k}{\mu + k + r_1}$ 的乘积. $\mathscr{R}_1$ 表示如果在容易接受结核病治疗的人群中, 大多数结核病易感者人群中引入了典型的结核病染病者, 在其有效传染期内产生的继发性结核病感染病例数. $\mathscr{R}_2$ 是无结核病社区中的 HIV 再生数, 这指如果感染 HIV 的个体 (如果不是 HIV 染病者) 在其传染期间继发的 HIV 继发性感染数 (一个无结核的世界). 这两个再生数不涉及与 TB-HIV 合并感染的动力学相关的参数 k^* 和 α_3.

因此, 在 TB 治疗下的系统 (8.15) 的再生数是

$$\mathscr{R} = \max\{\mathscr{R}_1, \mathscr{R}_2\}.$$

我们已经在 [92] 中证明, 如果 $\mathscr{R} < 1$, 则 TB 和 HIV 将消失, 如果 $\mathscr{R} > 1$, 则任何一种或两种疾病都可能成为地方病.

在 [92] 中已证明, 系统 (8.15) 是适定的, 即从第一卦限 (那里所有变量都是非负的) 出发的解都将停留在那里. 还证明系统 (8.15) 有三个非负边界平衡点: 无病平衡点 (DFE) 或 E_0, 仅 TB(无 HIV) 平衡点或 E_T, 仅 HIV(无 TB) 平衡点或 E_H. E_0 的分量是

$$S_0 = \frac{\Lambda}{\mu}, \quad L_0 = I_0 = T_0 = J_{01} = J_{02} = J_{03} = A_0 = 0.$$

E_T 分量是

$$S_T = \frac{\Lambda}{\mu + cI_T/N_T}, \quad L_T = \frac{I_T}{R_{1b}}, \quad I_T = \frac{N_T(\mathscr{R}_1 - 1)}{\mathscr{R}_1 + \mathscr{R}_{1a}}, \quad T_T = \frac{(r_1 L + r_2 I_T)S_T}{\Lambda},$$

$$J_{1T} = J_{2T} = J_{3T} = A_T = 0,$$

其中

$$N_T = \frac{\Lambda}{\mu + d(\mathscr{R}_1 - 1)/(\mathscr{R}_1 + \mathscr{R}_{1a})},$$

$$\mathscr{R}_{1a} = \frac{a}{\mu + k + r_1}, \quad \mathscr{R}_{1b} = \frac{k}{\mu + d + r_2}. \tag{8.19}$$

E_H 的分量是

$$S_H = \frac{\Lambda}{\mu \mathscr{R}_2 + \alpha_1(\mathscr{R}_2 - 1)}, \quad L_H = I_H = T_H = 0,$$

$$J_{1H} = (\mathscr{R}_2 - 1)S_H, \quad J_{2H} = J_{3H} = 0, \quad A_H = \frac{\alpha_1 J_{1H}}{\mu + f}.$$

下面的结果是 [92] 中建立的.

定理 8.6　如果 $\mathscr{R} < 1$, 则无病平衡点 E_0 局部渐近稳定, 如果 $\mathscr{R} > 1$, 则它不稳定.

定理 8.7　如果 $\mathscr{R}_1 > 1$ 和 $\mathscr{R}_2 < 1$, 则无 HIV 平衡点 E_T 局部渐近稳定.

注意, 在条件 $\mathscr{R}_1 < 1$ 和 $\mathscr{R}_2 > 1$ 下 E_H 可以不局部渐近稳定. 我们的数值计算表明, 当 $\mathscr{R}_1 < 1$ 和 $\mathscr{R}_2 > 1$ 时平衡点 E_H 可能不稳定, TB 与 HIV 可共存 [92]. 进一步, 当两个再生数都大于 1, 即 $\mathscr{R}_1 > 1$ 和 $\mathscr{R}_2 > 1$ 时, E_T 和 E_H 都存在, E_0 不稳定. 我们的数值研究显示, 所有这三个边界平衡点都不稳定, 解都收敛于内部平衡点. 此外, 部分分析结果和数值模拟支持, 当两个再生数 $\mathscr{R}_1$ 和 $\mathscr{R}_2$ 都大于 1 时存在内部平衡点 $\hat{E}$. 系统的数值模拟进一步表明, 这个内部平衡点在大多数情况下是局部渐近稳定的, 虽然看起来还有可能存在稳定的周期解 [92].

当两个再生数都大于 1, 即 $\mathscr{R}_1 > 1$ 和 $\mathscr{R}_2 > 1$ 时, E_T 和 E_H 都存在, E_0 不稳定. 此时模型的数值模拟显示有可能这三个边界平衡点都不稳定, 且解收敛于内部平衡点. 尽管内部平衡点的显式表达式很难进行分析计算, 但是我们还是会设法获得一些可用于确定内部平衡点存在的一些关系式.

设 $\hat{E} = (\hat{S}, \hat{L}, \hat{I}, \hat{J}_1, \hat{J}_2, \hat{J}_3, \hat{A})$ 表示所有分量都为正的内部平衡点, 令 x 和 y 表示比例

$$x = \frac{\hat{I} + \hat{J}_3}{\hat{N}} > 0 \quad 和 \quad y = \frac{\hat{J}^*}{\hat{R}} > 0. \tag{8.20}$$

注意, x 和 y 分别对应于结核病和艾滋病的患病率水平.

令系统 (8.15) 右端等于零, 得到对 x 和 y 的下面两个方程:

$$\begin{aligned} x &= xF(x,y), \\ y &= yG(x,y), \end{aligned} \tag{8.21}$$

其中

$$F(x,y) = \frac{c}{\hat{N}} \left[\frac{k\hat{S}}{(\mu + d + r_2)B_1} + \frac{k^*}{\Delta_2 \Delta_3} \left(\frac{\hat{S}\alpha y}{B_1} + \hat{J}_1 \right) \right],$$

$$G(x,y) = \frac{\alpha}{\hat{R}} \left[\frac{1}{B_2} \left(\hat{S} + \hat{T} + \frac{r^*\hat{L}}{\Delta_2} \right) \left(1 + \frac{cx}{\Delta_2} \left[1 + \frac{k^*}{\Delta_3} \right] \right) + \frac{\hat{L}}{\Delta_2} \left[1 + \frac{k^*}{\Delta_3} \right] \right],$$

$$\tag{8.22}$$

这里

$$\hat{S} = \frac{\Lambda}{\mu + cx + \sigma y}, \quad \hat{L} = \frac{c\Lambda}{B_1(\mu + cx + \sigma y)}, \quad \hat{I} = \frac{k}{\mu + d + r_2}\hat{L},$$

$$\hat{T} = \frac{r_1 + \dfrac{r_2 k}{\mu + d + r_2}}{cx + \sigma y + \mu}, \quad \hat{J}_1 = \frac{\left(\hat{S} + \hat{T} + \dfrac{r^*\hat{L}}{\Delta_2} \right)\sigma y}{B_2}, \quad \hat{J}_2 = \frac{\hat{L}\sigma y + \hat{J}_1 cx}{\Delta_2},$$

$$\hat{J}_3 = \frac{k^*(\hat{L}\sigma y + \hat{J}_1 cx)}{\Delta_2 \Delta_3}, \quad \hat{A} = \frac{1}{\mu + f}(\alpha_1 \hat{J}_1 + \alpha_2 \hat{J}_2 + \alpha_3 \hat{J}_3),$$

$$\tag{8.23}$$

以及

$$\Delta_2 = \alpha_2 + \mu + k^* + r^*,$$
$$\Delta_3 = \alpha_3 + \mu + d,$$
$$B_1 = \sigma y + \mu + k + r_1 - \frac{cx\left(r_1 + \dfrac{r_2 k}{\mu + d + r_2} \right)}{cx + \sigma y + \mu}$$
$$\geqslant \sigma y + \mu + k + r_1 - (r_1 + k)$$
$$> 0,$$
$$B_2 = \frac{cx(\alpha_1 + \mu + k^*)}{\Delta_2} + \alpha_1 + \mu.$$

$$\tag{8.24}$$

注意, $x > 0$ 和 $y > 0$, 方程 (8.21) 化为

$$F(x,y) = 1, \quad G(x,y) = 1, \tag{8.25}$$

由方程 (8.25) 确定的两条曲线的交点, 对应于结核病和艾滋病的共存平衡点, 记为 $\hat{x}$ 和 $\hat{y}$. 我们可以将 $\hat{x}$ 考虑为对结核病发病率的测量值. 由 $F(x,y) = 1$ 和 $G(x,y) = 1$ 确定的这两条曲线的交点的性质如图 8.3 所示.

图 8.3 绘制了对 $\mathscr{R}_2$ 的多个值, $\mathscr{R}_1$ 固定 (对应于 $c = 12$ 的 $\mathscr{R}_1 = 1.5$) 了 $F(x,y) = 1$(虚线) 和 $G(x,y) = 1$(实线) 等高线的交点 $(\hat{x}, \hat{y})$ 图. 同样, 如果 $0 < \hat{x} < 1$ 和 $\hat{y} > 0$, 则内部平衡点可由 $\hat{x}$ 和 $\hat{y}$ 确定. 该图说明 $\hat{x}$ 如何随着 $\mathscr{R}_2$ 的增加变化. 我们选择 $k^* = 5k$(即具有潜在结核病和艾滋病染病者个体向活动性结核病

进展的速度比仅具潜伏性结核病的人高 5 倍). 对于这组参数值, 图 8.3(a)—(c) 中的 $\mathscr{R}_2$ 值分别为 3.6, 4.6 和 7. 这证明, 当 $\mathscr{R}_2$ 从 3.8 增加到 4.6 时, 曲线 $F(x,y)=1$ 变化不大, 而曲线 $G(x,y)=1$ 的右端移到曲线 $F(x,y)=1$ 的右端. 这导致两条曲线相交 (见 (a) 和 (b)), 交点对应于内部平衡 $\hat{E}$. 当 $\mathscr{R}_2$ 进一步增加到 7 时, 曲线 $G(x,y)=1$ 从减少变为增加 (参见 (c)). 虽然仍然是唯一交点, 其 $y=\dfrac{\hat{J}^*}{\hat{R}}$ 分量可能大于 1. 这在生物学上仍然可行, 因为 $\dfrac{J}{R}$ 可以超过 1(见 (c)). 在 (a)—(c) 中的交点分别是 $(\hat{x},\hat{y})=\left(\dfrac{\hat{I}+\hat{J}_3}{\hat{N}},\dfrac{\hat{J}^*}{\hat{R}}\right)=(0.15,0.07),\ (0.25,0.4),\ (0.33,1.25)$. 我们观察到 $\hat{x}$ 随着 $\mathscr{R}_2$ 从 0.15 到 0.33 增加. 这意味着艾滋病病毒的流行可对结核病的感染水平产生重大的影响.

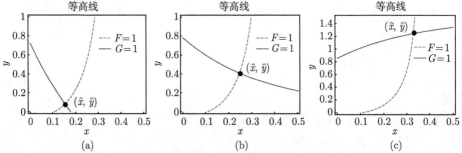

图 8.3　对不同的 $\mathscr{R}_2$ 值显示的等高线 $F(x,y)=1$(虚线) 和 $G(x,y)=1$(实线) 的交点图, 其中 $\mathscr{R}_1$ 固定在 1.5 ($c=12$). (a)—(c) 中的 $\mathscr{R}_2$ 值分别为 (对应于 $\lambda\sigma=0.41,0.52$ 和 0.8) 3.6, 4.6 和 7. $x=(I+J_3)/N$ 和 $y=J^*/R$ 轴分别表示结核病和艾滋病发病率函数中的因子. 如果 $0<\hat{x}<1,\hat{y}>0$, 则交点 $(\hat{x},\hat{y})=\left(\dfrac{\hat{I}+\hat{J}_3}{\hat{N}},\dfrac{J^*}{\hat{R}}\right)$ 确定内部平衡点 $\hat{E}$ 的两个分量

图 8.4 检验感染程度随时间的变化. 它绘制了对固定的 $\mathscr{R}_1$ 和变化的 $\mathscr{R}_2$, $[I(t)+J_3(t)]/N(t)$(活动性 TB 的比例) 和 $J^*(t)/R(t)$(HIV 感染的活性调整比例) 的一系列时间. 顶上的两个图像在 (a) 是对小于 1 的结核病的再生数 ($\mathscr{R}_1=0.96<1$ 或 $c=7.5$), 艾滋病的再生数是 $\mathscr{R}_2=0.9<1$ (或 $\sigma=0.105$) 和在 (a) $\mathscr{R}_2=1.3>1$ (或 $\sigma=0.15$), 这说明在图 8.4(a), 如果 $\mathscr{R}_2<1$ 则结核病不能持久. 但是, 如果 $\mathscr{R}_2>1$, 那么即使 $\mathscr{R}_1<1$, 结核病仍有可能流行 (见图 8.4(b)). 底下的两个图是对情形: 在 (c) 当结核病的再生数大于 1 ($\mathscr{R}_1=1.2$, 或 $c=9.1$) 和 $\mathscr{R}_2=2$(或 $\sigma=0.23$) 时和在 (d) $\mathscr{R}_2=3$ (或 $\sigma=0.34$) 时. 它表明, $\mathscr{R}_2$ 的增加将导致结核病患病率水平的增加. 除了 $k^*=3k$ 外, 其他所有参数与图 8.3 中的相同.

观察艾滋病对结核病动力学的影响的另一个方法是比较艾滋病不存在或存在之间的结果 (不是改变 $\mathscr{R}_2$ 的值). 结果如图 8.5 所示. 图 8.5(a) 中再生数是相同

的, 在 (b) 中, $\mathscr{R}_1 = 0.98 < 1$ ($c = 7.7$) 和 $\mathscr{R}_2 = 1.2 > 1$($\sigma = 0.137$). 其他参数值与图 8.4 中的相同, 除了 $k^* = k$. 绘制的变量是 $\dfrac{I + J_2}{N}$ 和 $\dfrac{J^*}{N}$. 图 8.5(a) 是通过令 $J^*(0) = 0$ 使得 HIV 不存在的情形. 它表明结核病不能持久. 在图 8.5(b) 中, HIV 的初始值为正 (即 $J^*(0) > 0$). 它显示 TB/HIV 共存的动力学.

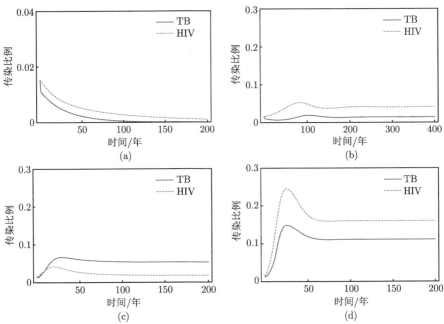

图 8.4 结核病和艾滋病流行的时间图. 结核病曲线 (实线) 表示活动性结核病的比例 $((I + J_3)/N)$, 艾滋病曲线 (虚线) 表示艾滋病病毒 (J^*/R) 活性调整比例

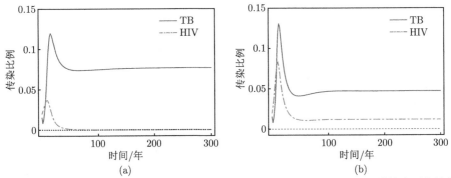

图 8.5 (a) 中绘制的是通过令 $J^*(0) = 0$ 使得不存在 HIV 的情形. 它表明结核病不能持久. 在 (b) 中, HIV 的初始值为正 (即 $J^*(0) > 0$). 它表明 TB/HIV 将共存

[73, 86, 91, 101] 中包含 TB/HIV 共同感染的动力学的其他数学模型例子.

8.6 *模拟 HIV 和 HSV-2 之间的协同作用

本节给出的例子考虑了 HIV 与 HSV-2 之间的协同作用. 公共卫生官员感兴趣的问题之一是, 如何治疗 HSV-2 才能影响 HIV 的流行和控制.

已经建立了一些数学模型来研究 HSV-2(例如 [17, 53, 87, 100] 和其中的参考文献) 和 HIV(例如 [12-14, 44, 84, 85] 和其中的参考文献) 的传播动力学. 据我们所知, 关于 HSV-2 与 HIV 之间的流行病学协同作用的建模研究还很少. White 等 [106] 利用基于个体的 $STDSIM$ 模型研究了 HSV-2 治疗对撒哈拉以南非洲地区 HIV 发病率的人群水平影响. Foss 等 [54] 开发了一个 HSV/HIV 的动力学模型, 以估计 HSV-2 对从印度南部的嫖客向女性工作者传播 HIV 的影响, 以及 "完美" 的 HSV-2 抑制疗法对艾滋病发病率的最大潜在影响. Blower 和 Ma[16] 利用 HIV 和 HSV-2 动力学的传播模型来预测高流行的 HSV-2 对 HIV 发病率的影响. Abu-Raddad 等 [1] 构建了描述 HIV 和 HSV-2 传播动力学及其相互作用的确定性仓室模型. 但是, 在 [16] 中研究的模型未包括性活动的异质性, 并假设个体随机混合. 因此, 每个染病者都可平等地将疾病传播给所有其他个体. 此外, 性别并没有被纳入到所研究的模型 [16] 或 [1] 中. 文献 [54, 106] 中的模型结合了各种异质性, 包括性别和/或年龄, 但没有考虑性活动, 且只进行了数值模拟.

性别可能是建构 HSV-2 与 HIV 流行病学协同作用模型的一个重要因素, 正如多项研究的荟萃分析所显示的那样, 男性参数与相应的女性参数存在差异. 例如, 男性与女性之间 HSV-2 传播的概率要大于女性与男性之间的传播概率 [45,104], 因此, 每次性行为中女性与男性之间的传播风险要小于男性与女性之间的传播风险 [84,85]. 因此, 为了充分了解 HSV-2 和 HIV 之间的流行病学的协同作用, 并研究控制这些性传播疾病的措施, 重要的是分析考虑性活动的异质性、不同活动群体和性别之间混合的模型.

在 [2, 52] 中, 我们分析了同时包含 HIV 和 HSV-2 感染的模型. 该模型考虑一个男性群体和多个女性群体的活动水平, 男性对不同女性群体的不同偏好. 该模型的结果表明, 活动水平的异质性和混合中的男性偏好可能在模型结果中起着重要作用. 模型分析的更多细节如下.

考虑一个由性活跃的女性和男性个体组成的人群. 将女性人群根据性活跃水平 (例如性伴侣的数量) 分为低风险组 (例如, 普通人群中的成员) 和高危人群 (例如性工作者), 而男性人群中的所有个人的活动水平都相同. 这些子组用下标 f_1, f_2, m 标记, 它们分别表示低风险女性和高风险女性以及男性. 设 N_i 为 i 组的人口规模, 其中 $i = m, f_1, f_2$. 假定每组的人口具有同质性, 即个体具有相同的染病期、免疫持续时间、接触率等. 我们把 HIV 的发展分为两个阶段: 急性感染和感染艾滋病. 类似地, HSV-2 表现为急性感染阶段和潜伏感染阶段. 由于仅感染 HIV 或仅感染 HSV-2 的个体都可能同时感染 HIV 和 HSV-2, 因此每个组 $i(i = m, f_1, f_2)$ 进一步又分为七个流行病学类或子组: 易感者类 I, 仅感染急性 HSV-2 的 (A_i), 仅感染潜在 HSV-2 的 (L_i), 仅感染 HIV 的 (H_i), 感染 HIV 和急性 HSV-2 的 (P_i), 感染 HIV 和潜在 HSV-2 的 (Q_i) 和感染艾滋病的 (D_i). 图 8.6 描述了 i 组内这些流行病学类别之间的转移图.

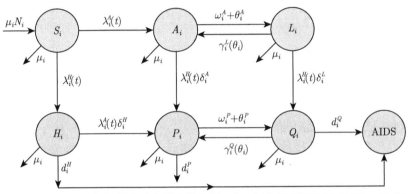

图 8.6 HIV 和 HSV-2 之间耦合动力学的转移图. 上一行包括仅感染了 HSV-2 病. 下一行包括仅感染了 HIV 或同时感染了 HIV 和 HSV-2 的病

对每个子组 $i(i = m, f_1, f_2)$, 易感人群中的人均补充率为 μ_i. 对于所有类都有一个固定的人均率 μ_i 退出性活跃人群. 因此, 第 i 组的总人数 N_i 保持不变. 第 i 组中的易感人群分别以 $\lambda_i^A(t)$ 或 $\lambda_i^H(t)$ 的比例感染 HSV-2 或 HIV. 第 i 组的人在感染 HSV-2(仅感染急性 HSV-2) 后进入 A_i 类. 这些个体以固定的比例 ω_i^A 成为潜伏的 $L_i(A_i$ 的平均持续时间为 $1/\omega_i^A)$. 在具有潜伏 HSV-2 的个体中进行适当的刺激后, 可能发生再次激活 [17]. 我们假设具有潜伏的 HSV-2 的人仅以比例 γ_i^L 再次激活. 假定具有艾滋病病毒的个体以 d_i^H 的比例患艾滋病. 令 δ_i^A 和 δ_i^L 表示第 i 组患有急性或潜在 HSV-2 感染的个体对 HIV 感染的敏感性增加率. P_i 和 Q_i 分别与 A_i 和 L_i 类似, 不同之处在于 A_i 和 L_i 仅表示具有 HSV-2 的个体, 而 P_i 和 Q_i 表示具有合并感染的个体. 持续阶段的不同由上标表示 (例如, 对 L 类用 $1/\gamma_i^L$ 表示, 对 Q_i 类用 $1/\gamma_i^Q$ 表示). 最后, A_i 和 P_i 个体的抗病毒治疗率分别用 θ_i^A 和 θ_i^Q 表示. 由于抗病毒药物也会抑制 HSV-2 潜伏的再激活, 因此, 我们假设潜伏 HSV-2 者再激活比例 γ_i^L(或 γ_i^Q) 是 θ_i^A(或 θ_i^P) 的递减函数, 它表示为 $\gamma_i^L(\theta_i^A)$(或 $\gamma_i^Q(\theta_i^P)$). 这些参数值的大多数都来自 [1, 53](有关更多的详细信息, 请参见 [52]).

根据图 8.6, Alvey 等 [2] 研究了以下模型:

$$\frac{dS_i}{dt} = \mu_i N_i - (\lambda_i^A(t) + \lambda_i^H(t))S_i - \mu_i S_i,$$

$$\frac{dA_i}{dt} = \lambda_i^A(t)S_i + \gamma_i^L(\theta_i^A)L_i - \delta_i^A \lambda_i^H(t)A_i - (\omega_i^A + \theta_i^A + \mu_i)A_i,$$

$$\frac{dL_i}{dt} = (\omega_i^A + \theta_i^A)A_i - \delta_i^L \lambda_i^H(t)L_i - (\gamma_i^L(\theta_i^A) + \mu_i)L_i,$$

$$\frac{dH_i}{dt} = \lambda_i^H(t)S_i - \delta_i^H \lambda_i^A(t)H_i - (\mu_i + d_i^H)H_i,$$ (8.26)

$$\frac{dP_i}{dt} = \delta_i^A \lambda_i^H(t)A_i + \delta_i^H \lambda_i^A(t)H_i + \gamma_i^Q(\theta_i^P)Q_i - (\omega_i^P + \theta_i^P + \mu_i + d_i^P)P_i,$$

$$\frac{dQ_i}{dt} = \delta_i^L \lambda_i^H(t)L_i + (\omega_i^P + \theta_i^P)P_i - (\gamma_i^Q(\theta_i^P) + \mu_i + d_i^Q)Q_i, \quad i = m, f_1, f_2,$$

其中函数 $\lambda_i^j(t)$ 表示如下给出的感染力度. $b_i(i = m, f_1, f_2)$ 是 i 组中的个体获得新性伴侣的比例 (也称为接触率), c_j 表示男性在 j 组选择女性伴侣的比例 $(j = f_1, f_2)$, 于是 $c_1 + c_2 = 1$. 为便于表示, 令

$$c_1 = c, \quad c_2 = 1 - c.$$

总之, 男性在 $j(j = f_1, f_2)$ 组获得女性伴侣的数量应等于在 j 组的女性所获得的男性伴侣中的数量. 这些观察结果导致有以下的平衡条件:

$$b_m c N_m = b_{f_1} N_{f_1}, \quad b_m(1 - c)N_m = b_{f_2} N_{f_2}.$$ (8.27)

为了保证约束条件 (8.27) 得到满足, 假设在数值模拟中, b_m 和 c 为固定常数, b_{f_1} 和 b_{f_2} 随 N_m, N_{f_1}, N_{f_2} 变化. 感染力度函数可表示为

$$\lambda_m^H(t) = \sum_{i=1}^{2} b_m c_i \beta_{f_i m}^H \frac{H_{f_i} + \delta_{f_i}^P P_{f_i} + \delta_{f_i}^Q Q_{f_i}}{N_{f_i}},$$

$$\lambda_{f_j}^H(t) = b_{f_j} \beta_{m f_j}^H \frac{H_m + \delta_m^P P_m + \delta_m^Q Q_m}{N_m}, \quad j = 1, 2,$$

$$\lambda_m^A(t) = \sum_{i=1}^{2} b_m c_i \beta_{f_i m}^A \frac{A_{f_i} + \sigma_{f_i}^P P_{f_i}}{N_{f_i}},$$ (8.28)

$$\lambda_{f_j}^A(t) = b_{f_j} \beta_{m f_j}^A \frac{A_m + \sigma_m^P P_m}{N_m}, \quad j = 1, 2,$$

其中

$$N_i = S_i + A_i + L_i + H_i + P_i + Q_i, \quad i = m, f_1, f_2$$

表示组 i 的总人口规模. 在 (8.28) 中, $\beta_{im}^H(\beta_{mi}^H), i = f_1, f_2$ 是在 i 组中已经感染 HIV 的女性与男性易感者之间每个性伴侣 HIV 的传播概率 (i 组已感染 HIV 的男性与易感者女性之间每个性伴侣 HIV 的传播概率), $\beta_{im}^A(\beta_{mi}^A), i = f_1, f_2$ 是 i 组中已经感染急性 HSV-2 的女性与男性易感者之间每个性伴侣 HSV-2 的传播概率 (i 组已感染 HSV-2 的男性与易感者女性之间每个性伴侣 HSV-2 的传播概率), δ_i^P 和 $\delta_i^Q(i = m, f_1, f_2)$ 是合并感染个体的 HIV 感染力度的增强率, 而 $\sigma_i^P(i = m, f_1, f_2)$ 是合并感染个体的 HSV-2 感染力度的增强率.

8.6.1 个别疾病的再生数

我们对以上两种疾病中的每一种, 都可以在没有其他疾病的情况下计算再生数. 令 $\mathscr{R}_0^A$ 和 $\mathscr{R}_0^H$ 分别表示 HSV-2 和 HIV 的再生数. 由于 HSV-2 有症状阶段与无症状阶段之间存在循环, 因此推导模型 (8.26) 的 $\mathscr{R}_0^A$ 的解析表达式并不是直接的. 在 [2, 52] 中可以找到 $\mathscr{R}_0^A$ 的以下公式的详细推导:

$$\mathscr{R}_0^A = \sqrt{\left(\mathscr{R}_{mf_1m}^A\right)^2 + \left(\mathscr{R}_{mf_2m}^A\right)^2}, \tag{8.29}$$

其中

$$\mathscr{R}_{mf_jm}^A = \sqrt{\frac{b_{f_j}\beta_{mf_j}^A}{\omega_m^A + \theta_m^A + \mu_m} \cdot P_m^A \cdot \frac{b_{f_j}\beta_{mf_j}^A}{\omega_{f_j}^A + \theta_{f_j}^A + \mu_{f_j}} \cdot P_{f_j}^A}, \quad j = 1, 2,$$

P_i^A $(i = m, f_1, f_2)$ 表示 i 组的个体处于急性阶段 (A) 的概率, 它是

$$P_i^A = \frac{(\omega_i^A + \theta_i^A + \mu_i)(\gamma_i^L(\theta_i^A) + \mu_i)}{[\gamma_i^L(\theta_i^A) + \omega_i^A + \theta_i^A + \mu_i]\mu_i}, \quad i \doteq m, f_1, f_2. \tag{8.30}$$

(8.30) 中对 P_i^A 的公式可解释如下. 设

$$p = \frac{\omega_i^A + \theta_i^A}{\omega_i^A + \theta_i^A + \mu_i}, \quad q = \frac{\gamma_i^L}{\gamma_i^L + \mu_i},$$

其中 p 表示个体从急性阶段 (A) 转移到潜伏阶段 (L) 的概率, q 表示个体从 (L) 阶段转移到急性阶段 (A) 的概率. 因此, 个体在 $A \rightleftharpoons L$ 循环内处于急性阶段的概率是

$$\sum_{k=1}^{\infty}(pq)^k = \frac{(\omega_i^A + \theta_i^A + \mu_i)(\gamma_i^L + \mu_i)}{(\gamma_i^L + \omega_i^A + \theta_i^A + \mu_i)\mu_i} = P_i^A.$$

注意, 在 $\mathscr{R}_0^A$ 的公式中已用了平衡条件 (8.27). $\mathscr{R}_{mf_im}^A(i = 1, 2)$ 中的其他因子也有明显的生物学意义:

- $b_{f_j}\beta^A_{mf_j}$ 是每单位时间男性在 $j(j=1,2)$ 组中的女性中引起的新感染数.
- $b_m c_j \beta^A_{f_j m}$ 是每单位时间 $j(j=1,2)$ 组中的女性在男性中引起的新感染数.
- $\dfrac{1}{\omega^A_i + \theta^A_i + \mu_i}$ $(i=m,f_1,f_2)$ 表示 i 组中的个体被感染 (即在 A 或 L 类) 的平均时间.

因此, $\sqrt{\mathscr{R}^A_{mf_jm}}$ 表示在一个完全易感人群的感染阶段 (A) 中, 由一个男性个体通过 $j(j=1,2)$ 组中的女性的平均继发性 HSV-2 染病数. 平方根与以下事实有关: 我们需要同时考虑男性到女性和女性到男性的过程才能得到继发性感染数. 总再生数 $\mathscr{R}^A_0$ 是 $\mathscr{R}^A_{mf_im}(i=1,2)$ 的平均值.

设 $\mathscr{R}^H_0$ 表示在没有 HSV-2 的 HIV 的基本再生数. 于是

$$\mathscr{R}^H_0 = \sqrt{(\mathscr{R}^H_{mf_1m})^2 + (\mathscr{R}^H_{mf_2m})^2},$$

其中

$$\mathscr{R}^H_{mf_j.m} = \sqrt{\frac{b_{f_j}\beta^H_{mf_j}}{d^H_m + \mu_m} \cdot \frac{b_m c_j \beta^H_{f_j m}}{d^H_{f_j} + \mu_{f_j}}}, \quad j=1,2.$$

$\mathscr{R}^H_{mf_1m}$ 和 $\mathscr{R}^H_{mf_2m}$ 的生物学意义可以与 $\mathscr{R}^A_{mf_1m}$ 和 $\mathscr{R}^A_{mfm}$ 类似的方式解释. 显然, $\mathscr{R}^H_0$ 代表在完全的易感者人群中一个男性个体 (通过两个女性群体) 在感染期的平均继发性 HIV 男性感染数.

8.6.2　入侵再生数

设 $\mathscr{R}^H_A$ 表示在地方病平衡点 E^A_∂ 已经建立的 HSV-2 感染的人群中的 HIV 的入侵再生数. E^A_∂ 的非零分量是分别代表在组 i 中表示易感者密度、急性 HSV-2 和潜伏 HSV-2 的密度 S^0_i, A^0_i 和 L^0_i. 令 $N^0_i = S^0_i + A^0_i + L^0_i$. 为了记号方便, 令

$$\lambda^{A0}_m = b_m \sum_{i=1}^{2} c_i \beta^A_{f_j m} \frac{A^0_{f_j}}{N^0_{f_j}}, \quad \lambda^{A0}_{f_j} = b_{f_j} \beta^A_{f_j m} \frac{A^0_m}{N^0_m}, \quad j=1,2$$

和

$$\mathbf{d}_i = (1, \delta^P_i, \delta^Q_i), \quad \mathbf{x}^0_i = (S^0_i, \delta^A_i A^0_i, \delta^L_i L^0_i)^{\mathrm{T}}, \quad i=m,f_1,f_2.$$

注意, 系统 (8.26) 有 9 个 HIV 的染病者变量 $(H_i, P_i, Q_i, i=m,f_1,f_2)$. 考虑系统 (8.26) 的无 HIV 平衡点 E^A_∂. (分别对应于新染病项和剩余转移项的) 矩阵 $\mathscr{F}^H$ 和 $\mathscr{V}^H$ 是

$$\mathscr{F}^H = \begin{pmatrix} 0 & F^H_{f_1m} & F^H_{f_2m} \\ F^H_{mf_1} & 0 & 0 \\ F^H_{mf_2} & 0 & 0 \end{pmatrix}, \quad \mathscr{F}^H = \begin{pmatrix} V^H_m & 0 & 0 \\ 0 & V^H_{f_1} & 0 \\ 0 & 0 & V^H_{f_2} \end{pmatrix}, \quad (8.31)$$

其中

$$F_{f_j m}^H = b_m c_j \beta_{f_j m}^H \frac{\mathbf{x}_m^0}{N_m^0} \mathbf{d}_{f_j}, \quad F_{m f_j}^H = b_f \beta_{m f_j}^H \frac{\mathbf{x}_{f_j}^0}{N_{f_j}^0} \mathbf{d}_m, \quad j = 1, 2$$

和

$$V_i^H = \begin{pmatrix} \mu_i + d_i^H + \delta_i^H \lambda_i^{A0} & 0 & 0 \\ -\delta_i^H \lambda_i^{A0} & \omega_i^P + \theta_i^P + \mu_i + d_i^P & -\gamma_i^Q(\theta_i^P) \\ 0 & -(\omega_i^P + \theta_i^P) & \gamma_i^Q(\theta_i^P) + \mu_i + d_i^P \end{pmatrix},$$
$$i = m, f_1, f_2.$$

$$(8.32)$$

于是, HIV 的下一代矩阵 K_H 可表示为

$$K_H = \mathscr{F}^H(\mathscr{V}^H)^{-1}$$

$$= \begin{pmatrix} 0 & F_{f_1 m}^H (V_{f_1}^H)^{-1} & F_{f_2 m}^H (V_{f_2}^H)^{-1} \\ F_{m f_1}^H (V_m^H)^{-1} & 0 & 0 \\ F_{m f_2}^H (V_m^H)^{-1} & 0 & 0 \end{pmatrix} := (k_{ij})_{9 \times 9}, \quad (8.33)$$

其中矩阵 K_H 的元素 k_{ij} 可以在 [52] 的附录 A 中找到.

注意秩 $(K_H) = 2$, 矩阵 K_H 的对角线元素之和为零. 由 Vieta 公式得知, 如果易感者人数和 i 组中的急性和潜伏的 HISV-2 人数分别为 S_i^0, A_i^0, L_i^0, 则 HIV 染病的再生数为

$$\mathscr{R}_A^H = R_A^H(S_i^0, A_i^0, L_i^0, 0, 0, 0) := \rho(K_H)$$

$$= \sqrt{-E_2(K_H)} = \sqrt{\sum_{i=1}^{3} \sum_{j=4}^{9} k_{ij} k_{ji}}, \quad (8.34)$$

其中 $\rho(K_H)$ 表示矩阵 K_H 的谱半径, $E_2(K_H)$ 是矩阵 K_H 所有 2×2 主子式之和. 在 [52] 中证明侵入是可能的当且仅当 $\mathscr{R}_A^H > 1$.

类似地, HSV-2 侵入再生数 $\mathscr{R}_H^A$ 侵入有 HIV 的人群 (见 [52]). 练习的详细结果和边界平衡点的局部稳定性也可在 [52] 中找到.

8.6.3　HSV-2 对 HIV 动力学的影响

图 8.7 显示的数值模拟结果, 表明 HIV 和 HSV-2 的联合疾病动力学可依赖于基本再生数和入侵再生数. 当 $\mathscr{R}_0^A > 1$, $\mathscr{R}_0^H < 1$, $\mathscr{R}_A^{AH} > 1$ 时 HSV-2 对 HIV 的增强作用相对较强. 这说明, 虽然 HIV 病毒可以在有 HSV-2(虚线曲线) 存在的情况下入侵并持续存在, 但在没有 HSV-2(实线曲线) 的情况下就会消失, 表明 HSV-2 感染可能有利于 HIV 病毒的入侵.

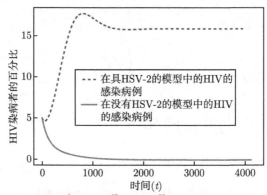

图 8.7　系统 (8.26) 在情形 $\mathscr{R}_0^A > 1, \mathscr{R}_0^H < 1, \mathscr{R}_A^H > 1$ 的数值解. 虚线和实线分别表示有 HSV-2 和没有 HSV-2 的 HIV 染病者水平. 这表明即使 HIV 的基本再生数 $\mathscr{R}_0^H$ 小于 1, 如果侵入再生数 $\mathscr{R}_A^H$ 大于 1, 则 HIV 仍持续存在

8.7　疫苗接种的 HIV 模型

Blower 等 [15] 用 HIV 减毒活疫苗 (LAHVs) 研究了 HIV 模型. 考虑两种病毒菌株, 一种野生菌株和一种疫苗菌株. 我们将总人口分为以下几个流行病学类: 易感人群 (S), 未接种野生型 HIV 染病者 (I_w), 或疫苗菌株 (通过疫苗接种或通过传播) 的染病者 (I_v), 或两种菌株都感染的个体 (I_{vw}) 和艾滋病患者个体 (A). 这个模型由以下常微分方程组成:

$$
\begin{aligned}
S' &= (1-p)\pi - (c\lambda_v + c\lambda_w + \mu)S, \\
I_v' &= p\pi + c\lambda_v S - (1-\psi)c\lambda_w I_v - (\nu_v + \mu)I_v, \\
I_w' &= c\lambda_w S - (\nu_w + \mu)I_w, \\
I_{vw}' &= (1-\psi)c\lambda_w I_v - (\nu_{vw} + \mu)I_{vw}, \\
A' &= \nu_w I_w + \nu_v I_v + \nu_{vw}I_{vw} + -(\mu_A + \mu)A,
\end{aligned} \tag{8.35}
$$

其中 λ_v 和 λ_w 分别是有接种疫苗和野生型菌株的人均风险:

$$\lambda_v = \beta_v \frac{I_v}{N_{SA}}, \quad \lambda_w = \beta_w \frac{I_w + gI_{vw}}{N_{SA}},$$

记 $N_{SA} = X + I_v + I_w + I_{vw}$ 为性活跃人群数, 其他参数包括: β_v 和 β_w 分别是有接种疫苗和野生型菌株的人的感染率, p 是新接种的易感人群的比例, π 是单位时间加入性活跃人群的新易感者数, c 是获得新性伴侣的平均比率, $\frac{1}{\mu}$ 是补充新性伴侣的平均周期, $\frac{1}{\mu_A}$ 为从得艾滋病到死亡的平均存活时间, ψ 表示疫苗对抗野生型菌株的保护程度, ν 是感染了 LAHV 菌株 (ν_v)、野生型菌株 (ν_w) 或两种菌株 (ν_{vw}) 的个体向艾滋病的进展率, $\frac{1}{\mu_A}$ 是从得艾滋病到死亡的平均生存时间. 疾病进展率通过表达式 $\nu_{vw} = \delta\nu_w$ 相关, 其中 δ 指疫苗引起野生型疾病进展率的降低程度.

可以利用 [15] 对模型 (8.35) 的时变不确定性分析来预测 LAHV 对艾滋病年度死亡率的潜在影响, 如图 8.8 所示. 它显示了针对津巴布韦 (a) 和泰国 (b) 的野生型 HIV 病毒感染的结果, 以及针对津巴布韦 (c) 和泰国 (d) 的 LAHV 毒株的结果. 利用的参数值包括以下概率密度函数 (pdfs): $\frac{1}{\mu_A}$(pdf: 9 个月至 1 年至

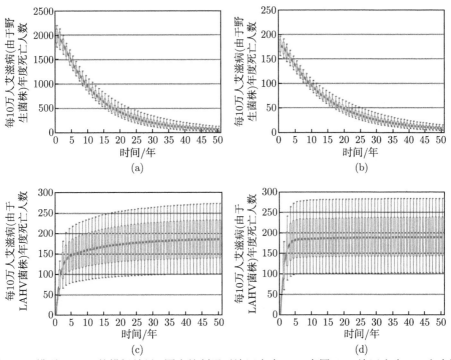

图 8.8 模型 (8.35) 的模拟结果. 图中绘制了对津巴布韦 (a), 泰国 (b), 津巴布韦 (c) 和泰国 (d) 的艾滋病年度 (每 10 万人) 死亡人数. 资料来源: [15]

18 个月), β_w(pdf 范围: 0.05 到 0.1 到 0.2), $\beta_v = \alpha\beta_w$, 其中 α(pdf 范围: (0.001, 0.1)), ν_w(pdf 范围: 从 7.5 年内 50%进展为艾滋病到 10 年内 50%进展为艾滋病). 考虑进行大规模疫苗接种运动 (包括后续计划) 来对 80%到 95%的易感者接种疫菌, 其中 p(pdf 范围: (0.8, 0.95)), ψ(pdf 范围: (0.5, 0.95)), δ(pdf 范围: (0.1, 1)). 性活跃成年人的人口规模被选择为 5560000(津巴布韦), 3443300(泰国).

8.8 具有抗逆转录病毒疗法 (ART) 的模型

[25] 中考虑了含抗逆转录病毒疗法 (ART) 的数学模型, 以研究 ART 对危险行为和性传播感染 (STI) 的影响. 将人群分为两个风险组 $i = 1, 2$, 其中 STI$_+$ 对 $s = 1$ 和 STI$_-$ 对 $s = 0$. 对固定 i 和 s 的人口规模分为以下流行病学类: 易感染 HIV 者 (S_{is}), 未治疗 HIV$_+$ 者 (I_{is}^u), 未治疗 AIDS 者 (A_{is}^τ), 已治疗 HIV$_+$ 者 (I_{is}^τ), 已治疗 AIDS 者 (A_{is}^τ). 小组规模是

$$N_{is} = S_{is} + I_{is}^u + I_{is}^\tau + A_{is}^\tau, \quad i = 1, 2, \quad s = 0, 1.$$

风险组 i 中易感者人群的 STI 和 HIV 的人均感染率分别用 $\xi_i(t)$ 和 $\lambda_{is}(t)$ 表示, 它们是

$$\xi_i(t) = \theta_i \sum_j \rho_{ij} \frac{N_{j1}}{\sum_s N_{js}}, \quad i = 1, 2, \tag{8.36}$$

$$\lambda_{i0} = \beta_i \sum_{j=1}^2 \rho_{ij} \frac{\sum_s (I_{js}^u + (1-\eta)(I_{js}^\tau + A_{js}^\tau))}{\sum_s N_{js}}, \quad \lambda_{i1} = 3\lambda_{i0}, \quad i = 1, 2, \tag{8.37}$$

其中 θ_i 和 β_i 分别为风险水平 i 的易感者的 STI 和 HIV 的传播率, ρ_{ij} 表示 i 类和 j 类个体之间的性混合 (例如, 混合比例), η_1 表示由治疗 ART 而引起的 HIV 感染的下降率.

下面的模型是 [25] 中考虑的模型的简化形式:

$$\frac{dS_{is}}{dt} = \Lambda_i - (\lambda_{is}(t)+\mu)S_{is} + (1-s)[-\xi_i(t)S_{i0}+\delta S_{i1}] + s[\xi_i(t)S_{i0} - \delta S_{i1}],$$

$$\frac{dI_{is}^u}{dt} = \lambda_{is}(t)S_{is} - (\gamma^u + \mu + r^h)I_{is}^u$$
$$+ \omega I_{is}^\tau + (1-s)[-\xi_i(t)I_{i0}^u + \delta I_{i1}^u] + s[\xi_i(t)I_{i0}^u - \delta I_{i1}^u],$$

$$\frac{dI_{is}^\tau}{dt} = r^h I_{is}^u - (\gamma^u + \mu + \omega)I_{is}^\tau \tag{8.38}$$
$$+ (1-s)[-\xi_i(t)I_{i0}^\tau + \delta I_{i1}^\tau] + s[\xi_i(t)I_{i0}^\tau - \delta I_{i1}^\tau],$$

$$\frac{dA_{is}^u}{dt} = \gamma^u I_{is}^u - (\alpha^u + \mu + r^a)A_{is}^\tau + \omega A_{is}^\tau + (1-s)\delta A_{i1}^u - s\delta A_{i1}^u,$$

$$\frac{dA_{is}^\tau}{dt} = \gamma^\tau I_{is}^\tau - (\alpha^\tau + \mu + \omega)A_{is}^\tau$$
$$+ r^a A_{is}^u + (1-s)[-\xi_i(t)A_{i0}^\tau + \delta A_{i1}^\tau] + s[\xi_i(t)I_{i0}^\tau - \delta I_{i1}^\tau],$$

其中 $i = 1, 2, s = 0, 1, \Lambda_i$ 是到组 $i(i=1,2)$ 的补充率, γ^u 和 γ^τ 分别是对未治疗和治疗个体发展到艾滋病的进展率, α^u 和 α^τ 分别是对未治疗个体和治疗个体发展到艾滋病的死亡率, δ 是 STI 染病者的康复率, η 表示由于抗逆转录病毒疗法导致的 HIV 感染力的降低率, w 是退出治疗的比率, r_a 和 r_h 分别是艾滋病和 HIV 阳性个体的治疗覆盖率, $\frac{1}{\mu}$ 代表性活跃的平均持续时间.

在 [25] 中研究了一个更一般的模型, 其中对模型进行了详细分析, 以证明大规模使用抗病毒治疗对 HIV 传播的影响.

8.9 案例: 如果不是所有染病者都发展成艾滋病怎么办?

在模型 (8.1) 中, 假定所有 HIV 染病者最终都会发展为成熟的艾滋病, 事实似乎是这样. 但是, 假设只有病例 $p, 0 < p < 1$ 会发展为艾滋病, 而其余染病者仍属于此类, 直到不再具有性活动为止. 除了 S, I 和 A 类, 现在模型还必须包含将不会发展为成熟的艾滋病染病者个体 Y 类和不再具有性活动能力以前 Y 个个体的 Z 类. 对应的模型是

$$\frac{dS(t)}{dt} = \Lambda - \lambda C(T(t))\frac{S(t)W(t)}{T(t)} - \mu S(t),$$

$$\frac{dI(t)}{dt} = \lambda p C(T(t))\frac{S(t)W(t)}{T(t)} - (\alpha_I + \mu)I(t),$$

$$\frac{dY(t)}{dt} = \lambda(1-p)C(T(t))\frac{S(t)W(t)}{T(t)} - (\alpha_Y + \mu)Y(t), \qquad (8.39)$$

$$\frac{dA(t)}{dt} = \alpha_I I(t) - (d + \mu)A(t),$$

$$\frac{dZ(t)}{dt} = \alpha_Y Y(t) - \mu Z(t),$$

其中

$$W = I + Y \quad \text{和} \quad T = W + S. \qquad (8.40)$$

流程图如图 8.9 所示.

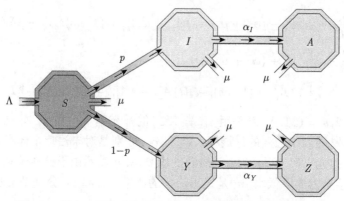

图 8.9　只有一小部分染病者发展为艾滋病的情形的单组模型

　　进一步假设发展成艾滋病的人不再具有阳性传染性, 也就是说, 他们没有性接触. 还假设被感染的个体立即传染. 最后, 假设人群中的每个人在每单位时间内以固定的比率 α_Y 和 α_I 失去性活动或感染艾滋病. 因此, $\dfrac{1}{\mu + \alpha_Y}$ 是潜伏期或平均潜伏期, 分数 $\dfrac{1}{\mu + \alpha_Y}$ 表示平均预期寿命或平均性寿命. 为了简单起见, 我们假设 $\alpha_I = \alpha_Y$, 但是可以将此推广到 $\alpha_I \neq \alpha_Y$ 的模型.

　　如前所述, 函数 $C(T)$ 模拟了人口密度为 T 时, 单位时间内平均每个人拥有的性伴侣的平均数, λ(常数) 表示平均每个人被性伴侣感染的风险, λ 通常被认为是乘积 $i\phi$[68], 其中 ϕ 是每个性伴侣的平均接触次数, 而 i 是性接触时被感染的条件概率. Kingsley 等 [72] 提出 (不足为奇) 的证据表明, 血清转化 (感染) 的概率随被感染的性伴侣的数量而增加. 因此, 当性活跃人口的规模为 T 时, $\lambda C(T)$ 可以模拟每单位时间每个被感染伴侣的传播率. 继续假设

$$C(T) > 0, \quad C'(T) \geqslant 0. \tag{8.41}$$

　　问题 1　证明对模型 (8.39), 基本再生数是

$$\mathcal{R}_0 = \lambda \left(\frac{p}{\sigma_I} + \frac{1-p}{\sigma_Y} \right) C \left(\frac{\Lambda}{\mu} \right), \tag{8.42}$$

其中 $\sigma_I = \alpha_I + \mu$, $\sigma_Y = \alpha_Y + \mu$.

　　$\mathcal{R}_0$ 是三个因子 (流行病学参数) 的乘积: λ(每个性伴侣传播疾病的概率), $C\left(\dfrac{\Lambda}{\mu} \right)$(当每个人在易感者人群中时, 平均易感者个体每单位时间内拥有的平均性伴侣数), 和

$$D = \left(\frac{p}{\sigma_I} + \frac{1-p}{\sigma_Y} \right). \tag{8.43}$$

死亡调整的平均期是 $D = pD_I + (1-p)D_Y$, 其中 D_I 和 D_Y 表示 I 类和 Y 类的 $\dfrac{1}{\sigma_I}$ 和 $\dfrac{1}{\sigma_Y}$ 的死亡调整的平均染病期.

问题 2 证明: 如果 $\mathscr{R}_0 < 1$, 则系统 (8.39) 的无病平衡点 $(\Lambda/\mu, 0, 0)$ 渐近稳定; 如果 $\mathscr{R}_0 > 1$, 则存在唯一局部渐近稳定的地方病平衡点 (S^*, I^*, Y^*), 此时无病平衡点 $(\Lambda/\mu, 0, 0)$ 不稳定.

下面, 我们通过引入两个函数 $P_I(s)$ 和 $P_Y(s)$ 来允许任意潜伏期分布, 它们表示在时间 t 成为 I 染病者或 Y 染病者, 而且他们此时如果还活着 (作为幸存的染病者) 在时间 $t + s$ 仍具有感染力的个体的比例. 幸存函数 P_I 和 P_Y 是非负不增的, 而且 $P_I(0) = P_Y(0) = 1$. 进一步假设

$$\int_0^\infty P_I(s)ds < \infty, \quad \int_0^\infty P_Y(s)ds < \infty,$$

因此, $-\dot{P}_I(x)$ 和 $-\dot{P}_Y(x)$ 是 I 类和 Y 类的个体感染后 x 时间单位内移到 A 类和 Z 类的比例.

问题 3 推导对应的模型, 并确定其基本再生数.

参 考 文 献

[1] Abu-Raddad, L.J., A.S. Magaret, C., Celum, A.Wald, I.M. Longini Jr, S.G. Self, and L. Corey (2008) Genital herpes has played a more important role than any other sexually transmitted infection in driving HIV prevalence in Africa. PloS one, 3(5): e2230.

[2] Alvey, C., Z. Feng, and J.W. Glasser (2015) A model for the coupled disease dynamics of HIV and HSV-2 with mixing among and between genders. Math. Biosci., 265: 82-100.

[3] Anderson, R.M., R.M. May, G.F. Medley, and A. Johnson (1986) A preliminary study of the transmission dynamics of the human immunodeficiency virus (HIV), the causative agent of AIDS, IMA J.Math. Med. Bio., 3: 229-263.

[4] Anderson, R.M. and R.M. May (1987) Transmission dynamics of HIV infection, Nature, 326: 137-142.

[5] Anderson, R.M. (1988) The epidemiology of HIV infection: variable incubation plus infectious periods and heterogeneity in sexual activity, J. Roy. Statistical Society A., 151: 66-93.

[6] Anderson, R.M., D.R. Cox, and H.C. Hillier (1989) Epidemiological and statistical aspects of the AIDS epidemic: introduction, Phil. Trans. Roy. Soc. Lond. B, 325: 39-44.

[7] Anderson, R. M., S.P. Blythe, S. Gupta, and E. Konings (1989) The transmission dynamics of the human immunodeficiency virus type 1 in the male homosexual community

in the United Kingdom: the influence of changes in sexual behavior, Phil. Trans. R. Soc. Lond. B, 325: 145-198.

[8] Anderson, R.M. and R.M. May (1991) Infectious Diseases of Humans, Oxford Science Publications, Oxford.

[9] Aparicio J.P., A.F. Capurro, and C. Castillo-Chávez (2002) Markers of disease evolution: the case of tuberculosis, J. Theor. Biol., 215: 227-237.

[10] Bailey, N.T.J. (1988) Statistical problems in the modeling and prediction of HIV/AIDS, Aust. J. Stat., 3OA: 41-55.

[11] Barré-Sinoussi, F., J.C. Chermann, F. Rey, M.T. Nugeyre, S. Chamaret, J. Gruest, C. Dauguet, C. Axler-Blin, F. Vézinet-Brun, C. Rouzioux, et al (1983) Isolation of a T-lymphotropic retrovirus from a patient at risk for acquired immune deficiency syndrome (AIDS), Science, 220: 868-870.

[12] Blower, S.M., A.N. Aschenbach, H.B. Gershengorn, and J.O. Kahn (2001) Predicting the unpredictable: transmission of drug-resistant HIV. Nature medicine, 7(9): 1016.

[13] Blower, S.M. and H. Dowlatabadi (1994) Sensitivity and uncertainty analysis of complex models of disease transmission: an HIV model, as an example. International Statistical Review/Revue Internationale de Statistique: 229-243.

[14] Blower, S.M., H.B. Gershengorn, and R.M. Grant (2000) A tale of two futures: HIV and antiretroviral therapy in San Francisco. Science, 287(5453): 650-654.

[15] Blower, S. M., K. Koelle, D.E. Kirschner, and J. Mills (2001) Live attenuated HIV vaccines: predicting the tradeoff between efficacy and safety. Proc. Natl. Acad. Sci., 98(6): 3618-3623.

[16] Blower, S., and L. Ma (2004) Calculating the contribution of herpes simplex virus type 2 epidemics to increasing HIV incidence: treatment implications. Clinical Infectious Diseases, 39(Supplement 5): S240-S247.

[17] Blower, S.M., T.C. Porco, and G. Darby (1998) Predicting and preventing the emergence of antiviral drug resistance in HSV-2. Nature medicine, 4(6): 673.

[18] Blower S., P. Small, and P. Hopewell (1996) Control strategies for tuberculosis epidemics: new models for old problems, Science, 273: 497-500.

[19] Blythe, S.P. and R.M. Anderson (1988) Distributed incubation and infectious periods in models of the transmission dynamics of the human immunodeficiency virus (HIV), IMA J. Math. Med. Bio., 5: 1-19.

[20] Blythe, S.P. and C. Castillo-Chavez (1989) Like-with-like preference and sexual mixing models, Math. Biosci., 96: 221-238.

[21] Blythe, S.P., C. Castillo-Chavez, J. Palmer, and M. Cheng (1991) Towards a unified theory of mixing and pair formation, Math. Biosc., 107: 379-405.

[22] Blythe S.P., K. Cooke, C. Castillo-Chavez (1991) Autonomous risk-behavior change, and nonlinear incidence rate, in models of sexually transmitted diseases, Biometrics Unit Technical Report B-1048-M.

[23] Blythe, S.P., C. Castillo-Chavez and G. Casella (1992) Empirical methods for the es-

timation of the mixing probabilities for socially structured populations from a single survey sample, Math. Pop. Studies., 3: 199-225.

[24] Blythe, S.P., S. Busenberg and C. Castillo-Chavez (1995) Affinity and paired-event probability, Math. Biosc., 128: 265-284.

[25] Boily, M.C., F.I. Bastos, K. Desai, and B.Masse (2004) Changes in the transmission dynamics of the HIV epidemic after the wide-scale use of antiretroviral therapy could explain increases in sexually transmitted infections: results from mathematical models, Sexually transmitted diseases, 31(2): 100-113.

[26] Brookmeyer, R. and M. H. Gail (1988) A method for obtaining short-term projections and lower bounds on the size of the AIDS epidemic, J. Am. Stat. Assoc., 83: 301-308.

[27] Busenberg, S., and C. Castillo-Chavez (1989) Interaction, Pair Formation and Force of Infection Terms in Sexually Transmitted Diseases, Lect. Notes Biomath. 83, Springer-Verlag, New York.

[28] Busenberg, S., and C. Castillo-Chavez (1991) A general solution of the problem of mixing subpopulations, and its application to risk- and age-structured epidemic models for the spread of AIDS. IMA J. Math. Applied in Med. and Biol., 8: 1-29.

[29] Castillo-Chavez, C., H.W. Hethcote, V. Andreasen, S.A. Levin, S.A. and W-M, Liu (1988) Cross-immunity in the dynamics of homogeneous and heterogeneous popula-tions,Mathematical Ecology, T. G. Hallam, L. G. Gross, and S. A. Levin (eds.), World Scientific Publishing Co., Singapore, pp. 303-316.

[30] Castillo-Chavez, C., ed. (1989) Mathematical and Statistical Approaches to AIDS Epidemiology, Lect. Notes Biomath. 83, Springer-Verlag, Berlin-Heidelberg-New York.

[31] Castillo-Chavez, C. (1989) Review of recent models of HIV/AIDS transmission, in Applied Mathematical Ecology (ed. S. Levin), Biomathematics Texts, Springer-Verlag, 18: 253-262.

[32] Castillo-Chavez, C., K. Cooke, W. Huang, S.A. Levin (1989) The role of long periods of infectiousness in the dynamics of acquired immunodeficiency syndrome. In: Castillo-Chavez, C., S.A. Levin, C. Shoemaker (eds.) Mathematical Approaches to Resource Management and Epidemiology, Lecture Notes Biomathematics, 81, Springer-Verlag, Berlin, Heidelberg. New York. London, Paris, Tokyo, Hong Kong, pp. 177-189.

[33] Castillo-Chavez, C., K.L. Cooke, W. Huang, and S.A. Levin (1989) Results on the dynamics for models for the sexual transmission of the human immunodeficiency virus, Applied Math. Letters, 2: 327-331.

[34] Castillo-Chavez, C., K. Cooke, W. Huang, and S.A. Levin (1989) On the role of long incubation periods in the dynamics of HIV/AIDS. Part 2: Multiple group models, Mathematical and Statistical Approaches to AIDS Epidemiology, C. Castillo-Chávez, (ed.), Lecture notes in Biomathematics 83, Springer-Verlag, Berlin-Heidelberg-New York, pp. 200-217.

[35] Castillo-Chavez, C., K. Cooke, W. Huang, and S.A. Levin (1989) The role of long incubation periods in the dynamics of HIV/AIDS. Part 1: Single populations models,

J. Math. Biol., 27: 373-398.

[36] Castillo-Chavez, C. and S. Busenberg (1990) On the solution of the two-Sex mixing problem, Proceedings of the International Conference on Differential Equations and Applications to Biology and Population Dynamics, S. Busenberg and M. Martelli (eds.), Lecture Notes in Biomathematics Springer-Verlag, Berlin-Heidelberg-New York, 92: 80-98.

[37] Castillo-Chavez, C., S. Busenberg and K. Gerow (1990) Pair formation in structured populations, Differential Equations with Applications in Biology, Physics and Engineering, J. Goldstein, F. Kappel, W. Schappacher (eds.), Marcel Dekker, New York. pp. 4765.

[38] Castillo-Chavez, C., J.X. Velasco-Hernandez, and S. Fridman (1993) Modeling contact structures in biology, Lect. Notes Biomath. 100, Springer-Varlag.

[39] Castillo-Chavez, C., W. Huang and J. Li (1996) On the existence of stable pair distributions, J. Math. Biol., 34: 413-441.

[40] Castillo-Chavez, C. and Z. Feng (1998) Mathematical models for the disease dynamics of tuberculosis, in Advances in mathematical population dynamics-molecules, cells and man (eds. M.A. Horn, G. Simonett, and G. Webb), Vanderbilt University Press, pp. 117-128.

[41] Castillo-Chavez, C. and S-F Hsu Schmitz (1997) The evolution of age-structured marriage functions: It takes two to tango, In, Structured-Population Models Marine, Terrestrial, and Freshwater Systems. S. Tuljapurkar and H. Caswell, (eds.), Chapman & Hall, New York, pp. 533-550.

[42] Castillo-Chavez, C. and Z. Feng (1997) To treat or not to treat: The case of tuberculosis, J. Math. Biol., 35: 629-656.

[43] Castillo-Chavez, C. and Z. Feng (1998) Global stability of an age-structure model for TB and its applications to optimal vaccination, Math. Biosc., 151: 135-154.

[44] Cohen, M.S., N. Hellmann, J.A. Levy, K. DeCock, and J. Lange (2008) The spread, treatment, and prevention of HIV-1: evolution of a global pandemic. The Journal of clinical investigation, 118(4): 1244-1254.

[45] Corey, L., A.Wald, R. Patel, S.L. Sacks, S.K. Tyring, T.Warren, T., and L.S. Stratchounsky (2004) Once-daily valacyclovir to reduce the risk of transmission of genital herpes. New England Journal of Medicine, 350(1): 11-20.

[46] Cox, D.R. and G.F. Medley (1989) A process of events with notification delay and the forecasting of AIDS, Phil. Trans. Roy. Soc. Lond., B, 325: 135-145.

[47] Crawford, C.M., S.J. Schwager, and C. Castillo-Chavez (1990) A methodology for asking sensitive questions among college undergraduates, Technical Report # BU-1105-M in the Biometrics Unit series, Cornell University, Ithaca, NY.

[48] Dietz, K. (1988) On the transmission dynamics of HIV, Math. Biosc., 90: 397-414.

[49] Dietz, K. and K.P. Hadeler (1988) Epidemiological models for sexually transmitted diseases, J. Math. Biol., 26: 1-25.

[50] Feng, Z. and C. Castillo-Chavez (2000) A model for Tuberculosis with exogenous rein-
fection, Theor. Pop. Biol., 57: 235-247.

[51] Feng, Z., W. Huang, and C. Castillo-Chavez (2001) On the role of variable latent periods
in mathematical models for tuberculosis, J. Dyn. Differential Equations, 13: 425-452.

[52] Feng, Z., Z. Qiu, Z. Sang, C. Lorenzo, and J.W. Glasser (2013) Modeling the synergy
between HSV-2 and HIV and potential impact of HSV-2 therapy. Math. Biosci., 245(2):
171-187.

[53] Foss, A.M., P.T. Vickerman, Z. Chalabi, P. Mayaud, M. Alary, and C.H. Watts (2009)
Dynamic modeling of herpes simplex virus type-2 (HSV-2) transmission: issues in struc-
tural uncertainty. Bull Math., Biol. 71(3): 720-749.

[54] Foss, A.M., P.T. Vickerman, P. Mayaud, H.A. Weiss, B.M. Ramesh, S. Reza-Paul, S.,
and M. Alary (2011) Modelling the interactions between herpes simplex virus type 2
and HIV: implications for the HIV epidemic in southern India. Sexually transmitted
infections, 87(1): 22-27.

[55] Gallo, R.C., S.Z. Salahuddin, M. Popovic, G.M. Shearer, M. Kaplan, B.F. Haynes, T.
Palker, R. Redfield, J. Oleske, B. Safai, G. White, P. Foster, P.D., Markhamet (1984)
Frequent detection and isolation of sytopathic retroviruses (HTLV-III) from patients
with AIDS and at risk for AIDS, Science, 224: 500-503.

[56] Gallo, R.C. (1986) The first human retrovirus, Scientific American, 255: 88-98.

[57] Gupta S., R.M. Anderson, and R.M. May (1989) Networks of sexual contacts: implica-
tions for the pattern of spread of HIV, AIDS 3: 1-11.

[58] Francis, D.P., P.M. Feorino, J.R. Broderson, H.M. Mcclure, J.P. Getchell, C.R. Mc-
grath, B. Swenson, J.S. Mcdougal, E.L. Palmer, and A.K. Harrison (1984) Infection of
chimpanzees with lymphadenopathy-associated virus, Lancet 2: 1276-1277.

[59] Hadeler, K.P. (1989) Modeling AIDS in structured populations, 47th Session of the
International Statistical Institute, Paris, August/September. Conf. Proc., C1-2: 83-99.

[60] Hadeler, K.P. and C. Castillo-Chavez (1995) A core group model for disease transmis-
sion, Math. Biosc., 128: 41-55.

[61] Hethcote, H.W., H.W. Stech, P. van den Driessche (1981) Nonlinear oscillations in
epidemic models, SIAM J. Appl. Math., 40: 1-9.

[62] Hethcote, H.W., J.W. van Ark (1987) Epidemiological methods for heterogeneous popu-
lations: proportional mixing, parameter estimation, and immunization programs. Math.
Biosc., 84: 85-118.

[63] Hethcote, H.W., and J.W. Van Ark (1992) Modeling HIV Transmission and AIDS in the
United States, Lecture Notes in Biomathematics 95, Springer-Verlag, Berlin-Heidelberg-
New York.

[64] Hopf, E. (1942) Abzweigung einer periodischen Lösungen von einer stationaren Lösung
eines Differentialsystems,Berlin Math-Phys. Sachsiche Akademie derWissenschaften,
Leipzig, 94: 1-22.

[65] Hsu Schmitz, S.F. (1993) Some theories, estimation methods and applications of mar-

riage functions and two-sex mixing functions in demography and epidemiology. Unpublished doctoral dissertation, Cornell University, Ithaca, New York, U.S.A.

[66] Hsu Schmitz S.F. and C. Castillo-Chavez (1994) Parameter estimation, Brit. Med. J., 293: 1459-1462.

[67] Huang, W., K.L.Cooke, and C. Castillo-Chavez (1992) Stability and bifurcation for a multiple-group model for the dynamics of HIV/AIDS transmission, SIAM J. Appl. Math., 52: 835-854.

[68] Hyman, J.M., E.A. Stanley (1988) A risk base model for the spread of the AIDS virus, Math. Biosciences, 90: 415-473.

[69] Hyman, J.M. and E.A. Stanley (1989) The Effects of Social Mixing Patterns on the Spread of AIDS, Mathematical Approaches to Problems in Resource Management and Epidemiology, (Ithaca, NY, 1987), 190-219, Lecture Notes in Biomathematics, 81, C. Castillo-Chávez, S. A. Levin, and C. A. Shoemaker (Eds.), Springer, Berlin.

[70] Isham, V. (1989) Estimation of the incidence of HIV infection, Phil. Trans. Roy. Soc. Lond. B, 325: 113-121.

[71] Kaplan, E.H. What Are the Risks of Risky Sex? Operations Research, 1989.

[72] Kingsley, R. A., R. Kaslow, C.R. Jr Rinaldo, K. Detre, N. Odaka, M. VanRaden, R. Detels, B.F. Polk, J. Chimel, S.F. Kersey, D. Ostrow, B. Visscher (1987) Risk factors for seroconversion to human immunodeficiency virus among male homosexuals, Lancet 1: 345-348.

[73] Kirschner, D. (1999) Dynamics of co-infection with M. tuberculosis and HIV-1, Theor. Pop. Biol., 55: 94-109.

[74] Koelle, K., S. Cobey, B. Grenfell, M. Pascual (2006) Epochal evolution shapes the phylodynamics of interpandemic influenza A (H3N2) in humans, Science, 314: 1898-1903.

[75] Koopman, J, C.P. Simon, J.A. Jacquez, J. Joseph, L. Sattenspiel and T Park (1988) Sexual partner selectiveness effects on homosexual HIV transmission dynamics, Journal of AIDS, 1: 486-504.

[76] Lagakos, S.W., L. M. Barraj, and V. de Gruttola (1988) Nonparametric analysis of truncated survival data, with applications to AIDS, Biometrika, 75: 515-523.

[77] Lange, J. M. A., Paul, D. A., Huisman, H. G., De Wolf, F., Van den Berg, H., Roe!, C. A., Danner, S. A., Van der Noordaa, J., Goudsmit, J. Persistent HIV antigenaemia and decline of HIV core antibodies associated with transition to AIDS . Brit. Med. J., 293: 1459-1462 (1986).

[78] Luo, X., and C. Castillo-Chavez. (1991) Limit behavior of pair formation for a large dissolution rate, J. Mathematical Systems, Estimation, and Control, 3: 247-264.

[79] May, R.M. and R.M. Anderson (1989) Possible demographic consequence of HIV/AIDS epidemics: II, assuming HIV infection does not necessarily lead to AIDS, in: Mathematical Approaches to Problems in Resource Management and Epidemiology, C. Castillo-Chávez, S.A. Levin, and C.A. Shoemaker (Eds.) Lecture Notes in Biomathematics 81,

Springer- Verlag, Berlin-Heidelberg, New York, London, Paris, Tokyo, Hong Kong, pp. 220-248.

[80] May, R.M. and R.M. Anderson (1989) The transmission dynamics of human immunodeficiency virus (HIV), Applied Mathematical Ecology, (ed. S. Levin), Biomathematics Texts, 18, Springer-Verlag, New York.

[81] Medley, G.F., R.M. Anderson, D.R. Cox, and L. Billiard (1987) Incubation period of AIDS in patients infected via blood transfusions, Nature, 328: 719-721.

[82] Miller, R.K. (1971) The implications and necessity of affinity, J. Biol. Dyn., 4: 456-477.

[83] Morin, B., Castillo-Chavez, C. Hsu Schmitz, S-F, Mubayi, A., and X. Wang (2010) Notes From the Heterogeneous: A Few Observations on the Implications and Necessity of Affinity. Journal of Biological Dynamics, 4(5): 456-477.

[84] Mukandavire, Z., and W. Garira (2007) Age and sex structured model for assessing the demographic impact of mother-to-child transmission of HIV/AIDS. Bull. Math. Biol., 69: 2061-2092.

[85] Mukandavire, Z., and W. Garira (2007) Sex-structured HIV/AIDS model to analyse the effects of condom use with application to Zimbabwe. J. Math. Biol., 54(5): 669-699.

[86] Naresh, R. and A. Tripathi (2005) Modelling and analysis of HIV-TB Co-infection in a variable size population, Mathematical Modelling and Analysis, 10: 275-286.

[87] Newton, E. A., and J.M. Kuder (2000) A model of the transmission and control of genital herpes. Sexually transmitted diseases, 27: 363-370.

[88] Pickering, J., J.A. Wiley, N.S. Padian, et al. (1986) Modeling the incidence of acquired immunodeficiency syndrome (AIDS) in San Francisco, Los Angeles, and New York, Math. Modelling, 7: 661-688.

[89] Porco T. and S. Blower (1998) Quantifying the intrinsic transmission dynamics of tuberculosis, Theor. Pop. Biol., 54: 117-132.

[90] Porco, T., P. Small, and S. Blower (2001) Amplification dynamics: predicting the effect of HIV on tuberculosis outbreaks, Journal of AIDS, 28: 437-444.

[91] Raimundo, S.M., A.B. Engel, H.M. Yang, and R.C. Bassanezi (2003) An approach to estimating the transmission coefficients for AIDS and for tuberculosis using mathematical models, Systems Analysis Modelling Simulation, 43: 423-442.

[92] Roeger, L.-I.W., Z. Feng and C. Castillo-Chavez (2009) The impact of HIV infection on tuberculosis, Math. Biosc. Eng., 6: 815-837.

[93] Rubin, G., D. Umbauch, D., S.-F. Shyu and C. Castillo-Chavez (1992) Application of capturerecapture methodology to estimation of size of population at risk of AIDS and/or Other sexually-transmitted diseases, Statistics in Medicine, 11: 1533-1549.

[94] Salahuddin, S.Z., J.E. Groopman, P.D. Markham, M.G. Sarngaharan, R.R. Redfield, M.F. McLane, M. Essex, A. Sliski, R.C. Gallo (1984) HTLV-III in symptom-free seronegative persons, Lancet, 2: 1418-1420.

[95] Sattenspiel, L. (1989) The structure and context of social interactions and the spread of HIV. In Mathematical and Statistical Approaches to AIDS Epidemiology, Castillo-Chavez, C. (ed.) Lecture Notes in Biomathematics 83. Berlin: Springer-Verlag, pp. 242-259.

[96] Sattenspiel, L., J. Koopman, C.P. Simon, and J.A. Jacquez (1990) The effects of population subdivision on the spread of the HIV infection, Am. J. Physical Anthropology, 82: 421-429.

[97] Sattenspiel, L. and C. Castillo-Chavez (1990) Environmental context, social interactions, and the spread of HIV, Am. J. Human Biology, 2: 397-417.

[98] Schinazi, R.B. (2003) Can HIV invade a population which is already sick? Bull. Braz. Math. Soc. (N.S.), 34: 479-488.

[99] Schwager, S., C. Castillo-Chavez, and H.W. Hethcote (1989) Statistical and mathematical approaches to AIDS epidemiology: A review, In: C. Castillo-Chávez (ed.), Mathematical and Statistical Approaches to AIDS Epidemiology, pp. 2-35. Lecture Notes in Biomathematics, Vol. 83, Springer-Verlag: Berlin.

[100] Schinazi, R. B. (1999) Strategies to control the genital herpes epidemic, Math. Biosci., 159(2): 113-121.

[101] Schulzer, M., M.P. Radhamani, S. Grybowski, E. Mak, and J.M. Fitzgerald (1994) A mathematical model for the prediction of the impact of HIV infection on tuberculosis, Int. J. Epidemiol., 23: 400-407.

[102] Thieme, H., and C. Castillo-Chavez (1989) On the role of variable infectivity in the dynamics of the human immunodeficiency virus epidemic, Mathematical and statistical approaches to AIDS epidemiology, C. Castillo-Chavez, (ed.), pp. 157-176. Lecture Notes in Biomathematics 83, Springer-Verlag, Berlin, Heidelberg, New York, London, Paris, Tokyo, Hong Kong.

[103] Thieme, H.R. and C. Castillo-Chavez (1993) How may infection-age dependent infectivity affect the dynamics of HIV/AIDS? SIAM J. Appl. Math., 53: 1447-1479.

[104] Wald, A., A.G. Langenberg, K. Link, A.E. Izu, R. Ashley, T. Warren, and L. Corey (2001) Effect of condoms on reducing the transmission of herpes simplex virus type 2 from men to women, JAMA, 285(24): 3100-3106.

[105] West R., and J. Thompson (1996) Modeling the impact of HIV on the spread of tuberculosis in the United States, Math. Biosci., 143: 35-60.

[106] White, R.G., E.E.Freeman, K.K. Orroth, R. Bakker, H.A. Weiss, N. O'farrell, and J.R. Glynn (2008) Population-level effect of HSV-2 therapy on the incidence of HIV in sub-Saharan Africa, Sexually Transmitted Infections, 84(Suppl 2): ii12-ii18.

[107] Wong-Staal, F., R.C. Gallo (1985) Human T-lymphotropic retroviruses, Nature, 317: 395-403.

[108] Wu L.-I., and Z. Feng (2000) Homoclinic bifurcation in an SIQR model for childhood diseases, J. Diff. Equ., 168: 150-167.

第 9 章　流 感 模 型

9.1　流感模型介绍

与其他所有呼吸道疾病相比, 流感导致更多的发病率和更高的死亡率. 每年因季节性流感流行病在全世界大约有 50 万人死亡. 20 世纪有三次全球流行的疾病. 根据世界卫生组织估计, 在 1918 年流行的疾病中全世界有 4000 万—5000 万人死亡, 在 1957 年流行的疾病中全世界有 200 万人死亡, 以及 1968 年流行的疾病中全世界有 100 万人死亡. 自从 2005 年以来人们一直担心禽流感的 H5N1 菌株可很快发展为能够从人类传播到人类再发展到另一次大流行病, 人们普遍相信即使这种情况马上不会发生, 不久的将来也会有流感大流行. 最近的甲型 H1N1 病毒发展成 2009 年的大流行, 但幸运的是它的死亡率较低, 这个流行病的严重性比人们担心的小得多. 这段历史引起人们对模拟流感的传播以及比较可管理策略的结果相当大的兴趣.

可为每年的季节性流行病提供疫苗. 但流感病毒株变异迅速. 每年要对最大可能侵袭的流感病毒株作出判断. 开发一种疫苗, 可以预防被认为最危险的三种毒株. 但是, 如果菌株与前面来到的已知的菌株截然不同, 那么所提供的疫苗很少有用或者根本没有用, 还有大流行的危险. 因为要开发一种新疫苗对抗这类新菌株至少需要六个月的时间. 不可能准备好疫苗以对抗新流行菌株的冲击. 抗病毒的药物可用来治疗流行性感冒, 它们可能有某些预防性好处, 但是, 这样的好处仅当抗病毒治疗继续进行时才出现.

已经有各种各样的模型用以刻画流感的暴发. 许多关于应对可能发生的流感流行的公共卫生政策决定都是建立在人口接触网络和分析疾病通过网络传播的基础上的. 这种分析包括多个随机模拟, 需要大量的计算时间. 在疫情之前不可能知道其严重程度, 这就有必要估计再生数的范围. 同样, 2009 年的 H1N1 流感大流行的模型参数, 特别是, 不同年龄组的染病者的易感性对季节性的传染病有着显著不同. 在预期流行之前更适合用简单模型直到能够参数估计所要求的足够数据. 模型参数的早期估计应对严重疾病非常重要. 2009 年 H1N1 流感的流行所产生的结果之一是开发了一个以网络模型为基础的新方法达到了这个目的.

我们的方法是从简单模型开始, 后面加入更多结构作为所得到的更多信息. 当疫情开始时, 战略管理的计划需要非常详细, 我们在这一章描述的简单模型应该受预先计划的限制并得到广泛理解.

这章开始我们发展简单的流感传播的仓室模型, 然后增加包括疾病前的接种和染病期间的治疗. 然后再发展具有多个结构的仓室模型, 以及它与简单模型预测的比较. 我们也将描述模型方法, 其中对模型作修改以更现实, 但这更复杂. 这个发展是根据 [6, 7] 进行处理的. 我们还将描述模型和分析它们的结果, 但省略了详细证明, 其目的是集中注意模型的应用. 其中许多结果可在前几章中找到.

9.2　基本流感模型

由于流感的流行通常要来来去去经过几个月, 在我们的模型中就不包括人口统计效应 (出生和自然死亡). 我们以 1.2 节的 SIR 模型作为出发点. 流感很容易增加的两个方面是, 在染病和出现症状之间存在一个潜伏期, 以及相当大的一部分人感染以后一直没有症状, 而是经过一个无症状期, 但在这期间他们有一定的传染性, 然后康复回到移去类仓室 [35]. 因此模型应该包括仓室 S(易感者)、仓室 L(潜伏者)、仓室 I(染病者)、仓室 A(无症状者), 以及仓室 R(移去者). 具体地说, 我们作如下假设:

1. 在总人口为常数的人口中存在少量的开始染病者 I_0.
2. 单位时间内每个个体的接触数是总人口大小 N 的 β 倍.
3. 潜伏期成员 (L) 不传染.
4. 潜伏期成员中有比例 p 的人员以比率 κ 进入染病者仓室, 其余的以同样比率 κ 直接进入无疾病症状仓室 (A).
5. 没有疾病死亡, 有比率 α 的染病者 (I) 康复离开染病者仓室, 并进入移除类仓室 (R).
6. 无症状而有传染性的以因子 δ 减少, 以比率 η 进入移去仓室.

通过这些假设得到模型

$$
\begin{aligned}
S' &= -S\beta(I + \delta A),\\
L' &= S\beta(I + \delta A) - \kappa L,\\
I' &= p\kappa L - \alpha I,\\
A' &= (1-p)\kappa L - \eta A,\\
R' &= \alpha I + \eta A,
\end{aligned}
\tag{9.1}
$$

其中初始条件是

$$S(0) = S_0, \quad L(0) = 0, \quad I(0) = I_0, \quad A(0) = 0, \quad R(0) = 0, \quad N = S_0 + I_0.$$

在分析这个模型时, 因为 $N = S + L + I + A + R$, 我们可移去一个变量. 通常为了方便移去变量 R. 可以证明, 在所有变量对 $0 \leqslant t < \infty$ 保持非负的意义下, 模型

(9.1) 是合理的. 模型 (9.1) 的流程图如图 9.1 所示. 模型 (9.1) 是描述存在无症状染病的流感的最简可能. 我们要关注的问题是, 对这个模型描述的是否足够精确使得它的预测有用.

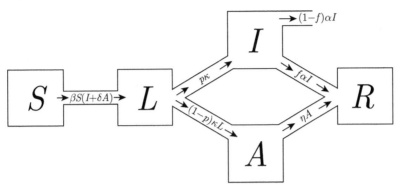

图 9.1　基本流感模型 (9.1) 的转移图

　模型 (9.1) 像其他我们在后面引入的一样是由常微分方程系统组成, 而且, 人口中的易感者人数在 $t \to \infty$ 时趋于极限 S_∞. 可无须求解这个微分方程系统直接利用最后规模关系求这个极限. 如果接触率 β 是常数, 最后规模关系是一个等式. 更现实的是假设接触饱和且 β 是总人口大小 N 的函数. 一般地, 最后规模关系是一个不等式. 如果没有疾病死亡, N 是常数, β 是常数, 即使接触饱和. 如果疾病死亡率很小, 出现的最后规模关系非常接近于一个等式, 因此有理由假设 β 是常数, 并利用最后规模关系作为求 S_∞ 的方程.

　可用 3.3 节描述的 [48] 的下一代矩阵方法计算基本再生数

$$\mathscr{R}_0 = \beta N \left[\frac{p}{\alpha} + \frac{\delta(1-p)}{\eta} \right]. \tag{9.2}$$

　这个基本再生数的生物学意义是, 潜伏成员进入 S_0 人口, 易感者以概率 p 染病, 这时他或她在长为 $1/\alpha$ 的染病期引起 $\beta N/\alpha$ 个染病者, 或者以概率 $1-p$ 变成无症状者, 这时他或她在长为 η 的无症状期引起 $\delta\beta N/\eta$ 个染病者.

　最后规模关系是

$$\ln \frac{S_0}{S_\infty} = \mathscr{R}_0 \left[1 - \frac{S_0}{N} \right]. \tag{9.3}$$

一个非常一般的可应用于本章的每一个模型的最后规模关系是 4.5 节推导的. 由这个最后规模关系得知 $S_\infty > 0$. 这意味着人群的某些成员在流行病期间没有被染病. 流行病的规模, 即流行病期间流感的 (临床) 病例数是

$$I_0 + S_0 - S_\infty = N - S_\infty,$$

无症状的病例数是

$$I_0 + p(S_0 - S_\infty).$$

如果存在疾病死亡, 疾病幸存率 f, 染病时的死亡率 $(1-f)$(假设没有无症状疾病死亡), 疾病死亡数是

$$I_0 + (1-f)p(S_0 - S_\infty).$$

虽然按照数学家的观点, 基本再生数作为研究传染病模型的中心, 但传染病学家可能更关注患病率, 因为这可直接测量. 对流感, 其中存在无症状病例, 两个患病率. 一个是临床患病率, 也就是人群中被感染的比例

$$1 - \frac{S_\infty}{N}.$$

还存在无症状患病率, 其定义是发展为有疾病症状人口的比例, 它是

$$p\left[1 - \frac{S_\infty}{N}\right].$$

患病率与基本再生数通过最后规模关系 (9.3) 相联系. 如果我们知道模型参数, 就可以从 (9.2) 计算 $\mathscr{R}_0$, 然后由 (9.3) 求 S_∞.

按照 [35] 的建议, 我们对 1957 年流行的流感利用模型 (9.1) 和适当参数. 这个疾病的潜伏期约 1.9 天, 染病期约 4.1 天, 因此

$$\kappa = \frac{1}{1.9} = 0.526, \quad \alpha = \eta = \frac{1}{4.1} = 0.244.$$

我们也取

$$p = 2/3, \quad \delta = 0.5, \quad f = 0.98.$$

如在 [35], 考虑的人群有 2000 个成员, 其中开始有 12 个染病者. 在 [35] 中对 4 个年龄组的每一个假设有症状的发作率, 以及整个人口的平均有症状发作率都是 0.326. 由此得知 $S_\infty = 1022$. 于是由 (9.3) 得到

$$\mathscr{R}_0 = 1.37.$$

现在我们在 (9.2) 中利用它计算

$$\beta N = 0.402.$$

我们将利用这些数据作为基本值, 去估计也许已作的控制措施的效应. 临床病例数是 978(包括开始的 12 个), 无症状病例 664 个, 也包括开始的 12 个, 疾病死亡数近似于 13.

模型 (9.1) 可用于描述年度季节性流行病和大流行病的管理策略.

9.2.1 疫苗接种

为了应对每年的季节性流感流行, 在 "流感" 季节开始之前有一个疫苗接种计划. 每年疫苗生产的目的是对抗未来季节认为最危险的三种流感菌株. 我们叙述的模型是在 (9.1) 描述的模型中加入疫苗接种, 并假设接种减少了易感性 (如果与染病者接触使得得病, 它是得病的概率). 此外, 我们还假设接种人员不大可能发展成传播疾病, 更不大可能发展成有症状, 且可能康复得比没有接种的人员更快.

这些假设要求我们在模型中引入其他仓室, 使得染病阶段的人口有治疗成员. 如前, 我们有 S, L, I, A, R 类, 并引入治疗的易感者类 S_T, 治疗的潜伏类 L_T, 治疗的染病者类 I_T, 以及治疗的无症状类 A_T. 除了已对模型 (9.1) 的假设, 我们还假设

- 在疾病暴发之前人群接种疫苗的比例为 γ, 而且有易感性的接种成员以因子 σ_S 减少染病.

- 在 I_T 和 A_T 中的传染性分别存在减少因子 σ_I 和 σ_A; 合理的假设是

$$\sigma_I < 1, \quad \sigma_A < 1.$$

- 从 L_T, I_T 和 A_T 离开的比率分别是 κ_T, α_T 和 η_T. 合理的假设是

$$\kappa \leqslant \kappa_T, \quad \alpha \leqslant \alpha_T, \quad \eta \leqslant \eta_T.$$

- 从疾病康复离开 I 和 I_T 的成员比例分别是 f 和 f_T. 合理的假设是 $f \leqslant f_T$. 在我们的分析中将取 $f = f_T = 1$.

- 接种疫苗减少了潜伏成员发展成有症状的比例因子是 $\tau, 0 \leqslant \tau \leqslant 1$.

为方便起见, 引入记号

$$Q = I + \delta A + \sigma_I I_T + \delta \sigma_A A_T. \tag{9.4}$$

所得模型为

$$
\begin{aligned}
S' &= -S\beta Q, \\
S_T' &= -\sigma_S S_T \beta Q, \\
L' &= S\beta Q - \kappa L, \\
L_T' &= \sigma_S S_T \beta Q - \kappa_T L_T, \\
I' &= p\kappa L - \alpha I, \\
I_T' &= \tau p \kappa_T L_T - \alpha_T I_T, \\
A' &= (1-p)\kappa L - \eta A, \\
A_T' &= (1-p\tau)\kappa_T L_T - \eta_T A_T, \\
R' &= \alpha I + \alpha_T I_T + \eta A + \eta_T A_T.
\end{aligned}
\tag{9.5}
$$

对应于人群在流行病前治疗比例 γ 的初始条件是

$$S(0) = (1-\gamma)S_0, \quad S_T(0) = \gamma S_0, \quad I(0) = I_0, \quad N = S_0 + I_0,$$
$$L(0) = L_T(0) = I_T(0) = A(0) = A_T(0) = 0.$$

模型 (9.5) 的流程图如图 9.2 所示.

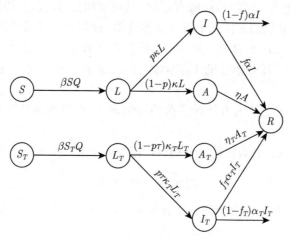

图 9.2   对应接种疫苗模型 (9.5) 的转移图

由于现在感染是从不完全易感人群中开始的, 我们说的是控制再生数 $\mathscr{R}_c$ 而不是基本再生数. 利用下一代矩阵计算得知, 控制再生数

$$\mathscr{R}_c = (1-\gamma)\mathscr{R}_u + \gamma\mathscr{R}_v,$$

其中

$$\mathscr{R}_u = N\beta\left[\frac{p}{\alpha} + \frac{\delta(1-p)}{\eta}\right] = \mathscr{R}_0,$$
$$\mathscr{R}_v = \sigma_S N\beta\left[\frac{p\tau\sigma_I}{\alpha_T} + \frac{\delta(1-p\tau)\sigma_A}{\eta_T}\right]. \tag{9.6}$$

于是 $\mathscr{R}_u$ 是未接种人员的再生数, $\mathscr{R}_v$ 是接种人员的再生数. 对两个最后规模 $S(\infty)$ 和 $S_T(\infty)$, 借助两个组的规模 $N_u = (1-\gamma)N, N_v = \gamma N$, 存在一对最后规模关系

$$\ln\frac{(1-\gamma)S_0}{S(\infty)} = \mathscr{R}_u\left[1 - \frac{S(\infty)}{N_u}\right] + \mathscr{R}_v\left[1 - \frac{S_T(\infty)}{N_v}\right],$$
$$\ln\frac{\gamma S_0}{S_T(\infty)} = \sigma_S\mathscr{R}_u\left[1 - \frac{S(\infty)}{N_u}\right] + \mathscr{R}_v\left[1 - \frac{S_T(\infty)}{N_v}\right]. \tag{9.7}$$

有症状疾病的人数是

$$I_0 + p[(1-\gamma)S_0 - S(\infty)] + p\tau[\gamma S_0 - S_T(\infty)],$$

疾病死亡人数是

$$(1-f)[I_0 + p(1-\gamma)S_0 - S(\infty)] + (1-f_T)p\tau[\gamma S_0 - S_T(\infty)].$$

这些可以借助 (9.7) 进行计算. 通过对流行病的控制, 即接种足够多的人 (取 γ 足够大) 使得 $\mathscr{R}_c < 1$. 我们利用 [35] 和 [22] 中建议的以下参数

$$\sigma_S = 0.3, \quad \sigma_I = \sigma_A = 0.2, \quad \kappa_T = 0.526, \quad \alpha_T = \eta_T = 0.323, \quad \tau = 0.4,$$

应用这些参数值,

$$\mathscr{R}_u = 1.373, \quad \mathscr{R}_v = 0.047.$$

为了使得 $\mathscr{R}_c = 1$, 需要取 $\gamma = 0.28$. 这是需要接种以阻止流行病的人口比例.

可以对不同的 γ 值, 对 $S(\infty), S_T(\infty)$ 求解满足 $S(0) = (1-\gamma)S_0, S_T(0) = \gamma S_0$ 的最后规模关系. 对上面建议的参数值计算这个, 得到如表 9.1 显示的结果, 这里给出治疗比例 γ、流行病结束时未治疗的易感者数 $S(\infty)$、流行病结束时治疗的易感者人数 $S_T(\infty)$、流感治疗病例的个数 $I_0 + p[(1-\gamma)S_0 - S(\infty)]$, 以及未治疗病例的个数 $[\gamma S_0 - S_T(\infty)]$. 这些结果显示, 即使在传染病前接种少量比例的人员也有减少流感案例个数的好处. 它们还向个体证明接种疫苗的人群的发病率低于人口中没有接种疫苗的人的发病率.

表 9.1 接种疫苗的效应

治疗比例	S_∞	$S_T(\infty)$	未治疗病例	治疗病例
0	1015	0	660	0
0.05	1079	84	552	4
0.1	1149	174	439	7
0.15	1224	271	323	7
0.2	1305	375	201	6
0.25	1395	487	76	3
0.3	1391	596	13	0

9.3 抗病毒治疗

如果对流感菌株没有疫苗可用, 则可用抗病毒药物治疗. 但是抗病毒治疗仅对继续治疗的人提供保护且费用较贵. 此外, 抗病毒药物供应短缺且价格昂贵, 并且治疗足够多的人群以控制预期流行病可能是不可行的. 特别是针对已开始暴

发的疾病和与传病的人员有过接触的人员的治疗政策可能是更合适的方法. 这需要一个具有潜伏者、染病者和无症状染病者成员的治疗率的模型, 该模型是基于 (9.5) 中用于接种疫苗的结构构建的.

抗病毒药物在降低对感染的易感性和降低传染性、出现症状的可能性以及感染后的染病时间的长短具有与疫苗类似的效果. 但是, 它们可能很少有很好匹配的疫苗效应, 特别在减少易感性方面.

可以对确诊的染病者进行治疗. 此外, 还可以治疗被认为已感染的染病者的接触者. 这是通过对潜伏成员的治疗来模拟的. 实践中, 通过接触追踪和治疗确定他们中的有些人实际上是易感者, 但我们在模型中忽略了这一点. 虽然我们在模型中允许无症状病人的治疗, 但我们未必去做, 而是在假设 $\varphi_A = \theta_A = 0$ 下刻画这个模型的结果. 但是, 为了一般起见, 我们会回到模型中有抗病毒无症状治疗的可能性. 如果仅对染病者给予治疗, 那仓室 L_T, A_T 是空的, 它们可从模型中略去.

在模型 (5.5) 中加入潜伏期人员、染病者, 以及无症状疾病成员的抗病毒治疗, 但不假设有初始治疗类. 此外也保留我们最先作的假设.

L 中存在一个治疗率 φ_L, L_T 到 L 的复发率 θ_L, I 中的治疗率 φ_I, 以及从 I_T 到 I 的复发率 θ_I, A 中的治疗率 φ_A 和从 A_T 到 A 的复发率 θ_A.

所得模型是

$$\begin{aligned}
S' &= -S\beta Q,\\
L' &= S\beta Q - \kappa L - \varphi_L L + \theta_L L_T,\\
L_T' &= -\kappa_T L_T + \varphi_L L - \theta_L L_T,\\
I' &= p\kappa L - \alpha I - \varphi_I I + \theta_I I_T,\\
I_T' &= p\tau \kappa_T L_T - \alpha_T I_T + \varphi_I I - \theta_I I_T,\\
A' &= (1-p)\kappa L - \eta A - \varphi_A A + \theta_A A_T,\\
A_T' &= (1-p\tau)\kappa_T L_T - \eta_T A_T + \varphi_A A - \theta_A A_T,\\
N' &= -(1-f)\alpha I - (1-f_T)\alpha_T I_T,
\end{aligned} \tag{9.8}$$

其中 Q 如 (9.4) 中的. 初始条件是

$$S(0)=S_0,\quad I(0)=I_0,\quad L(0)=L_T(0)=I_T(0)=A(0)=A_T(0)=0,\quad N=S_0+I_0.$$

模型 (9.8) 的流程图如图 9.3 所示.

抗病毒治疗模型 (9.8) 的 $\mathscr{R}_c$ 的计算比前面考虑的模型更复杂, 但可证明 $\mathscr{R}_c = \mathscr{R}_I + \mathscr{R}_A$, 其中

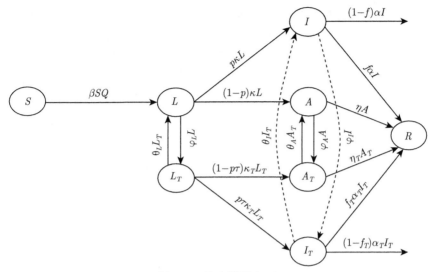

图 9.3 治疗模型 (9.8)

$$\mathscr{R}_I = \frac{N\beta}{\Delta_I \Delta_L} \left[(\alpha_T + \theta_I + \sigma_I \varphi_I) p\kappa(\kappa_T + \theta_L) + (\theta_I + \sigma_I(\alpha + \varphi_I)) p\tau \kappa_T \varphi_L \right],$$

$$\mathscr{R}_A = \frac{\delta N\beta}{\Delta_L} \left[\frac{(1-p)\kappa(\kappa_T + \theta_L)}{\eta} + \frac{\sigma_A(1-p\tau)\kappa_T \varphi_L}{\eta_T} \right],$$

$$(9.9)$$

其中

$$\Delta_I = (\alpha + \varphi_I)(\alpha_T + \theta_I) - \theta_I \varphi_I,$$

$$\Delta_L = (\kappa + \varphi_L)(\kappa_T + \theta_L) - \theta_L \varphi_L.$$

最后规模方程是

$$\ln \frac{S_0}{S_\infty} = \mathscr{R}_c \left[1 - \frac{S_\infty}{S_0} \right] + \frac{\beta I_0 (\alpha_T + \theta_I + \sigma_I \varphi_I)}{\Delta_I}. \qquad (9.10)$$

治疗人员数是

$$\int_0^\infty [\varphi_L L(t) + \varphi_I I(t)] dt,$$

病例数是

$$I_0 + \int_0^\infty [p\kappa L(t) + p\tau \kappa_T L_T] dt,$$

它们可以借助模型参数进行计算. 治疗人数和疾病病例数是 $S_0 - S_\infty$ 的常数倍加上初始感染人数 (大概很小) 的常数倍. 由于用 $S_0 - S_\infty$ 和 I_0 表达比没有治疗或者接种的更复杂, 我们选择用积分给出这些数.

计算疾病和治疗病例的个数的重要结论并不明显. 如果 $\mathscr{R}_c$ 接近于 1 或者 $\leqslant 1$, $S_0 - S_\infty$ 对 I_0 变化的依赖性非常敏感. 例如, 在一个 $\mathscr{R}_0 = 1.5$ 的 2000 个人的人群中, I_0 从 1 到 2 乘以 $S_0 - S_\infty$ 变化, 从而使治疗和病例乘以 1.4, 而 I_0 中从 1 到 5 乘以 $S_0 - S_\infty$ 变化. 因此, 治疗和病例为 3. 从而, 数值预测本身没有什么价值. 但是, 比较不同的策略是有意义的. 当染病者的数量很小时, 模型指出早期行动的重要性.

在仅对染病者进行治疗的这个特殊情形, $\mathscr{R}_c$ 有较简单的表达式

$$\mathscr{R}_c = N\beta \left[\frac{p(\alpha_T + \theta_I + \sigma_I \varphi_I)}{\Delta_I} + \frac{\delta(1-p)}{\eta} \right].$$

疾病病例数是 $I_0 + p(S_0 - S_\infty)$, 治疗人数是

$$\frac{\varphi_I(\sigma_T + \theta_I)}{\Delta_I}[I_0 + p(S_0 - S_\infty)].$$

由于染病期很短, 只要患者仍然有感染, 通常就会进行抗病毒治疗. 因此假设 $\theta_I = 0$, 这些关系此时甚至变得更简单. 控制再生数是

$$\mathscr{R}_c = N\beta \left[\frac{p(\alpha_T + \sigma_I \varphi_I)}{\alpha_T(\alpha + \varphi_I)} + \frac{\delta(1-p)}{\eta} \right], \tag{9.11}$$

治疗人数是

$$\frac{\varphi_I}{\alpha + \varphi_I}[I_0 + p(S_0 - S_\infty)]. \tag{9.12}$$

由于无法预先知道未来大流行病的基本再生数, 因此有必要取一定范围的接触率来进行预测. 特别是, 我们可以比较不同策略在控制染病者数量或者疾病死亡人数的效果, 例如仅对染病者治疗, 仅对潜伏成员治疗, 或者治疗这两类成员. 在做这种比较中重要的是要考虑到; 对潜伏成员的治疗必须比对感染成员的治疗提供更长的时间, 在发生大流行的情况下, 抗病毒药物的供应是否足以执行既定战略, 这是一个非常大的问题. 由于这个原因, 必须计算对应所给治疗率的治疗人数. 这可从模型中得到, 所得结果是 I_0 的常数倍加 $S_0 - S_\infty$ 的倍数.

这种计算结果似乎表明, 对诊断出的传染病进行治疗是最有效的策略 [6,7]. 但是, 任何政策决定都还要考虑其他因素. 例如, 大流行病可能会破坏基本服务, 因此可以决定预防性地使用抗病毒药物, 以保护医护人员和公共安全人员. 文献 [26] 报道了一项基于此处给出的抗病毒治疗模型的研究.

为了模拟, 我们利用初始值

$$S_0 = 1988, \quad I_0 = 12,$$

以及 9.1 节中的参数, 根据 [50] 报告的数据, 对于抗病毒功效, 我们假设

$$\sigma_S = 0.7, \quad \sigma_I = \sigma_A = 0.2.$$

我们用 $\theta_I = 0$ 模拟模型 (9.8), 并假设治疗在染病期持续进行. 又假设 1 天内 80% 被诊断的染病者得到治疗. 由于用常数率 φ_I 治疗的假设得知经过时间 t 以后有 $1 - \exp(-\varphi_I t)$ 比例得到治疗, 取 φ_I 满足

$$1 - e^{-\varphi_I} = 0.8,$$

或者 $\varphi_I = 1.61$. 利用对应于 $\mathscr{R}_0$ 的不同值的 βN 的不同值, 并用 (9.10) 和 (9.2) 得到如表 9.2 中的结果.

表 9.2 利用抗病毒治疗的控制

βN	$\mathscr{R}_0$	$\mathscr{R}_c$	病例数	治疗数
0.402	1.37	0.92	64	56
0.435	1.49	1.00	130	113
0.5	1.71	1.15	373	314
0.7	2.39	1.61	865	751

由 (9.11) 得到对 39% 的患病率的 $\mathscr{R}_c = 1$, 这是一个临界患病率, 超过它以指定比率的治疗无法控制疾病的大流行.

9.4 季节性流感流行病

通常, 每年在秋季和冬季暴发流感. 目前, 每年的流感暴发是 H3N2 亚型, 它与 H1N1 亚型共存. 甲型流感病毒被病毒表面上的两种蛋白 (血凝素 (HA) 和神经氨酸酶 (NA)) 鉴定为亚型. 名称 H3N2 是指具有 HA3 蛋白和 NA2 蛋白的甲型流感病毒. 流感病毒在当前正在传播的亚型中发生抗原性漂移和快速的微小遗传变异. 从一种流感病毒中康复可赋予抵抗再感染的免疫力, 但抗原漂移意味着以后再与同一亚型的流感病毒接触只会对感染产生部分免疫力. 迄今为止, 我们已经对流感流行进行了隔离研究, 但是如果出现了菌株的季节性流感暴发, 并且已经持续了几个季节, 那么一部分人就会产生防止另一种感染的交叉免疫. 考虑到这一点, Andreasen 等 [3,4] 分析了季节性疾病复发的模型. 因此, 现在我们假设, 在季节性流感暴发的开始, 根据最近的暴发, 个体具有一定程度的交叉免疫最多可达 n 个季节.

假设交叉免疫降低了对感染的易感性和染病者病例的传染性. 在季节性暴发开始, 假设所有的宿主都是易感者, 令 N_i 表示 i 个季节前发生的最后一次感染

的宿主的数量, 在 N_n 中包括从未感染过的所有宿主. 将总人口划分为 n 个子组 $(N_1, N_2, \cdots, N_n)$, 以表示季节性流行病开始时的交叉免疫分布. 人口总规模是 (常数)

$$N = \sum_{i=1}^{n} N_i.$$

为了简单起见, 假设在季节性流行病期间, 模型是一个忽略了潜伏和无症状病例存在的简单的 SIR 模型. 因此, 对每类 i 我们有 I_i 个染病者个体和 R_i 个康复个体. 其传播动力学由系统

$$
\begin{aligned}
S_i' &= -\sigma_i S_i \beta \sum_{j=1}^{n} \tau_j I_j, \\
I_i' &= \sigma_i S_i \beta \sum_{j=1}^{n} \tau_j I_j - \alpha I_i, \\
R_i' &= \alpha I_i
\end{aligned}
\tag{9.13}
$$

给出. 其中 α 是康复率, β 是在没有交叉免疫时的传播系数, σ_i 是 i 个季节前最后一次发生感染的个体的相对易感性, τ_i 是 i 个季节前最后一次发生染病的个体的相对传染性, 我们有理由假设, 交叉免疫会随着时间而消退, 因此

$$0 \leqslant \sigma_1 \leqslant \sigma_2 \leqslant \cdots \leqslant \sigma_n = 1, \quad 0 \leqslant \tau_1 \leqslant \tau_2 \leqslant \cdots \leqslant \tau_n = 1.$$

如果我们定义总传染性为

$$\varphi(t) = \sum_{j=1}^{n} \tau_j I_j,$$

就可将模型 (9.13) 重写为

$$
\begin{aligned}
S_i' &= -\sigma_i \beta S_i \varphi, \\
I_i' &= \sigma_i \beta S_i \varphi - \alpha I_i.
\end{aligned}
\tag{9.14}
$$

存在无病平衡点 $S_i = N_i, I_i = 0 (i = 1, 2, \cdots, n)$.

下一代矩阵为

$$
K = \frac{\beta}{\alpha}
\begin{bmatrix}
\sigma_1 N_1 \tau_1 & \sigma_2 N_1 \tau_1 & \cdots & \sigma_n N_1 \tau_1 \\
\sigma_2 N_2 \tau_1 & \sigma_2 N_2 \tau_2 & \cdots & \sigma_n N_2 \tau_2 \\
\vdots & \vdots & \ddots & \vdots \\
\sigma_n N_n \tau_1 & \sigma_n N_n \tau_2 & \cdots & \sigma_n N_n \tau_n
\end{bmatrix}.
$$

现在, 如果 P 是一个对角矩阵, 对角线元素是 $\sigma_i N_i$, $1 \leqslant i \leqslant n$, 与 K 相似的矩阵 $P^{-1}KP$ 的每一行都是 $\dfrac{\beta}{\alpha}$ 乘以 $(\sigma_1\tau_1 N_1, \sigma_2\tau_2 N_2, \cdots, \sigma_n\tau_n N_n)$, 因此其秩为 1. 这意味着 K 的特征值除了一个以外都为零, 余下的特征值等于 K 的迹. 由此得知, K 的谱半径等于 K 的迹, 交叉免疫模型 (9.14) 的控制再生数为

$$\mathscr{R}_S = \frac{\beta}{\alpha} \sum_{i=1}^{n} \sigma_1\tau_1 N_i. \tag{9.15}$$

如果没有交叉免疫, 基本再生数将是

$$\mathscr{R}_0 = \frac{\beta N}{\alpha}.$$

由于 $(S_i + I_i)' = -\alpha I_i$, 如 2.4 节, 可得

$$\lim_{t\to\infty} I_i(t) = 0, \quad \lim_{t\to\infty} S_i(t) = S_i(\infty),$$

利用 $S_i(0) + I_i(0) = N_i$, 得到

$$\alpha \int_0^\infty I_i(t)dt = N_i - S_i(\infty).$$

积分 (9.14) 的第一个方程, 得到

$$
\begin{aligned}
\log \frac{N_i}{S_i(\infty)} &= \beta\sigma_i \int_0^\infty \varphi(t)dt \\
&= \beta\sigma_i \sum_{j=1}^{n} \tau_j \int_0^\infty I_j(t)dt \\
&= \frac{\beta}{\alpha}\sigma_i \sum_{j=1}^{n} \tau_j [N_j - S_j(\infty)] \\
&= \sigma_i \sum_{j=1}^{n} \tau_j \frac{\beta N_j}{\alpha}\left[1 - \frac{S_j(\infty)}{N_j}\right].
\end{aligned}
\tag{9.16}
$$

可以用单个未知的 $S_n(\infty)$ 写这个最后规模关系, 因为由 (9.14) 和 $\sigma_n = 1$, 我们有

$$\frac{S_i'}{S_i} = \sigma_i \frac{S_n'}{S_n},$$

积分得

$$\frac{S_i(\infty)}{N_i} = \left[\frac{S_n(\infty)}{N_n}\right]^{\sigma_i}. \tag{9.17}$$

将 (9.17) 代入 (9.16), 得到对 $S_n(\infty)$ 的关系式, 即

$$\log \frac{N_n}{S_n(\infty)} = \sigma_n \sum_{j=1}^{n} \tau_j \frac{\beta N_j}{\alpha} \left[1 - \left(\frac{S_n(\infty)}{N_n}\right)^{\sigma_j}\right].$$

于是 (9.17) 给出解 $S_i(\infty)$, $i = 1, \cdots, n-1$.

9.4.1 季节到季节的过渡

以上分析追溯了季节性流行病的发展过程. 假设在下一个季节的流行病开始时, 最后的仓室大小将人群分为新的交叉免疫组 $(N_1^*, N_2^*, \cdots, N_n^*)$. 在上一个季节性流行病的染病期的个体形成一个新组 N_1^*, 其余的个体从 N_i 移到 N_{i+1}^*. 因此

$$N_1^* = N - \sum_{i=1}^{n} S_i(\infty),$$

$$N_j^* = S_{j-1}(\infty), \quad j = 2, \cdots, n-1,$$

$$N_n^* = S_{n-1}(\infty) + S_n(\infty).$$

这个关系式描述了从一个季节性流行病到下一个季节性流行病的过渡. 一个季节性流行病的严重程度会影响下一季流行病的交叉免疫. 如果第一年的季节性流行病很严重, 则由于明年的交叉免疫力更高, 因此可以合理预期明年的流行病不会那么严重.

9.5　大流行性流感

近几年来, 产生一种对新的亚型的免疫变化. 这种变化称为抗原转移, 通常是在人类中传播的病毒的基因片段与禽类病毒的病毒片段重组的结果. 由于这种亚型是新出现的, 人类对它几乎没有或根本没有免疫力, 结果往往导致大流行. 例如, H1N1 亚型在 1918 年的大流行性流感中出现并传播到 1957 年. 在 1957 年的流感大流行中, 一种新的亚型 H2N2 出现并取代了 H1N1. 在 1968 年的大流行中, H3N2 取代了当时流行的 H2N2 亚型. 1977 年, H1N1 病毒被重新侵入, 并与 H3N2 一起传播. 一个自然问题是, 一种新的大流行毒株是否将取代目前流行的亚型或与之共存. 要研究这个问题, 必须模拟季节性流感暴发之后的大流行, 然后

模拟下一次季节性流感暴发. 这是必要的, 因为季节性和大流行亚型之间可能存在交叉免疫. Asaduzzaman 等 [8] 研究了季节性流感和大流行性流感之间的相互作用.

9.5.1 大流行病暴发

首先我们假设存在季节性流感流行, 并且在该流行结束时, 总规模为 N 的人口根据季节性流行病的规模 $(N_1, N_2, \cdots, N_n)$ 分为交叉免疫亚群. 假设大流行毒株和季节性毒株之间有交叉免疫力, 对于从该疾病中康复的人群在前 n 次季节性暴发中的易感性降低了因子 $\rho\ (0 \leqslant \rho \leqslant 1)$. 因此, $\rho = 0$ 对应于全交叉免疫, $\rho = 1$ 对应于无交叉免疫. 于是, 大流行流感模型是

$$
\begin{aligned}
S_i' &= -\rho\tilde{\beta}S_i I, \quad i = 1, 2, \cdots, n-1, \\
S_n' &= -\tilde{\beta}S_n I, \\
I' &= \tilde{\beta}\left[\rho(S_1 + S_2 + \cdots + S_{n-1}) + S_n\right]I - \alpha I.
\end{aligned}
\tag{9.18}
$$

如果没有交叉免疫, 则基本再生数是

$$
\tilde{\mathscr{R}}_0 = \frac{\tilde{\beta}N}{\alpha},
\tag{9.19}
$$

其中 $\tilde{\beta}$ 是大流行病的接触率.

与 9.5 节非常类似的分析证明, 大流行的再生数为

$$
\mathscr{R}_P = \frac{\tilde{\beta}}{\alpha}\left[\rho(N_1 + N_2 + \cdots + N_{n-1}) + N_n\right] = \frac{\rho\tilde{\beta}N}{\alpha} + \frac{(1-\rho)\tilde{\beta}N_n}{\alpha},
$$

它是 ρ 的递增函数. 如果 $\mathscr{R}_P > 1$, 则将有大流行病.

我们假设, 如果没有交叉免疫, 大流行病就会入侵, 也就是说,

$$
\tilde{\mathscr{R}}_0 > 1.
$$

同样, 再次如 9.5 节, 得到最后规模关系

$$
\begin{aligned}
\log\frac{N_n}{S_n(\infty)} &= \frac{\tilde{\beta}N}{\alpha}\left[1 - \frac{1}{N}\sum_{i=1}^{n}S_i(\infty)\right], \\
\frac{S_i(\infty)}{N_i} &= \left[\frac{S_n(\infty)}{N_n}\right]^\rho, \quad i = 1, \cdots, n-1.
\end{aligned}
\tag{9.20}
$$

这个关系式给出了大流行病的交叉免疫分布. 当我们对大流行后的季节性流行病建模时, 我们需要这个结果来区分对大流行毒株具有交叉免疫的季节性流感病毒易感者个体和没有交叉免疫的易感者个体.

9.5.2　大流行后的季节性暴发

由于季节性病毒和大流行病毒之间具有交叉免疫性, 模拟大流行之后的季节性暴发必须依据小组成员是否感染大流行病, 将每个子组 $(N_1, N_2, \cdots, N_n)$ 分为两部分. 现在令 M_i 表示最近的季节性传染是在 i 季节之前并逃过了大流行的个体数, 令 $\tilde{M}_i$ 表示最近的季节性传染是在 i 季节之前并感染了大流行的个体数. 于是 $N_i = M_i + \tilde{M}_i$. 用 S_i 表示 M_i 中易感染季节性流感 (他们逃过大流行性流感) 的人数, 以 $\tilde{S}_i$ 表示 M_i 中易感染季节性流感 (也被大流行病感染) 的人数. 考虑在 M_i 中个体的交叉免疫力, 并再次定义总传染性

$$\varphi(t) = \sum_{j=1}^{n} \tau_j I_j,$$

得到模型

$$
\begin{aligned}
S_i' &= -\sigma_i \beta S_i \varphi, \\
\tilde{S}' &= -\rho \sigma_i \beta \tilde{S}_i \varphi, \\
I_i' &= \sigma_i \beta (S_i + \rho \tilde{S}_i) \varphi - \alpha I_i.
\end{aligned}
\tag{9.21}
$$

再生数的计算仍如 9.4 节, 得到

$$\mathscr{R} = \frac{\beta}{\alpha} \sum_{i=1}^{n} \sigma_i \tau_i (M_i + \rho \tilde{M}_i).$$

为了计算这个值, 需要从最后规模关系 (9.20) 确定 M_i 和 $\tilde{M}_i$. 我们有 $M_i = S_i - S_i(\infty)$, 使得

$$M_i + \rho \tilde{M}_i = M_i(1 - \rho) + \rho N_i,$$

其中 $S_i(\infty)$ 由 (9.20) 给出. 如果令 $x = \dfrac{S_n(\infty)}{N_n}$, 则由 (9.20) 给出

$$
\begin{aligned}
-\log x &= \frac{\tilde{\beta}}{\alpha} \left[N - \sum_{i=1}^{n} S_i(\infty) \right] \\
&= \frac{\tilde{\beta} N}{\alpha} \left[1 - \frac{N_1 S_n^\rho + N_2 S_n^\rho + \cdots + N_n S_n^\rho}{N N_n^\rho} \right] \\
&= \frac{\tilde{\beta} N}{\alpha} (1 - x^\rho).
\end{aligned}
\tag{9.22}
$$

考虑函数

$$f(x) = \log x + \frac{\tilde{\beta}N}{\alpha}(1 - x^\rho) = \log x + \tilde{\mathscr{R}}_0(1 - x^\rho),$$

其中 $\tilde{\mathscr{R}}_0$ 由 (9.19) 给出. (9.22) 的解 x 仅在 $x < 1$ 时才有生物学意义, 否则大流行病不会入侵. 值 $x = 1$ 始终是 (9.22) 的一个根, 大流行病入侵当且仅当有小于 1 的第二个根. 对接近于 0 的 x 函数 $f(x)$ 为负. 如果 $\rho\tilde{\mathscr{R}} < 1$, 则 $f(x)$ 对 $0 < x \leqslant 1$ 是单调递增的. 因此, (9.22) 没有小于 1 的第二个根. 从而, 如果 $\rho\tilde{\mathscr{R}} < 1$, 则大流行病不会入侵. 另一方面, 如果 $\rho\tilde{\mathscr{R}}_0 > 1$, $f'(1) < 0$, 则必须存在 (9.22) 的第二个根. 大流行病入侵, 当且仅当 $\rho\tilde{\mathscr{R}}_0 > 1$.

现在, 再生数是

$$\begin{aligned}
\mathscr{R} &= \frac{\beta}{\alpha} \sum_{i=1}^n \sigma_i\tau_i[(1-\rho)N_i x^\rho + \rho N_i] \\
&= \frac{\beta}{\alpha}(1-\rho) \sum_{i=1}^n \sigma_i\tau_i N_i x^\rho + \frac{\beta}{\alpha}\rho \sum_{i=1}^n \sigma_i\tau_i N_i.
\end{aligned} \tag{9.23}$$

由 (9.22), x 作为 ρ 的函数, 如果 $\mathscr{R}$ 大于 1, 则大流行菌株将与季节性菌株共存, 但是如果 $\mathscr{R} < 1$, 则大流行菌株将取代季节性菌株.

我们假设, 如果没有大流行菌株存在, 那将发生季节性流行病, 就是说

$$\mathscr{R}_S > 1.$$

对 $\rho = 1$(无交叉免疫), 我们有

$$\mathscr{R} = \mathscr{R}_S > 1,$$

这意味着大流行菌株与季节性菌株共存. 对 $\rho = \dfrac{1}{\tilde{\mathscr{R}}_0}$, $x = 1$ 和

$$\mathscr{R} = \frac{\beta}{\alpha} \sum_{i=1}^n \sigma_i\tau_i N_i = \mathscr{R}_S > 1,$$

大流行菌株与季节性菌株共存.

数值模拟显示, 对在 $\rho = \dfrac{1}{\tilde{\mathscr{R}}_0}$ 与 1 之间 ρ 的某些值 $\mathscr{R} < 1$, 这意味着对 ρ 的某些值大流行菌株将替代季节性菌株.

9.6 2009 年的流感大流行

2009 年春季, 发现一种新的甲型 H1N1 流感菌株, 它首先在墨西哥流行, 并迅速传播到世界各地. 最初, 人们认为这种菌株没有抗药性, 尽管后来人们发现, 20 世纪 50 年代接触过类似菌株的老年人似乎比年轻人更不容易受到感染. 最初似乎还表明, 该毒株的病死率很高, 但后来得知, 由于许多病例非常轻, 以至于没有报道, 因此早期数据偏重于对严重病例. 病死率实际上低于大多数季节性流感毒株.

2009 年的 H1N1 流感大流行的管理利用了数学模型和以往对流行病学的经验, 但也暴露出在流行病的数学理论与现实生活中的流行病之间存在一些空隙, 特别是在流行病早期获取的可靠数据, 对流行病的空间传播的了解, 以及多种流行病波之间的发展.

不同类型的科学家在对有价值的模型种类的认知上存在重大差异. 有战略性疾病传播模式, 旨在了解广泛的一般原则, 战术性模型则旨在帮助人们就短期政策作出具体和详细决策. 预测流行病中将有多少人患病的模型与有助于确定人群中哪些子组应优先进行预防接种的模型, 以及与不确定在给定的情况下将有多少种疫苗可在给定的时间框架下可用的模型都有很大不同.

9.6.1 一个流感战术模型

2009 年 H1N1 流感大流行出现了第二波感染, 就像前几次流感大流行一样. 在第一波流感期间, 尽快开始研制与该病毒匹配的疫苗, 用于对抗预期的第二波 [41]. 由于疫苗开发至少需要 6 个月的时间, 而第二波疫苗可能要在第一波疫苗的 6 个月内才开始, 因此迫切需要制定疫苗分配策略.

在这一节中, 我们以战术模型为例描述 [18] 中的一个模型. 加拿大 BC 省疾病控制中心在 2009 年 H1N1 流感大流行的第二波期间为分配疫苗接种制定计划的决策使用了此模型. 由于需要迅速做出这样的决定, 因此与撰写描述工作的论文相比, 该模型的开发和应用更为紧迫, 并且要在撰写结果之前先使用结果. 在大流行中, 模型开发和应用后仍有许多工作要做, 而且通常没有时间探讨研究中可能出现的基本理论问题. 在理想情况下, 在应对大流行的紧迫性已经过去之后, 就可以对这些问题进行更深入研究, 这时还可回到更一般的战略模型的机会.

流感流行的感染率很大程度上取决于接触者的 (人口) 年龄. 传播率和感染率对年龄的依赖关系 (年龄特征) 可能在不同地点和每年季节性流行病之间存在显著差异. 此外, 大流行的年龄分布可能不同于季节性流行病. 因此, 疫情期间的实时规划必须利用疫情开始后尽快获得的监测数据. 在 2009 年春季的第一波调查中收集的数据用于预测第二波调查中预期的年龄分布. 利用这个年龄特征和温哥华接触网结构的现有估计, 建立了一个在 40 个人口子组中各有 6 个仓室的仓室模型, 它涵盖了 8 个年龄段和 5 个活动水平, 以预测不同疫苗接种策略的结果.

这个模型的分析是使用数值模拟进行的, 因为不同策略的比较 (包括疾病病例和所需疫苗数量的数值估计) 需要快速进行, 而且这个高维系统的一般理论分析也太复杂.

数值模拟表明, 对流行高峰的准确估计对于制定疫苗接种战略的决策至关重要. 在大流行情况下, 疫苗生产的延迟可能意味着直到流行已经开始才可以接种疫苗, 尽早开始分发疫苗对疫苗接种计划的有效性有很大影响. 这就提出了一个关于疫苗接种开始时间与疫苗接种计划有效性之间的关系的一般理论问题. 这类模型未来的理论研究对将来规划流行的疫苗接种策略相当有用.

9.6.2 多个流行波

在 1918 年 "西班牙流感" 大流行期间, 北美和西欧大部分地区已经经历了两波感染, 第二波比第一波更严重 [20,21]. 与每年可预测发生的季节性流感不同, 流感大流行往往与通常的 "流感季节" 略有不同, 并具有不同严重程度的多个波. 这就提出了一个季节性流感不会出现的建模问题. 在第一波大流行期间, 应该有可能分离出病毒样本, 并及时开发与该病毒匹配的疫苗, 以进行针对该病毒的疫苗接种, 从而有助于应对第二波. 出现的一个问题是对第二波时间的预测. 由于尚不能令人满意地解释出现第二波的原因, 所以这还不可能做到. 有一种观点认为病毒的传播性随季节而变化, 这已被用来预测流行病是否会表现出季节性暴发 [44,45]. 可以使用相同的方法来建立具有周期性接触率的 SIR 流行病模型, 该模型可以显示两个流行病波 [12]. 但是, 这种模型的性态在很大程度上取决于流行的时间. 如果我们假设接触率在冬天最高, 在夏天最低, 并且在 1 年时间内呈正弦变化, 则可以用一个简单的具有可变接触率的 SIR 模型. 其中 N 为总人口规模 (常数). 该模型为

$$
\begin{aligned}
S' &= -\beta(t)\frac{SI}{N}, \\
I' &= \beta(t)\frac{SI}{N} - \alpha I,
\end{aligned}
\tag{9.24}
$$

其中

$$
\beta(t) = \beta\left[1 + c\cos\left(\frac{\pi(t+t_0)}{180}\right)\right],
$$

参数值为

$$
\alpha = 0.25, \quad \beta = 0.45, \quad e = 0.45,
$$
$$
N = 1000, \quad S_0 = 999, \quad I_0 = 1, \quad t_0 = 859095.
$$

t_0 的选择确定了流行在 $\beta(t)$ 的振荡中从何处开始, 因为流行开始的时间是 $(t = 0)$

$$\beta(0) = \beta \left[1 + c \cos \left(\frac{\pi t_0}{180} \right) \right].$$

因此, t_0 是流行病开始最大传播率后的天数. 通过对 (9.24) 的数值积分, 我们得到以下三条疫情曲线 (给出了作为时间函数的染病者个体的数量), 除了通过改变 t_0 使疫情开始日期在 5 天后从一条曲线移到下一条曲线外, 其他参数相同.

对这些曲线的解释是, 如果疫情开始时接触率下降并接近最小值, 而且在流行过程中接触率相对较小, 则该流行波可能会结束, 而如图 9.4 (中间和下面的图) 所示, 当接触率增加时仍有足够的易感者来支撑第二波. 但是, 如果疫情较早开始, 则可能会持续下去直到有足够多的个体被感染, 以至于即使接触率变大, 也无法支撑第二波, 如图 9.4 的上图所示.

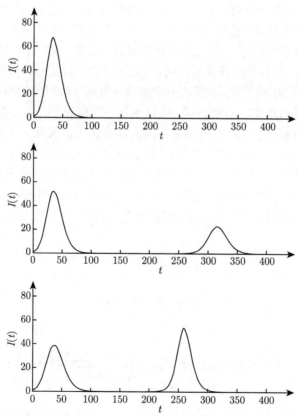

图 9.4　上图: 单波的流行曲线, $t_0 = 85$. 中图: 两波的流行曲线, 第一波比第二波更严重, $t_0 = 90$. 下图: 两波的流行曲线, 第二波更严重, $t_0 = 95$

数值模拟显示, 对于这里利用的参数值, 模型 (9.24) 存在一个较小的开始时间窗口, 该窗口对应于可能会产生第二次波的时间区间 $90 \leqslant t_0 \leqslant 110$. 流行病曲线的性质表明, 这种形态严重依赖于时间, 这意味着这种模型不适用于精确的预测. 注意, 可能有一波或两波, 如果有两波, 其中一波可能更严重. 预测不仅取决于感染发生的时间, 而且这个时间是随机的, 因此就其本质而言它是不可预测的. 它依赖于病毒的突变和新病例的输入.

我们这里有一个战略模型可以预测第二波的可能性, 但这不足以使人们有信心使用它来为政策提供建议, 因为我们没有足够的证据来确定第二波的起因. 在做出预测之前, 我们需要更多有关可能引起第二波的因素的证据, 以及更详细的战术模型, 包括对敏感性的分析. 另一个被认为可能解释第二波流行病的因素是与其他呼吸道感染的合并感染, 这些感染可能会增加易感性, 并且需要一些实验数据来确认或否认传播或合并感染的季节性变化, 或者两者都有可能解释多个流行病波的原因. 在 2009 年 H1N1 流感大流行期间, 有人担心抗病毒治疗会导致形成耐药性. 虽然这似乎没有造成广泛的后果, 但在更严重的疾病暴发中, 如果有更多的患者接受抗病毒治疗, 则可能会产生重大影响. 流感大流行中耐药性效应的建模工作已经在 [1, 5, 36, 42, 43] 中开始, 但还需要更多了解. 对耐药性发展的全面分析将需要嵌套模型, 包括宿主免疫方面以及对人群水平的影响. 来自 1918 年大流行的数据清楚地表明, 无论是个人还是公共卫生措施, 行为反应都对流行病的结果产生了重大影响 [9]. 结合行为反应是流行病建模的一个新方面, 当疾病暴发开始时, 影响行为反应的因素还有很多需要了解的地方.

9.6.3 降波的参数估计和预测

本节中包含的模型预测在 [47] 中有叙述. 随着 2009 年 4 月美国疾控中心和世界卫生组织 (世卫组织) 的实验室认识到一种新的可能大流行的甲型 H1N1 流感毒株, 从第 17 周开始 (截至 2009 年 5 月 2 日) 大大增加了检测活动, 如图 9.5 所示. 在这个分析中, 我们使用根据 2009 年夏季确诊的甲型 (H1N1) 流感病毒病例数拟合模型的外推, 来预测 2009 年秋季大流行的性态.

下面的模型采用季节性强迫传播:

$$
\begin{aligned}
S' &= -\beta(t)\frac{SI}{N}, \\
I' &= \beta(t)\frac{SI}{N} - \alpha I,
\end{aligned}
\tag{9.25}
$$

其中 $N = 3.05$ 亿表示美国的总人口. R 方程可以省略, 因为它可由 $R = N - S - I$ 确定. 传播率选择为

$$
\beta(t) = \beta_0 + \beta_1 \cos(\pi t/180),
\tag{9.26}
$$

其中 β_0 和 β_1 是由数据估计的常数. 假设 $I(t_0) = 1, t_0$ 是初始时间, 它是由数据估计的另一个参数值. 选择参数 α 使得染病期为 $1/\alpha = 3$ 天.

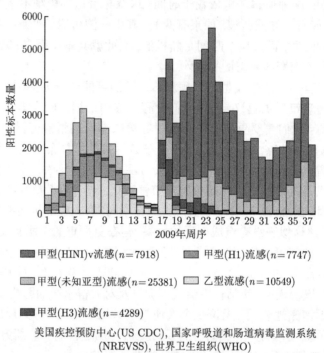

美国疾控预防中心(US CDC), 国家呼吸道和肠道病毒监测系统
(NREVSS), 世界卫生组织(WHO)

图 9.5　美国 WHO/NREVSS 合作实验室在 2009 年开始到 9 月 26 日向 US CDC 报告的流感阳性检测报告

利用图 9.5 中显示的数据估计了三个参数 (β_0, β_1, t_0), 该数据由 US WHO/NREVSS 合作实验室于 2009 年开始至 9 月 26 日向美国 CDC 报告的流感阳性检测估计. 为了避免由于在第 16 周前后增加对 H1N1 的检测而产生的偏见, 我们仅利用第 21 周至第 33 周 (2009 年 5 月 24 日至 8 月 22 日) 的数据. 根据以往对流感的经验, (相对于 2009 年初) 选择的下上限为 $\beta_0 \in (0.92a, 2.52a)$ 和 $\beta_1 \in (0.05a, 0.8a)$, 以及 $t_0 \in (-8, 10)$. 最佳估计值是通过将模型与数据拟合来确定的, 提供最佳皮尔逊 χ^2 统计的参数值列于表 9.3.

利用估计的参数值, 通过模拟两种情况下的模型来预测降波的时间和大小: 一种是不接种疫苗, 另一种包括计划中的 CDC 疫苗接种计划, 该计划在 10 月的第一个星期 (第 40 周) 结束时开始提交 600 万至 700 万剂疫苗, 此后每周提供 10—20 百万剂. 据说对于健康的成年人, 接种一剂疫苗后约两周即可达到对 H1N1 流感的完全免疫 [30,37]. 为了模拟接种疫苗后的模型, 模拟中的易感者数量按照适当比例免疫接种. 模拟结果如图 9.6 所示.

表 9.3 2009 H1H1 模型的参数估计

参数	值	95%的置信区间
β_0	1.56	(1.43, 1.77)
β_1	0.54	(0.39, 0.54)
t_0	2 月 24 日	(2 月 18 日, 3 月 7 日)

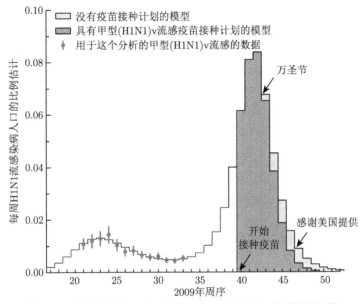

图 9.6 利用模型 (9.25) 对美国 2009 年 H1N1 大流行的预测

在图 9.6 中, 与较暗区域和较亮区域相关的曲线对应于有和无疫苗接种的情况. 该模型预测, 在无疫苗的情况下, 感染的高峰将发生在第 42 周的 10 月底附近 (95% 置信: 第 39, 43 周). 该模型预测, 到 2009 年底, 将有 63% 的人口被感染 (95% 置信: 57%, 70%). 对于考虑的疫苗接种计划的情况, 模型结果表明, 到 2009 年底, 感染甲型 (H1N1)v 流感病毒的总人数相对减少了 6%(置信为 95%: 1%, 17%).

该模型最显著的特征是它可以准确预测大流行的高峰时间. 根据 CDC 2009 H1N1 确诊病例数数据 (参见 [17]), 降波的峰值是在 10 月底 (即在第 42 周到第 43 周之间, 见图 9.7 中的左图), 这与我们的模型结果一致. 值得注意的是, 分析中使用的模型是一个简单的具有季节性强迫感染率的 SIR 模型. 虽然还需要进一步研究来研究建模方法对一般模型的适用性. 但该分析中的模型结果清楚地展示了数学模型在了解疾病动力学方面的优势和能力.

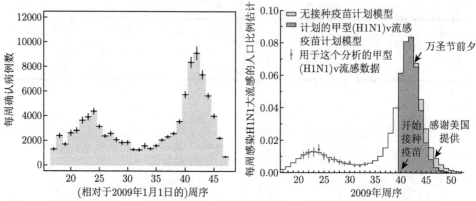

图 9.7   左图显示了 CDC 2009 确认的 H1N1 计数数据 (误差横线代表由提议者计算出的变化, 这些变化解释了美国大流行的时间). 右图显示了我们模型中的预测

9.7   *具有交叉免疫的多菌株的 $SIQR$ 模型

在 20 世纪威尼斯的黑死病期间, 隔离系统才开始运作. 它要求船只在水手和客人上岸之前必须在锚点上躺 "40 天"(拉丁语为 "quaranti giorni"). 隔离通常被认为是一项政策, 不论其症状如何要将可能接触过传染介质的个体隔离. 一般来说, 隔离被认为是检疫的一种严重形式, 通常是针对高发病率和高死亡率而采取的. 隔离首先在欧洲被广泛用于治疗和控制结核病, 后来 19 世纪末在美国被广泛使用. 2003 年 "非典" (SARS) 的出现重新引起了世界对检疫和隔离 (Q & I) 概念的关注, 检疫和隔离是疾病控制的唯一原始方法 [11,19].

检疫和隔离概念具有多种工作意义和用途. 因此, 选择一个定义取决于疾病对他人构成的可疑风险程度、传播模式和方式, 以及系统对传染源的信息和经验. 无论使用什么定义, 与检疫和隔离策略相关的挑战是, 几乎没有对其他人群人口水平的有效的可靠评估. 没有有效的定量框架来解释检疫和隔离的经济损失和/或与实施检疫和隔离战略有关的成本 (但见 [14, 27—29, 33, 34, 38, 40]).

对任何评估方法而言, 关键在于这样一个事实, 即包括检疫/隔离类疾病的动力学模型, 必须准备好考虑它们有时对疾病动力学的不稳定影响 (持续振荡). 检疫与隔离的引入可能会产生一种动力学, 在这种动力学中可能难以评估干预措施的有效性. 例如, 在 Feng [24,25] 等的研究表明, 在检疫-感染-康复 (SIR) 模型中, 纳入检疫或隔离类 (Q) 足以破坏唯一大流行疾病的平衡点. 这些结果得到了 Hethcote 和合作者 [31] 在利用其他 $SIQR$ 建模框架下的证实.

假设存在可以确定某人是否被感染以及对他们的接触者的测试, 则可以追踪暴露的个体, 从而有可能通过检疫或隔离诊断出染病者, 这是评估检疫和隔离影

响的第一步 [15]. 用模型来解决以下问题: 将固定比例的居住在指示病例 "邻居" 的人隔离, 对疾病控制有什么影响? 我们观察到, 当涉及大量人员时, 成本和挑战将变得巨大. 隔离的个体是否应该留在家中或转移到指定的隔离区?

在 [39] 中, 研究了两菌株流感模型, 以研究在可能检疫或隔离患者的人群中, 两菌株甲型流感相互作用产生的竞争性结果 (由交叉免疫介导). 由于存在持续振荡和可能的其他分支, 因此包含隔离类的模型使分析更具挑战性. 为了使分析更加透明, 首先提出单一菌株的 $SIQR$ 模型.

9.7.1 *具有单个染病类的 $SIQR$ 模型

本节我们将对 [24] 和 [25] 中的结果进行回顾, 以强调包含检疫和/或隔离类对由 $SIQR$ 流行病模型中所产生的持续周期解的影响.

设 $S(t), I(t), Q(t)$ 和 $R(t)$ 分别表示易感者、染病者、检疫和隔离者和移除者类. 模型参数是: 出生和死亡的人均率 μ, 染病者的检疫 (隔离) 率 γ, 疾病传播率 β. $SIQR$ 模型可叙述为具有适当初始条件的

$$\frac{dS}{dt} = \mu N - \beta S \frac{I}{N-Q} - \mu S,$$

$$\frac{dI}{dt} = \beta S \frac{I}{N-Q} - (\mu + \gamma)I,$$

$$\frac{dQ}{dt} = \gamma I - (\mu + \delta)Q,$$

$$\frac{dR}{dt} = \delta Q - \mu R.$$

(9.27)

使上述模型 "与众不同" 的原因是, 现在的发病率说明大量个人 (Q 类人员)(通过请求, 授权或个人决定) 在传播过程不参与的可能性. 因此, 与其他个体感染的 "随机混合" 比例是 $\frac{I}{N-Q}$ 而不是 $\frac{I}{N}$.

上述 $SIQR$ 模型的基本再生数是

$$\mathscr{R}_0 = \frac{\beta}{\mu + \gamma}.$$

(9.28)

在 [25] 中已经证明, 如果 $\mathscr{R}_0 < 1$, 则无病平衡点全局渐近稳定. 但是, 对 $\mathscr{R}_0 > 1$ 这个模型的解与 SIR 模型的解完全不同. 就是说, 唯一地方病平衡点 E^* 可以变为不稳定, 由 Hopf 分支 [32] 出现稳定周期解. 注意, 由 (9.28) $\mathscr{R}_0$ 与隔离期 $\frac{1}{\delta}$ 无关. 利用将 δ 作为分支参数分析证明, 当检疫期很大或者很小时 E^* 渐近稳定.

为了方便分析, 考虑下面用尺度化参数的等价系统

$$\frac{dI}{d\tau} = \left(1 - \frac{I+R}{N-Q}\right)I - (\nu + \theta)I,$$

$$\frac{dQ}{d\tau} = \theta I - (\nu + \alpha)Q, \tag{9.29}$$

$$\frac{dR}{d\tau} = \alpha Q - \nu R,$$

其中 $\tau = \beta t$ 以及

$$\nu = \frac{\mu}{\beta}, \quad \theta = \frac{\gamma}{\beta}, \quad \alpha = \frac{\delta}{\beta}.$$

由于 N 是常数, 而 $S = N - I - Q - R$, S 方程被省略. 注意, 表示隔离期的尺度化了的参数是 α. 基于系统 (9.29), [25] 通过 Hopf 分支建立了可能存在周期解的以下结果:

定理 9.1   对小的 $\nu > 0$ 存在函数 $\alpha_c(\nu)$,

$$\alpha_c(\nu) = \theta^2(1-\theta) + O(\nu^{1/2}),$$

使得存在具有下面性质的两个临界值 α_{c1} 和 α_{c2}:

(a) 如果 $\frac{1}{\alpha} < \frac{1}{\alpha_{c1}(\nu)}$ 或者 $\frac{1}{\alpha} > \frac{1}{\alpha_{c2}(\nu)}$, 则地方病平衡点局部渐近稳定, 如果 $\frac{1}{\alpha_{c1}(\nu)} < \frac{1}{\alpha} < \frac{1}{\alpha_{c2}(\nu)}$, 只要 $\frac{1}{\alpha}$ 接近于这个临界值, 它就不稳定.

(b) 在 $\alpha = \alpha_{ci}(\nu)(i = 1, 2)$ 出现的 Hopf 分支, 导致在分支点附近出现周期解. 此外, 在对应于 α_{c1} 的分支点, 周期的长度可以用公式

$$T \approx \frac{2\pi}{(1-\theta)^{1/2}\nu^{1/2}} \approx \frac{2\pi}{(\theta y^*)^{1/2}}$$

近似, 其中 $y^* = \frac{I^*}{N - Q^*}$ 是在地方病平衡点通过活动人群 $N - Q$ 尺度化的染病者个体的比例.

利用与猩红热相关的参数值, 模型的数值模拟证实出现两个如图 9.8 所示的 Hopf 分支点. 图 9.8 中的右图显示了两个 Hopf 分支点 (记为 HB), 它们出现在 $\frac{1}{\alpha_{ci}}$ $(i = 1, 2)$ 附近的两个不同范围的平均隔离期内. 左图显示了靠近下分支点 $\frac{1}{\alpha_{c1}}$ 的放大部分, 带有 SP 标记的曲线表示稳定周期解的最大值和最小值. 用 SSS

和 USS 标记的实线和虚线分别表示稳定态和不稳定态 (表示地方病平衡点 E^* 的 I^* 分量).

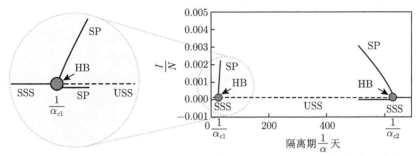

图 9.8 右图是系统 (9.29) 的数值模拟分支图, 其参数值与猩红热有关. 实线和虚线 (分别用 SSS 和 USS 标记) 代表地方病平衡点 E^* 稳定和不稳定时 I 分量的比例, 具体取决于隔离周期 $\frac{1}{\alpha}$ 的值. 右图显示了用 HB 标记的两个 Hopf 分支点 α_{c1} 和 α_{c2}. 右侧 HB 的放大图显示在左侧. 用 sp 标记的实线说明稳定周期解的最大值和最小值

[24, 25] 中指出, 只有靠近下临界点 $\frac{1}{\alpha_{c1}}$ 的区域才与儿童疾病有关, 并且有关英格兰和威尔士 1897—1978 年猩红热流行期间报告的隔离期长度的数据 [2] 非常接近支持模型 (9.29) 的周期解接近 $\frac{1}{\alpha_{c1}}$ 的范围.

[23, 31, 49] 中包含有模型 (9.27) 的几个扩展. 例如, [23] 中有模型

$$
\frac{dS}{dt} = \mu N - \beta S \frac{I}{N - \sigma Q} - \tilde{\beta} S \frac{(1-\sigma)Q}{N - \sigma Q} - \mu S,
$$

$$
\frac{dI}{dt} = \beta S \frac{I}{N - \sigma Q} + \tilde{\beta} S \frac{(1-\sigma)Q}{N - \sigma Q} - (\gamma + \kappa + \mu)I,
$$

$$
\frac{dQ}{dt} = \gamma I - (\delta + \mu)Q, \tag{9.30}
$$

$$
\frac{dR}{dt} = \kappa I + \delta Q - \mu R.
$$

在 (9.30) 中, I 类中的个体可不需通过 Q 类康复. 此外, 通过利用参数 σ(其中 $\sigma = 1$ 和 $\sigma = 0$ 分别对应于全有效和无效的检疫/隔离) 来考虑隔离的有效程度 (即, 减少隔离个体的活动). [23] 中显示, 存在持续振荡的可能性依赖于 σ.

由于 Hopf 分支是局部性质的, 而且因为图 9.8 中的数值模拟生成的分支图似乎表明, 远离 Hopf 分支点的参数, 周期解的周期变得非常大, 这表明有可能出现同宿分支. 在 [51] 中作者对此进行了探讨. [51] 中证明, 系统 (9.27) 在分支点的

中心流形上简化的规范型为 $x' = y$, $y' = axy + bx^2y + O(4)$, 这表明分支的余维大于 2. 其中的 x 和 y 是系统 (9.27) 经过几次变量变换后的变量. 通过考虑规范型的开折, 证明扰动系统事实上可以产生同宿分支. 这显示在图 9.9 中.

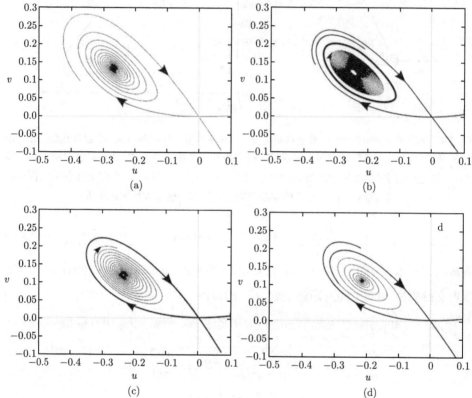

(a)   (b)

(c)   (d)

图 9.9 系统 (9.29) 简化的规范型的扰动系统的数值模拟. 这 4 个图对应于同宿分支附近的 4 组参数值. 随着参数值的变化, 内部平衡点 E^* 从稳定变为不稳定, 从而导致出现稳定周期解 (参见图 (a) 和 (b)). 当参数值从 (b) 到 (d) 变化时, 导致产生同宿分支, 此时存在同宿解 (见 (c))

图 9.9 中的 4 个子图 (a)—(d) 展示了对 4 组参数值的扰动系统的轨线. 首先表明, E^* 的稳定性随着稳定周期解的出现而从稳定切换到不稳定 (见 (a) 和 (b)). 当参数值继续从 (b) 变化到 (c) 时, 这种情况系统出现同宿分支 (见 (c)).

9.7.2 *具有交叉免疫的两菌株情形

可以将 $SIQR$ 模型 (9.27) 扩展为包含两个病原体菌株. 两菌株模型的描述要求将人群分为 10 个不同类: 易感者 (S), 感染了 i 菌株的染病者 (I_i 原发性感染), 与 i 菌株隔离者 (Q_i), 从 i 菌株康复者 (R_i, 从原发性感染康复), 从菌株

$j(j \neq i)$ 中康复又感染了菌株 i 者 (V_i), 从两种菌株中康复者 (W). 假定人群是随机混合的, 但混合会受到检疫/隔离过程的影响 [15,25,31]. 利用图 9.10 中的流程图, 得到模型

$$
\begin{aligned}
\frac{dS}{dt} &= \Lambda - \sum_{i=1}^{2} \beta_i S \frac{I_i + V_i}{A} - \mu S, \\
\frac{dI_i}{dt} &= \beta_i S \frac{I_i + V_i}{A} - (\mu + \gamma_i + \delta_i) I_i, \\
\frac{dQ_i}{dt} &= \delta_i I_i - (\mu + \alpha_i) Q_i, \\
\frac{dR_i}{dt} &= \gamma_i I_i + \alpha_i Q_i - \beta_j \sigma_{ij} R_i \frac{I_j + V_j}{A} - \mu R_i, \quad j \neq i, \\
\frac{dV_i}{dt} &= \beta_i \sigma_{ij} R_i \frac{I_i + V_i}{A} - (\mu + \gamma_i) V_i, \quad j \neq i, \quad i,j = 1,2, \\
\frac{dW}{dt} &= \sum_{i=1}^{2} \gamma_i V_i - \mu W, \\
A &= S + W + \sum_{i=1}^{2} (I_i + V_i + R_i),
\end{aligned}
\tag{9.31}
$$

其中 A 表示没有隔离个体的人群数, $\dfrac{\beta_i S(I_i + V_i)}{A}$ 表示模拟易感者感染菌株 i 的比例. 即假设第 i $(i \neq j)$ 个发病率与易感者数和可用修正比例的 i 菌株染病者个体数成比例 $\dfrac{I_i + V_i}{A}$. 参数 σ_{ij} 是对先感染 i 菌株并暴露于 j 菌株 $(i \neq j)$ 的交叉免疫的度量. 假设 $\sigma_{ij} \in [0,1]$. 模型 (9.31) 包含 [13, 16] 中的模型. 在早期的工作中省略了 Q 类, 这排除了在没有人群 (年龄) 结构的情况下产生持续振荡的可能 (参见 [13, 16]).

系统 (9.31) 至少具有 4 个平衡点. 对平凡平衡点 (无病平衡点) 的局部稳定性分析有助于确定 "流感" 可以入侵的条件. 因此, 我们首先关注建立使两菌株不能 (至少在局部) 同时入侵无病人群的条件. 这里获得的分析结果中, 假设 $\sigma_{12} = \sigma_{21} = \sigma$.

对两菌株的再生数是

$$
\mathscr{R}_i = \frac{\beta_i}{\mu + \gamma_i + \delta_i}.
$$

利用基于 μ 比其他参数小得多的这一事实的摄动技术, 可以在 $(\mathscr{R}_1, \mathscr{R}_2)$ 平面中确定两条曲线, 用这些曲线可以确定非平凡平衡点的稳定性. 令 $f(\mathscr{R}_1)$ 和

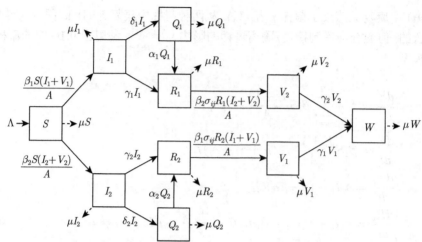

图 9.10   暴露于两种共同流行的流感菌株的宿主体内动力学的示意图. Λ 是个体在人口中的
出生率, β_i 表示菌株 i 的传播系数, μ 是人均死亡率, δ_i 是感染菌株 i 的人均隔离率, γ_i 表示
从菌株 i 中的人均康复率, α_i 是感染菌株 i 后离开隔离类的人均比例, σ_{ij} 是感染菌株 i 后康
复又感染菌株 j 的个体 $(i \neq j)$ 的比例. $\sigma_{ij} = 0$ 对应于总交叉免疫, 而 $\sigma_{ij} = 1$ 表示菌株之间
无交叉免疫. 如果 $0 \leqslant \sigma_{ij} \ll 1$, 则保护是强的; 如果 $0 \ll \sigma_{ij} \leqslant 1$, 则保护是弱的

$g(\mathscr{R}_2)$ 是由下面公式定义的两个函数:

$$f(\mathscr{R}_1) = \frac{\mathscr{R}_1}{1 + \sigma(\mathscr{R}_1 - 1)\left(1 + \dfrac{\delta_2}{\mu + \gamma_2}\right)\left(1 - \dfrac{\mu(\mu + \alpha_1)}{(\mu + \gamma_1)(\mu + \alpha_1) + \alpha_1 \delta_1}\right)} \qquad (9.32)$$

和

$$g(\mathscr{R}_2) = \frac{\mathscr{R}_2}{1 + \sigma(\mathscr{R}_2 - 1)\left(1 + \dfrac{\delta_1}{\mu + \gamma_1}\right)\left(1 - \dfrac{\mu(\mu + \alpha_2)}{(\mu + \gamma_2)(\mu + \alpha_1) + \alpha_2 \delta_2}\right)}. \qquad (9.33)$$

令 $\mathscr{R}_i^* = \mathscr{R}_i (i = 1, 2)$ 是再生数在 $\mu = 0$ 的值. 则下面的结果成立.

定理 9.2 对小的 $\mu > 0$ 存在由

$$\alpha_{1c}(\mu) = \frac{\delta_1}{\mathscr{R}_1^*}\left(1 - \frac{1}{\mathscr{R}_1^*}\right) + O(\mu^{1/2})$$

定义的函数 $\alpha_{1c}(\mu)$ 具有以下性质:

(i) 如果 $\mathscr{R}_2 < f(\mathscr{R}_1)$ 且 $\alpha_1 < \alpha_{1c}(\mu)$, 则边界平衡点 E_1 局部渐近稳定, 如果
$\mathscr{R}_2 > f(\mathscr{R}_1)$ 或者 $\alpha_1 > \alpha_{1c}(\mu)$, 则它不稳定.

(ii) 当 $\mathscr{R}_2 < f(\mathscr{R}_1)$ 时, 由 Hopf 分支, 对充分小 $\mu > 0$, 在 $\alpha_1 = \alpha_{1c}(\mu)$ 出现周期解. 其周期可用

$$T = \frac{2\pi}{|\mathfrak{J}\omega_{2,3}|} \approx \frac{2\pi}{((\gamma_1 + \delta_1)(\mathscr{R}_1^* - 1))^{1/2}\,\mu^{1/2}}$$

近似.

因为我们关注的是对称情况, 所以第二个边界平衡 E_2 的类似结果可立即得到, 即如果 $\mathscr{R}_1 < g(\mathscr{R}_2)$ 且 $\alpha_2 < \alpha_{2c}(\mu)$, 则边界地方病平衡点 E_2 局部渐近稳定. 如果 $\mathscr{R}_1 > g(\mathscr{R}_2)$ 或者 $\alpha_2 > \alpha_{2c}(\mu)$, 则它变为不稳定. 通过用指标 2 代替指标 1, 并用 $g(\mathscr{R}_2)$ 代替 $f(\mathscr{R}_1)$ 就可立刻从对菌株 1 的定理 2 得到对菌株 2 的相应定理. 函数 $f(\mathscr{R}_1)$ 和 $g(\mathscr{R}_2)$ 帮助确定对菌株 1 和菌株 2 的稳定性区域和共存区域. 事实上, 可以通过改变交叉免疫系数说明单种和两种菌株的稳定性区域的变化. 例如, 由 (9.32), 可以计算满足

$$f'(\mathscr{R}_1) \equiv \left.\frac{\partial f(\mathscr{R}_1, \sigma)}{\partial \mathscr{R}_1}\right|_{\sigma_1^*} = 0 \tag{9.34}$$

的 σ 值, 即

$$\sigma_1^* = \frac{1}{\left(1 + \dfrac{\delta_2}{\mu + \gamma_2}\right)\left(1 - \dfrac{\mu(\mu + \alpha_1)}{(\mu + \gamma_1)(\mu + \alpha_1) + \alpha_1\delta_1}\right)}.$$

因此, 对所有 $\mathscr{R}_1 > 1$, 如果 $\sigma < (>$ 或 $=)\sigma_1^*$, 则

$$f'(\mathscr{R}_1) > (< \text{ 或 } =)0, \quad f(\mathscr{R}_1) > (< \text{ 或 } =)1.$$

这些性质容易通过 (9.32) 并注意

$$f(\mathscr{R}_1) = \frac{\mathscr{R}_1}{1 + \dfrac{\sigma}{\sigma_1^*}(\mathscr{R}_1 - 1)} \quad \text{和} \quad f'(\mathscr{R}_1) = \frac{1 - \dfrac{\sigma}{\sigma_1^*}}{\left(1 + \dfrac{\sigma}{\sigma_1^*}(\mathscr{R}_1 - 1)\right)^2}$$

得到. 利用两种菌株之间的对称性, 可以证明, 对另一个阈值 σ_2^* 和函数 $\mathscr{R}_1 = g(\mathscr{R}_2)$ 的类似性质也成立 (在 σ_1^* 的表达式中交换下标 1 和 2). f 和 g 的性质如图 9.11 所示. 图 9.11 中的前两个图是对两菌株具有相同参数值 ($\sigma_1^* = \sigma_2^* = \sigma^*$) 这一特殊情形, 后两个图是对 $\sigma_1^* \neq \sigma_2^*$ 的情形. $\mathscr{R}_2 < f(\mathscr{R}_1)$ 是对菌株 1 的 (稳定边界的地方病平衡点 E_1, 或者与菌株 1 振荡相应的平衡点) 的稳定的必要条件. 因此, 当 $\mathscr{R}_2 > f(\mathscr{R}_1)$ 时 E_2 不稳定. 类似地, 当 $\mathscr{R}_1 > g(\mathscr{R}_2)$ 时 E_1 不稳定. 因此, 当 $\mathscr{R}_2 > f(\mathscr{R}_1)$ 和 $\mathscr{R}_1 > g(\mathscr{R}_2)$ 时共存是必然的.

图 9.12 描述了 $(\mathcal{R}_1, \mathcal{R}_2)$ 位于区域 I 和区域 III 时平衡点和周期解的稳定性. 它说明当参数 α_1 和 α_2 穿过临界点 $\alpha_{ic}(i = 1, 2)$ 改变它们的值时, 平衡点和周期轨道的稳定性如何改变.

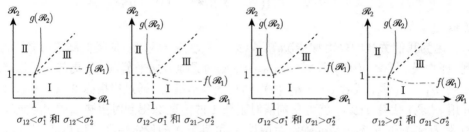

图 9.11　对 σ_1 和 σ_2 相对于阈值 σ_1^* 和 σ_2^*(交叉免疫) 的各种组合在 $(\mathcal{R}_1, \mathcal{R}_1)$ 中的分支图. I-III 分别表示 E_1 和 E_2 的存在性、稳定性与共存性

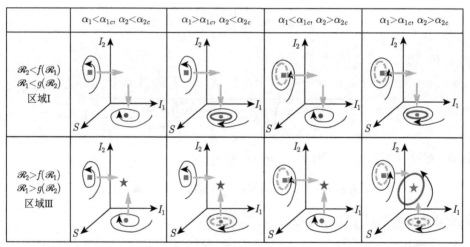

图 9.12　对不同区域内的参数值描述平衡点和周期解的稳定性. 实心圆表示稳定边界平衡点 (仅菌株 1). 实心正方形表示不稳定边界平衡点 (仅菌株 2). 星号表示稳定的内部平衡点 (两种菌株共存). 实 (虚) 闭合轨道表示稳定 (不稳定) 周期解

这一研究的重点是在人类宿主和竞争菌株之间的紧密相连的协同相互作用 (即在宿主和寄生虫的命运密切相关的相互作用) 的驱动下, 甲型流感的时间演变. 这个过程是由干预 (性态变化) 和交叉免疫介导的. 换句话说, 入侵环境 (易感宿主) 的性质由性态变化 (隔离, 短时间尺度化) 和过去的免疫学经验 (交叉免疫, 长时间尺度化) 而产生动力学变化.

过去的入侵历史对宿主人群产生的 "部分" 群体免疫可能会对人群的 "流感" 数量的动力学产生很大影响. 对 $i \neq j$ 的假设 $\sigma_{12} = \sigma_{21} = \sigma$, 自然会导致动力

学格局 (在振荡状态下) 与在隔离单菌株模型中观察到的情形没有什么不同[25,31]. 也就是说, 在交叉免疫中由于缺乏异质性, 系统 (在振荡状态下) 或多或少地受到隔离过程的驱动.

这些结果表明, 在对称交叉免疫 ("竞争排斥" 原理[10]) 下, 抗原性不同 (弱交叉免疫) 菌株的多菌株共存的可能性较大, 而抗原性相似的菌株的多菌株共存的可能性较小. 随着交叉免疫力的降低, 次阈值共存的可能性增加. 但是, 要对人类宿主与流感病毒的相互作用产生的影响 "完全" 了解可能需要研究结合其他机制, 例如传播速率的季节性、年龄结构、易感性或传染性的个体差异以及合并感染的可能性. Thacker 在 [46] 中指出, 在温带地区观察到的流感季节性可能是观察到流行病反复发作的关键. 重复感染也可能是一个值得考虑的机制, 尽管在 [46] 中的研究表明, 在一个 "流感" 季节中, 年轻人被两种不同病毒菌株感染的可能性仅为中等.

9.8 练 习

1. 写出作为染病年龄模型的 9.2 节的基本流感模型. 并计算其基本再生数.

2. 写出作为染病年龄模型的 9.2.1 节的疫苗接种模型. 并计算其再生数. (提醒: 为此, 您需要制定一个不同的混合染病年龄模型, 因为接种疫苗的人和未接种疫苗的人有不同的传染性和易感性).

在本章的季节性和大流行性流感分析中, 我们利用了简单的 SIR 模型. 但是, 流感结构更为复杂, 有暴露期和无症状期. 包含这种更复杂的结构的明显方法是利用染病年龄模型.

3. 叙述一个类似于季节性流行病模型 (9.13) 的染病年龄模型, 并计算它的再生数和最后规模关系.

4. 叙述一个类似于大流行流感模型 (9.18) 的染病年龄模型, 并计算它的再生数和最后规模关系.

5. 叙述一个类似于季节性流感/大流行流感模型 (9.21) 的染病年龄模型, 并计算它的再生数.

6. 考虑 9.4 节的模型 (9.14). 选择参数使得再生数等于 1.5, 取 $\sigma_i = 1 - q^i$, 其中 $q = 0.75$, $\tau_i = 1$. 模拟这个模型并确定最后规模.

7. 利用从练习 6 中得到的最后规模并重复模拟. 模拟几次后将看到这个最后规模是否趋于一个极限.

8. 利用练习 7 得到的极限规模作为初始规模, 模拟 9.5 节参数给出基本再生数 2 的模型 (9.18). 确定这个大流行的最后规模.

9. 对 ρ 在 0 和 1 之间的不同值模拟 9.5 节的模型 (9.21). 对哪些值, 季节性菌株和大流行菌株共存, 对哪些值, 大流行菌株可以代替季节性菌株? (参考文献: [3, 4, 8]).

参 考 文 献

[1] Alexander, M.E., C.S. Bowman, Z. Feng, M. Gardam, S.M. Moghadas, G. Röst, J.Wu & P. Yan (2007) Emergence of drug resistance: implications for antiviral control of pandemic influenza, Proc. Roy. Soc. B, 274: 1675-1684.

[2] Anderson, G. W., R.N. Arnstein, and M.R. Lester (1962) Communicable Disease Control, Macmillan, New York.

[3] Andreasen, V. (2003) Dynamics of annual influenza A epidemics with immuno-selection, J. Math. Biol., 46: 504-536.

[4] Andreasen, V., J. Lin, & S.A. Levin (1997) The dynamics of cocirculating influenza strains conferring partial cross-immunity, J. Math. Biol., 35: 825-842.

[5] Arino, J., C.S. Bowman & S.M. Moghadas (2009) Antiviral resistance during pandemic influenza: implications for stockpiling and drug use, BMC Infectious Diseases, 9: 1-12.

[6] Arino, J., F. Brauer, P. van den Driessche, J. Watmough & J. Wu (2006) Simple models for containment of a pandemic, J. Roy. Soc. Interface, 3: 453-457.

[7] Arino, J., F. Brauer, P. van den Driessche, J. Watmough & J. Wu (2008) A model for influenza with vaccination and antiviral treatment, Theor. Pop. Biol., 253: 118-130.

[8] Asaduzzaman, S.M., J. Ma, & P. van den Driessche (2015) The coexistence or replacement of two subtypes of influenza, Math. Biosc., 270: 1-9.

[9] Bootsma, M.C.J. & N.M. Ferguson (2007) The effect of public health measures on the 1918 influenza pandemic in U.S. cities, Proc. Nat. Acad. Sci., 104: 7588-7593.

[10] Bremermann, H. J. and H.R. Thieme (1989) A competitive exclusion principle for pathogen virulence, J. Math. Biol., 27: 179-190.

[11] Brown, D. (2003) A Model of Epidemic Control, TheWashington Post, Saturday, May 3, 2003; Page A 07. http://www.washingtonpost.com/ac2/.

[12] Brauer, F., P. van den Driessche, & J. Watmough (2010) Seasonal and pandemic influenza: Strategic and tactical models, Can. Appl. Math. Q., 19: 139-150.

[13] Castillo-Chavez, C. (1987) Cross-immunity in the dynamics of homogenous and heterogeneous populations, 87 (37), Mathematical Sciences Institute, Cornell University.

[14] Castillo-Chavez, C. and G. Chowell (2011) Special Issue: Mathematical Models, Challenges, and Lessons Learned from the 2009 A/H1N1 Influenza Pandemic, Math. Biosc. Eng. 8(1): 246 pages, (http://aimsciences.org/journals/displayPapers1.jsp?pubID=411)

[15] Castillo-Chavez, C., C. Castillo-Garsow, and A.A. Yakubu (2003) Mathematical models of isolation and quarantine. JAMA, 290: 2876-2877.

[16] Castillo-Chavez, C., H.W. Hethcote, V. Andreasen, S.A. Levin, and W.M. Liu (1989) Epidemiological models with age structure, proportionate mixing, and cross-immunity, J. Math. Biol., 27: 233-258.

[17] CDC (2011) Weekly Influenza Surveillance Report 2009-2010 Influenza Season, http://www.cdc.gov/flu/weekly/weeklyarchives2009-2010/weekly20.htm.

[18] Conway, J.M., A.R.Tuite, D.N. Fisman, N. Hupert, R. Meza, B. Davoudi, K. English, P. van den Driessche, F. Brauer, J. Ma, L.A. Meyers, M. Smieja, A. Greer, D.M. Skowronski, D.L. Buckeridge, J. Kwong, J. Wu, S.M. Moghadas, D. Coombs, R.C. Brunham, & B. Pourbohloul (2011) Vaccination against 2009 pandemic H1N1 in a population dynamic model of Vancouver, Canada: timing is everything, Biomed Central Public Health, 11: 932.

[19] Chowell, G., P.W. Fenimore, M.A. Castillo-Garsow, and C. Castillo-Chavez (2003) SARS Outbreaks in Ontario, Hong Kong and Singapore: the role of diagnosis and isolation as a control mechanism, J. Theor. Biol., 24(1): 1-8.

[20] Chowell, G., C.E. Ammon, N.W. Hengartner, & J.M. Hyman (2006) Transmission dynamics of the great influenza pandemic of 1918 in Geneva, Switzerland: Assessing the effects of hypothetical interventions, J. Theor. Biol., 241: 193-204.

[21] Chowell, G., C.E. Ammon, N.W. Hengartner, & J.M. Hyman (2007) Estimating the reproduction number from the initial phase of the Spanish flu pandemic waves in Geneva, Switzerland, Math. Biosc. & Eng., 4: 457-479.

[22] Elveback, L.R., J.P. Fox, E. Ackerman, A. Langworthy, M. Boyd & L. Gatewood (1976) An influenza simulation model for immunization studies, Am. J. Epidem., 103: 152-165.

[23] Erdem, M., M. Safan, and C. Castillo-Chavez (2017) Mathematical analysis of an SIQR influenza model with imperfect quarantine, Bull. Math. Biol., 79: 1612-1636.

[24] Feng, Z. (1994) Multi-annual outbreaks of childhood diseases revisited the impact of isolation, Ph.D. Thesis, Arizona State University.

[25] Feng, Z. and H.R.Thieme (1995) Recurrent outbreaks of childhood diseases revisited: the impact of isolation, Math. Biosc., 128: 93-130.

[26] Gardam, M., D. Liang, S.M. Moghadas, J. Wu, Q. Zeng & H. Zhu (2007) The impact of prophylaxis of healthcare workers on influenza pandemic burden, J. Roy. Soc. Interface, 4: 727-734.

[27] Fenichel, E.P., C. Castillo-Chavez, M.G. Ceddia, G. Chowell, P.A Gonzalez Parra, G.J. Hickling, G. Holloway, R. Horan, B. Morin, C. Perrings, M. Springborn, L. Velazquez, and C. Villalobos (2011) Adaptive human behavior in epidemiological models, Proc. Nat. Acad. Sci., 108: 6306-6311.

[28] Gonzalez-Parra, P., S. Lee, C. Castillo-Chavez, and L. Velazquez (2011) A note on the use of optimal control on a discrete time model of influenza dynamics,Math. Biosc. Eng., 8: 193-205.

[29] Gonzalez-Parra, P. A., L. Velazquez, M.C. Villalobos, and C. Castillo-Chavez (2010) Optimal control applied to a discrete influenza model. Conference Proceedings Book of the XXXVI International Operation Research Applied to Health Services, Book ISBN 13: 9788856825954 edited by Franco Angeli Edition.

[30] Hannoun, C., F. Megas, and J. Piercy (2004) Immunogenicity and protective efficacy of influenza vaccination, Virus Research, 103: 133-138.

[31] Hethcote, H.W., Z. Ma, and S. Liao (2002) Effects of quarantine in six endemic models for infectious diseases, Math. Biosc., 180: 141-160.

[32] Hopf, E. (1942) Abzweigung einer periodischen Lösungen von einer stationaren Lösung eines Differentialsystems, Berlin Math-Phys. Sachsiche Akademie der Wissenschaften, Leipzig, 94: 1-22.

[33] Lee, S., G. Chowell, and C. Castillo-Chavez (2010) Optimal control of influenza pandemics: The role of antiviral treatment and isolation, J. Theor. Biol., 265: 136-150.

[34] Lee, S., R. Morales, and C. Castillo-Chavez (2011) A note on the use of influenza vaccination strategies when supply is limited, Math. Biosc. Eng., 8: 179-191.

[35] Longini, I.M., M.E. Halloran, A. Nizam, & Y. Yang (2004) Containing pandemic influenza with antiviral agents, Am. J. Epidem., 159: 623-633.

[36] Lipsitch, M., T. Cohen, M. Murray & B.R. Levin (2007) Antiviral resistance and the control of pandemic influenza PLoS Med., 4: e15.

[37] Manuel, O., M Pascual, K. Hoschler, S. Giulieri, K. Ellefsen, P. Bart, J. Venetz, T. Calandra, and M. Cavassini (2011) Humoral response to the influenza A H1N1/09 monovalent AS03- adjuvanted vaccine in immunocompromised patients, Clinical Infectious Diseases, 52: 248-256.

[38] Mubayi, A., C. Kribs-Zaleta, M. Martcheva, and C. Castillo-Chavez (2010) A cost-based comparison of quarantine strategies for new emerging diseases, Math. Biosc. Eng., 7: 687-717.

[39] Nuno, M., Z. Feng, M. Martcheva, and C. Castillo-Chavez (2005) Dynamics of two-strain influenza with isolation and partial cross-immunity, SIAM J. Appl. Math., 65: 964-982.

[40] Prosper, O., O. Saucedo, D. Thompson, G. Torres-Garcia, X. Wang, and C. Castillo-Chavez (2011) Control strategies for concurrent epidemics of seasonal and H1N1 influenza, Math. Biosc. Eng., 8: 147-177.

[41] Public Health Agency of Canada, Vaccine Development Process, URL http://www.phac-aspc. gc.ca/influenza/pandemic-eng.php.

[42] Qiu, Z. & Z. Feng (2010) Transmission dynamics of an influenza model with vaccination and antiviral treatment, Bull. Math. Biol., 72: 1-33.

[43] Stillianakis, N.I., A.S. Perelson & F.G. Hayden (1998) Emergence of drug resistance during an influenza epidemic: insights from a mathematical model, J. Inf. Diseases, 177: 863-873.

[44] Olinsky, R., A. Huppert & L. Stone (2008) Seasonal dynamics and threshold governing recurrent epidemics, J. Math. Biol., 56: 827-839.

[45] Stone, L., R. Olinsky & A. Huppert (2007) Seasonal dynamics of recurrent epidemics, Nature, 446: 533-536.

[46] Thacker, S. B. (1986) The persistence of influenza A in human populations, Epidemio-

logic Reviews, 8: 129-142.

[47] Towers, S., and Z. Feng (2009) Pandemic H1N1 influenza: Predicting the course of pandemic and assessing the efficacy of the planned vaccination programme in the United States, Eurosurveillance, 14(41): Article 2.

[48] van den Driessche, P. & J.Watmough (2002) Reproduction numbers and subthreshold endemic equilibria for compartmental models of disease transmission, Math. Biosc., 180: 29-48.

[49] Vivas-Barber, A., C. Castillo-Chavez, and E. Barany (2014) Dynamics of an "SAIQR" influenza model, Biomath, 3: 1-13.

[50] Welliver, R., A.S. Monto, O. Carewicz, E. Schatteman, M. Hassman J. Hedrick, H.C. Jackson, L. Huson, P.Ward & J.S. Oxford (2001) Effectiveness of oseltamivir in preventing influenza in household contacts: a randomized controlled trial, JAMA, 285: 748-754.

[51] Wu, L. and Z. Feng (2000) Homoclinic bifurcation in an SIQR model for childhood disease, J. Differential Equations, 168: 150-167.39. Nuno, M., Z. Feng, M. Martcheva, and C. Castillo-Chavez (2005) Dynamics of two-strain influenza with isolation and partial cross-immunity, SIAM J. Appl. Math., 65: 964-982.

[52] Prosper, O., O. Saucedo, D. Thompson, G. Torres-Garcia, X. Wang, and C. Castillo-Chavez (2011) Control strategies for concurrent epidemics of seasonal and H1N1 influenza, Math. Biosc. Eng., 8: 147-177.

[53] Public Health Agency of Canada, Vaccine Development Process, URL http://www.phac-aspc. gc.ca/influenza/pandemic-eng.php.

[54] Qiu, Z. & Z. Feng (2010) Transmission dynamics of an influenza model with vaccination and antiviral treatment, Bull. Math. Biol., 72: 1-33.

[55] Stillianakis, N.I., A.S. Perelson & F.G. Hayden (1998) Emergence of drug resistance during an influenza epidemic: insights from a mathematical model, J. Inf. Diseases, 177: 863-873.

[56] Olinsky, R., A. Huppert & L. Stone (2008) Seasonal dynamics and threshold governing recurrent epidemics, J. Math. Biol., 56: 827-839.

[57] Stone, L., R. Olinsky & A. Huppert (2007) Seasonal dynamics of recurrent epidemics, Nature, 446: 533-536.

[58] Thacker, S. B. (1986) The persistence of influenza A in human populations, Epidemiologic Reviews, 8: 129-142.

[59] Towers, S., and Z. Feng (2009) Pandemic H1N1 influenza: Predicting the course of pandemic and assessing the efficacy of the planned vaccination programme in the United States, Eurosurveillance, 14(41): Article 2.

[60] van den Driessche, P. & J.Watmough (2002) Reproduction numbers and subthreshold endemic equilibria for compartmental models of disease transmission, Math. Biosc., 180: 29-48.

[61] Vivas-Barber, A., C. Castillo-Chavez, and E. Barany (2014) Dynamics of an "SAIQR"

influenza model, Biomath, 3: 1-13.

[62] Welliver, R., A.S. Monto, O. Carewicz, E. Schatteman, M. Hassman J. Hedrick, H.C. Jackson, L. Huson, P.Ward & J.S. Oxford (2001) Effectiveness of oseltamivir in preventing influenza in household contacts: a randomized controlled trial, JAMA, 285: 748-754.

[63] Wu, L. and Z. Feng (2000) Homoclinic bifurcation in an SIQR model for childhood disease, J. Differential Equations, 168: 150-167.

第 10 章 埃博拉模型

另一个重要的传染病是埃博拉病毒病 (EVD). 埃博拉出血热是一种传染性很强的疾病, 病死率超过 70%. 该疾病于 1976 年在刚果民主共和国首次发现, 此后暴发了十多次. 迄今为止最严重的暴发发生在 2014 年的几内亚、利比里亚和塞拉利昂, 造成一万多人死亡. 对这一流行病的应对措施包括开发抗击这种疾病的疫苗, 目前正用于抗击刚果民主共和国的最新疫情.

埃博拉病毒的一个显著特征是, 许多疾病的传播是通过在埃博拉受害者的葬礼上与体液接触而发生的. 许多数学模型已用于研究其疾病传播动力学. 这些研究大多集中在估计 EVD 的基本再生数和有效再生数、评估流行病暴发的增长率、评估控制措施对 EVD 传播的影响, 以及对模型假设如何影响模型结果进行更多的理论研究 (例如, 参见 [1, 3, 7, 8, 11, 18, 23, 25—27, 29, 31, 35, 36, 40]). 虽然其中一些模型提供了有用的信息和对 EVD 动力学和控制程序评估的更好理解, 但大多数模型都未能对 2014 年西非疫情的合理预测提供这些信息. 重要的是要研究其原因, 包括在这些模型中所做的基本假设. 在这一章中, 我们描述埃博拉病毒的几个模型.

10.1 初始增长和再生数的估计

对 2014 年西非暴发的 EVD 和过去暴发的一些 EVD(如 [1, 11, 23, 25, 36]) 进行了基本再生数和有效再生数的估计. 在 [11] 中, 使用标准的 $SEIR$ 模型来估计 $\mathscr{R}_0$, 并探讨干预时机对流行病最后规模的影响. 设 $S(t), E(t), I(t)$ 和 $R(t)$ 表示易感者、暴露者、染病者和移除者个体在时间 t 的数量 (撇号表示对时间的导数), 令 $C(t)$ 表示自症状出现时起的埃博拉病例的累计数. 假定暴露的个体在转入染病者 I 类之前平均潜伏期 (无症状和无传染性) 为 $\frac{1}{k}$ 天. 染病者个体到 R 类 (死亡或康复) 的人均比例为 γ. 这导致模型

$$
\begin{aligned}
S' &= -\beta S(t)I(t)/N, \\
E' &= \beta S(t)I(t)/N - kE(t), \\
I' &= kE(t) - \gamma I(t), \\
R' &= \gamma I(t), \\
C' &= kE(t).
\end{aligned}
\tag{10.1}
$$

模型 (10.1) 预测了染病者人数的初始指数增长, 但实际上初始增长率低于指数增长. 修改该模型的一种方法是假设行为变化, 包括对医院工作人员和社区成员进行严格的隔离护理技术 (即防护服和设备, 病人管理), 以及快速掩埋或火化死于这种疾病的病人的教育. 假设净效应是传播率 β 从 β_0 降低到 $\beta_1 < \beta_0$. 考虑到干预的影响不是瞬时发生的, 假设传播率根据以下公式从 β_0 逐渐减少到 β_1.

$$\beta(t) = \begin{cases} \beta_0, & t < \tau, \\ \beta_1 + (\beta_0 - \beta_1)e^{-q(t-\tau)}, & t \geqslant \tau, \end{cases}$$

其中 τ 是干预开始的时间, q 是从 β_0 到 β_1 的传播控制率. 参数 q 的另一种解释可以根据 $t_h = \dfrac{\log 2}{q}$, 即达到 $\beta(t) = \dfrac{\beta_0 + \beta_1}{2}$ 的时间给出.

基本再生数 $\mathscr{R}_0$ 对应于 β_0. 如果 $\mathscr{R}_0$ 可以由数据估计, 则 β_0 可以利用关系式 $\mathscr{R}_0 = \dfrac{\beta_0}{\gamma}$ 确定. 为了估计 $\mathscr{R}_0$, 考虑 (10.1) 中的 E 方程和 I 方程, 在无病平衡点对应的 Jacobi 矩阵为

$$J = \begin{pmatrix} -k & \beta \\ k & -\gamma \end{pmatrix}.$$

它的特征方程为

$$r^2 + (k+\gamma)r + (\gamma - \beta)k = 0, \tag{10.2}$$

主特征值 r 代表暴发的早期增长率和人均自由增长率. 用 $\gamma\mathscr{R}_0$ 代替 (10.2) 中的 β 并求解 $\mathscr{R}_0$, 得到

$$\mathscr{R}_0 = 1 + \frac{r^2 + (k+\gamma)r}{k\gamma}.$$

利用 (在干预之前的) 累计病例数的时间序列 $y(t)$, 并假设它呈指数增长 ($y(t) \propto e^{rt}$) 可以得出 r 的估计值, 如图 10.1(上图) 所示. 刚果 1995 年流行病的初始增长率 r 的估计为 $r = 0.07/$ 天. 根据这个固定的 r 和来自分布的流行病参数 ($1/k$ 和 $1/\gamma$) 蒙特卡罗的抽样规模为 $10^{5[5]}$, 可以得到如图 10.1 所示 (下图) 的 $\mathscr{R}_0$ 的分布. 该图表明分布在 4 分位数间距 (IQR)(1.66—2.28) 之间, 中位数为 1.89.

可以得到对刚果 1995 年数据的类似估计. 估计参数值列表于表 10.1.

我们利用模型 (10.1) 来评估干预策略, 包括对疑似病例进行检疫检查并隔离 3 周 (估计的最大潜伏期). 在干预实施后借助再生数 $\mathscr{R}_p$ 可量化干预的有效性. 对刚果 $\mathscr{R}_p = 0.51$(SD 0.04), 对乌干达 $\mathscr{R}_p = 0.66$(SD 0.02). 此外, 对刚果和乌干达在干预开始时间以后的到达时间 $\dfrac{\beta_0 + \beta_1}{2}(t_h)$ 的传播率分别是 0.71(95％CI(0.02, 1.39)) 天和 0.11(95％CI(0, 0.87)) 天.

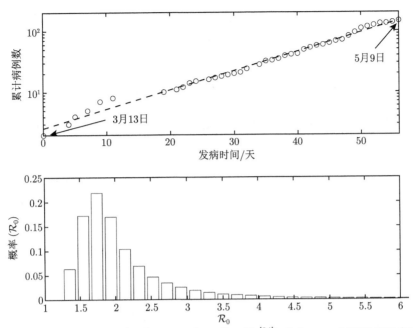

图 10.1   (上图) 根据干预开始日期 (1995 年 5 月 9 日 [24]) 确定 1995 年刚果流行病疫情的指数增长阶段的累计病例数 (对数尺度). 1995 年刚果病例数的无模型初始增长率为 0.07(线性回归); (下图) 根据我们的不确定性分析估算的 $\mathscr{R}_0$ 分布 (见正文). $\mathscr{R}_0$ 位于 4 分位数范围 (IQR) (1.66—2.28), 中位数为 1.89. 注意, 权的 100% 位于 $\mathscr{R}_0 = 1$ 以上

表 10.1   由模型方程 (10.1) 与 1995 年刚果和 2000 年乌干达暴发的流行病曲线数据的最佳拟合, 得到的参数定义和基线估计

参数	定义	刚果 1995 年		乌干达 2000 年	
		估计	SD	估计	SD
β_0	干预前的传播率/(1/天)	0.33	0.06	0.38	0.24
β_1	干预后的传播率/(1/天)	0.09	0.01	0.19	0.13
t_h	到达 $\dfrac{\beta_0 + \beta_1}{2}$ 的时间/天	0.71	(0.02, 1.39)	0.11	(0, 0.87)
$1/k$	平均潜伏期/天	5.30	0.23	3.35	0.49
$1/\gamma$	平均染病期	5.61	0.19	3.50	0.67

注: 参数是 $0 < \beta < 1, 0 < q < 100, 1 < 1/k < 21, 3.5 < 1/\gamma < 10.7$

利用早期增长估计的参数值, 模型 (10.1) 可用于模拟刚果 (1995) 和乌干达 (2000) 的埃博拉疫情. 图 10.2 说明对应于 (10.1) 通过随机模型的蒙特卡罗模拟得到的结果 [33], 它是通过考虑三个事件构成的: 暴露、染病和移除. 传播率定义为

事件	效应	传播率
暴露	$(S, E, I, R) \to (S - I, E + I, I, R)$	$\beta(t)SI/N$
染病	$(S, E, I, R) \to (S, E - I, I + I, R)$	kE
移除	$(S, E, I, R) \to (S, E, I - I, R + I)$	γI

图 10.2 说明随机模拟的平均值与所报道的情况之间有很好的一致性. 图 10.3 给出了刚果 1995 年和乌干达 2000 年疫情最后规模的经验分布.

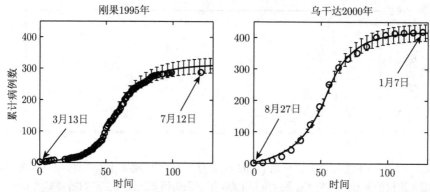

图 10.2　比较刚果 1995 年和乌干达 2000 年的埃博拉疫情期间累计病例数与症状出现时间的关系. 圆圈是数据. 实线是 250 次蒙特卡罗重复试验的平均值, 误差线代表使用我们的参数估计值从模拟重复试验得到的平均值的标准误差 (表 10.1). 对于刚果 1995 年的埃博拉, 模拟于 1995 年 3 月 13 日开始. 由于实施了干预措施, 传播率 β 的变化发生在 1995 年 5 月 9 日 (第 56 天) 实施干预后 [24]. 对于乌干达的 2000 年, 模拟于 2000 年 8 月 27 日开始, 并于 2000 年 10 月 22 日 (第 56 天) 开始采取了干预措施

流行病的最后规模对干预开始时间 τ 很敏感. (确定性模型) 的数值解表明, 流行病的最后规模随着干预初始时间呈指数增长. 例如, 以刚果为例, 该模型预测, 如果干预在 1 天以后开始, 将会有 20 多个病例, 如图 10.4 所示.

对大多数暴发的流行病, 如 1995 年刚果和 2000 年乌干达的疫情就呈指数增长. 但是值得讨论的是, 对于 2014 年西非暴发的疫情, 在国家、地区和其他行政区的规模上, EVD 病例的增长模式存在显著差异. 说明在几内亚、塞拉利昂和利比里亚的许多行政机构中的 EVD 病例的累计数最好通过多项式而不是几代 EVD 的指数增长来近似. 还观察到, 当全国或整个西非地区汇总数据时, 总病例数显示出近似指数增长时期.

在 [36] 中研究了埃博拉病毒有效再生数随时间的演变. 在这个研究中, 我们结合有限的现有数据, 利用一个简单的具有标准发病率的 $SEIR$ 模型来确定埃博拉在西非的传播率是否随时间发生变化. 为此, 将分段指数曲线与暴发数据的时间

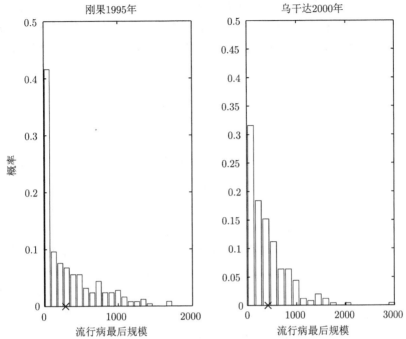

图 10.3　刚果 1995 年和乌干达 2000 年疫情的最后规模分布是从 250 个蒙特卡罗副本中
获得的. 叉 (×) 表示来自数据的流行病最后规模

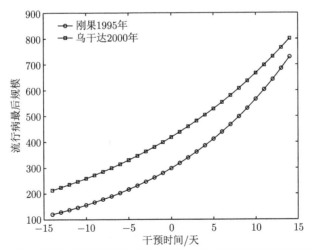

图 10.4　流行病最后规模对干预开始时间的敏感性. 负数表示实际报告的干预日期之前的
天数, 正数表示实际报告的干预日期之后的延迟 ($\tau = 0$)

序列拟合, 以估计疾病有效再生数随时间的变化. 研究的重点不是 $\mathscr{R}_0$, 而是评估

以 $\mathscr{R}_{eff}$ 表示的有效再生数随时间的变化, 它是对疫情期间由易感者人群和非易感者人群组成的人群中每个病例的平均继发性病例数的动态估计. $SEIR$ 模型及其关于该临时 "平衡点" 的线性化用于确定流行病曲线 ρ_{eff} 的预测局部上升率. 对 $SEIR$ 模型, 这通过

$$\mathscr{R}_{eff} = \left(1 + \frac{\rho_{eff}}{\gamma}\right)\left(1 + \frac{\rho_{eff}}{\kappa}\right) \tag{10.3}$$

与 $\mathscr{R}_{eff}$ 相联系, 其中 $\dfrac{1}{\kappa}$ 和 $\dfrac{1}{\gamma}$ 分别是疾病潜伏期和染病期. 通过分段指数上升的 ρ_{eff} 估计值与暴发发病率数据相吻合 (连同疾病的潜伏期和染病期的估计值), 可以估计 ρ (图 10.5), 然后用方程 (10.3) 来获得 $\mathscr{R}_{eff}$ 的暂时性态的估计值 (图 10.6), 本质上我们用分段阶梯函数近似暂时性态.

图 10.5 显示了几内亚、塞拉利昂和利比里亚在 2014 年西非疫情暴发初期每天记录的新 EVD 病例平均数量的时间序列. 绿线显示对数据的分段指数拟合的选择 (未显示所有拟合以阐明表示形式); 一个一次取十个相邻点的组的移动窗口, 并估计这十个点的指数增长率. 整个分段拟合的指数上升的估计结果如图 10.6 所示. 红色显示的是从 7 月 1 日开始的指数增长.

在图 10.6 中, 从逐段指数拟合到日均 EVD 发生率数据的指数上升率的估计值如图 10.5 所示. 每次取由十个连续关联数据时间序列点的一组移动窗口, 并对这十个点指数增长率进行估计. x 轴上显示的日期是每个连续的十个点集中的最后一个日期, 垂直误差线表示 95％置信区间. 黑色水平线显示从 7 月 1 日到 9 月 8 日对发病率的时间序列的指数拟合估计的增长率, 黑色虚线表示 95％的置信区间.

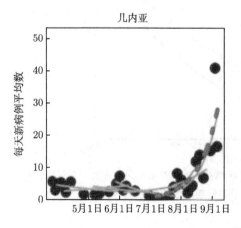
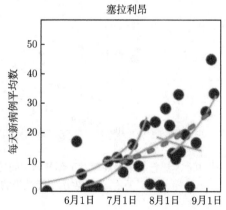

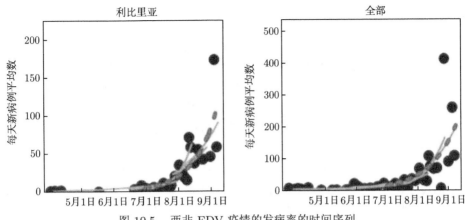

图 10.5 西非 EDV 疫情的发病率的时间序列

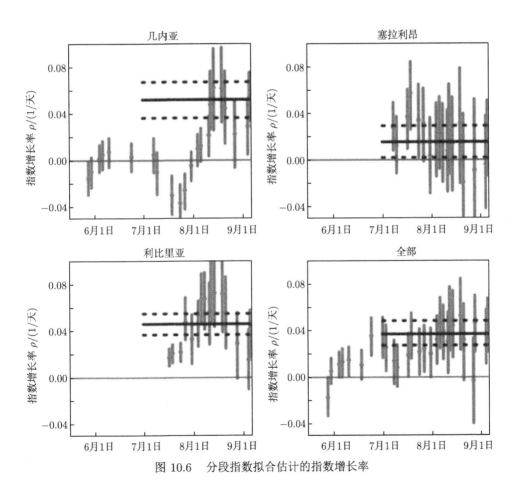

图 10.6 分段指数拟合估计的指数增长率

10.1.1 早期检测

[10] 中研究埃博拉的早期发现对病毒控制的影响. 该模型考虑了 6 个流行病学类: 易感个体 (S), 潜伏的不可检测个体 (E_1), 潜伏的可检测个体 (E_2), 有染病症状的个体 (I), 隔离个体 (J) 和从康复后隔离或疾病死亡移除的个体 (P), $P = R + D$, 其中 R 是康复类, D 是疾病死亡类. 易感者个体通过以人均 $(I + lJ) = N$ 的接触率接触染病者个体而变成染病者或潜伏者, 其中 β 是每天的平均传播率, l 定义为隔离个体的相对传播力, 即, 它是染病者个体的隔离效应的量度, N 是总人口规模. 潜伏的不可检测个体 E_1 以比例 k_1 进入潜伏可检测个体 E_2. 潜伏的可检测个体的一小部分被诊断出 (即通过 RT-PCR 诊断出), $p_T = f_T = (f_T + k_2)$, 变成隔离类. 我们假设潜在的可检测类代表病毒载量高于特定诊断测试的检测极限的个体. 染病个体以比率 α 隔离, 或者他们以比率 γ 在康复或因病死亡被移除. 类似地, 个体在康复后隔离或因病死亡以比率 γ_r 被移除. 这导致模型

$$S' = -\beta S \frac{I + lJ}{N},$$

$$E_1' = \beta S \frac{I + lJ}{N} - k_1 E_1,$$

$$E_2' = k_1 E_1 - k_2 E_2 - f_T E_2,$$

$$I' = k_2 E_2 - (\alpha + \gamma) I, \tag{10.4}$$

$$J' = \alpha I + f_T E_2 - \gamma_r J,$$

$$R' = \gamma(1 - \delta) I + \gamma_r(1 - \delta) J,$$

$$D' = \gamma \delta I + \gamma_r \delta J,$$

$$N = S + E_1 + E_2 + I + J + R.$$

分析表明, 对出现症状前感染的早期诊断的影响在很大程度上取决于感染个体在卫生保健机构隔离的有效性. 例如, 隔离效果为 50%, 从症状开始到隔离的平均时间为 3 天, 随着症状前病例检出率的增加, 发病率 (埃博拉病例总数/人口规模) 基本保持不变 (图 10.7). 相比之下, 如果隔离感染病例的有效性至少达到 60%, 那么对有症状前个体的早期发现可以对埃博拉病毒的传播动力学产生重大影响. 即使在这种隔离水平下, 至少有 50% 的前症状病例需要在社区中检测到, 这在资源有限的情况下很难实现. 当隔离的有效性提高到 65% 时, 预计发现约 25% 的症状前病例可导致流行病得到控制, 即, 有效再生数降低到低于流行病阈值.

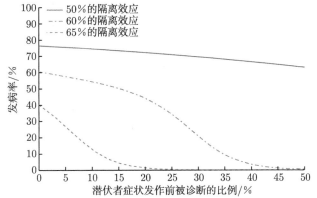

图 10.7　对有症状的个体进行诊断对埃博拉病流行病的影响的预测.
从出现症状到隔离的平均时间为 3 天

10.2　控制措施的评估

EVD 的一个典型特征是, 染病者死亡后在埋葬之前可能发生重大传播. 此外, 西非暴发的疫情没有有效的药物或疫苗可用. 主要控制措施包括隔离、住院、接触者追踪和安全埋葬. 一些数学模型已被用来评估这些控制措施的有效性 (例如 [3, 7, 26, 27, 35, 40]). 这些研究中的大多数模型都利用进行各种修改的 $SEIR$ 模型. EVD 模型之一, 也是许多其他模型作为依据的是 Legrand 等所考虑的模型 [26], 这将在下一节中进行更详细的讨论.

在 [7] 中考虑的模型有以下形式 (记号有所修改):

$$
\begin{aligned}
S' &= -\beta S(I_h + I_u)/N, \\
E' &= \beta S(I_h + I_u)/N - \alpha E, \\
I_h' &= p\alpha E - \delta_h I_h, \\
I_u' &= (1 - \rho)\alpha E - \delta_u I_u, \\
H' &= \delta_h I_h,
\end{aligned}
\tag{10.5}
$$

其中 N 是总人口规模, 假设它是常数. 在这个模型中对染病者个体考虑了两个分开的仓室, 即, 住院/报告的染病者个体 (I_h) 与不住院和未报告的染病者个体 (I_u). H 仓室表示累计的住院/报告病例 (因此包括住院后康复的病例). 模型 (10.5) 还假设 I_h 和 I_u 中的个体具有相同的传播率 β, p 是住院病例比例, $1/\delta_h$ 是从染病 (有症状) 发作直到住院/隔离并报告的时间, $1/\delta_u$ 是未住院病例的平均染病期. 模型的转移图如图 10.8 所示.

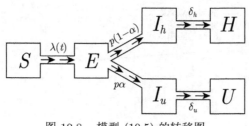

图 10.8   模型 (10.5) 的转移图

对模型 (10.5), 再生数为

$$\mathscr{R}_e = \mathscr{R}_0 \left(p\frac{\delta_u}{\delta_h} + 1 - p \right),$$

其中 $\mathscr{R}_0 = \beta/\delta_u$ 是基本再生数. 在 [7] 中还考虑了模型 (10.5) 加入追踪者的一个扩展.

在 [25] 中考虑了下面的确定性模型

$$\begin{cases} S' = -\mathscr{R}_0 \delta SI/N, \\ E_1' = \mathscr{R}_0 \delta SI/N - m\alpha E_1, \\ E_i' = m\alpha(E_{i-1} - E_i), \quad i = 2, \cdots, m, \\ I' = m\alpha E_m - \delta I, \\ R' = \delta I. \end{cases} \tag{10.6}$$

在模型 (10.6) 中, 假设潜伏阶段的阶段分布是形状参数 m 的 Γ 分布, 这将导致暴露类 E 被划分为 m 个平均持续期为 $1/(m\alpha)$ 的子类. 通过从 2014 年 10 月 1 日的世界卫生组织形势报告中审查适合几内亚、利比里亚和塞拉利昂每周病例报告的模型 (http://www.who.int/csr/disease/ebola/situation-reports/en/), 作者指出, 这种确定性模型与累计的发病率数据的拟合可能会导致与模型参数相关的偏差和明显的低估.

模型 (10.5) 和 (10.6) 忽略了与以下事实有关的特殊特征, 即已死亡但尚未掩埋的人可能发生大量传播. Legrand 模型中考虑了这一点, 下面将详细讨论.

10.3   Legrand 模型和基本假设

最近西非暴发的埃博拉疫情已经利用了许多数学模型. 然而, 这些模型在 2014 年西非埃博拉疫情中取得的成功非常有限. 正如在 [8] 中指出的, "数学模型无法准确预测暴发的过程". 尽管有多种原因可以解释 "实地数据与已发布模型的预测相抵触" 的原因, 包括埃博拉流行病学数据不完整且不可靠 (尤其是在受灾最严重的地区), 以及缺乏影响埃博拉传播的疾病控制方法的定量经验数据, 重要的是要检查在预测所依据的模型中所作假设的适当性. 这是本节的目的. 有各种各样的建模方法, 包括确定性模型和随机模型, 或者由常微分方程 (ODE) 和更复杂的基于媒介的模型组成的相对简单的模型. 许多 ODE 模型是研究 Legrand 模型 (10.7) 的变形. 有人指出, Legrand 模型中的某些假设可能没有明确的理由 (例如 [35]). 因此, 重要的是要检查在此模型中做出的关键假设, 并更好地了解它们对模型结果可能引起的影响.

10.3.1 Legrand 模型

Legrand 等在 [26] 中的模型由一个常微分方程组组成, 其中有 6 个仓室, 它们分别表示流行病学的类别: 易感者 (S), 暴露者 (E), 染病者 (I), 住院者 (H), 死亡但尚未掩埋者 (D), 移除者 (R). 模型的转移图如图 10.9 所示.

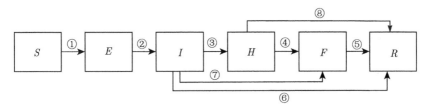

图 10.9　Legrand 等在 [26] 中的模型的转移图

Legrand 等在 [26] 中的模型是

$$\frac{dS}{dt} = -\frac{1}{N}S(\beta_I I + \beta_H H + \beta_D D),$$

$$\frac{dE}{dt} = \frac{1}{N}S(\beta_I I + \beta_H H + \beta_D D) - \alpha E,$$

$$\frac{dI}{dt} = \alpha E - (\gamma_h \theta_1 + \gamma_i(1-\theta_1)(1-\delta_1) + \gamma_d(1-\theta_1)\delta_1)I,$$

$$\frac{dH}{dt} = \gamma_h \theta_1 I - (\gamma_{hd}\delta_2 + \gamma_{ih}(1-\delta_2))H, \tag{10.7}$$

$$\frac{dD}{dt} = \gamma_d(1-\theta_1)\delta_1 I + \gamma_{dh}\delta_2 H - \gamma_f D,$$

$$\frac{dR}{dt} = \gamma_i(1-\theta_1)(1-\delta_1)I + \gamma_{ih}(1-\delta_2)H + \gamma_f D.$$

参数 β_I, β_H 和 β_D 分别表示在 I, H 和 D 类中的转移率, 令 $\dfrac{1}{\alpha}$ 为平均潜伏期, $\dfrac{1}{\gamma_f}$

为死亡与埋葬之间的平均时间.

Legrand 模型 (10.7) 中的三个关键参数 θ_1, δ_1 和 δ_2 没有直接的生物学意义, 而是根据概率计算有没有住院治疗和疾病引起的死亡率. 例如, 住院的染病者比例为

$$p = \frac{\gamma_h \theta_1}{\gamma_h \theta_1 + \gamma_i (1-\theta_1)(1-\delta_1) + \gamma_d (1-\theta_1)\delta_1}, \tag{10.8}$$

以及通过

$$f_h = \frac{\gamma_{dh}\delta_2}{\gamma_{dh}\delta_2 + \gamma_{ih}(1-\delta_2)},$$
$$f_i = \frac{\gamma_d \delta_1}{\gamma_i (1-\delta_1) + \gamma_d \delta_1} \tag{10.9}$$

给出的住院死亡的概率 (f_h) 和没有住院死亡的概率 (f_i). 假设 $f_i = f_h = f$, 则利用 (10.8) 和 (10.9) 借助 p 和 f 可确定 θ_1, δ_1 和 δ_2.

此外, Legrand 模型施加了约束:

$$\frac{1}{\gamma_i} = \frac{1}{\gamma_h} + \frac{1}{\gamma_{ih}} \quad \text{和} \quad \frac{1}{\gamma_d} = \frac{1}{\gamma_h} + \frac{1}{\gamma_{dh}}, \tag{10.10}$$

并假设住院不影响从发病到康复或从发病到死亡的时间. 对模型 (10.7) 做出的其他假设与指数持续时间相关. 假设进入染病者类 I 后, 个体可以因住院 (进入 H 类) 或康复无须住院而离开 I(从 I 进入 R) 或没有住院死亡 (从 I 进入 D), 其平均持续时间为 $\frac{1}{\gamma_h}, \frac{1}{\gamma_i}, \frac{1}{\gamma_d}$, 或者等价地, 个体在发病后分别以固定的比例 γ_h, γ_i 和 γ_d 进入 H, R 和 D 类. 他们的模型还假设, 离开 I 类的整个比例以 Δ 表示. 它是三个比率 γ_h, γ_i 和 γ_d 的加权平均:

$$\Delta = \theta_1 \gamma_h + (1-\theta_1)\delta_1 \gamma_d + (1-\theta_1)(1-\delta_1)\gamma_i, \tag{10.11}$$

其中 θ_1 是住院者的比例, δ_1 是被确定为使得

$$\frac{\delta_1 \gamma_d}{\delta_1 \gamma_d + (1-\delta_1)\gamma_i}$$

等于病死率 (即死亡病例的比例) 的系数.

10.3.2 与 Legrand 模型等价的较简单系统

在 [18] 中证明 Legrand 模型等价于下面的模型

$$
\begin{aligned}
\frac{dS}{dt} &= -\frac{1}{N}S(\beta_I I + \beta_H H + \beta_D D), \\
\frac{dE}{dt} &= \frac{1}{N}S(\beta_I I + \beta_H H + \beta_D D) - \alpha E, \\
\frac{dI}{dt} &= \alpha E - \gamma I, \\
\frac{dH}{dt} &= p\gamma I - \omega H, \\
\frac{dD}{dt} &= (1-p)f_\gamma I + f_\omega H - \gamma_f D, \\
\frac{dR}{dt} &= (1-p)(1-f)\gamma I + (1-f)\omega H,
\end{aligned}
\tag{10.12}
$$

其中

$$
\begin{aligned}
\frac{1}{\gamma} &= p\frac{1}{\gamma_{IH}} + (1-p)f\frac{1}{\gamma_{ID}} + (1-p)(1-f)\frac{1}{\gamma_{ID}}, \\
\frac{1}{\omega} &= f\frac{1}{\omega_{HD}} + (1-f)\frac{1}{\omega_{HR}}.
\end{aligned}
\tag{10.13}
$$

利用 (10.12) 和 Legrand 模型 (10.7) 中参数之间的下面的联系

$$
\gamma_{IR} = \gamma_i, \quad \gamma_{IH} = \gamma_h, \quad \gamma_{ID} = \gamma_d,
$$

(10.13) 中的条件可以写为

$$
\begin{aligned}
\frac{1}{\gamma} &= p\frac{1}{\gamma_h} + (1-p)f_i\frac{1}{\gamma_d} + (1-p)(1-f_i)\frac{1}{\gamma_i}, \\
\frac{1}{\omega} &= f_h\frac{1}{\gamma_{dh}} + (1-f_h)\frac{1}{\gamma_{ih}},
\end{aligned}
\tag{10.14}
$$

约束条件 (10.10) 变成

$$
\frac{1}{\gamma_{IR}} = \frac{1}{\gamma_{IH}} + \frac{1}{\omega_H}, \quad \frac{1}{\gamma_{ID}} = \frac{1}{\gamma_{IH}} + \frac{1}{\omega_{HD}}.
\tag{10.15}
$$

两个模型之间的唯一细微差别是将埋葬类移动到何处 (无论是否移动到 R), 但这都不会影响模型的动力学性态.

10.4　*对阶段转移时间有各种假设的模型

在 Legrand 模型 (10.7) 或等价模型 (10.12) 中, 尚不清楚关于流行病学过程的持续时间分布 (包括从发病到康复 (从 I 到 R 的转移), 从发病到住院 (从 I 到 H 的转移) 和从发病到死亡 (从 I 到 D 的转移)). 为了便于参考, 我们将这三个转移分别称为 IR, IH 和 ID. 此外, 用 HR 和 HD 分别表示住院患者的两个可能的转移, 即康复或死亡. 在本节中, 我们对这些转移时间的不同假设推导了三个积分-微分方程模型, 并比较了模型结果的差异.

设 T_P, T_L 和 T_M 分别记与 IR, IH 和 ID 相应的持续时间的随机变量, 相应的生存函数分别记为 $P(t), L(t)$ 和 $M(t)$. 这些转移的平均持续时间分别为 $\mathbb{E}[T_P]$, $\mathbb{E}[T_L]$ 和 $\mathbb{E}[T_D]$. 类似地, 设 $\mathscr{D}_{HR}$ 和 $\mathscr{D}_{HD}$ 分别记从住院到康复或到死亡的平均持续时间. 为了便于对本节中介绍的模型之间进行比较, 我们在表 10.2 中列出了一些在这些模型中起共同作用并具有明确生物学意义的量. 其中几个量的值应该与模型假设无关, 包括从发病到康复的平均持续时间 (无干预) $\mathbb{E}[T_P]$、住院的概率 p 和死亡的概率 f.

表 10.2　本节中常用符号的定义

符号	定义
T_P, T_L, T_M	移到 R, H, D 之前在 I 中持续时间的随机变量
X_I	在 I 仓室度过的总时间的随机变量
X_H	在 H 仓室度过的总时间的随机变量
$P_i(s)$	对模型 I, II, III, 发病后 s 个时间单位存活个体保持传染的概率 $\mathbb{P}[T_{P_i} > s] = P_i(s), i = 1, 2, 3$
$L_i(s)$	对模型 I, II, 发病后 s 个时间单位存活个体没有住院的概率 $\mathbb{P}[T_{L_i} > s] = L_i(s), i = 1, 2$
$M_i(s)$	对模型 I, 发病后 s 个时间单位存活的概率 $\mathbb{P}[T_{M_1} > s] = M_1(s)$
$Q_3(s)$	对模型 III, 住院后 s 个时间单位没有康复的概率
$\mathbb{E}[T_P]$	从发病到康复的平均持续时间 (无干预或死亡)
$\mathbb{E}[T_L]$	发病到住院的平均持续时间 (住院且未死亡)
$\mathbb{E}[T_M]$	发病与死亡之间的平均持续时间 (没有干预或康复)
$\mathbb{E}[X_I]$	在 I 仓室的平均持续时间 (包括住院和死亡)
$\mathbb{E}[X_H]$	在 H 仓室的平均持续时间 (包括死亡)
$\mathscr{D}_{HR}$	从住院到康复的平均持续时间
$\mathscr{D}_{HD}$	从住院到死亡的平均持续时间
γ_{IR}	$= 1/\mathbb{E}[T_P]$
γ_{IH}	$= 1/\mathbb{E}[T_L]$
γ_{ID}	$= 1/\mathbb{E}[T_M]$
ω_{HR}	$= 1/\mathscr{D}_{HR}$, 从 H 到 R 的人均转移率 (如果转移是指数式的)
ω_{HD}	$= 1/\mathscr{D}_{HD}$, 从 H 到 D 的人均转移率 (如果转移是指数式的)
p	住院比例 (取决于控制力度)
f	死亡概率 (有或无住院)
γ	$= 1/\mathbb{E}[X_I]$, 人均离开 I 的比例 (如果 X_I 是指数式的)

如果在 Legrand 模型中对转移 IR, IH 和 ID 的假设是独立的, 而且等待时间都呈指数分布, 其平均持续时间分别为 $1/\gamma_{IR}, 1/\gamma_{IH}$ 和 $1/\gamma_{ID}$, 则在 I 仓室中花费的平均总时间为

$$\mathbb{E}[\min\{T_P, T_L, T_M\}] = \int_0^\infty P(t)L(t)M(t)dt = \frac{1}{\gamma_{IR} + \gamma_{IH} + \gamma_{ID}}.$$

因此, 离开 I 的总比例是 $\gamma_{IR} + \gamma_{IH} + \gamma_{ID}$, 它不是 (10.11) 中对 Legrand 模型由 Δ 给出的加权平均. 这意味着 Legrand 模型对这些转移作了不同假设. 在构建积分-微分方程模型时, 我们将采用概率论术语来简化这些模型的解释, 并将重点放在以下三个情况:

(I) 假设三个转移 IR, IH 和 ID 是独立的, 并且持续时间分别由生存函数 $P_1(s), L_1(s)$ 和 $M_1(s)$ 描述, 其中 s 表示发病后的时间. 还假设住院不影响从发病到康复或到死亡的时间.

(II) 两个转移 IR 和 ID 组合在一起, 并由单个生存函数描述, 其中康复离开个体的比例 $1 - f$ (死亡比例 f). 转移 IH 与 IR 和 ID 无关, 持续时间由生存函数 $L_2(s)$ 描述. 与模型 I 相似, 也假设住院不影响从发病到康复或者到死亡的概率.

(III) 所有这三种转移 (IH, IR 和 ID) 都是通过单个生存函数 $P_3(s)$ 进行组合和描述, 其中有 p 比例的人员离开去住院, 有 $1 - f$(相应地, f) 比例的人员没有住院康复 (相应地, 死亡). H_R 和 H_D 两个转移相结合, 持续时间由单个生存函数 $Q_3(s)$ 描述. 其中有比例 $1 - f$ 的个体康复 (或死亡) 而离开. 假设 P_3 和 Q_3 是独立的. 不像模型 I 和 II, 其中由于独立的阶段分布, 跟踪从发病到住院的时间. 在模型 III 中, 必须施加约束, 以便发病和住院之间的时间加上住院和康复 (或死亡) 之间的时间等于发病和康复 (或死亡) 之间的时间.

考虑到住院治疗时, 为了关注染病期的一般持续及其对构建模型的影响, 假设其他阶段包括潜伏期和死亡与埋葬之间的持续时间呈更简单的分布. 即假设在 E 阶段和 D 阶段是以常数率 α 和 γ_f 的指数分布. 由于模型是在关键疾病阶段的持续时间的任意分布下建立的, 因此, 它们由积分-微分方程组构成. 已经证明, 当任意阶段分布由 Γ 分布或指数分布代替时, 这些系统化为常微分方程系统. Feng 等 [18] 提供了积分方程组的详细推导.

对应于上述场景 (I) 的模型 I, 假设过程 IR, IH 和 ID 独立. 设 T_{P_1}, T_{L_1} 和 T_{M_1} 分别表示 IR, IH 和 ID 独立持续时间的随机变量, 这些变量由以下生存函数描述:

- $P_1(s)$: 活着个体发病后 s 个单位时间保持传染的概率 (由 I_R 和 H_R 控制).
- $L_1(s)$: 发病后 s 个单位时间没有住院仍活着个体的概率 (由 IH 转移控制).
- $M_1(s)$: 发病后 s 个单位时间疾病存活的概率 (由 ID 和 HD 控制).

图 10.10 描述了情景 (I) 下该模型的流行病学类之间的转移. 除非另有说明, 否则所有变量和参数的含义与以前的相同. (a) 中的图描述了当 IR, IH 和 ID 转移阶段的持续时间由生存函数 $P_1(t), L_1(t)$ 和 $M_1(t)$ 任意描述时的各个仓室之间的转移. I 和 H 仓室周围的虚线矩形表示利用相同的生存函数 $P_1(t)$ 跟踪这两个仓室中的个体发病以来的时间, 即, 在确定进入 H 与康复之间的时间时, 要考虑到进入 H 之前在 I 所经历的时间. (b) 中的图说明当 $P_1(t)$ 遵循 Γ 分布, 而 $L_1(t)$ 和 $M_1(t)$ 遵循指数分布时 "线性链技巧" 的效果.

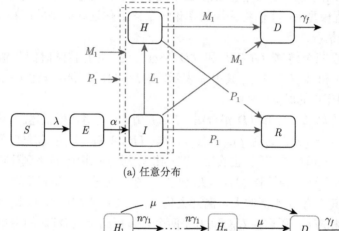

(a) 任意分布

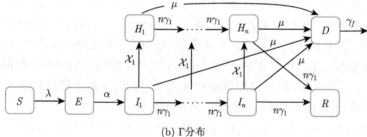

(b) Γ分布

图 10.10　当 T_{P_1}, T_{L_1} 和 T_{M_1} 是任意分布时 (a) 或 Γ/指数分布 (b) 时模型 I 的转移图. 对应的生存函数分别是 $P_1(t)$(红色), $L_1(t)$(绿色) 和 $M_1(t)$

具有一般阶段分布 P_1, L_1 和 M_1 的模型由下面的积分-微分方程系统组成:

$$\frac{dS}{dt} = -\lambda(t)S, \qquad \frac{dE}{dt} = \lambda(t)S - \alpha E,$$

$$I(t) = \int_0^t \alpha E(s)P_1(t-s)L_1(t-s)M_1(t-s)ds + I(0)P_1(t)L_1(t)M_1(t),$$

$$H(t) = \int_0^t \alpha E(s)P_1(t-s)M_1(t-s)[1-L_1(t-s)]ds$$

$$+ I(0)P_1(t)M_1(t)[1-L_1(t)],$$

$$D(t) = \int_0^t \left[\int_0^t \alpha E(s) P_1(\tau - s) g_{M_1}(t-s) ds + I(0) P_1(\tau) g_{M_1}(\tau) \right] e^{-\gamma_f (t-\tau)} d\tau,$$

$$R(t) = \int_0^t \left[\int_0^t \alpha E(s) g_{P_1}(\tau - s) M_1(\tau - s) ds + I(0) g_{P_1}(\tau) M_1(\tau) \right] d\tau, \quad (10.16)$$

其中 $\lambda(t)$ 为

$$\lambda(t) = \frac{\beta_I I + \beta_H H + \beta_D D}{N}. \quad (10.17)$$

初始条件是 $(S(0), E(0), I(0), H(0), D(0), R(0)) = (S_0, E_0, I_0, 0, 0, 0)$, 其中 S_0 和 E_0 是正常数. 注意, 在系统 (10.16) 中, T_{P_1}, T_{L_1} 和 T_{M_1} 的概率分布是任意的.

考虑 T_{P_1} 遵循具有形状参数和比例参数 $(n, n\gamma_1)$ 的 Γ 分布 (其中 $n \geqslant 1$ 是整数), T_{L_1} 和 T_{M_1} 遵循参数分别为 χ_1 和 μ 的指数分布 (它们是形状参数 1 的 Γ 分布). 即

$$P_1(t) = G_{n\gamma_1}^n(t) = \sum_{j=1}^n \frac{(n\gamma_1 t)^{j-1} e^{-n\gamma_1 t}}{(j-1)!},$$

$$L_1(t) = G_{\chi_1}^n(t) = e^{-\chi_1 t}, \quad (10.18)$$

$$M_1(t) = G_\mu^1(t) = e^{-\mu t}.$$

在 [18] 中, 证明了 (10.16) 等价于下面的常微分方程系统:

$$\frac{dS}{dt} = -\frac{1}{N} S \left(\beta_I \sum_{j=1}^n I_j + \beta_H \sum_{j=1}^n H_j + \beta_D D \right),$$

$$\frac{dE}{dt} = \frac{1}{N} S \left(\beta_I \sum_{j=1}^n I_j + \beta_H \sum_{j=1}^n H_j + \beta_D D \right) - \alpha E,$$

$$\frac{dI_1}{dt} = \alpha E - (n\gamma_1 + \chi_1 + \mu) I_1,$$

$$\frac{dI_j}{dt} = n\gamma_1 I_{j-1} - (n\gamma_1 + \chi_1 + \mu) I_j, \quad j = 2, \cdots, n, \quad (10.19)$$

$$\frac{dH_1}{dt} = \chi_1 I_1 - (n\gamma_1 + \mu) H_1,$$

$$\frac{dH_j}{dt} = n\gamma_1 I_{j-1} + n\gamma_1 H_{j-1} - (n\gamma_1 + \mu) H_j, \quad j = 2, \cdots, n,$$

$$\frac{dD}{dt} = \mu \sum_{j=1}^n I_j + \mu \sum_{j=1}^n H_j + \gamma_f D,$$

$$\frac{dR}{dt} = n\gamma_1 I_n + n\gamma_1 H_n.$$

在 $n = 1$ 的特殊情形 (即 P_1 也是指数分布), 此时模型 (10.19) 简化为

$$
\begin{aligned}
\frac{dS}{dt} &= -\frac{1}{N} S(\beta_I I + \beta_H H + \beta_D D),\\
\frac{dE}{dt} &= \frac{1}{N} S(\beta_I I + \beta_H H + \beta_D D) - \alpha E,\\
\frac{dI}{dt} &= \alpha E - (\gamma_1 + \chi_1 + \mu)I,\\
\frac{dH}{dt} &= \chi_1 I - (\gamma_1 + \mu)H,\\
\frac{dD}{dt} &= \mu I + \mu H - \gamma_f D,\\
\frac{dR}{dt} &= \gamma_1 I + \gamma_1 H.
\end{aligned}
\tag{10.20}
$$

注意, 在模型 (10.20) 中从 I 到 R 和从 H 到 R 的人均转移率都等于 γ_1, 由此我们有 $\gamma_{IR} = \omega_{HR}$. 这意味着 (10.15) 中约束对模型 (10.12) 不可能满足. 因此, 模型 I 不能等价于 Legrand 模型. 这表明 Legrand 等并没有假设 IR, IH 和 ID 这三个转移是通过独立的指数分布描述的, 并且在 I 仓室的总持续时间是这三个指数持续时间中的最小者.

当 P_1, L_1 和 M_1 是与参数 γ_1, χ_1 和 μ 相应的指数分布时, 因为对模型 I 的假设, IR, IH 和 ID 是独立的, 在 I 仓室模型总的等待时间呈具有常数率 $\gamma_1 + \chi_1 + \mu$ 的指数分布. 由这些参数的定义, 我们可以将它们与公共参数相联系 (即与模型假设无关), 见表 10.2. 建立这种联系的方式可有多种. 一个例子如:

$$\frac{1}{\gamma_1} = \frac{1}{\gamma_{IR}} = \mathbb{E}[T_{P_1}], \quad f = \frac{\mu}{\gamma_1 + \mu}, \quad p = \frac{\chi_1}{\gamma_1 + \chi_1 + \mu}, \tag{10.21}$$

其中 γ_{IR}, f 和 p 是模型的独立参数. 由 (10.21) 中的关系, 可以期望仅用 γ_{IR}, f 和 p 来表达比例 γ_1, χ_1 和 μ:

$$\gamma_1 = \gamma_{IR}, \quad \chi_1 = \gamma_{IR} \frac{p}{(1-f)(1-p)}, \quad \mu = \gamma_{IR} \frac{f}{1-f}. \tag{10.22}$$

模型 (10.16), (10.19) 和 (10.20) 的再生数

根据 $\mathscr{R}_C$ 的生物学意义, 得到在一般阶段分布下的模型 (10.16) 的 $\mathscr{R}_{C_1}^{一般}$ 的下面表达式:

$$\mathscr{R}_{C_1}^{一般} = \beta_I \mathbb{E}(\min\{T_{P_1}, T_{L_1}, T_{M_1}\})$$

$$+ \beta_H [\mathbb{E}(\min\{T_{P_1}, T_{M_1}\}) - \mathbb{E}(\min\{T_{P_1}, T_{L_1}, T_{M_1}\})] + \beta_D \frac{1}{\gamma_f} p_M, \quad (10.23)$$

其中

$$\mathbb{E}(\min\{T_{P_1}, T_{L_1}, T_{M_1}\}) = \int_0^\infty P_1(t) L_1(t) M_1(t) dt$$

表示在仓室 I 的平均度过的时间, 而

$$\mathbb{E}(\min\{T_{P_1}, T_{M_1}\}) = \int_0^\infty P_1(t) M_1(t) dt$$

表示在仓室 I 和 H 的平均总度过时间.

对具有 Γ 分布的模型 (10.19),

$$\begin{aligned}
\mathscr{R}_{C_1}^{\Gamma} = {}& \frac{\beta_I}{\chi_1 + \mu} \left[1 - \left(\frac{n\gamma_1}{n\gamma_1 + \chi_1 + \mu} \right)^n \right] \\
& + \frac{\beta_H}{\mu} \left[\frac{\chi_1}{\chi_1 + \mu} + \frac{\mu}{\chi_1 + \mu} \left(\frac{n\gamma_1}{n\gamma_1 + \chi_1 + \mu} \right)^n - \left(\frac{n\gamma_1}{n\gamma_1 + \mu} \right)^n \right] \\
& + \frac{\beta_D}{\gamma_f} \left[1 - \left(\frac{n\gamma_1}{n\gamma_1 + \mu} \right)^n \right].
\end{aligned} \quad (10.24)$$

对具有指数分布的模型 (10.20),

$$\begin{aligned}
\mathscr{R}_{C_1}^{\text{指数}} &= \frac{\beta_I}{\gamma_1 + \chi_1 + \mu} + \frac{\beta_I}{\gamma_1 + \mu} \frac{\chi_1}{\gamma_1 + \chi_1 + \mu} + \frac{\beta_D}{\gamma_f} \frac{\mu}{\gamma_1 + \mu} \\
&= \frac{\beta_I}{\gamma_1 + \chi_1 + \mu} + \frac{\beta_H p}{\gamma_1 + \mu} + \frac{\beta_D f}{\gamma_f}.
\end{aligned} \quad (10.25)$$

接下来, 考虑对转移过程的不同假设. 在模型 I 中, 假设三个转移 IR, IH 和 ID 是独立的, 此时三个转移 "争夺"I 类中的个体. 另一个情况是只考虑两个独立的转移, 一个是住院, 另一个是不住院者的康复和死亡相结合. 在这种情况下, 我们有两个生存概率函数:

• $P_2(s)$: 发病后 s 个单位时间仍是染病者并存活的概率 (由所有 4 个转移 IR, ID, RH 和 HD 控制).

• $L_2(s)$: 发病后 s 个单位时间没有住院的概率 (由转移 IH 控制).

假设对于那些没有住院就离开 I 类的人来说, Legrand 模型假设有固定比例 $1 - f$ (或 f) 将康复 (或死亡). 如 Legrand 模型, 还假设 I 类和 H 类中的个体具有相同的死亡概率 (f). 转移图如图 10.11(a) 所示.

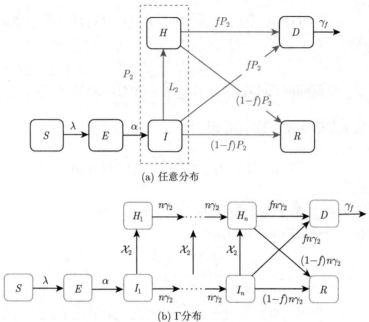

(a) 任意分布

(b) Γ分布

图 10.11　模型 II 在 T_{P_2} 和 T_{L_2} 是任意分布 ((a) 以及当它们是 Γ 分布或指数分布 (b)) 时的转移图. 在 (a) 中康复/死亡 (红色) 和住院治疗 (绿色) 的转移由生存函数 P_2 和 L_2 控制. 在 (b) 中康复/死亡 (红色) 和住院治疗 (绿色) 转移由与 (a) 相同的颜色表示

模型 II 有形式

$$\frac{dS(t)}{dt} = -\lambda(t)S(t),$$

$$\frac{dE(t)}{dt} = \lambda(t)S(t) - \alpha E(t),$$

$$I(t) = \int_0^t \alpha E(s)P_2(t-s)L_2(t-s)ds + I(0)P_2(t)L_2(t),$$

$$H(t) = \int_0^t \alpha E(s)P_2(t-s)[1-L_2(t-s)]ds + I(0)P_2(t)[1-L_2(t)],$$

$$D(t) = f\int_0^t \left[\int_0^\tau \alpha E(s)g_{P_2}(\tau-s)ds + I(0)g_{P_2}(\tau)\right]e^{-\gamma_f(t-\tau)}d\tau,$$

$$R(t) = (1-f)\int_0^t \left[\int_0^\tau \alpha E(s)g_{P_2}(\tau-s)ds + I(0)g_{P_2}(\tau)\right]d\tau.$$

(10.26)

函数 $\lambda(t)$ 与模型 I 中的相同, 由 (10.17) 给出. 我们可将 (10.26) 中的线性方程写为下面的常微分方程系统:

$$\frac{dS}{dt} = -\frac{1}{N}S\left(\beta_I \sum_{j=1}^{n} I_j + \beta_H \sum_{j=1}^{n} H_j + \beta_D D\right),$$

$$\frac{dE}{dt} = \frac{1}{N}S\left(\beta_I \sum_{j=1}^{n} I_j + \beta_H \sum_{j=1}^{n} H_j + \beta_D D\right) - \alpha E,$$

$$\frac{dI_1}{dt} = \alpha E - (n\gamma_2 + \chi_2)I_1,$$

$$\frac{dI_j}{dt} = n\gamma_2 I_{j-1}(t) - (n\gamma_2 + \chi_2)I_j, \quad j = 2, \cdots, n,$$

$$\frac{dH_1}{dt} = \chi_2 I_1 - n\gamma_2 H_1,$$ (10.27)

$$\frac{dH_j}{dt} = \chi_2 I_j + n\gamma_2 H_{j-1} - n\gamma_2 H_j, \quad j = 2, \cdots, n,$$

$$\frac{dD}{dt} = fn\gamma_2 I_n + fn\gamma_2 H_n - \gamma_f D,$$

$$\frac{dR}{dt} = (1-f)n\gamma_2 I_n + (1-f)n\gamma_2 H_n.$$

模型 II 的再生数 $\mathscr{R}_{C_2}$ 也有与模型 I 的不同形式. 在一般分布情形,

$$\mathscr{R}_{C_2}^{一般} = \beta_1 \mathbb{E}(\min\{T_{P_2}, T_{L_2}\}) + \beta_H[\mathbb{E}(T_{P_2}) - \mathbb{E}(\min\{T_{P_2}, T_{L_2}\})]$$

$$+ \beta_D \frac{1}{\gamma_f}[f(1-p_{H_2}) + f_{p_{H_2}}].$$ (10.28)

当 P_2 是 Γ 分布时,

$$\mathscr{R}_{C_2}^{\Gamma} = \beta_I \frac{1}{\chi_2}\left[1 - \left(\frac{n\gamma_2}{n\gamma_2 + \chi_2}\right)^n\right]$$

$$+ \beta_H\left[\frac{1}{\gamma_2} - \frac{1}{\chi_2}\left[1 - \left(\frac{n\gamma_2}{n\gamma_2 + \chi_2}\right)^n\right]\right] + \beta_D \frac{f}{\gamma_f}.$$ (10.29)

当 P_2 是指数分布时, 模型 (10.27) 变成

$$\frac{dS}{dt} = -\frac{1}{N}S(\beta_I I + \beta_H H + \beta_D D),$$

$$\frac{dE}{dt} = \frac{1}{N}S(\beta_I I + \beta_H H + \beta_D D) - \alpha E,$$

$$\frac{dI}{dt} = \alpha E - (\gamma_2 + \chi_2)I,$$ (10.30)

$$\frac{dH}{dt} = \chi_2 I - \gamma_2 H,$$

$$\frac{dD}{dt} = f\gamma_2 I + f\gamma_2 H - \gamma_f D(t),$$

$$\frac{dR}{dt} = (1-f)\gamma_2 I + (1-f)\gamma_2 H.$$

(10.28) 中的 $\mathscr{R}_{C_2}$ 简化为

$$\mathscr{R}_{C_2}^{\text{指数}} = \frac{\beta_I}{\gamma_2 + \chi_2} + \frac{p\beta_H}{\gamma_2} + \frac{f\beta_D}{\gamma_f}. \tag{10.31}$$

如在模型 I 中, 联系参数 γ_2 与公共参数有多种选择. 例如

$$\frac{1}{\gamma_2} = (1-f)\frac{1}{\gamma_{IR}} + f\frac{1}{\gamma_{ID}},$$

其中 $\dfrac{1}{\gamma_{ID}}$ 表示从发病到死亡的平均时间. 同样, $p = \dfrac{\chi_2}{\gamma_2 + \chi_2}$. 因此

$$\gamma_2 = \frac{1}{(1-f)/\gamma_{IR} + f/\gamma_{ID}}, \quad \chi_2 = \frac{\gamma_2 p}{1-p}. \tag{10.32}$$

与模型 I 和模型 II 不同的另一组可能的假设是, 考虑 I 和 H 仓室中持续时间的两个独立分布 T_{P_3} 和 T_{Q_3}, 其中生存函数为

• $P_3(s)$: 发病后 s 个单位时间保持在 I 类中的概率 (由转移 IR, IH 和 ID 控制).

• $Q_3(s)$: 住院后 s 个单位时间保持在 H 类中的概率 (由转移 HR 和 HD 控制).

设 $p_3(t) = -P_3'(t)$ 和 $q_3(t) = -Q_3'(t)$ 表示概率密度函数. P_3 描述了组合转移 IR, IH 和 ID 的等待时间. 假设 $p, (1-p), (1-p)(1-f)(0 \leqslant p, f < 1)$ 分别是因住院、未住院而死亡, 未住院而康复离开 I 类的个体的概率. Q_3 描述两个转移 HR 和 HD 结合的等待时间, 假设住院个体康复或死亡比例分别是 $1-f$ 和 f. 转移图如图 10.12 所示.

在此情形, 模型 III 由下面的积分-微分方程组组成

$$S'(t) = -\lambda(t)S, \quad E'(t) = \lambda(t)S - \alpha E(t),$$

$$I(t) = \int_0^t \alpha E(s) P_3(t-s)ds + I(0)P_3(t),$$

$$H(t) = \int_0^t p\left[\int_0^s \alpha E(\tau)p_3(s-\tau) + I(0)p_3(s)\right] Q_3(t-s)ds,$$

$$D'(t) = (1-p)f \left[\int_0^s \alpha E(\tau) p_3(t-s) + I(0)p_3(t) \right]$$

$$+ f \int_0^t \left[p \int_0^t \alpha E(\tau) p_3(s-\tau)d\tau + pI(0)p_3(s) \right] q_3(t-s)ds - \gamma_f D(t),$$

$$(10.33)$$

$$R'(t) = (1-p)(1-f) \left[\int_0^t \alpha E(s) p_3(\tau-s)ds + I(0)p_3(t) \right]$$

$$+ (1-f) \int_0^t \left[p \int_0^s \alpha E(\tau) p_3(s-\tau))d\tau + pI(0)p_3(s) \right] q_3(t-s)ds.$$

注意, 在这种情况下, 写出 D' 和 H' 的方程比写出 D 和 H 的方程更容易.

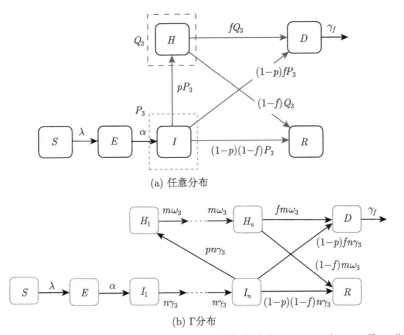

(a) 任意分布

(b) Γ分布

图 10.12 模型 III 的转移图. (a) T_{P_3} 和 T_{Q_3} 是任意分布; (b) T_{P_3} 和 T_{Q_3} 是 Γ 分布

假设 T_{P_3} 和 T_{Q_3} 分别遵循形状参数 n 和 m 的 Γ 分布, 即生存函数为

$$P_3(t) = G_{n\gamma_3}^n(t) = \sum_{j=1}^n \frac{[n\gamma_3(t-s)]^{j-1}e^{-n\gamma_3(t-s)}}{(j-1)!},$$

$$Q_3(t) = G_{n\omega_3}^m(t) = \sum_{j=1}^m \frac{[m\omega_3(t-s)]^{j-1}e^{-m\omega_3(t-s)}}{(j-1)!}.$$

$$(10.34)$$

于是, 系统 (10.33) 化为下面的常微分方程系统

$$\frac{dS}{dt} = -\frac{1}{N}S\left(\beta_I \sum_{j=1}^{n} I_j + \beta_H \sum_{j=1}^{n} H_j + \beta_D D\right),$$

$$\frac{dE}{dt} = \frac{1}{N}S\left(\beta_I \sum_{j=1}^{n} I_j + \beta_H \sum_{j=1}^{n} H_j + \beta_D D\right) - \alpha E,$$

$$\frac{dI_1}{dt} = \alpha E - n\gamma_3 I_1,$$

$$\frac{dI_k}{dt} = n\gamma_3 I_{k-1} - n\gamma_3 I_k, \quad k = 2, \cdots, n,$$

$$\frac{dH_1}{dt} = pn\gamma_3 I_n - m\omega_3 H_1,$$

$$\frac{dH_k}{dt} = m\omega_3 H_{k-1} + m\omega_3 H_k, \quad k = 2, \cdots, m,$$

$$\frac{dD}{dt} = (1-p)fn\gamma_3 I_n + fm\omega_3 H_n - \gamma_f D,$$

$$\frac{dR}{dt} = (1-p)(1-f)n\gamma_3 I_n + (1-f)m\omega_3 H_n.$$

$$(10.35)$$

在对 T_{P_3} 和 T_{Q_3} 的 Γ 分布下, 常微分方程模型 (10.35) 的转移图如图 10.12(b) 所示. 我们观察到该图与图 10.10(b) 或图 10.11(b) 之间的主要区别在从 I_n 和 H_m 中康复的康复率, 它们在这里具有不同的值. 从 I_j 到 $I_{j+1}(j = 1, \cdots, n-1)$ 和从 H_j 到 $H_{j+1}(j = 1, \cdots, m-1)$ 的转移率也存在类似差别.

在 $n = m = 1$ 的特殊情形 (即 P_3 和 Q_3 呈指数分布), 这时 ODE 模型 (10.35) 简化为

$$\frac{dS}{dt} = -\frac{1}{N}S(\beta_I I + \beta_H H + \beta_D D),$$

$$\frac{dE}{dt} = \frac{1}{N}S(\beta_I I + \beta_H H + \beta_D D) - \alpha E,$$

$$\frac{dI}{dt} = \alpha E - \gamma_3 I,$$

$$\frac{dH}{dt} = p\gamma_3 I - \omega_3 H,$$

$$(10.36)$$

$$\frac{dD}{dt} = (1-p)f\gamma_3 I + f\omega_3 H - \gamma_f D,$$

$$\frac{dR}{dt} = (1-p)(1-f)\gamma_3 I + (1-f)\omega_3 H.$$

注意, 如果我们忽略等价的 Legrand 模型 (10.12) 的 R 方程中的最后一项 (该项表示 R 类中包括那些被隐藏的项), 则当删除下标 "3" 时, 模型 (10.36) 与模型 (10.12) 相同, 即, 当 γ_3 和 ω_3 定义和约束如下时:

$$\frac{1}{\gamma_3} = \frac{p}{\gamma_{IH}} + \frac{(1-p)f}{\gamma_{ID}} + \frac{(1-p)(1-f)}{\gamma_{IR}},$$

$$\frac{1}{\omega_3} = \frac{f}{\omega_{HD}} + \frac{1-f}{\omega_{HR}},$$

(10.37)

$$\frac{1}{\gamma_{IR}} = \frac{1}{\gamma_{IH}} + \frac{1}{\omega_{HR}}, \quad \frac{1}{\gamma_{ID}} = \frac{1}{\gamma_{IH}} + \frac{1}{\omega_{HD}}.$$

(10.38)

模型 III 的再生数 $\mathscr{R}_{C_3}$ 可以用对模型 I 和 II 的相同方法推导. 由于推导过程类似, 我们省略了细节, 仅对 P_3 和 Q_3 都是指数分布时叙述公式, 即 $P_3 = G_{\gamma_3}^1$ 和 $Q_3 = G_{\omega_3}^1$ (见 (10.34)). 在这种情形, ODE 模型 (10.5) 的 $\mathscr{R}_{C_3}$ 与 m 和 n 无关, 为

$$\mathscr{R}_{C_3}^{指数} = \frac{\beta_I}{\gamma_3} + p\frac{\beta_H}{\omega_3} + f\frac{\beta_D}{\gamma_f},$$

(10.39)

其中 γ_3 和 ω_3 由 (10.37) 给出.

注意, 模型 I, II 和 III 的主要区别在于对生物过程的假设, 尤其是各个阶段用函数 $L(t), P(t), M(t)$ 表示的逗留分布. Legrand 模型只能从模型 III 得到, 不能从模型 I 和 II 得到, 这一事实说明 Legrand 模型对这些逗留分布作了特殊假设. 例如, 我们的分析表明 Legrand 模型作了以下假设:

(a) 在 I 阶段, 假设整个逗留时间呈平均逗留时间为 $\frac{1}{\gamma}$ 的指数分布, 进一步假设是 (10.13) 中给出的特定的加权平均 $\frac{1}{\gamma_{IR}}, \frac{1}{\gamma_{IH}}$ 和 $\frac{1}{\gamma_{ID}}$, 其中 $\frac{1}{\gamma_{IR}}, \frac{1}{\gamma_{IH}}$ 和 $\frac{1}{\gamma_{ID}}$ 分别是 IR, IH 和 ID 转移的平均阶段逗留时间. 但是, 从模型 I 中我们可以看到, 如果 IR, IH 和 ID 转移遵循具有参数 γ_{IR}, γ_{IH} 和 γ_{ID} 的独立指数分布, 则 I 阶段的总逗留时间是参数为 $\gamma = \gamma_{IR} + \gamma_{IH} + \gamma_{ID}$ 的平均逗留时间

$$\frac{1}{\gamma} = \frac{1}{\gamma_{IR} + \gamma_{IH} + \gamma_{IRD}}$$

的指数分布, 这与 (10.13) 不同.

(b) I 阶段和 H 的分布是独立的 (见 $P_3(t)$ 和 $Q_3(t)$). 这意味着在康复或死亡前在 H 阶段的平均度过时间 $\dfrac{1}{\omega_3}$ 不依赖于康复或者住院或死亡前在 I 阶段的平均度过时间 $\dfrac{1}{\gamma_3}$. 在此假设下, 康复前在 H 中的度过时间 $\dfrac{1}{\gamma_{HR}}$ 不考虑住院之前在 I 中的度过时间 $\dfrac{1}{\gamma_{IH}}$. 由于这种独立性, 模型需要施加约束以连接这两个逗留时间 (见 (10.10)).

评估模型 I, II 和 III 的差异

从具有一般分布的模型 I, II 和 III 简化来的三个 ODE 模型 (10.20), (10.30) 和 (10.36) 唯一可以与 Legrand 模型匹配的是 (10.36). 其中的假设包括: (i) 三个转移 IR, IH 和 ID 的等待时间不是独立的, 而且 (ii) 在 I 仓室的整个等待时间是这三个转移的平均持续时间 $1/\gamma_{IR}, 1/\gamma_{IH}$ 和 $1/\gamma_{ID}$ 的加权平均, 其中权由如 (10.14) 描述的住院概率 p 和死亡概率 f 确定. 通过对 ODE 模型 (10.20) 的研究, 我们得到, 如果三个转移 IR, IH 和 ID 的等待时间是独立的, 且是参数为 γ_1, χ_1 和 μ 的指数分布, 则在 I 中的总等待时间是参数为 $\gamma_1 + \chi_1 + \mu$ 的指数分布. 这就是说, 平均总等待时间应该是 $1/(\gamma_1 + \chi_1 + \mu)$, 而不是如 (10.14) 中的加权平均.

三个一般模型的控制再生数 $\mathscr{R}_{C_i}(i = 1, 2, 3)$ 的公式提供了一个检查假设对模型结果的影响的方法. 例如, 考虑分别与三个 ODE 模型 (10.20), (10.30) 和 (10.36) 对应的, 由 (10.25), (10.31) 和 (10.39) 给出的三个控制再生数 $\mathscr{R}_{C_i}(i = 1, 2, 3)$. 图 10.13 说明给定一组参数值时, 这三个模型的基本再生数与控制再生数之间的差异, 这些差异主要基于 2014 年西非的埃博拉疫情. 我们固定除 β_i 之外的所有参数 $(i = I, H, D)$ 和 f. 然后, 对于 $f_0 = 0.7$ 的固定值, 从 $\mathscr{R}_0$ 的给定值 (假定它对这三个模型都相同) 估计 $\beta_i(i = I, H, D)$. 如果进一步假设 $\beta_H = \beta_D = 0.3\beta_I$, 那么对于固定的 $\mathscr{R}_0$, 就可得到 β_I 的唯一值. 一旦有了 β_i 值, 就有 f 的三个函数 $\mathscr{R}_{0i}(f)(i = 1, 2, 3)$. 对图 10.13(a) 我们用了通用值 $\mathscr{R}_0(f_0) = 1.8$. 三条曲线是对模型 I (细实线)、模型 II (虚线) 和模型 III (厚实心线) 的. 对于选定的参数值组, 模型 II 和模型 III 的 $\mathscr{R}_0$ 曲线重叠. 这些曲线的递减性表示较高的疾病死亡率会降低 $\mathscr{R}_{0i}(f)$, 因为假设 $\beta_D < \beta_I$, 这是可预期的. 一个有趣的发现是, 模型 I 中基本再生数对疾病死亡 f 的依赖性比模型 II 和 III 更为严重, 特别是对于较小的 f 值. 对于较小的 f 值, 模型 I 倾向于生成最高的 $\mathscr{R}_0$, 而对于较大的 f 值, 模型 III 提供更高的 $\mathscr{R}_0$. 使用的其他参数值是 (以天为时间单位): $1/\gamma_{IR} = 18, 1/\gamma_f = 2, 1/\alpha = 9$. 参数 $\mu, \chi_i(i = 1, 2)$ 是根据它们与公共参数之间的关系来计算. 对模型 III, 其他参数包括 $1/\gamma_{IH} = 7, 1/\gamma_I = 8$ 可用于由 (10.37)

确定 γ_3 和 ω_3.

当考虑控制 $(p > 0)$ 时, $\mathscr{R}_{C_i}$ 对 p 和 f 的依赖性如图 10.13(b) 所示. 我们观察到, 对于给定的一组参数值, 对较小 p 和 f, 模型 I 产生的 $\mathscr{R}_C$ 值 (具有网格的较暗面) 高于模型 II 的 $\mathscr{R}_C$ 值 (较浅的面) 和模型 III 的 $\mathscr{R}_C$ 值 (无网格的较暗面). 模型 III 为 p 和/或 f 更大的值提供了更高的值. 三个模型之间的 $\mathscr{R}_0$ 和 $\mathscr{R}_C$ 差异表明该模型关于控制措施的有效性的预测和评估也可以有很大的不同. 图 10.14 显示了这三种方法对从模型 I, II 和 III 简化而来的 ODE 模型 (10.20), (10.30) 和 (10.36) 的数值模拟结果, 它们分别在第 1, 2 和 3 栏中列出. A, B 和 C 三块对应于三组 (p, f) 值: $(p, f) = (0, 0.7)$ (上面块), $(p, f) = (0.3, 0.5)$ (中间块) 和 $(p, f) = (0.4, 0.7)$ (下面块). 上面块 (A_1—A_3) 用于未住院的情况 $(p = 0)$. 观察到模型 II 和 III 产生相似的流行病曲线 (染病者个体的比例 $(E + I + H)/N$), 包括峰值大小、到达峰值的时间、流行病的持续时间 (导致相似的流行病最后规模). 模型 I 显示了更高峰值大小和出现更早峰的时间. 中间块 (B_1—B_3) 适用于住院率为 $p = 0.3$ 的情况, 我们观察到模型 I 的峰值最大, 模型 II 的最小. 这与控制再生数 $\mathscr{R}_{C_i}$ 的相对大小一致, 因为点 $(p, f) = (0.3, 0.5)$ 位于区域 $\mathscr{R}_{C_1} > \mathscr{R}_{C_3} > \mathscr{R}_{C_2}$ (见图 10.13). 对底部的 (C_1—C_3), 由于点 $(p, f) = (0.4, 0.7)$ 位于区域 $\mathscr{R}_{C_3} > \mathscr{R}_{C_1} > \mathscr{R}_{C_2}$, 观察到模型 III 产生最大的峰值, 模型 II 再次产生最小的峰值.

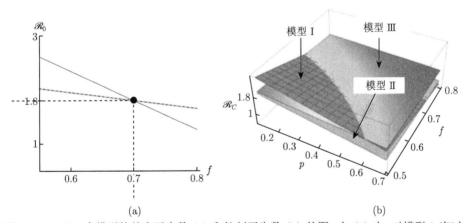

(a)   (b)

图 10.13 对三个模型的基本再生数 (a) 和控制再生数 (b) 的图. 在 (a) 中, 对模型 I (细实线)、模型 II (虚线) 和模型 III (厚实心线), $\mathscr{R}_0$ 被绘制为 f 的函数, 选择参数值使得所有三个 $\mathscr{R}_{0i}$ 在 $f = 0.7$ 时都具有相同值 1.8(注意 $p = 0$). 在 (b) 中, 对于模型 I—III, $\mathscr{R}_{0i}$ 被绘制为 p 和 f 的函数. 其他参数值在这一节中已给出

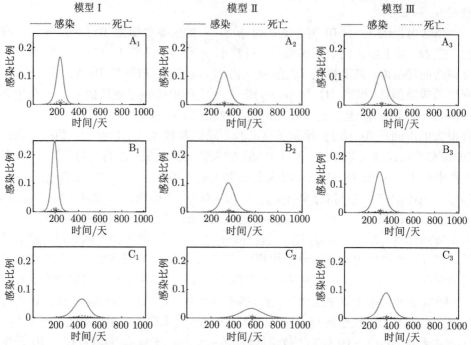

图 10.14   对分别从模型 I, II 和 III 简化来的 ODE 模型 (10.20), (10.30) 和 (10.36) 的数值模拟. 在 1000 天时间内绘制染病者个体的比例 $(E+I+H)/N$ 和死亡比例 (D/N). 使用的 (p,f) 的三组值: $(p,f) = (0, 0.7)$ (上部), $(p,f) = (0.3, 0.5)$ (中部), $(p,f) = (0.4, 0.7)$ (底部). 参数值与图 10.13 中的相同

10.5   慢于指数增长

分析疾病暴发的标准方法是将动力系统构建为确定性仓室模型, 然后使用观察到的早期疫情数据拟合参数到模型中, 最后分析动力系统以预测疾病暴发的进程并比较不同管理策略的影响. 一般来说, 这类模型预测了一个随机的初始阶段 (当染病者个体的数量很少时), 然后是一段指数增长期. 测量这个早期的指数增长率是估计模型的接触率参数的一个重要步骤. 在 [21] 中可以找到关于仓室模型分析的详细描述.

但是, 我们注意到一些情况, 流行病的增长率明显低于或高于指数增长. 例如, [13] 中描述的 2013—2015 年西非流行病被视为是当地的不同步的几个时期内显示的几代人中呈现的次指数增长模式. 特别是, 如果 $I(t)$ 是染病者个体在时间 t 的数量, 那么如果增长率是指数式的, 则 $\log I(t)$ 对 t 的曲线是一条直线, 但对暴发的某些疾病这不成立. 一个最早的例子之一 [16] 与美国艾滋病病毒/艾滋病的增长有关, 一种可能的解释是短期和长期接触的混合. 这可能是其他疾病的一个原因, 在这些疾病中, 家庭成员之间反复接触, 而家庭以外的接触频率则较低.

在 2013—2015 年西非埃博拉疫情期间, 利比里亚国家的总人口为 430 万, 截至 2015 年 9 月 3 日, 共有 10678 个疑似病例和确诊病例 [32]. 而 SIR 模型预测整个国家将超过 150 万例. 这个差异不能通过控制措施来解释. 为了对大规模流行病的影响做出合理的预测, 有必要使用基于流行病早期阶段观察的现象学模型, 而不是试图建立一个机械模型. 曾被广泛使用的一些现象学模型是广义 Richards 模型、"广义增长模型" 和理想模型.

10.5.1 广义 Richards 模型

适合早期流行病数据的第一个尝试可能是 Richards 模型 [34]. 这是对如 [22] 中所述的 Logistic 种群增长模型的修改

$$I'(t) = rI \left[1 - \left(\frac{I}{K} \right)^a \right].$$

在这个模型中, I 表示在 t 时间累计的染病者数, K 为暴发的承载力或总病例数, r 是染病者的人均增长率, a 为偏离 Logistic 模型的指数. 模型的基本前提是发病率曲线有一个转折点 t_m. 该模型的解析解为

$$I(t) = \frac{K}{[1 + e^{-r(t-t_m)}]^{1/a}}.$$

10.5.2 广义增长模型

在 [12—15, 39] 中已经指出, 所谓的广义增长模型的形式为

$$C'(t) = rC(t)^p,$$

其中 $C(t)$ 是到时间 t 时所发生的疾病病例数, $p(0 \leqslant p \leqslant 1)$ 是 "慢增长" 参数, 如果 $p = 1$, 则有指数解, 但若 $0 < p < 1$, 则有多项式增长的解. 这不是也没有声称是机制性的流行病模型, 但它已证明在拟合流行病的增长和预测流行病的进程方面非常成功. 例如, 与 2014 年埃博拉疫情的指数增长假设相比, 它提供的流行病最后规模估计要好得多. 但是, 它假设疾病病例数持续增加, 无法捕捉到后来新染病者病例数的下降. 这种现象学模型特别适用于由于多种传播途径、空间影响的相互作用或其他不确定因素而难以构造机械模型的情形.

10.5.3 IDEA 模型

值得进一步探索的另一个方向是, 由于对疾病暴发的反应, 个体的行为发生变化, 接触率会随着时间的推移而降低. 接触率是时间的递减函数, 肯定会导致早

期流行病的增长慢于指数增长. 朝着这个方向迈出的一步已经在离散模型 [19] 中启动, 该模型已经应用于 [20] 中的埃博拉模型.

　　IDEA 模型 [19,20,37] 是一个离散模型, 它假设由于自发或计划的行为改变而抑制了新感染的补充. 假设模型中的时间间隔等于感染持续时间, 因此每一阶段的染病者人数等于新感染的人数. 得到的模型是

$$I_t = \left[\frac{\mathscr{R}_0}{(1+d)^t} \right]^t.$$

其中 d 是描述补充受阻的折扣因子.

　　已经描述了各种流行病学情况, 在这些流行病学中, 流行病的增长可能低于指数增长. 最终, 流行病学建模面临的挑战是通过推导和分析描述每种情况的机械模型来确定这些情况中哪一个情况的增长比指数增长慢. 这是流行病建模的一个重要新方向. 一些建议包括具有空间结构的元人口模型、交叉耦合和流动性、空间结构聚类、动态接触、基于主体的个体感染性和易感性差异的模型, 以及疾病暴发初期反映性行为的变化. 事实证明, 在某些情况下可以排除比指数增长慢的情况, 而在另一些情况下则是可能的. 例如, 可以用一个自治动力系统对单一地点混合的异质性进行建模, 而在平衡点动力系统的线性化理论表明, 这种系统的早期流行病总是呈指数增长的. 另一方面, 人口模型也可以允许多种多样的行为.

　　一个更普遍的重要问题是, 疾病暴发期间哪些信息会影响人们的行为, 以及如何将其包括在模型中. 最近的书 [28] 中描述了沿着这个方向的一些研究.

10.5.4　接触率降低的模型

　　有大量事实表明, 在被认为一种非常严重的疾病暴发时, 应尽早采取行动, 可通过降低早期接触率来降低被感染的风险. 这一早期的行动甚至可在政府为抗击这种疾病而努力之前就开始. 由于埃博拉是一种非常严重的疾病, 病死率为 70% 或更高, 因此有理由认为接触率在下降. 这已经在 [1, 2] 中提出. 在 [1] 中, 假设 SIR 模型的接触率随着时间呈指数下降, 并可通过观察来估计下降率. 在 [6] 中, 这样的模型是用于利用早期增长率数据估来计算一个国家的埃博拉疫情的最后规模, 这产生了早期的最后规模估计, 此假定接触率固定的估计更接近于最后的暴发的数据. 例如, 对于几内亚的 2014—2015 年埃博拉疫情, 一个总人口为 1058.9 万的国家, 假设对应于 $\mathscr{R}_0 = 1.5$ 的固定接触率, 估计整个国家的病例超过 900 万. 减少接触率的假设导致有大约 2.7 万的病例估计. 但这次疫情在几内亚的实际埃博拉病例少于 4000. 此处描述的模型适用于整个国家, 并不用于代替描述单个村庄疾病进展的疾病管理所需的更详细模型.

10.6 案例: 慢于指数增长

我们在 10.5.4 节中曾经提出, 染病者个体数量的增长率低于指数增长率, 这可以通过假设接触率随时间下降来解释. 什么样的建模假设可以导致比指数增长更慢的问题是一个复杂问题 [13]. 另一种可能的解释是, 接触率的降低取决于系统的当前状态. 如果模型系统保持自治, 那么只要接触率是 I 的一个可微函数, 增长将保持为指数增长. 因此, 在无病平衡点的线性化理论仍然有效. 但是, 如果新感染率是 $\dfrac{S}{N}f(I)$, 其中 $f(I)$ 在 $I = 0$ 不可微, 则可能出现不同的性态.

考虑 SIR 模型, 其中 I 方程为

$$I' = \beta \frac{S}{N} I^\alpha - \gamma I,$$

其中 $0 < \alpha < 1$. 开始只要 $S \approx N$, 就可以用

$$I' = \beta I^\alpha - \gamma I \tag{10.40}$$

近似这个方程.

问题 1 证明基本再生数是

$$\mathscr{R}_0 = \frac{\beta}{\gamma}.$$

问题 2 作因变量变换 $u = \log I$, 并推导 u 满足的微分方程.

I 的指数增长对应于 u 的线性增长. 显然, 如果 $\alpha = 1$, u 线性增长.

问题 3 通过求 u 的显式解或者通过模拟来确定 u 的增长率是否低于 $\alpha < 1$ 的线性增长, 确定 α 的范围, 其中 $\beta > \gamma$ (因此 $\mathscr{R}_0 > 1$).

10.7 案例: 将限制流动性作为一种控制策略

设置警戒线或 "卫生屏障" 旨在防止人员活动和来自特定地区的人员和物品. 使用警戒线的效果一直存在争议. 该政策上一次实施几乎在 100 年前 [9]. 为了控制疾病, 埃博拉肆虐严重的国家强制执行公共卫生官员的决定, 将这种中世纪的控制策略用于 EVD 热点地区, 即几内亚、利比里亚和塞拉利昂的汇合区域 [30]. 在此案例中, 我们引入一个框架, 该框架允许在最简单的情况下评估疾病暴发期间使用警戒线的潜在影响. 我们考虑了两地区的 SIR 流行病模型, 其中一个具有显著的更大接触率, 并且人们在两地区之间有短期旅行. 每地区中的总人口是固

定的. 我们遵循拉格朗日的观点, 也就是说, 我们始终跟踪每个人的居住地 [4,17]. 这与欧拉观点相反, 后者描述了地区之间的迁移.

为此, 我们考虑两个地区, 它们的总常住人口大小分别为 N_1 和 N_2, 每个人群被分为易感者、染病者和移出者成员. S_i 和 I_i 分别表示易感者和染病者的数量, 不管他们居住在地区 i 中的哪一个.

地区 i 中的居民在 i 地区中的时间只占比例 p_{ij}, 其中

$$p_{11} + p_{12} = 1, \quad p_{21} + p_{22} = 1.$$

地区 i 中的接触率是 β_i, 且假设 $\beta_1 > \beta_2$.

地区 1 中存在的 1 组 $p_{11}S_1$ 个易感者的每一个被地区 1 中的 1 组和 2 组中染病者感染. 同样, 地区 2 中存在的 $p_{12}S_1$ 个易感者均可被地区 2 中 1 组和 2 组的染病者感染.

问题 1   证明模型方程是

$$S_i' = -p_{i1}S_i\left[p_{11}\frac{I_1}{N_1} + p_{12}\frac{I_2}{N_2}\right] - p_{i2}S_i\left[p_{21}\frac{I_1}{N_1} + p_{22}\frac{I_2}{N_2}\right],$$

$$I_i' = p_{i1}S_i\left[p_{11}\frac{I_1}{N_1} + p_{21}\frac{I_2}{N_2}\right] + p_{i2}S_i\left[p_{21}\frac{I_1}{N_1} + p_{22}\frac{I_2}{N_2}\right] - \gamma I_i, \quad i = 1,2.$$

问题 2   利用下一代矩阵 [38] 计算基本再生数.

问题 3   利用第 4 章和第 5 章描述的方法确定最后规模关系.

实施警戒线相当于各组之间的正常旅游由比例

$$p_{11} = p_{22} = 1, \quad p_{12} = p_{21} = 0$$

代替.

问题 4   利用不同参数值的选择, 模拟比较有警戒线和无警戒线的再生数和最后规模关系.

这里建议的方法可以与比特定疾病的更详细模型一起使用, 例如埃博拉病毒, 其中通过临时访问从一个村庄传播到另一个村庄是一个因素 [17].

10.8   案例: 早期检测的作用

在 [10] 中考虑了下面的模型

$$\frac{dS}{dt} = -\beta S \frac{I + lJ}{N},$$

$$\frac{dE_1}{dt} = \beta S \frac{I + lJ}{N} - k_1 E_1,$$

$$\frac{dE_2}{dt} = k_1 E_1 - k_2 E_2 - f_T E_2,$$

$$\frac{dI}{dt} = k_2 E_2 - (\alpha + \gamma)I, \tag{10.41}$$

$$\frac{dJ}{dt} = \alpha I + f_T E_2 - \gamma_r J,$$

$$\frac{dR}{dt} = \gamma(1 - \delta)I + \gamma_r(1 - \delta)J,$$

$$\frac{dR}{dt} = \gamma \delta I + \gamma_r \delta I,$$

其中 $N = S + E_1 + E_2 + I + J + R$. 变量 E_1 和 E_2 分别表示潜伏的未检出和可检出的个体数, I 为染病者的个体数, J 为隔离染病者的个体数, R 和 D 为疾病康复和死亡的个体数. 对于参数, β 是疾病传播率, l 是隔离个体的相对传播能力, k 是进入可检测类的比例, k_2 是变成染病者的比例, f_T 是被诊断率, α 是隔离比例, γ 是康复率, γ_r 是个体在康复或患病后从隔离或疾病死亡移出的比例.

参 考 文 献

[1] Althaus, C.L. (2014) Estimating the reproduction number of Ebola Virus (EBOV) during the 2014 outbreak in West Africa, PLoS Currents: Edition 1. https://doi.org/10.1371/current. outbreaks.91afb5e0f279e7f29e7056095255b288.

[2] Barbarossa, M.V., A Denes, G. Kiss, Y. Nakata, G. Rost, & Z. Vizi (2015) Transmission dynamics and final epidemic size of Ebola virus disease dynamics with varying interventions, PLoS One 10(7): e0131398. https://doi.org/10.1371/journalpone.0131398.

[3] Bellan, S.E., J.R.C. Pulliam, J. Dushoff, and L.A. Meyers (2014) Ebola control: effect of asymptomatic infection and acquired immunity, The Lancet, 384: 1499-1500.

[4] Bichara, D., Y. Kang, C. Castillo-Chavez, R. Horan and C. Perringa (2015) SIS and SIR epidemic models under virtual dispersal, Bull. Math. Biol., 77: 2004-2034.

[5] Blower, S.M. and H. Dowlatabadi (1994) Sensitivity and uncertainty analysis of complex models of disease transmission: an HIV model, as an example, Int Stat Rev., 2: 229-243.

[6] Brauer, F. (2019) The final size of a serious epidemic, Bull. Math. Biol. https://doi.org/10.1017/s11538-018-00549-x.

[7] Browne, C.J., H. Gulbudak, and G. Webb (2015) Modeling contact tracing in outbreaks with application to Ebola, J. Theor. Biol., 384: 33-49.

[8] Butler, D. (2014) Models overestimate Ebola cases, Nature 515: 18. https://doi.org/10. 1038/515018a.

[9] Byrne, J.P. (2008) Encyclopedia of Pestilence, Pandemics, and Plagues, 1 ABC-CLIO, 2008.

[10] Chowell, D., C. Castillo-Chavez, S. Krishna, X. Qiu, and K.S. Anderson (2015) Modelling the effect of early detection of Ebola, Lancet Infectious Diseases, February, DOI: http://dx. doi.org/10.1016/S1473-3099(14)71084-9.

[11] Chowell, G., N.W. Hengartnerb, C. Castillo-Chavez, P.W, Fenimore, and J.M. Hyman (2004) The basic reproductive number of Ebola and the effects of public health measures: the cases of Congo and Uganda, J. Theor. Biol., 229: 119-126.

[12] Chowell, G. and J. M. Hyman (2016) Mathematical and Statistical Modeling for Emerging and Re-emerging Infectious Diseases. Springer, 2016.

[13] Chowell G., C. Viboud, J.M. Hyman, L. Simonsen (2015) The Western Africa Ebola virus disease epidemic exhibits both global exponential and local polynomial growth rates. PLOS Current Outbreaks, January 21.

[14] Chowell, G. and C. Viboud (2016) Is it growing exponentially fast? - impact of assuming exponential growth for characterizing and forecasting epidemics with initial near-exponential growth dynamics, Infectious Dis. Modelling, 1: 71-78.

[15] Chowell, G., C. Viboud, L. Simonsen, & S. Moghadas (2016) Characterizing the reproduction number of epidemics with early sub-exponential growth dynamics, J. Roy. Soc. Interface: https://doi.org/10.1098/rsif.2016.0659.

[16] Colgate, S.A., E. A. Stanley, J. M. Hyman, S. P. Layne, and C. Qualls (1989) Risk behaviorbased model of the cubic growth of acquired immunodeficiency syndrome in the United States. Proc. Nat. Acad. Sci., textbf86: 4793-4797.

[17] Espinoza, B., V. Moreno, D, Bichara, and C. Castillo-Chavez (2016) Assessing the efficiency of movement restriction as a control strategy of Ebola, In Mathematical and Statistical Modeling for Emerging and Re-emerging Infectious Diseases, Springer International Publishing: pp. 123-145.

[18] Feng, Z., Z. Zheng, N. Hernandez-Ceron, J.W. Glasser, and A.N. Hill (2016) Mathematical models of Ebola-Consequences of underlying assumptions, Math. Biosc., 277: 89-107.

[19] Fisman, D.N., T.S. Hauck, A.R. Tuite, & A.L. Greer (2013) An IDEA for short term outbreak projection: nearcasting using the basic reproduction number, PLOS One, 8: 1-8.

[20] Fisman, D.N., E. Khoo, & A.R. Tuite (2014) Early epidemic dynamics of the west Africa 2014 Ebola outbreak: Estimates derived with a simple two-parameter model, PLOS currents 6: September 8.

[21] Hethcote, H.W. (2000) The mathematics of infectious diseases, SIAM Review, 42: 599-653.

[22] Hsieh, Y.-H. (2009) Richards model: a simple procedure for real-time prediction of

outbreak severity, Modeling and Dynamics of Infectious Diseases, pp. 216-236. World Scientific.

[23] Khan, A., M. Naveed, M. Dur-e-Ahmad, and M. Imran (2015) Estimating the basic reproductive ratio for the Ebola outbreak in Liberia and Sierra Leone, Infect. Dis. Poverty 4.

[24] Khan, A.S, F.K. Tshioko, D.L. Heymann, et al (1999) The reemergence of Ebola hemorrhagic fever, Democratic Republic of the Congo, 1995, J. Inf. Dis., 179: S76-86.

[25] King, K., et al (2015) Avoidable errors in the modelling of outbreaks of emerging pathogens, with special reference to Ebola, Proc. R. Soc. B 282: 20150347. http://dx. doi.org/10.1098/rspb.2015.0347.

[26] Legrand, J., R.F. Grais, P.Y. Boelle, A.J. Valleron, and A. Flahault (2007) Understanding the dynamics of Ebola epidemics, Epidemiol. Infect, 135: 610-621.

[27] Lewnard, J.A., M.L.N. Mbah, J.A. Alfaro-Murillo, et al (2014) Dynamics and control of Ebola virus transmission in Montserrado, Liberia: a mathematical modelling analysis, Lancet Infect. Dis., 14: 1189-1195.

[28] Manfredi, P. & A. d'Onofrio (eds.) (2013) Modeling the Interplay between Human Behavior and the Spread of Infectious Diseases, Springer-Verlag, New York-Heidelberg-Dordrecht- London.

[29] Meltzer M.I., C.Y. Atkins, S. Santibanez, et al (2014) Estimating the future number of cases in the Ebola epidemic: Liberia and Sierra Leone, 2014-2015. MMWR Surveill. Summ., 63: 2014-2015.

[30] McNeil Jr., D.G. 2014 NYT: Using a Tactic Unseen in a Century, Countries Cordon Off Ebola-Racked Areas, August 12, 2014.

[31] Nishiura, H and G. Chowell (2014) Early transmission dynamics of Ebola virus disease (EVD), West Africa, March to August 2014, Euro Surveill., 19: 1-6.

[32] Nyenswah, T.G., F. Kateh, L. Bawo, M. Massaquoi, M. Gbanyan, M. Fallah, T. K. Nagbe, K. K. Karsor, C. S. Wesseh, S. Sieh, et al (2016) Ebola and its control in Liberia, 2014-2015, Emerging Infectious Diseases, 22: 169.

[33] Renshaw, E. (1991) Modelling Biological Populations in Space and Time. Cambridge University Press, Cambridge, 1991.

[34] Richards, F. (1959) A flexible growth function for empirical use, J. Experimental Botany, 10: 290-301.

[35] Rivers, C.M. et al (2014) Modeling the impact of interventions on an epidemic of Ebola in Sierra Leone and Liberia, PLoS Current Outbreaks, November 6, 2014.

[36] Towers, S., O. Patterson-Lomba, and C. Castillo-Chavez (2014) Temporal variations in the effective reproduction number of the 2014 West Africa Ebola Outbreak, PLoS Currents: Outbreaks 1.

[37] Tuite, A.R. & D.N. Fisman (2016) The IDEA model: A single equation approach to the Ebola forecasting challenge, Epidemics, http://dx.doi.org/10.1016/j.epidem.2016.09.001 390 10 Models for Ebola.

[38] van den Driessche, P. & J. Watmough (2002) Reproduction numbers and sub-threshold endemic equilibria for compartmental models of disease transmission. Math. Biosc., 180: 29-48.

[39] Viboud, C., L. Simonsen, and G. Chowell (2016) A generalized-growth model to characterize the early ascending phase of infectious disease outbreaks, Epidemics, 15: 27-37.

[40] Webb G., C. Browne, X. Huo, O. Seydi, M. Seydi, and P. Magal (2014) A model of the 2014 Ebola epidemic in west Africa with contact tracing. PLoS Currents, https://doi.org/10.1371/currents.outbreaks.846b2a31ef37018b7d1126a9c8adf22a.

[41] World Health Organization (WHO) 2001 Outbreak of Ebola hemorrhagic fever, Uganda, August 2000-January 2001. Weekly epidemiological record 2001; 76: 41-48.

第 11 章　疟 疾 模 型

疟疾是通过媒介传播的最重要的疾病之一. 许多媒介传播疾病的媒介是蚊子或其他昆虫, 它们往往在气候较温暖的地区更常见. 未来几年气候变化的一个影响可能是扩大蚊子繁衍生息的地区, 从而导致媒介传播疾病的地理传播.

11.1　疟疾模型介绍

正如我们在前面提到的, 数学流行病学的许多重要基础思想是在 R. A. Ross 爵士 [11] 开始的疟疾研究中出现的. 疟疾是媒介传播疾病的一个例子, 这种感染在媒介 (蚊子) 和宿主 (人) 之间来回传播. 每年有近一百万人丧生, 其中多数是儿童, 大部分是在非洲的贫穷国家.

我们从一个基本的媒介传播模型开始, 即通过假设宿主和媒介都满足 SIR 结构来简化 6.2 节的模型 (6.2). 为了简单起见, 假设宿主或媒介均无疾病死亡, 因此两个种群的总大小分别为常数 N_h 和 N_v. 得到模型

$$
\begin{aligned}
S_h' &= \Lambda_h - \beta_h S_h \frac{I_v}{N_v} - \mu_h S_h, \\
I_h' &= \beta_h S_h \frac{I_v}{N_v} - (\mu_h + \gamma_h) I_h, \\
S_v' &= \Lambda_v - \beta_v S_v \frac{I_h}{N_h} - \mu_v S_v, \\
I_v' &= \beta_v S_v \frac{I_h}{N_h} - (\mu_v + \gamma_v) I_v.
\end{aligned}
\tag{11.1}
$$

此模型始终存在无病平衡点 $(N_h, 0, N_v, 0)$, 而且当两个物种感染规模为正时还可存在地方病平衡点. 在地方病平衡点

$$
\begin{aligned}
\beta_h S_h I_v &= (\gamma_h + \mu_h) I_h N_v, \\
\beta_v S_v I_h &= (\gamma_v + \mu_v) I_h, \\
\Lambda_h &= S_h \left(\mu_h + \beta_h \frac{I_v}{N_v} \right) N_h, \\
\Lambda_v &= S_v \left(\mu_v + \beta_v \frac{I_h}{N_h} \right).
\end{aligned}
$$

应用下一代矩阵方法确定基本再生数, 得到

$$F = \begin{bmatrix} 0 & \beta_h \dfrac{N_h}{N_v} \\ \beta_v \dfrac{N_v}{N_h} & 0 \end{bmatrix}, \quad V = \begin{bmatrix} \gamma_h + \mu_h & 0 \\ 0 & \gamma_v + \mu_v \end{bmatrix}.$$

因此

$$FV^{-1} = \begin{bmatrix} 0 & \dfrac{\beta_h \dfrac{N_h}{N_v}}{\gamma_v + \mu_v} \\ \dfrac{\beta_v \dfrac{N_v}{N_h}}{\gamma_h + \mu_h} & 0 \end{bmatrix}.$$

由此得到

$$\mathscr{R}_0 = \sqrt{\frac{\beta_h \beta_v}{(\gamma_v + \mu_v)(\gamma_h + \mu_h)}}.$$

然而, 这个方法将从宿主到媒介再到宿主的传播视为两代, 更合理的可为

$$\mathscr{R}_0 = \frac{\beta_h \beta_v}{(\gamma_v + \mu_v)(\gamma_h + \mu_h)}. \tag{11.2}$$

无论哪种选择转换点都在 $\mathscr{R}_0 = 1$. 因为在完全的易感者媒介种群中, 单个染病者宿主感染

$$\frac{\beta_v \dfrac{N_v}{N_h}}{\mu_h + \gamma_h}$$

个媒介, 而在完全的易感者宿主人群中, 这些染病者媒介的每一个感染

$$\frac{\beta_h \dfrac{N_h}{N_v}}{\mu_v + \gamma_v}$$

个宿主. 因此, 由染病者宿主引起的继发性宿主感染数 (以及由染病者媒介引起的继发性媒介感染数) 由 (11.2) 给出, 这是对 $\mathscr{R}_0$ 的一个有效选择. 另一个选择也是一个有效的选择, 检查在给定的工作中利用哪种形式很重要. 通过使系统 (11.1) 在平衡点线性化, 可以证明当且仅当 $\mathscr{R}_0 < 1$ 时, 无病平衡点渐近稳定, 且仅当 $\mathscr{R}_0 > 1$ 时存在渐近稳定的地方病平衡点. 由于 (11.1) 是一个 4 维系统, 所以需要证明 4 次多项式的根都具有负实部, 但这在技术上很复杂.

对于疟疾, 以人类为宿主, 蚊子为媒介, 可用两个方式修改媒介传播模型 (6.2). 由于被感染的蚊子终生仍受感染且无法康复, 因此我们取 γ_v 为 0. 同样,

$$\beta_h = bT_{hv}, \quad \beta_{hv} = bT_{vh},$$

其中 b 是蚊子叮咬率, 即单位时间内蚊子叮咬的次数, T_{hv} 是被蚊子叮咬会感染易感人群的概率, T_{vh} 是被易感蚊子叮咬染病的人感染蚊子的概率. 这给出模型

$$\begin{aligned}
S_h' &= \Lambda_h - bT_{hv}S_h\frac{I_v}{N_v} - \mu_h S_h, \\
I_h' &= bT_{hv}S_h\frac{I_v}{N_v} - (\mu_h + \gamma_h)I_h, \\
S_v' &= \Lambda_v - bT_{vh}S_v\frac{I_h}{N_h} - \mu_v S_v, \\
I_v' &= bT_{vh}S_v\frac{I_h}{N_h} - \mu_v I_v.
\end{aligned} \tag{11.3}$$

这基本上是 Ross[11] 的原始模型, 后来 MacDonald[8-10] 对此作了修改. 现在被称为 Ross-MacDonald 模型, 它自开发以来一直是基本的疟疾模型.

如果我们借助蚊子的叮咬率写出基本再生数, 则得到

$$\mathscr{R}_0 = \frac{b^2 T_{hv}T_{vh}}{\mu_v(\gamma_h + \mu_h)}. \tag{11.4}$$

因此, 基本再生数依赖于媒介种群规模与宿主种群规模之比, 它随媒介种群规模增加, 随宿主种群规模减小. 要使感染得到传播, 必须有足够的媒介, 使单个宿主经常至少被叮咬两次, 第一次宿主被感染的媒介感染, 第二次宿主传播感染给另一个媒介.

MacDonald[10] 所说的稳定性指标 $\dfrac{aT_{vh}}{\mu_v}$ 在任何特殊情况下都很难估计, 但可以从某种程度上说明疟疾模型的定性性态. 稳定性指标的大值表示 "稳定疟疾", 表明疟疾是地方病, 而某个地区的稳定性指标的小值表明, 更可能发生流行病. 各个地区的稳定性指标估计为从 0.5 到 5.0.

Ross 博士因展示了疟疾在蚊子和人类之间传播的动力学而获得第二次诺贝尔医学奖. 他的工作立即得到了医学界的认可, 但他关于疟疾可以通过控制蚊子来控制的推测被否定了, 理由是不可能完全消灭一个地区的蚊子, 无论如何, 蚊子很快就会再次入侵该地区. Ross 随后制定了一个预测疟疾暴发的数学模型 [11], 预测如果蚊子数量能够减少到一个临界阈值水平以下就可以避免疟疾的暴发, 这实际上是在疾病传播建模中基本再生数概念的第一个实例.

现场试验支持 Ross 的结论, 这在当时是控制疟疾方面的一个辉煌的成就. 一个明显的例子是以色列 Galilee 地区的沼泽排水以减少蚊子的栖息地. 不幸的是, Garki 案例提供了一个引人注目的反例. 该项目致力于暂时消除某个地区的疟疾. 但是, 从疟疾发作中康复过来的人对再感染具有暂时的免疫力. 因此, 从一个地区消除疟疾使活动结束时该地区的居民没有免疫力, 结果可能是严重的疟疾又暴发.

虽然模型 (11.3) 很好地描述了疟疾的基本特性, 但它忽略了可以添加的重要方面. 例如, 将蚊子种群的潜伏期包括在内, 可使数据与定量的一致性更好. 另一个扩展是包括蚊子种群密度的季节性变化.

模型 (11.3) 假设受感染的人不受进一步感染, 但有证据表明 "重复感染" 可能是一个重要的现象. MacDonald 1957 年的模型 [10] 包括上次的感染结束时才表示出来的连续感染. 虽然这一添加不会影响定性行为, 但它会影响定量结果.

由于反复接触疟疾而获得的对疟疾的免疫力, 在疟疾流行地区, 造成大多数疟疾病例发生在儿童身上. 为此建模需要包括年龄结构, 以及包括因再感染而获得的免疫力. 对此进行建模的一个方法是, 假设在没有暴露的情况下康复后有一段固定时间的免疫期, 但是如果一个人在丧失免疫力后的一定时期内再次暴露, 则免疫力不会丧失 [7,179页]. 基本的 Ross-MacDonald 模型的各种扩展的说明可以在 [3, 13] 中找到.

通过控制蚊子数量来控制疟疾是一个很好的理论解决方案. 但是, 蚊子对杀虫剂的适应很快, 在实际操作中必须经常修改控制方法. 疟疾仍然是导致全世界死亡人数最多的疾病之一.

11.2   一些模型的改进

模型 (11.3) 是一个基本模型, 多年来它一直是一个标准模型. 正如我们在上一节中指出的, 有许多可能的改进. 在本节中, 我们将详细介绍其中一些改进.

11.2.1   蚊子潜伏期

基本的疟疾模型 (11.3) 很好地描述了疟疾感染的动力学, 但它的一些定量预测与观察结果有很大不同. 其中一些差异可以通过考虑蚊子的潜伏期来解决 [10,11]. 包括潜伏期在内的最基本模型假设暴露期指数是从暴露的蚊子向感染的蚊子移动的指数速率. 则其模型为

$$S_h' = \Lambda_h - bT_{hv}S_h\frac{I_v}{N_v} - \mu_h S_h,$$

$$I_h' = bT_{hv}S_h\frac{I_v}{N_v} - (\mu_h + \gamma_h)I_h,$$

$$S_v'(t) = \Lambda_v - bT_{vh}S_v\frac{I_h}{N_h} - \mu_vS_v(t),$$

$$E_v'(t) = bT_{vh}S_v\frac{I_h}{N_h} - (\mu + \kappa_v)E_v,$$

$$I_v' = \kappa_v E_v - \mu_v I_v. \tag{11.5}$$

为了确定模型 (11.5) 的基本再生数, 利用疾病状态为 (I_h, E_v, I_v) 的下一代矩阵法. 我们有

$$F = \begin{bmatrix} 0 & 0 & bT_{hv}\dfrac{N_h}{N_v} \\ bT_{vh}\dfrac{N_v}{N_h} & 0 & 0 \\ 0 & 0 & 0 \end{bmatrix}, \quad V = \begin{bmatrix} \mu_h + \gamma_h & 0 & 0 \\ 0 & \mu_v + \gamma_v & 0 \\ 0 & 00 & \mu_v \end{bmatrix}.$$

这导致

$$FV^{-1} = \begin{bmatrix} 0 & bT_{vh}\dfrac{N_h}{N_v}\dfrac{\kappa_v}{\mu_h(\mu_v+\kappa_v)} & bT_{hv}\dfrac{N_h}{N_v}\dfrac{1}{\mu_v} \\ bT_{vh}\dfrac{N_v}{N_h}\dfrac{1}{\mu_h+\gamma_h} & 0 & 0 \\ 0 & 0 & 0 \end{bmatrix},$$

由此得到

$$\mathscr{R}_0 = b^2 T_{vh}T_{hv}\frac{\kappa_v}{\mu_h(\mu_h+\gamma_h)(\mu_v+\kappa_v)}.$$

事实上, 通过假设蚊子感染有一个固定长度 τ 的潜伏期对模型 (11.3) 进行修改, 得到模型

$$S_h' = \Lambda_h - bT_{hv}S_h\frac{I_v}{N_v} - \mu_h S_h,$$

$$I_h' = bT_{hv}S_h\frac{I_v}{N_v} - (\mu_h + \gamma_h)I_h,$$

$$S_v'(t) = \Lambda_v - bT_{vh}S_v(t)\frac{I_h}{N_h} - \mu_v S_v(t),$$

$$E_v'(t) = bT_{vh}S_v(t)\frac{I_h}{N_h} - e^{-\mu\tau}bT_{vh}S_v(t-\tau)\frac{I_h}{N_h}, \tag{11.6}$$

$$I_v'(t) = e^{-\mu\tau}bT_{vh}S_v(t-\tau)\frac{I_h}{N_h} - \mu_v I_v.$$

对此模型,

$$\mathscr{R}_0 = e^{-\mu\tau} \frac{b^2 T_{hv} T_{vh}}{\mu_v(\gamma_h + \mu_h)}.$$

如在上一节, 可用它的平方根作为基本再生数.

11.2.2　增强免疫力

疟疾的另一个性质是, 通过从感染中康复所获得的免疫力不是永久性的. 这种康复带来的暂时免疫力会因为暴露于进一步的感染中而增强. 这可以通过以下模型来描述. 我们将宿主人群分为三部分: S 为未感染成员的数量, I 为感染个体的数量, R 为具有免疫力而被去除的个体数量. 假设易感染个体的感染率为 h, 然后它们以 r 的速率康复得到免疫. 选择从免疫到易感性的康复率为 γ, 以使免疫的平均期对应于假设: 免疫力一直持续到出现没有暴露的 τ 年的时间间隙 [1-3].

于是

$$\gamma(h) = \frac{h e^{-h\tau}}{1 - e^{-h\tau}}. \tag{11.7}$$

为了建立关系式 (11.7), 令 $p = e^{-h\tau}$ 是 τ 时间后感染的概率, $q = 1 - p$ 是 τ 时间后的未感染的概率. 于是 $\gamma(h) = \dfrac{hp}{q}$ 是失去免疫力的比例, 这就建立了 (11.7).

人们经常观察到免疫力的丧失. 在那些有控制蚊子政策以减少疟疾病例的地区, 终止控制政策的后果之一是由于免疫力的降低, 疟疾病例的增加. 免疫力平均期可以通过观察来估计, 而且关系式 (11.7) 给出了易感性康复率作为感染率的函数关系.

11.2.3　感染力度的其他形式

疟疾模型的感染力度有几种形式 [4]. 我们用

$$\lambda_h = T_{hv} b_h(N_h, N_v) \frac{I_v}{N_v} \quad \text{和} \quad \lambda_v = T_{vh} b_v(N_h, N_v) \frac{I_h}{N_h} \tag{11.8}$$

分别表示从人到蚊子和从蚊子到人的传播率, 其中

$$b_h = \frac{b(N_h, N_v)}{N_h}, \quad b_v = \frac{b(N_h, N_v)}{N_v},$$

$b(N_h, N_v)$ 表示由

$$b = \frac{\sigma_v N_v \sigma_h N_h}{\sigma_v N_v + \sigma_h N_h} = \frac{\sigma_v \sigma_h}{\sigma_v(N_v/N_h) + \sigma_h} N_v \tag{11.9}$$

给出的人被蚊子叮咬的总数. 根据人类和蚊子种群的规模, 叮咬率 b_h 和 b_v 可以采取如表 11.1 所示的几种限制形式.

表 11.1　感染力度函数 (11.8) 中人类被蚊子叮咬的次数

一般模型	b_h	b_v	b
	$\dfrac{\sigma_v \sigma_h N_v}{\sigma_v (N_v/N_h) + \sigma_h}$	$\dfrac{\sigma_v \sigma_h N_h}{\sigma_v (N_v/N_h) + \sigma_h}$	$\dfrac{\sigma_v N_v \sigma_h N_h}{\sigma_v (N_v/N_h) + \sigma_h}$
当 $N_h \to \infty$ 或 $N_v \to 0$ 时	$\dfrac{\sigma_v N_v}{N_h}$	σ_v	$\sigma_v N_v$
当 $N_h \to 0$ 或 $N_v \to \infty$ 时	σ_h	$\dfrac{\sigma_h N_h}{N_v}$	$\sigma_h N_h$

11.3　*疟疾流行病学和镰状细胞遗传学的耦合

尽管疟疾的种群动力学和镰状细胞基因的种群遗传学发生在非常不同的时间尺度上, 但是直接建立一个与这些疾病相关的适当模型是很容易的. 与疟疾相关的高死亡率导致了对抗药性的强大历史选择, 因此, 尽管由纯合子承担了相关的负担, 但对于杂合子中产生的抗药性的单个主要基因也有很强的历史选择. 该基础是用于传播疟疾的经典 Ross-MacDonald 模型, 其扩展范围包括宿主的相关遗传结构.

令 S_{h1} 表示基因型 AA 的未感染的人群密度. 类似地, S_{h2} 表示基因型 AS 的种群密度. 此外, 令 I_{h1} 和 I_{h2} 代表每种基因型感染个体的种群密度. 我们忽略了 SS 个体. 在恶性疟疾高传播率的国家中, 镰状细胞病造成的高死亡率是典型的, 因此这些人很少达到生殖成熟. 可以利用类似的方法来研究包括 SS 个体的扩展模型, 但是由于模型的复杂性, 很难解释阈值条件. 最后, 令 z 为传播疟疾的蚊子比例. 种群中 AS 个体的比例是

$$w = \frac{S_{h2} + I_{h2}}{N_h},$$

其中 $N_h = S_{h1} + I_{h1} + S_{h2} + I_{h2}$ 是人群的总密度. S 基因的频率由 $q = w/2$ 表示, A 基因的频率由 $p = 1 - q$ 表示.

令 $B(N)$ 表示人均出生率, 它可能与密度有关 (例如 Logistic 增长), 人均自然死亡率为 μ_h. 为了结合生态学和进化, 我们作两个假设. 首先, 假设蚊子与人类的比率为常数 c. 这是疟疾建模 (自原始的 Ross-MacDonald 模型以来) 的一个标准假设. 关于蚊子与人的比例 (N_v/N_h) 的可变性的任何其他假设都需要验证.

其次, 假设人群中每个基因型所占的比例 P_i 由

$$P_1 = p^2, \quad P_2 = 2pq$$

给出. 疟疾在人与蚊子之间的传播受到一些基本的流行病学参数控制. 人被叮咬的比例用 b 表示, 被感染的蚊子的平均寿命为 $1/\mu_v$. 人类被叮咬发展成寄生虫

病的概率记为 T_{hvi}; 我们假设 $T_{hv1} \geqslant T_{hv2}$. 疾病引起的死亡率用 ρ_i 表示, 假设 $\rho_1 \gg \rho_2$. 此外, 考虑 AS 个体死于疟疾以外的其他原因可能比 AA 个体死得更快, AS 个体的超额死亡率为 v. T_{vhi} 表示蚊子叮咬 i 型个体而获得疟原虫的概率. 一直到疟疾受害者康复的平均时间 (以 $1/\gamma_{hi}$ 表示) 在 AA 和 AS 的个体中有所不同.

每种基因型的种群密度随感染状况的变化由下面一组五个耦合的常微分方程描述:

$$S'_{hi} = P_i B(N) N - m_i S_{hi} - b T_{hvi} cz S_{hi} + \gamma_{hi} I_{hi},$$

$$I'_{hi} = b T_{hvi} cz S_{hi} - (m_i + \gamma_{hi} + \rho_{hi}) I_{hi}, \tag{11.10}$$

$$z' = (1-z)\left(b T_{vh1} \frac{I_{h1}}{N_h} + b T_{vh2} \frac{I_{h2}}{N_h}\right) - \mu_v z, \quad i = 1, 2,$$

其中 $m_1 = \mu_h, m_2 = \mu_h + v$. 对模型 (11.10) 的更详细分析可在 [5, 6] 中找到.

为每种基因型中的疟疾感染率引入新变量 $x_i = u_i/N$ 和 $y_i = v_{i/N}$, 以及 S 基因的频率 $w = x_2 + y_2 = 2q$ 在数学上方便且与生物学相关. 新变量中的方程式是利用链规则从原始变量 (11.10) 导出的. 注意, 需要澄清的是

$$x_1 + y_1 + x_2 + y_2 = 1 \quad \text{和} \quad x_1 + y_1 = 1 - w.$$

为了减少参数个数, 引入记号 $\beta_{hi} = b T_{hvi} c, \beta_{vi} = b T_{vi}, i = 1, 2$. 于是, 在描述重要的流行病学、人口统计学和人口遗传学量 y_1, y_2, z 和 N_h 的术语中, 我们得到以下等价于 (11.10) 的系统:

$$y'_1 = \beta_{h1} z(1 - w - y_1) - (m_1 + \gamma_{h1} + \rho_{h1}) y_1 - y_1 N'_h/N_h,$$

$$y'_2 = \beta_{h2} z(w - y_2) - (m_2 + \gamma_{h2} + \rho_{h2}) y_2 - y_2 N'_h/N_h,$$

$$z' = (1-z)(\beta_{v2} y_1 + \beta_{v2} y_2) - \mu_v z_v, \tag{11.11}$$

$$w' = P_2 B(N) - \rho_{h2} y_2 - m_2 w - w N'_h/N,$$

$$N'_h = N_h((P_1 + P_2) B(N) - m_1(1-w) - m_2 w - \rho_{h1} y_1 - \rho_{h2} y_2).$$

虽然大多数方程均假设了一般的出生函数 $B(N)$, 但我们针对特定情况的详细数学分析, 其中 $B(N)$ 是依赖于密度的人均出生函数 $B(N) = B_0(1 - N/K)$, 这里 B_0 是一个常数 (人口规模较小时的最大出生率), K 近似地依赖于减少出生率的密度.

有关参数跨多个数量级变化. 例如, 人口参数 (B_0 和 m_i) 和遗传参数 (ρ_{hi}) 是处于 1/几十年级别, 而疟疾参数 ($\beta_{hi}, \gamma_{hi}, \beta_{vi}$ 和 μ_v) 处于 1/天级别. 因此, 虽

然疟疾的动力学变化和遗传组成的变化是两个耦合过程, 但前者的发生时间要比后者快得多. 令 $m_i = \varepsilon \tilde{m}_i, \rho_{hi} = \varepsilon \tilde{\rho}_{hi}$ 和 $B_0 = \varepsilon \tilde{B}_0$, 其中 ε 很小. 我们可以利用这一事实通过使用奇摄动技术来简化整个模型的数学分析, 这使我们能够分离出不同过程的时间尺度. 令 $\varepsilon = 0$, 得到下面的快动力学系统

$$
\begin{aligned}
y_1' &= \beta_{h1}z(1 - y_1 - w) - \gamma_{h1}y_1, \\
y_2' &= \beta_{h2}z(w - y_2) - \gamma_{h2}y_2, \\
z' &= (1 - z)(\beta_{v1}y_1 + \beta_{v2}y_2) - \mu_v z,
\end{aligned}
\tag{11.12}
$$

它描述了由 w 确定的给定基因型分布下的疟疾流行病. 其中, 在快时间尺度下, 将 w 视为参数. 在快时间尺度上, 可以将疟疾的基本再生数计算为下一代矩阵的主特征值:

$$
\mathscr{R}_0 = \mathscr{R}_1(1 - w) + \mathscr{R}_2 w,
\tag{11.13}
$$

其中 $\mathscr{R}_i = \dfrac{\beta_{hi}\beta_{vi}}{\gamma_{hi}\mu_v}, i = 1, 2$ 涉及与蚊子和 i 基因型人类之间的疟疾传播的相关参数. 事实上, 当人群完全由基因 i 型组成时, $\mathscr{R}_i$ (或者 $\sqrt{\mathscr{R}_i}$) 是基本再生数. 可以证明, 当 $\mathscr{R}_0 < 1$ 时, 系统 (11.12) 的无病平衡点是局部渐近稳定的. 当 $\mathscr{R}_0 > 1$ 时, 系统 (11.12) 有由

$$
y_1^* = \frac{Q_{h1}z^*}{1 + Q_{h1}z^*}(1 - w), \quad y_2^* = \frac{Q_{h2}z^*}{1 + Q_{h2}z^*}w
\tag{11.14}
$$

给出的唯一非平凡平衡点 $E^* = (y_1^*, y_2^*, z^*)$, 其中 $Q_{hi} = \beta_{hi}/\gamma_{hi}, i = 1, 2$, z^* 是方程

$$
k_0 z^2 + k_1 z + k_2 = 0
\tag{11.15}
$$

的解, 其中

$$
\begin{aligned}
k_0 &= T_{h1}T_{h2} + \mathscr{R}_1 T_{h2}(1 - w) + \mathscr{R}_2 T_{h1} w, \\
k_1 &= T_{h1} + T_{h2} + \mathscr{R}_1(1 - T_{h2})(1 - w) + \mathscr{R}_2(1 - T_{h1})w, \\
k_2 &= 1 - \mathscr{R}_0.
\end{aligned}
\tag{11.16}
$$

可以证明, 仅当 $\mathscr{R}_0 > 1$ 时方程 (11.15) 才有正解. 当 $\mathscr{R}_0 < 1$ 时, 注意 $k_2 = 1 - \mathscr{R}_0 > 0$ 且 $k_1 > 0$. 因此, 方程 (11.15) 没有正解. 从而 E^* 在生物学上不可行.

如果 $\mathscr{R}_0 > 1$, 则 $k_2 = 1 - \mathscr{R}_0 < 0$. 容易证明, 因为 $0 < w < 1, k_0 > 0$. 因此, 方程 (11.15) 有唯一正解 z^*. 设 $h(z)$ 为由方程 (11.15) 左边给出的 z 函数. 注意.

$h(0) = k_2 < 0, h(1) = 1+T_{h1}T_{h2}+T_{h1}+T_{h2} > 0, h(z^*) = 0.$ 因此, $0 < z^* < 1.$ 由 (11.14) 我们也有 $0 < y_i^* < 1, i = 1, 2.$ 由此得知, 地方病平衡点 $E^* = (y_1^*, y_2^*, z)^*$ 存在且唯一.

对 E^* 的稳定性, 可以证明, 在 E^* 的 Jacobi 矩阵的所有特征值有负实部当且仅当下面的表达式小于 1(详细见 [5]):

$$\lambda =: \sqrt{\left[\frac{\beta_{h1}(1-w-y_1^*)}{\beta_{v1}y_1^*+\beta_{v2}y_2^*+\mu_v}\right]\left[\frac{\beta_{v1}(1-z^*)}{\beta_{h1}z^*+\gamma_{h1}}\right] + \left[\frac{\beta_{h2}(w-y_2^*)}{\beta_{v1}y_1^*+\beta_{v2}y_2^*+\mu_v}\right]\left[\frac{\beta_{v2}(1-z^*)}{\beta_{h2}z^*+\gamma_{h2}}\right]}.$$

利用下面等式

$$z_1^* = \frac{\beta_{v1}y_1^*+\beta_{v2}y_2^*}{\beta_{v1}y_1^*+\beta_{v2}y_2^*+\mu_v} = \frac{\gamma_{h1}y_1^*}{\beta_{h1}(1-w-y_1^*)},$$

$$z_2^* = \frac{\beta_{v1}y_1^*+\beta_{v2}y_2^*}{\beta_{v1}y_1^*+\beta_{v2}y_2^*+\mu_v} = \frac{\gamma_{h2}y_2^*}{\beta_{h2}(w-y_2^*)},$$

并注意 $\beta_{hi}z^*+\gamma_{hi} > \gamma_{hi}, i = 1, 2$ 和 $0 < z^* < 1$, 得到

$$\lambda^2 < \frac{\gamma_{h1}y_1^*}{\beta_{v1}y_1^*+\beta_{v2}y_2^*}\frac{\beta_{v1}(1-z^*)}{\gamma_{h1}} + \frac{\gamma_{h2}y_2^*}{\beta_{v1}y_1^*+\beta_{v2}y_2^*}\frac{\beta_{v2}(1-z^*)}{\gamma_{h2}} = 1 - z^* < 1.$$

由此得知 $\lambda < 1, E^*$ 局部渐近稳定. 利用时间尺度化 $\tau = \varepsilon t$, 可将系统 (11.11) 重写为

$$\varepsilon\frac{dy_1}{d\tau} = \beta_{h1}z(1-y_1-w) - \gamma_{h1}y_1 - \varepsilon y_1((\tilde{m}_1-\tilde{m}_2)w$$
$$+ \tilde{\rho}_{h1}(1-y_1) - \tilde{\rho}_{h2}y_2 + (P_1+P_2)\tilde{B}(N_h)),$$
$$\varepsilon\frac{dy_2}{d\tau} = \beta_{h2}z(w-y_2) - \gamma_{h2}y_2 - \varepsilon y_2((\tilde{m}_1-\tilde{m}_2)(w-1)$$
$$- \tilde{\rho}_{h1}y_1 + \tilde{\rho}_{h2}(1-y_2) + (P_1+P_2)\tilde{B}(N_h)),$$
$$\varepsilon\frac{dz}{d\tau} = (1-z)(\beta_{v1}y_1+\beta_{v2}y_2) - \mu_v z, \qquad (11.17)$$
$$\frac{dw}{d\tau} = ((1-w)P_2 - wP_1)\tilde{B}(N_h) + (\tilde{m}_1-\tilde{m}_2)w(1-w)$$
$$+ \tilde{\rho}_{h1}wy_1 - \tilde{\rho}_{h2}(1-w)y_2,$$
$$\frac{dN_h}{d\tau} = N_h\left((P_1+P_2)\tilde{B}(N_h) - \tilde{m}_1(1-w) - \tilde{m}_2 w - \tilde{\rho}_{h1}y_1 - \tilde{\rho}_{h2}y_2\right).$$

这个系统有二维流形:

$$M = \{(y_1, y_2, z, w, N_h) : y_1 = y_1^*(w, N_h), y_2 = y_2^*(w, N_h), z = z^*(w, N_h)\},$$

它通常是双曲稳定的, 因为它是由快系统 (11.12) 的平衡点集组成. 其中 y_1^* 和 y_2^* 由 (11.14) 给出. M 上的慢动力学由以下方程描述:

$$\frac{dw}{d\tau} = ((1-w)P_2 - wP_1)\,B(N_h) + (\tilde{m}_1 - \tilde{m}_2)w(1-w)$$
$$+ \tilde{\rho}_{h1}wy_1^* - \tilde{\rho}_{h2}(1-w)y_2^*, \tag{11.18}$$
$$\frac{dN_h}{d\tau} = N_h\left((P_1+P_2)\tilde{B}(N_h) - \tilde{m}_1(1-w) - \tilde{m}_2 w - \tilde{\rho}_{h1}y_1^* - \tilde{\rho}_{h2}y_2^*\right).$$

由

$$\mathscr{F} = \left(\frac{1}{w}\frac{dw}{d\tau}\right)$$

定义 S 基因的适合度, 它表示 S 基因的人均初始增长. 于是得到下面的公式

$$\left(\frac{1}{w}\frac{dw}{d\tau}\right)\Big|_{w=0} = (\tilde{m}_1 + W_1\tilde{\rho}_{h1}) - (\tilde{m}_2 + W_2\tilde{\rho}_{h2}), \tag{11.19}$$

其中

$$W_1 = \frac{Q_{h1}(\mathscr{R}_1-1)}{(1+Q_{h1})\mathscr{R}_1}, \quad W_2 = \frac{Q_{h2}(\mathscr{R}_1-1)}{(1+Q_{h1})\mathscr{R}_1 + Q_{h1} - Q_{h2}}. \tag{11.20}$$

设

$$\sigma_i = \tilde{m}_i + W_i\tilde{\rho}_{hi}. \tag{11.21}$$

于是, $\sigma_i \geqslant 0$ 是通过 W_i 加权的 i 型个体的总人口的人均死亡率, 它仅依赖于疟疾流行病学参数. $\mathscr{F}$ 的生物学解释表明, 当 S 基因最初引入种群时, 它可能会根据适合度是正数还是负数来建立自身, 这等价于 $\sigma_2 < \sigma_1$ 或 $\sigma_2 > \sigma_1$. 慢系统的分析和数值研究均证实了这一点. 图 11.1 显示一个慢动力学的分支图, 其中 σ_1 和 σ_2 为分支参数. 图 11.1 中 $\bar{B}_1^*$ 是一个大于最大人均出生率 $\bar{B}(=B/\varepsilon)$ 的常数, $\sigma_2 = h(\sigma_1)$ 是满足 $h(\bar{B}) = \bar{B}$ 和 $h(\bar{B}^*) = 0$ 的递减函数. 这个分支图的一些结果总结如下:

情形 (i) $\sigma_2 < \sigma_1$ (正适合度).

(a) 如果 $\sigma_1 \leqslant \bar{B}$, 或者 $\bar{B} < \sigma_1 < \bar{B}^*$ 和 $\sigma_2 < h(\sigma_1)$, 则存在唯一全局渐近稳定 (g.a.s) 的内平衡点 $E_* = (w_*, N_{h_*})$.

(b) 如果 $\bar{b} < \sigma_1 < \bar{B}^*$ 且 $\sigma_2 > h(\sigma_1)$, 则人口将灭亡 (因为死亡率比出生率 "高得多"), 当 $t \to \infty$ 时 AS 的个体比例趋于一个常数.

情形 (ii) $\sigma_2 > \sigma_1$ (负适合度).

当 $t \to \infty$ 时 AS 的个体比例趋于零, 总人口规模要么趋于 K (当 σ_2 很小时), 要么趋于零 (当 σ_2 很大时).

无论哪种情形, 系统 (11.18) 没有周期解, 也没有同宿闭道.

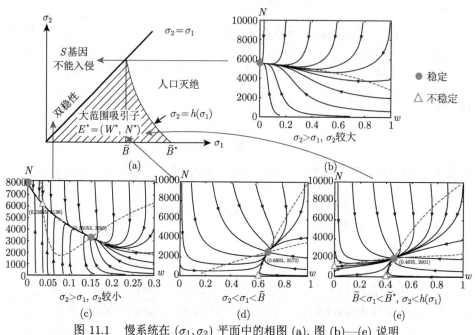

图 11.1 慢系统在 (σ_1, σ_2) 平面中的相图 (a), 图 (b)——(e) 说明
慢系统在 (σ_1, σ_2) 的不同区域中的相图

这些结果的分析证明可以在 [6] 中找到. 我们指出的情形 (i) 中 (b) 是由于 z 方程中利用了感染率的标准发病率形式. 在其他种群模型中也观察到类似情况, 如果使用质量作用形式, 这种情况可能不会出现. 如果接触数相对固定, 且与密度无关, 则标准发病率形式更合适. 图 11.1(b)——(e) 显示系统 (11.18) 的解在 (σ_1, σ_2) 的不同区域中的一些数值计算. 它显示当 $\sigma_1 < \sigma_2$ 时的两个可能情形. 有趣的是, 系统可能具有两个局部渐近稳定平衡点. 一个是边界平衡点, 其中 $N_h > 0$ 和 $w = 0$, 另一个是两个内部平衡点之一. 两个稳定平衡点的吸引区域被不稳定内部平衡点的稳定流形形成的分界线隔开. 这种双稳定性可以以几种不同方式出现. 在某些情况下, 系统 (11.18) 在正 w 轴上没有平衡点, 或者有一两个平衡点. 这表明, 如果 $w(0)$ 很小, 即 AS 个体的开始规模很小, 则 S 基因将因适合度为负而灭绝. 但是, 如果出于某种原因 (例如, AS 个体的移民), w 突然变大 (足够大以至于位于分界线的右侧), 那么即使适合度为负, S 基因也能够自己建立.

这些结果可用于研究与相关性状进化有关的问题. 从上面我们可以看到, S

基因是否可以入侵并在人群中建立, 取决于适合度是正还是负. 回想一下, 适合度是由差 $\sigma_1 - \sigma_2$ 给出的, 其中总死亡率 σ_i 是死亡率 m_i 与由 (11.20) 给出的权 W_i 的加权死亡率 ρ_{hi} 之和 (参见 (11.21)). 量 W_i 包含疟疾的所有传播参数.

在 [12] 中, 通过考虑模型 (11.10) 中包括无症状疟疾类的一个扩展. 假设在所有疟疾感染中, 比例 k 是有症状的, 比例 $1 - k$ 是无症状的. 假设有比例 f 的有症状感染的人接受了抗疟疾治疗. 众所周知, 镰状细胞特征可以保护个体对抗有症状但不对抗无症状感染 [14,15]. 为此, 我们令 $1 - \zeta$ 表示在具有镰状细胞特征的个体子组中有症状感染的防护水平. 此外, 使用 $1/\gamma_h$ 表示有症状患者的平均染病期, 疟疾导致的死亡率以 ρ_{hi} ($\rho_{h1} \gg \rho_{h2}$) 表示. 设 M_{hi} 表示有感染症状的或治疗的 i 型个体, A_{hi} 表示无感染症状的 i 型宿主. 对于治疗类的个体, 有症状患者的平均染病期可缩短至 $1/\gamma_{hT}$, 疾病死亡率降至 ρ_{hT}. 接受或不接受治疗, 感染不会赋予永久性免疫力, 从而导致反复感染.

这个模型为

$$\frac{dS_{h1}}{dt} = P_1 B(N_h) N_h - \beta_h S_{h1} z + \gamma_h (I_{h1} + A_{h1}) + \gamma_{hT} M_{h1} - \mu_{h1} S_{h1},$$

$$\frac{dS_{h2}}{dt} = P_2 B(N_h) N_h - [\zeta k + (1 - k)] \beta_h S_{h2} z + \gamma_h (I_{h2} + A_{h2})$$
$$+ \gamma_{hT} M_{h2} - \mu_{h2} S_{h2},$$

$$\frac{dI_{h1}}{dt} = k(1 - f) \beta_h S_{h1} z - (\gamma_h + \mu_{h1} + \rho_{h1}) I_{h1},$$

$$\frac{dI_2}{dt} = \zeta k(1 - f) \beta_h S_{h2} z - (\gamma_h + \mu_{h2} + \rho_{hT1}) I_{h2},$$

$$\frac{dM_{h1}}{dt} = k f \beta_h S_{h1} z - (\gamma_{hT} + \mu_{h1} + \rho_{hT1}) M_{h1},$$ (11.22)

$$\frac{dM_{h2}}{dt} = \zeta k f \beta_h S_{h2} z - (\gamma_{hT} + \mu_{h2} + \rho_{hT2}) M_{h2},$$

$$\frac{dA_{h1}}{dt} = (1 - k) \beta_h S_{h1} z - (\gamma_h + \mu_{h1}) A_{h1},$$

$$\frac{dA_{h2}}{dt} = (1 - k) \beta_h S_{h2} z - (\gamma_h + \mu_{h2}) A_{h2},$$

$$\frac{dz}{dt} = \frac{\beta_v (I_{h1} + I_{h2} + A_{h1} + A_{h2} + \delta M_{h1} + \delta M_{h2})(1 - z)}{N_h} - \mu_v z,$$

其中 $N_h = \sum_{i=1}^{2} S_{hi} + I_{hi} + M_{hi} + A_{hi}$ 和 $B(N_h) = B_0(1 - N_h/K)$.

类似于对系统 (11.10) 的分析, 可以证明在快时间尺度下, 疟疾疾病的基本再生数可以作为下一代矩阵的主特征值计算:

$$\mathscr{R}_C = (1 - g)\left(\frac{\beta_v \beta_h}{\mu_v \gamma_h}\right) + g\left(\frac{\beta_v \beta_h(1 - k(1 - \zeta))}{\mu_v \gamma_h}\right)$$

$$= (1 - g)\mathscr{R}_1 + g(\mathscr{R}_2). \tag{11.23}$$

这里 $\mathscr{R}_i(i = 1, 2)$ 定义为 $\mathscr{R}_i = Q_v Q_{hi}$, 其中

$$Q_v = \frac{\beta_v}{\mu_v}, \quad Q_{h1} = \frac{\beta_h}{\gamma_h} \quad \text{和} \quad Q_{h2} = \frac{\beta_h(1 - k(1 - \zeta))}{\gamma_h}.$$

可以证明, 如果 $\mathscr{R}_C < 1$, 则 E_0 局部渐近稳定, 如果 $\mathscr{R}_C > 1$, 它不稳定.

利用这个模型可以探讨 S 基因频率对疟疾流行病的影响. 为了评估 S 基因 g 的频率如何影响疟疾的总流行水平, 我们研究当 g 变化时, 疟疾的基本再生数 $(\mathscr{R}_C)$ 如何变化 (图 11.2). 一般地, 患病率随 $(\mathscr{R}_C)$ 的增加而增加. 还应注意, $\mathscr{R}_C = (1 - g)\mathscr{R}_1 + g\mathscr{R}_2$, 其中 $\mathscr{R}_1$ 和 $\mathscr{R}_2$ 分别是镰状细胞疾病的非携带者和携带者的作用 (参见 (11.23)). 因此, 当存在 S 基因时, $\mathscr{R}_1$ 大于 $\mathscr{R}_2$, 并且 $\mathscr{R}_C$ 随着 S 基因的频率 (g) 减少. 这证明, 随着具有镰状细胞特征的个体数量的增加, 疟疾感染的总患病率降低. 但是, 这种效应对有症状的感染比对无症状的感染更强 (图 11.2). 然而, 镰状细胞携带者中无症状感染的相对患病率随着 S 基因的频率增加而增加 (图 11.2). 特别地, 随着 S 基因的频率从 0.10 增加到 0.40 时, 镰状细胞疾病携带者和非携带者与有症状感染相比, 无症状感染的相对患病率从 0.12 增加到 0.59. 这种增加发生的部分原因是镰状细胞特征不能提供对无症状疟疾的保护. 这种模式对携带疟疾的镰状细胞 (ζ) 的相对易感性降低时更为明显 (图 11.2).

图 11.2 展示了各种因素如何影响疾病动力学. 可以利用 (11.23) 中给出的公式检查关于 $\mathscr{R}_C$ 的影响. 图 11.3 显示了 $\mathscr{R}_C$ 如何随治疗概率 (f) 或有症状感染的比例 (k) 的变化而变化. 我们观察到, $\mathscr{R}_C$ 值对 k 比例的变化比对治疗概率 f 的变化更敏感. 此外, 当有症状感染的比例 (k) 相对较低时, 提高治疗率不大可能有效地减轻疟疾疾病. 鉴于疟疾的无症状感染在疟疾流行地区很普遍, 我们的结果表明治疗的效果可能有限. 此外, 强烈选择镰状细胞性状 (即较低的 ζ 值) 可能会减少治疗对降低疟疾发病率的影响.

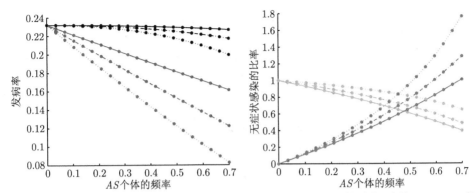

图 11.2 随着 AS 个体的频率 (g) 的变化, 镰状细胞对疟疾流行病的影响 (实线: $\zeta = 0.6$, 虚线: $\zeta = 0.4$, 点线: $\zeta = 0.2$). 左图显示不同的 ζ 疟疾感染的有症状的发病率 $((I^*_{h1} + I^*_{h2})/N^*_h$, 蓝色) 和无症状发病率 $(A^*_{h1} + A^*_{h2})/N^*_h$. 右图显示与所有有症状个体相比, 无症状 AA 个体和无症状 AS 个体的相对患病率 $(A^*_{h1}/(I^*_{h1} + I^*_{h2})$, 绿色) 和 $(A^*_{h2}/(I^*_{h1} + I^*_{h2})$, 西洋红色)

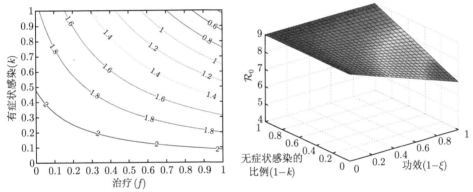

图 11.3 左图是有症状感染的比例 (k) 和治疗的比例 (f) 变化时控制再生数 $(\mathscr{R}_C)$ 的水平曲线图. 右图是 2 型个体与 1 型个体相比 $\mathscr{R}_0$ 对抵抗有症状感染的相对功效以及无症状感染比例的图

参 考 文 献

[1] Aron, J.L. (1982) Dynamics of acquired immunity boosted by exposure to infection, Math. Biosc., 64: 249-259.

[2] Aron, J.L. (1988) Mathematical modeling of immunity to malaria (1988) Math. Biosc., 90: 385-396. 408 11 Models for Malaria.

[3] Aron, J.L. & R.M. May (1982) The population dynamics of malaria, in Population Dynamics of Infectious Diseases, R.M. Anderson, ed. Chapman and Hall, London, pp. 139-179.

[4] Chitnis, N., J.M.Cushing, & J.M. Hyman (2006) Bifurcation analysis of a mathematical model for malaria transmission, SIAM J. App. Math., 67: 24-45.

[5] Feng, Z., D.L. Smith, E.F. McKenzie & S.A. Levin (2004) Coupling ecology and evolution: malaria and the S-gene across time scales, Math. Biosc., 189: 1-19.

[6] Feng, Z., Y. Yi, & H. Zhu (2004) Fast and slow dynamics of malaria and the S-gene frequency, Journal of Dynamics and Differential Equations, 16: 869-896.

[7] Karlin, S. & H.M. Taylor (1975) A First Course in Stochastic Processes, 2nd ed., Academic Press, New York.

[8] MacDonald, G. (1950) The analysis of infection rates in diseases in which superinfection occurs, Tropical Diseases Bull., 47: 907-915.

[9] MacDonald, G. (1952) The analysis of equilibrium in malaria, Tropical diseases Bull., 49: 813-828.

[10] MacDonald, G. (1957) The Epidemiology and Control of Malaria, Oxford University Press, London.

[11] Ross, R. (1911) The Prevention of Malaria, 2nd ed., (with Addendum), John Murray, London.

[12] Shim, E., Z. Feng, C. Castillo-Chavez (2012) Differential impact of sickle cell trait on symptomatic and asymptomatic malaria, Math. Biosc. & Eng., 9: 877-898.

[13] Teboh-Ewungkem, M.I., G.A. Ngwa & C.N. Ngonghala (2013) Models and proposals for malaria: A review Math. Pop. Studies, 20: 57-81.

[14] Vafa M., M. Troye-Blomberg, J. Anchang, A. Garcia & F. Migot-Nabias (2008) Multiplicity of Plasmodium falciparum infection in asymptomatic children in Senegal: relation to transmission, age and erythrocyte variants, Malaria J., 7: 17.

[15] Williams T.N. (2006) Human red blood cell polymorphisms and malaria, Curr. Opin. Microbiol., 9: 388-394.

第 12 章　登革热模型和寨卡病毒模型

12.1　登　革　热

虽然 1000 多年前就有可能暴发过登革热 (Dengue Fever), 但首次公认的登革热流行发生在 18 世纪 80 年代的亚洲、非洲和北美洲. 从那时起, 便暴发了很多次, 最近报告的这种病例数量迅速增加. 根据世界卫生组织的资料, 全世界大约有 5000 万人感染过登革热. 症状可能包括发烧、头痛、关节和肌肉疼痛以及恶心, 但许多病例非常轻微. 登革热没有治愈方法, 但是大多数患者休息和喝水都能康复. 至少有四种不同的登革热菌株, 并且这些菌株之间有一定的交叉免疫性. 埃及伊蚊 (aedes aegypti) 传播登革热, 大多数控制策略都针对控制蚊子.

登革热是一种重新出现的媒介传播疾病, 是由黄病毒科黄病毒属成员引起的, 该病毒具有 4 种活性的抗原性不同的血清型, 即 DENV-1, DENV-2, DENV-3 和 DENV-4[15]. 登革热的致病性范围由无症状、轻度登革热 (DF) 到登革出血热 (DHF) 和登革热休克综合征 (DSS)[15,23]. 尽管登革热血清型感染通常不能预防其他血清型, 但据信异源血清型的继发感染会增加 DHF 和 DSS 的可能性[10,22]. 根据世界卫生组织的资料, 全球 40% 的人有登革热感染的风险, 估计每年有 5000 万至 1 亿例登革热感染, 包括 50 万例 DHF 病例. 据估计, DHF 可导致约 22000 例死亡, 其中大多数是 15 岁以下的儿童[46]. 美国在 2009 至 2010 年登革热暴发期间, 佛罗里达州基韦斯特的人口中约有 5% 或以上受到登革热的影响, 而夏威夷卫生部在 2015 年瓦胡岛暴发期间报告了登革热 190 例病例, 这是自 2011 年以来的首次暴发. 由于登革热在夏威夷没有流行, 卫生当局认为最近的暴发可能是由受感染的游客引起的[25]. 登革热在东南亚非常流行, 自 2004 年以来病例增加了 70%[29]; 墨西哥也是一个流行国家, 在 2002 年暴发期间报告了超过 100 万例 DF 病例和 17000 个 DHF 病例[21,33]. 登革热主要通过媒介埃及伊蚊传播. 它现在在热带地区的大多数国家中都被发现过[24,37]. 次要媒介白伊蚊 (Ae. albopictus) 的传播范围比埃及伊蚊 (Ae. aegypti) 的传播范围更北, 因为埃及伊蚊的卵更适应低温冷冻温度. [3, 27, 42] 中对登革热感染的敏感性和传播的差异提出了这样一种可能性, 即某些血清型要么更容易入侵宿主人群, 要么更具致病性, 或者两者兼而有之[30]. DENV-2 是与登革出血热和登革分离综合征 (DSS) 病例最相关的病毒[32,38,48], 其次是 DENV-1 和 DENV-3 病毒[4,24,32]. 尽管感染 4 种登革热血清

型中的任何一种都可能导致登革出血热, 但 DENV-2 亚洲基因型迅速取代美国的
DENV-2 与在古巴、牙买加、委内瑞拉、哥伦比亚、巴西、秘鲁和墨西哥暴发登革
出血热病例有关 [31,32,38,39,41,48]. 自然界中 DENV-2 的扩散和持续存在的一个可
能机制是通过埃及伊蚊垂直传播. 分子生物学的进展已被用来证明涉及埃及伊蚊
和白纹伊蚊的垂直传播在人工饲养和野外的白纹伊蚊中都可能出现 [3,8,12,20,34,40].
因此, 评估 DENV-2 型病毒在美国和亚洲的基因型之间的传播动力学和致病性是
与登革热流行病学研究相关的优先事项之一. 简言之, 登革热经常性流行, 使全球
人口中有更大比例的人面临登革热感染的风险, 由于流行病地区和非流行病地区
之间旅行的增长, 这种情况已成为常态.

在 [1, 18, 36] 中已经探讨了垂直传播在登革热流行区域或波动环境中的潜在
作用. [2] 在登革热的背景下, 探讨了宿主迁移的作用, 但该研究未考虑有效的人
口规模.

第 6 章中的模型 (6.2) 是媒介传播疾病的一般模型. 对于任何一个特定疾病,
有必要修改此模型使其包含一般模型中没有包含的疾病属性.

假设我们认为蚊子种群处于平衡状态, 因此蚊子的出生率为 $\beta_v N_v$. 我们还假
设蚊子垂直传播. 蚊子的繁殖率为 $\mu_v N_v$, 其中 $\mu_v l_v$ 是由感染的雌蚊繁殖的, 假
设其中有 q 比例具有传染性. 于是描述 DENV-2 的动力学模型由下面微分方程
给出:

$$S'_h = \mu_h N_h - \beta_h S_h \frac{I_v}{N_v} - \mu_h S_h,$$

$$E'_h = \beta_h S_h \frac{I_v}{N_v} - (\eta_h + \mu_h) E_h,$$

$$I'_h = \eta_h E_h - (\gamma + \mu_h) I_h,$$

$$S'_v = \mu_v (N_v - q I_v) - \beta_v S_v \frac{I_h}{N_h} - \mu_v S_v,$$ (12.1)

$$E'_v = \beta_v S_v \frac{I_h}{N_h} - (\eta_v + \mu_v) E_v,$$

$$I'_v = q \mu_v I_v + \eta_v E_v - \mu_v I_v.$$

这个模型与第 6 章中的基本媒介传播模型 (6.2) 相同, 不同之处在于, 易感宿主的
出生率现在为 $\mu_h N_h$, 并增加了宿主的垂直传播. 在没有选择, 即没有出生率和死
亡率的差异, 以及没有垂直传播的情况下, 模型 (12.1) 与 Chowell 等在 [13] 中考
虑的模型是等价的. 模型 (12.1) 很好地定义了支持一个敏捷性质的阈值, 即, 如果
基本再生数 $\mathscr{R}_0 < 1$, 则疾病消失, 当 $\mathscr{R}_0 > 1$ 时疾病持续存在.

12.1.1 基本再生数的计算

如同在 6.2 节对模型 (6.2) 所作的, 我们将模型 (12.1) 的基本再生数的计算分为两个阶段.

在第一阶段, 感染的蚊子在时间 $1/\mu_v$ 内以 $\beta_h N_h/N_v$ 的速率感染人类, 产生的每只蚊子以 $\beta N_h/N_v \mu_v$ 比例传染人.

在第二阶段, 感染的人在时间 $1/(\mu_h + \gamma)$ 内以 $\beta_v N_v/N_h$ 的比例传染蚊子. 这产生 $\beta_v N_v/N_h(\gamma + \mu_h)$ 的比例的感染的蚊子, 它们的 $\eta_v/(\eta_v + \mu_v)$ 比例变成染病者.

这两个阶段感染媒介的最终结果是感染

$$\mathscr{R}_v = \frac{\beta_v N_v}{N_h} \frac{1}{\mu_h + \gamma} \frac{\eta_v}{\eta_v + \mu_v} \frac{\eta_h}{\eta_h + \mu_h} \frac{1}{\mu_v} = \beta_h \beta_v \frac{1}{\mu_h + \gamma} \frac{\eta_v}{\eta_v + \mu_v} \frac{\eta_h}{\eta_h + \mu_h} \frac{1}{\mu_v} \quad (12.2)$$

个媒介. 此外, 感染的蚊子通过垂直传播产生

$$\mathscr{R}_d = q\mu_v \quad (12.3)$$

只感染蚊子, 给出总基本再生数

$$\mathscr{R}_0 = \mathscr{R}_v + \mathscr{R}_d$$
$$= \beta_h \beta_v \frac{1}{\mu_h + \gamma} \frac{\eta_v}{\eta_v + \mu_v} + \frac{\eta_h}{\eta_h + \mu_h} \frac{1}{\mu_v} + q\mu_v. \quad (12.4)$$

我们也可以利用下一代矩阵方法 [45] 计算基本再生数. 如果仅将人类假设为新染病者, 并将媒介感染视为过渡感染, 则将得到相同结果.

12.2 无症状感染模型

许多登革热病例非常轻微, 可能没有报告. 我们可以通过假设暴露的成员中有 p 比例的成员具有传染性, 暴露类的其余部分进入无症状期 (具有较低的传染性且康复可能较快) 将其纳入模型. 我们已经在 9.2 节中描述了流感模型中具有这种转移的模型. 现在考虑包括这种结构的模型, 即考虑

$$S_h' = \mu_h N_h - \beta_h S_h \frac{I_v}{N_v} - \mu_h S_h,$$

$$E_h' = \beta_h S_h \frac{I_v}{N_v} - (\eta_h + \mu_h) E_h,$$

$$I_h' = p\eta_h E_h - (\gamma + \mu_h) I_h,$$

$$A_h' = (1-p)\eta_h E_h - (\kappa + \mu_h)A_h, \tag{12.5}$$

$$S_v' = \mu_v(N_v - qI_v) - \beta_v S_v \frac{I_h + \delta A_h}{N_h} - \mu_v S_v,$$

$$E_v' = \beta_v S_v \frac{I_h + \delta A_h}{N_h} - (\eta_v + \mu_v)E_v,$$

$$I_v' = q\mu_v + \eta_v E_v - \mu_v I_v,$$

其中 δ 是无症状者的传染性降低因子, κ 是无症状者的康复率.

12.2.1　基本再生数的计算

如在上一节对模型 (12.1), 我们将对模型 (12.5) 的基本再生数的计算分为两个阶段.

在第一阶段, 感染的蚊子以 $\beta N_h/N_v$ 比例传染人类, 持续时间 $1/\mu_v$, 每个蚊子以 $\beta N_h/N_v\mu_v$ 比例传染人类. 进入感染阶段的比例是 $\eta_h/(\eta_h + \mu_h)$, 其中以

$$p\beta_h \frac{N_h}{\mu_v N_v} \frac{\eta_h}{\eta_h + \mu_h}$$

的比例进入 I_h,

$$(1-p)\beta_h \frac{N_h}{\mu_v N_v} \frac{\eta_h}{\eta_h + \mu_h}$$

的比例进入 A_h. 在第二个阶段, 染病者以 $\beta_v N_v/N_h$ 的比例传染蚊子, 持续时间 $1/(\mu_h + \gamma)$. 无症状者以 $\delta\beta_v N_v/N_h$ 的比例在时间 $1/(\mu_h + \kappa)$ 内传染给蚊子. 这些组的每一个以 $\eta_v/(\eta_v + \mu_v)$ 的比例发展进入染病的蚊子. 因此, 第二阶段产生

$$\beta_v \frac{N_v}{N_h} \frac{\eta_v}{\eta_v + \mu_v} \left[\frac{p}{\mu_h + \gamma} + \frac{\delta(1-p)}{\mu_h + \kappa} \right]$$

比例传染给蚊子.

这两个阶段的最后结果是

$$\mathscr{R}_v = \beta_h \frac{N_h}{\mu_v N_v} \frac{\eta_h}{\eta_h + \mu_h} \beta_v \frac{N_v}{N_h} \frac{\eta_v}{\eta_v + \mu_v} \left[\frac{p}{\mu_h + \gamma} + \frac{\delta(1-p)}{\mu_h + \kappa} \right] \tag{12.6}$$

个染病蚊子. 此外, 染病蚊子通过垂直传播产生

$$\mathscr{R}_d = q\mu_v \tag{12.7}$$

个染病蚊子. 给出总再生数

$$\mathscr{R}_0 = \mathscr{R}_v + \mathscr{R}_d. \tag{12.8}$$

同样, 我们还可以通过利用下一代矩阵方法 [45] 来计算基本再生数. 如果我们仅将人类感染解释为新染病者, 并将媒介感染视为转移, 这将得到相同的结果, 但是, 如果我们将人类感染和媒介感染都这样解释, 这将得到不同形式的基本再生数

$$\mathscr{R}^* = \frac{1}{2}\left[\mathscr{R}_d + \sqrt{\mathscr{R}_d^2 + 4\mathscr{R}_v}\right].$$

12.3 塞卡病毒

塞卡 (Zika) 病毒是由蚊子传播的一种虫媒病毒, 最早于 1947 年在乌干达被发现. 与登革热和基孔肯亚 (Chikungunya) 病毒类似, 塞卡病毒主要由埃及伊蚊传播. 最近的塞卡病暴发于 2007 年在太平洋的雅浦岛 [16] 和在 2013—2014 年的法属波利尼西亚 [28]. 自 2015 年以来, 塞卡病毒已蔓延到南美、中美洲和加勒比海的许多地区, 埃及伊蚊在这些地区流行, 最近在 2016 年达到大流行水平. 尽管该病在美洲暴发性传播的原因尚不清楚, 但在监测和病媒控制基础设施欠发达的国家中, 快速的城市化进程可能起到了一定作用.

塞卡病通常无症状, 即使有临床表现也通常较轻. 其症状与登革热和基孔肯雅病毒感染相似. 但是, 该疾病与神经系统疾病吉兰-巴雷综合征 (Guillain-Barré Syndrome) 的风险明显增加有关, 也与新生儿小头畸形有关. 后者尤其令人担忧, 因为孕妇甚至可能不知道自己已被感染, 并且对未出生婴儿的损害可能导致终身残疾. 目前尚无用于塞卡病毒感染的疫苗或特效治疗方法, 因此控制病媒数量和使用驱蚊剂来避免感染是控制该疾病传播的唯一手段.

对于塞卡病毒, 已经确定除了通过媒介传播感染外, 还可通过性接触直接传播. 塞卡病毒是第一个可以直接或通过媒介传播的感染的例子, 重要的是在模型中包括直接传播 (在本例中为性传播). 由于很难估计通过媒介传播和通过性接触直接传播的相对重要性, 估计塞卡疾病的基本再生数特别困难. 一种针对塞卡病毒的疫苗正在研发中, 在 [44] 中包含对这种疫苗是否能控制疫情的分析.

12.4 媒介传播和直接传播模型

我们从基本的媒介传播模型 (6.2) 开始, 然后将直接宿主添加到宿主的传播中, 从而为塞卡病毒建立模型. 在模型 (6.2) 中添加了一个描述从 S 到 E 的转移率 α 的项 $\alpha S_h \dfrac{I_h}{N_h}$. 并考虑单个暴发模型, 另外在宿主人群中省略了人口统计项和垂直传播项.

这导致下面模型 [9]:

$$S_h' = -\beta_h S_h \frac{I_v}{N_v} - \alpha S_h \frac{I_h}{N_h},$$

$$E_h' = \beta_h S_h \frac{I_v}{N_v} + \alpha S_h \frac{I_h}{N_h} - \eta_h E_h,$$

$$I_h' = \eta_h E_h - \gamma I_h,$$

$$S_v' = \mu_v N_v - \mu_v S_v - \beta_v S_v \frac{I_h}{N_h}, \tag{12.9}$$

$$E_v' = \beta_v S_v \frac{I_h}{N_h} - (\mu_v + \eta_v) E_v,$$

$$I_v' = \eta_v E_v - \mu_v I_v.$$

比率 α 是整个人口的平均比率. 如果只可能从男性传播给女性, 则将其纳入 α.

为了计算基本再生数 $\mathscr{R}_0$, 利用如 6.2 节所用的直接方法. 如果存在性传播, 这个运算独立于宿主与媒介之间的相互作用, 在单位时间内产生 α 病例, 持续时间为 $1/\gamma$, 在再生数中添加简单项 α/γ, 得到

$$\mathscr{R}_0 = \beta_h \beta_v \frac{\eta_v}{\mu_v \gamma (\mu_v + \eta_v)} + \frac{\alpha}{\gamma}. \tag{12.10}$$

定义媒介传播再生数

$$\mathscr{R}_v = \beta_h \beta_v \frac{\eta_v}{\mu_v \gamma (\mu_v + \eta_v)} \tag{12.11}$$

和直接传播再生数

$$\mathscr{R}_d = \frac{\alpha}{\gamma}, \tag{12.12}$$

因此

$$\mathscr{R}_0 = \mathscr{R}_v + \mathscr{R}_d.$$

如果我们利用如 12.1.1 节相同的下一代矩阵法, 组成矩阵积 $K_L = FV^{-1}$, 其中

$$F = \begin{bmatrix} 0 & \alpha & 0 & \beta_h \dfrac{N_h}{N_v} \\ 0 & 0 & 0 & 0 \\ 0 & \beta_v \dfrac{N_v}{N_h} & 0 & 0 \\ 0 & 0 & 0 & 0 \end{bmatrix}, \quad V = \begin{bmatrix} \eta_h & 0 & 0 & 0 \\ -\eta_h & \gamma & 0 & 0 \\ 0 & 0 & \mu_v + \eta_v & 0 \\ 0 & 0 & -\eta_v & \mu_v \end{bmatrix}.$$

于是具有大定义域的下一代矩阵是

$$K_L = \begin{bmatrix} \dfrac{\alpha}{\gamma} & \dfrac{\alpha}{\gamma} & \beta_h \dfrac{N_h}{N_v} \dfrac{\eta_v}{\mu_v(\mu_v + \eta_v)} & \beta_h \dfrac{N_h}{N_v} \dfrac{1}{\mu_v} \\ 0 & 0 & 0 & 0 \\ \beta_v \dfrac{N_v}{N_h} \dfrac{1}{\gamma} & \beta_v \dfrac{N_v}{N_h} \dfrac{1}{\gamma} & 0 & 0 \\ 0 & 0 & 0 & 0 \end{bmatrix}.$$

下一代矩阵 K 是 2×2 矩阵,

$$K = \begin{bmatrix} \dfrac{\alpha}{\gamma} & \beta_h \dfrac{N_h}{N_v} \dfrac{\eta_v}{\mu_v(\mu_v + \eta_v)} \\ \beta_v \dfrac{N_v}{N_h} \dfrac{1}{\gamma} & 0 \end{bmatrix}.$$

这个矩阵的正特征值是

$$\lambda = \frac{\alpha}{2\gamma} + \frac{1}{2}\sqrt{\frac{\alpha^2}{\gamma^2} + 4\mathscr{R}_v}$$

$$= \frac{1}{2}\left[\mathscr{R}_d + \sqrt{\mathscr{R}_d^2 + 4\mathscr{R}_v} \right].$$

可以计算 $\lambda = 1$ 当且仅当

$$\mathscr{R}_v + \mathscr{R}_d = 1.$$

现在, 我们有两个潜在的基本再生数表达式, 即 $\mathscr{R}_v + \mathscr{R}_d$, 其中 $\mathscr{R}_v$ 和 $\mathscr{R}_d$ 分别由 (12.11) 和 (12.12) 给出, 以及

$$\mathscr{R}^* = \frac{1}{2}\left[\mathscr{R}_d + \sqrt{\mathscr{R}_d^2 + 4\mathscr{R}_v} \right].$$

下一代矩阵可能有不同表达式, 这些表达式导致基本再生数的不同形式. 这在 [14] 中有证明.

在应用中, 表达式 $\mathscr{R}_v + \mathscr{R}_d$ 比 $\mathscr{R}^*$ 更自然, 我们选择将其用作基本再生数. 可以从下面的表达式中获得下一代矩阵. 考虑只有人类染病者作为新染病者, 并取

$$F = \begin{bmatrix} 0 & \alpha & 0 & \beta_h \dfrac{N_h}{N_v} \\ 0 & 0 & 0 & 0 \\ 0 & 0 & 0 & 0 \\ 0 & 0 & 0 & 0 \end{bmatrix}, \quad V = \begin{bmatrix} \eta_h & 0 & 0 & 0 \\ -\eta_h & \gamma & 0 & 0 \\ 0 & -\beta_v \dfrac{N_v}{N_h} & \mu_v + \eta_v & 0 \\ 0 & 0 & -\eta_v & \mu_v \end{bmatrix}.$$

因此

$$V^{-1} = \begin{bmatrix} \dfrac{1}{\eta_h} & 0 & 0 & 0 \\[2pt] \dfrac{1}{\gamma} & \dfrac{1}{\gamma} & 0 & 0 \\ \beta_v \dfrac{N_v}{N_h} \dfrac{1}{\gamma(\mu_v + \eta_v)} & \beta_v \dfrac{N_v}{N_h} \dfrac{\eta_v}{\gamma(\mu_v + \eta_v)} & \dfrac{1}{\mu_v + \eta_v} & 0 \\ \beta_v \dfrac{N_v}{N_h} \dfrac{\eta_v}{\mu_v \gamma(\mu_v + \eta_v)} & \beta_v \dfrac{N_v}{N_h} \dfrac{\eta_v}{\mu_v \gamma(\mu_v + \eta_v)} & \dfrac{\eta_v}{\mu_v(\mu_v + \eta_v)} & \dfrac{1}{\mu} \end{bmatrix}.$$

由于只有 F 的第 1 行具有非零元素, 这对 FV^{-1} 也成立, 由此我们可以推得 FV^{-1} 的唯一非零特征值是 FV^{-1} 的第 1 行和第 1 列的元素, 即

$$\frac{\alpha}{\gamma} + \beta_h \beta_v \frac{\eta_v}{\mu_v \gamma(\mu_v + \eta_v)} = \mathscr{R}_d + \mathscr{R}_v = \mathscr{R}_0.$$

如果对模型 (6.2) 的下一代矩阵利用这个非常规方法, 则将得到再生数 $\mathscr{R}_v$ 的无平方根形式. 现在, 我们有两个基本再生数的可行表达式, 即 $\mathscr{R}^*$ 和 $\mathscr{R}_0$, 这两个表达式均来自下一代矩阵方法, 但有不同的形式. 我们选择 $\mathscr{R}_0$ 作为基本再生数, 因为它更容易解释继发性染病数. 其他材料包括 [19] 利用 $\mathscr{R}^*$. 在研究包括媒介传播在内的流行病模型的数据时, 至关重要的一点是确切说明利用基本再生数的哪个形式.

12.4.1　初始指数增长率

为了从模型确定可以将其与实验数据进行比较的初始指数增长率, 我们就模型 (12.9) 在无病平衡点 $S = N_h, E_h = I_h = 0, S_v = N_v, E_v = I_v = 0$ 线性化. 如果令 $y = N_h - S, z = N_v - S_v$, 则得线性化方程

$$y' = \beta_h N_h \frac{I_v}{N_v} + \alpha I_h,$$

$$E_h' = \beta_h N_h \frac{I_v}{N_v} + \alpha I_h - \eta_h E_h,$$

$$I_h' = \eta_h E_h - \gamma I_h, \tag{12.13}$$

$$z' = -\mu_v z + \beta_v N_v \frac{I_h}{N_h},$$

$$E_v' = \beta_v N_v \frac{I_h}{N_h} - (\mu_v + \eta_v)E_v,$$

$$I_v' = \eta_v E_v - \mu_v I_v.$$

对应的特征方程是

$$\det\begin{bmatrix} -\lambda & 0 & \alpha & 0 & 0 & \beta_h\frac{N_h}{N_v} \\ 0 & -(\lambda+\eta_h) & \alpha & 0 & 0 & \beta_h\frac{N_h}{N_v} \\ 0 & \eta_h & -(\lambda+\gamma) & 0 & 0 & 0 \\ 0 & 0 & \beta_v\frac{N_v}{N_h} & -(\lambda+\mu_v) & 0 & 0 \\ 0 & 0 & \beta_v\frac{N_v}{N_h} & 0 & -(\lambda+\mu_v+\eta_v) & 0 \\ 0 & 0 & 0 & 0 & \eta_v & -(\lambda+\mu_v) \end{bmatrix} = 0.$$

可以将这个方程化为两个因子和一个四次方程

$$\lambda(\lambda+\mu_v)\det\begin{bmatrix} -(\lambda+\eta_h) & \alpha & 0 & \beta_h\frac{N_h}{N_v} \\ \eta_h & -(\lambda+\gamma) & 0 & 0 \\ 0 & \beta_v\frac{N_v}{N_h} & -(\lambda+\mu_v+\eta_v) & 0 \\ 0 & 0 & \eta_v & -(\lambda+\mu_v) \end{bmatrix} = 0$$

之积.

初始指数增长率是这个四次方程的最大根, 这个四次方程化为

$$g(\lambda) = (\lambda+\eta_h)(\lambda+\gamma)(\lambda+\mu_v+\eta_v)(\rho+\mu_v) - \beta_h\beta_v\eta_v\eta_v$$

$$- \eta_h\alpha(\lambda+\mu_v)(\lambda+\mu_v+\eta_v) = 0. \tag{12.14}$$

这个方程的最大根是初始指数增长率, 而这可以用实验测量. 如果测量的值是 ρ, 则由 (12.14), 得到

$$(\rho+\eta_h)(\rho+\gamma)(\rho+\mu_v+\eta_v)(\rho+\mu_v) - \beta_h\beta_v\eta_h\eta_v$$

$$- \eta_h \alpha (\rho + \mu + v)(\rho + \mu_v + \eta_v) = 0. \tag{12.15}$$

由 (12.15) 可以看到, $\rho = 0$ 对应于 $\mathscr{R}_0 = 1$, 从而确认我们的 $\mathscr{R}_0$ 的计算值有适当的阈值性态.

由方程 (12.15) 可确定 $\beta_h \beta_v$ 的值, 只要我们知道了 α 值, 就可以计算 $\mathscr{R}_0$. 但是, 这带来了一个主要问题. 在 [19] 中, 根据对性活动和疾病传播概率的估计, 性疾病传播的影响很小. 由于性传播的疾病的概率在很大程度上依赖于特殊的疾病, 因此这一估计十分不确定. 基于男性和女性疾病患病率可能不平衡的估计也相当可疑. 大多数寨卡病例无症状或相当轻, 但严重的先天性缺陷的风险意味着, 对寨卡的诊断对女性比对男性更重要. 如果女性病例多于男性病例, 则无法区分由性接触引起的其他病例与较高确诊率的病例. 就我们所知, 这个问题还没有令人满意的解决办法.

需要另一个可以通过实验确定并可以用模型参数表示的量. 在缺乏进一步信息的情况下, 我们所能做的就是对满足 (12.15) 的 α 和 $\beta_h \beta_v$ 的各种选择估计再生数. 我们利用 2015 年哥伦比亚巴兰基亚寨卡疫情获得的参数值 [43], 包括对由到 2015 年 12 月底为止的哥伦比亚 SIVIGILA 监视系统确认的寨卡确诊病例指数增长的分析. 利用

$$\kappa = 1/7, \quad \gamma = 1/5, \quad \eta_v = 1/9.5, \quad \mu_v = 1/13,$$

以及估计值 $\rho = 0.073$, 我们有

$$11 \beta_h \beta_v + 6.48 \alpha = 2.676.$$

为了满足这个方程, 必须有 $0 \leqslant \alpha \leqslant 0.413$. 然后对这个范围内的 α 的几个值计算 $\mathscr{R}_0$ 和 $\mathscr{R}^*$, 假设人群规模为 1000, 蚊子规模为 4000. 得到如表 12.1 显示的综合结果.

表 12.1　再生数值

α	$\beta_h \beta_v$	$\mathscr{R}_d$	$\mathscr{R}_v$	$\mathscr{R}_0$	$\mathscr{R}^*$	S_∞
0	0.243	0	4.86	4.86	2.185	14
0.1	0.184	0.5	3.69	4.19	2.187	24
0.2	0.125	1.0	2.51	3.51	2.16	45
0.3	0.0665	1.5	1.335	2.835	2.13	79
0.4	0.0076	2.0	0.152	2.152	2.074	166
0.413	0	2.065	0	2.065	2.065	185

观察到 $\mathscr{R}^*$ 对直接接触率的变化不是很敏感, 而 $\mathscr{R}_0$ 对 α 的变化非常敏感. 我们还显示了模型 (12.9) 的模拟结果, 它显示流行病规模是如何依赖于 α 的. 这

些模拟表明, 该流行病的最后规模确实存在很大的差异, 并且如果没有某种方法来估计直接接触导致多少疾病病例, 则将无法估计该流行病的最后规模.

12.5 第二个寨卡病毒模型

在 [19] 中描述了比模型 (12.9) 更详细的寨卡病毒模型. 该模型假设许多寨卡病例是无症状的, 有急性和康复期两个感染阶段. 模型取形式

$$S_h' = -abS_h\frac{I_v}{N_h} - \beta S_h\frac{\kappa E_h + I_{h1} + \tau I_{h2}}{N_h},$$

$$E_h' = \theta\left[abS_h\frac{I_v}{N_h} - \beta S_h\frac{\kappa E_h + I_{h1} + \tau I_{h2}}{N_h}\right] - \nu_h E_h,$$

$$I_{h1}' = \gamma_h E_h - \gamma_{h1}I_{h1},$$

$$I_{h2}' = \gamma_{h1} - \gamma_{h2}I_{h2},$$

$$A_h' = (1-\theta)\left[bS_h\frac{I_v}{N_h} + \beta S_h\frac{\kappa E_h + I_{h1} + \tau I_{h2}}{N_h}\right] - \gamma_h E_h, \qquad (12.16)$$

$$R_h' = \gamma_{h2} + \gamma_h A_h,$$

$$S_v' = \mu_v N_v - \mu_v S_v - ac\frac{S_v\eta A_h + I_{h1}}{N_h},$$

$$E_v' = acS_v\frac{\eta A_h + I_{h1}}{N_h} - (\mu_v + \nu_v)E_v,$$

$$I_v' = \nu_v E_v - \mu_v I_v.$$

这个模型的再生数是

$$\mathscr{R}_d = \frac{\beta_\kappa\theta}{\nu_h} + \frac{\beta\theta}{\gamma_{h1}} + \frac{\beta_\tau\theta}{\gamma_{h2}}, \quad \mathscr{R}_v = \left(\frac{a^2b\eta c\theta}{\nu_h\mu_v} + \frac{a^2bc\theta}{\gamma_{h1}\mu_v}\right)\frac{\eta_v}{\eta_v + \mu_v}.$$

选择参数值以适合巴西、萨尔瓦多和哥伦比亚截至 2016 年 2 月的媒介传播数据. 对于感染的直接 (性) 传播, 参数的选择是基于每次性接触的感染传播的概率假设, 但此假设可能有问题 (表 12.2).

利用这些参数值, 得到这个模型的下面估计

$$\mathscr{R}_d = 0.136, \quad \mathscr{R}_v = 3.842,$$

因此

$$\mathscr{R}_0 = 3.973, \quad \mathscr{R}^* = 2.055.$$

但是, 有迹象表明, 由于性接触而导致的寨卡病病例数可能要高得多. β 值也许应该更大.

表 12.2　模型参数

参数	描述	值
a	蚊子叮咬率	0.5
b	媒介到人的传播概率	0.4
c	人到媒介的传播概率	0.5
η	人到媒介的无症状传播概率	0.1
β	人到人的传播概率	0.1
κ	暴露期到染病期的传播概率	0.6
τ	康复为无症状的相对传播概率	0.3
θ	有症状感染的比例	18
m	蚊子与人之比	5
$1/\nu_h$	人的潜伏期/天	5
$1/\nu_v$	蚊子的潜伏期/天	10
$1/\gamma_{h1}$	急性期持续时间/天	5
$1/\gamma_{h2}$	康复期持续时间/天	20
$1/\gamma_h$	无症状感染持续时间	7
$1/\mu_v$	蚊子寿命/天	14

12.6　案例: 两个地区的登革热模型

登革热入侵一个地方时, 往往会从一个社区转移到另一个社区. 为了描述这一点, 考虑两个分开社区的 DENV-2 模型, 感染可在社区之间流动. 一个区的模型 (12.1) 是两个区模型的构建块. 在每个社区中, 在没有宿主流动的情况下, 通过系统对登革热动力学进行建模 (12.1). 我们考虑两个模型中的流行病模型, 其中一个模型具有明显的更大接触率, 并且两个模型之间有短期旅游. 居住在每个社区中的总人口数是固定的. 我们遵循拉格朗日观点, 也就是说, 我们时刻跟踪每个个体的居住地 [6,17]. 假设媒介在区之间不流动, 因为媒介埃及伊蚊和白纹伊蚊一生行走的距离不超过几十米 [2,47]; 它们分别最多移动 400—600 米 [7,35]. 简言之, 我们忽略了媒介扩散.

因此, 我们考虑两个社区, 它们的总居住人口规模分别为 N_1 和 N_2, 将每个人群分为易感者、染病者和移除者成员. S_i 和 I_i 分别表示在 i 区的易感者和感染者的数量, 不管他们在哪个社区.

社区 1 中的居民规模为 $N_{h,1}$, 平均在他们自己社区内的时间比例为 p_{11}, 访问社区 2 的时间比例为 p_{12}. 社区 2 中的居民的规模为 $N_{h,2}$, 平均在社区 2 内的时间比例为 p_{22}, 访问社区 1 的时间比例为 $p_{21} = 1 - p_{22}$. 因此, 在时间 t, 社区 1 中的有效人口是 $p_{11}N_{h,1} + p_{21}N_{h,2}$, 在社区 2 中的有效人口是 $p_{12}N_{h,1} + p_{22}N_{h,2}$. 社区 1 中的易感人群 $(S_{h,1})$ 可以被社区 1 中的媒介感染 $(I_{v,1})$ 或者被社区 2 中媒介

感染依赖于感染时他们位于哪个社区. 因此, 社区 1 中的易感者人群的动力学由

$$\dot{S}_{h,1} = \mu_h N_{h,1} - \beta_h S_{h,1} \sum_{j=1}^{2} a_j p_{1j} \frac{I_{v,j}}{p_{1j} N_{h,1} + p_{2j} N_{h,2}} - \mu_h S_{h,1} \tag{12.17}$$

给出. 社区 1 中的有效染病者为 $p_{11} I_{h,1} + p_{21} I_{h,2}$, 因此, 社区 1 中的染病者个体比例为

$$\frac{p_{11} I_{h,1} + p_{21} I_{h,2}}{p_{11} N_{h,1} + p_{21} N_{h,2}}.$$

社区 1 中的易感蚊子的动力学模拟如下:

$$\dot{S}_{v,i} = \mu_v (N_{v,i} - q I_{v,i}) - \beta_v S_{v,1} \frac{p_{11} I_{h,1} + p_{21} I_{h,2}}{p_{11} N_{h,1} + p_{21} N_{h,2}} - \mu_v S_{v,1}. \tag{12.18}$$

问题 1 证明在两个社区之间流动的宿主的 DENV-2 动力学由下面系统给出:

$$S'_{h,i} = \mu_h N_{h,i} - \beta_h S_{h,i} \sum_{j=1}^{2} a_j p_{ij} \frac{I_{v,j}}{p_{1j} N_{h,1} + p_{2j} N_{h,2}} - \mu_h S_{h,i},$$

$$E'_{h,i} = \beta_h S_{h,i} \sum_{j=1}^{2} a_j p_{ij} \frac{I_{v,j}}{p_{1j} N_{h,1} + p_{2j} N_{h,2}} - (\mu_h + \eta_h) E_{h,i},$$

$$I'_{h,i} = \eta_h E_{h,i} - (\mu_h + \gamma_i) I_{h,i},$$

$$S'_{v,i} = q \mu_v (N_{v,i} - q I_{v,i}) - \beta_v S_{v,i} \frac{\displaystyle\sum_{j=1}^{2} p_{ji} I_{h,j}}{\displaystyle\sum_{k=1}^{2} p_{ki} N_{h,k}} - \mu_v S_{v,i}, \tag{12.19}$$

$$E'_{v,i} = \beta_v S_{v,i} \frac{\displaystyle\sum_{j=1}^{2} p_{ji} I_{h,j}}{\displaystyle\sum_{k=1}^{2} p_{ki} N_{h,k}} - (\mu_v + \eta_v) E_{v,i},$$

$$I'_{v,i} = \eta_v E_{v,i} + (1 - q) \mu_v I_{v,i}, \quad i = 1, 2.$$

问题 2 确定模型 (12.19) 的基本再生数.

问题 3 对模型 (12.19) 求得一对最后规模关系.

可用这个案例的结果和适当的数据来估计登革热从一个社区到另一个社区的传播[5].

12.7　练　　习

1*. 利用下一代矩阵计算模型 (12.1) 的基本再生数.

2*. 利用下一代矩阵计算模型 (12.5) 的基本再生数.

3. 如果 $\mathscr{R}_v$ 和 $\mathscr{R}_d$ 是两个非负数, 证明 $\dfrac{1}{2}\left[\mathscr{R}_d + \sqrt{\mathscr{R}_d^2 + 4\mathscr{R}_v}\right]$ 等于 1, 当且仅当 $\mathscr{R}_d + \mathscr{R}_v = 1$.

参 考 文 献

[1] Adams, B. and M. Boots (2010) How important is vertical transmission in mosquitoes for the persistence of dengue? Insights from a mathematical model, Epidemics, 2: 1-10.

[2] Adams, B. and D.D. Kapan (2009) Man bites mosquito: understanding the contribution of human movement to vector-borne disease dynamics, PLos One, 4(8): e6373. https://doi.org/10.1371/journal.pone.0006763.

[3] Arunachalam, N., S.C. Tewari, V. Thenmozhi,R. Rajendran, R. Paramasivan, R. Manavalan, K. Ayanar and B.K. Tyagi (2008) Natural vertical transmissionof dengue viruses by Aedes aegyptiin Chennai, Tamil Nadu, India, Indian J. Med. Res., 127: 395-397.

[4] Balmaseda, A., S.N. Hammond, L. Perez, Y. Tellez, S.I. Saborio, J.C. Mercado, J.C., R. Cuadra, J. Rocha, M.A. Perez, S. Silva et al (2006) Serotype-specific differences in clinical manifestations of dengue, Am. J. of Tropical Medicine and Hygiene, 74: 449.

[5] Bichara, D., S.A. Holechek, J. Velasco-Castro, A.L. Murillo and C. Castillo-Chavez (2016) On the dynamics of dengue virus type 2 with residence times and vertical transmission, to appear.

[6] Bichara, D., Y. Kang, C. Castillo-Chavez, R. Horan and C. Perringa (2015) *SIS* and *SIR* epidemic models under virtual dispersal, Bull. Math. Biol., 77 (2015): 2004-2034.

[7] Bonnet, D.D. and D.J. Worcester (1946) The dispersal of Aedes albopictus in the territory of Hawaii, Am J.of tropical medicine and hygiene, 4: 465-476.

[8] Bosio, C.F., R.E.X.E. Thomas, P.R. Grimstad and K.S. Rai (1992) Variation in the efficiency of vertical transmission of dengue-1 virus by strains of Aedes albopictus (Diptera: Culicidae), J. Medical Entomology, 29: 985-989.

[9] Brauer, F., S.M. Towers, A. Mubayi, & C. Castillo-Chavez (2016) Some models for epidemics of vector-transmitted diseases, Infectious Disease Modelling, 1: 79-87.

[10] Burke, D.S., A. Nisalak, D.E. Johnson and R.M.N. Scott (1988) A prospective study of dengue infections in Bangkok, Am. J. of Tropical Medicine and Hygiene, 38: 172.

[11] CDC (2010) CDC, Report Suggests Nearly 5 Percent Exposed to Dengue Virus in Key West, Url = http://www.cdc.gov/media/pressrel/2010/r100713.htm.

[12] Cecílio, A.B, E.S. Campanelli, K.P.R. Souza, L.B. Figueiredo and M.C. Resende (2009) Natural vertical transmission by Stegomyia albopicta as dengue vector in Brazil, Brazilian Journal of Biology, 69: 123-127.

[13] Chowell, G., P. Diaz-Duenas, J.C. Miller, A. Alcazar-Velasco, J.M. Hyman, P.W. Fenimore, and C. Castillo-Chavez (2007) Estimation of the reproduction number of dengue fever from spatial epidemic data, Math. Biosc., 208: 571–589.

[14] Cushing, J.M. and O. Diekmann (2016) The many guises of $\mathscr{R}_0$ (a didactic note), J. Theor. Biol., 404: 295–302.

[15] Deubel, V., R.M. Kinney and D.W. Trent (1988) Nucleotide sequence and deduced amino acid sequence of the nonstructural proteins of dengue type 2 virus, Jamaica genotype: comparative analysis of the full-length genome, Virology, 65: 234–244.

[16] Duffy, M.R., T.H. Chen, W.T. Hancock, A.M. Powers, J.L. Kool, R.S. Lanciotti, et al (2009) Zika virus outbreak on Yap Island, federated states of Micronesia, NEJM, 360: 2536–2543.

[17] Espinoza, B., V. Moreno, D. Bichara, C. Castillo-Chavez (2016) Assessing the Efficiency of Movement Restriction as a Control Strategy of Ebola. In Mathematical and Statistical Modeling for Emerging and Re-emerging Infectious Diseases, 2016: 123–145, Springer International Publishing.

[18] Esteva, L. and C. Vargas (2000) Influence of vertical and mechanical transmission on the dynamics of dengue disease, Math. Biosc., 167: 51–64.

[19] Gao, D., Y. Lou, D. He, T.C. Porco, Y. Kuang, G. Chowell, S. Ruan (2016) Prevention and control of Zika as a mosquito - borne and sexually transmitted disease: A mathematical modeling analysis, Sci. Rep. 6, 28070, https://doi.org/10.1038/srep28070.

[20] Gunther, J., J.P. Martínez-Muñoz, D.G. Pérez-Ishiwara and J. Salas-Benito (2007) Evidence of vertical transmission of dengue virus in two endemic localities in the state of Oaxaca, Mexico, Intervirology, 50: 347–352.

[21] Guzman, G., G. Kouri, Gustavo (2003) Dengue and dengue hemorrhagic fever in the Americas: lessons and challenges. J. Clinical Virology, 27: 1–13.

[22] Halstead, S.B, S. Nimmannitya and S.N. Cohen (1970) Observations related to pathogenesis of dengue hemorrhagic fever. IV. Relation of Yale Journal of Biology and Medicine, 42: 311.

[23] Halstead, S. B, N.T.Lan, T.T. Myint, T.N. Shwe, A. Nisalak S. Kalyanarooj, S. Nimmannitya, S. Soegijanto, D.W. Vaughn and T.P. Endy (2002) Dengue hemorrhagic fever in infants: research opportunities ignored, Emerging infectious diseases, 8: 1474–1479.

[24] Harris, E., E. Videa, L. Perez, E. Sandoval, Y. Tellez, M. Perez, R. Cuadra, J. Rocha, W. Idiaquez, and R.E. Alonso, et. al (2000) Clinical, epidemiologic, and virologic features of dengue in the 1998 epidemic in Nicaragua, Am. J. of tropical medicine and hygiene, 63: 5.

[25] State of Hawaii (2015) Dengue outbreak 2015, Department of Health http://www.health.hawaii.gov/docd/dengue-outbreak-2015/.

[26] Hawley, W.A, P. Reiter, R.S. Copeland, C.B. Pumpuni and G.B. Craig Jr (1987) Aedes albopictus in North America: probable introduction in used tires from northern Asia, Science, 236: 1114.

[27] Knox, T.B, B.H. Kay, R.A. Hall and P.A. Ryan (2003) Enhanced vector competence of Aedes aegypti (Diptera: Culicidae) from the Torres Strait compared with mainland Australia for dengue 2 and 4 viruses, J. Medical Entomology, 40: 950-956.

[28] Kucharski, A.J., S. Funk, R.M. Egge, H-P. Mallet, W.J. Edmunds and E.J. Nilles (2016) Transmission dynamics of Zika virus in island populations: a modelling analysisof the 2013-14 French Polynesia outbreak, PLOS Neglected tropical Diseases DOI 101371.

[29] Kwok, Y. (2010) Dengue Fever Cases Reach Record Highs, in *Time*, Sept. 24, 2010.

[30] Kyle, J.L. and E. Harris (2008) Global spread and persistence of dengue, Ann. Rev. of Microbiology.

[31] Lewis, J.A., G.J. Chang, R.S. Lanciotti, R.M. Kinney, L.W. Mayer and D.W. Trent (1993) Phylogenetic relationships of dengue-2 viruses, Virology, 197: 216-224.

[32] Montoya, Y.,S. Holechek, O. Cáceres, A. Palacios, J. Burans, C. Guevara, F. Quintana, V. Herrera, E. Pozo, E. Anaya, et al (2003) Circulation of dengue viruses in North-Western Peru, 2000-2001, Dengue Bulletin 27.

[33] Morens, D.M. and A.S. Fauci (2008) Dengue and hemorrhagic fever: A potential threat to public health in the United States JAMA, 299: 214.

[34] Murillo, D., S.A. Holechek, A.L. Murillo, F. Sanchez, and C. Castillo-Chavez (2014) Vertical Transmission in a Two-Strain Model of Dengue Fever, Letters in Biomathematics, 1: 249-271.

[35] Niebylski, M.L. and G.B. Craig Jr (1994) Dispersal and survival of Aedes albopictus at a scrap tire yard in Missouri, Journal of the American Mosquito Control Association, 10: 339-343.

[36] Nishiura, H. (2006) Mathematical and statistical analyses of the spread of dengue, Dengue Bulletin, 30: 51.

[37] Reiter, P. and D.J. Gubler (1997) Surveillance and control of urban dengue vectors, Dengue and Dengue Hemorragic Fever: 45-60.

[38] Rico-Hesse, R., L.M. Harrison, R.A. Salas, D. Tovar, A. Nisalak, C. Ramos, J. Boshell, M.T.R. de Mesa, H.M.R. Nogueira and A.T. Rosa (1997) Origins of dengue-type viruses associated with increased pathogenicity in the Americas, Virology, 230: 344-251.

[39] Rico-Hesse, R., L.M. Harrison, A. Nisalak, D.W. Vaughn, S. Kalayanarooj, S. Green, A.L. Rothman and F.A. Ennis (1998) Molecular evolution of dengue type 2 virus in Thailand, Am. J. of Tropical Medicine and Hygiene, 58: 96.

[40] Rosen, L., D.A. Shroyer, R.B. Tesh, J.E. Freier and J.C. Lien (1983) Transovarial transmission of dengue viruses by mosquitoes: Aedes albopictus and Aedes aegypti Am. J. tropical medicine and hygiene, 32: 1108-1119.

[41] Sittisombut, N., A. Sistayanarain, M.J. Cardosa, M. Salminen, S. Damrongdachakul, S. Kalayanarooj, S. Rojanasuphot, J. Supawadee and N. Maneekarn (1997) Possible occurence of a genetic bottleneck in dengue serotype 2 viruses between the 1980 and 1987 epidemic seasons in Bangkok, Thailand, Am. J. of Tropical Medicine and Hygiene, 57: 100.

[42] Tewari, S.C., V. Thenmozhi, C.R. Katholi, R. Manavalan, A.Munirathinam and A. Gajanana (2004) Dengue vector prevalence and virus infection in a rural area in south India, Tropical Medicine and International Health, 9: 499-507.

[43] Towers, S., F. Brauer, C. Castillo-Chavez, A.K.I. Falconer, A. Mubayi, C.M.E. Romero-Vivas (2016) Estimation of the reproduction number of the 2015 Zika virus outbreak in Barranquilla, Columbia, Epidemics, 17: 50-55.

[44] Valega-Mackenzie, W. and K. Rios-Soto (2018) Can vaccination save a Zika virus epidemic? Bull. Math. Biol., 80: 598-625.

[45] van den Driessche, P. and J. Watmough (2002) Reproduction numbers and subthreshold endemic equilibria for compartmental models of disease transmission, Math. Biosc., 180: 29-48.

[46] WHO (2009) Dengue and dengue hemorrhagic fever. Fact Sheet.

[47] World Health Organization (2015) Dengue Control, http://www.who.int/denguecontrol/mosquito/en/.

[48] Zhang, C., M.P. Mammen Jr, P. Chinnawirotpisan, C. Klungthong, P. Rodpradit, A. Nisalak, D.W. Vaughn, S. Nimmannitya, S. Kalayanarooj and E.C. Holmes (2006) Structure and age of genetic diversity of dengue virus type 2 in Thailand, Journal of General Virology, 87: 873.

第三部分
更高级的概念

第 13 章 具有年龄结构的疾病传播模型

13.1 引　　言

　　年龄是人口和传染病建模中最重要的特征之一. 由于各个年龄段经常混杂在一起, 因此将年龄结构纳入流行病学模型可能是适当的. 尽管疾病传播模型中还存在异质性等其他方面问题, 例如行为和空间异质性, 但是年龄结构是疾病建模中异质性最重要的方面之一. 作为数学的详细参考, 我们建议看 [1, 第 9 和 13 章], [21, 第 III 部分], [23, 第 19 章], [28, 第 10.9 节], [32, 第 22 章]. 某些应用可以在 [2, 4, 9, 13, 15, 21, 24, 25, 27, 34, 35] 中找到.

　　像麻疹、水痘和风疹等儿童疾病主要通过相似年龄的儿童之间的接触传播. 疟疾造成的死亡中, 一半以上是 5 岁以下的儿童, 因为他们的免疫系统较弱. 这表明, 在人口年龄结构的疾病的传播模型中, 允许人口中两个成员之间的接触率依赖于两个成员的年龄可能是可取的.

　　性传播疾病 (STDs) 是通过配偶形成的伴侣间相互作用传播的, 在大多数情况下, 配偶的形成依赖于年龄. 例如, 大多数艾滋病病例发生在青年群体中. 在 [1] 中可以发现更多依赖年龄的例子.

　　年龄结构疾病传播的描述需要介绍年龄结构人口模型. 事实上, 第一个年龄结构人口模型是为研究这些人群中的疾病传播而设计的 [26]. 因此, 我们首先简要介绍年龄的某些方面结构化的人口模型.

　　在本章中, 我们将讨论一些已经在生态学和流行病学中使用的结构化模型. 一些主题包含在案例中. 参考文献中可以找到更详细的讨论. 我们选择的应用不需要复杂的数学背景, 但可以使你对某些活跃的研究领域有所灵感.

13.2　年龄结构的线性模型

　　G. McKendrick 上校医生 (1926) 第一个在单性人口动力学的描述中引入年龄. 线性理论是以 McKendrick 方程为基础的 [26], 由于 McKendrick 的早期工作不为人知, 因此通常称它为 Von Foerster (1959) 方程. 幸运的是, McKendrick 的贡献已被科学界广泛应用 [21]. McKendrick 模型假设, 女性人口可以通过年龄 a 和时间 t 的密度函数 $\rho(a,t)$ 来描述, 二者均以相同的尺度进行测量. 于是, $N(a,t) = \int_0^a \rho(\sigma,t)d\sigma$ 是在时间 t、年龄在区间 $[0,a]$ 的个体数, $P(t) = \int_0^\infty \rho(\sigma,t)d\sigma$ 是在时间 t 的总人口规模.

设 $\beta(a) \geqslant 0$ 表示按年龄计算的人均生育率, 于是在 t 时刻出生的总人数为

$$B(t) = \int_0^\infty \beta(a)\rho(a,t)da, \tag{13.1}$$

在时间区间 $[t, t+h](h > 0)$ 出生的总人数由

$$\int_t^{t+h} \int_0^\infty \beta(a)\rho(a,t)dads = \int_t^{t+h} B(s)ds$$

给出. 设 $\mu(a) \geqslant 0$ 表示到特定年龄的人均死亡率. 于是, 从出生到年龄 a 存活个体的概率是

$$\pi(a) = e^{-\int_0^a \mu(\alpha)d\alpha}.$$

注意, 对每个 $s \in [t, t+h]$, 年龄小于或等于 $a+s$ 在时间 $t+s$ 死亡的概率是 $\int_0^{a+s} \mu(\sigma)\rho(\sigma, t+s)d\sigma$. 因此, 年龄小于或等于 $a+u-t$ 在时间 $[t,t+h]$ 死亡的概率由 (通过令 $u = s + t$)

$$\int_t^{t+h} \int_0^{a+u-t} \mu(\sigma)\rho(\sigma,u)d\sigma du = \int_0^h \int_0^{a+s} \mu(\sigma)\rho(\sigma,t+s)d\sigma ds$$

给出. 还假设人口规模从 t 到 $t+h$ 的唯一变化是因出生和死亡. 于是

$$N(a+h,t+h) - N(a,t) = \int_\tau^{t+h} B(s)ds - \int_0^h \int_0^{a+s} \mu(\sigma)\rho(\sigma,t+s)d\sigma ds. \tag{13.2}$$

下一步是 (13.2) 除以 h 并令 $h \to 0$ 取极限. 在这个过程中我们需要利用积分的微分. 对此, 基本规则是, 如果

$$F(a,x) = \int_0^a f(\xi,x)d\xi,$$

则 F 的偏导数是

$$F_a(a,x) = f(a,x), \quad F_x(a,x) = \int_0^a f_x(\xi,x)d\xi.$$

由于

$$N(a+h,t+h) - N(a,t) = [N(a+h,t+h) - N(a,t+h)] + [N(a,t+h) - N(a,t)],$$

方程 (13.2) 的左端除以 h, 令 $h \to 0$ 取极限, 得到

$$N_a(a,t) + N_t(a,t) = \rho(a,t) + \int_0^a \rho_t(\alpha,t)d\alpha.$$

因此, 从左边得到下面的

$$\lim_{h \to 0} \frac{N(a+h,t+h) - N(a,t+h) + N(a,t+h) - N(a,t)}{h}$$

$$= N_t(a,t) + N_a(a,t) = \int_0^a \rho_t(\sigma,t)d\sigma + \rho(a,t). \tag{13.3}$$

(13.2) 的右端除以 h 并令 $h \to 0$ 取极限, 再次利用积分的微分, 得到

$$B(t) - \int_0^a \mu(\sigma)\rho(\sigma,t)d\sigma. \tag{13.4}$$

结合 (13.3)—(13.4), 得到

$$\int_0^a \rho_t(\sigma,t)d\sigma + \rho(a,t) = B(t) - \int_0^a \mu(\sigma)\rho(\sigma,t)d\sigma. \tag{13.5}$$

(13.5) 关于 a 微分, 得到

$$\rho_t(a,t) + \rho_a(a,t) = -\mu(a)\rho(a,t). \tag{13.6}$$

假设初始年龄分布为 $\rho(a,0) = \rho_0(a)$, 性别比是一对一. 注意, $\rho(0,t)$ 也代表在时间 t 的出生总数, 即

$$\rho(0,t) = B(t).$$

于是, 我们得到下面的具有初始条件和边界条件的偏微分方程:

$$\begin{aligned} &\rho_t(a,t) + \rho_a(a,t) = -\mu(a)\rho(a,t), \\ &\rho(0,t) = \int_0^\infty \beta(a)\rho(a,t)da = B(t), \\ &\rho(a,0) = \rho_0(a). \end{aligned} \tag{13.7}$$

13.3　特征线法

系统 (13.7) 可以用特征线法求解. 就是说, 对 $\rho(a,t)$ 我们可以沿着特征线 $a = t + c$ 求解, 其中 c 是常数. 设 ω_c 表示通过时间追踪那些年龄在 $t = 0$ 是 c 的同龄人函数, 它定义为

$$\omega_c(t) = \rho(t + c, t), \quad t > t_c,$$

其中 $t_c = \max(0, -c)$. 注意

$$\frac{d\omega_c}{dt} = \frac{\partial \rho}{\partial a}\frac{da}{dt} + \frac{\partial \rho}{\partial t}\frac{dt}{dt} = \frac{\partial \rho}{\partial u} + \frac{\partial \rho}{\partial t},$$

因此, (13.7) 可重写为

$$\frac{d\omega_c(t)}{dt} = -\mu(t + c)\omega_c(t), \quad t \geqslant t_c,$$

它的解是

$$\omega_c(t) = \omega_c(t_c) \exp\left[-\int_{t_c}^{t} \mu(s + c)ds\right], \quad t > t_c. \tag{13.8}$$

因此, (13.7) 的解可以写为

$$\rho(a,t) = \begin{cases} \rho_0(a - t) \exp\left[-\int_0^t \mu(s + a - t)ds\right], & a \geqslant t, \\ B(t - a) \exp\left[-\int_0^a \mu(s)ds\right], & a < t. \end{cases} \tag{13.9}$$

注意, 在 (13.1) 中给出的 $B(t)$ 依赖于 $\rho(a,t)$.

13.4　积分方程模型的等价形式

将 (13.9) 代入 (13.1), 得到

$$B(T) = \int_0^t \beta(a)B(t - a)e^{-\int_0^a \mu(s)ds}da + \int_t^\infty \rho_0(a - t)e^{-\int_0^a \mu(a-t+s)ds}da. \tag{13.10}$$

令

$$F(t) = \int_t^\infty \rho_0(a - t)e^{-\int_0^t \mu(a-t+s)ds}da, \quad K(a) = \beta(a)e^{-\int_0^t \mu(s)ds} = \beta(a)\pi(a).$$

再将 F 和 K 的这两个表达式代入 (13.10), 并作变量变换 $a = t - u$, 得到更新方程

$$B(t) = F(t) + \int_0^t K(t - u)B(u)du, \tag{13.11}$$

这是 Sharpe 和 Lotka[31] 最初导出的方程.

利用卷积记号可将方程 (13.11) 重写为形式

$$B(t) = F(t) + (K * B)(t). \tag{13.12}$$

设 $\hat{f}(p) = \int_0^\infty e^{-ps} f(s)ds$ 表示函数 $f(t)$ 的 Laplace 变换. 于是, 由方程 (14.12) 我们有

$$\hat{B}(p) = \hat{F}(p) + \hat{B}(p)\hat{K}(p).$$

解出 $\hat{B}(p)$, 得到

$$\hat{B}(p) = \frac{\hat{F}(p)}{1 - \hat{K}(p)}.$$

由于 $\hat{K}(p)$ 和 $\hat{F}(p)$ 是解析函数, $\hat{B}(p)$ 的性质由 $1 - \hat{K}(p)$ 的根, 或者由

$$\hat{K}(p) = \int_0^\infty \beta(a)\pi(a)e^{-pa}da = 1, \quad p \in \mathbb{C} \tag{13.13}$$

的解确定. 方程 (13.13) 称为更新方程 (13.11) 的 Lotka 特征方程.

对 $p \in \mathbb{R}$, 由 $\dfrac{d\hat{K}}{dp} < 0$ 得知 $\hat{K}(p)$ 单调递减. 注意, 由于 $p \to \infty$ 时 $\hat{K}(p) \to 0$, 方程 (13.13) 有唯一解, 记为 p^*, 它有性质

$$如果\ \hat{K}(0) > 1, 则\ p^* > 0,$$
$$如果\ \hat{K}(0) < 1, 则\ p^* < 0.$$

对 $p = u + iv \in \mathbb{C}$, 注意 $\hat{K}(p) = \int_0^\infty \beta(a)\pi(a)e^{-(u+iv)a}da = 1$. 因此

$$\int_0^\infty \beta(a)\pi(a)e^{-ua}\cos(va)da = 1, \quad \int_0^\infty \beta(a)\pi(a)e^{-ua}\sin(va)da = 0.$$

由于对所有 $u \in \mathbb{R}$, $|\cos(va)| \leqslant 1$ 和 $\hat{K}'(u) < 0$, 我们有 $u \leqslant p^*$. 因此, p^* 是 $\hat{K}(p)$ 的主根 (最大模). 即 $\hat{K}(p) = 1$ 的所有解的负实部都小于或等于 p^*.

可以证明

$$B(t) = B_0 e^{p^* t}(1 + \Omega(t)), \tag{13.14}$$

其中 $B_0 > 0$ 和 $\lim_{t \to \infty} \Omega(t) = 0$(例如, 见 [22]).

因此, p^* 的符号确定 $B(t)$ 的解, 从而确定 $\rho(a,t)$ 的渐近性态. 由 (13.9) 和 (13.14), 我们知道, $\rho(a,t)$ 有下面的渐近性质

$$\lim_{t \to \infty} \rho(a,t) = \lim_{t \to \infty} B_0 e^{p^*(t-a)} \pi(a). \tag{13.15}$$

定义

$$\mathscr{R} = \hat{K}(0) = \int_0^\infty \beta(a)\pi(a)da,$$

这是每个个体一生中预期的后代数. 上述结果证明, 当 $t \to \infty$ 时 $B(t) \to 0(\infty)$ 当且仅当 $\mathscr{R} < 1(> 1)$.

回忆, $P(t) = \int_0^\infty \rho(a,t)da$ 表示在时间 t 的个体总数. *稳定的年龄分布* (或者*持久的年龄分布*) 定义为解 $\rho(a,t)$, 其中 $\rho(a,t)/P(t)$ 与时间 t 无关. 由 (13.15) 得知, 当 $t \to \infty$ 时 (13.9) 给出的每个渐近解都趋于稳定的年龄分布.

13.5　平衡点和特征方程

对系统 (13.7), 稳态或平衡点分布 $\rho^*(a)$ 是一个与时间无关的解. 就是说, $\rho^*(a)$ 满足方程

$$\frac{d\rho^*(a)}{da} = -\mu(a)\rho^*(a),$$
$$\rho^*(0) = \int_0^\infty \beta(a)\rho^*(a)da. \tag{13.16}$$

对线性系统 (13.16), 唯一的平衡点是 $\rho^*(a) = 0$, 在这个平衡点的线性化与 (13.7) 的相同. 对 $\rho^*(a) = 0$ 的稳定性, 考虑形如

$$\rho(a,t) = A(a)e^{pt} \tag{13.17}$$

的分离解, 其中 $A(a) > 0$. $\rho^*(a)$ 的稳定性由 p 的符号确定. 由 (13.7) 中的第二个方程, 我们有

$$A(0) = \int_0^\infty \beta(a)A(a)da =: B_1. \tag{13.18}$$

将 (13.17) 代入 (13.7), 得到

$$\frac{dA(a)}{da} = -(p + \mu(a))A(a).$$

求解 $A(a)$, 并利用 $A(0) = B_1$, 得到

$$A(a) = B_1 \pi(a) e^{-pa}, \tag{13.19}$$

其中 $\pi(a) = e^{-\int_0^a \mu(s)ds}$. 利用 (13.18) 中对 B_1 的定义, 其中 $A(a)$ 用表达式 (13.19) 代替, 得到

$$B_1 = \int_0^\infty \beta(a)A(a)da = \int_0^\infty B_1 \beta(a)\pi(a)e^{-pa}da.$$

由于 $B_1 \neq 0$, 将上述方程的两边除以 B_1, 得到下面 p 必须满足的方程:

$$\int_0^\infty \beta(a)\pi(a)e^{-pa}da = 1. \tag{13.20}$$

系统 (13.20) 是如 (13.13) 的相同特征方程.

注意, (13.20) 的左端与 (13.13) 中定义的函数 $\hat{K}(p)$ 相同. 因此, $p > 0 (=, <0)$, 当且仅当 $\mathscr{R} = \hat{K}(0) > 1 (=, < 1)$. 因此, 稳态 $\rho^*(a) = 0$ 是局部渐近稳定的, 当且仅当 $R < 1$.

13.6 具有离散年龄组的人口模型

将年龄区间划分为 n 个有限子区间 $[a_0, a_1), [a_1, a_2), \cdots, [a_{n-1}, a_n)$, 其中 $a_0 = 0$ 和 $a_n \leqslant \infty$. 记年龄在区间 $[a_{i-1}, a_i]$ 的个体数为 $H_i(t)$, 故 $H_i(t) = \int_{a_{i-1}}^{a_i} \rho(t,a)da$, $i = 1, \cdots, n$. 于是, 从 a_0 到 a_1 积分 (13.7) 中的偏微分方程, 得到

$$\frac{dH_1(t)}{dt} + \rho(t, a_1) - \rho(t, a_0) + \int_{a_0}^{a_1} \mu(a, P)\rho(t,a)da = 0. \tag{13.21}$$

假设每个年龄区间内的个体都有相同的生命率, 使得对 $[a_{i-1}, a_i], i = 1, \cdots, n$ 中的 a, $\beta(a, P) = \beta_i, \mu(a, P) = \mu_i$. 其中 a_i 和 μ_i 与年龄无关, 但可与密度相关. 于是, 在年龄区间 $[1, a_1]$ 内, 我们有

$$\rho(t, 0) = \sum_{i=1}^n \beta_i H_i(t), \quad \int_{a_0}^{a_1} \mu\rho(t,a)da = \mu_1 H_1(t),$$

这导致

$$\frac{dH_i}{dt} = \sum_{i=1}^{m} \beta_i H_i - (m_1 + \mu_1)H_1, \tag{13.22}$$

其中 m_1 是由 $m_1 = \rho(t, a_1)/H_1(t)$ 定义的从第 1 组到第 2 组的进度, 假设它与时间无关.

对 $2 \leqslant i \leqslant n$, 从 a_{i-1} 到 a_i 积分 (13.24) 中的偏微分方程, 得到

$$\frac{dH_i}{dt} = m_{i-1}H_{i-1} - (m_i + \mu_i)H_i, \quad i = 2, \cdots, n, \tag{13.23}$$

其中 m_i 是从第 i 组到第 $i+1$ 组的年龄进度, 令 $m_n = 0$. 于是. 系统 (13.7) 化为 n 个常微分方程的系统.

13.7　非线性年龄结构模型

在上一节考虑的模型中, 出生率和死亡率都是线性的, 这意味着总人口规模呈指数式增长 (如果 $q > 0$)、指数式死亡 (如果 $q < 0$), 或保持不变 (如果 $q = 0$). 在研究没有年龄结构的模型时, 在我们考虑的情况下人口的容纳量为当 $t \to \infty$ 时的量. 为了在年龄结构模型中也允许有这个可能性, 必须假设有某些非线性. 现在, 根据总人口规模, 考虑 $\beta(a, P(t))$ 和 $\mu(a, P(t))$ 形式的出生模和死亡模的概率. 可以通过类似方法开发一种可允许依赖于密度 $\rho(a, t)$ 的出生模 (也可有死亡模) 的变形. 我们将仅考虑连续情形, 因为用于处理线性离散情形的线性代数方法不能直接用于非线性离散模型.

如果出生模和死亡模允许依赖人口总规模, 则描述的模型必须包含 $P(t)$. 因此, 现在完全模型是

$$\begin{aligned}
&\rho_a(a,t) + \rho_t(a,t) + \mu(a, P(t))\rho(a,t) = 0, \\
&B(t) = \rho(0,t) = \int_0^\infty \beta(a, P(t))\rho(a,t)da, \\
&P(t) = \int_0^\infty \rho(a,t)da, \\
&\rho(a,0) = \phi(a).
\end{aligned} \tag{13.24}$$

可以通过沿着特征线积分将这个问题化为线性情形. 利用记号

$$\mu^*(\alpha) = \mu(\alpha, P(t-a+\alpha)),$$

经相同计算得到

$$\rho(a,t) = \begin{cases} B(t-a)e^{-\int_0^a \mu^*(\alpha)d\alpha}, & t \geqslant a, \\ \phi(a-t)e^{-\int_{a-t}^a \mu^*(\alpha)d\alpha}, & t < a. \end{cases} \quad (13.25)$$

将这些表达式代入 (13.24), 得到一对关于 $B(t)$ 和 $P(t)$ 的泛函方程, 它们的解给出对 $\rho(a,t)$ 的明显解, 即

$$B(t) = b(t) + \int_0^t \beta(a, P(t))e^{-\int_0^a \mu^*(\alpha)d\alpha}B(t-a)da,$$

$$P(t) = p(t) + \int_0^t e^{-\int_0^a \mu^*(\alpha)d\alpha}B(t-a)da,$$

其中

$$b(t) = \int_t^\infty \beta(a, P(t))\phi(a-t)e^{-\int_{a-t}^a \mu^*(\alpha)d\alpha}da,$$

$$p(t) = \int_t^\infty \phi(a-t)e^{-\int_{a-t}^a \mu^*(\alpha)d\alpha}da.$$

有理由假设 $\int_0^\infty \phi(a)da < \infty$, $\beta(a,P)$ 和 $\mu(a,P)$ 连续非负. 在这些假设下, 容易验证, $b(t)$ 和 $p(t)$ 连续非负, 且当 $t \to \infty$ 时趋于零, 其中 $b(0) > 0$ 和 $p(0) > 0$. 可以证明, 如果 $\sup\limits_{a\geqslant 0, P\geqslant 0} \beta(a,P) < \infty$, 则在 $0 \leqslant t < \infty$ 上存在连续非负唯一解. 这个方法是 Gurtin 和 MacCamy 提出的 [18].

如果 $\rho(a,t) = \rho(a)$ 是平衡点年龄分布, 则

$$P(t) = \int_0^\infty \rho(a)da =: P \quad \text{和} \quad B(t) = \int_0^\infty \beta(a,P)\rho(a)da =: B$$

是常数. 此时 McKendrick 方程变成一个常微分方程

$$\rho'(a) + \mu(a,P)\rho(a) = 0, \quad \rho(0) = B,$$

它的解是

$$\rho(a) = Be^{-\int_0^a \mu(\alpha,P)d\alpha}.$$

设

$$\pi(a,P) = e^{-\int_0^a \mu(\alpha,P)d\alpha} \quad (13.26)$$

表示人口规模为常数 P 时从出生到年龄 a 幸存的概率. 于是

$$\rho(a) = B\pi(a, P).\tag{13.27}$$

由 $B = \int_0^\infty \beta(a, P)\rho(a)da$ 和 (13.27), 得到

$$B = B\int_0^\infty \beta(a, P)\pi(a, P)da.$$

因此, 对具有出生率 B 的平衡点年龄分布, 人口规模 P 必须满足方程

$$\mathscr{R}(P) = \int_0^\infty \beta(a, p)\pi(a, p)da = 1,\tag{13.28}$$

此时出生率为

$$B = \frac{P}{\displaystyle\int_0^\infty \pi(a, P)da}.$$

称 (13.28) 中定义的量 $\mathscr{R}(P)$ 为再生数, 它表示当人口总规模为 P 时, 个体一生拥有预期的后代数.

例 1   假设 β 与年龄无关, 且仅是 P 的函数. 则

$$B(t) = \int_0^\infty \beta(P(t))\rho(a, t)da = \beta(P(t))\int_0^\infty \rho(a, t)da$$
$$= P(t)\beta(P(t)).\tag{13.29}$$

如果我们定义 $g(P) = P\beta(P)$, 则这个问题化为对 $P(t)$ 的单个泛函方程

$$P(t) = p(t) + \int_0^t e^{-\int_0^a \mu^*(\alpha)d\alpha} g(P(t - a))da$$

与 (13.29) 中给出的对 $B(t)$ 的明显公式.

13.8   *流行病的年龄结构模型

考虑年龄结构的 SIR 模型. 设 $s(t, a), i(t, a), r(t, a)$ 分别表示易感者、染病者和移除者数的年龄密度, 因此在相关类中的个体总数是

$$S(t) = \int_0^\infty s(a, t)da, \quad I(t) = \int_0^\infty i(a, t)da, \quad R(t) = \int_0^\infty r(a, t)da.$$

总人口的年龄密度是

$$\rho(a,t) = s(a,t) + i(a,t) + r(a,t),$$

总人口规模为

$$P(t) = S(t) + I(t) + R(t) = \int_0^\infty \rho(a,t)da.$$

于是, 模型由下面的方程组刻画

$$s_t(a,t) + s_a(a,t) = -(\mu(a) + \lambda(a,t))s(a,t),$$

$$i_t(a,t) + i_a(a,t) = \lambda(a,t)s(a,t) - (\mu(a) + \gamma(a))i(a,t), \qquad (13.30)$$

$$r_t(a,t) + r_a(a,t) = -\mu(a)r(a,t) + \gamma(a)i(a,t),$$

其中 $\lambda(a,t)$ 是人均感染率, 根据混合的假设, 它可以有多种形式. 一个可能的形式是集中在对应于假设只能在同年龄个体之间传播感染的组内混合

$$\lambda(a,t) = c(a)i(a,t).$$

另一个形式是组间混合

$$\lambda(a,t) = \int_0^\infty b(a,\alpha)i(\alpha,t)d\alpha,$$

其中 $b(a,\alpha)$ 表示在年龄 α 的染病者和在 a 的易感者之间的接触产生的感染率. 对组间混合, 通常假设混合函数有分离形式

$$b(a,\alpha) = b_1(a)b_2(\alpha).$$

(13.30) 中的其他参数是 $\mu(a)$ 和 $\gamma(a)$, 它们表示依赖于年龄的人均自然死亡率和康复率. 初始条件是

$$s(a,0) = s_0(a), \quad i(a,0) = i_0(a), \quad r(a,0) = 0, \qquad (13.31)$$

其中 $s_0(a)$ 和 $i_0(a)$ 分别是易感者和染病者的初始分布. 边界条件中含有出生条件或更新条件. 在所有新生的都是易感者的假设下, 新出生总数是

$$s(0,t) = \int_0^\infty \beta(a,P(t))\rho(a,t)da, \qquad (13.32)$$

其中 $i(0,t) = r(0,t) = 0$.

13.8.1　*流行病模型中依赖年龄的疫苗接种

在许多情况下, 考虑年龄结构模型比不考虑年龄结构的模型更合适. 例如, 如果由于某些年龄组的较高活动性, 导致传播高度依赖于年龄, 那么确定针对哪些年龄组采取更有效的疾病控制策略 (如接种疫苗) 可能是有用的. 下面的模型和结果取自 [10]. 它涉及依赖年龄的结核病的疫苗接种策略.

将人群划分为易感者类、接种者类、潜伏者类、染病者类和治疗者类, 其中 $s(t,a), v(t,a), l(t,a), i(t,a)$ 和 $j(t,a)$ 分别表示具有相关的流行病年龄结构类的相应密度函数, 而且 $n(t,a) = s(t,a) + v(t,a) + l(t,a) + i(t,a) + j(t,a)$. 假设所有新生儿都是易感人群, 并且各个个体之间的混合与其年龄相关的活动水平成正比. 还假设一个人只有通过与染病者个体接触才可能被感染, 疫苗接种只有部分有效 (即, 接种疫苗的个体可以再次被感染, 但易感性被降低), 而且只有易感者将被接种疫苗. 其动力学由下面的初 (值) 边值问题提供:

$$
\begin{aligned}
\left(\frac{\partial}{\partial t} + \frac{\partial}{\partial a}\right) s(t,a) &= -\beta(a)c(a)B(t)s(t,a) - \mu(a)s(t,a) - \psi(a)s(t,a), \\
\left(\frac{\partial}{\partial t} + \frac{\partial}{\partial a}\right) v(t,a) &= \psi(a)s(t,a) - \mu(a)v(t,a) - \delta\beta(a)c(a)B(t)v(t,a), \\
\left(\frac{\partial}{\partial t} + \frac{\partial}{\partial a}\right) l(t,a) &= \beta(a)c(a)B(t)(s(t,a) + \sigma j(t,a) + \delta v(t,a)) \\
&\quad - (k + \mu(a))l(t,a), \\
\left(\frac{\partial}{\partial t} + \frac{\partial}{\partial a}\right) i(t,a) &= kl(t,a) - (r + \mu(a))i(t,a), \\
\left(\frac{\partial}{\partial t} + \frac{\partial}{\partial a}\right) j(t,a) &= ri(t,a) - \sigma\beta(a)c(a)B(t)j(t,a) - \mu(a)j(t,a),
\end{aligned}
\tag{13.33}
$$

其中

$$
B(t) = \int_0^\infty \frac{i(t,a')}{n(t,a')}p(t,a,a')da',
$$

初始条件和边界条件为

$$
s(t,0) = \Lambda, \quad v(t,0) = l(t,0) = i(t,0) = j(t,0) = 0,
$$
$$
s(0,a) = s_0(a), \quad v(0,a) = v_0(a), \quad l(0,a) = l_0(a), \quad i(0,a) = i_0(a),
$$
$$
j(0,a) = j_0(a).
$$

函数 p 表示年龄为 a 的易感者个体和年龄为 a' 的染病者个体之间的混合, 并假设混合比例的形式为

$$p(t, a, a') = \frac{c(a')n(t, a')}{\displaystyle\int_0^\infty c(u)n(t, u)du}.$$

Λ 是补充率/出生率 (假设是常数), $\beta(a)$ 是通过与染病者接触而被感染的 (平均) 概率, $c(a)$ 是按年龄划分的人均接触率/活动率, $\mu(a)$ 是按年龄划分的人均自然死亡率 (所有这些函数都假设连续, 并在超过某个最大年龄时为零), k 为离开潜伏者变成染病者个体的人均率, r 是人均治疗率, σ 和 δ 分别是由于预先暴露于结核病和接种疫苗而导致风险的降低率, $0 \leqslant \sigma \leqslant 1, 0 \leqslant \delta \leqslant 1$. $p(t, a, a')$ 给出年龄为 a 的个体与年龄为 a' 的个体接触的概率, 后者已经与人群成员接触过. 混合比例也用于包括 [3, 8, 11, 16, 20] 中的其他研究.

利用 [11] 中的方法, 假设 $p(t, a, a') = p(t, a')$ 如上所述. 并假设初始年龄分布是知道的, 超过某些最大年龄时它为零. 模型 (13.33) 是适定的, 证明可在 [8] 中找到.

注意, $n(t, a)$ 满足以下方程:

$$\left(\frac{\partial}{\partial t} + \frac{\partial}{\partial a}\right)n(t, a) = -\mu(a)n(t, a),$$

$$n(t, 0) = \Lambda, \quad n(0, a) = n_0(a) = s_0(a) + v_0(a) + l_0(a) + i_0(a) + j_0(a).$$

利用特征线法可以对 n 明显求解:

$$n(t, a) = n_0(a)\frac{\mathscr{F}(a)}{\mathscr{F}(a - t)}H(a - t) + \Lambda\mathscr{F}(a)H(t - a),$$

其中

$$\mathscr{F}(a) = e^{-\int_0^a \mu(s)ds},$$

$$H(s) = 1, s \geqslant 0; \quad H(s) = 0, s < 0.$$

因此

$$n(t, a) \to \Lambda\mathscr{F}(a),$$

$$p(t, a) \to \frac{c(a)\mathscr{F}(a)}{\displaystyle\int_0^\infty c(b)\mathscr{F}(b)db} =: p_\infty(a), \quad t \to \infty. \tag{13.34}$$

引入分数

$$u(t,a) = \frac{s(t,a)}{n(t,a)}, \quad w(t,a) = \frac{v(t,a)}{n(t,a)}, \quad x(t,a) = \frac{l(t,a)}{n(t,a)}, \quad y(t,a) = \frac{i(t,a)}{n(t,a)},$$

$$z(t,a) = \frac{f(t,a)}{n(t,a)}$$

得到 (13.33) 的简化系统

$$\left(\frac{\partial}{\partial t} + \frac{\partial}{\partial a}\right) u(t,a) = -\beta(a)c(a)B(t)u(t,a) - \psi(a)u(t,a),$$

$$\left(\frac{\partial}{\partial t} + \frac{\partial}{\partial a}\right) w(t,a) = \psi(a)u(t,a) - \delta\beta(a)c(a)B(t)w(t,a),$$

$$\left(\frac{\partial}{\partial t} + \frac{\partial}{\partial a}\right) x(t,a) = \beta(a)c(a)B(t)(u(t,a) + \delta w(t,a) + \sigma z(t,a)) - kx(t,a),$$

$$\left(\frac{\partial}{\partial t} + \frac{\partial}{\partial a}\right) y(t,a) = kx(t,a) - ry(t,a),$$

$$\left(\frac{\partial}{\partial t} + \frac{\partial}{\partial a}\right) z(t,a) = ry(t,a) - \alpha\beta(a)c(a)B(t)z(t,a),$$

$$B(t) = \int_0^\infty y(t,a)p(t,a)da,$$

$$p(t,a) = \frac{c(a)n(t,a)}{\displaystyle\int_0^\infty c(u)n(t,u)du},$$

$$u(t,0) = 1, \quad w(t,0) = x(t,0) = y(t,0) = z(t,0) = 0. \tag{13.35}$$

设 $\mathscr{F}_\psi(a)$ 表示年龄 a 的易感者个体没有被接种的概率. 于是

$$\mathscr{F}_\psi(a) = e^{-\int_0^a \psi(b)db}.$$

系统 (13.35) 有无病平衡点

$$u(a) = \mathscr{F}_\psi(a), \quad w(a) = 1 - \mathscr{F}_\psi(a),$$
$$x(a) = y(a) = z(a) = 0, \quad n(a) = \Lambda\mathscr{F}(a). \tag{13.36}$$

为了研究这个无病平衡点的局部稳定性, 将 (13.35) 关于 (13.36) 线性化, 并考虑如下形式的指数解

$$x(t,a) = X(a)e^{\lambda t}, \quad y(t,a) = Y(a)e^{\lambda t}, \quad B(t) = B_0 e^{\lambda t} + O(e^{2\lambda t}),$$

其中

$$B_0 = \int_0^\infty Y(a) p_\infty(a) da \tag{13.37}$$

是常数, $p_\infty(a)$ 如 (13.34) 中的. 于是 (13.35) 中 x 和 y 方程的线性部分是

$$\lambda X(a) + \frac{d}{da} X(a) = \beta(a) c(a) B_0 \mathscr{V}_\psi(a) - k X(a),$$

$$\lambda Y(a) + \frac{d}{da} Y(a) = k X(a) - r Y(a),$$

其中

$$\mathscr{V}_\psi(a) = \mathscr{F}_\psi(a) + \delta(1 - \mathscr{F}_\psi(a)). \tag{13.38}$$

通过求解上述系统可以得到 $Y(a)$ 的表达式:

$$Y(a) = B_0 \int_0^a \frac{k}{r-k} \beta(\alpha) c(\alpha) \left(e^{(\lambda+k)(\alpha-a)} - e^{(\lambda+r)(\alpha-a)} \right) \mathscr{V}_\psi(\alpha) d\alpha. \tag{13.39}$$

由 (13.37) 和 (13.39), 得到

$$B_0 = B_0 \int_0^\infty \int_0^a \frac{k}{r-k} p_\infty(a) \beta(\alpha) c(\alpha) \left(e^{(\lambda+k)(\alpha-a)} - e^{(\lambda+r)(\alpha-a)} \right) \mathscr{V}_\psi(\alpha) d\alpha da. \tag{13.40}$$

通过交换积分次序, 引入 $\tau = a - \alpha$, (13.40) 的两边除以 B_0 (因为 $B_0 \neq 0$), 得到特征方程

$$1 = \int_0^\infty \int_0^\infty \frac{k}{r-k} p_\infty(\alpha+\tau) \beta(\alpha) c(\alpha) \left(e^{-(\lambda+k)\tau} - e^{-(\lambda+r)\tau} \right) \mathscr{V}_\psi(\alpha) d\tau d\alpha := G(\lambda). \tag{13.41}$$

现在我们准备好定义净再生数 $\mathscr{R}(\psi) = G(0)$, 即

$$\mathscr{R}(\psi) = \int_0^\infty \int_0^\infty \frac{k}{r-k} p_\infty(\alpha+\tau) \beta(\alpha) c(\alpha) \left(e^{-k\tau} - e^{-r\tau} \right) \mathscr{V}_\psi(\alpha) d\tau d\alpha. \tag{13.42}$$

注意,

$$G'(\lambda) < 0, \quad \lim_{\lambda \to \infty} G(\lambda) = 0, \quad \lim_{\lambda \to -\infty} G(\lambda) = \infty,$$

我们知道, (13.41) 有唯一非负实解 λ^*, 当且仅当 $G(0) < 1$, 或者 $\mathscr{R}(\psi) < 1$. 同样, 如果 $\mathscr{R}(\psi) > 1 (\mathscr{R}(\psi) = 1)$ 则 (13.41) 有唯一正实 (零) 解. 为了证明 λ^* 是 $G(\lambda)$ 的根的主实部, 令 $\lambda = x + iy$ 是 (13.41) 的任意复数解. 注意

$$1 = G(\lambda) = |G(x+iy)| \leqslant G(x)$$

表示 $\Re\lambda \leqslant \lambda^*$. 由此得知, 如果 $\mathscr{R}(\psi) < 1$, 则无病平衡点局部渐近稳定, 如果 $\mathscr{R}(\psi) > 1$, 则它不稳定. 这建立了下面结果:

定理 13.1 设 $\mathscr{R}(\phi)$ 是 (13.42) 中定义的再生数.

(a) 如果 $\mathscr{R}(\psi) < 1$, 则无病平衡点 (13.36) 局部渐近稳定, 如果 $\mathscr{R}(\psi) > 1$, 则它不稳定.

(b) 当 $\mathscr{R}(\psi) > 1$ 时 (13.35) 存在地方病平衡点.

13.8.2 年龄结构的流行病模型中的成对形成

性传播疾病 (STD) 通过伴侣之间的性活动传播. 成对形成或混合是 STD 建模中的关键项之一 [19,20]. 假设描述模型中成对形成的函数是可分离的, 这使得数学分析更容易处理. 但是, 已经证明, 可分离的成对形成函数的假设等价于一个总比例或随机成对形成的假设 [5-8,12]. 现在简要解释如下.

令 $\rho(t, a, a')$ 为成对形成或成对混合, 这是年龄为 a' 的个体在时间 t 具有年龄为 a' 的伴侣的比例. 令 $r(t, a)$ 为年龄 a 的个体在单位时间内拥有的平均伴侣数, 令 $T(t, a)$ 为时间 t 时年龄 a 的个体总数. 于是, 函数 $\rho(t, a, a')$ 具有以下性质:

1) $0 \leqslant \rho(t, a, a') \leqslant 1$;

2) $\displaystyle\int_0^\infty \rho(t, a, a')da' = 1$;

3) $\rho(t, a, a')r(t, a)T(t, a) = \rho(t, a', a)r(t, a')T(t, a')$;

4) $r(t, a)T(t, a)r(t, a')T(t, a') = 0 \Rightarrow \rho(t, a, a') = 0$.

性质 1) 和 2) 来自 $\rho(t, a, a')$ 是一个比例, 因此它始终在 0 和 1 之间, 而且它的总和等于 1. 性质 3) 来自这样的事实, 即年龄 a 和年龄 a' 的个体对的总数必须等于年龄 a' 和年龄 a 的个体对的总数. 此外, 如果没有活动的个体, 则没有成对形成, 这得知性质 4).

13.8.2.1 总比例混合

假设成对混合是一个可分离函数

$$\rho(t, a, a') = \rho_1(t, a)\rho_2(t, a'). \tag{13.43}$$

由性质 2), 对所有 t 有

$$\int_0^\infty \rho(t, a, a')da' = \int_0^\infty \rho_1(t, a)\rho_2(t, a')da' = \rho_1(t, a)\int_0^\infty \rho_2(t, a')da' = 1.$$

因此

$$\rho_1(t, a) = \frac{1}{\displaystyle\int_0^\infty \rho_2(t, a')da'}$$

与 a 无关, 记它为 $L(t)$. 于是

$$\rho(t,a,a') = L(t)\rho_2(t,a'). \tag{13.44}$$

由性质 3) 和 4) 得

$$L(t)\rho_2(t,a')r(t,a)T(t,a) = \rho(t,a',a)r(t,a')T(t,a'). \tag{13.45}$$

从 0 到 ∞ 对 a 积分 (13.45), 得到

$$L(t)\rho_2(t,a')\int_0^\infty r(t,a)T(t,a)da = r(t,a')T(t,a'). \tag{13.46}$$

因此

$$L(t)\rho_2(t,a') = \frac{r(t,a')T(t,a')}{\displaystyle\int_0^\infty r(t,a)T(t,a)da}, \tag{13.47}$$

这意味着 $\rho(t,a,a')$ 满足

$$\rho(t,a,a') = \frac{r(t,a')T(t,a')}{\displaystyle\int_0^\infty r(t,a)T(t,a)da}. \tag{13.48}$$

注意, (13.48) 的右端是人群中年龄 a' 的总伴侣比例, 或者年龄 a' 的可用伴侣数的比例. 满足 (13.45) 的成对函数或混合函数称为总比例混合. 这种混合完全取决于伴侣的可用性, 是一种随机混合. 虽然在特殊情况下, 如对同性恋男子艾滋病病毒/艾滋病建模时, 假设按比例混合或随机混合可能是适当的, 但一般而言, 有必要假设成对形成函数或混合函数是不可分离的. 有可能证明, 按比例混合是唯一可分离对形成[8].

13.9 多个年龄组中的疟疾模型

考虑受到疟疾传播的一个人群. 将其分为 4 类: 易感者、暴露者、染病者和康复者, 康复者对再感染有免疫力. 记他们的密度分别为 $s(a,t), e(a,t), i(a,t)$ 和 $r(a,t)$. 进一步将人群分为 n 个年龄组, i 组由年龄 $a \in [a_{i-1}, a_i)$ 的人组成, 使得在第 i 组的个体成员在相应的流行病类: $S_i(t) = \int_{a_{i-1}}^{a_i} s(a,t)da, E_i(t) = \int_{a_{i-1}}^{a_i} e(a,t)da, I_i(t) = \int_{a_{i-1}}^{a_i} i(a,t)da$ 和 $R_i(t) = \int_{a_{i-1}}^{a_i} r(a,t)da, i = 1, 2, \cdots, n.$ 于

是基于与 13.6 节的类似推导, 得到在人群中传播疾病的常微分方程系统如下:

$$S_1'(t) = B(t) - (\mu_1 + c_1)S_1 - \lambda_1(t)S_1,$$

$$S_j'(t) = c_{j-1}S_{j-1} - \lambda_j(t)S_j - (\mu_j + c_j)S_j, \quad j = 2, \cdots, n,$$

$$E_1'(t) = \lambda_1(t)S_1 - (\mu_1 + \varepsilon_1 + c_1)E_1,$$

$$E_j'(t) = \lambda_j(t)S_j + c_{j-1}E_{j-1} - (\mu_j + \varepsilon_j + c_j)E_j, \quad j = 2, \cdots, n,$$

$$I_1'(t) = \varepsilon_1 E_1 - (\mu_1 + \gamma_1 + \omega_1 + c_1)I_1, \tag{13.49}$$

$$I_j'(t) = \varepsilon_j E_j + c_{j-1}I_{j-1} - (\mu_j + \gamma_j + \omega_j + c_j)I_j, \quad j = 2, \cdots, n,$$

$$R_1'(t) = \gamma_1 I_1 - (\mu_1 + c_1)R_1,$$

$$R_j'(t) = c_{j-1}R_{j-1} + \gamma_j I_j - (\mu_j + c_j)R_j, \quad j = 2, \cdots, n,$$

其中 $B(t)$ 是易感者类的补充率, μ_i 是特定年龄的自然死亡率, ω_i 是特定年龄的疾病死亡率, c_i 是年龄进展率, ε_i 是特定年龄的疾病进展率, γ_i 是特定年龄的康复率.

与媒介 (蚊子) 有关的人群感染率 $\lambda_j(t)$ 为

$$\lambda_j(t) = \frac{bN_v(t)}{N(t)}\beta_j \frac{I_v(t)}{N_v(t)} = \frac{b\beta_j I_v(t)}{N(t)}, \quad j = 1, \cdots, n, \tag{13.50}$$

其中 b 是每只蚊子单位时间叮咬人的次数, N_v 是蚊子总数, $N = \sum_{j=1}^{n}(S_j + E_j + I_j + R_j)$ 是人群总规模, I_v 是感染的蚊子数, β_j 是 i 组的人每次叮咬被感染的概率.

设 S_v 和 E_v 表示蚊子的易感者和暴露者数, 而且 $N_v = S_v + E_v + I_v$. 蚊子种群的动力学由方程组

$$S_v'(t) = M_v - \lambda_v S_v - \mu_v S_v,$$

$$E_v'(t) = \lambda_v(N_v - E_v - I_v) - (\mu_v + \varepsilon_v), \tag{13.51}$$

$$I_v'(t) = \varepsilon_v E_v - \mu_v I_v$$

描述, 其中 M_v 是易感蚊子的输入流量, μ_v 是蚊子的自然死亡率, ε_v 是暴露蚊子的疾病进展率, λ_v 是由

$$\lambda_v(t) = b\sum_{j=1}^{n}\left(\frac{\beta_{v_j}I_j(t)}{N(t)}\right) \tag{13.52}$$

给出的蚊子的感染率, 其中 β_{v_j} 是蚊子叮咬 j 组染病人的感染率. 该模型的分析读者可以参考 [30].

13.10 *案例: 另一个疟疾模型

在这个案例中, 我们考虑对人类宿主的 SIS 系统, 对蚊子的 SI 系统. 设 $s(a,t)$ 和 $i(a,t)$ 表示宿主的易感者和染病者密度, 令 $n(a,t) = s(a,t) + i(a,t)$. 对宿主的偏微分方程 (PDEs) 导致

$$
\begin{aligned}
s_t(a,t) + s_a(a,t) &= -\lambda(a,t)s(a,t) - \mu(a)s(a,t) + \gamma(a)i(a,t), \\
i_t(a,t) + i_a(a,t) &= \lambda(a,t)s(a,t) - (\gamma(a) + \mu(a))i(a,t),
\end{aligned}
\tag{13.53}
$$

其中

$$
\lambda(a,t) = b\beta(a)\frac{I_v(t)}{N(t)},
$$

其中边界条件和初始条件为

$$
s(0,t) = \int_0^\infty \rho(a)n(a,t)da, \quad i(0,t) = 0, \quad s(a,0) = s_0(a), \quad i(a,0) = i_0(a).
$$

函数 $\rho(a)$ 表示依赖于年龄的出生率. 对蚊子的方程是

$$
\begin{aligned}
S_v'(t) &= M_v - \lambda_v(t)S_v(t) - \mu_v S_v(t), \\
I_v'(t) &= \lambda_v(t)S_v(t) - \mu_v I_v(t),
\end{aligned}
\tag{13.54}
$$

其中

$$
\lambda_v(t) = b\int_0^\infty \beta_v(a)\frac{i(a,t)}{N(t)}da,
$$

初始条件是 $S_v(0) = S_{v0} \geqslant 0, I_v(0) = I_{v0} \geqslant 0$. 其他所有参数的意义与 (13.51) 中的相同.

对于本案例中的问题, 假设宿主人口已达到稳定的年龄分布, 且总人口规模不变, 即

$$
\tilde{n}(a) = \beta\pi(a), \quad \pi(a) = e^{-\int_0^a \mu(u)du}, \quad \tilde{N} = \int_0^\infty \tilde{n}(a)da = \beta\int_0^\infty \pi(a)da,
$$

其中 β 是正常数, 约束 $\int_0^\infty \rho(a)\tilde{n}(a,t)da = 1$ 成立. 还假设蚊子种群达到稳态 $\tilde{N}_v = M_v/\mu_v$.

问题 1 (a) 证明基本再生数有形式

$$
\mathscr{R}_0 = \int_0^\infty b\beta_v(a)\frac{\mathscr{I}(a)}{\tilde{N}}\tilde{N}_v da,
\tag{13.55}
$$

其中

$$\mathscr{I}(a) = \int_0^a b\beta(\sigma)\frac{\beta\pi(\sigma)}{\tilde{N}}\frac{1}{\mu_v}e^{-\int_\sigma^a (\gamma(\tau)+\mu(\tau))d\tau}d\sigma. \tag{13.56}$$

(b) 解释量 $\mathscr{I}(a)$ 和 $\mathscr{R}_0$ 的生物学意义.

问题 2　证明：如果 $\mathscr{R}_0 < 1$, 则系统 (13.53)—(13.54) 的无病平衡点局部渐近稳定；如果 $\mathscr{R}_0 > 1$, 则它不稳定.

问题 3　假设所有依赖年龄的参数在年龄区间 $[a_{k-1}, a_k), k = 1, \cdots, m$ 内为常数, 即 $\rho(a) = \rho_k, \beta(a) = \beta, \gamma(a) = \gamma$. 设 $n(t, a) = n(a) = \beta\pi(a)$, 人口总规模为 $\tilde{N}$. 设

$$S_k(t) = \int_{a_{k-1}}^{a_k} s(a, t)da, \quad I_k(t) = \int_{a_{k-1}}^{a_k} i(a, t)da, \quad N_k = \int_{a_{k-1}}^{a_k} n(a)da,$$

$$\lambda_k(t) = b\beta\frac{I_v(t)}{\tilde{N}}, \quad \lambda_v(t) = b\sum_{k=1}^m \beta_v\frac{I_k(t)}{\tilde{N}}, \quad k = 1, 2, \cdots, m.$$

于是对应于系统 (13.53)—(13.54) 的常微分方程系统为

$$\begin{aligned}
&S_1'(t) = \Lambda - (\alpha_1 + \lambda_1(t) + \mu_1)S_1(t) + \gamma_1 I_1(t), \\
&S_k'(t) = -(\alpha_k + \lambda_k(t) + \mu_k)S_k + \gamma_k I_k + \alpha_{k-1}S_{k-1}(t), \quad k = 2, \cdots, m, \\
&I_1'(t) = \lambda_1(t)S_1(t) - (\gamma_1 + \mu_1 + \alpha_1)I_1(t), \\
&I_k'(t) = \lambda_k S_k - (\gamma_k + \mu_k + \alpha_k)I_k + \alpha_{k-1}I_{k-1}(t), \quad k = 2, \cdots, m, \\
&I_v'(t) = \lambda_v(t)(\tilde{N}_v - I_v) - \mu_v I_v,
\end{aligned} \tag{13.57}$$

其中 $\alpha_k = \pi(a_k)\big/\int_{a_{k-1}}^{a_k} \pi(a)da, \ k = 1, \cdots, m-1$ 和 $\alpha_m = 0$.

(a) 证明系统 (13.57) 的无病平衡点 (DFE) E_0 是

$$E_0 = \left(\frac{\beta}{\alpha + \mu_1}, \cdots, \frac{\beta\prod\limits_{j=1}^{k-1}\alpha_j}{\prod\limits_{j=1}^{k-1}(\alpha_j + \mu_j)}, \cdots, \frac{\beta\prod\limits_{j=1}^{n-1}\alpha_j}{\prod\limits_{j=1}^{n}(\alpha_j + \mu_j)}, 0, \cdots, 0, \tilde{N}_v, 0\right). \tag{13.58}$$

注意, E_0 前 m 个分量描述在无病平衡点人口的年龄分布, 即

$$N_k = \frac{\beta\prod\limits_{j=1}^{k-1}\alpha_j}{\prod\limits_{j=1}^{k}(\alpha_j + \mu_j)}, \quad k = 1, 2, \cdots, m \quad (\alpha_m = 0) \tag{13.59}$$

(b) 对常微分方程系统 (13.57) 推导基本再生数 $\tilde{\mathscr{R}}_0$.

(c) 证明: 如果 $\tilde{\mathscr{R}}_0 < 1$, 则 E_0 局部渐近稳定; 如果 $\tilde{\mathscr{R}}_0 > 1$, 则它不稳定.

问题 4 通过数值模拟验证问题 3 中的部分 (c). 考虑 $m = 2$ 的年龄组 (即儿童和成人) 情形. 假设 $\tilde{\mathscr{R}}_0$ 可以通过 β 值的改变而变化. 为了适应儿童到成人的不同比, μ_2 的值可通过比 N_1/N_2 确定. 可能的参数值可在表 13.1 中找到.

(a) 选择使得 $\tilde{\mathscr{R}}_0 < 1$ 的参数值和 $\beta_k, k = 1, 2$, 画出 $I_1(t)$ 和 $I_2(t)$ 对时间的图.

(b) 重复部分 (a), 但利用使得 $\tilde{\mathscr{R}}_0 > 1$ 的不同参数值.

(c) 假设药物治疗可增加康复率 γ_k. 画出 $\tilde{\mathscr{R}}_0$ 作为 γ_1 或 γ_2 或两者的函数的图像.

(d) 考虑基于在儿童或成人, 或单独成人, 或两者中的治疗的不同情形. 画出 $I_1(t)$ 和 $I_2(t)$ 对时间的图, 并观察它们关于 γ_k 如何变化. 参考文献: [14, 17, 29, 33].

表 13.1 数值模拟的参数值和范围

参数	两个年龄组		参考文献
固定值			
M_v	150		
μ_v	0.03		[17, 29]
β	$0.45N(\mu_1 + \alpha_1)$		
参数值范围			
b	0.2(0.1, 0.25)		[14, 17]
年龄依赖	年龄组 1	年龄组 2	参考文献
μ_k	0.0002	$\alpha_1 \bar{N}_1 / \bar{N}_2$	[33]
α_k	1/15/365	0	[33]
β_k	0.03	0.015	[14]
β_{v_k}	0.3	0.24	[14]
γ_k	1/100	1/80	[14]

13.11 案例: 一个没有疫苗接种的模型

考虑上一节的模型, 但没有疫苗接种, 即

$$
\begin{aligned}
&s_t(t,a) + s_a(t,a) = -\beta(a)c(a)B(t)s(t,a) - \mu(a)s(t,a), \\
&l_t(t,a) + l_a(t,a) = \beta(a)c(a)B(t)(s(t,a) + \sigma j(t,a)) - (k + \mu(a))l(t,a), \\
&i_t(t,a) + i_a(t,a) = kl(t,a) - (r + \mu(a))i(t,a), \\
&j_t(t,a) + j_a(t,a) = ri(t,a) - \sigma\beta(a)c(a)B(t)j(t,a) - \mu(a)j(t,a),
\end{aligned}
\tag{13.60}
$$

其中

$$B(t) = \int_0^\infty \frac{i(t,a')}{n(t,a')} p(t,a')da',$$

初始条件和边界条件是

$$s(t,0) = \Lambda, \quad l(t,0) = i(t,0) = j(t,0) = 0,$$
$$s(0,a) = s_0(a), \quad l(0,a) = l_0(a), \quad i(0,a) = i_0(a), \quad j(0,a) = j_0(a).$$

函数 p 的定义与上一节的相同. 假设总人口处于稳定的年龄分布, 即 $n(t,a) = \Lambda \mathscr{F}(a) =: N(a)$, 令 $p(t,a) = p_\infty(a) = c(a)N(a) \Big/ \int_0^\infty c(b)N(b)db$.

　　(a) 引入比例

$$u(t,a) = \frac{s(t,a)}{n(t,a)}, \quad x(t,a) = \frac{l(t,a)}{n(t,a)}, \quad y(t,a) = \frac{i(t,a)}{n(t,a)}, \quad z(t,a) = \frac{j(t,a)}{n(t,a)}.$$

　　导出对比例 u, x, y 和 z 的系统.
　　(b) 导出基本再生数 $\mathscr{R}_0$ 的公式.
　　(c) 证明如果 $\mathscr{R}_0 < 1$, 则对 DFE, $(u(a), x(a), y(a), z(a)) = (1, 0, 0, 0)$ 局部渐近稳定, 当 $\mathscr{R}_0 < 1$ 时它不稳定.
　　(d) 系统的地方病平衡点是与时间独立的解

$$(u^*(a), x^*(a), y^*(a), z^*(a)), \quad 其中 \ x^* > 0.$$

求地方病平衡点.

13.12　案例: 具有染病年龄结构的 SIS 模型

考虑以下描述依赖于染病年龄 a 的具有传染性的 SIS 模型

$$S'(t) = \mu N - [\mu + \lambda(t)]S(t) + \int_0^\infty \delta\gamma(a)i(t,a)da,$$
$$i_t(t,a) + i_a(t,a) = -[\mu + \delta\gamma(a)]i(t,a), \tag{13.61}$$
$$i(0,t) = \lambda(t)S(t), \quad S(0) = S_0 > 0, \quad i(0,a) = i_0(a) \geqslant 0,$$

其中

$$\lambda(t) = \frac{\beta}{N} \int_0^\infty p(a)i(t,a)da$$

和

$$N(t) = S(t) + I(t), \quad I(t) = \int_0^\infty i(t,a)da.$$

函数 $p(a) \in (0,1)$ 描述染病年龄为 a 的染病者个体具有传染性的比例, β 为染病者个体的传播系数, $\gamma(a)$ 为依赖于年龄的康复率, δ 表示因治疗而提高康复率的因子.

(a) 用 $v(t) = \lambda(t)S(t)$ 表示发病率函数. 利用特征线法求解 i 方程, 并将其解表示为 v 的函数.

(b) 利用变量 $N(t)$ 和 $v(t)$ 推导与系统 (13.61) 等价的积分方程系统.

(c) 推导再生数 $\mathscr{R}_0$ 的公式.

(d) 证明当 $\mathscr{R}_0 > 1$ 时存在地方病稳态 E, 确定在稳态 E 的疾病水平如何依赖于 $\mathscr{R}_0$. 确定 E 和 $\mathscr{R}_0$ 关于治疗效果的依赖性.

(e) 研究 E 和 $\mathscr{R}_0$ 对治疗效应 δ 的依赖关系.

13.13 练 习

1. 考虑 13.8.1 节中的模型 (13.33).

(a) 证明

$$\lim_{t \to \infty} n(t,a) = \Lambda \mathscr{F}(a),$$

$$\lim_{t \to \infty} p(t,a) = \frac{c(a)\mathscr{F}(a)}{\int_0^\infty c(b)\mathscr{F}(b)db} := p_\infty(a),$$

其中

$$\mathscr{F}(a) = e^{-\int_0^a \mu(s)ds}.$$

(b) 证明在无病稳态 E_0 有

$$\frac{s(a)}{n(a)} = \mathscr{F}_\psi(a), \quad \frac{v(a)}{n(a)} = 1 - \mathscr{F}_\psi(a),$$

$$l(a) = i(a) = j(a) = 0, \quad n(a) = \Lambda \mathscr{F}(a), \tag{13.62}$$

其中

$$\mathscr{F}_\psi(a) = e^{-\int_0^a \psi(b)db}.$$

(c) 设 $\mathscr{R}_0$ 表示基本再生数. 证明

$$\mathscr{R}_0 = \int_0^\infty \int_0^\infty \frac{k}{r-k} p_\infty(\alpha+\tau)\beta(\alpha)c(\alpha)\left(e^{-k\tau} - e^{-r\tau}\right) d\tau d\alpha.$$

参 考 文 献

[1] Anderson, R.M. & R.M. May (1991) Infectious Diseases of Humans. Oxford University Press (1991).

[2] Anderson, R.M. & R.M. May (1979) Population biology of infectious diseases I, Nature, 280: 361-367.

[3] Anderson, R.M., and R.M. May (1984) Spatial, temporal, and genetic heterogeneity in host populations and the design of immunization programmes, Math. Med. Biol., 1(3): 233-266.

[4] Andreasen, V. (1995) Instability in an SIR-model with age dependent susceptibility,Mathematical Population Dynamics: Analysis of Heterogeneity, Vol.1, Theory of Epidemics (O. Arino, D. Axelrod, M. Kimmel, M. Langlais, eds.), Wuerz, Winnipeg: 3-14.

[5] Blythe, S.P. and C. Castillo-Chavez (1989) Like-with-like preference and sexual mixing models, Math. Biosci., 96: 221-238.

[6] Blythe, S.P., C. Castillo-Chavez, J. Palmer & M. Cheng (1991) Towards a unified theory of mixing and pair formation, Math. Biosc., 107: 379-405.

[7] Busenberg, S. and C. Castillo-Chavez (1989) Interaction, pair formation and force of infection terms in sexually transmitted diseases, in: Mathematical and Statistical Approaches to AIDS Epidemiology, (C. Castillo-Chavez, ed.), Lecture Notes in Biomathematics, Vol. 83, Springer-Verlag, New York, pp. 289-300.

[8] Busenberg, S. and C. Castillo-Chavez (1991) A general solution of the problem of mixing of subpopulations and its application to risk- and age-structured epidemic models for the spread of AIDS, IMA J. Math. Appl. Med. Biol., 8: 1-29.

[9] Capasso, V. (1993) Mathematical Structures of Epidemic Systems, Lect. Notes in Biomath. 83, Springer-Verlag, Berlin-Heidelberg-New York.

[10] Castillo-Chavez, C. and Z. Feng (1998) Global stability of an age-structure model for TB and its applications to optimal vaccination strategies, Math. Biosci., 151(2): 135-154.

[11] Castillo-Chavez, C., H.W. Hethcote, V. Andreasen, S.A. Levin, andW.M. Liu (1989) Epidemiological models with age structure, proportionate mixing, and cross-immunity, J. Math. Biol., 27(3): 233-258.

[12] Castillo-Chavez, C. and S. P. Blythe (1989) Mixing Framework for Social/Sexual Behavior, in: Mathematical and Statistical Approaches to AIDS Epidemiology, (C. Castillo-Chavez, ed.), Lecture Notes in Biomathematics 83, Springer-Verlag, New York, pp. 275-288.

[13] Cha, Y., M. Ianelli, & F. Milner (1998) Existence and uniqueness of endemic states for the age-structured S-I-R epidemic model, Math. Biosc., 150: 177-190.

[14] Chitnis, N., J.M. Hyman, and J.M. Cushing (2008) Determining important parameters in the spread of malaria through the sensitivity analysis of a mathematical model. Bull.

Math. Biol, 70: 1272-1296.

[15] Dietz, K. (1975) Transmission and control of arbovirus diseases, Epidemiology (D. Ludwig, K. Cooke, eds.), SIAM, Philadelphia: 104-121.

[16] Dietz, K., and D. Schenzle (1985) Proportionate mixing models for age-dependent infection transmission, J. Math. Biol., 22(1): 117-120.

[17] Garret-Jones, C. and G.R. Shidrawi (1969) Malaria vectorial capacity of a population of Anopheles gambiae. Bull. Wld Hlth Org., 40: 531-545.

[18] Gurtin, M.L. and R.C. MacCamy (1974) Nonlinear age dependent population dynamics, Arch. Rat. Mech. Analysis, 54: 281-300.

[19] Hadeler, K.P., R. Waldstatter, and A. Worz-Busekros (1988) Models for pair-formation in bisexual populations, J. Math. Biol., 26: 635-649.

[20] Hethcote, H.W. (2000) The mathematics of infectious diseases, SIAM Review, 42: 599-653.

[21] Hoppensteadt, F.C. (1975) Mathematical Theories of Populations: Demographics, Genetics and Epidemics, SIAM, Philadelphia.

[22] Iannelli, M. (1995) Mathematical Theory of Age-Structured Population Dynamics, Appl. Mathematical Monographs, C.N.R..

[23] Kot, M. (2001) Elements of Mathematical Ecology. Cambridge University Press.

[24] May, R.M. (1986) Population biology of macroparasitic infections, in Mathematical Ecology; An Introduction, (Hallam, T.G., Levin, S.A. eds.), Biomathematics 18, Springer-Verlag, Berlin-Heidelberg-New York, pp. 405-442.

[25] May, R.M. & R.M. Anderson (1979) Population biology of infectious diseases II, Nature, 280: 455-461.

[26] McKendrick, A.G. (1926) Applications of mathematics to medical problems, Proc. Edinburgh Math. Soc., 44: 98-130.

[27] Müller, J. (1998) Optimal vaccination patterns in age structured populations, SIAM J. Appl. Math., 59: 222-241.

[28] Murray, J.D. (2002) Mathematical Biology, Vol. I, Springer-Verlag, Berlin-Heidelberg-New York.

[29] Paaijmans, K. Weather, water and malaria mosquito larvae, 2008.

[30] Park, T. (1984) Age-Dependence in Epidemic Models of Vector-Borne Infections, Ph.D. Dissertation, University of Alabama in Huntsville, 2004.

[31] Sharpe, F.R., and A.J. Lotka (1911) A problem in age-distribution. The London, Edinburgh, and Dublin Philosophical Magazine and Journal of Science, 21(124): 435-438.

[32] Thieme, H.R. (2003) Mathematics in Population Biology, Princeton University Press, Princeton, N.J.

[33] United nations, department of economic and social affairs, population division, population estimates and projections sections. Retrieved January, 2013, http://esa.un.org/wpp/index.htm.

[34] Waltman, P. (1974) Deterministic Threshold Models in the Theory of Epidemics, Lect. Notes in Biomath. 1, Springer-Verlag, Berlin-Heidelberg-New York.

[35] Webb, G.F. (1985) Theory of Nonlinear Age-dependent Population Dynamics, Marcel Dekker, New York.

第 14 章 疾病传播模型中的空间结构

14.1 空间结构 I: 地区模型

随着大量洲际航空旅行的出现, 疾病有可能非常迅速地从一个地方转移到完全不同的地方. 这是 2002—2003 年 "非典" (SARS) 疫情建模的一个重要方面, 并已成为流行病传播研究的一个非常重要部分. 从数学上讲, 它导致了对元人口模型或具有地区环境和地区之间活动的模型的研究 [4-7,33,38].

这些模型是本节讨论的重点, 称为元人口模型. 它们通常由一个常微分方程组 (一般是一个大系统) 组成, 各小地区之间存在一些耦合. 地区可以是城市、社区或其他某些地理区域. 在现实生活中, 传染病传播的元人口模型应该考虑所有相互作用的位置. 例如, 两个相距遥远的城市之间有一些空中旅行, 但除此之外没有联系. 可能不是所有地区都是直接链接的. 例如, 我们可以考虑一个由一个城市和两个郊区组成的系统, 每个郊区的居民和城市之间有联系, 但两个郊区的居民之间没有联系. 因此, 一个模型必须同时跟踪地区和它们之间的联系, 它应该通过图来描述.

为了简单起见, 我们将注意力集中在仅包含两个地区的模型上, 但是重要的是要注意尺度的复杂性. 更全面的描述可以在 [3] 中找到.

14.1.1 空间异质性

考虑基本的 SIR 仓室模型. 我们将人群划分为两个有联系的子组. 设 S_i, I_i, R_i 分别表示在 $i(i = 1,2)$ 地区中的易感者、染病者和移除者的人数. i 地区中的总人口是 $N_i = S_i + I_i + R_i$. 假设出生率和自然死亡率常数 μ 在每个地区中是相同的, 因此每个地区中的总人口保持为常数. 又假设在各个地区中的平均染病期也相同. 对 $i = 1,2$ 的这个空间模型可以如 [24] 中写为

$$
\begin{aligned}
S_i' &= \mu N_i - \mu S_i - \lambda_i S_i, \\
I_i' &= \lambda_i S_i - (\mu + \gamma) I_i, \\
R_i' &= \gamma I_i - \mu R_i,
\end{aligned}
\tag{14.1}
$$

其中地区 i 中的感染力度由发病率的质量作用型

$$
\lambda_i = \beta_{i1} I_1 + \beta_{i2} I_2
$$

给出. 因此, 在一个地区中的染病者个体可以感染另一个地区中的易感者个体, 但是在这个模型中没有个体的明显活动.

对 SIR 模型 (14.1), 无病平衡点是 $S_i = N_i, I_i = R_i = 0$. 利用下一代矩阵 [39], $\mathscr{R}_0$ 可以写为 $\mathscr{R}_0 = \rho(FV^{-1})$, 其中矩阵 FV^{-1} 的 (i, j) 元素是

$$\beta_{ij}N_i/(d+\gamma).$$

对于每个地区都有相同人口 (即 $N_i = N$) 的情形, β_{ij} 使得 S_i, I_i 和 λ_i 的地方病平衡点值与 i 无关, 此时地方病平衡点对 $\mathscr{R}_0 > 1$ 由

$$S_{i\infty} = S_\infty = \frac{N}{\mathscr{R}_0}, \quad I_{i\infty} = I_\infty = \frac{\mu N}{\mu+\gamma}\left(1 - \frac{1}{\mathscr{R}_0}\right), \quad R_{i\infty} = R_\infty = \frac{\gamma I_\infty}{d} \quad (14.2)$$

明显给出, 其中 $\lambda_{i\infty} = \lambda_\infty = \mu(\mathscr{R}_0 - 1)$.

一个对称情形的例子满足上述要求, 假设, 若 $i = j$, 则 $\beta_{ij} = \beta$, 若 $i \neq j$, 则 $\beta_{ij} = p\beta, p < 1$. 因此, 每个地区内的接触率都相同, 地区之间的接触率则较小. 可以计算得到依赖于耦合强度 p 的 $\mathscr{R}_0$:

$$\mathscr{R}_0 = \frac{\beta N(p+1)}{\mu+\gamma}.$$

应该注意, 在上面的例子中, 假设两个地区的总人口数相同, 但实际上这是不现实的, 我们仅将它作为一个简单示例给出.

如果在地方病平衡点进行线性化并求解线性近似, 就会发现解是围绕平衡点的阻尼振动, 除了 p 的值很小以外, 它们都是锁相的. 模拟表明, 正如在其他人口模型中发现的那样, p 值越大 (即地区之间耦合的强度越强), 系统的性态就很像单个地区的性态.

14.1.2 有旅行的地区模型

Sattenspiel 和 Dietz[33] 提出一个人口流行病模型, 在该模型中, 将个人标上其居住城市以及他们在给定时间所在的城市.

为了建立两个地区的旅行人口模型, 设 $N_{ij}(t)$ 是地区 i 中的居民在时间 t 出现在地区 j 中的数量. 地区 i 中的居民单位时间人均离开这个地区的比例为 $g_i \geqslant 0$. 对有更多地区的模型, 我们也需要考虑这些到另外地区旅游的比例. 在地区 j 中地区 i 的居民以人均 $r_{ij} \geqslant 0$ 的比例回到地区 i, 其中 $r_{11} = r_{22} = 0$. 自然假设 $g_i > 0$, 当且仅当 $r_{ij} > 0$. 这些旅游率确定了一个有向图, 图的顶点为地区, 如果地区之间的旅游率是正的, 则图的棱由旅游连接. 假设旅游率使得这个有向图是强连接的.

假设发生在家区出生的人均出生率 $\mu > 0$ 的自己家区, 且每个地区中的自然死亡率相同. 于是人口数满足方程

$$N'_{ii} = \sum_{k=1}^{2} r_{ik} N_{ik} - g_i N_{ii} + \mu \left(\sum_{k=1}^{2} N_{ik} - N_{ii} \right),$$

$$N'_{ij} = g_i N_{ii} - r_{ij} N_{ij} - \mu N_{ij}, \quad i, j = 1, 2, \quad i \neq j. \tag{14.3}$$

这些方程描述了目前生活在 i 地区和 $j \neq i$ 地区的居民人数的演变. (14.3) 的第一个方程中的项 μN_{ik} 表示目前在地区 k 中在 i 地区中出生的 i 地区居民数, i 地区的居民数即 $N'_i = N_{i1} + N_{i2}$ 是常数, 作为两个地区系统的总人数. 在初始条件 $N_{ij}(0) > 0$ 下, 系统 (14.3) 有渐近稳定的平衡点 $\hat{N}_{ij}$.

现在在每个地区内建立流行病模型, 其中 $S_{ij}(t)$ 和 $I_{ij}(t)$ 表示在时间 t 出现在地区 j 中的地区 i 的居民的易感者和染病者个数. 在地区 $i(i = 1, 2)$ 中的易感者和染病者数的发展方程是

$$S'_{ii} = \sum_{k=1}^{2} r_{ik} S_{ik} - g_i S_{ii} - \sum_{k=1}^{2} \kappa_i \beta_{iki} \frac{S_{ii} I_{ki}}{N_i^p} + \mu \left(\sum_{k=1}^{2} N_{ik} - S_{ii} \right),$$

$$I'_{ii} = \sum_{k=1}^{2} r_{ik} I_{ik} - g_i I_{ii} + \sum_{k=1}^{2} \kappa_i \beta_{iki} \frac{S_{ii} I_{ki}}{N_i^p} - (\gamma + \mu) I_{ii}, \tag{14.4}$$

对 $j \neq i$,

$$S'_{ij} = g_i S_{ii} - r_{ij} S_{ij} - \sum_{k=1}^{2} \kappa_j \beta_{ikj} \frac{S_{ij} I_{kj}}{N_j^p} - \mu S_{ij},$$

$$I'_{ij} = g_i I_{ii} - r_{ij} I_{ij} + \sum_{k=1}^{2} \kappa_j \beta_{ikj} \frac{S_{ij} I_{kj}}{N_j^p} - (\gamma + \mu) I_{ij}, \quad i, j = 1, 2, \tag{14.5}$$

其中 $N_i^p = N_{1i} + N_{2i}$ 表示出现在地区 i 中的人数. $\beta_{ikj} > 0$ 是地区 j 中地区 i 的易感者与地区 k 中的染病者之间导致疾病传播的适当接触比, $\beta_{ikj} > 0$ 是地区 j 中每单位时间此类接触的平均数, $\gamma > 0$ 是染病者的康复率 (假设每个地区中的康复率相同). 注意, 假设疾病为轻度疾病, 以致不会引起死亡并且不限制旅行, 又假设个人在旅行期间不改变疾病状态. 公式 (14.4) 和 (14.5) 以及非负初始条件共同构成了 SIR 人口模型.

无病平衡点由 $S_{ij} = \hat{N}_{ij}, I_{ij} = 0, i, j = 1, 2$ 给出. 如果系统在一个平衡点, 而且一个地区处于无病平衡点, 则所有地区在无病平衡点, 但是, 如果一个地区处于

地方病水平, 则所有地区都处于地方病水平. 这些结果建立在以下假设的基础上: 由旅游率确定的有向图是强连接. 如果这不成立, 则结果适用于强连接组件的地区. 我们可以通过利用下一代矩阵方法 [14,39] 来计算模型 (14.4), (14.5) 的基本再生数 $\mathscr{R}_0$. 由于结果有点复杂, 不准备在这里明显地给出, 但要指出, $\mathscr{R}_0$ 依赖于旅游率和流行病参数. 如果 $\mathscr{R}_0 < 1$, 则无病平衡点局部渐近稳定, 如果 $\mathscr{R}_0 > 1$, 则它不稳定.

如果疾病的传播系数对一个地区内的所有人都相等, 即对 $i,j = 1,2$ 有 $\beta_{ijk} = \beta_k$, 则有可能得到 $\mathscr{R}_0$ 的上下界

$$\min_{i=1,2} \mathscr{R}_{0i} \leqslant \mathscr{R}_0 \leqslant \max_{i=1,2} \mathscr{R}_{0i}, \tag{14.6}$$

其中 $\mathscr{R}_{0i} = \kappa_i \beta_i/(d+\gamma)$ 是单独在 i 地区的基本再生数. 因此, 如果对所有 i, $\mathscr{R}_{0i} < 1$, 疾病消失, 如果对所有 i, $\mathscr{R}_{0i} > 1$, 则无病平衡点不稳定.

旅游率 g_1, g_2 的变化会引起从 $\mathscr{R}_0 < 1$ 到 $\mathscr{R}_0 > 1$ 的分支, 反之亦然, 见 [5, 图 3(a)]. 因此, 旅游可以稳定 (较小的旅游率) 或者破坏无病平衡点. 数值模拟支持 $\mathscr{R}_0 > 1$ 的论断, 即地方病平衡点是唯一的, 且 $\mathscr{R}_0$ 起着疾病消失和入侵的阈值作用.

Sattenspiel 和 Dietz[33] 提出将他们的 SIR 元人口模型应用于 1984 年多米尼加的麻疹疫情的扩散中. 假设婴儿、学龄儿童和成人的旅游率不同, 因此使得模型系统非常复杂, 并且需要大量数据信息才能进行模拟. 见 Sattenspiel 和他的同事们的 [32] 以及其中的参考文献, 此后一直使用这种建模方法来研究历史档案中的其他传染病.

2002—2003 年的 "非典" (SARS) 流行病通过从亚洲到北美的航空运输迅速传播, 如果在不久的将来出现流感大流行, 很可能会以类似的方式传播. 也许是少量旅游染病者引起的元人口模型可能是对此类传播进行建模的有用方法. 由于航空公司网络很复杂, 乘客旅行数据也难以获得, 因此在精确模型的制定中存在大量的技术问题. 然而, 可以从简单的人口模型中获得定性见解可能会有用.

14.1.3　具有居住时间的地区模型

在本章中, 我们研究地区模型, 其中明确包含了地区之间的旅游率. 另一种可能的观点是, 在某些情况下用描述居民在不同地区花费一定比例的时间来描述更合适. 例如, 传染病通过访问其他地方的人们从一个村庄传播到另一个村庄可能是一个现实的描述. 另一种解释是假设个人将一些时间花在更容易让疾病传播的环境中.

考虑两个地区的 SIR 流行病模型, 其中一个地区具有较多的接触率, 两个地区之间有短期旅行. 居住在每个地区中的总人口数是固定的. 遵循拉格朗日观点,

即时刻追踪每个个体的居住地 [9,12,16]. 这与描述地区之间的迁移的欧拉观点相反.

因此, 我们考虑两个总人口分别为 N_1 和 N_2 的地区, 各个人群划分为易感者、染病者和移除者成员. S_i 和 I_i 分别表示易感者和染病者的数量, 他们都是地区 i 中的居民, 不管他们所在的地区是什么.

地区 i 的居民花费 p_{ij} 比例的时间在地区 j 中, 其中

$$\sum_{i=1}^{2} p_{i1} + p_{i2} = 1, \quad i = 1, 2,$$

β_i 是在地区 i 中的感染风险, 假设 $\beta_1 > \beta_2$.

出现在地区 1 中的 $p_{11}S_1$ 个易感者的每一个都可以被来自地区 1 中的染病者和来自地区 2 中的在地区 1 的染病者感染. 同样地, 目前在地区 2 中的 $p_{12}S_1$ 个易感者的每一个都可以被来自地区 1 的染病者和目前在地区 2 中的染病者感染. 两个地区中的染病者目前在地区 1 的数量是

$$p_{11}I_1(t) + p_{21}I_2(t),$$

目前在地区 1 中的个体总数是

$$p_{11}N_1 + p_{21}N_2.$$

因此, 在时间 t 地区 1 中的染病者个体密度 (他们只能在时间 t 在地区 1 中感染), 即地区 1 中的有效感染比例为

$$\frac{p_{11}I_1(t) + p_{21}I_2(t)}{p_{11}N_1 + p_{21}N_2}.$$

因此, 地区 1 中地区 1 的新染病者成员的比例是

$$\beta_1 p_{11} S_1 \frac{p_{11}I_1(t) + p_{21}I_2(t)}{p_{11}N_1 + p_{21}N_2}.$$

地区 2 中地区 1 的新染病者成员的比例是

$$\beta_2 p_{12} S_1 \frac{p_{12}I_1(t) + p_{22}I_2(t)}{p_{12}N_1 + p_{22}N_2}.$$

于是, 对 SIS 传染病模型的 S_1 和 I_1 的微分方程为

$$S_1' = -\beta_1 p_{11} S_1 \left[\frac{p_{11}I_1(t) + p_{21}I_2(t)}{p_{11}N_1 + p_{21}N_2}\right] - \beta_2 p_{12} S_1 \left[\frac{p_{12}I_1(t) + p_{21}I_2(t)}{p_{12}N_1 + p_{22}N_2}\right],$$

$$I_1' = \beta_1 p_{11} S_1 \left[\frac{p_{11}I_1(t) + p_{21}I_2(t)}{p_{11}N_1 + p_{21}N_2}\right] + \beta_2 p_{12} S_1 \left[\frac{p_{12}I_1(t) + p_{21}I_2(t)}{p_{12}N_1 + p_{22}N_2}\right] - \gamma I_1.$$

$$(14.7)$$

对每个地区中地区 2 的新染病者成员比例有相应的计算, 对 S_2 和 I_2 的微分方程为

$$S_2' = -\beta_1 p_{21} S_2 \left[\frac{p_{11} I_1(t) + p_{21} I_2(t)}{p_{11} N_1 + p_{21} N_2} \right] - \beta_2 p_{22} S_2 \left[\frac{p_{12} I_1(t) + p_{22} I_2(t)}{p_{12} N_1 + p_{22} N_2} \right],$$

$$I_2' = \beta_1 p_{21} S_2 \left[\frac{p_{11} I_1(t) + p_{21} I_2(t)}{p_{11} N_1 + p_{21} N_2} \right] + \beta_2 p_{22} S_2 \left[\frac{p_{12} I_1(t) + p_{21} I_2(t)}{p_{12} N_1 + p_{22} N_2} \right] - \gamma I_2.$$

$$(14.8)$$

利用下一代矩阵法计算基本再生数 [39], 定义

$$\mathscr{F} = \begin{pmatrix} p_{11} \beta_1 S_1 \dfrac{p_{11} I_1 + p_{21} I_2}{p_{11} N_1 + p_{21} N_2} + p_{12} \beta_2 S_1 \dfrac{p_{12} I_1 + p_{22} I_2}{p_{12} N_1 + p_{22} N_2} \\ p_{21} \beta_1 S_2 \dfrac{p_{11} I_1 + p_{21} I_2}{p_{11} N_1 + p_{21} N_2} + p_{22} \beta_2 S_2 \dfrac{p_{12} I_1 + p_{22} I_2}{p_{12} N_1 + p_{22} N_2} \end{pmatrix} \text{ 和 } \mathscr{V} = \begin{pmatrix} \gamma I_1 \\ \gamma I_2 \end{pmatrix},$$

于是

$$F = \begin{pmatrix} B_{11} & B_{12} \\ B_{21} & B_{22} \end{pmatrix} \quad \text{和} \quad V = \begin{pmatrix} \gamma & 0 \\ 0 & \gamma \end{pmatrix},$$

其中

$$B_{11} = N_1 \left(\frac{p_{11}^2 \beta_1}{p_{11} N_1 + p_{21} N_2} + \frac{p_{12}^2 \beta_2}{p_{12} N_1 + p_{22} N_2} \right),$$

$$B_{12} = N_1 \left(\frac{p_{11} p_{21} \beta_1}{p_{11} N_1 + p_{21} N_2} + \frac{p_{12} p_{22} \beta_2}{p_{12} N_1 + p_{22} N_2} \right),$$

$$B_{21} = N_2 \left(\frac{p_{11} p_{21} \beta_1}{p_{11} N_1 + p_{21} N_2} + \frac{p_{12} p_{22} \beta_2}{p_{12} N_1 + p_{22} N_2} \right),$$

$$B_{21} = N_2 \left(\frac{p_{21}^2 \beta_1}{p_{11} N_1 + p_{21} N_2} + \frac{p_{22}^2 \beta_2}{p_{12} N_1 + p_{22} N_2} \right).$$

矩阵 B 明确地捕获了每个环境中由地区 1 和地区 2 个体产生的继发性感染. 例如, B_{12} 收集了在两个地区中被地区 2 中感染的地区 1 的居民数. 最后, 再生数是矩阵 FV^{-1} 的最大特征值, 即

$$\mathscr{R}(\mathbb{P}) = \frac{B_{11} + B_{22} - \sqrt{B_{11}^2 + 4 B_{12} B_{21} - 2 B_{11} B_{22} + B_{22}^2}}{2\gamma}.$$

图 14.1 显示随着居住时间的变化, 迁移率对 $\mathscr{R}_0(\mathbb{P})$ 的影响. 在下一章中, 我们将介绍这种方法在埃博拉疾病、结核病和塞卡疾病中的应用.

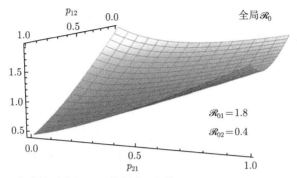

图 14.1 流动性对全局 $\mathscr{R}_0$ 的影响. 参数 $\beta_1 = 0.09, \beta_2 = 0.02, \gamma = 0.05$

对在两个地区之间没有互动的特殊情形

$$p_{11} = p_{22} = 1, \quad p_{12} = p_{21} = 0,$$

我们得到

$$\mathscr{R}_0 = \max\left(\frac{\beta_1}{\gamma}, \frac{\beta_2}{\gamma}\right).$$

对 $(S_i + I_i)(i = 1, 2)$ 方程进行积分, 得到

$$\gamma \int_0^\infty I_i(t)dt = N_i - S_i(\infty), \quad i = 1, 2,$$

通过这些关系结合对 S_i'/S_i 方程的积分结果给出最后规模关系, 但它的形式十分复杂.

选择不同的 p_{ij} 值, 可以估计在地区之间对旅行施加限制可对流行病规模产生一定影响.

14.2 空间结构 II: 连续分布模型

上一节我们讨论了传染病从一个地区到另一个地区的传播. 在本节中, 我们将讨论由于个体 (连续) 运动而导致的疾病在单个地区中的空间传播. 数学分析基于反应-扩散偏微分方程. 它在技术上是复杂的, 需要大量的数学背景. 对一些数学细节, 建议参看 [10, 第 5 章], [15, 第 9—11 章], [23, 第 15—18 章], [27, 第 11 和 13 章], [28, 第 1 和 2 章].

流行病的空间传播模型的介绍可以在其他参考文献中找到, 如 [2, 11, 14, 19, 37]. 这些模型的一个特征是出现传播波, 从中世纪到欧洲狐狸狂犬病的最新研

究 [1,22,25,29] 表明, 在欧洲的流行病传播中经常会观察到这种现象. 疾病传播的渐近速度为小波速 [8,13,26,31,35,41]. 描述空间传播和包括染病年龄的模型在 [17, 18, 20, 28] 中已作了分析.

14.2.1 扩散方程

我们从考虑质点的运动开始. 这里所说的质点可能是指单个细胞、种群中的一个成员, 或者我们感兴趣的空间分布随时间变化的集合中的任何一个对象.

我们的方法是取一个很小的空间区域, 并组成一个平衡方程, 以表示该区域中的质点数的变化率等于质点流出该区域的速度减去质点流入该区域的速度, 再加上该区域中质点的生成速度.

现在将主要限于考虑依赖于单个空间坐标的情形. 将这个坐标轴想象成一根管子, 假设管子的截面积为常数 A, 用 x 表示沿着管子从某个任意起始点 $x = 0$ 的开始距离, 假设这个管子是由不等式 $0 \leqslant x \leqslant L$ 描述的有界区域.

设 $u(x,t)$ 是质点在时间 t 在位置 x 的浓度 (单位体积内的质点个数), 这意味着在 x 和 $x+h$ 这段管子中, 体积 Ah 的质点数近似地为 $Ahu(x,t)$. 这里 "近似" 意味着, 如果 h 很小, 近似值 $Ahu(x,t)$ 的误差小于 h^2 的常数倍.

设 $J(x,t)$ 是质点在位置 x、时间 t 的流量, 这意指质点在正方向穿过单位面积的质点数对时间的变化率. 对每个 x_0, 流入 x_0 和 $x_0 + h$ 之间的区域的净流量为 $AJ(x_0,t) - AJ(x_0 + h,t)$. 令 $Q(x_0,t,u)$ 为在位置 x_0、时间 t 的表示出生和死亡的单位长度的纯增长率.

我们在区间 $x_0 \leqslant x \leqslant x_0 + h$ 上有一个平衡关系, 它表达在这段区间内, 在时间 t 的种群规模的变化率等于这个区间内种群的增长率加上净通量, 这得到守恒律

$$u_t(x,t) = Q(x,t,u) - \frac{\partial J}{\partial x}(x,t). \tag{14.9}$$

为了得到一个描述种群密度的模型, 必须对流量密度的变化率 $\dfrac{\partial J}{\partial x}$ 和种群密度 $u(x,t)$ 作一些假设. 如果运动是随机的, 则按 Fick 定律, 随机运动产生的流量近似地与质点浓度的变化率成比例, 即 J 与 u_x 成比例. 如果种群密度随着 x 增加而减少 $(u_x < 0)$, 我们期望 $J > 0$, 因此 J 和 u_x 有相反的符号. 从而

$$J = -Du_x,$$

其中常数 D 称为扩散系数或扩散常数. 更一般地, D 可以是位置 x 的函数, 但我们将把注意力集中在常数扩散率上. 于是方程 (14.9) 变成一个二阶偏微分方程

$$u_t(x,t) = Q(x,t,u) + Du_{xx}(x,t). \tag{14.10}$$

称方程 (14.10) 为反应-扩散方程. 如果 $Q = 0$, 则称它为热传导方程或扩散方程. 可以明显地求解热传导方程, 对

$$-\infty < x < \infty, \quad 0 \leqslant t < \infty,$$

满足 $u(x,0) = f(x)$ 的解为

$$u(x,t) = \frac{1}{\sqrt{4\pi Dt}} \int_{-\infty}^{\infty} e^{-\frac{(x-\xi)^2}{4Dt}} f(\xi)d\xi.$$

在种群生态学中, 我们可以将 Fick 的扩散定律解释为个体为了寻找有限的资源而从一个高密度区域向一个低密度区域转移. 但是, 在对传染病的空间传播进行建模时, 必须谨慎地使用这一定律, 因为个人在疾病暴发期间, 运动行为可能会发生变化.

方程 (14.10) 要有唯一解, 还需要对它施加一些附加条件以建立如下结果:

对 $0 \leqslant x \leqslant L$ 满足特殊的初始条件 $u(x,0) = f(x)$ 以及对 $x = 0$ 和 $x = L$ 的边界条件的方程 (14.10) 有对 $0 \leqslant x \leqslant L, 0 \leqslant t < \infty$ 的唯一解. 边界条件可以对 $x = 0$ 和 $x = L$ 指定 u 或者 u_x 的值.

这个问题称为初 (值) 边值问题.

我们也可考虑由 $-\infty < x < \infty$ 定义的无穷管子中的问题, 对此没有要求边值条件, 或者考虑半无穷管子 $0 \leqslant x < \infty$, 对此, 仅要求在 $x = 0$ 的边值条件. 在每个情形, 对 $-\infty \leqslant x < \infty$ 的任何指定的初始条件, 或者对 $x = 0$ 和 $x = L$ 指定的 u_x 值, 方程都有唯一解.

指定解必须在边界处消失 (称为吸收边界) 的边界条件可以用来表示离开该区域的个体必须立刻死亡. 这是一个理想化, 但可以认为对足够远的大区域 $u = 0$. 指定 u_x 在边界必须为零可认为人群被限制在一个区域内, 没有人流越过边界.

可以出现几种初始条件. 一种可能是开始没有质点, 即 $u(x,0) = 0$, 质点通过边界进入区域. 第二种可能是质点在单个点 x_0 进入, 即 $u(x,0) = u_0\delta(x - x_0)$. 其中 $\delta(x)$ 是 δ"函数", 它除了 $x = 0$ 都为零, 且

$$\int_{-\infty}^{\infty} \delta(x)dx = 1, \tag{14.11}$$

而且, 如果 f 连续, 则

$$\int_{-\infty}^{\infty} f(x)\delta(x - a)dx = f(a). \tag{14.12}$$

第三类初始条件可指定常数初始浓度, 即对 $0 \leqslant x \leqslant L, u(x,0) = u_0$.

14.2.2 非线性反应-扩散方程

这一节考虑的反应-扩散方程中包含非线性增长率 $g(u)$, 其中对 $0 \leqslant u < k$, $g(0) = g(K) = 0, g'(u) > 0$ 和 $g'(K) < 0$. 因此, 我们将考虑方程

$$u_t(x,t) = Du_{xx}(x,t) + g(u). \tag{14.13}$$

利用这个方程可以描述具有空间扩散的由函数 $g(u)$ 给出的出生和死亡的种群.

我们从找与 x 无关的解 $u(t)$ 开始. 于是 $u_{xx} = 0$, 这时方程 (14.13) 化为一个常微分方程

$$u' = g(u). \tag{14.14}$$

注意, 当 $t \to \infty$ 时 (14.14) 的每个有界解趋于平衡点 K, K 是容纳量.

对空间型解, 可以考虑与时间无关的解, 即 $u_t = 0$. 此时方程 (14.13) 化为下面的二阶常微分方程

$$Du'' + g(u) = 0. \tag{14.15}$$

设 $v = u'$, 则 $v' = -g(u)/D$. 方程 (14.15) 等价于下面的一阶系统

$$\begin{pmatrix} u \\ v \end{pmatrix}' = \begin{pmatrix} v \\ -g(u)/D \end{pmatrix}. \tag{14.16}$$

由 $g(0) = g(K) = 0$ 和对 $0 \leqslant u < K$, $g'(u) > 0$, 我们知道系统 (14.16) 有平衡点 $(u_\infty, v_\infty) = (0,0)$ 和 $(K,0)$. Jacobi 矩阵是

$$\begin{bmatrix} 0 & 1 \\ -\dfrac{g'(u_\infty)}{D} & 0 \end{bmatrix}. \tag{14.17}$$

由于 $g'(0) > 0$, 在平衡点 $(0,0)$ 的两个特征值都是正的, 这个平衡点是渐近稳定的, 由于 $g'(K) < 0$, 存在一个正特征值和一个负特征值, 平衡点 $(K,0)$ 是一个鞍点.

非线性反应-扩散方程可以有行波解: 行波解有形式 $u(x,t) = U(x - ct)$, c 为某个常数. 在此情形, $u_x(x,t) = U'(x - ct), u_{xx}(x,t) = U''(x - ct)$ 和 $u_t(x,t) = (-c)U'(x - ct)$. 因此, 由方程 (14.13), 下面方程成立:

$$-cU'(x - ct) = g[U(x - ct)] + DU''(x - ct).$$

设 $z = x - ct$, 则函数 $U(z)$ 必须满足 z 的二阶常微分方程

$$DU'' + cU' + g(U) = 0. \tag{14.18}$$

等价于 (14.18) 的一阶系统是

$$U' = V, \quad V' = -\frac{g(U)}{D} - c\frac{V}{D}, \tag{14.19}$$

它的平衡点是 $(U_\infty, V_\infty) = (0, 0)$ 和 $(K, 0)$. 在 $(U_\infty, 0)$ 的 Jacobi 矩阵是

$$\begin{bmatrix} 0 & 1 \\ -\dfrac{g'(U_\infty)}{D} & -\dfrac{c}{D} \end{bmatrix}.$$

由 $g'(K) < 0$, 我们知道, $(K, 0)$ 是一个鞍点. 如果 $c^2 > 4Dg'(0)$, 则平衡点 $(0, 0)$ 是渐近稳定的, 如果 $c^2 < 4Dg'(0)$, 则它是稳定点. 通过研究这个系统的相图, 可以证明, 如果 $(0, 0)$ 是鞍点, 则存在 $z \to -\infty$ 时连接鞍点的轨道, 以及 $z \to \infty$ 时趋于平衡点 $(0, 0)$ 的轨道. 这个轨道对应于右边的行波解, 如图 14.2 所示.

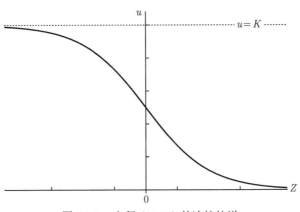

图 14.2　方程 (14.13) 的连接轨道

14.2.3　具有扩散的疾病传播模型

如果取第 3 章考虑的简单的 SIR 流行病模型 (其中 Λ 是常数, $d = 0$) 并加上扩散, 得到反应-扩散模型:

$$\begin{aligned} S_t &= \Lambda - \mu S - \beta SI + DS_{xx}, \\ I_t &= \beta SI - (\alpha + d + \mu)I + DI_{xx}. \end{aligned} \tag{14.20}$$

求行波解将导致一个四维常微分方程系统. 此方法可以执行, 但技术上比较复杂, 我们将不再继续讨论. 相反, 我们将考虑一个案例, 在该案例研究中, 假设人

口没有扩散, 例如 1945 年至 1985 年期间狂犬病在欧洲大陆的扩散. 这将允许搜索仅需要分析二维系统的行波解.

该流行病始于德国/波兰边界的边缘, 其前线以每年平均 30—60 公里的速度向西移动. 由于狐狸是所考虑的狂犬病的主要携带者, 因此这种流行病的蔓延基本上由狐狸种群的生态决定.

在 [22] 中建立了一个用来描述波的前部的模型、波的速度以及在前部经过后感染的狐狸的总数, 波的速度与疾病传播速度的联系.

我们建立一个模型来描述易感者狐狸和染病者狐狸. 假设易感者狐狸是有地盘性的, 且不扩散, 但狂犬病毒会导致丧失领地意识. 考虑种群规模尺度化为 1 的情形. 即 $0 < S(x,t) \leqslant 1$ 和 $0 < I(x,t) \leqslant 1$. 还假设 $S_0 = 1$ 的易感者的初始密度是统一的. 在这些假设下, 最简单的流行病模型是

$$
\begin{aligned}
S'_t(x,t) &= -\beta S(x,t)I(x,t), \\
I'_t(x,t) &= DI_{xx}(x,t) + \beta S(x,t)I(x,t) - \alpha I(x,t),
\end{aligned}
\tag{14.21}
$$

其中 β 是传播系数, α 是染病狐的疾病死亡率, D 是扩散系数.

考虑速度为 c 的行波解

$$
u(z) = S(x - ct), \quad v(z) = I(x - ct),
$$

其中 $z = x - ct$, u 和 v 是波形 (或者波剖面).

将上述特殊形式代入系统 (14.21), 得到常微分方程系统

$$
Dv'' + cv' + \beta uv - \alpha v = 0, \quad cu' - \beta uv = 0,
\tag{14.22}
$$

其中撇号表示关于 z 的微分. 假设边界条件为

$$
u(-\infty) = a, \quad u(\infty) = 1, \quad v(-\infty) = v(\infty) = 0,
\tag{14.23}
$$

其中 a 为待定常数. 将 (14.22) 的第二个方程代入第一个方程, 并利用这些边界条件, 得到系统

$$
\begin{aligned}
u' &= \frac{\beta}{c}uv, \\
v' &= \frac{c}{D}\left[1 - u - v + \frac{\alpha}{\beta}\ln u\right].
\end{aligned}
\tag{14.24}
$$

设 (u_∞, v_∞) 表示系统 (14.24) 的平衡点. 则 $v_\infty = 0$. 对 u_∞, 它是 0 或者是方程

$$
u - 1 = \frac{\alpha}{\beta}\ln u
\tag{14.25}
$$

的解. 对 $0 < u_\infty < 1$, (14.25) 的解 a 存在, 当且仅当

$$a < \frac{\alpha}{\beta} < 1. \tag{14.26}$$

因此, 两个平衡点是 $E_1 = (a, 0)$ 和 $E_2 = (1, 0)$. 注意到, β/α 确实是对应的常微分方程模型 (1.24) 的基本再生数.

在 $E = (u_\infty, 0)$ 的 Jacobi 矩阵是

$$J(E) = \begin{pmatrix} 0 & \dfrac{\beta}{c} u_\infty \\ \dfrac{c}{D}\left(\dfrac{\alpha}{\beta}\dfrac{1}{u_\infty} - 1\right) & -\dfrac{c}{D} \end{pmatrix}.$$

利用条件 (14.26) 和 $\beta/\alpha > 1$, 我们知道, $J(E_1)$ 有负的迹和负的行列式, 因此 $E_1 = (a, 0)$ 是一个鞍点. 令

$$c^* = 2\sqrt{\beta D(1 - \alpha/\beta)},$$

如果 $c > c^*$, 则 $E_2 = (1, 0)$ 是一个稳定结点, 如果 $c < c^*$, 则它是稳定焦点. 因此, 行波解满足 $c > c^*$, 此时存在 E_1 到 E_2 的连接轨道.

在这里考虑的模型中, 忽略了许多重要因素, 包括出生和自然死亡以及狐狸狂犬病的长潜伏期. 更精确的模型不仅可以预测观察到的波形, 而且还可以近似估计流行病波的形状. 有关狂犬病建模的其他一些信息的来源是 [21, 25, 29, 30, 42].

随着 S 和 I 中的扩散, 出现了其他困难问题. 一个问题是扩散不稳定性, 即对常微分方程系统是渐近稳定的平衡点, 是通过寻找对时间是常数但对于扩散系统是不稳定的解得到的. 一般来说, 扩散往往具有稳定效应, 而扩散不稳定则需要对系数有非常特殊的条件.

我们只研究一维空间中的扩散. 在更高维的空间中, 项 u_{xx} 可用函数 u 的拉普拉斯算子代替. 在许多二维空间的问题中存在径向对称, 这时可以通过结合在极坐标下描述的拉普拉斯算子和假设 u 是独立的角坐标. 如果径向变量用 r 表示, 则项 $D u_{xx}$ 将用 $u_{rr} + \dfrac{u_r}{r}$ 代替.

扩散问题在数学上可能非常复杂, 并且需要大量的数学背景. 一个重要的可能性是空间型的形成, 这是 A. M. Turing 在 1952 年第一个提出的 [36]. 这需要更多的偏微分方程知识. 流行病扩散模型的模式形成的一些例子可以在 [34, 40] 中找到. 进一步信息可以在 [27] 中找到.

14.3　案例: 三个地区的模型

流行病地区模型 (14.4) 和 (14.5) 是对两个地区的情况. 我们可以考虑将它们扩展到三个地区的情形. 在这种情况下, 离开地区 i 的个体可以到其他两个地区的任何一个旅行. 令 m_{ji} 表示从地区 i 进入地区 j 的个体的比例. 于是 $m_{ii} = 0, r_{ii} = 0, \sum_{j=1}^{3} m_{ji} = 1$ 和 $g_i m_{ji}$ 表示从地区 i 进入地区 j 的旅行率. 考虑传播系数 β_{ikj} 仅依赖于出现传播的地区 j, 即 $\beta_{ikj} = \beta_j$. 于是居住在地区 $i(i = 1, 2, 3)$ 的系统

$$
\begin{aligned}
S_{ii}' &= \sum_{k=1}^{3} r_{ik} S_{ik} - g_i S_{ii} - \sum_{k=1}^{3} \kappa_i \beta_i \frac{S_{ii} I_{ki}}{N_i^p} + \mu \left(\sum_{k=1}^{3} N_{ik} - S_{ii} \right), \\
I_{ii}' &= \sum_{k=1}^{3} r_{ik} I_{ik} - g_i I_{ii} + \sum_{k=1}^{3} \kappa_i \beta_i \frac{S_{ii} I_{ki}}{N_i^p} - (\gamma + \mu) I_{ii},
\end{aligned}
\tag{14.27}
$$

对 $j \neq i$,

$$
\begin{aligned}
S_{ij}' &= g_i m_{ji} S_{ii} - r_{ij} S_{ij} - \sum_{k=1}^{3} \kappa_j \beta_j \frac{S_{ij} I_{kj}}{N_j^p} - \mu S_{ij}, \\
I_{ij}' &= g_i m_{ji} I_{ii} - r_{ij} S_{ij} + \sum_{k=1}^{3} \kappa_j \beta_j \frac{S_{ij} I_{kj}}{N_j^p} - (\gamma + \mu) I_{ij},
\end{aligned}
\tag{14.28}
$$

其中 $N_i^p = N_{1i} + N_{2i} + N_{3i}$ 是在地区 i 中的人数.

问题 1　人口总规模满足下面方程

$$
\begin{aligned}
N_{ii}' &= \sum_{k=1}^{3} r_{ik} N_{ik} - g_i N_{ii} + \mu \left(\sum_{k=1}^{3} N_{ik} - N_{ii} \right), \quad i = 1, 2, 3, \\
N_{ij}' &= g_i m_{ji} N_{ii} - r_{ij} N_{ij} - \mu N_{ij}, \quad i \neq j.
\end{aligned}
\tag{14.29}
$$

(a) 证明在地区 i 中的总居民 $\sum_{k=1}^{3} N_{ik}$ 在所有时间保持为常数. 设 $N_{i0} = \sum_{k=1}^{3} N_{ik}, \ i = 1, 2, 3$.

(b) 证明系统 (14.29) 有渐近稳定平衡点

$$\hat{N}_{ii} = \left(\frac{1}{1 + g_i \sum\limits_{k=1}^{3} \frac{m_{ki}}{\mu + r_{ik}}} \right) N_{i0}, \tag{14.30}$$

对 $j \neq i$,

$$\hat{N}_{ij} = \frac{g_i m_{ji}}{\mu + r_{ij}} \hat{N}_{ii}. \tag{14.31}$$

问题 2 设 $\hat{N}_{iq}$ 是 (14.30) 和 (14.31) 中给出的, $\hat{N}_q^p = \sum\limits_{i=1}^{3} \hat{N}_{iq}$. 容易证明,
$\mathscr{R}_{0i} = \dfrac{\kappa_i \beta_i}{\mu + \gamma}$ 是单个地区 i 的基本再生数 (即不存在地区之间的旅游). 考虑染病
者变量序列

$$(I_{11}, I_{12}, I_{13}, I_{21}, I_{22}, I_{23}, I_{31}, I_{32}, I_{33}).$$

(a) 证明模型 (14.27)—(14.28) 的基本再生数 $\mathscr{R}_0$ 由矩阵 FV^{-1} 的主特征值
给出, 其中 F 是有 9 个块的分块矩阵, 每一块 F_{ij} 是形如 $F_{ij} = \mathrm{diag}(f_{ijq})$ 的 3×3
矩阵, 其中

$$f_{ijq} = \kappa_q \beta_q \frac{\hat{N}_{iq}}{\hat{N}_q^p}, \quad q = 1, 2, 3$$

和

$$V = \begin{pmatrix} a_1 & -r_{12} & -r_{13} & 0 & 0 & 0 & 0 & 0 & 0 \\ -g_1 m_{21} & b_{12} & 0 & 0 & 0 & 0 & 0 & 0 & 0 \\ -g_1 m_{31} & 0 & b_{13} & 0 & 0 & 0 & 0 & 0 & 0 \\ 0 & 0 & 0 & b_{21} & -g_2 m_{12} & 0 & 0 & 0 & 0 \\ 0 & 0 & 0 & -r_{21} & a_2 & -r_{23} & 0 & 0 & 0 \\ 0 & 0 & 0 & 0 & -g_2 m_{32} & b_{23} & 0 & 0 & 0 \\ 0 & 0 & 0 & 0 & 0 & 0 & b_{31} & 0 & -g_3 m_{13} \\ 0 & 0 & 0 & 0 & 0 & 0 & 0 & b_{32} & -g_3 m_{23} \\ 0 & 0 & 0 & 0 & 0 & 0 & -r_{31} & -r_{32} & a_3 \end{pmatrix},$$

其中 $a_i = g_i + \gamma + \mu$ 和 $b_{ik} = r_{ik} + \gamma + \mu$.

(b) 考虑特殊情形 $\beta_i = \beta, i = 1, 2, 3$. 除了 β 固定其他所有参数. 于是 $\mathscr{R}_0 = \mathscr{R}_0(\beta)$ 是 β 的函数. 考虑参数集: $\gamma = 1/25, \mu = 1/(75 \times 365), g_1 = 0.01, g_2 = 0.02,$

$g_3 = 0.03$, $m_{ij} = 0.5$, $i \neq j$, $r_{ij} = 0.05$, $i \neq j$, $\kappa_i = \kappa = 1$ 和 $N_{0i} = N_0 = 1500$, $i = 1, 2, 3$.

(i) 画出 $\mathscr{R}_0$ 作为 β 的函数图. 使得对所有 $\beta < \beta_c$ 有 $\mathscr{R}_0(\beta) < 1$ 的阈值 β_c 是什么?

(ii) 图 14.3 显示对 $\beta = 0.025$ 和不同的 κ_i 和 g_i 值的三个地区的居民的易感者和染病者人数. 利用其他参数集进行实验, 观察这些地区中的发病率如何变化.

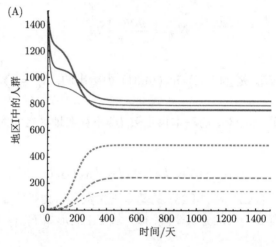

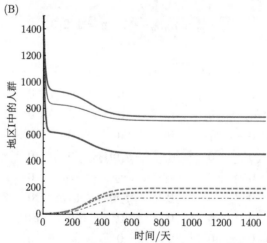

图 14.3　居住人群 1(粗线)、2(中间线) 和 3(细线) 的易感者 (实线) 和染病者 (虚线) 的时间图. 使用的参数值为: 在 (A) 中 $\beta = 0.025$, $\kappa_1 = 3$, $\kappa_2 = 2$, $\kappa_3 = 1$, $g_1 = 0.03$, 在 (B) 中 $g_1 = 0.07$, $g_2 = 0.03$, $g_3 = 0.04$, 所有其他参数值与 (A) 中相同

(c) 考虑如 (a) 中相同的一组参数值, 除了参数 κ_1, N_{01} 在地区 1 可以变化.

对这些参数的不同数值绘制解并描述你的观察结果.

(d) 我们也可以探究旅行率 g_i 对发病率的影响. 设参数 $\beta = 0.025$, 如 (b) 中的固定除了 g_1 和 κ_1 的其他所有参数, 确定一对可以在地区 1 中的感染是否可消失的 g_1 和 κ_1 值.

14.4 案例: 具有居住时间的地区模型

考虑模型 (14.7) 和 (14.8), 其中参数为

$$N_1 = N_2 = 1000000, \quad \beta_1 = 0.3056, \quad \beta_2 = 0.1, \quad \lambda = 1/6.5.$$

问题 1 从混合是对称 $p_{12} = p_{21}$ 的假设开始. 对 $p_{11} = p_{22}$ 的不同选择, 计算流行病的最后规模.

问题 2 通过对 p_{12} 的几种选择, 假设 $p_{22} = 1, p_{21} = 0$, 又假设没有到较高接触率的地区旅游. 计算这些假设对流行病规模的影响.

问题 3 计算禁止所有旅游 $(p_{12} = p_{21} = 0)$ 对流行病规模的影响.

参 考 文 献

[1] Anderson, R.M. H. C. Jackson, R. M. May & A. M. Smith (1981) Population dynamics of fox rabies in Europe, Nature, 289: 765-771.

[2] Anderson, R.M. & R.M. May (1979) Population biology of infectious diseases I, Nature, 280: 361-367.

[3] Arino, J. (2009) Diseases in metapopulations, in Modeling and Dynamics of Infectious Diseases, Z. Ma, Y. Zhou, J. Wu (eds.), Series in Contemporary Applied Mathematics, World Scientific Press, Vol. 11; 64-122.

[4] Arino, J., R. Jordan,& P. van den Driessche (2007) Quarantine in a multispecies epidemic model with spatial dynamics, Math. Bisoc., 206: 46-60.

[5] Arino, J. & P. van den Driessche (2003) The basic reproduction number in a multi-city compartmental epidemic model, Lecture Notes in Control and Information Science, 294: 135-142.

[6] Arino, J. & P. van den Driessche (2003) A multi-city epidemic model, Mathematical Population Studies, 10: 175-193.

[7] Arino, J. & P. van den Driessche (2006) Metapopulation epidemic models, Fields Institute Communications, 48: 1-13.

[8] Aronson, D.G. (1977) The asymptotic spread of propagation of a simple epidemic, in Nonlinear Diffusion (W.G. Fitzgibbon & H.F. Walker, eds.), Research Notes in Mathematics 14, Pitman, London.

[9] Bichara, D., Y. Kang, C. Castillo-Chavez, R. Horan & C. Perringa (2015) SIS and SIR epidemic models under virtual dispersal, Bull. Math. Biol., 77: 2004-2034.

[10] Britton, N.F. (2003) Essentials of Mathematical Biology, Springer Verlag, Berlin-Heidel-berg.

[11] Capasso, V. (1993) Mathematical Structures of Epidemic Systems, Lect. Notes in Biomath. 83, Springer-Verlag, Berlin-Heidelberg-New York.

[12] Castillo-Chavez, C., D. Bichara, & B. Morin (2016) Perspectives on the role of mobility, behavior, and time scales on the spread of diseases, Proc. Nat. Acad. Sci., 113: 14582-14588.

[13] Diekmann, O. (1978) Run for your life. a note on the asymptotic speed of propagation of an epidemic, J. Diff. Eqns., 33: 58-73.

[14] Diekmann, O. & J.A.P. Heesterbeek (2000) Model building, analysis and interpretation, John Wiley & Sons, New York.

[15] Edelstein-Keshet, L. (2005) Mathematical Models in Biology, Classics in Applied Mathematics, SIAM, Philadelphia.

[16] Espinoza, B., V. Moreno, D. Bichara, & C. Castillo-Chavez (2016) Assessing the Efficiency of Movement Restriction as a Control Strategy of Ebola. In Mathematical and Statistical Modeling for Emerging and Re-emerging Infectious Diseases, pp. 123-145, Springer International Publishing.

[17] Fitzgibbon, W.E., M.E. Parrott, & G.F. Webb (1995) Diffusive epidemic models with spatial and age-dependent heterogeneity, Discrete Contin. Dyn. Syst., 1: 35-57.

[18] Fitzgibbon, W.E., M.E. Parrott, & G.F. Webb (1996) A diffusive age-structured SEIRS epidemic model, Methods Appl. Anal., 3: 358-369.

[19] Grenfell, B.T., & A. Dobson, (eds.)(1995) Ecology of Infectious Diseases in Natural Populations, Cambridge University Press, Cambridge, UK.

[20] Hadeler, K.P. (2003) The role of migration and contact distributions in epidemic spread, in Bioterrorism: Mathematical Modeling Applications in Homeland Security (H. T. Banks and C. Castillo-Chavez eds.), SIAM, Philadelphia, pp. 199-210.

[21] Källén, A. (1984) Thresholds and travelling waves in an epidemic model for rabies, Nonlinear Anal., 8: 651-856.

[22] Källén, A., P. Arcuri & J. D. Murray (1985) A simple model for the spatial spread and control of rabies, J. Theor. Biol., 116: 377-393.

[23] Kot, M. (2001) Elements of Mathematical Ecology, Cambridge University Press.

[24] Lloyd, A. & R.M. May (1996) Spatial heterogeneity in epidemic models. J. Theor. Biol., 179: 1-11.

[25] MacDonald, D.W. (1980) Rabies and Wildlife. A Biologist's Perspective, Oxford University Press, Oxford.

[26] Mollison, D. (1977) Spatial contact models for ecological and epidemic spread, J. Roy. Stat. Soc. Ser. B, 39: 283-326.

[27] Murray, J.D. (2002) Mathematical Biology, Vol. I, Springer-Verlag, Berlin-Heidelberg-New York.

[28] Murray, J.D. (2002) Mathematical Biology, Vol. II, Springer-Verlag, Berlin-Heidelberg-

New York.

[29] Murray, J.D., E. A. Stanley & D. L. Brown (1986) On the spatial spread of rabies among foxes, Proc. Roy. Soc. Lond. B, 229: 111-150.

[30] Ou, C. & J.Wu (2006) Spatial spread of rabies revisited: role of age-dependent different rate of foxes and non-local interaction, SIAM J. App. Math., 67: 138-163.

[31] Radcliffe, J. & L. Rass (1986) The asymptotic spread of propagation of the deterministic nonreducible n-type epidemic, J. Math. Biol., 23: 341-359.

[32] Sattenspiel, L. (2003) Infectious diseases in the historical archives: a modeling approach. In: D.A. Herring & A.C. Swedlund, (eds) Human Biologists in the Archives, Cambridge University Press, pp. 234-265.

[33] Sattenspiel, L. & K. Dietz (1995) A structured epidemic model incorporating geographic mobility among regions Math. Biosc., 128: 71-91.

[34] Sun, G.-Q. (2012) Pattern formation of an epidemic model with diffusion, Nonlin. Dyn., 69: 1097-1104.

[35] Thieme, H.R. (1979) Asymptotic estimates of the solutions of nonlinear integral equations and asymptotic speeds for the spread of populations, J. Reine Angew. Math., 306: 94-121.

[36] Turing, A.M. (1952) The chemical basis of morphogenesis, Phil. Trans. Roy. Soc. London B, 237: 37-72.

[37] van den Bosch, F., J.A.J. Metz, & O. Diekmann (1990) The velocity of spatial population expansion, J. Math. Biol., 28: 529-565.

[38] van den Driessche, P. (2008) Spatial structure: Patch models, in Mathematical Epidemiology (F. Brauer, P. van den Driessche, J. Wu, eds.), Lecture Notes in Mathematics, Mathematical Biosciences subseries 1945, Springer, pp. 179-189.

[39] van den Driessche P. & J. Watmough (2002) Reproduction numbers and subthreshold endemic equilibria for compartmental models of disease transmission, Math. Biosc., 180: 29-48.

[40] Wang, W.-M, H.-Y. Liu, Y.-L. Cai, & Z.-Q. Li (2011) Turing pattern selection in a reactiondiffusion epidemic model, Chinese Phys., 20: 07472.

[41] Weinberger, H.F. (1981) Some deterministic models for the spread of genetic and other alterations, Biological Growth and Spread (W. Jaeger, H. Rost, P. Tautu, eds.), Lecture Notes in Biomathematics 38, Springer Verlag, Berlin-Heidelberg-New York, pp. 320-333.

[42] Wu, J. (2008) Spatial structure: Partial differential equations models, in Mathematical Epidemiology (F. Brauer, P. van den Driessche, J. Wu, eds.), Lecture Notes in Mathematics, Mathematical Biosciences subseries 1945, Springer, pp. 191-203.

第 15 章 结合流动性、行为和时间尺度的流行病学模型

15.1 引 言

Eubank 等 [24], Sara del Valle 等 [44], Chowell 等 [7,18] 以及 Castillo-Chavez 和 Song[13] 的工作强调改进建模方法的影响, 这些方法在可变环境中纳入了异质移动模式, 以研究它们对传染病动力学的影响. 例如, Castillo-Chavez 和 Song[13] 着重强调拉格朗日观点, 即利用模型始终跟踪每个个体的身份. 该方法被用来研究在人口稠密的城市中故意传播天花的后果, 包括流动人口和大规模公共交通的可用性.

在这里, 我们介绍一个多组流行病的拉格朗日框架, 其中流动率和感染风险是在地区居住时间和局部环境风险的函数. 在可能故意释放生物制剂的情况下, 这个拉格朗日方法已用于经典的接触流行病学 (即, 传播是由于个体之间的 "接触" 造成的)[2,13]. 在此引入拉格朗日方法作为一种建模方法, 它明确避免了将异质接触率分配给个人. 接触水平或活动水平的使用以及传播是由于个体之间的触碰引起的观点已有很长的历史, 并且在概念上与我们设想的易感性个体和传染性个体之间的疾病传播方式一致. 但是, 接触很难定义, 因此, 至少在传染病情形, 不可能在各种情况下都对接触进行测量. 是否有可能以一种不同于接触概念的方式在数学上能捕捉个体间的相互作用? 提出的方法着重使用涉及地区/环境的建模框架, 这些地区/环境由感染风险定义或表征, 感染风险是在每个环境/地区所持续的时间的函数. 这些地区/环境可能具有永久宿主, 也可能没有永久宿主, 它们可能是用于说明的 "临时" 住所, 例如, 可能是大规模的运输系统或医院或森林. 每个环境或地区由作为在这种环境中所居住的时间的函数的来访者的预期感染风险来刻画. 例如, 森林附近的人群中可能会有些人待在森林里. 那些喜欢户外活动的人可能会接触媒介的时间比不接触森林的人更长. 因此, 获得媒介传播疾病的可能性取决于个人每天在森林中待多长时间等因素. 类似地, 经常 (在高峰时间) 乘坐公共交通工具的人, 患上包括普通感冒在内的传染病的风险较高, 因此风险可能依赖于每个人每天上下班或上学的时间的这种假设是合理的. 换句话说, 在社区中平均花费的时间是拉格朗日方法的核心, 该社区定义为预先确定感染风险的环境的集合.

拉格朗日方法是什么? 该理论对这种模型在流行病环境中的动力学能够告诉我们什么? 我们以最简单的通用设置 (即易感者-染病者-易感者 (SIS) 多组流行病模型) 重新审视此框架. 我们收集的文献 [4,6,7,11] 中报道的一般 *SIS* 多组模型的一些数学公式和结果. 并继续将基本再生数 $\mathscr{R}_0$ 认为是相关的多地区内持续时间矩阵 $\mathbb{P}(p_{i,j} : i, j = 1, 2, 3, \cdots, n)$ 的函数, 它确定地区 i 的居民在地区 j 中居住时间的比例. 分析证明, 当 $\mathscr{R}_0 > 1$ 时 n 地区的 *SIS* 模型 (只要它是强连接系统) 有唯一全局稳定的地方病平衡点, 当 $\mathscr{R}_0 \leqslant 1$ 时有全局稳定的无病平衡点. 我们已经利用模拟来了解居住时间矩阵 $\mathbb{P}$ 对每个地区内感染水平的影响. 模型结果 [4,6,7,11] 显示, 感染风险向量 (由 $\mathbb{B}$ 测量) 通过预先确定的疾病风险来刻画环境, 它与居住时间矩阵 $\mathbb{P}$ 在确定例如地区内是否达到地方病水平方面都起着重要作用. 此外, 研究还表明, 环境风险 ($\mathbb{B}$) 和流动性行为 ($\mathbb{P}$) 的正确组合能够促进或抑制特定地区内的感染. 这些结果有助于将地区划分为感染源或汇, 这当然取决于风险矩阵 ($\mathbb{B}$) 和流动性矩阵 ($\mathbb{P}$). 一般居住时间矩阵 $\mathbb{P}$ 在现实情况下不能由常数元素构成. 事实上, $\mathbb{P}$ 的元素可依赖于疾病发病率的水平. 我们已经通过模拟探索了一些简单情形, 其中矩阵 $\mathbb{P}$ 的元素与状态有关 [4,6,7,11]. 本章后面将说明对特定疾病的分析和模拟, 用于强调由于具有状态相关的居住时间矩阵 $\mathbb{P}$ 而引起的一些可能的差异.

15.2　在 *SIS* 设置下的一般拉格朗日流行病模型

在 [7] 中引入了以下涉及 n 个地区 (环境) 的 *SIS* 模型:

$$
\begin{aligned}
S_i' &= b_i - d_i S_i + \gamma_i I_i - S_i \lambda_i(t), \\
I_i' &= S_i \lambda_i(t) - \gamma_i I_i - d_i I_i, \\
N_i' &= b_i - d_i N_i,
\end{aligned}
\tag{15.1}
$$

其中 b_i, d_i 和 γ_i 分别表示人均出生率、自然死亡率和康复率, $i = 1, 2, 3, \cdots, n$. 感染率 $\lambda_i(t)$ 有形式

$$
\lambda_i(t) = \sum_{j=1}^{n} \beta_j p_{ij} \frac{\displaystyle\sum_{k=1}^{n} p_{kj} I_k}{\displaystyle\sum_{k=1}^{n} p_{kj} N_k}, \quad i = 1, 2, \cdots, n,
\tag{15.2}
$$

其中 p_{ij} 表示从地区 i 流动到地区 j 的易感者比例, β_j 是在地区 j 中的感染风险, 最后一个比例表示在地区 j 中的染病比例. 可利用下一代矩阵方法于下面系统

$$\dot{I}_i = \left(\frac{b_i}{d_i} - I_i\right)\lambda_i(t) - (\gamma_i + d_i)I_i, \quad i = 1, 2, \cdots, n$$

来推导基本再生数 $\mathscr{R}_0$. 如在下一节证明的, $\mathscr{R}_0$ 是风险向量 $\mathscr{B} = (\beta_1, \beta_2, \cdots, \beta_n)^t$ 和居住时间矩阵 $\mathbb{P} = (p_{ij})$, $i, j = 1, 2, \cdots, n$ 的函数, 当 $\mathbb{P}$ 是可约时 (地区是强连接的), [7] 中证明, 当 $\mathscr{R}_0 \leqslant 1$ 时无病平衡点全局渐近稳定, 如果 $\mathscr{R}_0 > 1$, 内部平衡点存在且是全局渐近稳定的.

　　虽然不能明确计算多地区基本再生数的具体公式, 但在这种情况下可以求得特定地区的基本再生数的表达式. 事实上, 我们有

$$\mathscr{R}_{0i}(\mathbb{P}) = \mathscr{R}_{0i} \times \sum_{j=1}^{n} p_{ji},$$

其中 $\mathscr{R}_{0i}(i = 1, 2, \cdots, n)$ 是当地区彼此隔离时计算出的局部基本再生数. 由 $\mathscr{R}_{0i}(i = 1, 2, \cdots, n)$, 可以评估每个环境 (地区) 的相对风险, 即 $\frac{\beta_j}{\beta_i}$ 所起的作用. 此外, 居住时间在跟踪给定地区所占人口的适当比例中所起的作用由 $\dfrac{p_{ij}b_i/d_i}{\sum\limits_{k=1}^{n} p_{ij}b_i/d_k}$ 给出. 换句话说, 这个地区特定的 $\mathscr{R}_{0i}(i = 1, 2, 3, \cdots)$ 捕获了 $\mathbb{P}$ 矩阵和 $\mathbb{B}$ 矩阵的影响.

　　简言之, 如果 $\mathscr{R}_{0i}(\mathbb{P}) > 1$, 则地区 i 中的疾病将持续, 进一步, 如果对所有 $k = 1, 2, \cdots, n$, $p_{kj} = 0$, $k \neq i$ 时 $p_{ij} > 1$, 则当 $\mathscr{R}_{0i}(\mathbb{P}) < 1$ 时疾病在地区 i 中消失, 就是说, 特定地区的基本再生数有助于刻画疾病在这个地区的动力学 [7].

　　我们可以首先看一下以下针对单个暴发的多地区 SIR 模型的一个例子:

$$\begin{aligned} S_i' &= -S_i\lambda_i(t), \\ I_i' &= S_i\lambda_i(t) - \alpha_i I_i, \\ R_i' &= \alpha_i I_i, \quad i = 1, 2, \end{aligned} \tag{15.3}$$

其中 S_i, I_i 和 R_i 分别表示地区 i 中的易感者、染病者和康复免疫者个体, $N_i = S_i + I_i + R_i$. 这个模型与上一章的模型 (14.7)—(14.8) 相同. 参数 α_i 表示 (15.2) 中给出的表示地区 i 中的人均康复率, $\lambda_i(t)$ 由 (15.2) 给出.

　　本章的其余部分将利用这个拉格朗日观点 (特定疾病形式) 以非常简单的设置, 在两个地区情形下, 对流动性在可变风险地区减少或增加特定疾病的传播中的作用作初步研究. 数值结果用于说明此方法的功效和局限性. 拉格朗日模型用于

探讨在简化环境中流动性在埃博拉、结核病和寨卡病毒病传播中的作用. 图 15.1 表示两个地区之间的拉格朗日传播的示意图.

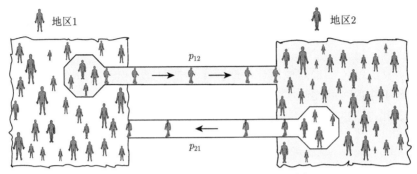

图 15.1　个体按照拉格朗日方法的散布

15.3　作为埃博拉疫情控制策略的警戒线的效应评估

在 2014 年西非的埃博拉疫情期间, 据观察[10,46], 埃博拉病毒 (EVD) 疫情的增长率似乎正在上升, 而不是按照流行病研究的标准下降. 换句话说, 随着时间的推移再生数趋于减少而不是增加. 数据和我们的分析所提供的证据表明这有些不对劲. 我们了解到, 部队正被用来阻止人们离开面对埃博拉疫情最严重的社区. 设置警戒线的卫生设施似乎得到了实施, 尽管过去的经验表明它们有有害的影响. 在这里, 我们为埃博拉病毒 (EVD) 疾病动力学建立了一个两个地区的数学模型, 以突出显示潜在的有效性不足或阻碍行动 (警戒线卫生设施) 的有害影响. 通过模拟, 我们研究了强制性流动限制的作用及其对疾病动力学和流行病最后规模的影响. 结果表明, 在紧密联系的社区的高风险和低风险地区之间的流动限制可能会对所涉总人口的总体感染水平产生有害影响.

15.3.1　模型的制定

假设感兴趣的社区由两个相邻区域组成, 这些区域面临着高度不同的埃博拉病毒 (EVD) 感染水平, 并且可以使用高度差异 (有和没有) 的公共卫生系统. 它们在人口密度医疗服务和隔离设施方面都存在差异. 由于工作在富裕社区, 高风险地区的人前往低风险地区的需求很高. 对于埃博拉病毒而言, 假设易感者和染病者以相同的速度传播可能是不现实的. 设 N_1 表示在地区 1 (高风险) 的人群数, N_2 表示在地区 2 (低风险) 的人群数. 类 S_i, E_i, I_i, R_i 表示在地区 i $(i=1,2)$ 的易感者、暴露者、染病者、康复者子群. D_i 表示在地区 i 中的疾病死亡数. 个体的散布是通过按居住时间定义的拉格朗日方法建模[4,7].

单位时间内的新感染人数基于以下假设:

- 在时间 t 在地区 1 混合的感染个体的密度, 这些感染个体在时间 t 仅能感染当前在地区 1 中的易感个体, 即在地区 1 中的有效感染率为

$$\frac{p_{11}I_1 + p_{21}I_2}{p_{11}N_1 + p_{21}N_2},$$

其中 p_{11} 表示地区 1 的居民居住在地区 1 中的时间比例, p_{21} 为地区 2 的居民居住在地区 1 中的时间比例.

- 因此, 居住在地区 1 中的新感染的地区 1 居民数由

$$\beta_1 p_{11} S_1 \left(\frac{p_{11}I_1 + p_{21}I_2}{p_{11}N_1 + p_{21}N_2} \right)$$

给出.

- 因此, 每单位时间地区 2 中的地区 1 成员内的新感染人数为

$$\beta_2 p_{12} S_1 \left(\frac{p_{12}I_1 + p_{22}I_2}{p_{12}N_1 + p_{22}N_2} \right),$$

其中 p_{12} 表示来自地区 1 的居民在地区 2 中居住的时间比例, 而 p_{22} 表示地区 2 中的居民在地区 2 中度过的时间比例. 因此在地区 j 中的染病个体的密度效应是

$$p_{1j}N_1 + p_{2j}N_2, \quad j = 1, 2.$$

如果我们进一步假设通过尸体感染仅发生在局部级别 (尸体不移动), 那么, 按照与模型 (15.3) 中相同的原理, 得到以下模型:

$$
\begin{aligned}
S_i' &= -S_i \lambda_i(t) - \varepsilon_i \beta_i p_{ii} S_i \frac{D_i}{N_i}, \\
E_i' &= S_i \lambda_i(t) + \varepsilon_i \beta_i p_{ii} S_i \frac{D_i}{N_i} - \kappa E_i, \\
I_i' &= \kappa E_i - \gamma I_i, \\
D_i' &= f_d \gamma I_i - \nu D_i, \\
R_i' &= (1 - f_d)\gamma I_i + \nu D_i, \\
N_i &= S_i + E_i + I_i + D_i + R_i, \quad i = 1, 2,
\end{aligned}
\tag{15.4}
$$

其中 $\lambda_i(t)$ 是 (15.2) 中给出的.

15.3.2　模拟

模拟表明, 如果只允许高风险地区 (地区 1) 的个人出行, 那么该流行病的最后规模将低于警戒线水平. 图 15.2 捕获了针对特定地区的流动率值 $p_{12} = 0,\ 0.2,\ 0.4,\ 0.6$ 时 $p_{21} = 0$ (无流动). 如果疾病扩散到一个完全易感的地区, 则疾病传播意味着低风险地区产生的继发性感染降低了两地区整个发病率, 因为它获得了更好的卫生条件和资源. 但是, 与关闭 "边界" 相比, 低风险地区不仅要为所提供的服务付出代价, 而且要为产生更多的继发性病例付出代价. 图 15.3 显示, 不同的流动方式可以增加或减少总流行病最后规模. 在存在 "低流动率" 水平 ($p_{12} = 0.2, 0.4$) 的情况下, 最后规模曲线可能会大于警戒线的情形. 我们观察到, 即使在相对 "高流动率" 的情况下, 流动率对整个流行病最后规模的非线性影响也可以使其低于警戒线. 这一结果强调了减少个人在高风险地区的时间与让完全易感人群生活在安全地区之间的权衡. 在一定的流动性条件下, 这种折中结果对全球共同体有利.

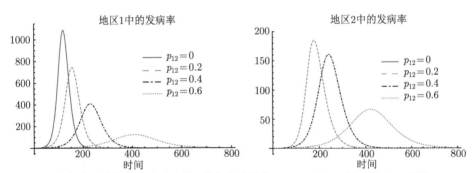

图 15.2　每个地区中的发病率动力学, 其中流动性值 $p_{12} = 0\%,\ 20\%,\ 40\%,\ 60\%$ 和 $p_{21} = 0$, 参数 $\varepsilon_{1,2} = 1.1$, $\mathscr{R}_{01} = 2.45$, $\mathscr{R}_{02} = 0.9$, $f_4 = 0.7$, $k = 1/7$, $\nu = 1/2$, $\gamma = 1/7$

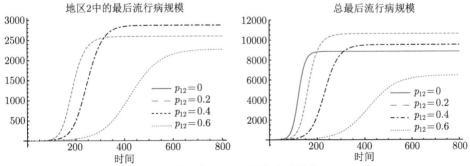

图 15.3　特定地区和总最后流行病规模动力学, 其中流动性值 $p_{12} = 0\%,\ 20\%,\ 40\%,\ 60\%$, 参数 $\varepsilon_{1,2} = 1.1$, $\mathscr{R}_{01} = 2.45$, $\mathscr{R}_{02} = 0.9$, $f_d = 0.7$, $k = 1/7$, $\nu = 1/2$, $\gamma = 1/7$

此外, 为了阐明居住时间对最后总流行病规模的影响, 我们分析了单向流动条件下其行为. 图 15.4 显示了在各种的流动场景下的警戒线 (灰色虚线)、特定的地区 (patch) 和总流行病的最终规模. 其中 $p \in [0,1]$. 我们看到, 单向流动方式降低了地区 1 中的最后流行病规模, 同时增加了地区 2 中的最后流行病规模. 我们看到, 在低流动性 ($p_{12} < 0.5$) 情况下, 疫情最后总规模高于警戒线病例. 我们也观察到, 在高流动性环境下, 地区 2 的卫生条件发挥了重要作用, 使疫情最后总规模低于卫生警戒线情形 ($p_{12} > 0.5$).

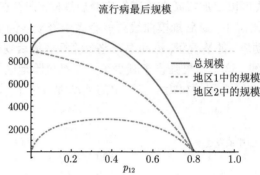

图 15.4　地区 1 中的最大最后规模和最大发病率动力学, 其中参数
$\varepsilon_{12} = 1.1, \mathscr{R}_{01} = 2.45, \mathscr{R}_{02} = 0.9, f_d = 0.7, k = 1/7, \nu = 1/2, \gamma = 1/7$

此外, 这些结果表明, 对于 $\mathscr{R}_{02} < 1$ 极高的流动性水平可能会根除埃博拉疫情的暴发. 必须强调的是, 流动减少总流行病最后规模不仅取决于居住时间和流动类型, 而且还依赖于特定地区的流行感染率. 图 15.5 显示, 如果 $\mathscr{R}_{02} > 1$, 则流动性无法使得总流行病最后规模趋于零. 图 15.6 显示, 随着单向流动率的增加, 全局基本再生数单调减少. 但是, 它无法捕获到低流动率水平的有害影响, 从而增

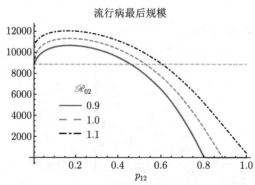

图 15.5　具有以下参数的单向情形下流行病最后规模的动力学:
$\varepsilon_{12} = 1.1, \mathscr{R}_{01} = 2.45, \mathscr{R}_{02} = 0.9, 1.0, 1.1, f_d = 0.7, k = 1/7, \nu = 1/2, \lambda = 1/7$

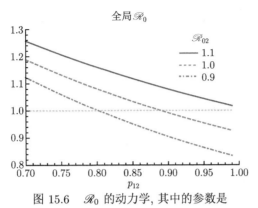

图 15.6 $\mathcal{R}_0$ 的动力学, 其中的参数是
$$\varepsilon_{12} = 1, \mathcal{R}_{01} = 2.45, \mathcal{R}_{02} = 0.9, 1.0, 1.1, f_d = 0.708, k = 1/7, \alpha = 0, \nu = 1/2, \gamma = 1/6.5$$

加了流行病总的最后规模. 移动性本身并不总是足以将 $\mathcal{R}_0$ 降低到临界阈值以下. 相反, 让全局 $\mathcal{R}_0$ 小于 1 需要降低局部风险, 也就是降低 $\mathcal{R}_{02}$.

15.4 *流动性和健康差异对结核病传播动力学的影响

结核病动力学是生活在高度异质性地区条件下的个体之间复杂的流行病学和社会经济相互作用的结果. 许多因素影响结核病的传播和发展. 在存在截然不同的感染率和流动性的情况下, 引入一个模型来增强对结核病动力学的理解. 在一个由两个地区组成的简化环境中研究动力学, 即由两个风险定义的环境, 其中有短期流动性的影响以及再感染和感染率变化的评估. 建模框架捕获居住、工作或业务地点内部和之间的个人的 "日常动态" 活动通过在具有不同结核病感染风险的环境 (地区) 中花费的时间比例来建模. 流动性会影响时间 t 时候每个区域 i (i 居民的家) 的有效人口规模, 并且他们还必须计算时间 t 时在地区 i 内的游客和居民数. 利用选定的情景探讨有效人口规模和个体在不同地区的居住的时间分布对结核病传播和控制的影响, 其中情景由估计或感知的首次感染和/或外源性再感染率定义. 模型模拟结果表明, 在一定条件下, 允许感染者从高结核病流行区流动到低结核病流行区 (例如, 通过共享治疗和隔离设施), 可能会导致两个地区人群的总结核病发病率降低.

15.4.1 *在各个地区中人群的居住时间的异质性的两地区的结核病模型

利用类似的方法建模, 考虑下面结核病在两个地区中的动力学的模型:

$$\dot{S}_i = \mu_i N_i - S_i \lambda_i(t) - \mu_i S_i,$$
$$\dot{L}_i = q S_i \lambda_i(t) - L_i \hat{\lambda}_i(t) - (\gamma_i + \mu_i) L_i + \rho_i I_i, \tag{15.5}$$

$$\dot{I}_i = (1-q)S_i\lambda_i(t) + L_i\hat{\lambda}_i(t) + \gamma_i L_i - (\mu_i + \rho_i)I_i, \quad i=1,2,$$

其中 $\lambda_i(t)$ 与 (15.2) 中的相同,

$$\hat{\lambda}_i(t) = \sum_{j=1}^{2} \delta_j p_{ij} \frac{\displaystyle\sum_{i=1}^{2} p_{kj} I_k}{\displaystyle\sum_{k=1}^{2} p_{kj} N_k}, \quad i=1,2.$$

15.4.2　*结果: 风险和流动性对结核病发病率的影响

通过数值实验, 在各种居住时间方案下, 重点介绍由 (15.5) 描述的两个地区系统中的结核病动力学. 利用两地区拉格朗日建模框架对预先构建的场景进行模拟. 假设这两个地区之一 (例如, 地区 1) 的结核病患病率很高. 我们不为特定的城市或地区建模. 表 15.1 中定义了一些术语和情景的命名法.

表 15.1　定义与情景

命名	
风险	根据感染率, 发病率或由 (人口规模的) 平均接触水平进行解释
高风险地区	由直接首次高感染率 (即导致对应的高 $\mathscr{R}_0$) 或者由高外源性再感染率 (即高 δ) 定义
改善社会经济条件	由更好的医疗保健基础设施定义, 该基础设施与大量人口
(减少健康差距)	(即大 N) 中的高患病率 (即高 $I(0)/N$) 相结合
流动性	通过个体在不同地区中的平均停留时间 (即通过使用矩阵 P) 捕获
情景 (假设与地区 2 相比, 地区 1 的社会经济条件好风险较低)	
情景 1	$\beta_1 > \beta_2, \delta_1 = \delta_2 : \dfrac{I_1(0)}{N_1} > \dfrac{I_2(0)}{N_2}, N_1 > N_2$, 变化的 p_{12} 和 $p_{21} \approx 0$
情景 2	$\beta_1 = \beta_2, \delta_1 > \delta_2 : \dfrac{I_1(0)}{N_1} > \dfrac{I_2(0)}{N_2}, N_1 > N_2$, 变化的 p_{12} 和 $p_{21} \approx 0$

两个理想地区的互连意味着从地区 1 到 "更安全" 地区 2 的个人上班、上学或进行其他社交活动. 假设地区 2 居民在地区 1 中居住的时间比例微不足道. 在这里, 我们利用发展为活动性结核病的概率值来定义 "高风险", 使用两种不同定义: (i) 具有较高的首次直接传播潜力的地区, 但地区之间的再感染潜力没有差异 ($\beta_1 > \beta_2$ 和 $\beta_1 = \beta_2$); (ii) 具有高外源性再感染潜力的地区 ($\delta_1 > \delta_2$ 和 $\beta_1 = \beta_2$). 此外, 假设地区 1 中的人口规模固定, 地区 2 中的人口规模变化, 特别地, 假设地区 1 是密度较大的地区, 而地区 2 的密度假设有 $\dfrac{1}{2}N_1$ 和 $\dfrac{1}{4}N_1$. 也就是说, 与地区 2 中的相应接触率相比, 地区 1 中人口的接触率更高.

15.4.3　由首次直接传播率定义的风险作用

在本子节中, 我们探讨地区之间传播率差异的影响. 地区 1 是高风险地区 (通过假设 $\beta_1 > \beta_2$ 得到 $\mathscr{R}_{01} > 1$), 地区 2 由于没有来访者而没有流行病 ($\mathscr{R}_{01} < 1$).

此外, 还探讨了不同人口比 N_1/N_2 的影响.

图 15.7 利用流动率值 p_{12} 来观察它们对两个地区的累计发病率增加的影响. 在单个地区水平上, 增加流动性值会降低地区 1 中的发病率, 而在地区 2 中, 开始增加发病率, 然后下降到通过 p_{12} 的阈值 (见图 15.7 中的红线和黑线). 也就是说, 尽管完全封锁感染区域可能不是控制疾病的一个好方法. 然而, 要控制疫情的暴发, 高危地区和低风险地区之间的个体流动率必须保持在临界值以上. 因此, 当地区 1(风险更大的地区) 的人口规模较大时, 流动会变得更有益. 人口规模比率越高, 有益的 "旅行" 时间范围就越大.

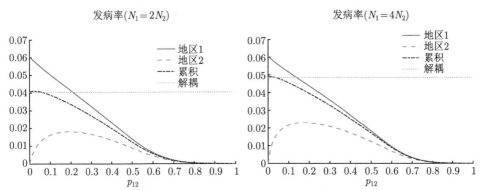

图 15.7 流动性在不同的传播率 $0.13 = \beta_1 > \beta_2 = 0.07$ (这给出 $\mathscr{R}_{01} = 1.5, \mathscr{R}_{02} = 0.8$) 和 $\delta_1 = \delta_2 = 0.0026$ 情形对流行病发病率的影响. 这里显示利用以下人口规模比例 $N_2 = \frac{1}{2}N_1$ (左图) 和 $N_2 = \frac{1}{4}N_1$ (右图). 绿色的水平虚线表示合并的情况 (即地区之间没有流动的情形)

15.4.4 由外源性再感染率定义的风险影响

在这里, 我们关注的是当传播率在两个地区相同时 ($\beta_1 = \beta_2$), 外源性再感染对结核病传播动力学的影响. 在这个情景, 我们假设在两个地区中的疾病都达到地方病状态, 即 $\mathscr{R}_{01} > 1$ 和 $\mathscr{R}_{02} > 1$. 但是, 由于假设地区 1 中的结核病外源性再次激活高于地区 2 中的, $\delta_1 > \delta_2$, 因此地区 1 仍具有较高的风险.

图 15.8 显示了当地区 1 中的人口是地区 2 中的人口两倍或四倍时的外源性再感染值和流动性值的组合作用. 考虑到从地区 1 到地区 2 的所有流动值, 可以看到总流动率略有下降. 在这个框架、情景和参数中, 我们的模型表明, 当考虑移动性时, 首次的直接传播在结核病动力学中起着重要作用. 尽管在各地区之间外源性再感染有所不同时, 流动性也会降低总患病率, 但与首次的直接传播结果相比, 其影响很小.

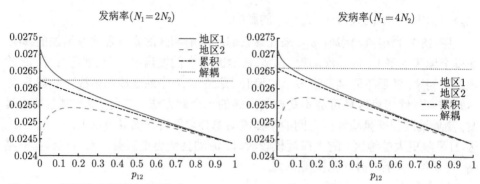

图 15.8　当风险由外源性再感染率 $0.0053 = \delta_1 > \delta_2 = 0.0026$ 和 $\beta_1 = \beta_2 = 0.1$ 定义时 (这给出 $\mathscr{R}_{01} = \mathscr{R}_{02} = 1.155$) 流动性对地方病发病率的影响. 这里显示了利用总体规模比例 $N_2 = 12N_1$ (左图) 和 $N_2 = 14N_1$ (右图) 的每个地区的累计发病率和发病率. 绿色虚线表示解耦的情况 (即地区之间没有流动的情况)

最后, 图 15.9 显示了相对于基本再生数数 $\mathscr{R}_0$ 的人口密度和流动率 (p_{12}) 之间的关系. 在这种情况下, 我们仅探讨第一种情况: 首次直接传播异质性, 并发现在此时流动确实可以消除结核病的暴发.

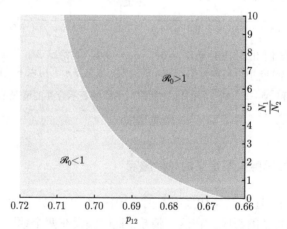

图 15.9　当 $0.13 = \beta_1 > \beta_2 = 0.07$ 和 $\delta_1 = \delta_2 = 0.0026$ 时流动性和种群规模比例对总体基本再生数 $\mathscr{R}_0$ 的影响

按照世界卫生组织 (WHO) 的报告 [48], 在 2014 年有 80% 的结核病病例发生在 22 个国家中, 它们全是发展中国家. 控制结核病的努力在全球许多地区都取得了成功, 但我们仍然看到每年还有 150 万人死于该病. 因此, 如其在历史上的, 结核病仍然是全球健康面临的最大挑战之一 [19]. 最近的报告表明, 建立的结核病控制措施没有得到充分实施, 特别是在撒哈拉以南国家 [1,15]. 在巴西, 复发比再感染更重要, 因此发病率有所下降 [20,33]. 最后, 在南非的开普敦, 一项研究 [47] 表明,在高发病率地区, 接受结核病治疗且不再具有传染性的人由于他们不是受保护的人因此患结核病的风险最高. 因此, 不考虑人口具体因素的政策不太可能有效. 如果没有对相关社区属性的完整描述, 几乎不可能实施能够通过多种途径和较少耐药病例数产生低再感染率的成功干预计划. 干预措施必须考虑到高流动率以及结核病风险差异很大的区域之间的本地和区域流动模式所固有的风险. 在一个简化的两个地区系统框架内对结核病动力学的这个讨论, 以一种相当戏剧性的方式捕获了富人世界和穷人世界这两个世界的动态. 对简化的极端场景的模拟突出了这个差异的影响. 结核病动力学取决于基本再生数 $\mathscr{R}_0$, 这是模型参数的函数, 包括首次直接传播率和外源性 (再感染) 传播率. 对特定极端情景的模拟表明, 异质地区之间的短期流动并不总是对结核病发病率的总体起到上升作用. 结果表明, 仅考虑外源性再感染的风险时, 与新感染直接传播的影响相比, 全球结核病患病率几乎保持不变. 在高风险的首次直接传播情况下, 可以观察到流动人口可能对两种环境 (地区) 的发病率都有影响. 模拟显示, 当高风险人群中的个人将其时间的 25% 或更少时间用于安全地区时, 这对总体患病率不利. 然而, 如果他们居住更多时间, 则总体发病率就会下降. 此外, 在没有外源性再感染的情况下, 该模型是鲁棒的, 也就是说, 疾病的死亡或持续取决于基本再生数 $\mathscr{R}_0$ 分别是低于或高于 1. 虽然外源性再感染的作用似乎与总发病率无关, 但事实仍然是, 这种传播方式增加了由于灾难或冲突而将大量个人流动到特定无结核病地区的风险. 正如 [25] 中所指出的, 忽略外源性再感染, 即建立专门针对再生数 $\mathscr{R}_0$ 的政策, 将等于忽略了初始条件的急剧变化, 由于大批个体的流动, 这种变化现在比以前更加普遍, 一群人成了灾难和/或冲突的结果.

15.5 *寨卡病毒

2015 年 11 月, 萨尔瓦多报告了他们的第一例寨卡病毒事件, 随后暴发爆炸性疫情, 在两个月内暴发了 6000 多例疑似病例. 国家机构开始实施控制措施, 包括对媒介的控制和建议增加使用驱蚊剂. 此外, 针对巴西出现的令人震惊和日益增多的小头畸形病例, 强调了避免 2 年内怀孕的重要性. 在以极端贫困、犯罪和暴力为特征的社区中, 公共卫生服务无法发挥作用, 这个例子说明流动性的作用. 我们在两个地区中利用拉格朗日建模方法, 突出显示当总目标是减少地区中的病例数时, 在两个高度不同的环境中的短期流动性可能对寨卡病毒动力学产生影响. 在高度极化和简化情景中的模拟结果用于突出显示流动性对寨卡病毒动力学的作用. 我们发现, 如果不增加异质性水平 (更多地区), 就不可能匹配观察到的寨卡病毒地区模式. 缺乏对疾病在全球传播中最薄弱环节所构成的威胁的关注, 就会对全球卫生政策构成严重威胁 (见 [12, 16, 23, 34, 40—42, 50]). 我们的结果强调关注全球运输网络关键节点的重要性, 在许多地区, 这些节点对应于暴力程度最高的地方. 占全球人口的 9% 的拉丁美洲和加勒比地区是一个特别的热点地区, 因为该地区的凶杀案占全球的 33%[29]. 因此, 有必要评估公共安全条件在多大程度上影响流动和当地风险水平, 这可能会影响寨卡病毒的动力学.

15.5.1 *单个地区模型

假设在地区 1 中的个体感染风险较高, 在地区 2 中的个体感染风险较低. 流动 (日常活动) 将改变每个人在每个地区的停留时间, 在地区 1 中停留的时间越长, 被感染的可能性就越大. 通过利用单个参数 $\hat{\beta}_i, i = 1, 2$, 其中 $\hat{\beta}_1 \gg \hat{\beta}_2$ 可以确定特定地区的感染风险级别. 这一假设以一种相当简单的方式反映了健康差异. 不幸的是, 南非的约翰内斯堡和索韦托、哥伦比亚的南北波哥大、巴西的里约热内卢和邻近的贫民窟、萨姆萨尔瓦多境内的黑帮控制区和无黑帮区只是不幸的大量冲突中的一部分, 这些地区被冲突、高犯罪率或世界各地城市中心高度分化的卫生结构所主导. 通过模拟一次疫情期间的传播动力学, 个体在短时间尺度的动态 (上班或上中小学或大学) 被纳入这一模式.

寨卡病毒单个地区动力学模型包括宿主和媒介种群, 它们的规模分别表示为 N_h 和 N_v. 这两个种群又按流行病学状态细分, 传播过程被建模为这些种群相互作用的结果. 为此, 我们将 $S_h, E_h, I_{h,a}, I_{h,s}$ 和 R_h 分别表示易感者、潜伏者、无症状感染者、有症状染病者和康复者的宿主子组. 同样, 用 S_v, E_v 和 I_v 表示易感者、潜伏者和染病者蚊子子组. 由于关注的重点是研究单次暴发的疾病动力学, 因此忽略了宿主人口统计数据, 而假设媒介 "人口统计数据" 没有变化, 这意味着蚊子的平均出生率和死亡率相互抵消. 新的报道 [14,21] 指出, 存在大量无症状的寨卡病毒感染者. 因此, 我们考虑两类染病者 $I_{h,a}$ 和 $I_{h,s}$, 即无症状染病者和有症状染病者. 此外, 由于对寨卡病毒的传播动力学没有充分了解, 因此假设 $I_{h,a}$ 和 $I_{h,s}$ 个体有相同的传染性, 其传染期也大致相同. 我们的假设可用于将模型简化为考虑单一染病类 $I_h = I_{h,a} + I_{h,s}$ 的模型. 我们保留了两个染病类, 因为保持跟踪每种类型可能是可取的. 考虑到我们目前对寨卡病毒流行病学的了解, 以及寨卡病毒感染一般并不严重的事实, 这些假设可能不算太坏. 此外, 考虑到寨卡病毒的感染过程与登革热类似, 我们使用了萨尔瓦多境内登革热传播研究中估计的一些参数. 寨卡病毒的基本再生数的估计取自我们刚刚利用哥伦比亚巴兰基利亚 [45] 病毒暴发数据估算的数据. 此外, 所使用的模型参数范围的选择也得益于先前利用 2013—2014 年法属波利尼西亚暴发的数据 [31] 进行的估计, 这是现有最好的一些估计. 因此, 可以利用以下标准的非线性微分方程系统来模拟单个地区的系统原型, 即单一流行病暴发的动力学 [9]:

$$S_h' = -b\beta_{v,h} S_h \frac{I_v}{N_h},$$

$$E'_h = b\beta_{v,h}S_h\frac{I_v}{N_h} - \nu_h E_h,$$

$$I'_{h,s} = (1-q)\nu_h E_h - \gamma_h I_{h,s},$$

$$I'_{h,a} = q\nu_h E_h - \gamma_h I_{h,a}, \tag{15.6}$$

$$R'_h = \gamma_h(I_{h,s} + I_{h,a}),$$

$$S'_v = \mu_v N_v - b\beta_{h,v}S_h\frac{I_{h,s} + I_{h,a}}{N_h} - \mu_v S_v,$$

$$E'_v = b\beta_{h,v}S_h\frac{I_{h,s} + I_{h,a}}{N_h} - (\mu_v + \nu_v)E_v,$$

$$I'_v = \nu_v E_v - \mu_v I_v.$$

15.5.2 *居住时间模型和两地区模型

利用尽可能简单的模型, 即仅考虑两个地区的模型 (先前的建模工作并未说明有效的人口规模, 但是包含特定的控制, 包括 [32]) 来探索同一城市中生活在截然不同的健康、经济、社会和安全环境中的两个社区之间的流动性的作用. 地区 2 中可以使用工作中的医疗机构, 另外犯罪率低, 并有足够的人力和财力以及充足的资源, 公共卫生政策也到位. 地区 1 几乎缺少所有内容, 犯罪率也很高. 通过假设非常不同的传播率来捕获风险差异. 我们研究在高度不同的环境中宿主的流动性动态, 其中风险由传播率 $\hat{\beta}$ 捕获. 因此, $\hat{\beta}_1 \gg \hat{\beta}_2$, 其中 $\hat{\beta}_i$ 定义地区 $i, i = 1, 2$ 中的风险 [地区 1(高风险), 地区 2(低风险)].

宿主人群按居住地区根据流行病学分类. 特别地, $S_{h,i}, E_{h,i}, I_{h,a,i}, I_{h,s,i}$ 和 $R_{h,i}$ 表示在地区 $i, i = 1, 2$ 中的易感者、潜伏者、无症状感染者、有症状染病者和康复者宿主人群, $S_{v,i}, E_{v,i}$ 和 $I_{v,i}$ 表示地区 $i, i = 1, 2$ 中的易感者、潜伏者和染病者蚊子种群. 如前, $N_{h,i}$ 表示宿主在地区 $i, i = 1, 2$ 中的人群规模, $N_{v,i}$ 表示在地区 $i, i = 1, 2$ 中的总媒介种群. 假设媒介不能在地区之间流动, 这是在适当空间尺度下对埃及伊蚊的合理假设. 表 15.2 列出了地区模型的参数, 并附有流程图. 单个地区的动力学可以捕获居民和访客在不流动时的情况, 也就是说, 当 2×2 居住时间矩阵 $\mathbb{P}$ 满足 $p_{11} = p_{22} = 1$ 时 (图 15.10).

由于个人在地区 1 中有较高的感染寨卡病毒的风险, 因此假设地区 2 的典型居民在地区 1 中每单位时间所花费的时间 (平均而言) 减少了, 从而从地区 2 到地区 1 的流动没有吸引力. 参数的选择使得在地区 1 和地区 2 之间没有流动的情况下, 在地区 2 内的寨卡病毒动力学无法得到支持. 因此, 地区 2 的基本再生数取为小于 1, 即, $\mathscr{R}_{02} = 0.9$. 流动性由居住时间矩阵 $\mathbb{P}$ 模拟, 其中初元素由 $p_{21} = 0.10$ 和 $p_{12} = 0$ 给出.

表 15.2 系统 (15.6) 中所用的参数的描述

参数	描述	值
β_{vh}	人对蚊子的传染性	0.41
β_{hv}	蚊子对人的传染性	0.5
b_i	蚊子在地区 1 中的叮咬率	0.8
ν_h	人的 "孵化率"	$\dfrac{1}{7}$
q	潜伏者变成无症状和染病者的比例	0.1218
γ_i	地区 i 中的康复率	$\dfrac{1}{5}$
p_{ij}	地区 i 的居民在地区 j 中的时间比例	$[0, 1]$
μ_v	媒介的自然死亡率	$\dfrac{1}{13}$
ν_v	媒介的孵化率	$\dfrac{1}{9.5}$

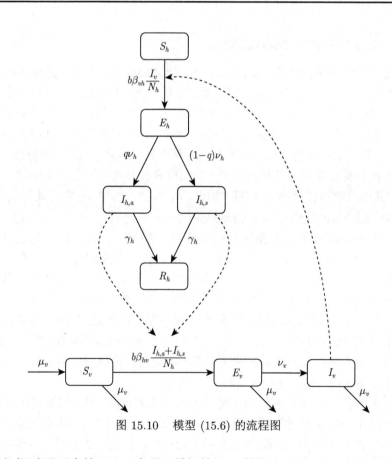

图 15.10　模型 (15.6) 的流程图

　　我们探讨了两个情况: 一个是 "最坏情况", 其中由于地区 1 中的犯罪、冲突或其他因素而几乎没有实施控制措施, 也就是说, 地区 1 是由 $\mathscr{R}_{01} = 2$ 起获得寨卡病毒感染的高风险地方; 另一个是 "最好情况", 它对应于地区 1 可以以某种程度有效实施某些控制措施的情况, 因此地区 1 有 $\mathscr{R}_{01} = 1.52$. 利用的 $\mathscr{R}_{0i}$ 值与先前针对寨卡病毒暴发估计的值一致 [31,45]. 通过在宿主和媒介种群在这两个地区中都完全是易感者的假设下, 在地区 1 中引入无症状染病者个体来进行模拟.

图 15.11(上图) 显示地区 1 处于 "最坏情况" 下的发病率和寨卡病毒流行病最后规模, 基本再生数确定为 $\mathscr{R}_{01} = 2^{[45]}$. 图 15.11 显示在 $p_{12} = 0.15$, 地区 1 中最后感染的居民数大于在基线情形下的数量 ($p_{12} = 0$). 事实上, 它几乎覆盖了 96% 的人口, 这是不现实的数值. 模拟 p_{12} 的其他值表明, 地区 1 最后规模将低于基线的情形, 说明流动性独立的好处. 图 15.11 突出显示了与基线情形相比, 地区 2 中流行病最后规模随着流动性增加而增长的情况 (地区 1 无流动性). 我们看到, 与基线情形相比, 地区 1 中流行病最后规模对一些流动率值随着地区 2 中流行病规模的增加 (地区 1 无流动) 而减少. 具体来说, 在假设地区 1 中的人口与地区 2 中相

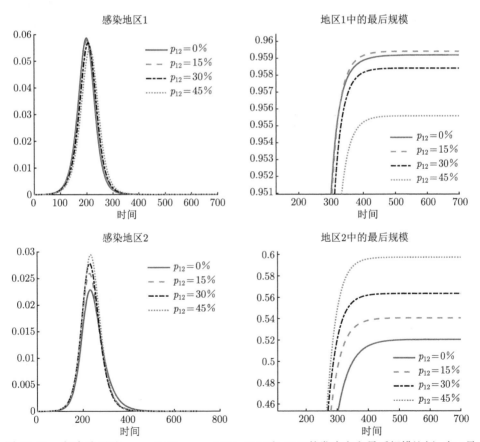

图 15.11　每个地区对 $p_{21} = 0.10, p_{12} = 15\%$, 30% 和 45% 的发病率和最后规模比例. 在 "最坏情况" 下, 流动性会改变地区 1 的最后规模为: $\mathscr{R}_{01} = 2$ 和 $\mathscr{R}_{02} = 0.9$

同的前提下, 地区 1 中的流行病最后规模的减少约为 1×10^{-3}, 而地区 2 的增量约为 1×10^{-2}. 因此, 尽管流动性可以在地区 1 中提供收益 (在上述假设下), 但事实是它要付出一定的代价. 简而言之, 还观察到, 即使仅增加流动率 p_{12}, 每个地区中的流行病最后规模也不会对流动率的变化有线性响应 (见图 15.11 和图 15.12).

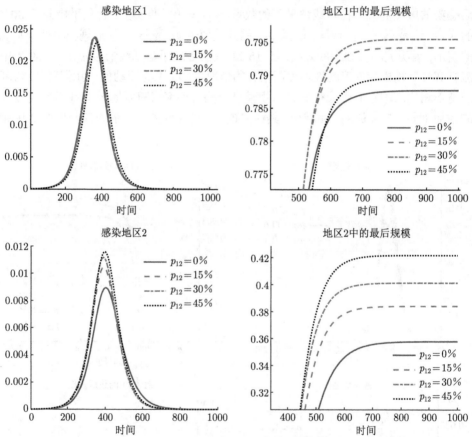

图 15.12　每个地区对 $p_{21} = 0.10, p_{12} = 15\%$, 30% 和 45% 的发病率和最后规模比例. 在 "最坏情况" 下, 流动性会显著影响每个地区中的最后规模 $\mathscr{R}_{01} = 2$ 和 $\mathscr{R}_{02} = 0.9$

现在考虑 "最佳情况" 的情景, 假设地区 1 中的人口与地区 2 中的人口相同, 则基本再生数 $\mathscr{R}_{01} = 1.52$. 图 15.12 中收集的模拟结果显示流行病最后规模曲线, 类似于在地区 1 的 "最坏情况" 情景下生成的流行病曲线. 一些流动性值可以增加地区 1 中的流行病的最后规模, 当 $p_{12} = 0.30$ 时, 这个规模将达到人口总数的 80%, 尽管这比 "最坏" 情况下的预期要低, 但这还是一个不现实的水平. 我们还观察到存在流动率阈值, 在此之后, 地区 1 中的流行病的最后规模开始减小. 图

15.12 中的结果表明, 在所有 p_{12} 流动水平下, 地区 2 中的寨卡病毒流行病的最后规模支持染病者个体总数单调增长. 假设地区 1 中的人口与地区 2 中的人口相同, 则图 15.12 中每个地区中的流行病最后规模的变化大致相等 (相同的级数为 1×10^{-2}).

到目前为止, 提供的模拟结果仅提供了有关短期流动可能对寨卡病毒的传播动力学的影响. 现在, 假设从地区 2 到地区 1 的流动率固定, 仅关注从地区 1 到地区 2 的流动率变化的影响. 此外, 我们使用具有常数元 p_{ij} 的流动率矩阵 $\mathbb{P}$ 可以忽略宿主人群对寨卡病毒动力学可能产生的流动模式的潜在变化. 现在通过从地区 2 到地区 1 的固定流动率, 只考虑从地区 1 到地区 2 的流动率变化影响. 我们发现, 在最坏情况和最佳情况下, 地区 1 中的流行病最后规模是定性相似的: 在某些流动性制度下越过基线情况开始增加, 在某一阈值后减少. 此外, 已经观察到, 随着流动率的增加, 地区 2 中的流行病最后规模的定性性态单调增加. 地区 1 和地区 2 的影响在 "最坏情况" 场景下的数量级不同, 但在 "最佳情况" 场景中的数量级大致相同, 这意味着在我们的限制性条件和假设下, 降低地区 1 中的风险对控制疫情确实有很大帮助.

15.5.2.1 *风险异质性在寨卡病毒传播中的作用

对风险异质性在两个地区系统中寨卡病毒动力学的整个影响作了探讨, 分析需要对作为流动率矩阵 $\mathbb{P}$ 的函数的全局再生数进行估计. 利用先前的情景 ($\mathscr{R}_{01} = 1.52, 2$) 进行模拟, 首先假设两个种群规模相等 ($N_1 = N_2$). 但是, 当我们观察风险变化对地区 $2(\mathscr{R}_{02} = 0.8, 0.9, 1, 1.1)$ 的影响时, 我们的模拟发现, 随着风险的增加, 居民的居住时间与 $p_{12} = 0$ 给出的基线情景相比发生了变化, 整个社区的风险呈非线性变化, 地区 2 中的流行病还在增加. 具体说来, 图 15.13 显示了所有居住时间内的全局再生数总体减少, 同时确定了一个居住时间区间的存在, 与相应的基线病例 ($p_{12} = 0$) 相比, 流动减少了两个社区暴发的总规模. 在没有地区 1 的流动率 ($p_{12} = 0$) 的情况下, 随着 $\mathscr{R}_{0i}$ 的增加, 流行病的最后规模也随之增加. 这些模拟显示, 流动性会减慢暴发的速度 (较小的全局 $\mathscr{R}_0$). 当然, 模拟结果也再次肯定了这一点, 即存在一个高风险、流动且联系良好的地区可以用作暴发放大器, [7, 10] 在各种联系设置下对 n 个地区的系统作了探讨. 这是因为在两个地区情形, 已经观察到对几乎所有流动率值, 全局再生数 $\mathscr{R}_0$ 都会减少. 对选择的情景 $\mathscr{R}_0$ 永远不会小于 1. 因此, 在我们的假设和情景下, 可以看出, 在我们的两个情景下如果不是不可能, 利用固定出行方式来消寨卡病毒也极为困难. 图 15.13 提供了一个例子, 强调了全局再生数之间的关系和相应的流行病最后规模.

15.5.2.2 *种群规模异质性在寨卡病毒传播动力学中的作用

我们在改变地区 1 和地区 2 的密度 (人口大小) 的不同假设下, 探讨两个情景的人口密度在总流行病最后规模和全局基本再生数中的作用. 特别地, 我们取 $N_1 = 2N_2, 3N_2, 5N_2$ 和 $10N_2$.

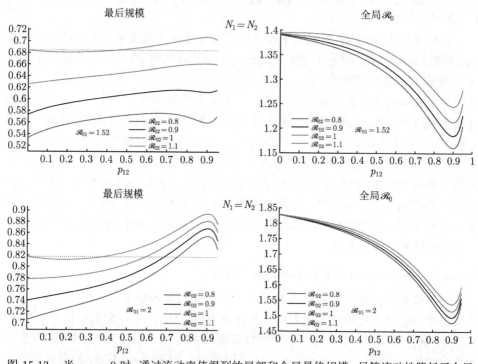

图 15.13　当 $p_{12} = 0$ 时, 通过流动率值得到的局部和全局最终规模. 尽管流动性降低了全局 $\mathscr{R}_0$, 但在萨尔瓦多 ($\mathscr{R}_0 = 2$) 的情况下允许流动性可能会对整个最终规模产生不利影响

据观察, 人口规模的差异确实很重要. 具体地说, 观察到 (在我们的选择下) 密度的巨大差异表明达到了较高的流行病最后规模. 当全局再生数的变化呈现出不同模式时, "最坏情况" 的 90% 值是可能的 (见图 15.14). 尽管随着流动性的改变, 总的流行病最后规模有所增加, 但在大多数居住时间中, 全局 $\mathscr{R}_0$ 实际上单调下降, 但从未降到 1 以下. 只要 N_1 和 N_2 之间的差异不是太大, 就可以观察到随着居住时间的变化, 疾病的传播有明显的扩大. 事实上, 在上述简单的极端情况下, 流动性可能对寨卡病毒的控制有益. 模拟继续表明, 在规定的条件和假设下, 由模型产生的寨卡病毒暴发仍然高得不切实际. 模拟显示, 例如, 全局再生数在 $p_{12} = 0.90$ 处达到最小值, 图 15.14 显示, 对高危人群得到的数更大 ($N_1 \gg N_2$), 地区 1 的个体在地区 2 中逗留超过一半的时间时, 总流行病规模就更大. 利用低 p_{12} 值, 可以观察到的益处很少, 即当 $\mathscr{R}_{0i}$ 之间的差异较大时, 总的流行病最后规模将减少.

对于 $\mathscr{R}_{01} = 2$ 和 $\mathscr{R}_{01} = 1.52$ 这两种流行病学情景, 表 15.3 和表 15.4 总

结了 $p_{21} = 0.10$ 时低流动率 ($p_{12} = 0 - 0.2$)、中流动率 ($p_{12} = 0.2 - 0.4$) 和高流动率 ($p_{12} = 0.4 - 0.6$) 的平均感染比例. 我们还探讨了人口规模尺度 $N_1 = 2N_2, 3N_2, 5N_2$ 和 $10N_2$ 的作用. 图 15.15 显示了两种流行病情况的不同人口加权下所有流动性值的全局 $\mathscr{R}_0$. 当流动率达到不切实际的 91% 且 $N_1 \approx N_2$ 时, 在所有情况下都达到 $\mathscr{R}_0$ 的最小值. 图 15.15 中收集的结果表明, 在包含两个高度差异地区的系统中, 短期流动率在寨卡病毒动力学中也起着重要作用. 再次, 在涉及两个高度差异的地区的系统中, 模拟还表明, 即使流动性可以减少全局再生数, 但在我们的两种情况下, 流动性本身不足以消除疫情暴发或发挥真正的作用.

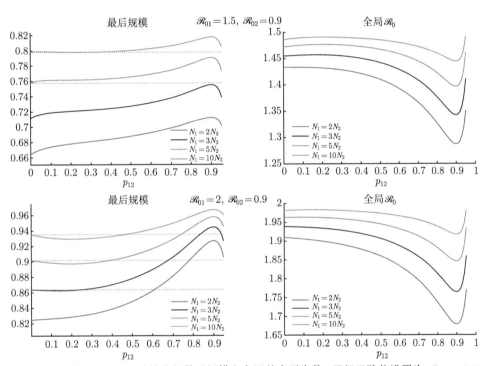

图 15.14　当 $p_{21} = 0.1$ 时总流行最后规模和全局基本再生数. 局部风险值设置为 $\mathscr{R}_{02} = 0.9$ 和 $\mathscr{R}_{01} = 1.5, 2$

表 15.3　(地区 1, 地区 2 中的) 最后规模, $N_1 = 10000, \mathscr{R}_{01} = 2, \mathscr{R}_{02} = 0.9$ 和 $p_{21} = 0.10$

N_2	低流动率	中流动率	高流动率	最小 $\mathscr{R}_0$
$N_1 = N_2$	(0.9594,0.5333)	(0.9583,0.5633)	(0.9539,0.6122)	1.4954
$N_1 = 2N_2$	(0.9683,0.5418)	(0.9685,0.5599)	(0.9667,0.6116)	1.6786
$N_1 = 3N_2$	(0.9709,0.5390)	(0.9713,0.5478)	(0.9701,0.6018)	1.7640
$N_1 = 5N_2$	(0.9729,0.5283)	(0.9732,0.5255)	(0.9725,0.5852)	1.8457
$N_1 = 10N_2$	(0.9741,0.5030)	(0.9743,0.4908)	(0.9739,0.5624)	1,9173

表 15.4　(地区 1, 地区 2 中的) 最后规模, $N_1 = 10000, \mathscr{R}_{01} = 1.52, \mathscr{R}_{02} = 0.9$ 和 $p_{21} = 0.10$

N_2	低流动率	中流动率	高流动率	最小 $\mathscr{R}_0$
$N_1 = N_2$	(0.7920,0.3756)	(0.7950,0.4010)	(0.7849,0.4304)	1.1853
$N_1 = 2N_2$	(0.8287,0.3938)	(0.8340,0.4061)	(0.8300,0.4356)	1.3023
$N_1 = 3N_2$	(0.8398,0.3948)	(0.8448,0.3956)	(0.8422,0.4248)	1.3590
$N_1 = 5N_2$	(0.8480,0.3877)	(0.8520,0.3731)	(0.8500,0.4046)	1.4141
$N_1 = 10N_2$	(0.8533,0.3652)	(0.8556,0.3352)	(0.8542,0.3756)	1.4630

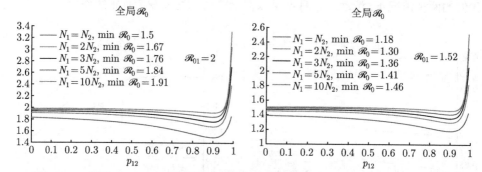

图 15.15　通过 $p_{21} = 0.10$ 时的流动率的全局 $\mathscr{R}_0$ 动力学. 地区 2 人口从 $N_1 = N_2$, $2N_2, 3N_2, 5N_2$ 到 $N_1 = 10N_2$ 变化. 全局 $\mathscr{R}_0$ 始终在不现实的 91% 流动率达到它的最小值

15.5.3　我们从这些单次暴发模拟中学到了什么？

对于大空间尺度上的流动性作用的研究, 最好利用能够说明长期流动性的特定问题的相关模型来进行 (例如, 参见 [2, 3, 18, 22, 27, 28, 30, 43]). 在这里, 我们利用两个尽可能不同的地区, 以便它们在正常情况下, 当邻近社区或城市中心内存在极端健康差异时, 对寨卡病毒的传播动力学能够有所了解. 尽管我们的目标不是针对特定的疫情, 但我们还是决定利用最近发布的参数范围, 包括我们报告 [45] 中的一些参数值范围. 寨卡病毒的影响可以在本地 (每一地区) 或全局评估, 即在两个地区系统上进行评估. 在此, 通过非线性方程组的数值解, 利用计算 $\mathscr{R}_0$ 来进行系统风险评估. 计算系统 $\mathscr{R}_0$ 的变化 (随居住时间的变化) 与局部 $\mathscr{R}_{0i}$, 与局部基本再生数 (在没有流动性的情况下) 的关系. 此外, 通过模拟评估局部和整个系统对流动性 (和风险) 的影响, 计算与流动性相关的系统流行病的最后规模. 我们在评估中使用的指标包括整个流行病的最后规模 (衡量疫情的总体影响的指标), 以及在两个选定情景中的流动性函数 ($\mathscr{R}_{01} = 1.52$ 和 $\mathscr{R}_{01} = 2$).

在我们的两地区系统中, 探讨了可能对系统有益但对每个地区有害的政策带来的挑战. 我们记录了整个流行病最后规模随 $\mathscr{R}_{02}$ 的增加而增加的情况, 以及流行病总最后规模在 $\mathscr{R}_{02}$ 的低流动率值下降的情况. 当 $\mathscr{R}_{02} < 1$ 的流动性不能降低

总流行病规模时, 人口密度确实有影响地区密度的差异 (这里用每个地区的总人口大小来衡量, 假设两者的面积大致相同) 也被识别出来. 人口密度的差异也显示出能够在某些流动体制下减少流行病总的最后规模.

所使用的高度简化的两地区模型似乎揭示了, 在公共卫生项目和服务的可获得性方面存在巨大差异的地区流动性在寨卡病毒传播中所起的作用, 这些地区存在地方性犯罪、普遍暴力被忽视. 模型模拟似乎已经揭示了一些我们没有考虑到的潜在的相关因素. 利用单个地区特定的风险参数值 $(\hat{\beta})$ 有优点但也有局限性. 所使用的模型既没有明确说明媒介种群内感染水平的变化, 也没有考虑地区媒介种群大小的实质性差异的影响. 简化模型不能说明地区居民对疫情的反应, 因为面对媒介数量激增或病例数激增的情况, 个人可能会改变出行方式, 使用更多防护服, 同时单独和独立地对官方控制措施做出反应. 利用两个地区和严格的假设限制了这种过于简化的系统能够支持的结果. 通常无法在高度分化的两层系统中为社区建模, 对寨卡病毒而言, 不能完全忽略人类和媒介的垂直传播以及性传播寨卡病毒的可能性 [8,39]. 需要解决随着个人对风险感染水平的评估而引起的行为变化 [10]; 参与流行病学研究的科学界对作为流行病学过程的复杂适应系统的这一挑战尚未感到满意 (例如, 见 [26, 36, 42]).

在缺乏公共卫生基础设施的情况下, 技术作用的局限性 (没有灵丹妙药) 已在埃博拉疫情中得到了解决 [16,49]. 在传染病和媒介传播疾病 (包括登革热、结核病和埃博拉) 的背景下, 利用两地区的拉格朗日流行病模型的研究技术在普遍存在健康差异的环境中的影响将是有趣的 [5,23,34,35]. 此外, 利用简化模型通常会高估疫情的影响 (参见 [37, 38]), 因此, 找到合适的模型模拟异质性水平 (地区数量) 成为一个紧迫且富有挑战性的问题. 解决这些问题的正确聚合水平是什么?

当然, 我们已经看到采取了重大措施来限制 "非典"、流感或埃博拉等疾病的传播 [16,17,27], 和登革热与寨卡等病媒传播疾病的上升, 以及对当地和全球经济产生的重大影响的一些措施. 但问题仍然存在, 如我们如何在不破坏中心内容的情况下减轻或限制疾病, 特别是突发疾病的传播? 关于这些问题的讨论经常出现 [26,36], 在过去十年左右的时间内, 对 "非典"、流感、埃博拉和寨卡病毒的讨论最为激烈. 世界社会的脆弱性与缺乏行动应对系统中最薄弱环节所面临的挑战直接相关. 国际社会必须接受这一点并采取行动. 我们需要对以卫生差距和资源匮乏为普遍现象的社区和国家进行全球投资. 我们必须在明确确定的最可能出现新疾病的世界热点进行研究和监测. 我们也必须在所有受影响社区的各级参与下做到这一点 [12,44].

参 考 文 献

[1] Andrews, J.R., C. Morrow, and R. Wood (2013) Modeling the role of public transporta-

tion in sustaining tuberculosis transmission in South Africa. Am. J. Epidemiol, 177: 556-561.

[2] Banks, H.T. and C. Castillo-Chavez (2003)Bioterrorism: Mathematical Modeling Applications in Homeland Security. SIAM, 2003.

[3] Baroyan, O., L. Rvachev, U. Basilevsky, V. Ermakov, K. Frank, M. Rvachev, and V. Shashkov (1971) Computer modelling of influenza epidemics for the whole country (USSR), Advances in Applied Probability, 3: 224-226.

[4] Bichara, D. and C. Castillo-Chavez (2016)Vector-borne diseases models with residence times-a Lagrangian perspective, Math. Biosc., 281: 128-138.

[5] Bichara, D., S. A. Holechek, J. Velázquez-Castro, A. L. Murillo, and C. Castillo-Chavez (2016) On the dynamics of dengue virus type 2 with residence times and vertical transmission. Letters in Biomathematics, 3: 140-160.

[6] Bichara, D. and A. Iggidr (2017) Multi-patch and multi-group epidemic models: a new framework. J. Math. Biol. https://doi.org/10.1007/s285-017-1191-9.

[7] Bichara, D., Y. Kang, C. Castillo-Chavez, R. Horan, and C. Perrings (2015) SIS and SIR epidemic models under virtual dispersal, Bull. Math. Biol., 77: 2004-2034.

[8] Brauer, F., C. Castillo-Chavez, A. Mubayi, and S. Towers (2016) Some models for epidemics of vector-transmitted diseases. Infectious Disease Modelling, 1: 79-87.

[9] Brauer,F. and C. Castillo-Chavez (2012) Mathematical Models for Communicable Diseases 84 SIAM.

[10] Castillo-Chavez, C., K. Barley, D. Bichara, D. Chowell, E.D. Herrera, B. Espinoza, V. Moreno, S. Towers, and K. Yong (2016) Modeling Ebola at the mathematical and theoretical biology institute (MTBI), Notices of the AMS, 63.

[11] Castillo-Chavez, C., D. Bichara, and B.R. Morin (2016) Perspectives on the role of mobility, behavior, and time scales in the spread of diseases, Proc. Nat. Acad. Sci., 113: 14582-14588.

[12] Castillo-Chavez, C., R. Curtiss, P. Daszak, S.A. Levin, O. Patterson-Lomba, C. Perrings, G. Poste, and S. Towers (2015) Beyond Ebola: Lessons to mitigate future pandemics. The Lancet Global Health, 3: e354-e355.

[13] Castillo-Chavez, C., B. Song, and J. Zhangi (2003) An epidemic model with virtual mass transportation: The case of smallpox. Bioterrorism: Mathematical Modeling Applications in Homeland Security, 28: 173.

[14] CDC(a) (2016) Zika virus. Online, February 01, 2016.

[15] Chatterjee, D. and A. K. Pramanik (2015) Tuberculosis in the African continent: A comprehensive review, Pathophysiology, 22: 73-83.

[16] Chowell, D., C. Castillo-Chavez, S. Krishna, X. Qiu, and K.S. Anderson (2015) Modelling the effect of early detection of Ebola. The Lancet Infectious Diseases.

[17] Chowell, G., P.W. Fenimore, M.A. Castillo-Garsow, and C. Castillo-Chavez (2003) SARS outbreaks in Ontario, Hong Kong and Singapore: the role of diagnosis and isolation as a control mechanism, J. Theor. Biol., 224: 1-8.

[18] Chowell, G., J.M. Hyman, S. Eubank, and C. Castillo-Chavez (2003) Scaling laws for the movement of people between locations in a large city, Phys. Rev., 68: 066102.

[19] Daniel, T.M. (2006)The history of tuberculosis. Respiratory Medicine, 100: 1862-1870.

[20] de Oliveira, G.P., A.W. Torrens, P. Bartholomay, and D. Barreira (2013)Tuberculosis in Brazil: last ten years analysis-2001-2010, Journal of Infectious Diseases, 17: 218-233.

[21] Duffy, M.R., T.-H. Chen, W.T. Hancock, A.M. Powers, J.L. Kool, R.S. Lanciotti, M. Pretrick, M. Marfel, S. Holzbauer, C. Dubray, et al (2009) Zika virus outbreak on yap island, federated states of Micronesia, New England J. Medicine, 360: 2536-2543.

[22] Elveback, L.R., J.P. Fox, E. Ackerman, A. Langworthy, M. Boyd, and L. Gatewood (1976) An influenza simulation model for immunization studies, Am. J. Epidemiology, 103: 152-165.

[23] Espinoza, B., V. Moreno, D. Bichara, and C. Castillo-Chavez (2016)Assessing the efficiency of movement restriction as a control strategy of Ebola, Mathematical and Statistical Modeling for Emerging and Re-emerging Infectious Diseases, pp. 123 - 145. Springer.

[24] Eubank, S., H. Guclu, V. A. Kumar, M.V. Marathe, A. Srinivasan, Z. Toroczkai, and N. Wang (2004) Modelling disease outbreaks in realistic urban social networks. Nature, 429: 180-184.

[25] Feng, Z., C. Castillo-Chavez, and A.F. Capurro (2000)Amodel for tuberculosis with exogenous reinfection, Theor. Pop. Biol., 57: 235-247.

[26] Fenichel, E.P., C. Castillo-Chavez, M.G. Ceddia, G. Chowell, P.A.G. Parra, G.J. Hickling, G. Holloway, R. Horan, B. Morin, C. Perrings, et al (2011) Adaptive human behavior in epidemiological models, Proc. Nat. Acad. Sci., 108: 6306-6311.

[27] Herrera-Valdez, M.A., M. Cruz-Aponte, and C. Castillo-Chavez (2011) Multiple outbreaks for the same pandemic: Local transportation and social distancing explain the different "waves" of A-H1N1pdm cases observed in México during 2009, Math. Biosc. Eng., 8: 21-48.

[28] Hyman, J.M. and T. LaForce (2003) Modeling the spread of influenza among cities, Bioterrorism: Mathematical Modeling Applications in Homeland Security, pp. 211 - 236. SIAM.

[29] Jaitman, L. (2015) Los costos del crimen y la violencia en el bienestar en America Latina y el Caribe, L. Jaitman Ed. Banco Interamericano del Desarrollo.

[30] Khan, K., J. Arino, W. Hu, P. Raposo, J. Sears, F. Calderon, C. Heidebrecht, M. Macdonald, J. Liauw, A. Chan, et al (2009) Spread of a novel influenza a (H1N1) virus via global airline transportation, New England J. Medicine, 361: 212-214.

[31] Kucharski, A.J., S. Funk, R.M. Eggo, H.-P. Mallet, J. Edmunds, and E.J. Nilles (2016) Transmission dynamics of Zika virus in island populations: a modelling analysis of the 2013-14 French Polynesia outbreak. bioRxiv, pp. 038588.

[32] Lee, S. and C. Castillo-Chavez (2015) The role of residence times in two-patch dengue transmission dynamics and optimal strategies, J. Theor. Biol., 374: 152-164.

[33] Luzze, H., D.F. Johnson, K. Dickman, H. Mayanja-Kizza, A. Okwera, K. Eisenach, M. D. Cave, C.C. Whalen, J.L. Johnson, W.H. Boom, M. Joloba, and Tuberculosis Research Unit (2013) Relapse more common than reinfection in recurrent tuberculosis 1-2 years post treatment in urban Uganda, Int. J. of Tuberculosis and Lung Disease, 17: 361-367.

[34] Moreno, V., B. Espinoza, K. Barley, M. Paredes, D. Bichara, A. Mubayi, and C. Castillo-Chavez (2017) The role of mobility and health disparities on the transmission dynamics of tuberculosis, Theoretical Biology and Medical Modelling, 14: 3.

[35] Moreno, V.M., B. Espinoza, D. Bichara, S. A. Holechek, and C. Castillo-Chavez (2017) Role of short-term dispersal on the dynamics of Zika virus in an extreme idealized environment, Infectious Disease Modelling, 2: 21-34.

[36] Morin, B.R., E.P. Fenichel, and C. Castillo-Chavez (2013) SIR dynamics with economically driven contact rates, Natural Resource Modeling, 26: 505-525.

[37] Nishiura, H., C. Castillo-Chavez, M. Safan, and G. Chowell (2009) Transmission potential of the new influenza A (H1N1) virus and its age-specificity in Japan, Eurosurveillance, 14: 19227.

[38] Nishiura, H., G. Chowell, and C. Castillo-Chavez (2011) Did modeling overestimate the transmission potential of pandemic (H1N1-2009)? sample size estimation for postepidemic seroepidemiological studies, PLoS One 6: e17908.

[39] Padmanabhan, P., P. Seshaiyer, and C. Castillo-Chavez (2017) Mathematical modeling, analysis and simulation of the spread of Zika with influence of sexual transmission and preventive measures, Letters in Biomathematics, 4: 148-166.

[40] Patterson-Lomba, O., E. Goldstein, A. Gómez-Liévano, C. Castillo-Chavez, and S. Towers (2015)Infections increases systematically with urban population size: a cross-sectional study, Sex Transm Infect, 91: 610-614.

[41] Patterson-Lomba, O.,M. Safan, S. Towers, and J. Taylor (2016) Modeling the role of healthcare access inequalities in epidemic outcomes, Math. Biosc. Eng., 13: 1011-1041.

[42] Perrings, C. Castillo-Chavez, G. Chowell, P. Daszak, E.P. Fenichel, D. Finnoff, R.D. Horan, A.M. Kilpatrick, A.P. Kinzig, N.V. Kuminoff, et al (2014) Merging economics and epidemiology to improve the prediction and management of infectious disease. EcoHealth, 11: 464-475.

[43] Rvachev, L.A. and I.M. Longini Jr (1985) A mathematical model for the global spread of influenza, Math. Biosc., 75: 3-22.

[44] Stroud, P., S. Del Valle, S. Sydoriak, J. Riese, and S. Mniszewski (2007) Spatial dynamics of pandemic influenza in a massive artificial society, Journal of Artificial Societies and Social Simulation, 10: 9.

[45] Towers, S., F. Brauer, C. Castillo-Chavez, A.K. Falconar, A. Mubayi, and C.M. Romero-Vivas (2016) Estimation of the reproduction number of the 2015 Zika virus outbreak in Barranquilla, Colombia, and estimation of the relative role of sexual transmission. Epidemics, 17: 50-55.

[46] Towers, S., O. Patterson-Lomba, and C. Castillo-Chavez (2014) Temporal variations in the effective reproduction number of the 2014, West Africa Ebola outbreak. PLoS currents 6.

[47] Verver, S., R.M. Warren, N. Beyers, M. Richardson, G.D. van der Spuy, M.W. Borgdorff, D. A. Enarson, M.A. Behr, and P.D. van Helden (2005) Rate of reinfection tuberculosis after successful treatment is higher than rate of new tuberculosis, Am. J. Respiratory and Critical Care Medicine, 171: 1430-1435.

[48] WHO (2015) Tuberculosis, fact sheet no. 104. Online, October 2015.

[49] Yong, K., E.D. Herrera, and C. Castillo-Chavez (2016)From bee species aggregation to models of disease avoidance: The Ben-Hur effect. In Mathematical and Statistical Modeling for Emerging and Re-emerging Infectious Diseases, pp. 169-185. Springer.

[50] Zhao, H., Z. Feng, and C. Castillo-Chavez (2014) The dynamics of poverty and crime. J. Shanghai Normal University (Natural Sciences • Mathematics), pp. 225-235.

第四部分

展 望 未 来

第 16 章 挑战、机遇和理论流行病学

从艾滋病毒大流行、2003 年的 "非典"、2009 年的 H1N1 流感大流行、2014 年的西非埃博拉疫情以及美洲正在发生的寨卡疫情中吸取的教训, 可以按照一种公共卫生政策模式加以框定. 应对措施通常是将资源通过从一种疾病控制工作重新分配到新的紧迫需求的地方来实现. 准备和反应的运作模式在预防或改善疾病在全球范围内的发生或再度发生方面显得装备不足 [27]. 流行病学挑战威胁着世界许多地区的经济稳定, 特别是那些依赖旅行和贸易的地区 [132], 它们仍然是全球共同利益的前沿. 因此, 一段时间以来, 量化流动性和贸易对疾病动力学影响的努力一直是理论家们的兴趣所在 [14,143]. 我们的经验包括 2009 年至 2010 年间 H1N1 流感大流行在全世界各地蔓延, 2014 年的埃博拉暴发, 局限于西非地区缺乏适当的医疗设施、卫生基础设施、没有足够的防范和教育水平的地区, 以及寨卡疫情不断扩大、迅速蔓延到适应埃及伊蚊的栖息地. 这为量化疾病的出现或重新出现对个体应对实际或感知疾病风险的决策的影响提供了机会 [11,62,93]. 2003 年的非典病例 [40], 2009 年为减轻甲型 H1N1 流感病例负担所做的努力 [33,62,80,93], 以及 2014 年为减少埃博拉病例数量所面临的挑战 [24,27], 只是最近三种需要全球及时应对的情景. 研究涉及集中信息来源的影响 [150], 信息与社会关系中的影响 [33,37,42] 或过去的疾病暴发经历对个人承担的风险规避决策的作用可能有助于确定和量化人类对疾病动力学的反应 [105,130], 同时认识到疾病出现和再次出现的时间的重要性. 人类对疾病动力学的共同发展的反应是定义复杂的自适应系统的反馈的典型代表. 简言之, 我们生活在一个被生态流行病学重塑的 "信息时代" 的社会氛围中.

推动正在进行的关于在人口层面上对流行病动力学、进化和控制的研究的应该是哪些问题和思维方式? "非典"、埃博拉病毒、流感、寨卡病毒和其他疾病的挑战是巨大的. 虽然我们可以猜测哪种正在出现或再次出现的疾病可能导致下一个灾难, 当代哲学家 Yogi Berra 说过, "做出预言是很难的, 尤其是关于未来". 一些流行病学的主题已经引起了人们的注意, 但还没有得到充分发展. 在本章的其余部分, 我们重点介绍在人口层面上研究疾病动力学的一些挑战、机遇和有希望的方法.

16.1　疾病与全球公域

正如我们已经指出的, "确定一个理论解释框架, 来解释大量宿主-媒介系统 (包括那些由宿主-媒介流行病动力学所维持的系统) 所表现出来的模式的规律性, 但这只是计算、进化和理论流行病学等共同研究领域所面临的挑战之一"[25]. 此外, "由于流动性、全球联系、贸易、鸟类迁徙、新疾病的出现、复发性疾病的持续存在以及旧敌人的重新出现、遗传变化或人口变化的结果以及环境变化的增加、财产和持久的暴力冲突, 这些疾病和问题通常会在建模方面带来挑战, 它们可能会挑战现有的分析技术, 但有时需要新的数学方法"[25].

随着越来越多的人口在几乎任何地方居住、流动或贸易, 全球共有物不断被重塑. 因此, 了解人与人之间或人与媒介之间的相互作用方式, 以及它们与个人活动方式 (尤其是高流动性人群的流动模式) 的关系, 对于有效改善疾病传播能力的公共卫生应对至关重要. 在当今世界, 宿主的风险知识 (好的或坏的信息), 加上公共卫生官员及时检测和适当交流有关疾病风险的真实或感知的能力, 在不同的时间尺度上限制了我们阻止突发和再次出现的疾病传播的能力.

16.1.1　传染和引爆点

传染病被认为是经历了截然不同的流行病学、免疫学或社会状态的个体之间相互作用的直接或间接结果. 传染在 "促进" 感染成员之间感染模式的环境或社区中往往会成功. 传染是一种疾病传播或 "社会传播" 行为的 "理解" 或 "信任" 模式, 新闻记者 Malcolm Gladwell 利用他对 "传染" 概念的一般理解进行了推广. Gladwell 在为 20 世纪 90 年代纽约市观察到的和记录在案的汽车盗窃和暴力犯罪的戏剧性减少做出合理或适当的解释时, 在 Gloadwell[71] 开发的框架中扩展了传染和临界点概念的使用, 该框架捕获了许多社会不良品德的传播 [72]. 特别地, 他在 [71] 中说, 只要有能力并愿意犯罪的个人的 "临界数量" 存在, 就能够开始犯罪活动并使其持续增长. 根据 Gladwell 的观点, 纽约市犯罪活动的增长是足够多的犯罪活跃 (受感染) 个体和易受犯罪传染的个体之间 "相互作用" 的结果 [71]. Gladwell 将 Ronald Ross 爵士 [141] 和他的 "学生们"[90−92] 开创的视野扩展到了社会动力学领域.

正如 Ross 在 1911 年所做的那样, Gladwell 得出的结论是, 实施控制措施 (减少犯罪接触的措施), 使犯罪分子 (核心) 的人数降至临界阈值 (临界点) 以下, 足以解释在纽约的犯罪活动的急剧减少. Gladwell 总结道: "到目前为止, 纽约可能是美国暴力犯罪率下降最快的地方"[71].

16.1.2 疾病的地理传播和空间传播

2002—2003 年的 "非典" 疫情强调了通过航空长途旅行传播疾病的可能性, 这导致了对人口远距离迁移传播疾病的研究 [5-8]. 在这种情况下, 元人口指的是通过旅行联系的人口. 无论是临时旅行还是永久迁移, 元人口模型将具相关的独立于旅行的再生数, 以及解释地区之间旅行的再生数. 这是描述地区之间移民的欧拉观点.

模拟疾病的空间传播的另一个方法, 例如可以根据停留时间利用拉格朗日方法 [18,25]. 这个方法已在第 15 章中介绍过. 在这种结构中, 地区之间的实际旅行没有被明确描述, 这使得分析不那么复杂, 计算再生数和最后规模关系也是可能的.

疾病传播研究的另一个方面是疾病通过扩散的空间传播. 这已在本书的第 14 章介绍过, 在 [136] 中已经对此进行了相当详细的研究, 特别强调了流行病波.

16.2 混合的异质性、交叉免疫和共同感染

与其他生物学一样, 在流行病学中, 异质性起着根本性作用, 并提出了一个关键问题: 什么程度的异质性必须包含在一个特定的问题中? 例如, 为消除传染病必须接种的疫苗比例的一阶估计值可以通过同质混合模型来处理, 而在现实生活中制定最佳疫苗接种策略通常需要利用年龄结构模型 [28,81]. 医院 (住院) 感染的研究为异质性在传播、易感性或耐药性程度的作用提供了另一个例子 [38,39,106]. "非典" 流行病及时说明了医院传播中异质混合的重要性 [85,152]. 由于 "非典" 流行期间没有可用的治疗方法, 主要的管理方法依赖于确诊染病者的隔离、疑似染病者的隔离和早期诊断的有效性. 隔离是通过追踪染病者的接触者来决定的, 但事实上, 被隔离的人很少出现 "非典" 症状. 早期诊断的作用和隔离的有效性似乎是控制 "非典" 的关键, 改善接触者追踪在控制疫情方面也发挥了重要作用. 另一些问题出现时, 人们考虑个人或人群的免疫历史. 在许多情况下, 疾病的多种菌株在人群中传播, 并在菌株之间可能产生重要的交叉免疫 [3,4]. 数学上, 同菌株、同循环可能导致支持无病平衡点 (或不均匀的年龄分布), 其中只有一种菌株持续存在, 而在平衡点两种菌株共存. 在没有年龄结构的流感模型 [57,123,124,151] 以及年龄结构模型中, 交叉免疫在破坏疾病动力学 (周期解) 中的作用已得到广泛研究 [29,30]. 多种疾病的并发感染也是可能的, 其分析需要更复杂的模型. 对艾滋病和结核病确实有这种可能 [96,119,133,135,140,144,154].

16.3 抗生素耐药性

在疾病短期的暴发中, 抗病毒治疗是治疗疾病的一种方法, 它还可降低基本

再生数 $\mathcal{R}_0$, 从而减少疾病病例数. 但是, 许多传染性病原体可以进化并产生耐药性的后继菌株 [55]. 与传染性病原体的敏感菌株相比, 耐药性的进化通常与传播适应性降低有关 [112]. 在没有治疗的情况下, 与敏感菌株相比, 耐药性菌株可能在竞争上处于不利地位, 并且可能还会消失. 但是, 治疗会阻止敏感菌株的生长和扩散, 从而诱导有利于耐药菌株复制的选择性压力, 并将其适应性恢复到适合成功传播的水平 [2]. 这一现象已经在几种传染病中观察到, 特别是在使用抗病毒药物治疗流感感染时 [138].

先前对流感流行病和大流行病的模型研究了抗病毒治疗的策略, 以减少流行病的最后规模 (整个流行病的总感染数), 同时防止人群中广泛的耐药性 [77,107,111,113]. 这些研究通过计算机模拟表明, 当抗药性高度传播时, 可能会出现这样的情况, 即提高治疗率可能弊大于利, 因为这会导致耐药病例数多于治疗敏感病例减少的病例数. 最近的流行病模型 [156] 就显示了这一性态, 并暗示可能存在最佳的治疗率, 以最小化最后规模 [107,111,114].

在结核病等具有很长时间跨度的疾病中, 也会出现同样的问题, 但建模方案完全不同. 有必要在模型中包括如出生和自然死亡等人口统计影响. 这意味着可能始终在人群中存在着疾病的一个地方病平衡点. 与其通过研究流行病的最后规模来衡量疾病暴发的严重程度, 不如将地方病平衡点的人群中疾病的流行程度作为严重程度的衡量标准. 对于如结核病等疾病, 由于存在再感染等其他方面的问题, 向后分支的可能性可能会造成额外的困难. 一个值得研究的课题是了解结核病治疗动力学的重要性 [60].

医院里的耐抗生素细菌感染被认为是对公众健康的最大威胁之一. 英国首席医疗官 Sally Davies 夫人指出, "微生物对最强力的药物越来越有耐药性的问题, 应该与恐怖主义和气候变化一起列为国家面临的重大风险". 然而, 抗生素的使用正在上升, 尤其是在对养殖动物和鱼类等农业, 耐药性正在稳步增长.

抗生素耐药性的持续、进化和扩大带来的挑战至关重要, 因为药物的数量是有限的, 而且 30 多年来没有创造出新的药物 [2,16,38,65,99]. 我们正面临着一场抗生素方面的全球危机, 这是导致常见感染的微生物迅速进化出耐药性的结果, 这些细菌有可能将常见感染变成无法治疗的疾病. 每一种抗生素都有失效的危险. 在欧洲和世界其他地方, 抗生素耐药性正在上升.

世界卫生组织总干事陈冯富珍博士在哥本哈根举行的传染病专家会议上发表讲话时指出, "后抗生素时代实际上意味着我们所知的现代医学的终结"①. 像链球菌性咽喉炎或儿童膝盖划伤这样常见的疾病都可能再次致人死亡. 对于感染了一些耐药病原体的患者, 死亡率已显示增加了大约 50%.

---

① 于 2012 年 3 月 16 日的《独立报》.

抑制耐药菌感染发展的策略包括抗菌药物的循环和混合, 即利用两种不同种类别的抗生素的使用模式, 这两种抗生素可能以不同的时间表进行分配, 目的是减缓耐药性的进化. 在预定的时间内循环交替使用两种药物, 混合同时随机分配两种药物, 即大约一半的医生开第一种药物, 另一半开第二种药物. 如果目标是减缓单类的耐药性, 那么答案是 "混合" 使用 [16], 而如果目标是最小化双重耐药性 (如果存在这种可能性), 则最佳的选择是循环使用 [38]. 当然, 还有其他因素可能会加速耐药性 (取决于医生) 或减缓耐药性 (检疫和隔离). 以上所有问题都可以通过利用传染病模型解决 [38].

16.4 流 动 性

随着越来越多的人口在几乎任何地方居住、迁移或贸易, 全球公共区域不断被重塑. 因此, 了解人与人, 人类和媒介之间的互动模式, 以及个人活动模式, 尤其是那些流动性强的人, 对于指导公共卫生应对疾病传播方面至关重要. 在当今世界, 宿主对风险信息的了解, 加上公共卫生官员及时检测和正确传达有关疾病风险的真实或感知信息的能力, 会影响我们遏制不同尺度上的突发性疾病和再次出现疾病的传播能力的理解.

Simon Levin 指出, 与尺度相关现象的理解和我们对特定尺度的信息如何影响对其他尺度的理解紧密相关. 他长达四十年的开创性论文建立了以不同规模运行的过程之间的关系, 强调了微观过程如何产生宏观特征, 这为主导生态学和流行病学系统的理论发展打开了大门 [101]. 特别地, 本书有关模型研究的常见种群理论 [104,155] 被用于确定局部干扰在维持生物多样性方面的作用 [103,127]. Kareiva 等观察到有许多研究扰动作用的框架, 并指出, "处理扩散分布和空间分布的种群模型非常多样, 部分原因是他们采用三个不同的空间特征: 作为 "岛屿"(或 "异质人群"), 或 "垫脚石", 或作为一个连续体" [88]. 我们选择第 15 章和本章使用的异质人群方法来处理流动性 [80,93,104], 其中种群存在于由某些特征 (即位置、疾病风险、水的可利用性等) 定义的离散 "地区" 上. 按照惯例, 地区是通过它们之间传播相关信息的能力连接在一起的. 疾病动力学通过个体在地区之间的流动能力来模拟. 由于位置依赖的相互作用和位置特征的平均感染风险, 地区可以由物种 (人类和蚊子) 构建 (定义), 在将疾病动力学视为依赖于位置的相互作用和位置特征平均感染风险结果的框架下, 明确地模拟物种的流种 [17,18].

因此, 我们观察到, "重要的是识别和量化负责观察的流行病学宏观模式的过程: 变化的社会和生态景观中个体相互作用的结果" [25]. 在本章的其余部分, 我们将讨论一些需要一个或多个理论解释框架的问题. 在特定的流行病学系统中, 我们通过确定现有理论的一些局限性来做到这一点. 其目标是促进和重新激励旨在阐明流行病学和社会经济力量对疾病动力学的作用的研究. 简而言之, 关于社会景观的流行病模型更好地表述为复杂的自适应系统. 现在的问题变成, "如何利用这种观点帮助我们理解流行病以及做出明智的适应性决策的能力?" 这些是巨大的复杂问题, 它们的答案已经吸引了众多跨学科的研究团队. 有希望的可能方向是什么? 在接下来的内容中, 我们将讨论一些用于解决我们认为在理论流行病学领域必须考虑的挑战和机遇的模型.

16.4.1 用拉格朗日方法模拟流动性和传染病动力学

西非利用警戒线来限制埃博拉疫情的传播所产生的有害影响 [58,100], 表明开发和实施新颖的方法的重要性, 这些方法可以缓解疾病暴发对及时应对埃博拉疫情出现的地区的影响. 但目前尚无法发现新的病原体.

疾病风险是所考虑的规模和异质性水平的函数. 风险因国家而异, 在一国之内因局部贫困地区而异, 或者作为卫生/植物检疫条件的可用性和质量的函数, 或由于医疗保健的可及性和质量, 或个人教育水平的可变性, 或由于根深蒂固的文化习俗和规范的结果. 在当今世界, 旅行和贸易很容易绕开由刚刚概述的许多因素所划定的自然或文化界限, 如今已被视为推动病虫害和病原体在区域和全球范围内扩散的引擎. 因此, 在全球共同体中, 确定有助于理清流行病学、社会经济和文化观点对疾病动力学的作用的解释性框架变得十分明显和必要. 此外, 自从 Ronald Ross[141] 一个多世纪以前的工作以来, 努力开发一个数学框架, 使我们可以从各种机制中了解疾病传播的作用, 在加深我们对控制或消除疾病的最有效措施的理解的同时, 数学流行病和理论流行病学领域已发展成为自身丰富而有用的领域. 它们在公共卫生政策的制定, 研究宿主内部 (免疫学) 和人群之间疾病演变及其与生态学或社区生态学中宿主-病原体相互作用的关系, 已成为理论学家教育和从业者培训的组成部分 [1,12,19−23,26,41,53,54,59,74,76,82,102,122,157].

在模拟个体之间的相互作用时利用 (人均) 接触率或活动率, 即与谁混在一起或与谁互动的人, 已成为在传染病传播动力学背景下, 用于模拟人与人或媒介与人之间互动的自然社会动态的流通. 由于不同流行病学状态下个体 (具有不同能量或活动水平) 之间 "碰撞" 的结果, 将用 "传统的物理或化学" 模拟疾病传播. 此外, 通常利用人口建模方法的活动被视为无法识别的个体之间的流动. [83] 中的学者和广泛评论在同质和异质混合 (年龄结构) 人口模型中解决了这一观点 (另请参见 [30]). 在流行病学中, 通过接触进行同质混合的假设已经减弱, 这已经通过基于网络分析得到了解决, 该分析可识别宿主的接触方式和聚集性 [13,120,121,128] (其中的参考文献 [121] 提供了广泛的评论). 关注人群中每个个体之间的联系方式已被用于解决宿主行为反应对疾病发病率的影响 (参见 [67, 68, 110] 中的综述). 其他方法还包括由 "恐惧" 和/或对疾病的认识所引发的行为变化的影响 [56,66,131,134].

尽管这种由压力引起的行为在某些情况下可能有益于公共卫生工作, 但它也可能导致某种无法预测的结果 [75].

然而, 事实仍然是, 在传染病的背景下, 我们确定 (并因此定义) 什么是有效的接触能力, 也就是说, 由于高度的不确定性, 我们在度量一个典型地区在单位时间内的平均接触人数及其位置的能力受到了阻碍. 因此, 当我们问, 一个人在日本或墨西哥乘地铁旅行时的平均接触率是多少, 或者在涉及数十万人的宗教活动中, 包括朝圣在内, 一个人的平均接触率是多少? 很快会得出一个结论, 即不同的观察者极有可能对所涉及的异质性的频率、强度和水平有非常不同的理解和量化. 简而言之, 这种观点强调使用不同的流通 (停留时间), 因为在感染风险最高的地方、朝圣、大规模的宗教仪式、"伍德斯托克时间事件"、拥挤的地铁和其他形式的群众集会或运输并未令大多数研究人员满意. 在飞机上感染传染病的风险至少在原则上可以作为 x 型个体在飞机上花费的时间、乘客人数和机上有传染病的人的可能性的函数来衡量. 例如, 结核病是一种可在飞行中通过空气流通传播的空气传播疾病, 测量结核病的风险可能更多地取决于飞行时间和座位安排, 而不是飞机内每位乘客的平均接触率 (见 [31] 及其引用). 此外, 在特定环境中测量感染风险的复制研究在一定时间内确实是有可能的. 简而言之, 可将感染的风险量化为在每个特定环境中所花费的时间 (停留时间) 的函数. 拉格朗日建模方法通过跟踪个体在地区的停留时间, 并根据在每个地区所花费的时间估计其接触情况来建立 (流行病学) 模型 [32]. 当我们能够将风险评估为特定地区的特征时, 这些模型的价值就会增加. 简而言之, 使用拉格朗日建模观点而不是利用接触建模, 这与目标是在最容易传播的环境中测量每个 x 型个体的平均接触率时必须面对的困难联系在一起. 拉格朗日方法在这里通过建立一个疾病模型来强调, 该疾病模型涉及 n 个地区的地理结构的人口联合动力学, 个体在其居住地和其他地区之间来回流动. 每个地区 (或环境) 都是由其在居住期间感染的相关风险定义的. 地区风险的测量考虑了环境、健康和社会经济条件. 拉格朗日方法跟踪宿主的身份, 而不考虑宿主的地理/空间位置 [73,125,126]. 据我们所知, 生命系统中拉格朗日模型的使用是由 Okubo 和 Levin 在动物聚集方面率先推广的 [125,126]. 最近, 拉格朗日方法也被用来模拟人群流动和行为 [15,49,78,79] 以及在生物恐怖主义的情况 [31].

在这里, 宿主逗留状态和跨地区的流动性通过居住时间矩阵 $\mathbb{P} = (p_{ij})_{i \leqslant j \leqslant n}$ 来帮助监控, 其中 p_{ij} 是地区 i 中的居民在地区 j 中居住的时间比例. 设 N_i 表示地区 i 的预先分散的人群, 即, 当地区被隔离时, 在时间 t 地区 i 中的有效人口规模为 $\sum\limits_{j=1}^{n} p_{ji} N_j$. 即, 每个地区内的有效人口必须考虑到 t 时刻地区 i 中的居民和访客. 典型的 SIS 模型是在 n 个地区的设置中利用这种拉格朗日方法的非线性

微分方程系统:

$$\dot{S}_i = b_i - d_i S_i + \gamma_i I_i - \sum_{j=1}^{n} (\text{地区 } j \text{ 中 } S_i \text{ 染病者}),$$

$$(16.1)$$

$$\dot{I}_i = \sum_{j=1}^{n} (\text{地区 } j \text{ 中 } S_i \text{ 染病者}) - \gamma_i I_i - d_i I_i,$$

其中 b_i, d_i 和 γ_i 分别表示地区 i 中的常数补充率、人均自然死亡率和康复率. 每个地区 $i, i = 1, \cdots, n$ 中的有效人口 $\sum_{j=1}^{n} p_{ij} N_j$ 包括 $\sum_{j=1}^{n} p_{ij} I_j$ 个染病者个体. 因此, 染病者项模拟为

$$\text{地区 } j \text{ 中 } S_i \text{ 染病者} = \beta_j \times p_{ij} S_i \times \frac{\sum_{k=1}^{n} p_{kj} I_k}{\sum_{k=1}^{n} p_{kj} N_k}.$$

每个地区中的感染的可能性与环境风险有关, "环境风险" 向量 $\mathscr{B} = (\beta_1, \beta_2, \cdots, \beta_n)^t$ 和在特定地区居住时间比例来定义. 令 $I = (I_1, I_2, \cdots, I_n)^t, \bar{N} = \left(\frac{b_1}{d_1}, \frac{b_2}{d_2}, \cdots, \frac{b_n}{d_n}\right), \tilde{N} = \mathbb{P}_t \bar{N}, d = (d_1, d_2, \cdots, d_n)^t$ 和 $\gamma = (\gamma_1, \gamma_2, \cdots, \gamma_n)^t$, 允许将系统 (16.1) 重写为下面单个向量形式

$$\dot{I} = \text{diag}(\bar{N} - I)\mathbb{P}\text{diag}(\mathscr{B})\text{diag}(\tilde{N})^{-1}\mathbb{P}^t I - \text{diag}(d + \gamma)I. \quad (16.2)$$

疾病在所有地区的动力学依赖于地区的连接结构. 因此, 如果居住时间矩阵 $\mathbb{P}$ 不可约, 地区强连接, 则系统 (16.2) 支持精确的阈值性质. 即, 疾病 (在所有地区中) 的消失和持续取决于基本再生数 $\mathscr{R}_0$ 是小于 1 还是大于 1[18]. 其中 $\mathscr{R}_0$ 是

$$\mathscr{R}_0 = \rho(\text{diag}(\bar{N})\mathbb{P}\text{diag}(\mathscr{B})\text{diag}(\bar{N})^{-1}\mathbb{P}^t V^{-1}),$$

其中 ρ 是谱半径, $V = -\text{diag}(d + \gamma)$. 当矩阵 $\mathbb{P}$ 不是不可约时, 这个系统的动力学可以用下面特殊地区的基本再生数刻画:

$$\mathscr{R}_0^i(\mathbb{P}) = \frac{\beta_i}{\gamma_i + d_i} \times \sum_{j=1}^{n} \left(\frac{\beta_j}{\beta_i}\right) p_{ij} \left(\frac{p_{ij}\left(\frac{b_i}{d_i}\right)}{\sum_{k=1}^{n} p_{kj} b_k d_k}\right).$$

当 $\mathscr{R}_0^i(\mathbb{P}) > 1$ 时地区 i 中的疾病持续存在, 如果对所有 $k = 1, \cdots, n$ 且 $k \neq i$ 时 $p_{kj} = 0$, 且 $p_{ij} > 0$ 和 $\mathscr{R}_0^i(\mathbb{P}) < 1$, 则地区 i 中的疾病将消失.

利用平均 Lyapunov 定理可以建立特定地区疾病的持久性 [86] (详细见 [18]).

在模型 (16.2) 中, 通过利用常数流动率矩阵 $\mathbb{P}$ 粗略地刻画人的行为. 人类适应性行为在应对疾病动力学方面可能会发挥的作用, 也可通过现象学方法相当粗略地得到, 该方法假设个体避免或花更少的时间到高发病地区. 通过对 $\mathbb{P}$ 的元素设置自然限制, 可得到这种效果. 不等式 $\dfrac{\partial p_{ij}(I_i, I_j)}{\partial I_j} \leqslant 0$ 和 $\dfrac{\partial p_{ij}(I_i, I_j)}{\partial I_i} \geqslant 0, (i,j) \in 1, 2$ 确保预期行为的发生. 这种依赖性的例子可以通过以下函数捕获: $p_{ii}(I_i, I_j) = \dfrac{\sigma_{ii} + \sigma_{ii} I_i + I_j}{1 + I_i + I_j}$ 和 $p_{ii}(I_i, I_j) = \sigma_{ii} \dfrac{1 + I_i}{1 + I_i + I_j}$, 对 $(i,j) \in 1, 2$ 和 $\sigma_{ij} = p_{ij}(0,0)$ 使得 $\displaystyle\sum_{j=1}^{2} \sigma_{ij} = 1$. 下面的模拟显示了一种粗略的、依赖于密度的建模流动性方法如何在常数矩阵 $\mathbb{P}$ 下产生预期的疾病动力学 (图 16.1 和图 16.2). 在没有流动的特殊情况下 ($p_{12} = p_{21} = \sigma_{12} = \sigma_{21} = 0$), 行为没有变化, 如预期的那样, 两个人群可以有相同的动力学 (见图 16.1 和图 16.2 中的蓝色曲线).

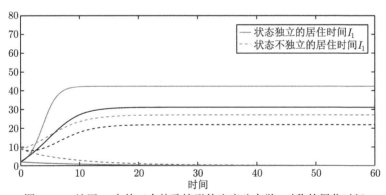

图 16.1 地区 1 中的三个特殊情形的疾病动力学. 对称的居住时间 ($p_{12} = p_{21} = \sigma_{12} = \sigma_{21} = 0.5$) 由实线和黑色虚线描述. 蓝色曲线表示地区之间没有流动的情况, 即, $p_{12} = p_{21} = \sigma_{12} = \sigma_{21} = 0$. 红色曲线表示 $p_{12} = p_{21} = \sigma_{12} = \sigma_{21} = 1$ 的高流动率的情形. 如果地区之间不存在流动 (蓝色曲线), 则在 $\mathscr{R}_{10} = \beta_1 d_1 + \gamma_1 = 0.7636$ 两种方法中疾病在低风险地区 1 中消失. 纵轴表示地区 1 中的疾病发病率. 图来自参考文献 [18]

媒介传播的寨卡疾病在拉丁美洲、中美洲和加勒比地区 (随后袭击了墨西哥和美国) 的传播速度与人类的流动方式密切相关. 旅行者传播疾病并感染当地蚊子. 这里假设媒介的流动性可以忽略不计, 并将这些假设纳入蚊子的生活史和流

行病学 [10,84,98,108,109,141], 这可以通过耦合宿主的流动性来有效捕获 [98,145]. 图 16.3 和系统 (16.3) 说明了该方法. 最近有人提出一种基于居住时间的拉格朗日模型, 用于登革热、疟疾和寨卡病毒等媒介传播的疾病 [17]. 拉格朗日方法对媒介传播疾病的动力学研究的适当性还在于其对所涉及媒介的生命历史细节的评估 [145].

$$
\dot{I}_h = \beta_{vh}\mathrm{diag}(N_h - I_h)\mathbb{P}\mathrm{diag}(a)\mathrm{diag}(\mathbb{P}^t N_h)^{-1}I_v - \mathrm{diag}(\mu + \gamma)I_h,
$$
$$
\dot{I}_v = \beta_{hv}\mathrm{diag}(\mathrm{a})\mathrm{diag}(N_v - I_v)\mathrm{diag}(\mathbb{P}^t N_h)^{-1}\mathbb{P}^t I_h - \mathrm{diag}(\mu_v + \delta)I_v.
$$
(16.3)

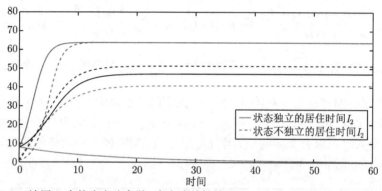

图 16.2　地区 2 中的疾病动力学. 在高流动性情形 $p_{12} = p_{21} = \sigma_{12} = \sigma_{21} = 1$ (因此 $p_{11} = p_{22} = \sigma_{11} = \sigma_{22} = 0$), 疾病在常数矩阵 $\mathbb{P}$ 下消失, 其中 $\tilde{\mathscr{R}}_0^2 = \dfrac{\beta_1}{\gamma_2 + d_2} = 0.8571$. 对常数居住时间矩阵, 系统奇怪地解耦了, 因为地区 1 中的个体将所有时间都花在地区 2 中, 而地区 2 中的个体将所有时间都花在地区 1 中. 因此, 地区 2 中的个体 (d_2 和 μ_2) 仅受制于定义地区 1 中的环境条件 (β_1) 以及地区 1 的 "隔离" 基本再生数 $\tilde{\mathscr{R}}_0^2 = \dfrac{\beta_1}{\gamma_2 + d_2}$, 而且疾病消失, 因为 $\tilde{\mathscr{R}}_0^2 = 0.8571$. 如果 $\mathbb{P}$ 依赖于状态 (红虚线), 则疾病存在, 因为 $p_{12}(I_1, I_2) = \dfrac{1 + I_1}{1 + I_1 + I_2}, p_{21}(I_1, I_2) = \dfrac{1 + I_2}{1 + I_1 + I_2}, p_{11}(I_1, I_2) = \dfrac{I_2}{1 + I_1 + I_2}$, 和 $p_{22}(I_1, I_2) = \dfrac{I_1}{1 + I_1 + I_2}$. 图来自参考文献 [18]

　　拉格朗日方法已用于模拟媒介传播的疾病 (见 [48, 87, 139, 142, 153], 以及其中的参考文献), 虽然这些研究人员尚未考虑居住时间矩阵 $\mathbb{P}$ 可能对地区有效种群规模的影响, 具体地说, 在 [48, 142] 中, 在时刻 t 的流动对地区人群规模的影响被忽略, 即, 每个地区 j 中的人群规模被固定为 N_j. 在 [139] 中, 假设人口在地区之间的流动性对地区的人口规模不产生任何 "纯" 变化. 另一方面, 在模型 (16.3) 中, 每个地区中的人群与流动性之间的关系是动态的, 并可明确表述. 此外, 这里用来模拟媒介传播疾病动力学的有限的拉格朗日方法具有某些独有的特征, 因为蚊子的活动 "空间" 结构与人类的结构不同. 将蚊子分成 m 个地区 (例如, 可以表示为产卵区或繁殖地或森林地区), 感染仍在每地区 $j(j = 1, \cdots, m)$ 内发生, 并以其特定的特征进行. 其中 β_{vh} 表示人类被蚊子叮咬的传染性, a_j 为地区 j 中的人均叮咬率. 另一方面, 宿主则由 n 个社会群体或年龄段构成. 在研究目标控制策略的影响时, 这种居住栖息地的划分可能特别有用.

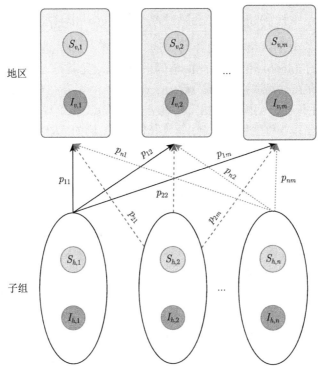

图 16.3　拉格朗日模型的流程图, 其中宿主结构与媒介结构耦合. 图来自参考文献 [17]

在 [17] 中的模型通过系统 (16.3) 描述了 m 个地区中 n 个宿主的交互作用. 其中

$$I_h = [I_{h,1}, I_{h,2}, \cdots, I_{h,n}]^t, \quad I_v = [I_{v,1}, I_{v,2}, \cdots, I_{v,m}]^t,$$

$$N_h = [N_{h,1}, N_{h,2}, \cdots, N_{h,n}]^t, \quad \bar{N}_v = [\bar{N}_{v,1}, \bar{N}_{v,2}, \cdots, \bar{N}_{v,m}]^t,$$

$$\delta = [\delta_1, \delta_2, \cdots, \delta_m]^t, \quad a = [a_1, a_2, \cdots, a_m]^t, \quad \mu = [\mu_1, \mu_2, \cdots, \mu_n]^t.$$

感染的宿主人群由向量 I_h 表示, 宿主人群由 N_h 表示. 被感染的媒介由 I_v 表示, 蚊子种群由 N_v 表示. 参数 a_i, δ_i 和 μ_v 分别表示在地区 $i, i = 1, \cdots, m$ 中的蚊子叮咬率、控制死亡率和自然死亡率. 人类对蚊子的感染率是 β_{vh}, 蚊子对人类的感染率是 β_{hv}. 宿主康复率和自然死亡率分别为 γ 和 μ. 最后, 矩阵 $\mathbb{P}$ 表示 i,

$i = 1, \cdots, n$ 宿主在地区 j, $j = 1, \cdots, m$ 中的居住时间的比例. m 个地区 n 个人群的模型 (6.3) 的基本再生数为 $\mathscr{R}_0^2(m, n) = \rho(M_{vh}M_{hv})$, 其中

$$M_{hv} = \beta_{hv}\mathrm{diag}(a)\mathrm{diag}(\mathbb{P}^t N_h)^{-1}\mathrm{diag}(N_v)\mathbb{P}^t\mathrm{diag}(\mu + \gamma)^{-1}$$

和

$$M_{vh} = \beta_{vh}\mathrm{diag}(N_h)\mathbb{P}\mathrm{diag}(\mathbb{P}^t N_h)^{-1}\mathrm{diag}(a)\mathrm{diag}(\mu_v + \delta)^{-1}.$$

　　如果宿主-媒介的网络构型是不可约的, 则系统 (16.3) 是协同的、强凹的, 并且具有不可约的 Jacobi 矩阵, 因此由单调系统理论, 尤其是 Smith 的结果 [146] 保证精确的阈值存在. 就是说, 如果 $\mathscr{R}_0^2(m, n)$ 小于 1, 则存在全局渐近稳定的无病平衡点, 否则存在唯一全局渐近稳定的地方病平衡点. 在 [17] 中已经探讨了各种形式的异质性对基本再生数的影响, 而且我们发现, 例如, 大时间矩阵 $\mathbb{P}$ 的不可约性不再足以确保精确的阈值性质, 尽管对于这个性质, 对宿主-媒介网络构型的不可约性是必要的 [17].

　　疾病建模的拉格朗日方法可以利用接触或时间, 或者两者兼有作为疾病的流通 [32]. 在这里, 我们选择依赖于时空的风险, 也就是说, 我们选择通过跟踪个人的社会或地理成员身份来处理社会异质性. 在这种情况下, 例如, 可以通过包括与流行病有关的扩散系数来涵盖适应性反应. 在这个设置下, 基本假设是, 宿主对疾病的行为反应是自动的: 要么是固定的, 要么是满足预定的函数. 平均居住时间矩阵 $\mathbb{P}$ 包含每个地区中所有宿主的平均行为. 该假设相当粗糙, 因为它蕴含着假定宿主具有有关以下内容的准确信息: 健康状况和地区中的患病率, 以及相应的应对感染风险. 最近 [61, 132] 纳入了人为决策的作用, 取决于个人在解决总人口疾病动力学系统中的这些选择和对价值与费用的权衡, 并在经济流行病学中进行了讨论.

16.5　行为、经济流行病学和流动性

　　地区内或地区之间的个人流动/行为可能受到真实或感知的个人经济风险和相关的社会动态的驱动. 在流行病学模型中纳入行为驱动的决策, 为疾病动力学建模提供了新观点 [61], 从而扩展了管理传染病的可用选择 [44,62]. 经济流行病学模型 (EEM) 一直致力于解决个人面临疾病风险时行为的作用. 然而, 它通常未被纳入宿主-病原体反馈机制内 [34−36,52,70,97,137]. 解释宿主病原体反馈机制的经济流行病学模型推动了对接触决策影响疾病出现或改变传染性疾病传播动力学的方法的研究. 涉及的决策可能包括确定在特定路线上进行贸易 [89,94,95,129], 或前往特定地点 [62,147−149], 或进行联系, 或避免使用特定类型的人 [61,63,116]. 经济流行病学模型提出了一种观点, 即新的人畜共患疾病的出现, 如 "非典" 或尼帕病毒, 取

决于人们对其他物种接触的选择 [50,51]. 经济流行病学模型通常建立在这样的假设下, 即相关的疾病风险是个人在做决策时必须考虑的因素之一. 在流行病暴发期间, 个人决策过程必须纳入人类的成本效益驱动的对风险的适应性反应.

16.5.1 经济流行病学

从数学上讲, 简单的 EEMs 最初建立在经典的流行病仓室模型上, 该模型解释了通过传染病的个体在易感、染病和康复阶段的有序过渡: 社会和环境相互作用的结果. EEMs 假设可以将一个人参与的活动、与谁一起活动, 以及在哪里进行活动的数量 (驱动) 设想为一个个人决策问题的解决方案. 假设个人决策问题是由基于个人实际或感知的疾病成本以及疾病规避的理性价值公式产生的: 决策受到潜在人口水平疾病动力学的约束. 因此, 找到有效的方法来建立合理的价值连接模型, 以对疾病风险进行个性化的成本效益分析, 对于建立有用的 EEM 至关重要. 这是一个非常具有挑战性的事业.

EEM 方法在流行病学文献中有先驱工作 [9,64,69]. EEM 的建设受到过去和正在进行的物种开发工作的强烈影响 [45-47], 该文献解决了野生物种、入侵害虫控制或林业系统管理方面的最佳收获问题. 对 EEM 中的行为建模方法依赖于行为成本的适当规范和与此类行为相关的收益的描述; 规定适当的目标函数, 与决策者的目标一致; 与自然资源和/或传染性人力资本的动力学耦合; 以及决策者可以用来改变其行为以及周围人们行为的机制. 尽管并非所有减轻感染的动机都是在货币性质上, 我们仍选择将其称为经济.

对个人是否进行感染引起的行为进行建模提供了一个自然起点, 因为它与每单位时间继发感染病例的发生率 (即所谓的发病率) 有关. 因此, 可以给出一个简单的发病率函数

$$S(t)cP_{SI}(t)\rho,$$

它可以捕获给定时间对新感染率的瞬时预测. 其中 $S(t)$ 是疾病易感者人数, c 是人们参与的活动量, $P_{SI}(t)$ 是一个单位的此类活动使易感者个体与染病者个体/材料接触的概率, ρ 是这种接触成功感染的概率. 在许多情况下, 减少个人的活动 (降低 c) 的决定在现象学上已被证明与通过改变活动发生的地点来减少接触感染的机会 (降低 $P_{SI}(t)$). 与某人接触或通过一种特定的行为代替高风险的人是相同的 [62,118]. 模拟假定个人可以通过接触获得收益, 但可能会产生与感染相关的费用. 因此, 建模假设选择活动量或联系方式以最大程度地提高预期效用 (一般来说, 是低成本效益), 在接触的边际价值与感染风险增加之间取得平衡. 假设效益函数依赖于个体的健康状况和他们所作的接触, 即由个人健康状况 h 表示的效益. 例如, 由函数

$$U_h = U(h, C^h) \tag{16.4}$$

表示.

假设这个效益函数为凹形, 减少疾病和增加接触. 如果从易感者健康状态到染病者健康状态的过渡依赖于接触率, 则接触的最佳选择是动态规划的解:

$$V_t(h) = \max_{C_s} \left\{ U_t(h_t, C_t^h) + r \sum_j \rho^{h_j} V_{i+1}(j) \right\}, \tag{16.5}$$

其中 r 是折现率, ρ^{h_j} 是从健康状态 h 过渡到健康状态 j 的概率. 此概率依赖于系统的当前状态 $\{S(t), I(t), R(t)\}$、个体在另一个健康状态的行为 C^{-h} 和决策者自身健康水平中的个人行为 $\bar{C}^h$. 简而言之, 我们有一个复杂的自适应系统, 在该示例中, 模型中的个体 (通过患病率的变化) 影响疾病的结果. 方程 (16.4) 和 (16.5) 都是从个体角度进行优化的. 在这种个体背景下, EEMs 表明, 以健康状况为条件的个体之间的距离在传染病的传播中起着重要作用. 但是, 也有研究表明, 为染病者个体提供自我隔离的激励措施可能会增加福利 [43,44,61,115]. 因此, 了解个人如何应对疾病和疾病预防的相对成本, 对于设计影响这些成本的公共政策至关重要. 事实上, 在公共卫生干预措施中, 康复者个体在保护易感者个体的作用通常被忽视, 然而, 众所周知, 由于个体的接触一旦处于免疫状态, 非疾病传播状态下会产生正面的外部反应, 这对疾病管理至关重要 [63]. 群体免疫的好处包括与获得的免疫相关的外部肯定, 但是, 反过来, 可能会被非针对性的社交疏远政策所抵消, 这些政策诱使这些免疫个体减少接触. 通过鼓励康复者个体维持接触政策, 可降低易感者个体与染病者接触的概率和/或允许易感者个体和染病者单独增加接触而不改变感染的可能.

16.5.2 拉格朗日流行病学和经济流行病学

理论流行病学旨在消除流行病学和社会经济力量对疾病动力学的影响. 但是, 应对流行病形势变化的行为和个人决策的作用尚未得到系统解决. 在本章中, 我们重点介绍了模拟疾病传播的其他方法, 这些方法可以利用接触方式作为经济学中货币或流行病学中的逗留时间, 或同时使用两者. 这似乎很明显, 在流感、埃博拉病毒、结核病, 或其他传染病 (与性传播的疾病相对) 的背景下使用接触, 虽然这在智力上令人满意, 但未能认识到在感染风险最高的环境中无法有效地测量接触的事实. 事实上, 当基于接触的模型拟合数据时, 很明显接触率主要起拟合参数的作用; 换句话说, 如果目标是连接模型与包括传播机制的数据, 那么使用接触就有严重的缺陷. 因此, 为了提高理论的作用, 我们需要以数据为基础的模型. 因此, 有必要投资于提供替代建模模式的工作. 虽然拉格朗日方法不是万能的, 但它们的使用扩展了可能性, 因为它们取决于参数, 例如在给定环境 (风险) 的逗留时间和平均感染时间, 也就是说, 参数可以得到测量. 应该对框架进行探索和比较, 并对它们进行分析. 我们重新审视了将行为等同于成本-收益决策的最新工作, 而这些决策又在我们的框架内与健康状况和人口水平动态 (复杂的适应系统的组成部分) 相关联. 尽管在计算和数学上具有挑战性, 但将拉格朗日的建模方法与 EEM 结合起来似乎很有希望. 然而, 正如 [117] 所述, 疾病控制的益处受到链条中最薄弱环节有效响应能力的限制这一认识并不是 EEM 模型的基本结果, 实际表明, EEM 模型可能并非如此. 它在贫穷社区/国家/地区的个人能力范围内, 以更大程度地减轻风险. 最好的方法可能是, 较富裕的社区或国家需要找到方法来激励贫困国家更大程度地降低疾病风险.

Simon Levin, 作为 2004 年喜力奖的获得者, 在他的演讲中, 把我们狭隘的观点放到了一个更大的背景下:

因此, 摆在我们面前的一个巨大挑战是理解社会规范的动态变化, 它们是如何产生、如何传播、如何维持和如何变化的. 这些动力学模型有许多与流行病传播模型相同的特征, 这并不奇怪, 因为文化的许多方面具有社会疾病的特征. 1998 年喜力奖得主 Paul Ehrlich(保罗·埃尔利希) 和我一直将我们的集体精力集中在这个问题上, 相信理解社会系统的动态也同样重要, 我们生活在其中是为了理解生态系统本身. 了解个人行为和社会后果之间的联系, 描述相互作用和影响的网络, 创造改变奖励结构的潜力, 使个人行为的社会成本降低到个人回报的水平. 这是一项艰巨任务, 因为我们仍有大量的知识需要学习, 也因为任何形式的社会工程都隐含着伦理困境. 但这是一项我们不能退缩的任务, 以免我们浪费掉我们日益减少的资源中的最后一部分.

参 考 文 献

[1] Anderson, R.M., R. M. May, and B. Anderson (1992) Infectious Diseases of Humans: Dynamics and Control, volume 28. Wiley Online Library.

[2] Andersson, D.I. and B. R. Levin (1999) The biological cost of antibiotic resistance, Current Opinion in Microbiology, 2: 489-493.

[3] Andreasen, V. (2003) Dynamics of annual influenza a epidemics with immuno-selection, J. Math. Biol., 46: 504-536.

[4] Andreasen, V., J. Lin, and S. A. Levin (1997)The dynamics of cocirculating influenza strains conferring partial cross-immunity, J. Math. Biol., 35: 825-842.

[5] J. Arino, J., R. Jordan, and P. Van den Driessche (2007)Quarantine in a multi-species epidemic model with spatial dynamics, Math. Biosc., 206: 46-60.

[6] Arino, J. and P. Van Den Driessche (2003) The basic reproduction number in a multi-city compartmental epidemic model, Positive Systems, pages 135-142. Springer.

[7] Arino, J. and P. Van den Driessche (2003) A multi-city epidemic model, Mathematical Population Studies, 10: 175-193.

[8] Arino, J. and P. van den Driessche (2006) Metapopulation epidemic models, a survey, Fields Institute Communications, 48: 1-13.

[9] Auld, M.C. (2003) Choices, beliefs, and infectious disease dynamics, J. Health Economics, 22: 361-377.

[10] Bailey, N.T., et al (1982) The biomathematics of malaria: the biomathematics of diseases: 1, The biomathematics of malaria. The Biomathematics of Diseases, 1.

[11] Bajardi, P. C. Poletto, J. J. Ramasco, M. Tizzoni, V. Colizza, and A. Vespignani (2011)Human mobility networks, travel restrictions, and the global spread of 2009 H1N1 pandemic, PloS One 6: e16591.

[12] Banks, H.T. and C. Castillo-Chavez (2003) Bioterrorism: Mathematical Modeling Applications in Homeland Security. SIAM.

[13] Bansal, S., B. T. Grenfell, and L. A. Meyers (2007) When individual behaviour matters: homogeneous and network models in epidemiology, J. Roy. Soc. Interface, 4: 879-891.

[14] Baroyan, O., L. Rvachev, U. Basilevsky, V. Ermakov, K. Frank, M. Rvachev, and V. Shashkov (1971) Computer modelling of influenza epidemics for the whole country (USSR), Adv. in Applied Probability, 3: 224-226.

[15] Bellomo, N., B. Piccoli, and A. Tosin (2012) Modeling crowd dynamics from a complex system viewpoint, Math. Models and Methods in Applied Sciences, 22 (supp02): 1230004.

[16] Bergstrom, C. T., M. Lo, & M. Lipsitch (2004) Ecological theory suggests that antimicrobial cycling will not reduce antimicrobial resistance, Proc Natl Acad Sci., 101: 13285-13290.

[17] Bichara, D. and C. Castillo-Chavez (2016) Vector-borne diseases models with residence times-a Lagrangian perspective, Math. Biosc., 281: 128-138.

[18] Bichara, D., Y. Kang, C. Castillo-Chavez, R. Horan, and C. Perrings (2015) SIS and SIR epidemic models under virtual dispersal, Bull. Math. Biol., 77: 2004-2034.

[19] Brauer F., and C. Castillo-Chávez (2013) Mathematical models for communicable diseases. No. 84 in CBMS-NSF regional conference series in applied mathematics Philadelphia: Society for Industrial and Applied Mathematics.

[20] Brauer, F., P. van den Driessche and J. Wu, eds. (2008)Mathematical Epidemiology, Lecture Notes in Mathematics, Mathematical Biosciences subseries 1945, Springer, Berlin - Heidelberg - New York.

[21] Castillo-Chavez, C. (2002) Mathematical Approaches for Emerging and Reemerging Infectious Diseases: an Introduction, Volume 1. Springer Science & Business Media.

[22] Castillo Chavez, C. (2002) Mathematical Approaches for Emerging and Reemerging Infectious Diseases: Models, Methods, and Theory, Volume 126. Springer, 2002.

[23] Castillo-Chavez, C. (2013) Mathematical and Statistical Approaches to AIDS Epidemiology, Volume 83. Springer Science & Business Media.

[24] Castillo-Chavez, C., K. Barley, D. Bichara, D. Chowell, E. D. Herrera, B. Espinoza, V. Moreno, S. Towers, and K. Yong (2016) Modeling Ebola at the mathematical and

theoretical biology institute (MTBI), Notices of the AMS, 63.

[25] Castillo-Chavez, C., D. Bichara, and B. R. Morin (2016) Perspectives on the role of mobility, behavior, and time scales in the spread of diseases, Proc. Nat. Acad. Sci., 113: 14582-14588.

[26] Castillo-Chavez, C. and G. Chowell (2011)Preface: Mathematical models, challenges, and lessons learned Special volume on influenza dynamics, Volume 8. Math. Biosc. Eng., 8: 1-6.

[27] Castillo-Chavez, C., R. Curtiss, P. Daszak, S. A. Levin, O. Patterson-Lomba, C. Perrings, G. Poste, and S. Towers (2015) Beyond Ebola: Lessons to mitigate future pandemics, The Lancet Global Health, 3: e354-e355.

[28] Castillo-Chavez,C., Z. Feng, et al (1996) Optimal vaccination strategies for TB in agestructure populations, J. Math. Biol., 35: 629-656.

[29] Castillo-Chavez, C., H.W. Hethcote, V. Andreasen, S. A. Levin, and W. M. Liu (1988) Crossimmunity in the dynamics of homogeneous and heterogeneous populations, Proceedings of the Autumn Course Research Seminars Mathematical Ecology, pp. 303-316.

[30] Castillo-Chavez, C., H. W. Hethcote, V. Andreasen, S. A. Levin, and W. M. Liu (1989) Epidemiological models with age structure, proportionate mixing, and cross-immunity, J. Math. Biol., 27: 233-258.

[31] Castillo-Chavez, C. and B. Song (2004) Dynamical models of tuberculosis and their applications, Math. Biosc. Eng., 1: 361-404.

[32] Castillo-Chavez, C., B. Song, and J. Zhang (2003) An epidemic model with virtual mass transportation: the case of smallpox in a large city, Bioterrorism: Mathematical Modeling Applications in Homeland Security, pp. 173-197. SIAM.

[33] Cauchemez, S., A. Bhattarai, T. L. Marchbanks, R. P. Fagan, S. Ostroff, N. M. Ferguson, D. Swerdlow, S. V. Sodha, M. E. Moll, F. J. Angulo, et al (2011) Role of social networks in shaping disease transmission during a community outbreak of 2009 H1N1 pandemic influenza, Proc. Nat. Acad. Sci., 108: 2825-2830.

[34] Chen, F., M. Jiang, S. Rabidoux, and S. Robinson (2011) Public avoidance and epidemics: insights from an economic model, J. Theor. Biol., 278: 107-119.

[35] Chen F. (2004) Rational behavioral response and the transmission of stds. Theor. Pop. Biol., 66: 307-316.

[36] Chen, F.H. (2009)Modeling the effect of information quality on risk behavior change and the transmission of infectious diseases, Math. Biosc., 217: 125-133.

[37] Chew, C. and G. Eysenbach (2010)Pandemics in the age of twitter: content analysis of tweets during the 2009 h1n1 outbreak, PloS One 5: e14118, 2010.

[38] Chow, K., X. Wang, R. Curtiss III, and C. Castillo-Chavez (2011) Evaluating the efficacy of antimicrobial cycling programmes and patient isolation on dual resistance in hospitals, J. Biol. Dyn., 5: 27-43.

[39] Chow, K.C., X. Wang, and C. Castillo-Chávez (2007) A mathematical model of noso-

comial infection and antibiotic resistance: evaluating the efficacy of antimicrobial cycling programs and patient isolation on dual resistance Mathematical and Theoretical Biology Institute archive, 2007.

[40] Chowell, G., P. W. Fenimore, M. A. Castillo-Garsow, and C. Castillo-Chavez (2003) SARS outbreaks in Ontario, Hong Kong and Singapore: the role of diagnosis and isolation as a control mechanism, J. Theor. Biol., 224: 1-8.

[41] Chowell, G., J. M. Hyman, L. M. Bettencourt, and C. Castillo-Chavez (2009) Mathematical and Statistical Estimation Approaches in Epidemiology, Springer.

[42] Chowell, G., J. M. Hyman, S. Eubank, and C. Castillo-Chavez (2003) Scaling laws for the movement of people between locations in a large city, Phys. Rev. E, 68: 066102.

[43] Chowell, G., H. Nishiura, and L. M. Bettencourt (2007) Comparative estimation of the reproduction number for pandemic influenza from daily case notification data, J. Roy. Soc. Interface, 4: 155-166.

[44] Chowell, G., C. Viboud, X. Wang, S. M. Bertozzi, and M. A. Miller (2009) Adaptive vaccination strategies to mitigate pandemic influenza: Mexico as a case study, PLoS One, 4: e8164.

[45] Clark, C.W. (1973) Profit maximization and the extinction of animal species, J. Political Economy, 81: 950-961.

[46] Clark, C.W. (1976)A delayed-recruitment model of population dynamics, with an application to baleen whale populations, J. Math. Biol., 3: 381-391.

[47] Clark, C.W. (1979) Mathematical models in the economics of renewable resources, SIAM Review, 21: 81-99.

[48] Cosner, C., J. C. Beier, R. Cantrell, D. Impoinvil, L. Kapitanski, M. Potts, A. Troyo, and S. Ruan (2009) The effects of human movement on the persistence of vector-borne diseases, J. Theor. Biol., 258: 550-560.

[49] Cristiani, E., B. Piccoli, and A. Tosin (2014) Multiscale Modeling of Pedestrian Dynamics, Volume 12. Springer.

[50] Daszak, P., R. Plowright, J. Epstein, J. Pulliam, S. Abdul Rahman, H. Field, C. Smith, K. Olival, S. Luby, K. Halpin, et al (2006) The emergence of Nipah and Hendra virus: pathogen dynamics across a wildlife-livestock-human continuum, Oxford University Press: Oxford, UK.

[51] Daszak, P., G. M. Tabor, A. Kilpatrick, J. Epstein, and R. Plowright (2004) Conservation medicine and a new agenda for emerging diseases. Ann. New York Academy of Sciences, 1026: 1-11.

[52] Del Valle, S., H. Hethcote, J. M. Hyman, and C. Castillo-Chavez (2005) Effects of behavioral changes in a smallpox attack model. Math. Biosc., 195: 228-251.

[53] Diekmann, O., H. Heesterbeek, and T. Britton (2012) Mathematical Tools for Understanding Infectious Disease Dynamics. Princeton University Press.

[54] Diekmann, O. and J. A. P. Heesterbeek (2000) Mathematical Epidemiology of Infectious Diseases: Model Building, Analysis and Interpretation, Volume 5. John Wiley

& Sons.

[55] Domingo, E. and J. Holland (1997) RNA virus mutations and fitness for survival, Annual Reviews in Microbiology, 51: 151-178.

[56] Epstein, J.M., J. Parker, D. Cummings, and R. A. Hammond (2008) Coupled contagion dynamics of fear and disease: mathematical and computational explorations, PLoS One, 3: e3955.

[57] Erdem, M., M. Safan, and C. Castillo-Chavez (2017) Mathematical analysis of an SIQR influenza model with imperfect quarantine, Bull. Math. Biol., 79: 1612-1636.

[58] Espinoza, B., V. Moreno, D. Bichara, and C. Castillo-Chavez (2016) Assessing the efficiency of movement restriction as a control strategy of Ebola: Mathematical and Statistical Modeling for Emerging and Re-emerging Infectious Diseases, pp. 123-145. Springer.

[59] Feng, Z. (2014) Applications of Epidemiological Models to Public Health Policymaking: the Role of Heterogeneity in Model Predictions. World Scientific.

[60] Feng, Z., C. Castillo-Chavez, and A. F. Capurro (2000) A model for tuberculosis with exogenous reinfection, Theor. Pop. Biol., 57: 235-247.

[61] Fenichel, E.P., C. Castillo-Chavez, M. G. Ceddia, G. Chowell, P. A. G. Parra, G. J. Hickling, G. Holloway, R. Horan, B. Morin, C. Perrings, et al (2011) Adaptive human behavior in epidemiological models, Proc. Nat. Acad. Sci., 108: 6306-6311.

[62] Fenichel, E.P., N. V. Kuminoff, and G. Chowell (2013) Skip the trip: Air travelers' behavioral responses to pandemic influenza, PloS One, 8: e58249.

[63] Fenichel, E.P. and X. Wang (2013) The mechanism and phenomena of adaptive human behavior during an epidemic and the role of information, In Modeling the Interplay Between Human Behavior and the Spread of Infectious Diseases, pp. 153-168. Springer.

[64] Ferguson, N. (2007)Capturing human behaviour. Nature, 446: 733.

[65] Fraser, C., S. Riley, R.M. Anderson, & N.M. Ferguson (2004) Factors that make an infectious disease outbreak controllable, Proc. Nat. Acad Sci., 101: 6146-6151.

[66] Funk, S., E. Gilad, and V. Jansen (2010) Endemic disease, awareness, and local behavioural response, J. Theor. Biol., 264: 501-509.

[67] Funk, S., E. Gilad, C. Watkins, and V. A. Jansen (2009) The spread of awareness and its impact on epidemic outbreaks, Proc. Nat. Acad. Sci., 106: 6872-6877.

[68] Funk, S., M. Salathé, and V. A. Jansen (2010)Modelling the influence of human behaviour on the spread of infectious diseases: a review, J. Roy. Soc. Interface page rsif20100142.

[69] Geoffard, P.Y. and T. Philipson (1996) Rational epidemics and their public control, International Economic Review: 603-624.

[70] Gersovitz, M. (2011) The economics of infection control, Ann. Rev. Resour. Econ., 3: 277-296.

[71] Gladwell, M. (1996) The Tipping Point. New Yorker, June 3, 1996.

[72] Gladwell, M. (2002)The Tipping Point: How Little Things Can Make a Big Difference.

Back Bay Books/LittleLittle, Brown and Company, Time Warner Book Group.

[73] Grünbaum, D. (1994) Translating stochastic density-dependent individual behavior with sensory constraints to an Eulerian model of animal swarming, J. Math. Biol., 33: 139-161.

[74] Gumel, A.B., C. Castillo-Chávez, R. E. Mickens, and D. P. Clemence (2006) Mathematical Studies on Human Disease Dynamics: Emerging Paradigms and Challenges: AMS-IMSSIAM Joint Summer Research Conference on Modeling the Dynamics of Human Diseases: Emerging Paradigms and Challenges, July 17-21, 2005, Snowbird, Utah, volume 410. American Mathematical Soc., 2006.

[75] Hadeler, K.P. and C. Castillo-Chávez (1995) A core group model for disease transmission, Math. Biosc., 128: 41-55.

[76] Hadeler, K.P. and J. Müller (2017) Cellular Automata: Analysis and Applications. Springer, 2017.

[77] Hansen, E. and T. Day (2011) Optimal antiviral treatment strategies and the effects of resistance, Proc. Roy. Soc. London B: Biological Sciences, 278: 1082-1089.

[78] Helbing, D., I. Farkas, and T. Vicsek (2000) Simulating dynamical features of escape panic, Nature, 407: 487.

[79] Helbing, D., J. Keltsch, and P. Molnar (1997)Modelling the evolution of human trail systems, Nature, 388: 47.

[80] Herrera-Valdez, M.A.,M. Cruz-Aponte, and C. Castillo-Chavez (2011)Multiple outbreaks for the same pandemic: Local transportation and social distancing explain the different "waves" of A-H1N1pdm cases observed in méxico during 2009, Math. Biosc. Eng., 8: 21-48.

[81] Hethcote, H.W. (2000)The mathematics of infectious diseases, SIAM Review, 42: 599-653.

[82] Hethcote, H.W. and J. W. Van Ark (2013) Modeling HIV Transmission and AIDS in the United States, volume 95. Springer Science & Business Media.

[83] Hethcote, H.W., L. Yi, and J. Zhujun (1999) Hopf bifurcation in models for pertussis epidemiology, Mathematical and Computer Modelling, 30: 29-45.

[84] Honório, N.W., W. D. C. Silva, P. J. Leite, J. M. Gonçalves, L. P. Lounibos, and R. Lourençode Oliveira (2003) Dispersal of Aedes aegypti and Aedes albopictus (diptera: Culicidae) in an urban endemic dengue area in the state of Rio de Janeiro, Brazil, Memórias do Instituto Oswaldo Cruz, 98: 191-198.

[85] Hsieh, Y.-H., J. Liu, Y.-H. Tzeng, and J. Wu (2014) Impact of visitors and hospital staff on nosocomial transmission and spread to community, J. Theor.Biol. 356: 20-29.

[86] Hutson, V. (1984) A theorem on average Liapunov functions, Monatshefte für Mathematik, 98: 267-275.

[87] Iggidr, A., G. Sallet, and M. O. Souza (2016) On the dynamics of a class of multi-group models for vector-borne diseases, J. Math. Anal. Appl., 441: 723-743.

[88] Kareiva, P. (1990) Population dynamics in spatially complex environments: theory

and data, Phil. Trans. Roy. Soc. Lond. B, 330: 175-190.

[89] Karesh, W.B.,R. A. Cook, E. L. Bennett, and J. Newcomb (2005) Wildlife trade and global disease emergence. Emerging Inf. Diseases, 11: 1000.

[90] Kermack, W.O. & A.G. McKendrick (1927)A contribution to the mathematical theory of epidemics, Proc. Royal Soc. London, 115: 700-721.

[91] Kermack, W.O. & A.G. McKendrick (1932)Contributions to the mathematical theory of epidemics, part. II, Proc. Roy. Soc. London, 138: 55-83.

[92] Kermack, W.O. & A.G. McKendrick (1933)Contributions to the mathematical theory of epidemics, part. III, Proc. Roy. Soc. London, 141: 94-112.

[93] Khan, K., J. Arino, W. Hu, P. Raposo, J. Sears, F. Calderon, C. Heidebrecht, M. Macdonald, J. Liauw, A. Chan, et al (2009) Spread of a novel influenza A (H1N1) virus via global airline transportation, New England J. Medicine, 361: 212-214.

[94] Kilpatrick, A.M., A. A. Chmura, D. W. Gibbons, R. C. Fleischer, P. P. Marra, and P. Daszak (2006) Predicting the global spread of H5N1 avian influenza, Proc. Nat. Acad. Sci, 103: 19368-19373.

[95] Kimball A.N. (2016)Risky Trade: Infectious Disease in the Era of Global Trade, Routledge.

[96] Kirschner, D. (1999)Dynamics of co-infection with tuberculosis and HIV-1, Theor. Pop. Biol., 55: 94-109.

[97] Klein, E., R. Laxminarayan, D. L. Smith, and C. A. Gilligan (2007)Economic incentives and mathematical models of disease, Environment and Development Economics, 12: 707-732.

[98] Koram, K., S. Bennett, J. Adiamah, and B. Greenwood (1995)Socio-economic risk factors for malaria in a peri-urban area of the Gambia, Trans. Roy. Soc. Tropical Medicine and Hygiene, 89: 146-150.

[99] Laxminarayan, R. (2001) Bacterial resistance and optimal use of antibiotics, Discussion Papers dp-01-23 Resources for the Future.

[100] Legrand, J., R. F. Grais, P.-Y. Boelle, A.-J. Valleron, and A. Flahault (2007) Understanding the dynamics of Ebola epidemics, Epidemiology & Infection 135: 610-621.

[101] Levin, S.A. (1992) The problem of pattern and scale in ecology: the Robert H. Macarthur award lecture, Ecology, 7: 1943-1967.

[102] Levin, S.A. (2001)Fragile Dominion: Complexity and the Commons, Volume 18. Springer.

[103] Levin, S.A. and R. T. Paine (1974) Disturbance, patch formation, and community structure, Proc. Nat. Acad. Sci., 71: 2744-2747.

[104] Levins, R. (1969)Some demographic and genetic consequences of environmental heterogeneity for biological control, Am. Entomologist, 15: 237-240.

[105] Levinthal, D.A. and J. G. March (1993) The myopia of learning, Strategic Management J., 14(S2): 95-112.

[106] Lipsitch, M., C. T. Bergstrom, and B. R. Levin (2000)The epidemiology of antibiotic

resistance in hospitals: paradoxes and prescriptions, Proc. Nat. Acad. Sci., 97: 1938-1943.

[107] Lipsitch, M., T. Cohen, M. Murray, and B. R. Levin (2007)Antiviral resistance and the control of pandemic influenza, PLoS Medicine 4: e15.

[108] Macdonald, G. (1956)Epidemiological basis of malaria control, Bull., 15: 613.

[109] Macdonald, G. (1956)Theory of the eradication of malaria, Bull. WHO, 15: 369.

[110] Meloni, S., N. Perra, A. Arenas, S. Gómez, Y. Moreno, and A. Vespignani (2011) Modeling human mobility responses to the large-scale spreading of infectious diseases, Scientific Reports, 1: 62.

[111] Moghadas, S.M. (2008)Management of drug resistance in the population: influenza as a case study, Proc. Roy. Soc. London B: Biological Sciences, 275: 1163-1169.

[112] Moghadas, S.M. (2011) Emergence of resistance in influenza with compensatory mutations, Math. Pop. Studies, 18: 106-121.

[113] Moghadas, S.M., C. S. Bowman, G. Röst, D. N. Fisman, and J. Wu (2008) Post-exposure prophylaxis during pandemic outbreaks, BMC Medicine, 7: 73.

[114] Moghadas, S.M., C. S. Bowman, G. Röst, and J. Wu (2008) Population-wide emergence of antiviral resistance during pandemic influenza, PLoS One, 3: e1839.

[115] Morin, B.R., A. Kinzig, S. Levin, and C. Perrings (2017)Economic incentives in the socially optimal management of infectious disease: When r_{0} is not enough, Eco-Health, pp. 1-16.

[116] Morin, B.R., E. P. Fenichel, and C. Castillo-Chavez (2013) SIR dynamics with economically driven contact rates, Nat. Res. Modeling, 26: 505-525.

[117] Morin, B.R., C. Perrings, A. Kinzig, and S. Levin (2015) The social benefits of private infectious disease-risk mitigation, Theor. Ecology, 8: 467-479.

[118] Morin, B.R., C. Perrings, S. Levin, and A. Kinzig (2014) Disease risk mitigation: The equivalence of two selective mixing strategies on aggregate contact patterns and resulting epidemic spread, J. Theor. Biol., 363: 262-270.

[119] Naresh, R. and A. Tripathi (2005) Modelling and analysis of HIV-TB co-infection in a variable size population, Math. Modelling and Analysis, 10: 275-286.

[120] Newman, M.E. (2002) Spread of epidemic disease on networks, Phys. Rev., 66: 016128.

[121] Newman, M.E. (2003) The structure and function of complex networks, SIAM Review, 45: 167-256.

[122] Nowak, M. and R. M. May (2000) Virus Dynamics: Mathematical Principles of Immunology and Virology: Mathematical Principles of Immunology and Virology, Oxford University Press, UK.

[123] Nuno, M., C. Castillo-Chavez, Z. Feng, and M. Martcheva (2008) Mathematical models of influenza: the role of cross-immunity, quarantine and age-structure, Mathematical Epidemiology, pp. 349-364. Springer.

[124] Nuño, M., T. A. Reichert, G. Chowell, and A. B. Gumel (2008) Protecting residential care facilities from pandemic influenza, Proc. Nat. Acad. Sci., 105: 10625-10630.

[125] Okubo, A. (1980) Diffusion and ecological problems:(mathematical models), Biomathematics.

[126] Okubo, A. and S. A. Levin (2013) Diffusion and ecological problems: modern perspectives, Volume 14. Springer Science & Business Media.

[127] Paine, R.T. and S. A. Levin (1981) Intertidal landscapes: disturbance and the dynamics of pattern, Ecological Monographs, 51: 145-178.

[128] Pastor-Satorras, R. and A. Vespignani (2001) Epidemic dynamics and endemic states in complex networks, Phys. Rev. E, 63: 066117.

[129] Pavlin, B.I., L. M. Schloegel, and P. Daszak (2009) Risk of importing zoonotic diseases through wildlife trade, united states, Emerging Infectious Diseases, 15: 1721.

[130] Pennings, J.M., B. Wansink, and M. T. Meulenberg (2002) A note on modeling consumer reactions to a crisis: The case of the mad cow disease, Int. J. Research in Marketing, 19: 91-100.

[131] Perra, N., D. Balcan, B. Gonçalves, and A. Vespignani (2011) Towards a characterization of behavior-disease models, PloS One, 6: e23084.

[132] Perrings, C., C. Castillo-Chavez, G. Chowell, P. Daszak, E. P. Fenichel, D. Finnoff, R. D. Horan, A. M. Kilpatrick, A. P. Kinzig, N. V. Kuminoff, et al (2014) Merging economics and epidemiology to improve the prediction and management of infectious disease, EcoHealth, 11: 464-475.

[133] Porco, T.C., P. M. Small, S. M. Blower, et al (2001) Amplification dynamics: predicting the effect of HIV on tuberculosis outbreaks, J. AIDS-Hagerstown Md., 28: 437-444.

[134] Preisser, E.L. and D. I. Bolnick (2008) The many faces of fear: comparing the pathways and impacts of nonconsumptive predator effects on prey populations, PloS One, 3: e2465.

[135] Raimundo, S.M., A. B. Engel, H. M. Yang, and R. C. Bassanezi (2003) An approach to estimating the transmission coefficients for AIDS and for tuberculosis using mathematical models, Systems Analysis Modelling Simulation, 43: 423-442.

[136] Rass, L. and J. Radcliffe (2003) Spatial Deterministic Epidemics, volume 102. Am. Math. Soc.

[137] Reluga T,C. (2010) Game theory of social distancing in response to an epidemic, PLoS Computational Biology, 6: e1000793.

[138] Rimmelzwaan, G., E. Berkhoff, N. Nieuwkoop, D. J. Smith, R. Fouchier, and A. Osterhaus (2005) Full restoration of viral fitness by multiple compensatory co-mutations in the nucleoprotein of influenza a virus cytotoxic t-lymphocyte escape mutants, J. General Virology, 86: 1801-1805.

[139] Rodríguez, D.J. and L. Torres-Sorando (2001) Models of infectious diseases in spatially heterogeneous environments, Bull. Math. Biol., 63: 547-571.

[140] Roeger, L.I.W., Z. Feng, C. Castillo-Chavez, et al (2009) Modeling TB and HIV coinfections, Math. Biosc. Eng., 6: 815-837.

[141] Ross, R. (1911)The Prevention of Malaria, John Murray, London.

[142] Ruktanonchai, N.W., D. L. Smith, and P. De Leenheer (2016) Parasite sources and sinks in a patched Ross-MacDonald malaria model with human and mosquito movement: Implications for control, Math. Biosc., 279: 90-101.

[143] Rvachev, L.A. and I. M. Longini Jr (1985) A mathematical model for the global spread of influenza, Math. Biosc., 75: 3-22.

[144] Schulzer, M., M. Radhamani, S. Grzybowski, E. Mak, and J. M. Fitzgerald (1994) A mathematical model for the prediction of the impact of HIV infection on tuberculosis, Int. J. Epidemiology, 23: 400-407.

[145] Smith, D.L., J. Dushoff, and F. E. McKenzie (2004) The risk of a mosquito-borne infection in a heterogeneous environment: Supplementary material, PLoS Biology https:// doi.org/10.1371/journal.pbio.0020368.

[146] Smith, H. (1986) Cooperative systems of differential equations with concave nonlinearities, Nonlinear Analysis: Theory, Methods & Applications, 10: 1037-1052.

[147] Tatem, A.J. (2009) The worldwide airline network and the dispersal of exotic species: 2007-2010, Ecography, 32: 94-102.

[148] Tatem, A.J., S. I. Hay, and D. J. Rogers (2006) Global traffic and disease vector dispersal, Proc. Nat. Acad. Sci., 103: 6242-6247.

[149] Tatem, A.J., D. J. Rogers, and S. Hay (2006)Global transport networks and infectious disease spread, Advances in Parasitology, 62: 293-343.

[150] Towers, S., S. Afzal, G. Bernal, N. Bliss, S. Brown, B. Espinoza, J. Jackson, J. Judson-Garcia, M. Khan, M. Lin, et al (2015) Mass media and the contagion of fear: the case of Ebola in America. PloS One, 10: e0129179.

[151] Vivas-Barber, A.L., C. Castillo-Chavez, and E. Barany (2014) Dynamics of an SAIQR influenza model. Biomath, 3: 1-13.

[152] Webb, G.F., M. J. Blaser, H. Zhu, S. Ardal, and J. Wu (2004) Critical role of nosocomial transmission in the Toronto SARS outbreak, Math. Biosc. Eng, 1: 1-13.

[153] Wesolowski, A., N. Eagle, A. J. Tatem, D. L. Smith, A. M. Noor, R. W. Snow, and C. O. Buckee (2012)Quantifying the impact of human mobility on malaria, Science, 338: 267-270.

[154] West, R.W. and J. R. Thompson (1997) Modeling the impact of HIV on the spread of tuberculosis in the United States, Math. Biosc., 143: 35-60.

[155] Wilson, E.O. (1973)Group selection and its significance for ecology, Bioscience, 23: 631-638.

[156] Y. Xiao, Y., F. Brauer, and S. M. Moghadas (2016)Can treatment increase the epidemic size? J. Math. Biol., 72: 343-361.

[157] Yorke, J.A., H.W. Hethcote, and A. Nold (1978)Dynamics and control of the transmission of gonorrhea, Sexually Transmitted Diseases, 5: 51-56.

后　记

　　本书受到我们的教科书《种群生物学和传染病学中的数学模型》[4] 的启发, 试图引起人们对计算、数学和理论流行病学 (CMTE) 领域的关注, 其目的是吸引兴趣和问题与之重叠的流行病学、生态学、种群生物学、公共卫生和应用数学领域的个人或团体的研究人员和从业人员. 我们利用传染模型的不同变体来研究传染病和媒介传播疾病的传播动力学. 目前, 传染病模型已被广泛应用于社会-经济学-流行病学过程的动力学的研究中 [3,11,16].

　　本书的目的之一是强调流行病学领域中建模方法的共性, 以及宿主-病原体或宿主-寄生虫系统的种群动力学, 从而在生态学、流行病学和种群生物学与数学之间建立密切联系. 数学的重点主要集中在 CMTE 的大人群疾病动力学研究中的应用, 因此, 这本书是以确定性模型的使用为主导的. 显然我们认识到社会行为动力学所带来的挑战, 这些动力学突出了疾病的出现、扩散、持续和演变的世界. 愿意沉浸在所讨论的主题中的研究人员和从业者将重视在 CMTE 和公共健康的界面上建立研究计划的重要性和相关性, 并以整体观点为指导. 由流动性、贸易、不断变化的人口结构、战争、暴力、健康和经济差异塑造和重塑的世界所面临的挑战凸显了在 CMTE 和公共卫生交叉领域培训研究人员的重要性. 本书内容是由对特定疾病模型的研究及其分析所获得的理解以及连接和简化影响疾病动力学的跨尺度和组织级别的过程所面临的挑战所塑造的, 例如, 免疫学和流行病学.

　　我们的系统层次的思维是由 1992 年美国国家科学基金会 (NSF) 的 "数学与生物学: 交界的挑战与机遇" 研讨会发起的 [13]. 研讨会和会议报告的重点是 "数学和生物学之间的交界" …… 长期以来一直是一个丰富的研究领域, 各学科相互支持, 互惠互利". 经典的研究领域 "如种群遗传学、生态学、神经生物学和三维重建, 在过去的二十年里都得到蓬勃发展". 数学家和生物学家之间的互动已经发生了巨大的变化, 延伸到生物学和数学领域, 这些领域之前没有从理论和实验的紧密结合中受益, 因为越来越多依赖高速计算. 该报告记录了与会者的热烈讨论, 即数学和计算方法对生物学的未来至关重要, 生物应用将继续为数学的活力作出贡献, 就像他们自 Vito Volterra 一直以来所做的那样. 在这份近 30 年历史的旧报告中表达的思想和愿景已经被扩展、重新表述和充实. 以至三十年后, 召开数学流行病学、数学免疫学、数学生理学, 或数学生态学等方面举行的专业研讨会将成为例行公事. 这仅仅是列举的一小部分.

在 2009 年, 美国国家科学基金会 (NSF) 的大多数董事都支持 "迈向可持续性科学" 的研讨会, 以期将 NSF 的重要性带到它的最前沿. 《迈向可持续性科学》报告 [9] 指出: "建立可持续性科学 …… 需要一种真正的多学科方法, 将实践经验与自然科学和社会科学、医学和工程学以及数学和计算所获得的知识和诀窍相结合". 美国国家科学基金会的这份报告是在基金会大多数理事会的全力支持下完成的, 报告中阐述了可持续性科学带来的挑战和机遇的重要性. 可持续发展思想在流行病学和公共卫生中的重要性一直是其减少或改善疾病从个人到人群以及其他人群的影响的目标的核心. 我们需要管理抗生素的耐药性, 或制订和实施可持续的卫生解决方案, 或有效管理媒介传播疾病, 或努力确定评估旅行和贸易的作用及其对疾病动力学的影响的方法, 或提出的挑战传染病生态学, 或降低患病率或阻止健康差距扩大的努力都将受益于可持续性科学中所学到的知识 [14].

我们相信, 本书的各章不仅为那些对流行病学应用感兴趣的人, 而且, 正如在行为学、经济学和社会科学背景下激增的应用所证明的那样 [3,11], 也为那些对传染过程的建模步骤感兴趣的人提供一个良好的开端.

可能是故意释放生物制剂及其后果已成为全球共同关注的首要问题. 20 世纪在计算和数学流行病学领域开发的模型和方法正在部分解决其潜在影响.

已使用特定模型来处理和评估疾病和干预措施对人类或动物种群或农业系统的作用. 对生物制剂故意释放的潜在影响的研究已经促使了数学框架的发展, 这些框架开始能够解决口蹄疫的影响, 或流动性和贸易的作用. 特别是当释放的制剂对毫无戒心的人群时.

在 2002 年 DIMACS 工作组会议上生成的报告中, 研究故意释放生物制剂的后果的数学科学方法 [5], 这些问题在 2001 年 9 月 11 日事件后不久就得到了解决.

疾病控制中心 (CDC) 报告说: "…… 在 20 世纪 50 年代初, 已建立并发展了情报流行病学服务. 这项决定的部分原因是国家对潜在使用生物制剂作为恐怖来源的担忧, 是对生物恐怖主义的最早的系统反应之一 …… 需要解决和评估蓄意释放生物制剂 (口蹄疫、地中海果蝇、柑橘锈病等) 对农业系统和/或我们的粮食供应的影响. 例如, 在英国口蹄疫很可能是通过牲畜食品供应和农业人员流动在多个地区几乎同时偶然传入的. 因此, 尽管英国在检测后采取了有效的应对措施 (淘汰行动), 但仍难以遏制疫情暴发. 控制它相关的费用估计已超过 150 亿美元. 诸如炭疽病之类的药剂的使用强调了需要研究用于病原体在建筑物中扩散的现有模型 (建筑物中的空气流的模型) 和在水系统中的现有模型 (例如在流过管道时的扩散) …… 研究这些药剂以非常规方式释放的新模式是必须的".

随着旅行、贸易、移民、人口增长、冲突、疾病以及不断变化的经济和人口因素, 全球公域构成的挑战已达到关键阶段, 这不断显示出, 在评估疾病对我们生活的社会环境的影响时我们无法降低不确定性的程度. 也为建模者、流行病学家和公共卫生专家提供了利用数学建模改善健康结果的机会, 这重新激发了计算、数学和理论流行病学或者 CMTE 交叉领域的活力, 就像世界人口超过 70 亿大关一样. 此外, 数据科学、人口统计学、社会动力学、公共卫生政策、行为科学、建模、计算机科学和应用数学等领域继续加深我们对问题的理解, 这些问题可以通过对以下方面的研究所获得的知识来更好理解和管理. 通常可以通过涉及数学、健康和行为科学的协同方法来解决特定问题. 在努力推进相关理论工作的同时, 寻求解决紧迫的流行病学问题的方法, 正在成为新的标准, 有人会说是一种规范. 因此, 将我们自己置于人工管理或操作系统的环境中不仅至关重要, 而且还突出了以下问题的重要性: 考虑到社会环境的演变, 决策者如何在现有的最佳信息和知识基础上才能建立和实施稳健的政策?

在 21 世纪的挑战中, 个人和团体决策的作用已成为大多数旨在减轻突发性、复发性和地方性疾病的影响和后果的努力的重点. 21 世纪的技术进步使政策和决策者手中掌握了力量. 进展取决于研究人员应对疾病动态、进化和流行病学管理挑战的能力, 这些挑战与对当前和不断变化的疾病过程的理解有关, 这些理解通常与系统内部不同层次的组织在快、中、慢时间尺度内同时运行有关.

在多尺度、多状态的人类疾病系统中对不确定性进行建模和量化的需求, 增加了人类行为和决策的影响在改变疾病发生的社会和生物环境方面所起的作用. 分解疾病动力学、控制和个人决策的复杂性需要使用整体观点, 因为, 事实上, 在大多数情况下, 我们正在处理一个复杂的自适应系统 [12].

Simon Levin 在观察时 (在 2004 年喜力奖获得者的演讲中) 说得好: "因此, 摆在我们面前的一大挑战是了解社会规范的动态, 它们如何产生, 如何传播, 如何持续下去, 以及它们是如何变化的. 这些动力学模型与流行病传播模型具有许多相同的特征, 不足为奇, 因为文化的许多方面都有社会疾病的特征. 1998 年喜力奖得主保罗·埃利希 (Paul Ehrlich) 和我一直致力于这个问题, 我们确信, 理解我们生活的社会系统的动态与理解生态系统本身一样重要. 理解个人行为和社会后果之间的联系, 描述相互作用和影响的网络, 创造改变奖励结构的潜力, 使个人行为的社会成本降低到个人回报的水平. 这是一项艰巨的任务, 因为我们仍有大量的知识需要学习, 也因为任何形式的社会工程都隐含着伦理困境. 但这是一项我们不能退缩的任务, 以免我们浪费掉日益减少的最后一部分资源."

抗生素耐药性的爆炸性增长带来的挑战是巨大的. 世卫组织负责人在哥本哈根举行的传染病专家会议上强调, 最近全球抗生素危机, 导致常见感染的微生物之间的抗药性迅速发展, 有可能将其变成无法治愈的疾病, 每种开发的抗生素都有无用的危险.

自 1987 年以来, 没有开发出新的抗生素种类药. 通用微生物学会主席 Nigel Brown 教授说, 如果我们要鉴定大量生产的新抗生素, 科学家们必须立即采取行动, 这是解决抗生素耐药性及其传播问题所需要的努力, 特别是在非医院 (医院内) 内感染的情况下.

流行病学和公共卫生领域面临的挑战和机遇是及时、紧迫和复杂的. 计算、数学和理论流行病学领域的贡献不断扩大, 经常会对流行病学紧急事件作出反应 [2,6,7].

比尔·盖茨 (Bill Gates) 最近在《商业内幕》(*Business Insider*) 警告世界 (2018 年 4 月 27 日和 2018 年 5 月 12 日), 人们即将到来的流感大流行缺乏防范. 本书通过对传染病和媒介传播疾病、一些新出现的疾病和一些突发性疾病的研究, 对建模方法和数学方法提供了扎实的培训, 这些方法可能对制定和分析人群建模工作很有用. 旨在遏制或改善儿童疾病、性传播疾病、艾滋病、结核病、流感、媒介传播疾病等的影响.

本书包括了说明宿主或病原体的异质性对疾病动力学和控制的影响的应用. 通过概述和比较 “拉格朗日” 和 “欧拉” 建模观点的使用, 以努力增强建模的工具包. 在整个过程中, 时间尺度的问题已经以各种形式被解决, 包括通过我们所做的明确区分, 这些区别来自于对短期和长期动态的研究和建模, 以及包括人口结构的结果 [15].

本书中发现的某些局限性与我们故意省略随机模型 [1] 或参数估计的至少某些细节有关 [8]. 此外, 我们还没有包括基于媒介的建模 [10] 的作用, 也没有包括网络理论给流行病学带来的许多进步和观点.

本书抓住了我们对计算、数学和理论流行病学在疾病动力学和公共卫生研究中的作用的偏见. 但是, 它没有提供对 CMTE 的全面看法, 只是一些基础知识. 尽管如此, 我们相信, 其内容将对那些有兴趣应对疾病动力学和控制所带来的挑战的人们有用并有关.

参 考 文 献

[1] Allen, L. (2010) An Introduction to Stochastic Processes with Applications to Biology, CRC Press.

[2] Arino, J., F. Brauer, P. van den Driessche, J. Watmough, J. Wu (2006) Simple models for containment of a pandemic, J. Roy. Soc. Interface, https://doi.org/10.1098/rsif.2006.0112.

[3] Bettencourt, L.M., A. Cintrón-Arias, D. J. Kaiser, and C. Castillo-Chavez (2006) The power of a good idea: Quantitative modeling of the spread of ideas from epidemiological models, Physica A: Statistical Mechanics and its Applications., 364: 513-536.

[4] Brauer F. and C. Castillo-Chavez (2012) Mathematical models in population biology and epidemiology. No. 40 in Texts in applied mathematics, New York: Springer, 2nd ed.

[5] Castillo-Chavez, C. and F. Roberts (2002) Report on DIMACS working group meeting: Mathematical sciences methods for the study of deliberate releases of biological

agents and their consequences. Biometrics Unit Technical Report (BU-1600-M) Cornell University.

[6] Chowell, D., C. Castillo-Chavez, S. Krishna, X. Qiu, and K.S. Anderson (2015) Modelling the effect of early detection of Ebola. The Lancet Infectious Diseases, 15: 148-149.

[7] Chowell, G., P.W. Fenimore, M.A. Castillo-Garsow, and C. Castillo-Chavez (2003) SARS outbreaks in Ontario, Hong Kong and Singapore: the role of diagnosis and isolation as a control mechanism, J. Theor. Biol., 224: 1-8.

[8] Chowell, G., J. M. Hayman, L. M. A. Bettencourt, C. Castillo-Chavez (2014) Mathematical and Statistical Estimation Approaches in Epidemiology, Springer.

[9] Clark W.C., S.A. Levin (2010) Toward a science of sustainability: Executive, Levin S.A., Clark W.C. (Eds.), Report from Toward a Science of Sustainability Conference, Airlie Center, Warrenton, Virginia.

[10] Epstein, J. and S. Epstein (2007) Generative Social Science: Studies in Agent-Based Computational Modeling, Princeton University Press.

[11] Fenichel, E. P., C. Castillo-Chavez, M. G. Ceddia, G. Chowell, P. A. G. Parra, G. J. Hickling, & M. Springborn (2011) Adaptive human behavior in epidemiological models. Proc. Nat. Acad. Sci. textbf108: 6306-6311.

[12] Levin, S. (1999) Fragile Dominion: Complexity and the Commons, Perseus Publishing, Cambridge, Massachusetts.

[13] Levin, S. (1992) Mathematics and Biology: The Interface, Challenges and Opportunities (Ed. Simon A Levin).

[14] Muneepeerakul, R., & C. Castillo-Chavez (2015) Towards a Quantitative Science of Sustainability.

[15] Song, B., C. Castillo-Chavez, J. P. Aparicio (2002) Tuberculosis models with fast and slow dynamics: the role of close and casual contacts, 180: 187-205.

[16] Towers, S., A. Gomez-Lievano, M. Khan, A. Mubayi, C. Castillo-Chavez (2015) Contagion in Mass Killings and School Shootings, PLoS One, https://doi.org/10.1371/journal. pone. 0117259.

附录 A 向量和矩阵的一些性质

A.1 引 言

一个未知数的单个线性方程具形式

$$Ax = b.$$

n 个变量 m 个线性方程的方程组具形式

$$a_{11}x_1 + a_{12}x_2 + \cdots + a_{1n}x_n = b_1,$$

$$a_{21}x_1 + a_{22}x_2 + \cdots + a_{2n}x_n = b_2,$$

$$\cdots\cdots$$

$$a_{n1}x_1 + a_{n2}x_2 + \cdots + a_{nn}x_n = b_n.$$

利用向量和矩阵记号就可将这个方程组写为一个简单形式 $Ax = b$, 其中 A 是一个 $m \times n$ 矩阵, b 是一个列向量. 我们将发展向量和矩阵的基本理论来说明如何利用它们的语言来简化线性系统的分析. 这对流行病模型中出现的微分方程系统的研究很有用. 在由含有两个未知函数的两个微分方程组组成的模型中, 所涉及的矩阵和向量将有 $m = n = 2$, 读者应该用 $m = n = 2$ 解释本章的结果. 我们把矩阵代数看作可以简化流行病学模型语言的机制.

A.2 向量和矩阵

n 维实向量是一个形如

$$v = [a_1, a_2, \cdots, a_n]$$

的 n 维有序实数组. 也可将 v 写为 (列向量) 形式

$$v = \begin{bmatrix} a_1 \\ a_2 \\ \vdots \\ a_n \end{bmatrix}. \tag{A.1}$$

在这些注释中, 我们使用 (A.1) 形式, 因为这将简化以后的计算. 实数将称为标量.

我们有下面两个向量运算:

1. **加法**. 这由下述公式定义

$$
\begin{bmatrix} a_1 \\ \vdots \\ a_n \end{bmatrix} + \begin{bmatrix} b_1 \\ \vdots \\ b_n \end{bmatrix} = \begin{bmatrix} a_1 + b_1 \\ \vdots \\ a_n + b_n \end{bmatrix}.
$$

2. **标量乘法**. 由

$$
\lambda \begin{bmatrix} a_1 \\ \vdots \\ a_n \end{bmatrix} = \begin{bmatrix} \lambda a_1 \\ \vdots \\ \lambda a_n \end{bmatrix}
$$

定义. 定义两个向量的标量积 (也称为内积或点积) 为

$$
\begin{bmatrix} a_1 \\ \vdots \\ a_n \end{bmatrix} \cdot \begin{bmatrix} b_1 \\ \vdots \\ b_n \end{bmatrix} = a_1 b_1 + \cdots + a_n b_n.
$$

例 1　考虑向量

$$
v_1 = \begin{bmatrix} 1 \\ 3 \\ -2 \end{bmatrix}, \quad v_2 = \begin{bmatrix} -2 \\ 1 \\ 2 \end{bmatrix}.
$$

于是

$$
v_1 + v_2 = \begin{bmatrix} -1 \\ 4 \\ 0 \end{bmatrix}, \quad 3v_1 = \begin{bmatrix} 3 \\ 9 \\ -6 \end{bmatrix},
$$

$$
v_1 \cdot v_2 = (1)(-2) + (3)(1) + (-2)(2) = -3.
$$

不难看到, 上面定义的运算具有下面的性质:

$$
u + v = v + u,
$$

$$
(u + v) + w = u + (v + w),
$$

$$\lambda(u+v) = \lambda u + \lambda v,$$

$$u \cdot v = v \cdot u,$$

$$u \cdot (v+w) = u \cdot v + u \cdot w,$$

$$u \cdot (\lambda v) = \lambda u \cdot v.$$

$m \times n$ 矩阵是有 m 行 n 列的 mn 个实数组:

$$A = \begin{bmatrix} a_{11} & a_{12} & \cdots & a_{1n} \\ a_{21} & a_{22} & \cdots & a_{2n} \\ \vdots & \vdots & \ddots & \vdots \\ a_{m1} & a_{m2} & \cdots & a_{mn} \end{bmatrix}. \tag{A.2}$$

矩阵 A 也写为 $A = (a_{ij})$. A 的大小为 $m \times n$. 按照下面的规则, 同样大小的矩阵可以相加, 矩阵可以与标量相乘:

$$\begin{bmatrix} a_{11} & \cdots & a_{1n} \\ \vdots & \ddots & \vdots \\ a_{m1} & \cdots & a_{mn} \end{bmatrix} + \begin{bmatrix} b_{11} & \cdots & b_{1n} \\ \vdots & \ddots & \vdots \\ b_{m1} & \cdots & b_{mn} \end{bmatrix} = \begin{bmatrix} a_{11}+b_{11} & \cdots & a_{1n}+b_{1n} \\ \vdots & \ddots & \vdots \\ a_{m1}+b_{m1} & \cdots & a_{mn}+b_{mn} \end{bmatrix},$$

$$\lambda \begin{bmatrix} a_{11} & \cdots & a_{1n} \\ \vdots & \ddots & \vdots \\ a_{m1} & \cdots & a_{mn} \end{bmatrix} = \begin{bmatrix} \lambda a_{11} & \cdots & \lambda a_{1n} \\ \vdots & \ddots & \vdots \\ \lambda a_{m1} & \cdots & \lambda a_{mn} \end{bmatrix}.$$

例 2 考虑矩阵

$$A = \begin{bmatrix} 2 & -1 & 3 \\ -2 & 5 & 0 \end{bmatrix}, \quad B = \begin{bmatrix} 0 & -1 & 3 \\ 4 & 4 & -2 \end{bmatrix},$$

于是有

$$A + B = \begin{bmatrix} 2 & -2 & 6 \\ 2 & 9 & -2 \end{bmatrix}, \quad 5A = \begin{bmatrix} 10 & -5 & 15 \\ -10 & 25 & 0 \end{bmatrix}, \quad -B = \begin{bmatrix} 0 & 1 & -3 \\ -4 & -4 & 2 \end{bmatrix}.$$

矩阵运算满足以下性质:

$$A + B = B + A,$$

$$A + (B + C) = (A + B) + C,$$

$$\lambda(A + B) = \lambda A + \lambda B.$$

如果 $A = (a_{ij})$ 是一个 $m \times n$ 矩阵, $B = (b_{jk})$ 是一个 $n \times p$ 矩阵, 则积 AB 为由 $C = (c_{ik})$ 定义的 $m \times p$ 矩阵, 其中

$$c_{ik} = \sum_{j=1}^{n} a_{ij}b_{jk}.$$

就是说, C 的 (i, k) 元素是 A 的第 i 行与 B 的第 k 列的标量积. 注意, 两个矩阵 A 与 B 的积只有当 A 的行数与 B 的列数相等时才有定义.

例 3 设

$$A = \begin{bmatrix} 2 & -1 & 3 \\ -2 & 5 & 0 \end{bmatrix}, \quad B = \begin{bmatrix} 2 & -1 & 4 \\ 0 & 1 & -1 \\ -2 & 5 & 0 \end{bmatrix},$$

则

$$AB = \begin{bmatrix} -2 & 12 & 9 \\ -4 & 7 & -13 \end{bmatrix}.$$

可以验证, 矩阵积满足下面性质:

$$A(BC) = (AB)C,$$

$$A(B + C) = AB + AC,$$

$$A(\lambda B) = \lambda AB.$$

重要的是要注意, 矩阵积一般不可以交换, 即, 一般 $AB \neq BA$. 此外, 如果积 AB 有定义, 但 BA 一般没有定义.

称一个矩阵为方阵, 如果它的行数等于它的列数. $n \times n$ 方阵 $A = (a_{ij})$ 的主对角线是 n 个数组 $(a_{11}, a_{22}, \cdots, a_{nn})$. 如果一个方阵 D 除了它的对角线以外的其他所有元素都为零, 则称此为对角矩阵:

$$D = \begin{bmatrix} \lambda_1 & 0 & \cdots & 0 \\ 0 & \lambda_2 & \cdots & 0 \\ \vdots & \vdots & \ddots & \vdots \\ 0 & 0 & \cdots & \lambda_n \end{bmatrix}.$$

我们也记 D 为 $D = \mathrm{diag}(\lambda_1, \lambda_2, \cdots, \lambda_n)$.

例 4 设

$$A = \begin{bmatrix} 2 & 1 & 4 \\ 0 & 1 & -1 \\ -2 & 5 & 0 \end{bmatrix}, \quad D = \begin{bmatrix} 2 & 0 & 0 \\ 0 & -1 & 0 \\ 0 & 0 & 5 \end{bmatrix} = \mathrm{diag}(2, -1, 5).$$

于是

$$AD = \begin{bmatrix} 4 & 1 & 20 \\ 0 & -1 & -5 \\ -4 & -5 & 0 \end{bmatrix}, \quad DA = \begin{bmatrix} 4 & -2 & 8 \\ 0 & -1 & 1 \\ -10 & 25 & 0 \end{bmatrix}.$$

上述例子说明以下事实成立: 如果 $A = (v_1, v_2, \cdots, v_n)$ 是一个方阵, 其元素是 n 维向量 $v_1, v_2, \cdots, v_n$, $B = \begin{bmatrix} u_1 \\ u_2 \\ \vdots \\ u_n \end{bmatrix}$ 是一个方阵, 它的行是 n 维向量 $u_1, u_2, \cdots, u_n$, 则

$$A\,\mathrm{diag}(\lambda_1, \lambda_2, \cdots, \lambda_n) = (\lambda_1 v_1, \lambda_2 v_2, \cdots, \lambda_n v_n), \tag{A.3a}$$

$$\mathrm{diag}(\lambda_1, \lambda_2, \cdots, \lambda_n)B = \begin{bmatrix} \lambda_1 u_1 \\ \lambda_2 u_2 \\ \vdots \\ \lambda_n u_n \end{bmatrix}. \tag{A.3b}$$

$n \times n$ 单位矩阵 I 是对所有 $n \times n$ 矩阵 A 满足

$$AI = IA = A \tag{A.4}$$

的对角矩阵 $\mathrm{diag}(1, 1, \cdots, 1)$.

A.3　线性方程组

n 个变量 m 个线性方程的方程组是以下形式的方程组

$$a_{11}x_1 + a_{12}x_2 + \cdots + a_{1n}x_n = b_1,$$

$$a_{21}x_1 + a_{22}x_2 + \cdots + a_{2n}x_n = b_2,$$

$$\cdots\cdots\cdots$$

$$a_{m1}x_1 + a_{m2}x_2 + \cdots + a_{mn}x_n = b_m.$$

可以将这个系统写为形式 $Ax = b$, 其中

$$A = (a_{ij}), \quad x = \begin{bmatrix} x_1 \\ \vdots \\ x_n \end{bmatrix}, \quad b = \begin{bmatrix} b_1 \\ \vdots \\ b_m \end{bmatrix}.$$

上述系统中所包含的信息也包含在 $n+1$ 列 m 行的增广矩阵 $A|b$ 中. 通过将一个方程的倍数加上另一个方程, 一个方程乘上一个非零常数, 或者交换两个方程都不会改变系统的解. 这等价于如果对增广矩阵进行一系列基本操作不会改变解的集合. 基本操作有以下三种类型:

1. 一行乘上一个数加到另一行;

2. 一行乘上一个非零常数;

3. 交换两行.

系统可以通过利用上述初等行运算将矩阵 A 化为三角矩阵求解, 这个方法称为高斯-若尔当 (Gauss-Jordan) 法. 我们通过例子来说明这个方法.

例 1 求解系统

$$x - 3y - 5z = -8,$$

$$-x + 2y + 4z = 5,$$

$$2x - 5y - 11z = -9.$$

将第一行加到第二行, 从第三行减去第一行的两倍, 然后将新的第二行乘以 -1. 接下来, 再将第二行乘以 3 加到第一行, 再从第三行减去第二行. 最后, 我们从第一行减去第三行, 将第三行乘以 $-\dfrac{1}{2}$, 然后从第二行减去第三行. 这些运算给出一系列增广矩阵

$$\left(\begin{bmatrix} 1 & -3 & -5 \\ -1 & 2 & 4 \\ 2 & -5 & -11 \end{bmatrix} \middle| \begin{bmatrix} -8 \\ 5 \\ -9 \end{bmatrix} \right) \sim \left(\begin{bmatrix} 1 & -3 & -5 \\ 0 & 1 & 1 \\ 0 & 1 & -1 \end{bmatrix} \middle| \begin{bmatrix} -8 \\ 3 \\ 7 \end{bmatrix} \right)$$

$$\sim \left(\begin{bmatrix} 1 & 0 & -2 \\ 0 & 1 & 1 \\ 0 & 0 & -2 \end{bmatrix} \middle| \begin{bmatrix} 1 \\ 3 \\ 4 \end{bmatrix} \right)$$

$$\sim \left(\begin{bmatrix} 1 & 0 & 0 \\ 0 & 1 & 0 \\ 0 & 0 & 1 \end{bmatrix} \middle| \begin{bmatrix} -3 \\ 5 \\ -2 \end{bmatrix} \right).$$

于是我们可以从最后一个形式得到解为 $x = -3, y = 5, z = -2$.

A.4 逆 矩 阵

设 A 是一个 $n \times n$ 矩阵. 如果 A 的逆存在, 则它是满足

$$AA^{-1} = A^{-1}A = I$$

的矩阵 A^{-1}. 不是每个矩阵 A 都有逆. 如果 A 有逆, 则称它是可逆的, 它的逆是唯一的.

例 1　求矩阵

$$A = \begin{bmatrix} 1 & -3 & -5 \\ -1 & 2 & 4 \\ 2 & -5 & -11 \end{bmatrix}$$

的逆.

解　A 的逆必须是形式 (A.2), 因此我们得求解 9 个线性方程的系统

$$A \cdot (x_{ij}) = I.$$

如在上一个例子中我们利用高斯-若尔当法求解过这个方程组. 这个运算的第一步和最后一步是

$$\left(\begin{bmatrix} 1 & -3 & -5 \\ -1 & 2 & 4 \\ 2 & -5 & -11 \end{bmatrix} \middle| \begin{bmatrix} 1 & 0 & 0 \\ 0 & 1 & 0 \\ 0 & 0 & 1 \end{bmatrix} \right) \sim \left(\begin{bmatrix} 1 & 0 & 0 \\ 0 & 1 & 0 \\ 0 & 0 & 1 \end{bmatrix} \middle| \begin{bmatrix} -1 & -4 & -1 \\ -\frac{3}{2} & -\frac{1}{2} & \frac{1}{2} \\ \frac{1}{2} & -\frac{1}{2} & -\frac{1}{2} \end{bmatrix} \right).$$

因此, A 的逆是矩阵

$$A^{-1} = \begin{bmatrix} -1 & -4 & -1 \\ -\frac{3}{2} & -\frac{1}{2} & \frac{1}{2} \\ \frac{1}{2} & -\frac{1}{2} & -\frac{1}{2} \end{bmatrix}.$$

A.5 行 列 式

方阵的行列式定义为

$$\det \begin{bmatrix} a_{11} & a_{12} \\ a_{21} & a_{22} \end{bmatrix} = a_{11}a_{22} - a_{12}a_{21},$$

$$\det \begin{bmatrix} a_{11} & a_{12} & \cdots & a_{1n} \\ a_{21} & a_{22} & \cdots & a_{2n} \\ \vdots & \vdots & \ddots & \vdots \\ a_{n1} & a_{n2} & \cdots & a_{nn} \end{bmatrix}$$

$$= a_{11} \det \begin{bmatrix} a_{22} & \cdots & a_{2n} \\ \vdots & \ddots & \vdots \\ a_{n2} & \cdots & a_{nn} \end{bmatrix} - a_{12} \det \begin{bmatrix} a_{21} & \cdots & a_{2n} \\ \vdots & \ddots & \vdots \\ a_{n1} & \cdots & a_{nn} \end{bmatrix}$$

$$+ \cdots + (-1)^{n+1} a_{1n} \det \begin{bmatrix} a_{21} & a_{22} & \cdots & a_{2(n-1)} \\ \vdots & \vdots & \ddots & \vdots \\ a_{n1} & a_{n2} & \cdots & a_{n(n-1)} \end{bmatrix}.$$

例 1 计算矩阵

$$A = \begin{bmatrix} 2 & 0 & 1 \\ 1 & 4 & 1 \\ 0 & -2 & -1 \end{bmatrix}$$

的行列式.

解 我们有

$$\det A = 2 \det \begin{bmatrix} 4 & 1 \\ -2 & -1 \end{bmatrix} - 0 + \det \begin{bmatrix} 1 & 4 \\ 0 & -2 \end{bmatrix} = 2(-4+2) + (-2) = -6.$$

定理 A.1

$$\det(v_1, \cdots, \alpha u + \beta v, \cdots, v_n) = \alpha \det(v_1, \cdots, u, \cdots, v_n) + \beta \det(v_1, \cdots, v, \cdots, v_n),$$

$$\det(v_1, \cdots, v_i, \cdots, v_j, \cdots, v_n) = -\det(v_1, \cdots, v_j, \cdots, v_i, \cdots, v_n).$$

由 (A.5) 可以推得行列式的以下性质,

$$\det(v_1, \cdots, 0, \cdots, v_n) = 0,$$

$$\det(v_1, \cdots, u, \cdots, u, \cdots, v_n) = 0, \tag{A.5}$$

$$\det(v_1, \cdots, u, \cdots, v + \alpha u, \cdots, v_n) = \det(v_1, \cdots, u, \cdots, v, \cdots, v_n).$$

矩阵 A 的转置 A^{T} 是一个矩阵, 它的列是 A 的行, 它的行是 A 的列. 如果 A 是一个 $m \times n$ 矩阵, 则 A^{T} 是一个 $n \times m$ 矩阵.

可以用归纳法证明

$$\det A^{\mathrm{T}} = \det A. \tag{A.6}$$

由 (A.6) 得知, 交替多重线性性质 (A.5) 对矩阵的行也成立.

例 2   计算矩阵

$$A = \begin{bmatrix} 1 & 0 & 4 & 3 & -1 \\ 0 & 4 & 2 & -2 & 0 \\ -2 & 1 & -1 & 3 & 2 \\ 10 & 4 & -2 & 0 & 1 \\ 4 & 6 & -1 & 0 & 3 \end{bmatrix}$$

的行列式.

解   将性质 (A.5) 应用到 A 的行来计算这个行列式.

$$\det A = \det \begin{bmatrix} 1 & 0 & 4 & 3 & -1 \\ 0 & 4 & 2 & -2 & 0 \\ 0 & 1 & 7 & 9 & 0 \\ 0 & 4 & -42 & -30 & 11 \\ 0 & 6 & -17 & -12 & 7 \end{bmatrix} = -\det \begin{bmatrix} 1 & 0 & 4 & 3 & -1 \\ 0 & 1 & 7 & 9 & 0 \\ 0 & 4 & 2 & -2 & 0 \\ 0 & 4 & -42 & -30 & 11 \\ 0 & 6 & -17 & -12 & 7 \end{bmatrix}$$

$$= -\det \begin{bmatrix} 1 & 0 & 4 & 3 & -1 \\ 0 & 1 & 7 & 9 & 0 \\ 0 & 0 & -26 & -38 & 0 \\ 0 & 0 & -70 & -66 & 11 \\ 0 & 6 & -59 & -66 & 7 \end{bmatrix} = -\det \begin{bmatrix} -26 & -38 & 0 \\ -70 & -66 & 11 \\ -59 & -66 & 7 \end{bmatrix}$$

$$= 2 \det \begin{bmatrix} 13 & 19 & 0 \\ -70 & -66 & 11 \\ -59 & -66 & 7 \end{bmatrix}$$

$$= 2 \left(13 \det \begin{bmatrix} -66 & 11 \\ -66 & 7 \end{bmatrix} \right) - \left(-19 \det \begin{bmatrix} -70 & 11 \\ -59 & 7 \end{bmatrix} \right)$$

$$= 2(13(-462 + 726) - 19(-490 + 649)) = 822.$$

定理 A.2　如果 A 和 B 是大小相同的方阵, 则

$$\det(AB) = (\det A)(\det B). \tag{A.6a}$$

如果矩阵 A 有逆 A^{-1}, 则方程 (A.6a) 意味着

$$(\det A)(\det A^{-1}) = 1. \tag{A.7}$$

因此, 由方程 (A.7), 我们可以得到, 如果 A 可逆, 则 $\det A \neq 0$. 对逆也成立, 且包含在下面的定理中.

定理 A.3　设 A 是一个 $n \times n$ 矩阵. 则下面的等价:

1. 对每个 n 维向量 b, 系统 $Ax = b$ 有唯一解.
2. 矩阵 A 是可逆的.
3. $\det A \neq 0$.

注意, 如果 $\det A = 0$, 则系统 $Ax = 0$ 有非零解 x. 下一节我们将利用这个事实.

A.6　特征值和特征向量

设 A 是一个方阵. 我们说 $v \neq 0$ 是 A 的一个特征向量, 如果有标量 λ 满足

$$Av = \lambda v, \tag{A.8}$$

λ 可以是复数. 注意, 矩阵 A 的每个特征向量对应于唯一特征值. 但是, 一个特征值可以与几个特征向量相对应.

例 1　设

$$A = \begin{bmatrix} 5 & 8 & -3 \\ 0 & -3 & 0 \\ 0 & 0 & 2 \end{bmatrix}, \quad v = \begin{bmatrix} 1 \\ 0 \\ 1 \end{bmatrix}.$$

则 v 是 A 关于特征值 $\lambda = 2$ 的特征向量:

$$Av = \begin{bmatrix} 5 & 8 & -3 \\ 0 & -3 & 0 \\ 0 & 0 & 2 \end{bmatrix} \begin{bmatrix} 1 \\ 0 \\ 1 \end{bmatrix} = \begin{bmatrix} 2 \\ 0 \\ 2 \end{bmatrix} = 2 \begin{bmatrix} 1 \\ 0 \\ 1 \end{bmatrix}.$$

现在我们描述一个求矩阵特征值的方法. 但首先请注意, 如果 v 是矩阵 A 关于特征值 λ 的特征向量, 则 λ 和 v 是方程 (A.8) 的解, 其中 $v \neq 0$. 方程 (A.8) 可以写为形式

$$(A - \lambda I)v = 0, \tag{A.9}$$

其中 I 是与 A 一样大小的单位矩阵. 由定理 A.3, 方程 (A.9) 有非零解 v, 当且仅当

$$\det(A - \lambda I) = 0. \tag{A.10}$$

称方程 (A.10) 为矩阵 A 的特征方程. 注意, 如果 A 是一个 $n \times n$ 矩阵, 则特征方程 (A.10) 是 λ 的一个 n 次多项式方程.

例 2　计算矩阵

$$A = \begin{bmatrix} 5 & 8 & -3 \\ 0 & -3 & 0 \\ 0 & 0 & 2 \end{bmatrix}$$

的特征值和特征向量.

解　A 的特征方程为

$$0 = \det(A - \lambda I) = \det \begin{bmatrix} 5 - \lambda & 8 & -3 \\ 0 & -3 - \lambda & 0 \\ 0 & 0 & 2 - \lambda \end{bmatrix} = (5 - \lambda)(-3 - \lambda)(2 - \lambda).$$

因此, A 的特征值是 $\lambda_1 = 5, \lambda_2 = -3, \lambda_3 = 2$. 为了计算特征向量, 对每个 λ_i 求解方程 (A.9). 利用高斯-若尔当法, 得到

$$v_1 = \begin{bmatrix} 1 \\ 0 \\ 0 \end{bmatrix}, \quad v_2 = \begin{bmatrix} 1 \\ -1 \\ 0 \end{bmatrix}, \quad v_3 = \begin{bmatrix} 1 \\ 0 \\ 1 \end{bmatrix}$$

是 A 关于 $\lambda_1 = 5, \lambda_2 = -3, \lambda_3 = 2$ 的特征向量.

例 3　计算矩阵

$$A = \begin{bmatrix} 1 & 1 & 0 \\ 2 & 0 & 0 \\ 0 & 0 & 3 \end{bmatrix}$$

的特征值与特征向量.

解 A 的特征方程为

$$0 = \det \begin{bmatrix} 1-\lambda & 1 & 0 \\ 2 & -\lambda & 0 \\ 0 & 0 & 3-\lambda \end{bmatrix} = (1-\lambda)\det \begin{bmatrix} -\lambda & 0 \\ 0 & 3-\lambda \end{bmatrix} - \det \begin{bmatrix} 2 & 0 \\ 0 & 3-\lambda \end{bmatrix}$$

$$= (1-\lambda)(-\lambda)(3-\lambda) - 2(3-\lambda) = -(\lambda-3)(\lambda+1)(\lambda-2).$$

因此, A 的特征值是 $\lambda_1 = 3, \lambda_2 = -1, \lambda_3 = 2$. A 关于这些特征值的特征向量是

$$v_1 = \begin{bmatrix} 0 \\ 0 \\ 1 \end{bmatrix}, \quad v_2 = \begin{bmatrix} -1 \\ 2 \\ 0 \end{bmatrix}, \quad v_3 = \begin{bmatrix} 1 \\ 1 \\ 0 \end{bmatrix}.$$

例 4 求矩阵

$$A = \begin{bmatrix} 1 & 3 \\ -4 & 2 \end{bmatrix}$$

的特征值和特征向量.

解 A 的特征方程是

$$0 = \det \begin{bmatrix} 1-\lambda & 3 \\ -4 & 2-\lambda \end{bmatrix} = \lambda^2 - 3\lambda + 14.$$

于是 A 的特征值是

$$\lambda_1 = \frac{3}{2} + \frac{\sqrt{47}}{2}i \quad \text{和} \quad \lambda_1 = \frac{3}{2} - \frac{\sqrt{47}}{2}i.$$

A 对应于 λ_1 和 λ_2 的特征向量分别是

$$v_1 = \begin{bmatrix} 3 \\ \dfrac{1}{2} + \dfrac{\sqrt{47}}{2}i \end{bmatrix}, \quad v_2 = \begin{bmatrix} 3 \\ \dfrac{1}{2} - \dfrac{\sqrt{47}}{2}i \end{bmatrix}.$$

设 A 是 $n \times n$ 矩阵, 假设特征值 $\lambda_1, \lambda_2, \cdots, \lambda_n$ 都相异. 又若 $v_1, v_2, \cdots, v_n$ 是 A 关于 λ_i 的特征向量, 令

$$D = \operatorname{diag}(\lambda_1, \lambda_2, \cdots, \lambda_n),$$

$$S = (v_1, v_2, \cdots, v_n).$$

矩阵 D 是对角矩阵, 它的对角线元素是 A 的特征值, S 是一个矩阵, 它的列是 A 的特征向量. 因此

$$AS = A(v_1, v_2, \cdots, v_n) = (Av_1, Av_2, \cdots, Av_n) = (\lambda_1 v_1, \lambda_2 v_2, \cdots, \lambda_n v_n)$$

$$= (v_1, v_2, \cdots, v_n)\mathrm{diag}(\lambda_1, \lambda_2, \cdots, \lambda_n) = SD,$$

其中我们利用了 (A.3a). 可以证明矩阵 S 可逆. 于是我们可以将 A 分解为形式

$$A = SDS^{-1}. \tag{A.11}$$

表达式 (A.11) 称为 A 的对角化. 不是每个矩阵都有对角化, 故我们称 A 为可对角化. 我们已经看到, 当 A 的所有特征值都相异时, A 可对角化.

例 5　对角化矩阵

$$A = \begin{bmatrix} 1 & 1 & 0 \\ 2 & 0 & 0 \\ 0 & 0 & 3 \end{bmatrix}.$$

解　A 的特征值是 $\lambda_1 = 3, \lambda_2 = 2, \lambda_3 = -1$, 关于这些特征值的特征向量是

$$v_1 = \begin{bmatrix} 0 \\ 0 \\ 1 \end{bmatrix}, \quad v_2 = \begin{bmatrix} 1 \\ 1 \\ 0 \end{bmatrix}, \quad v_3 = \begin{bmatrix} -1 \\ 2 \\ 0 \end{bmatrix}.$$

设

$$S = \begin{bmatrix} 0 & 1 & 1 \\ 0 & 1 & -2 \\ 1 & 0 & 0 \end{bmatrix}, \quad D = \begin{bmatrix} 3 & 0 & 0 \\ 0 & 2 & 0 \\ 0 & 0 & -1 \end{bmatrix}.$$

于是我们有 $A = SDS^{-1}$. 因此, A 的对角化是

$$\begin{bmatrix} 1 & 1 & 0 \\ 2 & 0 & 0 \\ 0 & 0 & 3 \end{bmatrix} = \begin{bmatrix} 0 & 1 & 1 \\ 0 & 1 & -2 \\ 1 & 0 & 0 \end{bmatrix} \begin{bmatrix} 3 & 0 & 0 \\ 0 & 2 & 0 \\ 0 & 0 & -1 \end{bmatrix} \begin{bmatrix} 0 & 0 & 1 \\ 2/3 & 1/3 & 0 \\ 1/3 & -1/3 & 0 \end{bmatrix}.$$

由 (A.3) 可以验证

$$(\mathrm{diag}(\lambda_1, \lambda_2, \cdots, \lambda_n))^k = \mathrm{diag}(\lambda_1^k, \lambda_2^k, \cdots, \lambda_n^k).$$

因此, 如果 $A = SDS^{-1}$, 则

$$A^k = (SDS^{-1})(SDS^{-1}) \cdots (SDS^{-1}) \quad (k \text{ 个因子})$$

$$= SD^k S^{-1}.$$

如果 $p(x) = a_k x^k + \cdots + a_1 x + a_0$ 是一个多项式, A 是一个可对角化矩阵, 于是

$$p(A) = p(SDS^{-1}) = S \cdot p(D) \cdot S^{-1} = S \cdot \mathrm{diag}(p(\lambda_1), p(\lambda_2), \cdots, p(\lambda_n)) \cdot S^{-1}.$$

例 6 求 $p(A)$, 其中 $p(x) = x^2 - 3x + 14$,

$$A = \begin{bmatrix} 1 & 3 \\ -4 & 2 \end{bmatrix}.$$

解 A 的特征方程是 $\lambda^2 - 3\lambda + 14 = 0$. 因此

$$p(A) = S \cdot p(D) \cdot S^{-1} = S \cdot \mathrm{diag}(p(\lambda_1), p(\lambda_2)) \cdot S^{-1} = S \cdot \mathrm{diag}(0, 0) \cdot S^{-1} = 0.$$

上述例子表明下面事实成立: 每个可对角化矩阵满足它的特征方程. 事实上, 可以证明每个矩阵都满足它的特征方程.

附录 B 一阶常微分方程

B.1 指数增长和指数衰减

某个量的变化率通常与该量存在数成比例. 这可能是正确的, 例如, 对拥有足够资源的人口规模, 其增长不受限制, 并且仅依赖于固有的人均生育率. 它也可以适用于正在衰变的物种, 例如一件放射性物质的质量. 在这种情况下, 如果 $y(t)$ 是在时间 t 的量, 则 $y(t)$ 满足微分方程

$$\frac{dy}{dt} = ay, \tag{B.1}$$

其中 a 是一个常数, 表示正比例增长率或衰减率. 如果量增加则它为正, 如果量减少则它是负的. 容易验证, 对常数 c 的每个选择, $y = ce^{at}$ 是微分方程 (B.1) 的解. 对此我们的意思是将函数 $y = ce^{at}$ 代入微分方程 (B.1), 它变成一个恒等式. 如果 $y = ce^{at}$, 则 $y' = ace^{at} = ay$, 这是必须要验证的. 因此, 微分方程 (B.1) 有无穷多个解 (对常数 c 的每个选择得到一个解, 包括 $c = 0$), 即

$$y = ce^{at}. \tag{B.2}$$

为了使一个数学问题成为对科学情况的合理描述, 这个数学问题必须只有一个解; 如果有多个解, 我们将不知道哪个解代表了讨论的情况. 这表明微分方程 (B.1) 本身还不足以对物理情况进行描述. 还必须给定函数 y 在某个初始时间的值以测量 y, 然后允许系统开始运行. 例如, 我们可能会附加额外的要求, 称为*初始条件*, 即

$$y(0) = y_0. \tag{B.3}$$

由微分方程和初始条件组成的问题称为*初值问题*. 将 $t = 0, y = y_0$ 代入形式 (B.2), 可确定微分方程 (B.1) 同时满足初始条件 (B.3) 的 c 值的解. 这给出方程

$$y_0 = ce^0 = c,$$

因此, $c = y_0$. 现在我们利用 c 的这个值给出微分方程 (B.1) 满足初始条件 (B.3) 的解, 即 $y = y_0 e^{at}$. 为了证明这是初值问题 (B.1), (B.3) 的唯一解, 必须证明, 微分方程 (B.1) 的每一个解都是 (B.2) 的形式.

为了证明这一点, 假设 $y(t)$ 是微分方程 (B.1) 的解, 即对每个 t 值, $y'(t) = ay(t)$. 如果 $y(t) \neq 0$, 用 $y(t)$ 除以 $y(t)$, 给出

$$\frac{y'(t)}{y(t)} = \frac{d}{dt} \log |y(t)| = a. \tag{B.4}$$

在 (B.4) 的两端积分, 给出 $\log |y(t)| = at + k$, 其中 k 是某个积分常数. 于是

$$|y(t)| = e^{at+k} = e^k e^{at}.$$

由于对每个 t 值, e^{at} 和 e^k 都为正, $|y(t)|$ 不可能为零, 因此 $y(t)$ 不能改变符号. 我们可以去除这个绝对值, 得到 $y(t)$ 是 e^{at} 的常数倍, 即 $y = ce^{at}$. 我们还注意到, 如果 $y(t)$ 对于一个 t 值不为零, 那么对于每个 t 值 $y(t)$ 都不为零. 因此, 证明一开始用 $y(t)$ 除是合理的. 除非解 $y(t)$ 恒等于零. 恒等零的函数也是微分方程的一个解, 通过代换很容易验证, 它包含在 $c = 0$ 时的解族 $y = ce^{at}$ 中.

积分在出现了绝对值时会产生一些复杂问题, 但如果我们知道, 如在许多应用中, 解一定是非负的, 即 $|y(t)| = y(t)$, 这个问题就可以避免. 如果我们知道微分方程 $y' = ay$ 的解 $y(t)$ 对所有 t 都是正的, 我们就可用

$$\frac{d}{dt} \log y(t) = a$$

代替 (B.4), 然后积分得到 $\log y(t) = at + k, y(t) = e^{at+k}, y(t) = e^{at} e^k = ce^{at}$.

上述证明中的逻辑论证是, 如果微分方程具有解, 则该解必须具有一定的形式. 但也可以导出作为确定解的方法的形式.

现在我们有微分方程 (B.1) 的一族解. 为了确定这个族中满足给定初始条件的成员, 即, 为了确定常数 c 的值, 只需将初始条件代入解族. 在初值问题所描述的任何情况下, 包括人口增长模型和放射性衰变, 都可以遵循这一方法.

例 1 假设所给的原生动物种群是根据简单的生长规律发展的, 每个成员每天的增长率为 0.6, 没有死亡, 且在第零天该种群由两个成员组成. 求这个种群 10 天后的规模.

解 种群规模满足微分方程 (B.1), 其中 $a = 0.6$, 因此, $y(t) = ce^{0.6t}$. 由于 $y(0) = 2$, 将 $t = 0, y = 2$ 代入, 得到 $2 = c$. 因此, 满足初始条件的解是 $y(t) = 2e^{0.6t}$, 10 天后的种群规模为 $y(10) = 2e^{(0.6)(10)} = 403$(其中种群规模取最靠近的整数).

如果我们知道种群根据指数增长规律呈指数增长, 但不知道增长率, 则可把解 $y = ce^{at}$ 看作包含两个必须确定的参数. 这需要了解在两个不同时间的种群规模, 以便提供两个可以针对这两个参数求解的方程.

例 2 假设一个种群的发展遵循指数发展规律, 在开始时间有 50 个成员, 在第 10 天末有 100 个成员. 求这个种群在 20 天末的规模.

解 种群在时间 t 的规模满足 $y(t) = ce^{at}, y(0) = 50, y(10) = 100$. 因此 $y(0) = 50 = ce^0$ 和 $y(10) = ce^{10a} = 100$. 由此得到 $c = 50$ 和 $100 = 50e^{10a}$. 从而, $e^{10a} = 2, a = \dfrac{\log 2}{10} = 0.0693$. 最后得到

$$y(20) = 50e^{(20)(\log 2)/10} = 50e^{\log 2} = 50 \cdot 2^2 = 200.$$

B.2 放射性衰变

放射性物质会衰变, 因为它们的一部分原子会分解成其他物质. 如果 $y(t)$ 表示放射性物质在时间 t 的质量, 其原子在单位时间内分解的比例为 k, 则 $y(t+h) - y(t)$ 近似地为 $-ky(t)$, 于是我们可将微分方程 (B.1) 中的 a 替换为 $-k$. 如果从问题的性质清楚地看出, 比例常数必须为负, 则将 $-k$ 作为比例常数, 从而给出微分方程

$$y' = -ky, \tag{B.5}$$

其中 $k > 0$.

例 1 放射性元素锶 90 的衰变常数为 2.48×10^{-2}/ 年. 锶 90 质量减少到其原始质量的一半需要多长时间?

解 锶 90 在时间 t 的质量 $y(t)$ 满足微分方程 (B.5), 其中 $k = 2.48 \times 10^{-2}$. 如果我们记在时间 $t = 0$ 的值为 y_0, 于是 $y(t) = y_0 e^{-(2.48 \times 10^{-2})t}$. 对 t 的值 $y(t) = y_0/2$ 是

$$\frac{y_0}{2} = y_0 e^{-(2.48 \times 10^{-2})t}$$

的解. 如果两边除以 y_0, 再取自然对数, 得到

$$-(2.48 \times 10^{-2})t = \log \frac{1}{2} = -\log 2,$$

因此, $t = (\log 2)/(2.48 \times 10^{-2}) = 27.9$ 年.

放射性物质质量降至其初始值一半所需的时间称为该物质的**半衰期**. 半衰期 T 通过

$$T = \frac{\log 2}{k}$$

与衰减常数 k 相关, 因为, 如果 $y(t) = y_0 e^{-kt}$, 且 (由定义) $y(T) = \dfrac{y_0}{2}$, 于是

$e^{-kT} = \dfrac{1}{2}$, 因此 $-kT = \log \dfrac{1}{2} = -\log 2$. 对于放射性物质, 通常给出半衰期而不是衰变常数.

例 2 镭 226 的半衰期为 1620 年. 求将镭 226 样品减少到原来质量的四分之一所需的时间.

解 镭 226 的衰变常数是 $k = \dfrac{\log 2}{1620} = 4.28 \times 10^{-4}/$ 年. 如果开始的质量为 y_0, 利用 k, 样品在时间 t 的质量为 $y_0 e^{-kt}$. 通过求解方程 $\dfrac{y_0}{4} = y_0 e^{-k\tau}$ 得到在时间 τ 的质量为 $\dfrac{y_0}{4}$. 取自然对数, 得到 $-k\tau = \log 4$, 由此给出

$$\tau = -\frac{\log \dfrac{3}{4}}{k} = \frac{1620 \left(\log \dfrac{3}{4}\right)}{\log 2} = 672(年).$$

放射性元素碳 14 衰变为普通碳 (碳 12), 其衰变常数为 $1.244 \times 10^{-4}/$ 年, 因此碳 14 的半衰期为 5570 年. 这有一个重要的应用, 称为碳年代测定法, 用于确定化石的大致年龄. 生命物质中的碳包含了从大气中吸收的碳 14 的一小部分. 当一种植物或动物死亡时, 它不再吸收碳 14, 因为放射性衰变, 碳 14 的比例下降. 通过比较化石中碳 14 的比例与死亡前假定存在的比例, 就有可能计算出停止吸收碳 14 的时间.

例 3 生物组织每克碳大约含有 6×10^{10} 个碳 14 原子. 古埃及第一个王朝的墓穴中的木梁每克碳中含有大约 3.33×10^{10} 个碳 14 原子. 问这座古墓有多久了?

解 每克碳中的碳 14 原子数 $y(t)$ 为 $y(t) = y_0 e^{-kt}$, 其中 $y_0 = 6 \times 10^{10}$, $k = 1.244 \times 10^{-4}$, 对这个特殊的 t 值 $y(t) = 3.33 \times 10^{10}$. 因此, 坟墓的年龄由方程

$$e^{-(1.244 \times 10^{-4})t} = \frac{3.33 \times 10^{10}}{6 \times 10^{10}} = \frac{3.33}{6}$$

的解给出, 如果我们取自然对数, 得到

$$t = -\frac{\log 3.33 - \log 6}{1.244 \times 10^{-4}} = 4733(年).$$

B.3 解和方向场

关于微分方程, 我们简单地指它是未知函数及其导数之间的关系. 我们将局限于常微分方程, 这些微分方程的未知函数是一个变量的函数, 其导数是通常的导数. 而偏微分方程是一种其未知函数是一个以上变量的函数的微分方程, 因此

所涉及的导数是偏导数. 微分方程的阶是出现在微分方程中的最高阶导数的阶数. 本章讨论的是涉及未知函数 $y(t)$ 和它的一阶导数 $y'(t) = \dfrac{dy}{dt}$ 的一阶微分方程

$$y' = \frac{dy}{dt} = f(t, y), \tag{B.6}$$

其中 f 是两个变量 t 和 y 的给定函数.

微分方程 (B.6) 的解是 t 的某个区间 I 上的 t 的可微函数 y, 使得对区间 I 的每个 t 满足

$$y'(t) = f(t, y(t)).$$

换句话说, 函数 $y(t)$ 的微分是函数 $f(t, y(t))$. 例如, 我们在上一节看到, 不管常数 c 取什么值, 函数 $y = ce^{at}$ 是微分方程 $y' = ay$ 在每个 t 区间上的解. 通过对 ce^{at} 求导得到 ace^{at}, 这可改写为 ay.

为了验证一个给定函数是否是一个给定微分方程的解, 只需将其代入微分方程, 检查它是否可以化为一个恒等式.

例 1 证明函数 $y = \dfrac{1}{t+1}$ 是微分方程 $y' = -y^2$ 的解.

解 对给定的函数

$$\frac{dy}{dt} = -\frac{1}{(t+1)^2} = -y^2,$$

证明它事实上是该方程的一个解.

可以以同样方式验证函数族满足给定的微分方程. 所谓函数族, 是指包括任意常数的函数, 使得对该常数的每个值它定义一个不同函数. 例如, 族 ce^{5t}, 包括 $e^{5t}, -4e^{5t}, 12e^{5t}$ 和 $\sqrt{3}e^{5t}$ 等. 当我们说一个函数族满足一个微分方程时, 是指将该族 (即一般形式) 代入微分方程给出对常数的每个选择满足的恒等式.

例 2 证明对每个 c, 函数 $y = \dfrac{1}{t+c}$ 是微分方程 $y' = -y^2$ 的解.

解 对给定的函数,

$$\frac{dy}{dt} = -\frac{1}{(t+c)^2} = -y^2,$$

因此, 所给函数族的每个成员都是解.

在应用中, 通常感兴趣的不是求微分方程的解族, 而是求满足某些附加条件的解. 在 B.1 节的各个示例中, 附加的要求是, 对自变量 t 的指定值, 解应该具有的指定值. 这种要求的形式

$$y(t_0) = y_0 \tag{B.7}$$

称为初始条件, t_0 称为初始时间, y_0 称为初始值. 微分方程 (B.1) 连同初始条件 (B.2) 组成的问题称为初值问题. 几何上, 初始条件是在 $t-y$ 平面上的一族解中用于挑选解所通过的点 (t_0, y_0). 物理上, 这相当于在时间 t_0 测量系统状态, 并使用初始值问题的解来预测系统的未来性态.

例 3[①]   求微分方程 $y' = -y^2$ 形如 $y = \dfrac{1}{t+c}$ 且满足初始条件 $y(0) = 1$ 的解.

解   将值 $t = 0, y = 1$ 代入方程 $y = \dfrac{1}{t+c}$, 得到关于 c 的条件 $1 = \dfrac{1}{c}$, 其解 $c = 1$. 要求的解是从解族中令 $c = 1$ 的解, 即 $y = \dfrac{1}{t+1}$.

例 4   求微分方程 $y' = -y^2$ 满足一般初始条件 $y(0) = y_0$ 的解, 其中 y_0 是任意的.

解   将值 $t = 0, y = y_0$ 代入方程 $y = \dfrac{1}{t+c}$, 得到关于 c 的方程 $y_0 = \dfrac{1}{c}$, 求得 $c = \dfrac{1}{y_0}$, 只要 $y_0 \neq 0$. 因此, 这个初值问题的解是

$$y = \frac{1}{\left(t + \dfrac{1}{y_0}\right)^2},$$

除了 $y_0 = 0$. 如果 $y_0 = 0$, 则给定形式的初值问题无解. 此时恒等于零的函数 $y = 0$ 是其解. 现在我们得到微分方程 $y' = -y^2$ 满足在 $y = 0$ 的任意初始条件的解.

如果我们考虑不施加初始条件的微分方程, 则可能会产生一族解, 然后我们还将关注给定族是否包含该微分方程的所有解的问题. 要回答这个问题, 将需要利用一个定理, 该定理可以保证给定微分方程的每个初值问题都具有唯一解. 更具体地说, 如果要将初始值问题用作科学问题的可利用的数学描述, 则它必须具有解, 否则将不能用于预测性态. 此外, 它应该只有一个解, 否则我们将不知道哪个解描述这个系统. 因此, 对于应用来说, 有一个数学理论告诉我们初值问题只有一个解是至关重要的. 幸运的是, 有一个非常一般的定理告诉我们, 只要函数 f 相当光滑, 它对初值问题 (B.6), (B.3) 成立. 我们将陈述这个结果, 并要求读者在没有证明的情况下接受它, 因为证明需要比我们目前拥有更高级的数学知识.

存在唯一性定理   如果函数 $f(t, y)$ 在包含 (t_0, y_0) 的某个平面区域内关于 y 可微, 则由微分方程 $y' = f(t, y)$ 和初始条件 $y(t_0) = y_0$ 组成的初值问题在包含 t_0 在其内部的某个区间上存在定义的唯一解.

即使函数 $f(t, x)$ 在整个 $t-y$ 平面上有定义, 也不能保证对所有 t 都有定义

[①] 英文版缺少例 3, 中文版将英文版的例 4, 例 5 相应地改为例 3, 例 4. ——译者注.

的解. 正如在例 1 中看到的, $y' = -y^2, y(0) = 1$ 的解 $y = \dfrac{1}{t+1}$ 仅对 $-1 < t < \infty$ 存在. 在例 2 中我们看到, 解族 $y = \dfrac{1}{t+c}$ 具有不同的存在性区间. 在例 4 中, 我们展示了如何用任意初始条件重写微分方程的解族, 即, 作为该微分方程的初值问题的解. 我们也看到如何确定给定解族成员无法满足的那些初始条件. 通常存在常数函数, 这些函数不是给定解族的成员, 而是满足该解族成员无法满足的初始条件. 存在唯一性定理告诉我们, 如果我们可以找到一个解族, 可能还需要加上一些其他解, 使得我们可以找到包含对应于每个可能初始条件的解的集合, 那么我们就得到了微分方程的所有解的集合.

出现在各种应用中包括人口增长和谣言传播模型的微分方程是包含两个参数 r 和 K 的 Logistic 微分方程

$$y' = ry\left(1 - \frac{y}{K}\right). \tag{B.8}$$

这种形式背后的基本思想像在指数增长方程式中一样. 假定人均增长率为常数 r, 则更现实的假设是人均增长率随着人口规模的增加而减少. Logistic 方程中所用的 $1 - \dfrac{y}{K}$ 的形式是降低人均增长率的最简单形式. 可以验证, 对每个常数 c, 函数

$$y = \frac{K}{1 + ce^{-rt}} \tag{B.9}$$

是这个微分方程的解. 为了看到这一点, 注意到对给定的函数 y,

$$y' = \frac{Kcre^{-rt}}{(1 + ce^{-rt})^2}$$

和

$$1 - \frac{y}{K} = \frac{K - y}{K} = \frac{ce^{-rt}}{1 + ce^{-rt}}.$$

因此

$$ry\left(1 - \frac{y}{K}\right) = \frac{Krce^{-rt}}{(1 + ce^{-rt})^2} = y',$$

对 c 的每个选择, 所给函数满足这个 Logistic 方程.

为了求满足初始条件 $y(0) = y_0$ 的解, 我们将 $t = 0, y = y_0$ 代入 (B.9), 得到 $\dfrac{K}{1+c} = y_0$, 这意味着只要 $y_0 \neq 0$, $c = \dfrac{K - y_0}{y_0}$, 这给出 $y_0 \neq 0$ 的初值问题的解

$$y = \frac{K}{1 + \left(\dfrac{K - y_0}{y_0}\right)e^{-rt}} = \frac{Ky_0}{y_0 + (K - y_0)e^{-rt}}. \tag{B.10}$$

注意, 分母从 (对 $t = 0$ 的)K 开始, 随着 $t \to \infty$ 趋于 y_0. 现在假设 K 代表某个物理量, 使得 $K > 0$, 则从 (B.10) 容易看出, 如果 $y_0 > 0$, 则解 $y(t)$ 对所有 $t > 0$ 存在, 且 $\lim\limits_{t \to \infty} y(t) = K$. 如果 $y_0 < 0$, 则这个解对所有 $t > 0$ 不存在, 因为 $y(t) \to -\infty$, 其中当 $y_0 + (K - y_0)e^{-rt} \to 0$ 或 $t \to -\log\left(\dfrac{-y_0}{K - y_0}\right)$ 时分母改变符号. 如果 $y_0 = 0$, 则初值问题的解不能由 (B.10) 给出, 它是一个恒等于零的函数 $y = 0$. 存在唯一性定理表明, 由于我们现在得到了对应于每个可能的初始条件的解, 我们得到了这个 Logistic 方程的所有解.

求解微分方程 (B.6) 的解 $y(t)$ 的几何解释是, 曲线 $y = y(t)$ 沿着它的每一点 (t, y) 的斜率为 $f(t, y)$. 因此, 我们可考虑通过将短线段并在一起来逼近解曲线, 在每一个 (t, y), 这些短线段的斜率是 $f(t, y)$. 为了实现这一想法, 我们在平面区域的每一点 (t, y) 构造一条斜率为 $f(t, y)$ 的短线段. 这些线段的集合称为微分方程 (C.6) 的方向场. 方向场可以帮助我们可视化微分方程的解, 因为在它的图像上的每一点, 解曲线切于在该点的线段. 我们可以通过用光滑曲线连接这些线段来绘制微分方程的解曲线.

图 B.1 显示了微分方程 $y' = y$ 的方向场和某些解. 这个方向场表明指数解. 这在 B.1 我们已经知道是正确的.

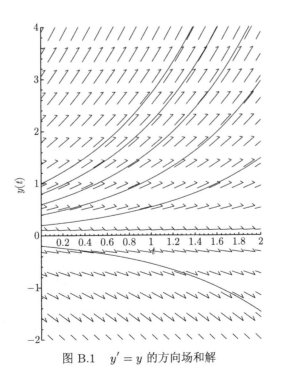

图 B.1 $\quad y' = y$ 的方向场和解

图 B.2 显示了微分方程 $y' = y(1 - y)$ 的方向场和某些解. 这个方向场表明, 当 $t \to \infty$ 时, t 轴以下的解无下界, t 轴上方的解在 $t \to \infty$ 时趋于 1, 这与我们建立的 Logistic 微分方程一致.

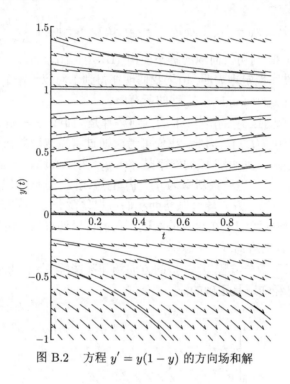

图 B.2   方程 $y' = y(1 - y)$ 的方向场和解

手工绘制方向场是一项艰巨且耗时的工作. 有一些计算机程序, 它们既是独立的程序, 又是更复杂的计算系统 (例如 Maple, Matlab 和 Mathematica) 的一部分, 可以生成微分方程的方向场并绘制对应于方向场的解曲线. 此处的示例由 Maple 绘制.

当我们研究 B.5 节中的一些定性性质时, 方向场所呈现的微分方程的几何观点将再次出现.

B.4   变量分离方程

在这一节中, 我们将学习一种求一类微分方程的解的方法. 该方法基于 B.1 节中求解指数增长或指数衰减微分方程的方法, 它适用于变量可分离的微分方程. 称微分方程 $y' = f(t, y)$ 为可分离的, 或者变量可分离的, 如果 f 可表示为形式

$$f(t, y) = p(t)q(y). \tag{B.11}$$

特别地, 如果 f 与 t 无关, 且仅仅是 y 的函数, 则微分方程 (B.6) 是可分离的; 这种方程称为自治的. 分离这个名词是因为可以将微分方程写为

$$\frac{y'}{q(y)} = p(t),$$

其中只要 $q(y) \neq 0$, 方程左边仅依赖于 y, 右边仅依赖于 t. 例如, $y' = \dfrac{y}{1+t^2}$ 和 $y' = y^2$ 都是可分离的, 而 $y' = \sin t - 2ty$ 不是可分离的. B.1 节讨论的例子都是可分离的, B.1 节描述的求解方程 (B.1) 的方法是发展求解变量分离方程方法的一个特殊情形. 在解释这个一般方法之前, 先介绍几个例子.

例 1 求微分方程

$$y' = -y^2$$

的所有解.

解 如果 $y \neq 0$, 则可两边除以 y^2, 得到

$$\frac{1}{y^2}\frac{dy}{dt} = -1.$$

然后对方程的两边关于 t 积分. 为了对方程的左边积分, 我们必须作变换 $y = y(t)$, 其中 $y(t)$ 是解 (现在还是未知的). 这个变换给出

$$\int \frac{1}{y^2}\frac{dy}{dt}dt = \int \frac{dy}{y^2} = -\frac{1}{y} + c,$$

得到

$$-\frac{1}{y} = -t - c, \tag{B.12}$$

或者 $y = \dfrac{1}{t+c}$, 其中 c 为积分常数. 注意, 无论选择 c 的什么值, 这个解永远不会等于零. 只要 $y \neq 0$, 将从这个等式两边除以 y^2 开始, 如果 $y = 0$ 不可以除, 但是常数函数 $y = 0$ 是解. 现在我们有这个微分方程的所有解, 即解族 (B.12) 和零解.

例 2 求解初值问题

$$y' = -y^2, \quad y(0) = 1.$$

解 首先用比例 1 更通俗的分离变量的形式, 将微分方程写为形式 $\dfrac{dy}{dt} = -y^2$, 再通过对方程除以 y^2 来分离变量, 得到

$$-\frac{dy}{y^2} = dt.$$

如果不解释微分, 这种形式的方程就毫无意义, 但是积分形式

$$-\int \frac{dy}{y^2} = \int dt$$

有意义. 进行积分, 得到 $\frac{1}{y} = t + c$, 其中 c 是积分常数. 由于 $t = 0$ 时 $y = 1$, 我们可以将这些值代入解, 得到 $c = 1$. 现在代入 c 的这个值, 得到

$$\frac{1}{y} = t + 1.$$

解出 y 得到解 $y = \dfrac{1}{t+1}$, 容易验证, 这是这个初值问题对所有 $t \geqslant 0$ 定义的解.

与例 1 中使用的更精确的形式相比, 例 2 中使用的变量分离的形式在实践中更容易应用. 当我们讨论一般情形时, 将证明这个方法是合理的.

例 3　求解初值问题

$$y' = -y^2, \quad y(0) = 0.$$

解　利用例 1 的方法得到微分方程 $y'' = -y^2$ 的解族 $y = \dfrac{1}{t+c}$. 当我们将 $t = 0, y = 0$ 代入并试图求常数 c 时, 我们发现没有解. 当我们用 y^2 除以微分方程时, 必须假设 $y \neq 0$, 但容易验证, 常数函数 $y \equiv 0$ 也是这个微分方程的初值问题的解.

现在利用例 2 的方法来展示如何在变量可分离的微分方程的一般情况下求解. 我们将利用函数的不定积分定义新函数的想法, 该函数的导数是给定函数的导数. 首先求解微分方程

$$y' = p(t)q(y), \tag{B.13}$$

其中 p 在某个区间 $a < t < b$ 内连续, q 在某个区间 $c < y < d$ 内连续. 我们通过如例 1 中用 $q(y)$ 除方程两边并积分的分离变量法求解微分方程 (B.13), 给出

$$\int \frac{dy}{q(y)} = \int p(t)dt + c, \tag{B.14}$$

其中 c 是积分常数. 现在定义

$$Q(y) = \int \frac{dy}{q(y)}, \quad P(t) = \int p(t)dt,$$

这表示 $Q(y)$ 是 y 的函数, 它对 y 的导数是 $\dfrac{1}{q(y)}$, $P(t)$ 是 t 的函数, 它的导数是 $p(t)$. 于是 (B.14) 变成

$$Q(y) = P(t) + c, \tag{B.15}$$

这个方程定义了微分方程 (B.13) 的一个解族. 为了验证通过 (B.15) 隐式定义的每个函数 $y(t)$ 确实是微分方程 (B.13) 的解, 我们对 (B.15) 关于 t 隐式微分, 在任何使得 $q(y(t)) \neq 0$ 的区间上, 得到

$$\frac{1}{q(y(t))} \frac{dy}{dt} = p(t),$$

这证明了 $y(t)$ 满足微分方程 (B.13). 可能存在 (B.13) 的常数解没有包含在族 (B.15) 中. 原方程 (B.13) 的常数解对应于方程 $q(y) = 0$ 的解.

为了求微分方程 (B.13) 满足初始条件 $y(t_0) = y_0$ 的解, 要借助不定积分 $Q(y)$ 和 $P(t)$ 的更特殊选择. 令 $Q(y)$ 为满足 $Q(y_0) = 0$ 的 $\dfrac{1}{q(y)}$ 的不定积分, $P(t)$ 为满足 $P(t_0) = 0$ 的 $p(t)$ 的不定积分. 于是由微积分基本定理, 我们有

$$Q(y) = \int_{y_0}^{y} \frac{du}{q(u)}, \quad P(t) = \int_{t_0}^{t} p(s)ds. \tag{B.16}$$

现在我们求解了 $q(y_0) \neq 0$ 的情况下的初值问题. 由于 $y(t_0) = y_0$, 函数 q 在 y_0 连续, $q(y(t))$ 连续, 因此, 在包含 t_0 的某个区间上 (可能小于原来的区间 $a < t < b$) $q(y(t)) \neq 0$. 在这个区间上, $y(t)$ 是这个初值问题的唯一解. 如果 $q(y_0) = 0$, 我们有常数函数 $y = y_0$ 作为这个初值问题的解, 而不是由 (B.16) 给出的解.

在 B.5 节中将看到, 分离变量方程 (B.13) 的常数解在描述 $t \to \infty$ 时的所有解的性态时起着重要作用.

考虑微分方程

$$y' = -ay + b, \tag{B.17}$$

其中 a 和 b 是出现在 B.4 节例子中的给定常数. 为了求它的解, 分离变量, 积分得到

$$\int \frac{dy}{-ay + b} = \int dt.$$

这给出

$$-\frac{1}{a} \log(-ay + b) = t + c,$$

其中 c 是任意积分常数. 现在给出代数解

$$\log(-ay + b) = -a(t + c),$$

$$-ay + b = e^{-a(t+c)} = e^{-ac}e^{-at},$$

$$ay = b - e^{-ac}e^{-at},$$

$$y = \frac{b}{a} - \frac{e^{-ac}}{a}e^{-at}.$$

给任意常数 $-\dfrac{e^{-ac}}{a}$ 重新命名为新的任意常数, 仍称它为任意常数 c, 则得解族

$$y = \frac{b}{a} + ce^{-at}. \tag{B.18}$$

在我们的分离变量方程中, 我们观察到的常数解 $y = \dfrac{b}{a}$ 包含在解族 (B.18) 中.

为了求 (B.17) 满足初始条件

$$y(0) = y_0 \tag{B.19}$$

的解, 将 $t = 0, y = y_0$ 代入 (B.18), 得到

$$y_0 = \frac{b}{a} + c,$$

或者 $c = y_0 - \dfrac{b}{a}$. 由这个 c 值, 给出初值问题的解

$$y = \frac{b}{a} + \left(y_0 - \frac{b}{a}\right)e^{-at} = \frac{b}{a}\left(1 - e^{-at}\right) + y_0 e^{-at}. \tag{B.20}$$

在不考虑系数 b 和 a 的符号的情况下, 得到解 (B.18) 和 (B.20). 把 (B.18) 和 (B.20) 中的 a 看成正的, 通过变换 $r = -a$ 把 r 当成负数, 对负 a 重写解. 其结果是微分方程

$$y' = ry + b \tag{B.21}$$

的解族由函数族

$$y = -\frac{b}{r} + ce^{rt} \tag{B.22}$$

给出, 微分方程 (B.21) 满足初始条件 (B.19) 的解是

$$y = -\frac{b}{r}(1 - e^{rt}) + y_0 e^{rt} = \frac{b}{r}(e^{rt} - 1) + y_0 e^{rt}. \tag{B.23}$$

在应用中, 当 t 值较大时, 微分方程解的具体形式往往不如解的性质重要. 因为当 $a > 0, t \to \infty$ 时 $e^{-at} \to 0$, 从 (B.18) 我们看到, (B.17) 的每个解当 $a > 0, t \to \infty$ 时趋于极限 $\dfrac{b}{a}$. 这是一个在应用中有用的解的定性信息的例子. 在 B.5 节中, 我们将研究其他定性问题——有关微分方程解的性态的信息, 这些信息可以间接获得, 而不是通过显式解获得.

在结束这一节时, 我们回到 Logistic 微分方程 (B.8), 它的解在 B.3 节中有描述. 在 B.3 节中, 我们验证了由方程 (B.9) 给出的解, 但没有说明是如何得到这些解的. 微分方程 (B.8) 是变量可分离的. 只要 $y \neq 0, y \neq K$, 分离变量并积分, 得到

$$\int \frac{K\,dy}{y(K-y)} = \int r\,dt.$$

为了计算左边的积分, 通过部分分式, 应用代数关系式

$$\frac{K}{y(K-y)} = \frac{1}{y} + \frac{1}{K-y},$$

得到

$$\int \frac{K\,dy}{y(K-y)} = \int \frac{dy}{y} + \int \frac{dy}{K-y} = \log|y| - \log|K-y| = rt + c,$$

因此

$$\log\left|\frac{y}{K-y}\right| = rt + c.$$

现在我们可以在方程两边取指数, 得到

$$\left|\frac{y}{K-y}\right| = e^{rt+c} = e^{rt}e^c.$$

如果我们要去掉左边的绝对值符号, 又如果 $0 < y < K$, 则可以在右边用 e^{-c} 定义一个新常数 C, 其他用 $-e^{-c}$ 定义 C, 因此重写右边为 $\dfrac{1}{C}e^{rt}$. 最后, 对 y 求得如 B.3 节中的解族为

$$y = \frac{K}{1 + Ce^{-rt}}. \tag{B.24}$$

这个解族除了解 $y = 0$ 包含 (B.8) 的所有解. 我们的定性观察是, 如果 $r > 0$, 则每个解当 $t \to \infty$ 时都趋于 K (其他唯一非负解是常数解 $y \equiv 0$).

Logistic 微分方程的显式解很复杂, 需要一些关于积分技巧的知识 (分解为部分分式) 以及一些代数运算, 将积分给出的隐函数转化为显式表达式. 在 B.5 节中, 我们将看到, 如何在不进行任何计算的情况下得到对 $r > 0, t \to \infty$ 时每个正解趋于极限 K.

B.5 微分方程的定性性质

我们已经看到, 在某些例子中, 微分方程的所有解或至少在某个区间内满足初始值的所有解当 $t \to \infty$ 时都趋于同一个极限. 两个例子是 (可分离变量的) 线性常系数方程

$$y' = -ay + b, \tag{B.25}$$

其中只要 $a > 0$ 每个解当 $t \to \infty$ 时都趋于极限 $\dfrac{b}{a}$ (B.4 节), 以及 Logistic 微分方程 (B.8), 如果 $r > 0$, 则它每个满足正初始值的解当 $t \to \infty$ 时都趋于极限 K (B.4 节). 在应用中, 我们通常对解的长期性态特别感兴趣, 特别是因为我们开发的许多模型将非常复杂, 以至于无法找到明显的解. 在本节中, 我们将描述一些这类性质的信息, 这些信息可以不经微分方程的显式解间接地获得. 在没有得到解的实际表达式的情况下, 得到的解的性质称为解的定性性质.

下面将仅研究不明显依赖于变量 t 的一般微分方程

$$y' = g(y). \tag{B.26}$$

这种微分方程称为自治的. 我们始终假设函数 $g(y)$ 充分光滑, 以至 B.3 节的存在唯一性定理成立, 因此微分方程 (B.26) 存在通过每个初始点的唯一解. 这个自治方程始终可分离变量, 但如果积分 $\displaystyle\int \dfrac{dy}{g(y)}$ 很困难, 或者根本不可能计算, 则通过分离变量求解就不切实际. 在 B.4 节中, 在我们建立变量分离的方法时, 曾经指出常数解的可能性, 该常数解不是由变量分离得来的. 检验这些常数解在定性分析中至关重要. 我们从一个例子开始, 即 B.3 节中已经明确求解过的 Logistic 方程.

例 1 确定 Logistic 方程 (B.8) 满足 $y(0) > 0$ 的解当 $t \to \infty$ 时的性态.

解 记

$$g(y) = ry\left(1 - \frac{y}{K}\right),$$

注意, 如果 $0 < y < K$, 则 $g(y) > 0$, 如果 $y > k$, 则 $g(y) < 0$. 由于当 $g(y(t)) > 0$ 时 (B.8) 的解 $y(t)$ 递增, 满足 $0 < y(0) < K$ 的解对所有 t 递增, 且 $y(t) < K$. 但是, 对所有 t 这个解必须保持小于 K, 因为如果存在值 t^* 使得 $y(t^*) = K$, 则存

在满足 $y(t^*) = K$ 的两个解, 一个是解 $y(t)$, 另一个是常数解 $y = K$, 这破坏了唯一性定理. 因此, $y(t)$ 是对所有 t 有上界 K 的递增函数, 从而 $t \to \infty$ 时趋于极限 y_∞. 于是, 如果 $y_\infty < K$, 则

$$\lim_{t \to \infty} g(y(t)) = g(y_\infty) > 0,$$

矛盾, 因为如果 $y(t)$ 是单调递增, 且趋于的极限是可微函数, 则它的导数必须趋于零. 因此, 我们证明了

$$\lim_{t \to \infty} y(t) = K.$$

类似地, 如果 $y(0) > K$, 只利用关于函数 $g(y)$ 的符号的信息就可证明解 $y(t)$ 单调递减且趋于极限 K. 因此我们证明了 (B.8) 的每个满足 $y(0) > 0$ 的解当 $t \to \infty$ 时都趋于极限 K. 我们可以通过画出相线来描述这一现象. 这是函数 $g(y)$ 的图像, 而且在函数 $g(y)$ 为正的区间 (对应于解 $y(t)$ 增加的区间) 上沿 y 轴向右绘制的箭头和函数 $g(y)$ 为负的区间上沿 y 轴向左绘制的箭头的图像. $g(y) = 0$ 的点对应于微分方程的常数解, 箭头表示其他解趋于这些平衡点 (Logistic 方程的平衡点 $y = K$), 以及排斥从其附近开始的解的平衡点 (Logistic 方程的平衡点 $y = 0$)(图 B.3).

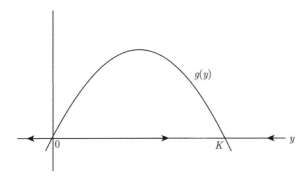

图 B.3   Logistic 方程的相线

相线所提供的信息反映在 Logistic 方程解的图形中 (图 B.4).

微分方程 (B.26) 的解在 $t \to \infty$ 时的一般性态分析遵循类似的模式, 即由常数解的性质决定的性质. 这个理论依赖于下面的自治微分方程的性质. 为了简单起见, 我们仅考虑 t 的非负值, 并将解考虑为由它们在 $t = 0$ 的初始值所确定的.

性质 1   如果 $\hat{y}$ 为方程 $g(y) = 0$ 的解, 则常数函数 $y = \hat{y}$ 是微分方程 $y' = g(y)$ 的解. 反之, 如果 $y = \hat{y}$ 是微分方程 $y' = g(y)$ 的常数解, 则 $\hat{y}$ 为满足方程 $g(y) = 0$ 的解.

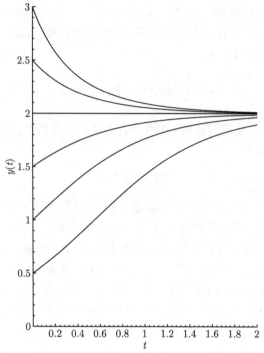

图 B.4　Logistic 方程 (B.8) 的某些解, 其中 $r = 2, K = 2, y_1$ 和 y_2 是 (B.26) 的相继平衡点, 在 y_1 和 y_2 之间没有 (B.26) 的平衡点

　　为了建立这个性质, 只需注意, 常数函数的导数是零函数, 以及常数函数 $y = \hat{y}$ 是 (B.26) 的解, 当且仅当 $g(\hat{y}) = 0$. $g(y) = 0$ 的解 $\hat{y}$ 称为微分方程 (B.26) 的平衡点或临界点. (B.26) 对应的常数解称为平衡点解.

　　自治微分方程 (B.26) 的平衡点解的图为水平直线, 它们将 $t - y$ 平面划分为形如

$$\{(t, y) | t \geqslant 0, y_1 < y < y_2\}$$

的水平带.

　　性质 2　微分方程 $y' = g(y)$ 的每条解曲线保持在同一个带子内, 它们在带子内对所有 $t \geqslant 0$ 或者单调增加 $[y'(t) > 0]$ 或者单调减少 $[y'(t) < 0]$ 分别依赖于 $g(y) > 0$ 或 $g(y) < 0$.

　　假设 y_1 和 y_2 是 (B.26) 的相继平衡点, 且 $y_1 < y(0) < y_2$. 如果 $g(y)$ 确实足够光滑, 以至可以应用 B.3 节的存在唯一性定理, 那么解的图像不能与形成带子边界的任何一个常数解相交; 否则在 $t - y$ 平面上的交点处, 会有两个解通过, 违反了唯一性. 因此, 对所有 $t \geqslant 0$ 解必须保持在这个带子内. 例如, 如果对 $y_1 < y < y_2$ 有 $g(y) > 0$, 则对 $t \geqslant 0$, $y'(t) = g[y(t)] > 0$, 因此解单调增加. 类似

论述证明, 如果对 $y_1 < y < y_2$ 有 $g(y) < 0$, 则解单调减少.

如果 $y(0)$ 在 (B.26) 的最大平衡点的上方, 则包含这个解的带子是无界的, 如果在这个带子内 $g(y) > 0$, 则解 $y(t)$ 必须 (正) 无界, 对所有 $t \geqslant 0$ 它可不必存在. 同样, 如果 $y(0)$ 在 (B.26) 的最小平衡点的下方, 又若在包含这个解的带子内 $g(y) < 0$, 则解 $y(t)$ 可以 (负) 无界, 对所有 $t \geqslant 0$ 它可不存在.

性质 3 微分方程 $y' = g(y)$ 在 $0 \leqslant t < \infty$ 内保持有界的每个解当 $t \to \infty$ 时都趋于极限.

这个性质是性质 2 的直接结果, 也是微积分的结果, 即单调有界函数 (递增或递减) 当 $t \to \infty$ 时必须趋于极限. 为了证明所给微分方程的这个解有极限, 必须证明这个解有界. 如果对大的 y 解单调增加, 则它可能正无界 (即 $y(t) \to +\infty$). 在许多应用中, 对大的 y 有 $g(y) < 0$, 此时每个解保持有界, 因为变得大且正的解必须保持递减. 如在应用中经常出现的情况一样, 如果 $y = 0$ 是一个平衡点, 但只有非负解才有意义, 解不能穿过直线 $y = 0$ 变成负无界 (即 $y(t) \to -\infty$). 在许多应用中, y 代表一个数量, 例如人群成员数、放射性物质的质量、账户中的货币数量或不能变为负的地面上的粒子高度. 在这种情况下, 只有非负解是有效的, 而且如果 $y = 0$ 不是平衡点, 而是对某个有限 t 将达到零值的解, 我们将此考虑为种群系统已经崩溃, 对所有大 t 种群规模均为零. 如果在这种情形, 即使 $y = 0$ 不是平衡点, 我们也不必担心解变为负无界的可能性.

性质 4 微分方程 $y' = g(y)$ 的解当 $t \to \infty$ 时唯一可能的极限是微分方程的平衡点.

为了看到为什么这个性质会成立, 我们利用微积分的一个事实, 即如果一个可微函数当 $t \to \infty$ 时趋于一个极限, 则它的导数必须趋于零. 如果 $y' = g(y)$ 的解 $y(t)$ 趋于零, 则由函数 $g(y)$ 的连续性, 我们有

$$0 = \lim_{t \to \infty} y'(t) = \lim_{t \to \infty} g[y(t)] = g\left[\lim_{t \to \infty} y(t)\right].$$

因此, $\lim_{t \to \infty} y'(t)$ 必须是方程 $g(y) = 0$ 的根, 因此是 (B.26) 的平衡点.

在应用中, 初始条件通常来自观察, 并且容易受到误差的影响. 为了使模型成为实际发生情况的合理预测者, 重要的是, 初始值的小变化不会使得解产生大的变化. 设 $\hat{y}$ 是 (B.26) 的平衡点, 如果当 $t \to \infty$ 时初始值充分接近于 $\hat{y}$ 的每个解都趋于 $\hat{y}$, 则称 $\hat{y}$ 是**渐近稳定的**. 如果存在开始任意接近于平衡点的解离开平衡点, 则称这个平衡点是**不稳定的**. 对 Logistic 方程 (B.8) 平衡点 $y = 0$ 是不稳定的, 平衡点 $y = K$ 是渐近稳定的. 在应用中, 不稳定平衡点没有意义, 因为它们只有在初始条件 "刚刚好" 时才能被观察到.

性质 5 满足 $g'(\hat{y}) < 0$ 的平衡点 $\hat{y}$ 是渐近稳定的, 满足 $g'(\hat{y}) > 0$ 的平衡点

$\hat{y}$ 是不稳定的.

为了建立这个性质, 注意到, 如果 $\hat{y}$ 是满足 $g'(\hat{y}) < 0$ 的平衡点 ($g(y)$ 在 $y = \hat{y}$ 的斜率为负), 于是如果 $y < \hat{y}$ 则 $g(y)$ 为正, 如果 $y > \hat{y}$ 则它为负 (图 B.5(a)). 此时在平衡点上方的解递减趋于这个平衡点, 在平衡点下方的解递增趋于这个平衡点. 这证明满足 $g'(\hat{y}) < 0$ 的平衡点渐近稳定. 类似地, 如果 $g'(\hat{y}) > 0$, 在平衡点上方的解递增, 在平衡点下方的解递减, 两个都离开平衡点 (图 B.5(b)).

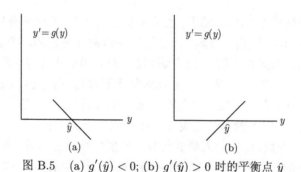

图 B.5   (a) $g'(\hat{y}) < 0$; (b) $g'(\hat{y}) > 0$ 时的平衡点 $\hat{y}$

我们开发的这些性质仅通过检查平衡点和函数 $g(y)$ 对大的 y 的性质就可分析自治微分方程 (B.26) 的解 $t \to \infty$ 时的渐近性态. 我们从求所有的平衡点 (方程 $g(y) = 0$ 的根) 开始. 满足 $g'(\hat{y}) < 0$ 的 $\hat{y}$ 是渐近稳定的, 初始值在与该平衡点相邻的带子中的所有解都趋于这个平衡点. 满足 $g'(\hat{y}) > 0$ 的 $\hat{y}$ 是不稳定的, 它排斥初始值在两个与它相邻的带子中的所有解. 满足 $g'(\hat{y}) = 0$ 的平衡点 $\hat{y}$ 必须要更仔细分析. 如果 $g(y)$ 对在最大平衡点上方的 y 值是负的, 则没有解变成正无界. 如果 $g(y)$ 对在最大平衡点上方的 y 值是正的, 则这个平衡点不稳定, 初值在这个平衡点上方的解变成无界. 如果 $g(y)$ 对在最小平衡点下方的 y 值是负的, 则这个平衡点同样是不稳定的, 而且初始值低于平衡点的解将变为负无界.

一种显示自治微分方程 (B.26) 解的定性性态的简便方法是绘制相线. 我们画出函数 $g(y)$ 的曲线, 在 y 轴上, 可以画出指向右边的箭头, 那里图像在 y 轴的上方; 指向左边的箭头, 那里图像在 y 轴的下方. 这么做的理由是, 曲线在轴的上方的图像 $g(y)$ 为正, 因此 (B.26) 的解 y 递增; 而在轴的下方的图像 $g(y)$ 为负, 因此, (B.26) 的解 y 递减. 图像与 y 轴的交点是平衡点, 我们可以从沿着轴上的箭头方向看到, 有的平衡点渐近稳定, 有的不稳定. y 轴上的相线被视为以 t 为参数的在其上移动的解曲线. 因此, 解通过沿着此曲线的运动来描述, 运动方向由箭头给出. 图 B.6 中的图像描述了在 $y = -1$ 和 $y = 2$ 的渐近稳定平衡点, 以及在 $y = 0$ 的不稳定平衡点的情况.

例 2   描述微分方程 (B.25) 的解的渐近性态.

解 这里 $g(y) = -ay + b, g'(y) = -a$. 唯一平衡点是 $y = \dfrac{b}{a}$. 如果 $a > 0$, 这个平衡点渐近稳定, 如果 y 很大且为正, 则 $g(y) < 0$. 如果 y 很大且为负, 则 $g(y) > 0$. 这意味着每个解有界且趋于极限 $\dfrac{b}{a}$. 但是, 如果 $a < 0$, 则这个平衡点不稳定. 此外, 由于在这个平衡点的上方 $g(y) > 0$, 在这个平衡点的下方 $g(y) < 0$, 每个解或者正无界, 或者负无界.

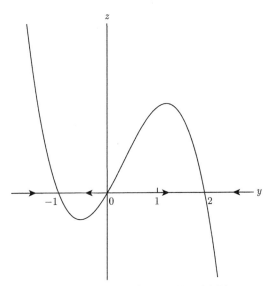

图 B.6　相线叠加在 $g(y)$ 的对应图上

例 3 描述微分方程

$$y' = y(re^{-y} - d) \tag{B.27}$$

满足 $y(0) \geqslant 0$ 的解的渐近性态, 其中 r 和 d 都是正常数.

解 (B.27) 的平衡点是 $y(re^{-y} - d) = 0$ 的解. 因此, 存在两个平衡点, 即 $y = 0$ 和 $re^{-y} = d$ 的解 $\hat{y}$, 它是 $\hat{y} = \log \dfrac{r}{d}$. 如果 $r < d$, 则 $\hat{y} < 0$, 因此只有平衡点 $y = 0$ 感兴趣, 此时对 $y > 0$, $g(y) < 0$, 满足 $y(0) > 0$ 的解减少到 0 (图 B.7).

如果 $r > d$, 定义 K 为 $\log \dfrac{r}{d}$, 因此, 正平衡点是 $y = K$. 现在我们可以将微分方程 (B.27) 重写为 $y' = ry(e^{-y} - e^{-K})$. 对函数 $g(y) = r(e^{-y} - e^{-K})$, 我们有 $g'(y) = r(e^{-y} - e^{-K}) - rye^{-y}$, $g'(0) = r(1 - e^{-K}) > 0$, 这意味着平衡点 $y = 0$ 不稳定. 由于 $g'(K) = -rKe^{-K} < 0$, 平衡点 $y = K$ 是渐近稳定的. 其他所有的正解都有界, 因为对 $y > K$, $g(y) < 0$. 因此每个满足 $y(0) > 0$ 的解都趋于极限 K, 而满足零初值的解是零函数, 它有极限零 (图 B.8).

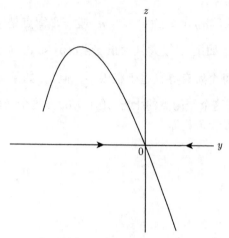

图 B.7　(B.27) 中 $g(y)$ 的相线和图像, 其中 $r < d$

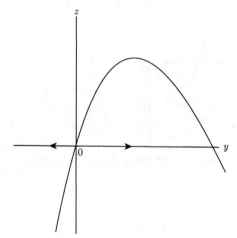

图 B.8　(B.27) 中 $g(y)$ 的相线和图像, 其中 $r > d$

我们看到, (B.27) 表明作为人均出生率 re^{-y} 和人均死亡率 d 的人口增长模型, 其解与 Logistic 方程的解具有相同的定性性态. 另外一些具有相同性质的微分方程也被称为人口模型. Logistic 方程的最初形式是基于人均增长率, 这应该是人口规模的递减函数, 对小 y 它为正, 对大 y 它为负. 不难证明, 每个形如 (B.26) 的人口模型, 其中人均增长率是人口规模 y 的递减函数, 它对 $0 < y < K$ 为正, 对 $y > K$ 为负, 该模型满足 $y(0) > 0$ 的解当 $t \to \infty$ 时都趋于极限 K.

在许多应用中, 函数 $g(y)$ 有形式 $g(y) = yf(y)$, 这有保证 $y = 0$ 是一个平衡点的效应. 于是 $g'(y) = f(y) + yf'(y)$. 在平衡点 $y = 0$, $g'(0) = f(0)$, 在非零平衡点 $\hat{y}$, $f(\hat{y}) = 0$, $g'(\hat{y}) = \hat{y}f'(\hat{y})$. 因此, 如果 $f(0) < 0$, 平衡点 $y = 0$ 渐近稳定, 如果

$f(0) > 0$, 则它不稳定. 如果 $f'(\hat{y}) < 0$, 则非零平衡点 $\hat{y}$ 渐近稳定, 如果 $f'(\hat{y}) > 0$, 则 $\hat{y}$ 不稳定. 我们将这个结果重叙为下面的定理.

平衡点的稳定性定理 $y' = g(y)$ 满足 $g'(\hat{y}) < 0$ 的平衡点 $\hat{y}$ 渐近稳定, 满足 $g'(\hat{y}) > 0$ 的平衡点 $\hat{y}$ 不稳定. $y' = yf(y)$ 满足 $f(0) < 0$ 的平衡点 $y = 0$ 渐近稳定, 如果 $f(0) > 0$ 则它不稳定. 满足 $f'(\hat{y}) < 0$ 的非零平衡点 $\hat{y}$ 渐近稳定, $f'(\hat{y}) > 0$ 时 $\hat{y}$ 不稳定.

附录 C   微分方程系统

在前一章中, 我们看到如何用微分方程建模和分析连续变化的量. 在许多有趣的应用中, 可能存在两个或多个相互作用的量. 例如, 两个或多个物种的种群, 或一个整体相互依赖的一部分. 当一个量的数量或规模部分依赖于另一个量时, 反之亦然, 就说它们是耦合的, 此时我们写出的模型由微分方程组组成. 在这一章中, 我们将发现我们用来分析 B.2 节和 B.5 节的单个微分方程的定量和定性方法, 以一种或多或少自然的方式扩展到覆盖微分方程组. 扩展它们将需要一些基本的多元微积分, 主要是使用偏导数和线性逼近思想.

C.1   相 平 面

我们的目的是研究形如

$$y' = F(y, z),$$
$$z' = G(y, z) \tag{C.1}$$

的一阶微分方程的自治系统. 通常不可能求得 y 和 z 作为 t 的函数, 使它们对某个区间中的所有 t 满足

$$y'(t) = F(y(t), z(t)), \quad z'(t) = G(y(t), z(t)).$$

但是, 我们一般可以得到函数 $y(t)$ 和 $z(t)$ 之间的关系的有关信息. 几何上, 这种信息在这个系统的相平面的 $y - z$ 平面中显示为曲线.

系统 (C.1) 的平衡点是一对方程

$$F(y, z) = 0, \quad G(y, z) = 0 \tag{C.2}$$

的解 (y_∞, z_∞). 几何上, 平衡点是相平面中的一个点. 借助系统 (C.1), 平衡点是该系统的一个常数解 $y = y_\infty, z = z_\infty$. 这个定义与 B.5 节对一阶微分方程给出的平衡点定义完全类似.

系统 (C.1) 的解 $y = y(t), z = z(t)$ 的轨道是 $y - z$ 平面中由对 $0 \leqslant t < \infty$ 的所有点 $(y(t), z(t))$ 组成的曲线. 闭轨对应于周期解, 因为当 t 增加时轨道必须围绕闭轨反复运行.

轨道有一种类似于 B.3 节对一阶微分方程解的几何解释. 正如曲线 $y = y(t)$ 沿着它的每一点 (t, y) 有斜率 $y' = f(t, y)$, (C.1) 的轨道 (将 z 考虑为 y 的隐函数) 在轨道的每一点有斜率

$$\frac{dz}{dy} = \frac{z'}{y'} = \frac{G(y, z)}{F(y, z)}.$$

二维自治系统的方向场是相平面中的线段集合, 在每个点 (y, z) 都具有这个斜率, 而且轨道必须是与在每个点的方向场相切的曲线. 可用如 Maple 和 Mathematica 的计算机代数系统来画出所给系统的方向场.

例 1 描述系统

$$y' = z, \quad z' = -y$$

的轨道.

解 如果将 z 考虑为 y 的函数, 则有

$$\frac{dz}{dy} = \frac{z'}{y'} = -\frac{y}{z}.$$

通过分离变量求解

$$\int z \, dz = -\int y \, dy,$$

积分得 $\frac{z^2}{2} = -\frac{y^2}{2} + c$. 因此, 每个轨道是中心在原点的圆, 每个解都是周期解.

为了求系统 (C.1) 的平衡点, 可借助画出零倾线, 即使得 $y' = 0$ 的曲线 $F(y, z) = 0$ 和 $z' = 0$ 的曲线 $G(y, z) = 0$. 平衡点是这两种曲线的交点.

C.2 系统在平衡点的线性化

有时可以在微分方程组的相平面中找到轨道, 但是对微分方程组进行解析求解一般不大可能. 因此, 我们对系统的研究将集中于定性性质. 微分方程在平衡点的线性化是一个常系数线性微分方程系统, 它的解近似于原系统在平衡点附近的解. 在这一节中, 我们将看到如何求系统的线性化. 下一节我们将看到如何求解线性常系数系统, 这将使我们能够了解系统的解在平衡点附近的大部分性态.

设 (y_∞, z_∞) 是系统 (C.1) 的一个平衡点, 即相平面中满足 (C.2) 的点. 我们将假设这个平衡点是孤立的, 就是说, 存在围绕 (y_∞, z_∞) 的圆周不包含系统任何其他平衡点. 通过令 $y = y_\infty + u, z = z_\infty + v$ 将平衡点移到原点, 并对 $F(y_\infty + u, z_\infty + v)$

和 $G(y_\infty + u, z_\infty + v)$ 作线性近似. 这里一维系统与二维系统的区别是在二维和高维中的线性近似要用偏导数. 我们的近似是

$$F(y_\infty + u, z_\infty + v) \approx F(y_\infty, z_\infty) + F_y(y_\infty, z_\infty)u + F_z(y_\infty, z_\infty)v,$$

$$G(y_\infty + u, z_\infty + v) \approx G(y_\infty, z_\infty) + G_y(y_\infty, z_\infty)u + G_z(y_\infty, z_\infty)v, \tag{C.3}$$

其中误差项分别是 h_1 和 h_2, 当 u 和 v 很小 (即接近于平衡点) 时它们相对于 (C.3) 中的项可被忽略.

系统 (C.1) 在平衡点 (y_∞, z_∞) 的线性化定义为线性常系数系统

$$u' = F_y(y_\infty, z_\infty)u + F_z(y_\infty, z_\infty)v,$$

$$v' = G_y(y_\infty, z_\infty)u + G_z(y_\infty, z_\infty)v. \tag{C.4}$$

为了得到它, 首先注意, $y' = u', z' = v'$, 然后将 (C.3) 代入 (C.1). 由 (C.2) 常数项为零, 对线性化我们忽略了高阶项 h_1 和 h_2. 线性系统 (C.4) 的系数矩阵是常数矩阵

$$\begin{bmatrix} F_y(y_\infty, z_\infty) & F_z(y_\infty, z_\infty) \\ G_y(y_\infty, z_\infty) & G_z(y_\infty, z_\infty) \end{bmatrix}.$$

这个 Jacobi 矩阵的元素描述了每个变量的变化对两个变量增长率的影响.

例 1 求在系统

$$y' = A - \beta yz - \mu y, \quad z' = \beta yz - (\gamma + \mu)z$$

的每个平衡点的线性化. (这对应于流行病的经典的 Kermack-McKendrick *SIR* 模型. 其中 y 对应于尚未感染的易感者人数, z 对应于已经染病个体的染病者人数, A 是出生率, μ 是死亡率, β 和 γ 分别对应于染病率和康复率.)

解 平衡点是 $A = y(\beta z + \mu), z(\beta y) = (\gamma + \mu)z$ 的解. 为了满足第二个方程, 必须有 $z = 0$ 或 $\beta y = \gamma + \mu$. 如果 $z = 0$, 第一个方程给出 $y = \dfrac{A}{\mu}$. 如果 $z > 0$, 第二个方程给出 $\beta y = \gamma + \mu$. 由于

$$\frac{\partial}{\partial y}[-\beta yz - \mu y] = -\beta z - \mu, \quad \frac{\partial}{\partial z}[-\beta yz] = -\beta y,$$

$$\frac{\partial}{\partial y}[-\beta yz - (\gamma + \mu)z] = \beta z, \quad \frac{\partial}{\partial z}[\beta yz - (\gamma + \mu)z] = \beta y - (\gamma + \mu),$$

在平衡点 (y_∞, z_∞) 的线性化是

$$u' = -(\beta z_\infty + \mu)u - \beta y_\infty v,$$

$$v' = \beta z_\infty u + (\beta y_\infty - (\gamma + \mu))v.$$

在平衡点 $\left(\dfrac{A}{\mu}, 0\right)$ 的线性化是

$$u' = -\mu u - \beta \frac{A}{\mu} v,$$
$$v' = \beta \frac{A}{\mu} - (\gamma + \mu)v.$$

在 $y > 0$ 的其他平衡点的线性化是

$$u' = -(\beta I_\infty + \mu)u - (\mu + \alpha)v,$$
$$v' = \beta I_\infty u.$$

系统 (C.1) 的平衡点具有以下性质: 当所有 $t \geqslant 0$ 时, 初始值足够接近于平衡点的轨道都保持接近于平衡点, 且当 $t \to \infty$ 时趋于平衡点, 称这样的平衡点为局部渐近稳定的. (C.1) 具有如下性质的平衡点称为不稳定平衡点: 某些开始接近于平衡点的解逐渐远离该平衡点. 这些定义完全类似于 B.5 节对一阶微分方程给出的定义. 我们说的是局部渐近稳定性以区别全局渐近稳定性, 后者指所有解都具有的性质, 不仅仅指那些初始值充分接近于平衡点的解. 如果我们说平衡点的渐近稳定性, 我们将指局部渐近稳定性, 除非我们指出这个渐近稳定性是全局的.

我们将叙述而不证明下面的线性化的基本结果, 我们将用它来研究平衡点的稳定性. 证明可在任何一本涵盖非线性微分方程的定性研究的教科书中找到. 其中假设 F 和 G 为二次可微, 即对给出正确图像的线性化足够光滑.

线性化定理如果是系统的一个平衡点, 又如果在这个平衡点的线性化的每个解当时都趋于零, 则平衡点是 (局部) 渐近稳定的. 如果线性化有无界解, 则平衡点不稳定. 对在平衡点的一阶微分方程, 其线性化是一阶线性微分方程. 我们可以通过分离变量求解这个方程, 我们看到, 如果, 则所有解都趋于零, 当时存在无界解. 我们已经在 B.5 节看到, 不要进行线性化就知道, 如果平衡点局部渐近稳定, 如果, 则它不稳定. 这个线性化定理对任何维数的微分方程都成立. 它是研究维数大于 1 的方程组的平衡点的稳定性所需的方法.

注意, 上述定理存在不能说明任何结论的情况, 即关于平衡点的线性化既不是局部渐近稳定又不是稳定的情形. 在此情形, 原来的 (非线性) 系统的平衡点可以是渐近稳定, 不稳定, 或者两者都不是.

例 2 对系统的每个平衡点, 确定哪个平衡点是渐近稳定或不稳定.

解　平衡点是 $z = 0, -2(y^2 - 1)z - y = 0$ 的解, 因此, 唯一的平衡点是 $(0,0)$. 由于 $\dfrac{\partial}{\partial y}[z] = 0, \dfrac{\partial}{\partial z}[z] = 1$ 以及

$$\frac{\partial}{\partial y}[-2(y^2 - 1)z - y] = -4yz - 1, \quad \frac{\partial}{\partial z}[-2(y^2 - 1)z - y] = -2(y^2 - 1),$$

在 $(0,0)$ 的线性化是 $u' = 0u + 1v = v, v' = -u + 2v$. 我们实际上可以通过巧妙的技术将其化为一个微分方程. 从第二个方程减去第一个方程, 得到 $(v - u)' = (v - u)$. 这是一个关于 $(v - u)$ 的一阶微分方程. 其解是 $v - u = c_1 e^t$. 这部分的结果已经足以告诉我们, 这个平衡点是不稳定的, 因为 u 和 v 之间的差指数增长, 所以其中至少有一个是指数增长的. 由于存在无界解, 得知平衡点 $(0,0)$ 不稳定.

C.3　常系数线性系统的解

在上一节我们已经看到, 微分方程系统平衡点的稳定性是由方程组在平衡点的线性化的解的性态所决定的. 这个线性化是常系数线性系统 (回忆, 线性系统的右端关于 y 和 z 是线性的). 因此, 为了能够确定一个平衡点是否渐近稳定, 需要能够求解常系数线性系统. 我们可以在前一节的例子中做到这一点. 因为线性化采用了一个简单的形式, 其中系统的方程只包含一个变量. 在本节中, 我们将开发一种更通用的方法.

我们希望求解的问题是一般的二维常系数线性系统

$$\begin{aligned} y' &= ay + bz, \\ z' &= cy + dz, \end{aligned} \tag{C.5}$$

其中 a, b, c 和 d 是常数. 我们求形如

$$y = Ye^{\lambda t}, \quad z = Ze^{\lambda t} \tag{C.6}$$

的解, 其中 λ, Y, Z 是待定常数, Y 和 Z 不全为零. 当我们将形式 (C.6) 利用 $y' = \lambda Y e^{\lambda t}, z' = \lambda Z e^{\lambda t}$ 代入系统 (C.5), 得到两个条件

$$\lambda Y e^{\lambda t} = aY e^{\lambda t} + bZ e^{\lambda t},$$

$$\lambda Z e^{\lambda t} = cY e^{\lambda t} + dZ e^{\lambda t},$$

它们必须对所有 t 满足. 由于对所有 t 有 $e^{\lambda t} \neq 0$, 可以通过用 $e^{\lambda t}$ 除以这些方程, 得到不依赖于 t 的两个方程的系统

$$\lambda Y = aY + bZ,$$

$$\lambda Z = cY + dZ$$

或者

$$(a - \lambda)Y + bZ = 0,$$
$$cY + (d - \lambda)Z = 0. \tag{C.7}$$

方程组 (C.7) 是两个未知数 Y 和 Z 的两个线性齐次代数方程组. 对 λ 的某些值这个系统有异于明显解 $Y = 0, Z = 0$ 的其他解. 为了系统 (C.7) 对 Y 和 Z 有非平凡解, 这个系数矩阵的行列式 $(a - \lambda)(d - \lambda) - bc$ 必须等于零 (这个结果来自线性代数). 这给出系统 (C.5) 对 λ 的一个称为特征方程的二次方程. 我们可以将这个特征方程重写为

$$\lambda^2 - (a + d)\lambda + (ad - bc) = 0. \tag{C.8}$$

假设 $ad - bc \neq 0$, 这等价于假设 $\lambda = 0$ 不是 (C.8) 的根. 这个假设的理由如下: 如果 $\lambda = 0$ 是 (C.8) 的根 (或者, 等价地, $ad - bc = 0$), 则平衡点条件化为一个方程, 因为每一个方程是另一个方程的常数倍, 只有一个方程有效. 因此, 存在非孤立的平衡点直线. 我们不想讨论这个问题, 因为部分原因是处理非孤立平衡点比较复杂, 另一个部分原因是当系统关于平衡点的线性化是这个形式时不能应用上一节的线性化定理.

如果 $ad - bc \neq 0$, 特征方程有两个根 λ_1 和 λ_2, 它们可以是相异实根、相同实根, 或者共轭复根. 如果 λ_1 和 λ_2 是 (C.8) 的根, 则存在 (C.7) 对应于 λ_1 的解 (Y_1, Z_1) 和 (C.7) 对应于 λ_2 的解 (Y_2, Z_2). 于是, 这些给出系统 (C.5) 的两个解

$$y = Y_1 e^{\lambda_1 t}, \quad z = Z_1 e^{\lambda_1 t},$$
$$y = Y_2 e^{\lambda_2 t}, \quad z = Z_2 e^{\lambda_2 t}.$$

注意, 如果 λ 是 (C.8) 的根, 则方程 (C.7) 化为一个方程. 因此, 我们可以对 Y, Z 的任一个作任意选择, 另一个由 (C.7) 确定.

由于系统 (C.5) 是线性的, 容易看到, 系统 (C.7) 的解的常数倍也是解. 同样 (C.7) 的两个解的和也是解. 可以证明, 如果我们有系统 (C.5) 的两个不同解, 则 (C.5) 的每个解是第一个解的常数倍加上第二个解的常数倍. 这里的 "不同" 指没有解是另一个解的常数倍. 如果特征方程 (C.8) 的根 λ_1 和 λ_2 相异, (C.5) 就有两个不同解, 于是系统 (C.5) 的每个解有形式

$$y = K_1 Y_1 e^{\lambda_1 t} + K_2 Y_2 e^{\lambda_2 t},$$
$$z = K_1 Z_1 e^{\lambda_1 t} + K_2 Z_2 e^{\lambda_2 t}, \tag{C.9}$$

其中 K_1 和 K_2 是某些常数. 具有任意常数 K_1 和 K_2 的形式 (C.9) 称为系统 (C.9) 的通解. 如果初始值 $y(0)$ 和 $z(0)$ 已指定, 用这两个初始值可以确定常数 K_1 和 K_2, 因此得到族 (C.9) 中的一个特解.

例 1　求系统

$$y' = -y - 2z, \quad z' = y - 4z$$

的通解和满足 $y(0) = 3, z(0) = 1$ 的解.

解　这里 $a = -1, b = -2, c = 1, d = -4$, 因此 $a + d = -5, ad - bc = 6$, 特征方程是 $\lambda^2 + 5\lambda + 6 = 0$, 其根为 $\lambda_1 = -2, \lambda_2 = -3$. 对 $\lambda = -2$, 代数系统 (C.7) 中的两个方程是 $Y - 2Z = 0$. 我们可取 $Y = 2, Z = 1$. 所得的 (C.5) 的解是 $y = 2e^{-2t}, z = e^{-2t}$. 对 $\lambda = -3$, 代数系统 (C.7) 中的两个方程是 $Y - Z = 0$. 可取 $Y = 1, Z = 1$. 所得的 (C.5) 的解是 $y = e^{-3t}, z = e^{-3t}$. 因此这个系统的通解是

$$y = 2K_1 e^{-2t} + K_2 e^{-3t}, \quad z = K_1 e^{-2t} + K_2 e^{-3t}.$$

为了满足初始条件, 我们将 $t = 0, y = 3, z = 1$ 代入这个形式, 得到一对方程 $2K_1 + K_2 = 3, K_1 + K_2 = 1$. 第一个减去第二个得到 $K_1 = 2$, 从而 $K_2 = -1$, 因此初值问题的解是

$$y = 4e^{-2t} - e^{-3t}, \quad z = 2e^{-2t} - e^{-3t}.$$

用线性代数语言, λ 是特征值, (Y, Z) 是 2×2 矩阵

$$A = \begin{bmatrix} a & b \\ c & d \end{bmatrix}$$

对应的特征向量. 注意, $a + d$ 是矩阵 A 的迹, 记为 $\operatorname{tr} A$, $ad - bc$ 是矩阵 A 的行列式, 记为 $\det A$. A 的特征值之和是迹, 特征值的积是这个行列式. 容易看出, 可将 (C.8) 写为

$$\lambda^2 - \operatorname{tr} A \lambda + \det A = 0.$$

我们将考虑的向量为列向量, 即两行一列的矩阵. 假设矩阵 A 有两个相异的实根 λ_1, λ_2, 对应的特征向量分别为

$$[Y_1, Z_1], \quad [Y_2, Z_2].$$

(如果 $\lambda_1 = \lambda_2$, 只要存在两个独立的对应的特征向量, 这个方法也可用.) 定义矩阵

$$P = \begin{bmatrix} Y_1 & Y_2 \\ Z_1 & Z_2 \end{bmatrix},$$

于是, 如果作变量变换

$$\begin{bmatrix} y \\ z \end{bmatrix} = P \begin{bmatrix} u \\ v \end{bmatrix} = \begin{bmatrix} Y_1 & Y_2 \\ Z_1 & Z_2 \end{bmatrix} \begin{bmatrix} u \\ v \end{bmatrix},$$

系统 (C.5) 变为系统

$$\begin{aligned} u' &= \lambda_1 u, \\ v' &= \lambda_2 v. \end{aligned} \tag{C.10}$$

由于系统 (C.10) 不是耦合的, 容易明显求解给出

$$u = K_1 e^{\lambda_1 t}, \quad v = K_2 e^{\lambda_2 t}.$$

然后我们可以变换回原来的变量 y, z 来得到解 (C.9). 线性代数方法给出的结果与我们最初尝试寻找指数解的方法得到的结果是相同的. 由于它是构造性的, 所以没有利用我们没有证明的结果, 即如果我们有方程组 (C.5) 的两个不同解, 那么 (C.5) 的每个解都是第一个解乘以一个常数加上第二个解乘以一个常数.

如果特征方程 (C.8) 有二重根, 我们使用的方法只给出系统 (C.5) 的一个解, 我们还需要找到第二个解才能得到通解. 为了看到第二个解的形式, 考虑 (C.5) 的一个特殊情形 $c = 0$. 于是 (C.5) 变成

$$\begin{aligned} y' &= ay + bz, \\ z' &= dz. \end{aligned} \tag{C.11}$$

于是对应的矩阵 A 的特征值是 a 和 d. 如果 $a = d$, 特征方程有二重根. 但是, 假设 $c = 0$ 意味着我们可以递归地求解 (C.11). (C.11) 的第二个方程的每个解有形式

$$z = Z e^{dt},$$

将它代入第一个方程, 得到

$$y' = ay + bZ e^{dt}.$$

这是一个容易求解的一阶线性微分方程. 方程两边乘上 e^{-at}, 得到

$$y' e^{-at} - ay e^{-at} = bZ e^{(d-a)t}. \tag{C.12}$$

如果 $a \neq d$, 对 (C.12) 积分, 给出

$$y e^{-at} = \frac{bZ}{d-1} e^{(d-a)t} + Y,$$

其中 Y 是积分常数. 由此, 得到

$$y = \frac{bZ}{d}e^{dt} + Ye^{at},$$

$$z = Ze^{dt},$$

这等价于前面得到的 (C.9), 注意, 这里 $\lambda_1 = a, \lambda_2 = d$.

更有趣的情形出现在 $a = d$, 因此特征方程的两个根相等. 于是 (C.12) 变成

$$y'e^{-at} - aye^{-at} = bZ, \tag{C.13}$$

积分得到

$$ye^{-at} = bZt + Y,$$

其中 Y 是积分常数. 由此我们得到解

$$y = bZte^{at} + Ye^{at},$$

$$z = Ze^{at}.$$

这表明, 如果特征方程存在二重根 λ, 需要 (C.5) 的第二个解包含项 $te^{\lambda t}$ 和 $e^{\lambda t}$. 可以证明 (读者可以验证), 如果 λ 是 (C.8) 的二重根, 我们必须有 $\lambda = \dfrac{a+d}{2}$, 除了 (C.5) 的解 $y = Y_1 e^{\lambda t}, z = Z_1 e^{\lambda t}$, 存在形如

$$y = (Y_2 + Y_1 t)e^{\lambda t}, \quad z = (Z_2 + Z_1 t)e^{\lambda t}$$

的第二个解, 其中 Y_1, Z_1 如 (C.7) 中的, Y_2, Z_2 通过

$$(a - \lambda)Y_2 + bZ_2 = Y_1,$$

$$cY_2 + (d - \lambda)Z_2 = Z_1$$

给出. 因此 (C.5) 在等根情形的通解是

$$y = (K_1 Y_1 + K_2 Y_2)e^{\lambda t} + K_2 Y_1 te^{\lambda t},$$

$$z = (K_1 Z_1 + K_2 Z_2)e^{\lambda t} + K_2 Z_1 te^{\lambda t}. \tag{C.14}$$

注意, 如果 (C.8) 有单根且 $b = 0$, 则 $\lambda = a = d$, 我们有 $Y_1 = 0, Z_1 = cY_2$, 因此, 通解变成

$$y = K_3 e^{\lambda t}, \quad z = K_4 e^{\lambda t} + cK_3 te^{\lambda t},$$

其中 $K_3 \equiv K_2 Y_2$ 和 $K_4 \equiv cK_1 Y_2 + K_2 Z_2$ 是任意常数. 同样, 如果 (C.8) 有单根且 $c = 0$, 则 $\lambda = a = d, Z_1 = 0, Y_1 = bZ_2$, 通解化为

$$y = K_5 e^{\lambda t} + bK_6 t e^{\lambda t}, \quad z = K_6 e^{\lambda t},$$

其中任意常数 $K_5 \equiv bK_1 Z_2 + K_2 Y_2$ 和 $K_6 \equiv K_2 Z_2$. 如果 b 和 c 都为零, 则系统变为非耦合的

$$y' = ay, \quad z' = dz,$$

通过积分, 容易得到 $y = K_1 e^{at}, z = K_2 e^{dt}$. 这是在所有情形的解, 不管特征方程有相异根还是相等根.

例 2 求系统

$$y' = z, \quad z' = -y + 2z$$

的通解和满足 $y(0) = 2, z(0) = 3$ 的解.

解 由于 $a = 0, b = 1, c = -1, d = 2$, 我们有 $a + d = 2, ad - bc = -1$. 特征方程 $\lambda^2 - 2\lambda + 1 = 0$ 有重根 $\lambda = 1$. 对 $\lambda = 1$, 系统 (C.7) 中的两个方程为 $Y - Z = 0$, 可取 $Y = 1, dZ = 1$, 给出 (C.5) 的解 $y = e^t, z = e^t$. 将这些值代入 Y_2, Z_2 的方程, 我们发现, 它们化为单个方程 $-Y_2 + Z_2 = 1$, 可取 $Y_2 = 0, Z_2 = 1$. 现在由方程 (C.14), 得到通解 $y = K_1 e^t + K_2 t e^t, z = (K_1 + K_2)e^t + K_2 t e^t$. 为了求满足 $y(0) = 2, z(0) = 3$ 的解, 将 $t = 0, y = 2, z = 3$ 代入这个通解, 得到一对方程 $K_1 = 2, K_1 + K_2 = 3$. 于是 $K_2 = 1$, 满足初值条件的解是 $y = 2e^t + te^t, z = 3e^t + te^t$.

从线性代数的角度看, 与有两个特征向量的情况一样, 可以对系统 (C.5) 作变量变换. 定义矩阵

$$P = \begin{bmatrix} Y_1 & Y_2 \\ Z_1 & Z_2 \end{bmatrix},$$

其中如前

$$\begin{bmatrix} Y_1 \\ Z_1 \end{bmatrix}$$

是矩阵 A 的特征向量, 但是

$$\begin{bmatrix} Y_2 \\ Z_2 \end{bmatrix}$$

可任意选择, 除了 P 的行列式必须不为零. 于是, 在变量变换

$$\begin{bmatrix} y \\ z \end{bmatrix} = P \begin{bmatrix} u \\ v \end{bmatrix} = \begin{bmatrix} Y_1 & Y_2 \\ Z_1 & Z_2 \end{bmatrix} \begin{bmatrix} u \\ v \end{bmatrix}$$

下, 系统 (C.5) 变为 $c = 0$ 的 (C.5) 形式的系统, 如我们看到的, 它可明显求解.

$[Y_2, Z_2]$ 的一个特别明智的选择是线性方程组

$$aY_2 + bZ_2 = \lambda Y_2 + Y_1,$$

$$cY_2 + dZ_2 = \lambda Z_2 + Y_2$$

的解. 可以证明, 这个方程组有解. 按照 Y_2, Z_2 的这个选择, 系统 (C.5) 化为

$$u' = \lambda_1 u + v,$$

$$v' = \lambda_2 v. \tag{C.15}$$

如果我们用求解系统 (C.11) 的方法递归求解系统 (C.15), 再将解转换回到原来的变量, 则将得到解 (C.14).

如果特征方程 (C.8) 有复根, 则会产生另一个复杂问题. 在这种情况下常数 λ_1 和 λ_2 是复数, 并且解为复变函数. 但是可以借助三角函数定义复指数 ($e^{i\theta} = \cos\theta + i\sin\theta$, θ 为实数), 因此仍然可根据实指数和三角函数给出 (C.5) 的解. 在这种情况下, 如果特征方程 (C.8) 有共轭复根 $\lambda = \alpha \pm i\beta$, 其中 α, β 为实数, 且 $\beta > 0$, 则方程 (C.9) 变为

$$y = (K_1 Y_1 + K_2 Y_2)e^{\alpha t}\cos\beta t + i(K_1 Y_1 - K_2 Y_2)e^{\alpha t}\sin\beta t,$$

$$z = (K_1 Z_1 + K_2 Z_2)e^{\alpha t}\cos\beta t + i(K_1 Z_1 - K_2 Z_2)e^{\alpha t}\sin\beta t.$$

我们可以通过定义 $Q_1 \equiv i(K_1 - K_2), Q_2 \equiv K_1 + K_2$, 并取 $(a - \lambda_i)Y_i + bZ_i = 0, i = 1, 2$ 来消除 (C.9) 中的复系数, 得到形式

$$y = Q_1 b e^{\alpha t}\sin\beta t + Q_2 b e^{\alpha t}\cos\beta t,$$

$$z = -[Q_1(a - \alpha) - Q_2\beta]e^{\alpha t}\sin\beta t + [Q_1\beta - Q_2(a - \alpha)]e^{\alpha t}\cos\beta t.$$

例 3 求系统

$$y' = -2z, \quad z' = y + 2z$$

的通解和满足 $y(0) = -2, z(0) = 0$ 的解.

解 我们有 $a = 0, b = -2, c = 1, d = 2$, 特征方程为 $\lambda^2 - 2\lambda + 2 = 0$, 有根 $\lambda = 1 \pm i$. 通解为

$$y = -2K_1 e^t \sin t - 2K_2 e^t \cos t, \quad z = (K_1 - K_2)e^t \sin t + (K_1 + K_2)e^t \cos t.$$

为了求满足 $y(0) = -2, z(0) = 0$ 的解, 将 $t = 0, y = -2, z = 0$ 代入这个通解, 得到 $-2K_2 = -2, K_1 + K_2 = 0$, 它们的解为 $K_1 = -1, K_2 = 1$. 这给出特解

$$y = 2e^t \sin t - 2e^t \cos t, \quad z = -2e^t \sin t.$$

在许多应用中, 特别是在分析平衡点的稳定性时, 对我们来说, 线性系统解的精确形式不如解的定性性态重要. 通常, 关键问题是当 $t \to \infty$ 时, 线性系统的所有解是否都趋于零. 原点作为线性系统 (C.5) 的平衡点的性质依赖于特征方程 (C.8) 的根. 如 (C.8) 的两个根都是实负数, 则 (C.5) 的解是负指数函数的组合. 这意味着所有轨道都趋于原点, 原点是渐近稳定的. 如果 (C.8) 的根是具相反符号的实数, 则存在正指数的解和负指数的解. 因此存在趋于原点的解和离开原点的解, 原点是不稳定的. 如果 (C.8) 的根是复数, 若它们的实部为负, 则轨道都趋于原点. 总之, 如果 (C.8) 的两个根都具负实部, 则 (C.5) 的平衡点渐近稳定, 若 (C.8) 至少有一个根有正实部, 则平衡点不稳定.

利用向量和矩阵可以更紧凑地求解常系数线性微分方程组. 系统

$$y_1' = a_{11}x_1 + a_{12}x_2 + \cdots + a_{1n}x_n,$$

$$y_2' = a_{21}x_1 + a_{22}x_2 + \cdots + a_{2n}x_n,$$

$$\cdots$$

$$y_n' = a_{n1}x_1 + a_{n2}x_2 + \cdots + a_{nn}x_n$$

可以写为形式

$$y' = Ay, \tag{C.16}$$

其中 A 是 $n \times n$ 矩阵, y 和 y' 是列向量,

$$A = \begin{bmatrix} a_{11} & a_{12} & \cdots & a_{1n} \\ a_{21} & a_{22} & \cdots & a_{2n} \\ \vdots & \vdots & \ddots & \vdots \\ a_{n1} & a_{n2} & \cdots & a_{nn} \end{bmatrix}, \quad y = \begin{bmatrix} y_1 \\ y_2 \\ \vdots \\ y_n \end{bmatrix}.$$

我们试图求 (C.16) 形如 $y = e^{\lambda t}c$ 的解, 其中 c 为常数列向量, 将它代入 (C.16), 得到条件

$$\lambda e^{\lambda t}c = Ae^{\lambda t}c$$

或者

$$Ac = \lambda c.$$

因此, λ 是矩阵 A 的特征值, c 必须是对应的特征向量. 如果 A 的特征值相异, 这个过程产生 (C.16) 的 n 个解, 可以证明每一个解是这些解的线性组合. 这解释了我们得到的指数解. 如果存在 A 的重特征值, 则还需要求另外的解, 它们是指数函数与 t 的幂的乘积. 如果某些特征值是复数, 对应的复指数解可由指数函数、正弦和余弦函数的积代替.

C.4　平衡点的稳定性

为了应用 C.2 节的线性化到平衡点的稳定性问题, 我们必须确定线性常系数微分方程

$$y' = ay + bz,$$
$$z' = cy + dz \tag{C.17}$$

的所有解当 $t \to \infty$ 时趋于零的条件. 正如在 C.3 节中看到的, (C.17) 的解的性质由特征方程

$$\lambda^2 - (a+d)\lambda + (ad - bc) = 0 \tag{C.18}$$

的根确定. 如果 (C.18) 的根 λ_1 和 λ_2 都是实数, 则 (C.17) 的解由 $e^{\lambda_1 t}$ 和 $e^{\lambda_2 t}$ 组成, 如果这两个根相等为 λ, 则 (C.17) 的解由 $e^{\lambda t}$ 和 $te^{\lambda t}$ 组成. 为了使得 (C.17) 的所有解都趋于零, 要求 $\lambda_1 < 0$ 和 $\lambda_2 < 0$, 因此这两项均具有负指数. 如果根是共轭复数 $\lambda = \alpha \pm i\beta$, 则要求所有解都趋于零必须要求 $\alpha < 0$. 因此, 如果特征方程的根都具负实部, 在系统 (C.17) 的所有解当 $t \to \infty$ 时都趋于零. 类似地, 我们可以看到, 如果特征方程的根有正实部, 则 (C.17) 有无界解.

然而, 事实证明, 不必求解特征方程来确定 (C.17) 的所有解是否都接近零, 因为存在关于特征方程的系数的有用准则. 基本结果是二次方程 $\lambda^2 + a_1\lambda + a_2 = 0$ 的根都具负实部, 当且仅当 $a_1 > 0$ 和 $a_2 > 0$. 应用它到特征方程 (C.18) 和系统 (C.17), 得到常系数线性系统的下面结果.

线性系统的稳定性定理　常系数线性系统 (C.17) 的每个解当 $t \to \infty$ 时趋于零, 当且仅当这个系统的系数矩阵的迹 $a+d$ 为负, 行列式 $ad - bc$ 为正. 如果迹为正或行列式为负, 则至少有一个无界解.

例 1　对于以下每个系统, 确定是否所有解都趋于零或是否存在无界解:

(i) $y' = -y - 2z, z' = y - 4z$;

(ii) $y' = z, z' = -u - 2v$;

(iii) $y' = -2z, z' = y + 2z$.

解　(i) 特征方程是 $\lambda^2 + 5\lambda + 6 = 0$, 其根为 $\lambda = -2, \lambda = -3$. 因此所有解 $t \to \infty$ 时趋于零. 另外, 由于系数矩阵的迹是 $-5 < 0$, 行列式是 $6 > 0$, 稳定性定

理给出相同结论. 对 (ii), 特征方程 $\lambda^2 + 2\lambda + 1 = 0$ 有二重根 $\lambda = -1$, 因此, 所有解都趋于零. 对 (iii), 特征方程是 $\lambda^2 - 2\lambda + 2 = 0$, 由于迹为正, 存在无界解. 正如我们在上一节指出的, 从相图也可以看到这一点.

将线性系统的稳定性定理应用到系统 (C.2) 在平衡点 (y_∞, z_∞) 的线性化 (C.4), 得到如下结果.

平衡点的稳定性定理 设 (y_∞, z_∞) 是系统 $y' = F(y, z), z' = G(y, z)$ 的平衡点, 其中 F 和 G 二次可微. 那么, 如果在平衡点的 Jacobi 矩阵的迹为负, 行列式为正, 则平衡点 (y_∞, z_∞) 局部渐近稳定. 如果迹为正, 或者行列式为负, 则平衡点 (y_∞, z_∞) 不稳定.

例 2 确定系统

$$y' = z, \quad z' = 2(y^2 - 1)z - y$$

的每个平衡点是局部渐近稳定还是不稳定.

解 平衡点是 $z = 0, 2(y^2 - 1)z - y = 0$ 的解, 因此, 唯一平衡点是 $(0, 0)$. 其中 $F(y, z) = z$, 偏导数分别为 0 和 1, $G(y, z) = 2(y^2 - 1)z - y$, 偏导数分别是 $4yz - 1$ 和 $2(y^2 - 1)$. 因此, 在平衡点的 Jacobi 矩阵是

$$\begin{bmatrix} 0 & 1 \\ -1 & -2 \end{bmatrix},$$

如例 1(ii), 它的迹是 -2, 行列式是 1. 因此平衡点 $(0, 0)$ 局部渐近稳定.

例 3 确定系统

$$y' = y(1 - 2y - z),$$
$$z' = z(1 - y - 2z)$$

的每个平衡点是局部渐近稳定还是不稳定.

解 平衡点是 $y(1 - 2y - z) = 0, z(1 - y - 2z) = 0$ 的解. 第一个解是 $(0, 0)$, 第二个解是 $y = 0, 1 - y - 2z = 0$ 的解是 $\left(0, \dfrac{1}{2}\right)$, 第三个是 $z = 0, 1 - 2y - z = 0$ 的解是 $\left(\dfrac{1}{2}, 0\right)$, 第四个是 $1 - 2y - z = 0, 1 - y - 2z = 0$ 的解是 $\left(\dfrac{1}{3}, \dfrac{1}{3}\right)$. 在平衡点 (y_∞, z_∞) 的 Jacobi 矩阵是

$$\begin{bmatrix} 1 - 4y_\infty - z_\infty & -y_\infty \\ -z_\infty & 1 - y_\infty - 4z_\infty \end{bmatrix}.$$

在 $(0,0)$, 这个矩阵的迹是 1, 行列式是 1, 因此这个平衡点不稳定. 在 $\left(0, \dfrac{1}{2}\right)$, 这个矩阵的迹是 $-\dfrac{1}{2}$, 行列式是 $-\dfrac{1}{2}$, 因此, 这个平衡点不稳定. 在 $\left(\dfrac{1}{2}, 0\right)$, 这个矩阵的迹是 $-\dfrac{1}{2}$, 行列式是 $-\dfrac{1}{2}$, 因此这个平衡点不稳定. 在 $\left(\dfrac{1}{3}, \dfrac{1}{3}\right)$, 这个矩阵的迹是 $-\dfrac{4}{3}$, 行列式是 $\dfrac{1}{3}$, 因此, 这个平衡点是局部渐近稳定的.

　　细心的读者会注意到, 就像 C.2 节的线性化定理一样, 上面给出的平衡点的稳定性定理在其结果上也有各种各样的漏洞, 因为该定理没有说明关于迹和行列式位于稳定性条件的边界上的情况. 换句话说, 对此, 在平衡点的 Jacobi 矩阵的迹或行列式为零的情形, 线性化的解在 $t \to \infty$ 时不会趋于零, 但保持有界. 这个 "漏洞" 的原因是, 在这种情形下, 线性化不能提供足够的信息来确定平衡点的稳定性.

　　如果在平衡点附近开始的所有轨道在 $t \geqslant 0$ 时都保持在平衡点附近, 但当 $t \to \infty$ 时, 有些轨道不趋于平衡点, 则称平衡点稳定, 有时称为中性稳定. 如果原点对在平衡点的线性化是中性稳定的, 则对非线性系统这个平衡点也可能是中性稳定的. 但是, 有可能对在平衡点的线性化原点是中性稳定的, 而这个平衡点是渐近稳定或者不稳定. 因此, 对在平衡点的线性化, 原点的中性稳定没有提供有关平衡点的稳定性信息.

　　我们已经在 B.5 节中看到, 一阶自治微分方程的解在 $t \to \infty$ 时要么无界, 要么趋于一个极限. 对两个一阶自治微分方程的系统, 这两个可能性同样存在. 但是, 此外还存在对应于周期解的闭轨的可能性. 这种轨道称为周期轨道, 因为它被反复遍历.

　　有一个非平凡结果, 从本质上讲, 这是唯一可能性.

Poincaré-Bendixson 定理　两个一阶自治微分方程的系统的有界轨道在 $t \to \infty$ 时不是趋于平衡点, 就是趋于周期轨道.

　　可以证明, 周期轨道内部必须包含平衡点. 在许多例子中, 存在一个不稳定平衡点, 以及在该平衡点附近出发的轨道螺旋跑向一个周期轨道. 由其他 (非周期) 轨道趋近的周期轨道称为极限环. 极限环的一个例子包含在系统

$$y' = y(1 - y^2 - z^2) - z,$$
$$z' = z(1 - y^2 - z^2) + y$$

中, 它唯一的平衡点在原点. 这个平衡点是不稳定的, 图 C.1 说明不从原点开始的所有轨道都逆时针方向 (或相反方向) 盘旋趋于单位圆 $y^2 + z^2 = 1$.

在许多应用中, 函数 $y(t)$ 和 $z(t)$ 受问题性质的限制为非负值. 例如, 如果 $y(t)$ 和 $z(t)$ 是种群规模, 情况就是这样. 在此情形, 我们只对相平面的第一象限 $y \geqslant 0, z \geqslant 0$ 感兴趣. 对系统

$$y' = F(y, z), \quad z' = G(y, z),$$

若对 $z \geqslant 0$ 有 $F(0, z) \geqslant 0$, 对 $y \geqslant 0$ 有 $G(y, 0) \geqslant 0$, 则由于沿着正 z 轴 $(y = 0) y' \geqslant 0$, 沿着正 y 轴 $(z = 0) z' \geqslant 0$, 没有轨道能够穿过这两个轴的任何一个离开第一象限. 于是用 Poincaré-Bendixson 定理到第一象限中的轨道. 此时第一象限称为不变集, 即该区域具有轨道必须保持在这个区域的性质.

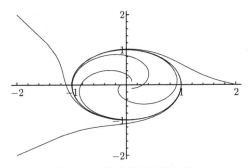

图 C.1 趋于极限环的轨线

如果相反, 若 F 和 G 沿着相应的半轴恒等于零, 则对 $\{y = 0, z \geqslant 0\}, y' = 0$ 和对 $\{y \geqslant 0, z = 0\}, z' = 0$. 此时, 从轴上开始的轨道必须在这个轴上存在, 从第一象限内部开始的轨道 (其中 $y(0) > 0, z(0) > 0$) 必须保持在第一象限内部 (即对 $t \geqslant 0, y(t) > 0$ 和 $z(t) > 0$). 如果在第一象限内没有平衡点, 则没有周期轨道, 因为周期轨道内必须包含平衡点. 所以, 如果第一象限内没有平衡点, 每个轨道必须无界.

例 4 证明系统

$$y' = y(2 - y) - \frac{yz}{y+1},$$
$$z' = 4\frac{yz}{y+1} - z$$

在区域 $y > 0, z > 0$ 内的每个轨道当 $t \to \infty$ 时都趋于该周期轨道.

解 当 $y = 0$ 时我们有 $y' = 0$, 当 $z = 0$ 时有 $z' = 0$, 因此, 从第一象限内开始的轨道保持在第一象限. 平衡点是 $y = 0$ 或 $2 - y = \frac{z}{y+1}$ 的解, 以及 $z = 0$ 或 $\frac{4y}{y+1} = 1$ 的解. 如果 $y = 0$, 我们也必须有 $z = 0$. 如果 $2 - y = \frac{z}{y+1}$, 我们可以

有 $z = 0$, 由此得到 $y = 2$, 或者 $y = \dfrac{1}{3}$, 由此得到 $z = \dfrac{20}{9}$. 因此, 存在三个平衡点, 即 $(0,0), (2,0)$ 和 $\left(\dfrac{1}{3}, \dfrac{20}{9}\right)$. 通过验证 Jacobi 矩阵

$$
\begin{bmatrix}
2 - 2y_\infty - \dfrac{z_\infty}{(1 + y_\infty)^2} & -\dfrac{y_\infty}{y_\infty + 1} \\[4mm]
\dfrac{4z_\infty}{(y_\infty + 1)^2} & \dfrac{4y_\infty}{y_\infty + 1} - 1
\end{bmatrix}
$$

的迹和行列式的值, 可以看到, 这三个平衡点都是不稳定的. 为了应用 Poincaré-Bendixson 定理, 必须证明从第一象限内出发的每个解都有界.

为了证明这一点, 可以证明当 y 和/或 z 足够大时 y' 和 z' 都是负的, 但是看一下方程就知道并不一定如此. 因此, 代之以考虑 y 和 z 的某个正组合, 它对时间的导数离开原点足够远时为负. 特别地, 考虑函数 $V(y, z) = 4y + z$. 如果轨道无界, 则沿着这个轨道函数 $V(y, z)$ 也必须是无界的. $V(y, z)$ 沿着轨道的导数是

$$
\frac{d}{dt} V[y(t), z(t)] = 4y'(t) + z'(t) = 4y(2 - y) - z.
$$

这是负的, 除了由不等式 $z < 4y(2 - y)$ 定义的有界区域. 因此, 函数 $V(y, z)$ 不可能变为无界, 当它变大时 $(z > 4y(2 - y)$ 时, 例如当 $V > 9$ 时这成立), 它是递减的 $\left(\dfrac{dV}{dt} < 0\right)$, 这是成立的, 例如, 当 $V > 9$ 时. 这证明这个系统的所有轨道都有界. 现在我们可以应用 Poincaré-Bendixson 定理看到每个轨道都趋于极限环.

C.5   线性系统解的定性性态

在 C.2 节我们将微分方程系统

$$
x' = F(x, y), \quad y' = G(x, y)
$$

的平衡点 (x_∞, y_∞) 的稳定性分析化为确定在平衡点的线性化

$$
\begin{aligned}
u' &= F_x(x_\infty, y_\infty)u + F_y(x_\infty, y_\infty)v, \\
v' &= G_x(x_\infty, y_\infty)u + G_y(x_\infty, y_\infty)v
\end{aligned} \tag{C.19}
$$

的解的性态.

为了描述在平衡点的线性化的解的性态, 我们分析二维线性常系数齐次系统

$$x' = ax + by,$$
$$y' = cx + dy \tag{C.20}$$

的解的性态的各种可能性, 其中 a, b, c 和 d 是常数. 然后我们将能够陈述 C.3 节的线性化定理的一些改进, 这些改进提供了关于平衡点附近解的性态的更具体信息, 这些性态是由在平衡点的 Jacobi 矩阵所确定的. 我们始终假设 $ad - bc \neq 0$. 这意味着原点是系统 (C.20) 的唯一平衡点. 如果这个系统是非线性系统 (C.19) 在平衡点 (x_∞, y_∞) 的线性化, 则这个平衡点是孤立的, 这意味着存在以 (x_∞, y_∞) 为中心的圆周内不包含这个非线性系统的其他平衡点. 为了方便利用向量-矩阵记号. 令 $\boldsymbol{x}$ 表示列向量 $\begin{bmatrix} x \\ y \end{bmatrix}$, $\boldsymbol{x}'$ 表示列向量 $\begin{bmatrix} x' \\ y' \end{bmatrix}$. A 表示 2×2 矩阵

$$\begin{bmatrix} a & b \\ c & d \end{bmatrix}.$$

于是, 利用矩阵乘法性质, 可将线性系统 $x' = ax + by, y' = cx + dy$ 重写为形式

$$\boldsymbol{x}' = A\boldsymbol{x}.$$

变量的线性变换 $\boldsymbol{x} = P\boldsymbol{u}$ 将系统变为 $P\boldsymbol{u}' = AP\boldsymbol{u}$, 或者

$$\boldsymbol{u}' = P^{-1}AP\boldsymbol{u} = B\boldsymbol{u},$$

其中 P 是 2×2 非奇异矩阵 (它代表轴的旋转和沿着轴的尺度变化). 这是一个与原系统 $\boldsymbol{x}' = A\boldsymbol{x}$ 有相同形式的系统, 它的系数矩阵 $B = P^{-1}AP$ 是 A 的相似矩阵. 如果可以求解 $\boldsymbol{u}$, 则可构造 $\boldsymbol{x} = P\boldsymbol{u}$, 事实上, 在此重构中保留了 $\boldsymbol{u}$ 的定性性质. 因此, 我们可以通过相似性列出 A 的各个可能的标准形和对每个可能性构造的相图来描述 $\boldsymbol{x}' = A\boldsymbol{x}$ 的各个可能的相图.

标准形定理 矩阵

$$A = \begin{bmatrix} a & b \\ c & d \end{bmatrix}$$

在实线性变换下相似于以下各个形式之一, 其中 $\det A = ad - bc \neq 0$:

(i) $\begin{bmatrix} \lambda & 0 \\ 0 & \mu \end{bmatrix}$, $\lambda > \mu > 0$ 或 $\lambda < \mu < 0$.

(ii) $\begin{bmatrix} \lambda & 0 \\ 0 & \lambda \end{bmatrix}$, $\lambda > 0$ 或 $\lambda < 0$.

(iii) $\begin{bmatrix} \lambda & 1 \\ 0 & \lambda \end{bmatrix}$, $\lambda > 0$ 或 $\lambda < 0$.

(iv) $\begin{bmatrix} \lambda & 0 \\ 0 & \lambda \end{bmatrix}$, $\lambda > 0 > \mu$.

(v) $\begin{bmatrix} 0 & \beta \\ -\beta & 0 \end{bmatrix}$, $\beta \neq 0$.

(vi) $\begin{bmatrix} \alpha & \beta \\ -\beta & \alpha \end{bmatrix}$, $\alpha > 0, \beta \neq 0$ 或 $\alpha < 0, \beta \neq 0$.

现在我们依次描述各个情形的相图.

情形 (i)　变换后的系统是 $u' = \lambda u, v' = \mu v$, 解为 $u = u_0 e^{\lambda t}, v = v_0 e^{\mu t}$. 如果 $\lambda < \mu < 0$, 则当 $t \to \infty$ 时 u 和 v 都趋于零, 而且 $\dfrac{v}{u} = v_0 e^{(\mu - \lambda)t}/u_0 \to +\infty$. 因此, 每个轨道以无穷斜率趋于原点 (除了 $v_0 = 0$, 此时轨道在 u 轴上), 相图如图 C.2 所示. 如果 $\lambda > \mu > 0$, 相图相同, 但箭头相反.

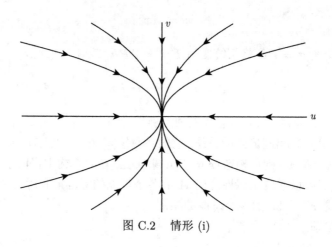

图 C.2　情形 (i)

情形 (ii)　系统为 $u' = \lambda u, v' = \lambda v$, 解为 $u = u_0 e^{\lambda t}, v = v_0 e^{\lambda t}$. 如果 $\lambda < 0$, 则当 $t \to \infty$ 时 u 和 v 都趋于零, 且 $\dfrac{v}{u} = \dfrac{v_0}{u_0}$. 因此. 每个轨道都是跑向原点的直线. 当轨道趋于原点时所有斜率都可能. 相图如图 C.3 所示. 如果 $\lambda > 0$, 相图相同, 但箭头发向相反.

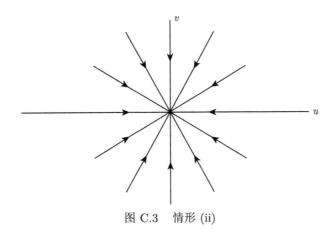

图 C.3　情形 (ii)

情形 (iii)　系统是 $u' = \lambda u + v, v' = \lambda v$. 第二个方程的解是 $v = v_0 e^{\lambda t}$, 将它代入第一个方程得到一个一阶线性方程 $u' = \lambda u + v_0 e^{\lambda t}$, 它的解是 $u = (u_0 + v_0 t)e^{\lambda t}$. 如果 $\lambda < 0$, 则当 $t \to \infty$ 时 u 和 v 都趋于零, 而且 $\dfrac{v}{u} = \dfrac{v_0}{u_0 + v_0 t}$ 趋于零, 除了 $v_0 = 0$, 此时, 这个轨道是 u 轴. 因为 $u = (u_0 + v_0 t)e^{\lambda t}$, 我们有 $\dfrac{du}{dt} = ((u_0 \lambda + v_0) + \lambda v_0 t)\, e^{\lambda t}$, 因此, 当 $t = -(v_0 + u_0 \lambda)/\lambda v_0$ 时 $\dfrac{du}{dt} = 0$. 因此, 除了轨道在 u 轴上, 每个轨道都有最大和最小的 u 值, 然后回到趋于原点. 相图如图 C.4 所示. 如果 $\lambda > 0$, 则相图相同, 但箭头方向相反.

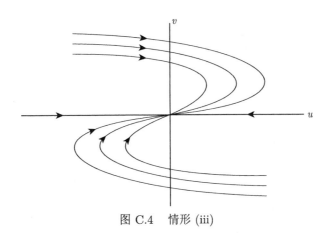

图 C.4　情形 (iii)

情形 (iv)　解像情形 (i), 是 $u = u_0 e^{\lambda t}, v = v_0 e^{\mu t}$, 但现在 u 是无界的, 且 $t \to \infty$ 时 $v \to 0$, 除了 $u_0 = 0$, 此时轨道在 v 轴上. 相图如图 C.5 所示.

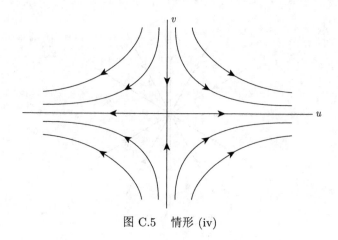

图 C.5   情形 (iv)

情形 (v)   系统是 $u' = \beta v, v' = -\beta u$. 于是 $u'' = \beta v' = -\beta^2 u$, $u = A\cos\beta t + B\sin\beta t$, A, B 为某个常数. 因此 $v = \dfrac{u'}{\beta} = -A\sin\beta t + B\cos\beta t$, 且 $u^2 + v^2 = A^2 + B^2$. 每个轨道是圆周, $\beta > 0$ 时顺时针方向, $\beta < 0$ 时逆时针方向. $\beta > 0$ 时的相图如图 C.6 所示.

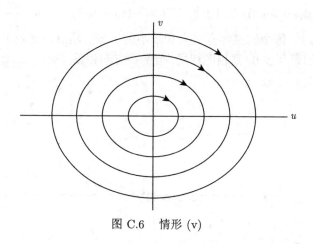

图 C.6   情形 (v)

情形 (vi)   系统是 $u' = \alpha u + \beta v, v' = -\beta u + \alpha v$. 作变量变换 $u = e^{\alpha t}p, v = e^{\alpha t}q$, 因此 $u' = \alpha e^{\alpha t}p + e^{\alpha t}p', v' = \alpha e^{\alpha t}p + e^{\alpha t}q'$, 将系统化为 $p' = \beta q, q' = -\beta p$, 对它我们已经在情形 (v) 求解过. 因此, $u = e^{\alpha t}(A\cos\beta t + B\sin\beta t), v = e^{\alpha t}(-A\sin\beta t + B\cos\beta t)$, 而且 $u^2 + v^2 = e^{2\alpha t}(A^2 + B^2)$. 如果 $\alpha < 0$, $u^2 + v^2$ 指数式递减, 轨道盘旋趋于原点, $\beta > 0$ 时顺时针方向, $\beta < 0$ 时逆时针方向. 相图如图 C.7 所示. 如果 $\alpha > 0$ 相图相同, 但方向相反.

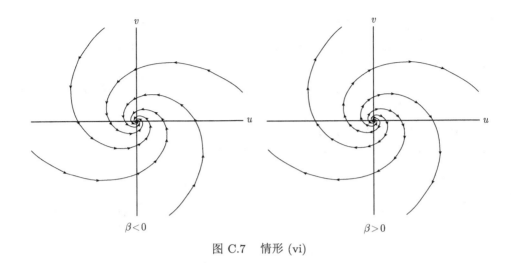

$$\beta<0 \qquad\qquad \beta>0$$

图 C.7   情形 (vi)

这 6 种情况可分为 4 种不同的类型. 在情形 (i), (ii), (iii), 所有轨道当 $t \to$ $+\infty$ (或 $t \to -\infty$, 依赖于 λ 和 μ 的符号) 时, 以极限方向趋近于原点, 此时的原点称为系统的结点. 在情形 (iv) 只有两个轨道当 $t \to +\infty$ 或 $t \to -\infty$ 时趋于原点, 其他所有轨道都离开原点, 这个情形的原点称为鞍点. 在情形 (vi), 每个轨道当辐角趋于 $+\infty$ 或 $-\infty$ 时都绕原点旋转, 此时的原点称为漩涡、螺旋点或焦点. 在情形 (v), 每个轨道都是周期轨道, 此时的原点称为中心. 根据 C.4 节的平衡点的稳定性定理, 线性化的原点的渐近稳定意味着非线性系统的平衡点渐近稳定. 此外, 线性化的原点的不稳定性意味着非线性系统的平衡点不稳定性. 线性系统的原点的渐近稳定性和不稳定性由矩阵 A 的特征值确定, 特征值由特征方程

$$\det(A - \lambda I) = \det \begin{bmatrix} a - \lambda & b \\ c & d - \lambda \end{bmatrix} = (a-\lambda)(d-\lambda) - bc$$

$$= \lambda^2 - (a+d)\lambda + (ad - bc) = 0$$

的根确定. 特征值的和是矩阵 A 的迹, 即 $a + d$, 特征值的积是矩阵 A 的行列式, 即 $ad - bc$. 相似变换保持迹和行列式不变, 因此不改变特征值. 从而 A 的特征值在情形 (i) 和 (iv) 是 λ, μ, 在情形 (ii) 和 (ii) 是 λ (二重特征值), 在情形 (v) 是共轭复数 $\pm i\beta$, 在情形 (vi) 是 $\alpha \pm i\beta$. 通过对各种不同情况下的相图的分析, 可以发现, 在情形 (i), 如果 $\lambda < \mu < 0$, 在情形 (ii) 和 (iii) 如果 $\lambda < 0$ 和在情形 (vi) 如果 $\alpha < 0$, 则原点是渐近稳定的. 类似地, 在情形 (i) 如果 $\lambda > \mu > 0$, 在情形 (ii) 和 (iii) 如果 $\lambda > 0$ 和在情形 (vi) 如果 $\alpha > 0$, 则原点是不稳定的. 在情形 (v)(中心) 原点稳定但不渐近稳定. 一个更简单的描述是, 如果两个特征值都具负实部则原点渐近稳定, 如果至少有一个特征值具有正实部, 则原点不稳定. 如果两个特征

值都具有零实部, 则原点稳定但不渐近稳定. 我们的假设 $ad - bc = \det A \neq 0$ 排除了 $\lambda = 0$ 是特征值的可能性, 因此具有零实部的特征值只有出现在如在情形 (v) 的纯虚特征值中.

结合这个分析和线性化结果, 我们有下面的结果 (这是 C.4 节中的平衡点的稳定性定理, 其中包含某些附加细节).

稳定性定理　如果 (x_∞, y_∞) 是系统 (C.19) 的平衡点, 且若在这个平衡点的线性化的系数矩阵的所有特征值都具负实部, 特别地,

$$\mathrm{tr} A(x_\infty, y_\infty) = F_x(x_\infty, y_\infty) + G_y(x_\infty, y_\infty) < 0,$$

$$\det A(x_\infty, y_\infty) = F_x(x_\infty, y_\infty) G_y(x_\infty, y_\infty) - F_y(x_\infty, y_\infty) G_x(x_\infty, y_\infty) > 0,$$

则平衡点 (x_∞, y_∞) 渐近稳定.

我们可以更具体地指定平衡点附近的轨道性质. 借助矩阵 A 的元素, 利用特征值是复数当且仅当

$$\Delta = (a + d)^2 - 4(ad - bc) = (a - d)^2 + 4bc < 0$$

可以刻画以下情形.

1. 如果 $\det A = ad - bc < 0$, 则原点为鞍点.

2. 如果 $\det A > 0$ 且 $\mathrm{tr} A = a + d < 0$, 则原点渐近稳定, 如果 $\Delta \geqslant 0$, 则原点是结点, 如果 $\Delta < 0$, 则原点是焦点.

3. 如果 $\det A > 0$ 且 $\mathrm{tr} A > 0$, 则原点不稳定, 如果 $\Delta \geqslant 0$, 则原点是结点, 如果 $\Delta > 0$, 则原点是焦点.

4. 如果 $\det A > 0$ 且 $\mathrm{tr} A = 0$, 则原点是中心.

一般可以证明, 非线性系统在平衡点的相图与在平衡点的线性化下的相图相似, 除非平衡点是线性化的中心. 假设系统 (C.19) 中的函数 $F(x, y)$ 和 $G(x, y)$ 充分光滑, Taylor 定理可以应用, 使得线性化中忽略高阶项成立. 如果在平衡点的线性化所在的平衡点是结点, 则非线性的平衡点也是结点, 其定义是每个轨道 ($t \to \infty$ 或者 $t \to -\infty$ 时) 都以极限方向趋于平衡点. 如果线性化所在的平衡点是焦点, 则非线性的平衡点也是焦点. 其定义为每个轨道 ($t \to \infty$ 或者 $t \to -\infty$ 时) 都以其辐角变成无穷趋于平衡点. 如果线性化所在的平衡点是鞍点, 则非线性的平衡点也是鞍点. 鞍点由以下特征定义: 存在一条通过平衡点的曲线, 使得从该曲线开始的轨道趋于平衡, 但是离开该曲线开始的轨道不能保持在平衡点附近. 一个等价的叙述是, 有两个轨道当 $t \to +\infty$ 时趋于平衡点, 有两个轨道从平衡点离开, 或者 $t \to -\infty$ 时趋于平衡点. 这些轨道称为分界线. 这两个趋于鞍点的轨道称为稳定分界线, 另外两个从鞍点离开的分界线称为不稳定分界线, 其他轨道都像双曲线 (图 C.8).

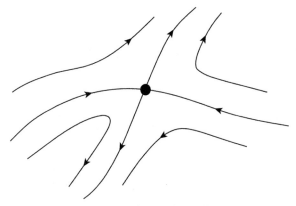

图 C.8　　在鞍点的分界线

中心定义为一个平衡点, 在该平衡点周围有无穷多个周期轨道的序列, 这些轨道接近该平衡点如果在平衡点处的线性化有一个中心, 则非线性系统的平衡点可以是一个中心, 但不一定是中心. 它可以是渐近稳定的焦点, 或者是不稳定焦点.

索 引

《现代数学译丛》已出版书目

(按出版时间排序)